CAXA CAD 2021 电子图板与实体设计自学速成

曹志广 刘忠刚 等 编著

人民邮电出版社
北京

图书在版编目（CIP）数据

CAXA CAD 2021电子图板与实体设计自学速成 / 曹志广等编著. -- 北京 : 人民邮电出版社, 2022.1
ISBN 978-7-115-57084-0

Ⅰ. ①C… Ⅱ. ①曹… Ⅲ. ①自动绘图—软件包
Ⅳ. ①TP391.72

中国版本图书馆CIP数据核字(2021)第154771号

内 容 提 要

本书结合具体实例由浅入深、从易到难地讲述了 CAXA CAD 2021 电子图板与实体设计知识的精髓，并详细讲解了 CAXA CAD 2021 电子图板与实体设计在工程设计中的应用。本书按知识结构分为两篇（共 14 章）。其中，第 1 篇主要介绍 CAXA CAD 电子图板 2021 的相关知识，包括 CAXA CAD 电子图板 2021 入门、系统设置与界面定制、绘图命令、图形编辑、辅助工具、块操作与库操作、工程标注与标注编辑、减速器二维设计综合实例等；第 2 篇主要讲解 CAXA 3D 实体设计 2021 的相关知识，包括 CAXA 3D 实体设计 2021 基础知识、二维截面的生成、实体特征的创建、实体特征的编辑、零件的定位及装配、减速器实体设计综合实例等。

本书随书附送电子资料包括书中实例源文件及实例操作视频文件。

本书适合作为学校和培训机构相关专业学员的教学和自学辅导书，也可以作为机械设计和工业设计相关人员的学习参考书。

◆ 编　　著　曹志广　刘忠刚　等
责任编辑　黄汉兵
责任印制　陈　犇

◆ 人民邮电出版社出版发行　　北京市丰台区成寿寺路 11 号
邮编　100164　　电子邮件　315@ptpress.com.cn
网址　https://www.ptpress.com.cn
大厂回族自治县聚鑫印刷有限责任公司印刷

◆ 开本：787×1092　1/16
印张：25　　2022 年 1 月第 1 版
字数：671 千字　　2022 年 1 月河北第 1 次印刷

定价：99.80 元

读者服务热线：(010)81055493　印装质量热线：(010)81055316
反盗版热线：(010)81055315
广告经营许可证：京东市监广登字 20170147 号

前言

CAXA系列软件是北京数码大方科技股份有限公司开发的应用于工业设计和制造的通用软件，其主要模块有CAXA电子图板、CAXA实体设计、CAXA线切割和CAXA制造工程师等。这些模块相对独立，单独集成为独立软件，彼此之间也互为补充，以满足工业设计和制造领域的工程应用需求。CAXA各个软件模块易学易用，符合工程师的设计习惯，功能强大，分别兼容AutoCAD和Pro/ENGINEER等三维CAD软件，是国内普及率最高的CAD软件之一。CAXA系列软件在机械、电子、航空航天、汽车、船舶、军工、建筑、教育和科研等多个领域都得到了广泛的应用。

与国外的一些绘图软件相比，符合我国国情、易学、好用、够用是CAXA系列软件的最大优势，而且正版软件价格便宜，具有独立的知识产权，深受国内各大企事业单位喜爱，用户群体广泛。考虑到读者应用CAXA系列软件的需要，特将CAXA CAD电子图板和实体设计软件的讲解汇编成书，希望通过这样一本全景式CAXA应用书籍，能够帮助读者完整地掌握CAXA CAD电子图板和实体设计的使用方法，以应对和解决工业设计中遇到的相关工程技术问题。

一、本书特色

本书具有以下5大特色。

● 针对性强

本书编者根据自己多年的计算机辅助设计领域工作经验和教学经验，针对初级用户学习CAXA的难点和疑点由浅入深、全面细致地讲解了CAXA在工业设计应用领域的各种功能和使用方法。

● 实例专业

本书中有很多实例本身就是工程设计项目案例，经过编者精心提炼和改编，不仅可以帮助读者学好知识点，更重要的是能帮助读者掌握实际的操作技能。

● 提升技能

本书从全面提升用户的设计能力的角度出发，结合大量的案例具体讲解如何利用CAXA进行工程设计，让读者真正懂得计算机辅助设计并能够独立完成各种工程设计。

● 内容全面

本书在有限的篇幅内，讲解了CAXA CAD电子图板和实体设计的基本常用功能，内容涵盖平面设计和实体设计等知识。“秀才不出屋，能知天下事”，读者通过对本书的学习，可以较为全面地掌握CAXA相关知识。本书不仅有透彻的讲解，还有丰富的实例，通过这些实例的演练，能够帮助读者找到学习CAXA的快速通道。

● 知行合一

本书结合大量的工业设计实例，让读者在学习案例的过程中潜移默化地掌握CAXA软件操作技巧的同时还提高了工程设计的实践能力。

二、电子资料使用说明

本书除有传统的书面内容外，还随书附送了方便读者学习和练习的源文件素材。读者可以扫描本页下方的二维码获取源文件下载链接。为更进一步方便读者学习，本书还配有教学视频，对书中实例和基础操作进行了详细讲解。读者可使用微信“扫一扫”功能扫描正文中的二维码观看视频。

三、本书服务

1. 安装软件的获取

使用CAXA系列软件进行工程设计时，需要事先在计算机上安装相应的软件。读者可以访问CAXA公司官方网站下载试用版，或到当地经销商处购买正版软件。

2. 关于本书的技术问题或有关本书信息的发布

读者遇到有关本书的技术问题，可以加入QQ群863644779互相交流，编者会尽快回复。

四、本书编写人员

本书主要由河北省东光县职业技术教育中心的曹志广老师和刘忠刚老师主编，河北省农业农村厅的张晓敏和刘冬雨也参与了部分章节的编写。其中，曹志广执笔编写第1～4章，刘忠刚执笔编写了第5～8章，张晓敏执笔编写了第9～11章，刘冬雨执笔编写了第12～14章。解江坤、韩哲等为本书的出版提供了大量的帮助，在此一并表示感谢。

由于时间仓促，加之编者水平有限，书中如有疏漏之处，欢迎广大读者提出宝贵的意见和建议，编者将不胜感激。

扫描关注公众号
输入关键词57084
获取学习源文件

编　者

2021年4月

目　录

第1篇　CAXA CAD电子图板2021

第 1 篇

CAXA CAD 电子图板 2021

计算机辅助设计与制造（CAD/CAM）系列

本篇主要知识点

- CAXA CAD电子图板2021入门
- 系统设置与界面定制
- 绘图命令
- 图形编辑
- 辅助工具
- 块操作与库操作
- 工程标注与标注编辑
- 减速器二维设计综合实例

第1章　CAXA CAD电子图板2021入门

在本章中，我们首先介绍CAXA CAD电子图板的系统特点以及2021版的新增功能，然后对CAXA CAD电子图板2021版的用户界面和基本操作进行详细介绍，最后通过一个简单的实例使读者对使用CAXA CAD电子图板进行产品设计有一个完整的认识。

1.1　概述

北京数码大方科技有限公司（CAXA）是中国领先的CAD和PLM软件供应商，拥有完全自主知识产权的系列化的CAD、CAPP、CAM、DNC、PDM、MPM等软件产品和解决方案，覆盖了设计、工艺、制造和管理四大领域，其产品广泛应用在装备制造、电子电器、汽车及零部件、国防军工、工程建设、教育等各个行业，有超过2.5万家企业用户和2000所院校用户。

作为国内最早从事CAD软件开发的企业，CAXA多年来一直致力于设计软件的普及应用，努力将工程师从纷繁复杂的工程图纸绘制工作中解脱出来。CAXA CAD电子图板专为设计工程师打造，依据中国机械设计的国家标准和使用习惯，提供专业绘图编辑和辅助设计工具，轻松实现“所思即所得”。通过简单的绘图操作，将新品研发、改型设计等工作迅速完成，工程师只需关注所要解决的技术难题，而无须花费大量时间创建几何图形。

1.1.1　CAXA CAD电子图板是什么软件

CAXA CAD电子图板是我国自主版权的CAD软件系统中的一个应用软件。它是为满足国内企业对计算机辅助设计不断增长的需求，由CAXA公司推出的系列CAD产品中的一个。CAXA CAD电子图板2021是在广大CAXA用户的热切关心和期盼下，于2020年发布并推出市场的。CAXA CAD电子图板2021在保留了传统特点外，借鉴国际同行业产品的优点，并不断地吸收广大CAXA用户合理化的改进建议和功能需求，不断完善和跟踪国内外先进技术，尽力体现科技的最新成果，为计算机辅助设计用户提供了一套更为全面的软件系统。

CAXA CAD电子图板是一个功能齐全的通用计算机辅助设计系统软件，以交互图形方式，对几何模型进行实时构造、编辑和修改，并能够存储各类拓扑信息。CAXA CAD电子图板提供形象化的设计手段，帮助设计人员发挥创造性，提高工作效率，缩短新产品的设计周期，把设计人员从繁重的设计绘图工作中解脱出来，并有助于促进产品设计的标准化、系列化、通用化，使整个设计规范化。CAXA CAD电子图板已经在机械、电子、航空、航天、汽车、船舶、轻工、纺织、建筑及工程建设等领域得到了广泛的应用。CAXA CAD电子图板适用于所有需要二维绘图的各种场合。利用它可以进行零件图设计、装配图设计、零件图组装装配图设计、装配图拆画零件图设计、工艺图表设计、平面包装设计、电气图纸设计等。

1.1.2　CAXA CAD电子图板2021系统特点

CAXA CAD电子图板作为目前国内最有影响力的本土CAD软件，经过多年的完善和发展，具有如下特点。

- 耳目一新的界面风格，打造全新交互体验。CAXA CAD电子图板采用普遍流行的Fluent/Ribbon图形用户界面。新的界面风格更加简洁、直接，使用者可以更加容易地找到各种绘图命令，交互效率更高。同时，新版本保留原有CAXA风格界面，并通过快捷键切换新、老界面，方便老用户使用。CAXA CAD电子图板优化了并行交互技术、动态导航以及双击编辑等方面功能，辅以更加细致的命令整合与拆分，大幅度改进了CAD软件同用户的交流体验，使命令更加直接简洁，操作更加灵活方便。
- 全面兼容AutoCAD，综合性能提升。为了满足跨语言、跨平台的数据转换与处理的要求，CAXA CAD电子图板基于Unicode编码进行重新开发，进一步增强了对AutoCAD数据的兼容性，保证电子图板EXB格式数据与DWG格式数据的直接转换，从而完全兼容企业历史数据，实现企业设计平台的转换。CAXA CAD电子图板支持主流操作系统，不仅改善了软件操作性能，还加快了设计绘图速度。
- 专业的绘图工具以及符合国标的标注风格。除了拥有强大的基本图形绘制和编辑能力外，CAXA CAD电子图板还提供了智能化的工程标注方式，包括尺寸标注、坐标标注、文字标注、尺寸公差标注、几何公差标注、表面结构标注等。具体标注的所有细节均由系统自动完成，真正轻松实现设计过程的“所见即所得”。
- 开放幅面管理和灵活的排版打印工具。CAXA CAD电子图板提供开放的图纸幅面设置系统，可以快速设置图纸尺寸、调入图框、标题栏、参数栏以及填写图纸属性信息。也可以通过简单的几个参数设置，快速生成需要的图框。还可以快速生成符合标准的各种样式的零件序号、明细表，并且能够保持零件序号与明细表之间的相互关联，从而极大地提高编辑、修改的效率，并使工程设计标准化。电子图板支持主流的Windows驱动打印机和绘图仪，提供指定打印比例、拼图以及排版、支持pdf和jpg打印等多种输出方式，提高工程师的出图效率，有效节约时间和资源。
- 参数化图库设置和辅助设计工具。CAXA CAD电子图板针对机械专业设计的要求，拥有符合最新国标的参量化图库，共有50大类，4600余种，近300000个规格的标准图符，并提供完全开放式的图库管理和定制手段，可以方便快捷地建立、扩充自己的参数化图库。在设计过程中针对图形的查询、计算、转换等操作提供辅助设计工具，集成多种外部工具于一身，有效满足不同场景下的绘图需求。

1.1.3　CAXA CAD电子图板2021新增功能

CAXA CAD电子图板2021是CAXA CAD电子图板的最新版本，该版本在2020的基础上增加或改进了许多实用功能，具体说明如下所示。

（1）全新设计的黑色界面主题，更好缓解视觉疲劳。

（2）新增图库插入符快捷面板，支持快速插入常用的图符。

（3）新增插入二维码/条形码功能。

（4）支持windows以上的资源管理器预览，提高预览效果。

（5）新增多项绘图功能，如对称线、渐变色圆环椭弧等。

（6）图库符预览时新增支持鼠标的多项操作，如滚轮缩放视图、中键双击还原、中键按住平移等。

（7）标签页按住鼠标左键可以直接拖动，并且非激活文档可以直接关闭。

（8）尺寸标注时，尺寸的方向新增智能选项。

（9）标注立即菜单中增加螺纹选项选择后尺寸前缀自动添加符号M。

（10）尺寸标注菜单支持直接插入特殊符号。

（11）扩展工具拆分图纸功能增强，对比较规范的多框图纸，支持自动拆分。

1.1.4 CAXA CAD电子图板系统的运行和退出

该系统的运行与其他应用程序的运行一样，也有以下几种方法。

- 正常安装完成时在Windows桌面会出现“CAXA CAD电子图板2021”的图标，双击“CAXA CAD电子图板2021”图标就可以运行软件了。
- 可以单击桌面左下角的“开始”→“程序”→“CAXA CAD电子图板2021”→“CAXA CAD电子图板2021”命令运行软件。
- 在电子图板的安装目录“…bin\”下有一个CDRAFT_M.exe文件，双击运行即可。

要退出CAXA CAD电子图板系统，可以在命令行中输入Quit或Exit后按Enter键；也可以单击“文件”菜单中的“退出”选项或右上角的关闭按钮。

1.2 用户界面

用户界面（简称界面）是交互式绘图软件与用户进行信息交流的中介。系统通过界面反映当前信息状态或将要执行的操作，用户只需要按照界面提供的信息作出判断，并经由输入设备进行下一步的操作。电子图板的用户界面包括：最新的Fluent风格界面和经典界面。新风格界面主要使用功能区、快速启动工具栏和菜单按钮访问常用命令。经典风格界面主要通过主菜单和工具条访问常用命令。两种界面切换的操作方法如下。

- 按F9键，进行双向切换。
- 从新风格切换到传统风格：单击“视图”菜单中“界面操作”功能区的“切换界面”按钮。
- 从传统风格切换到新风格：选择“工具”菜单中“界面操作”功能区的“切换”项目。

图1-1所示是CAXA CAD电子图板2021的最新风格用户界面。

CAXA CAD电子图板2021的传统用户界面如图1-2所示。本书是在传统用户界面下进行讲解的。

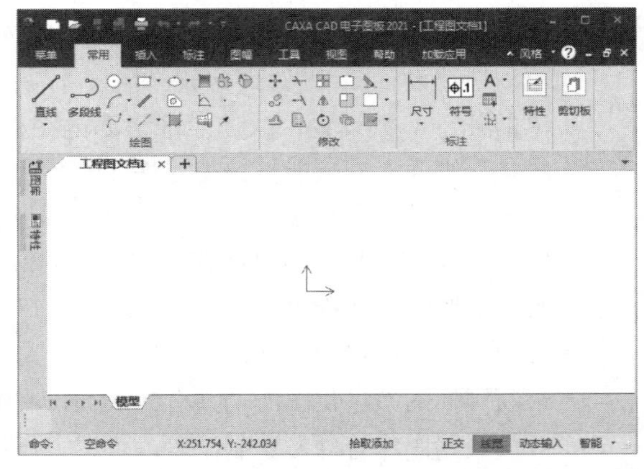

图1-1　CAXA CAD电子图板2021的最新风格用户界面

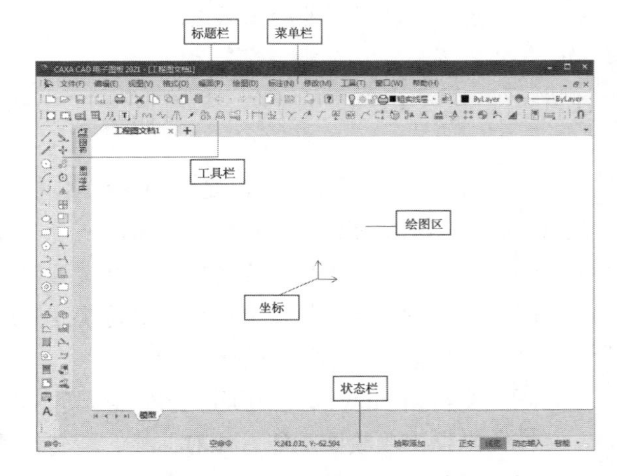

图1-2　CAXA CAD电子图板2021的传统用户界面

1.2.1　绘图区

绘图区是进行绘图设计的工作区，即图1-2所示的空白区域。在绘图区的中央设置了一个标准的平面直角坐标系，坐标系的原点是（0.0000,0.0000），十字形光标会出现在绘图区。

1.2.2　标题栏

界面最上方的蓝色部分称为标题栏，标题栏的左侧区域显示当前绘图文件的名称，在刚刚开始绘图还未存盘之前，标题栏区最左侧显示的是CAXA图标和“无名文件”字样。

1.2.3　菜单栏

菜单栏位于标题栏的下方，包括“文件”“编辑”“视图”“格式”“幅面”“绘图”“标注”“修改”“工具”“窗口”“帮助”等主菜单，用鼠标光标单击任意主菜单，将会弹出相应的下拉菜单。下拉菜单中的菜单条右侧有箭头的表示该项操作还有下一级下拉子菜单，菜单条右侧有省略号的表示单击该菜单条将出现相应的对话框。例如，用鼠标左键单击“工具”主菜单，将光标置于界面操作菜单条上，则会出现图1-3所示的画面；用鼠标左键单击“格式”主菜单，再单击“点”菜单条，则会出现图1-4所示的对话框。

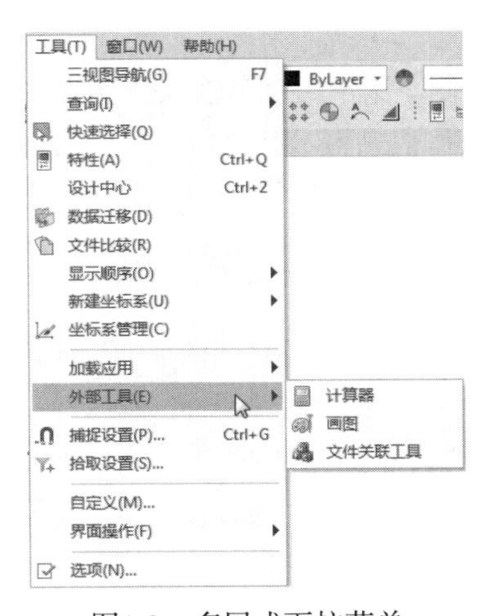

图1-3　多层式下拉菜单

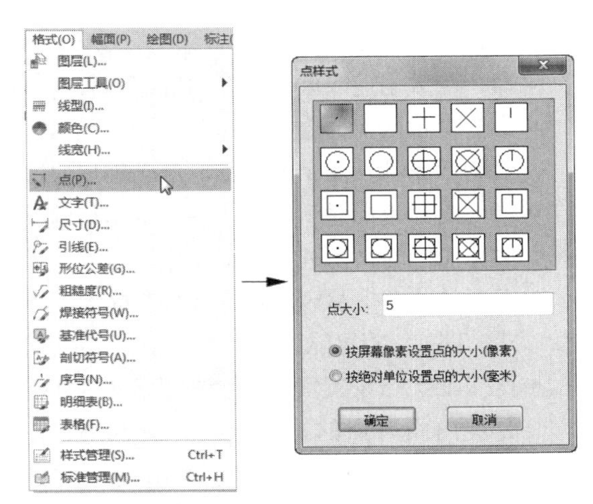

图1-4　下拉菜单与对话框

1.2.4　工具栏

下拉式菜单中的大部分命令在工具栏中都有对应的按钮。在工具栏中，用户可以通过鼠标左键单击相应的图标按钮来执行操作，这样有助于提高绘图设计效率。

系统默认出现在界面中的工具栏有：“标准”工具栏、“常用工具”工具栏、“颜色图层”工具栏、“编辑工具”工具栏、“图幅”工具栏、“标注”工具栏、“绘图工具Ⅱ”工具栏、“绘图工具”工具栏、“设置工具”工具栏等，如图1-5所示。用户界面中的工具栏可以通过光标拖动，任意调整其位置。

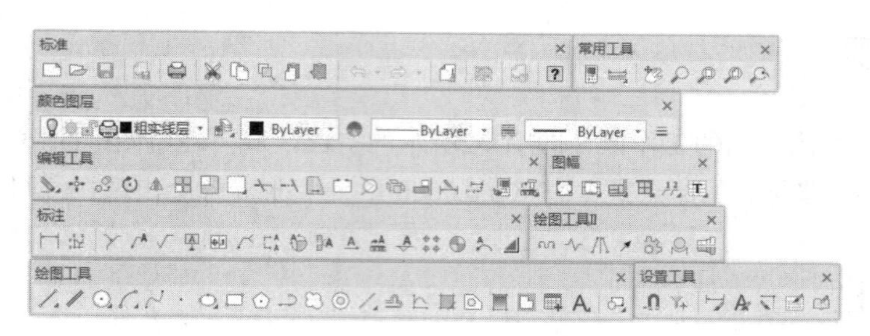

图1-5　工具栏

1.2.5　状态栏

状态栏位于屏幕底部，包括操作信息提示区、命令与数据输入区、点工具状态提示区等，如图1-6所示。

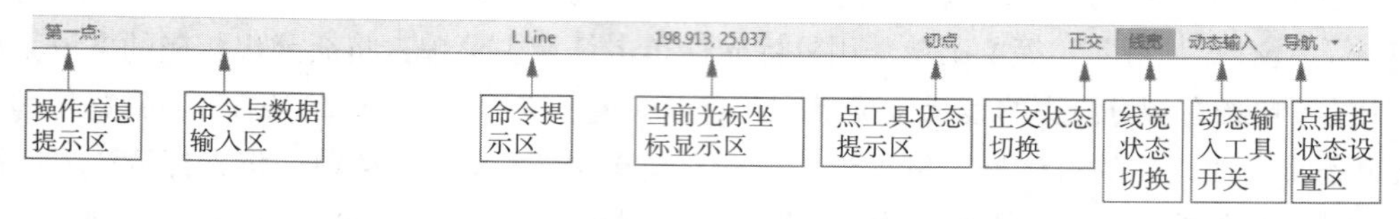

图1-6　状态栏

- 操作信息提示区：操作信息提示区位于屏幕底部状态栏的左侧，用于提示当前命令执行情况或提醒用户输入。
- 命令与数据输入区：命令与数据输入区位于状态栏左侧，用于由键盘输入命令或数据。
- 命令提示区：命令提示区位于命令与数据输入区与操作信息提示区之后，显示目前执行的功能的键盘输入命令的提示，便于用户快速掌握电子图板的键盘命令。
- 当前光标坐标显示区：当前点的坐标显示区位于屏幕底部状态栏的中部。当前点的坐标值随鼠标光标的移动进行动态变化。
- 点工具状态提示区：点工具状态提示区位于状态栏的右侧，自动提示当前点的性质以及拾取方式。例如，点可能为屏幕点、切点、端点等，拾取方式为添加状态、移出状态等。
- 点捕捉状态设置区：点捕捉状态设置区位于状态栏的最右侧，在此区域内设置点的捕捉状态，分别为自由、智能、导航和栅格，如图1-7所示。设置方法为：先用鼠标左键单击右侧的向下箭头，然后用光标点取所需的捕捉方式。

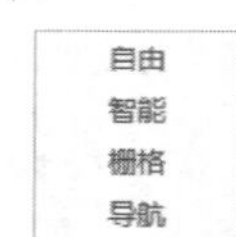

图1-7　点的捕捉方式

- 正交状态切换：单击该按钮可以切换系统为“正交状态”或“非正交状态”，也可以通过按键盘上的F8键进行切换。
- 线宽状态切换：单击该按钮可以在“按线宽显示”和“细线显示”状态间切换。
- 动态输入工具开关：单击该按钮可以打开或关闭“动态输入”工具。

【例1-1】绘制一条直线时的动态输入方法。

【操作步骤】

1. 当鼠标光标放在坐标原点时，出现“动态输入”功能提示，如图1-8所示。
2. 当确定第二点时，可在“动态输入”的坐标提示中直接输入坐标值，使用Tab键在不同的输入框内进行切换。图1-9中100表示直线长度，45表示直线与水平线的夹角。

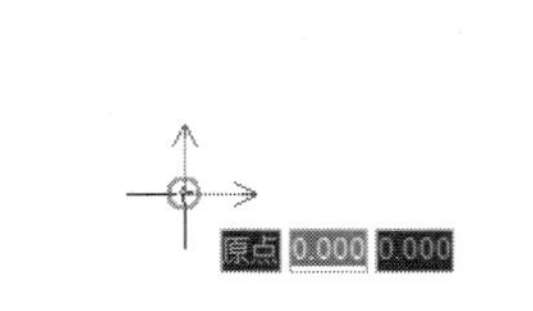

图1-8　动态输入实例第一点

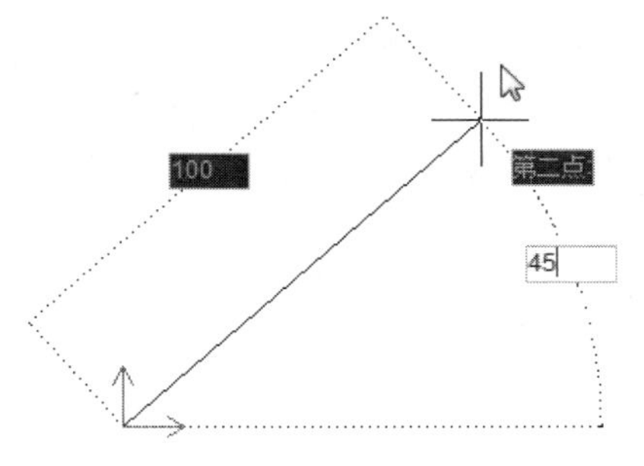

图1-9　动态输入实例第二点

1.2.6　立即菜单

立即菜单用来描述当前命令执行的各种情况和使用条件。根据当前的绘图要求，正确地选择某一选项，即可得到准确的响应。例如，绘制直线时，单击“绘图工具”工具栏中的绘制圆的图标按钮 ⨀，窗口左下角则会出现图1-10所示的立即菜单。用户可根据当前的绘图要求，选择适当的立即菜单内容。

图1-10　绘制直线时的立即菜单

1.2.7　工具菜单

工具菜单包括空格键的工具点菜单、右键快捷菜单，在进入绘图命令（如绘制直线、圆、圆弧等）后需要输入特征点时，只要按下空格键，屏幕上就会弹出图1-11所示的工具点菜单。

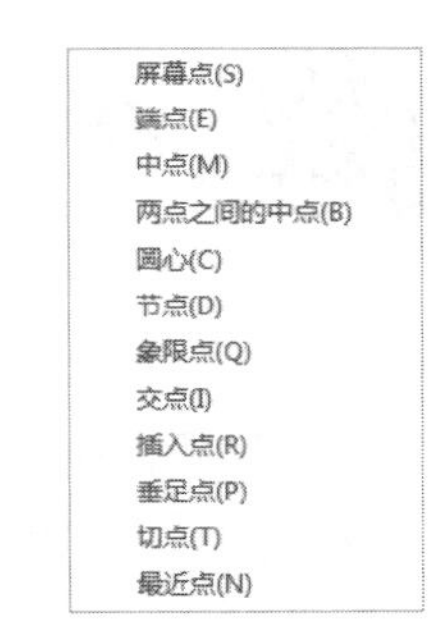

图1-11　工具点菜单

1.3　基本操作

1.3.1　命令的执行

CAXA CAD电子图板2021命令的执行方式有两种：鼠标选择和键盘输入。鼠标选择方式就是根据屏幕显示的状态或提示，用光标单击菜单或工具栏图标按钮执行相应的操作；键盘输入方式则是用键盘输入所需的命令和数据。初学者一般采用鼠标选择方式。

1.3.2　点的输入

CAXA CAD电子图板2021提供了三种点的输入方式。下面分别进行介绍。

- 用键盘输入点的坐标：点在屏幕上的坐标有绝对坐标和相对坐标两种，它们在输入方法上是完全不同的。绝对坐标直接输入 X，Y 即可。

注意

X 与 *Y* 之间必须用逗号隔开，并且是英文状态下的逗号，如：30,45。相对坐标是指相对系统当前点的坐标，与坐标系原点无关。在输入时，为了区分不同性质的坐标，CAXA CAD 电子图板对相对坐标的输入进行了如下规定：输入相对坐标时，必须在第一个数值前面加一个“@”，以表示相对。例如：@30,40 表示输入点相对于系统当前点的坐标为“30,40”。另外，相对坐标也可以用极坐标的方式来表示。例如：@60<80 表示输入了相对当前点的极坐标，相对当前点的极坐标半径是 60，半径与 *X* 轴的逆时针夹角为 80°。

- 用鼠标输入点的坐标：鼠标输入点的坐标就是通过移动十字光标选择需要的点的位置。选中后按下鼠标左键，该点的坐标即被输入。
- 工具点的捕捉：工具点的捕捉就是在绘图过程中用鼠标光标捕捉工具点菜单中具有某些几何特征的点，如圆心点、曲线端点、切点等。

【例1-2】以图1-12（a）中的十字线的交点为圆心绘制一个圆，并且使该圆与斜线相切。

【操作步骤】

1 打开素材中的“初始文件”→“1”→“例1-2”文件。单击“绘图工具”工具栏中的绘制圆的图标按钮⊙，然后按下空格键，即会出现图1-11所示的工具点菜单。

2 单击选择交点，这时移动光标，使十字线的交点处于十字光标上的小方框内部，再单击鼠标左键并移动，屏幕上即会出现以交点为圆心的红色动态圆。

3 按下空格键，在工具点菜单中用鼠标左键选择“切点”选项，移动鼠标单击斜线，屏幕上就会出现一个以十字线的交点为圆心、并且与斜线相切的圆，如图1-12（b）所示。

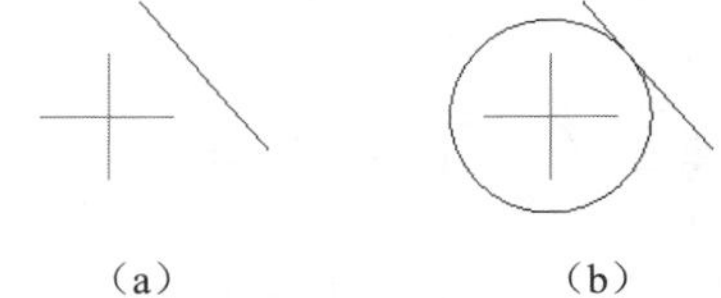

（a）　　　　（b）

图1-12　工具点的捕捉

1.3.3　选取实体

在绘图区所绘制的图形（如直线、圆、图框等）均称为实体。在CAXA CAD电子图板中选取实体的方式有以下两种。

- 点选方式：用鼠标左键单击要选择的实体，实体呈现加亮状态（默认为自动，用户可以通过“工具”→“选项”→“显示”命令对其进行设置），则表明该实体被选中。用户可连续拾取多个实体。
- 窗口方式：除点选方式外，用户还可用窗口方式一次选取多个实体。当窗口是从左向右的方向拉开时，被窗口完全包含的实体被选中，部分被包含的实体不被选中；当窗口是从右向左的方向拉开时，被窗口完全包含的实体和部分被包含的实体都将被选中。

1.3.4　右键直接操作功能

用鼠标左键拾取一个或多个实体后，单击鼠标右键，系统会弹出图1-13所示的右键快捷菜单，利用其中的命令对选中的实体进行操作。

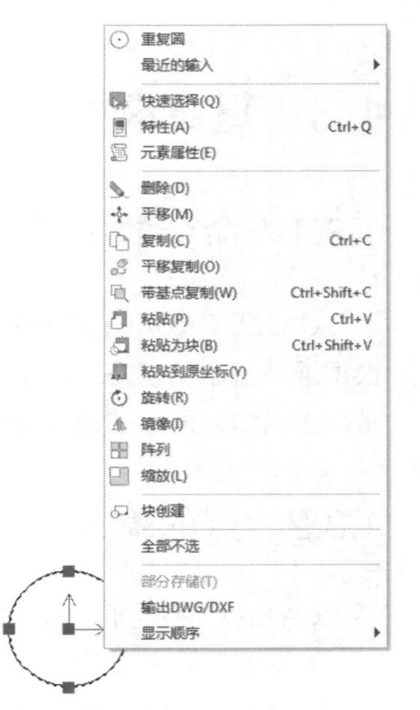

图1-13　右键快捷菜单

注意

选取的实体或实体组不同，弹出的快捷菜单也会有所区别。

1.3.5 立即菜单的操作

对立即菜单的操作主要是适当地选择或填入各项的内容。例如，绘制直线时，用鼠标左键单击“绘图工具”工具栏中绘制直线的图标按钮，窗口左下角即会出现图1-14所示的立即菜单，可根据当前的绘图要求，单击立即菜单各项中右侧的向下箭头，以选择立即菜单内容。

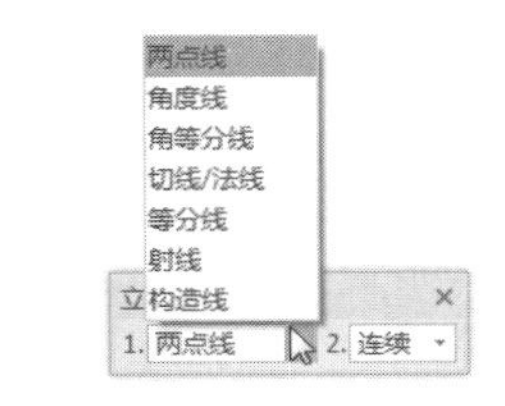

图1-14 “绘制直线”立即菜单

1.3.6 公式的输入操作

CAXA CAD电子图板系统提供了计算功能。图形绘制过程中，在操作提示区中，当系统提示要输入数据时，既可以直接输入数据，也可以输入一些公式表达式，系统会自动完成公式的计算。

例如：80*2+35/7、32*sin(π/3)等。

1.4 文件管理

文件管理包括新建文件、打开文件和保存文件等操作。

1.4.1 新建文件

新建文件功能用于创建新的空文件。

【执行方式】

- 命令行：new
- 菜单：“文件”→“新建”
- 工具栏：“标准”工具栏→
- 快捷键：Ctrl+N

【操作步骤】

1 启动“新建”命令，弹出“新建”对话框，如图1-15所示，该对话框中列出了若干个模板文件。

2 在对话框选择BLANK图标或其他标准模板，输入文件名后单击“确定”按钮即可。

注意

用户在绘图之前，也可以不执行“新建文件”操作，而采用调用图幅、图框、标题栏的方法。建立新文件后，用户就可以应用前面介绍的图形绘制、编辑等功能进行绘图操作。

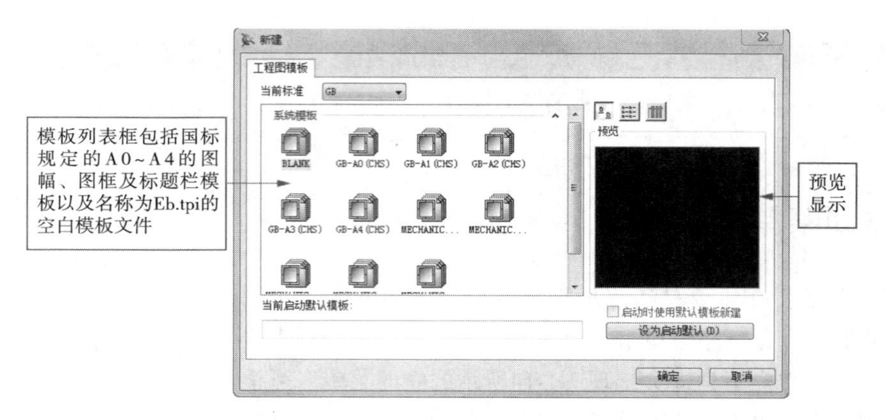

图1-15 “新建”对话框

1.4.2 打开文件

打开文件功能用于打开CAXA CAD电子图板的图形文件。

【执行方式】

- 命令行：open
- 菜单：“文件”→“打开”
- 工具栏：“标准”工具栏→

- 快捷键：Ctrl+O

【操作步骤】

1. 启动“打开”命令，弹出“打开”对话框，如图1-16所示，该对话框中列出了所选文件夹中的所有文件。
2. 在对话框中选择一个CAXA CAD电子图板文件，单击“打开”按钮即可。

用户如果希望打开其他格式的数据文件，可以通过文件类型选择所需文件格式，电子图板支持的文件格式有：电子图板EXB文件、电子图板TPL模板文件、DWG和DXF文件等。

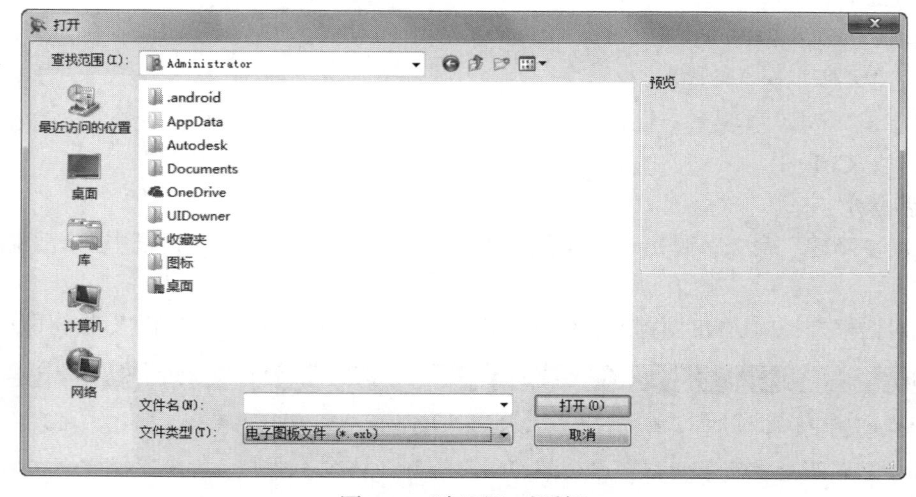

图1-16 “打开”对话框

1.4.3　保存文件

保存文件功能用于将当前绘制的图形以文件形式存储到磁盘上。

【执行方式】

- 命令行：save
- 菜单："文件"→"保存"
- 工具栏："标准"工具栏→
- 快捷键：Ctrl+S

【操作步骤】

1. 启动"保存文件"命令，弹出"另存文件"对话框，如图1-17所示。
2. 在"文件名"一栏中输入要保存的文件名称，单击"保存"按钮即可。

> **注意**
>
> 将当前绘制的图形以文件形式存储到磁盘上时，可以将文件存储为电子图板文件，或存储为其他格式的文件，以便电子图板与其他软件间的数据转换。

图1-17　"另存文件"对话框

1.4.4　另存文件

另存文件功能用于将当前绘制的图形另取一个文件名存储到磁盘上。

【执行方式】

- 命令行：saveas
- 菜单："文件"→"另存为"
- 工具栏："标准"工具栏→
- 快捷键：Ctrl+Shift+S

【操作步骤】

与"保存文件"步骤完全相同。

1.4.5 并入文件

并入文件功能用于将其他的电子图板文件并入到当前绘制的文件中。

【执行方式】

- 命令行：merge
- 菜单："文件" → "并入"

【操作步骤】

1 启动"并入文件"命令，弹出"并入文件"对话框1，如图1-18（a）所示。

2 选择要并入的电子图板文件，单击"打开"按钮，弹出"并入文件"对话框2，如图1-18（b）所示，单击"确定"按钮。

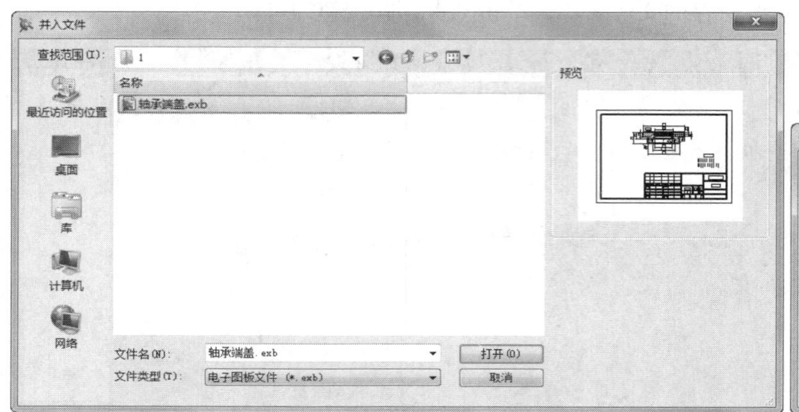

（a）"并入文件"对话框1

（b）"并入文件"对话框2

图1-18 "并入文件"对话框

3 屏幕左下角出现"并入文件"立即菜单，如图1-19所示，在立即菜单中输入并入文件的比例系数，再根据系统提示输入图形的定位点即可。

1. 定点 2. 保持原态 3.比例 1

图1-19 "并入文件"立即菜单

注意

如果一张图样要由多个设计人员完成，可以让每一位设计人员使用相同的模板进行设计，最后将每位设计人员设计的图样并入到一张图样上。要特别注意的是，在开始设计之前，要先定义好一个模板，在模板中设定这张图样的参数设置，系统配置以及层、线型、颜色的定义和设置，以保证最后并入时每张图样的参数设置及层、线型、颜色的定义都是一致的。

1.4.6 部分存储

部分存储功能用于将当前绘制的图形中的一部分图形以文件的形式存储到磁盘上。

【执行方式】

- 命令行：partsave

● 菜单："文件"→"部分存储"

【操作步骤】

1 启动"部分存储"命令，根据系统提示拾取要存储的图形和基点，单击鼠标右键确认。

2 弹出"部分存储文件"对话框，如图1-20所示，输入文件的名称并单击"保存"按钮即可。

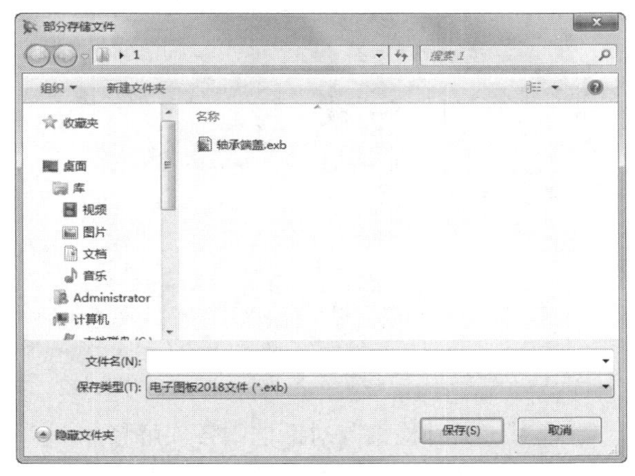

图1-20　"部分存储文件"对话框

> **注意**
>
> 部分存储文件功能只存储图形的实体数据而没有存储图形的属性数据（系统设置，系统配置及层、线型、颜色的定义和设置），而存储文件功能则是将图形的实体数据和属性数据都存储到磁盘中。

1.4.7　文件检索

文件检索的主要功能是从本地计算机或网络计算机上查找符合条件的文件。

【执行方式】

● 菜单："文件"→"文件检索"

【操作步骤】

1 启动"文件检索"命令，弹出"文件检索"对话框，如图1-21所示。

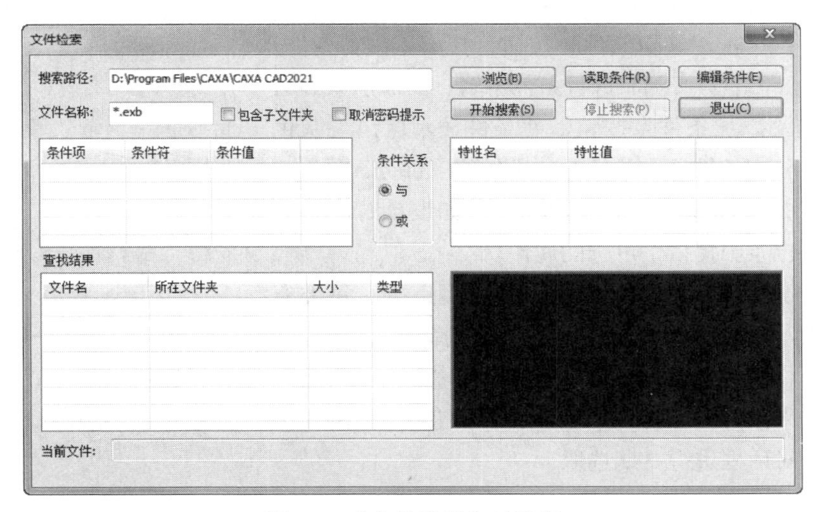

图1-21　"文件检索"对话框

2 在"文件检索"对话框中设定检索条件，单击"开始搜索"按钮。

3 文件检索结果如图1-22所示。

在步骤2中设定检索条件时，可以指定搜索路径、文件名称、电子图板文件标题栏中的条件属性。

图1-22　文件检索结果

现对“文件检索”对话框中各项解释如下。

- 搜索路径：指定查找的范围，可以手工填写，也可以通过单击“浏览”按钮用路径浏览对话框选择，通过“包含子目录”选项可以决定只在当前目录下查找还是包括子目录也查找。
- 文件名称：指定查找文件的名称和扩展名条件，支持统配符“*”。
- 条件属性：显示标题栏中信息条件，指定条件之间的逻辑关系（“与”或“或”）。标题栏信息条件可以通过单击“编辑条件”按钮打开“编辑条件”对话框对条件进行编辑。
- 查找结果：实时显示查找到的文件的信息和文件总数。若选择其中一个，可以在右边的属性区查看其标题栏内容和预显图形，双击鼠标左键即可以用EB电子图板打开该文件。
- 当前文件：在查找过程中显示正在分析的文件，查找完毕后显示的是被选中的当前文件。
- 编辑条件：单击“编辑条件”按钮，弹出“编辑条件”对话框（如图1-23所示）进行条件编辑。要添加条件必须先单击“添加条件”按钮，使条件显示区出现灰色条。条件分为条件项、条件符、条件值三部分。
- 条件项：是指标题栏中的属性标题，如设计时间、名称等；下拉条中提供了可选的属性。
- 条件符：分为字符型、数值型、日期型三类。每类有几个选项，可以通过条件符的下拉框选择。

图1-23　“编辑条件”对话框

- 条件值：相应的逻辑符分为字符型、数值型、日期型三类；可以通过条件值后面的编辑框输入值，如果条件类型是日期型，编辑框会显示当前日期，通过单击右边的箭头可以激活“日期选取”对话框进行日期选取。

1.4.8　绘图输出

绘图输出功能用来打印当前绘图区的图形。

【执行方式】

- 命令行：plot

- 菜单："文件"→"打印"
- 工具栏："标准"工具栏→
- 快捷键：Ctrl+P

【操作步骤】

1 启动"绘图输出"命令，弹出"打印对话框"对话框，如图1-24所示。

2 设置完成后单击"打印"按钮即可。

> **注意**
>
> 如果希望更改打印线型，单击"编辑线型"按钮，会弹出图 1-25 所示的"线型设置"对话框。如果希望将一张大图用多张较小的图样分别输出，在"打印对话框"对话框中勾选"拼图"复选框，并在"页面范围"一栏选取要输出的页码。

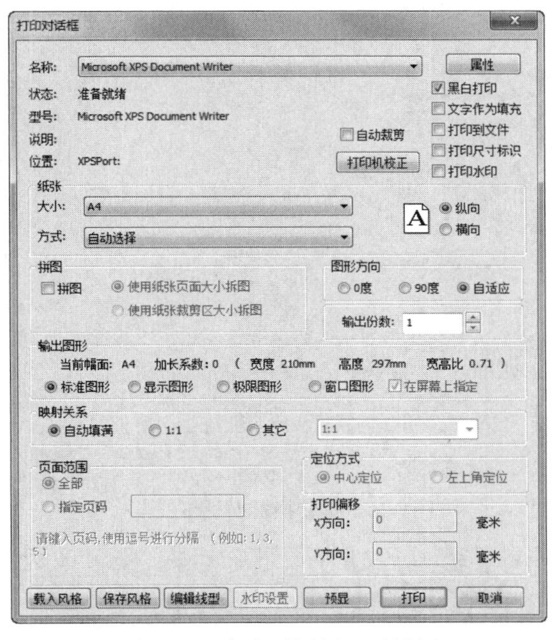

图1-24 "打印对话框"对话框

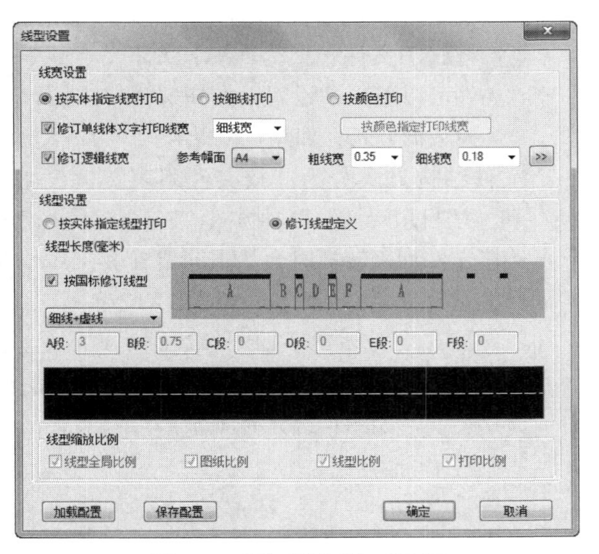

图1-25 "线型设置"对话框

1.4.9 退出

退出功能用来退出CAXA CAD电子图板系统。

【执行方式】

- 命令行：quit/exit
- 菜单："文件"→"退出"
- 快捷键：Alt+F4

【操作步骤】

启动"退出"命令即可。

注意

如果当前文件还未存盘，系统将弹出文件是否存盘的提示。

1.5 DWG/DXF批转换器

DWG/DXF批转换器功能可以实现DWG/DXF和EXB格式的批量转换。

【执行方式】

- 菜单："文件"→"DWG/DXF批转换器"

【操作步骤】

1 单击"文件"下拉菜单中的"DWG/DXF批转换器"命令，弹出"第一步：设置"对话框。

2 转换方式有"将DWG/DXF文件转换为EXB文件""将EXB文件转换为DWG/DXF文件"两种。

3 将EXB文件转换为DWG/DXF文件可以单击"设置"按钮选择转换数据方式，如图1-26所示。

文件结构方式分为"按文件列表转换"和"按目录转换"两种方式。

- 按文件列表转换时会从不同位置多次选择文件，"选取DWG/DXF文件格式"对话框，如图1-27所示。转换后的文件放在用户指定的目标路径下，如图1-28所示。

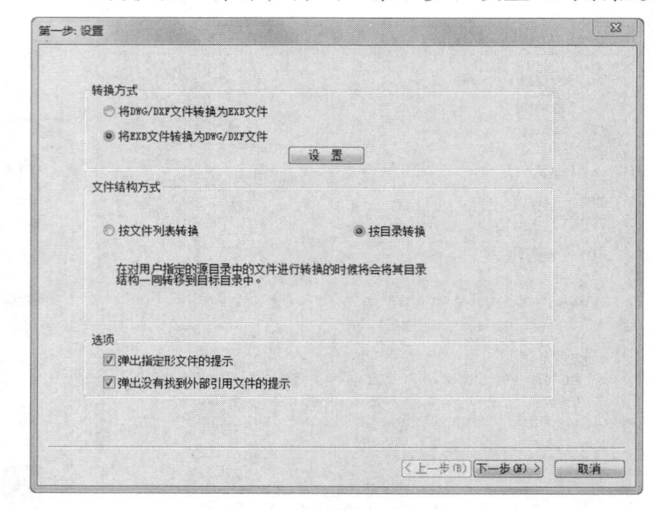

图1-26　批转换器对话框

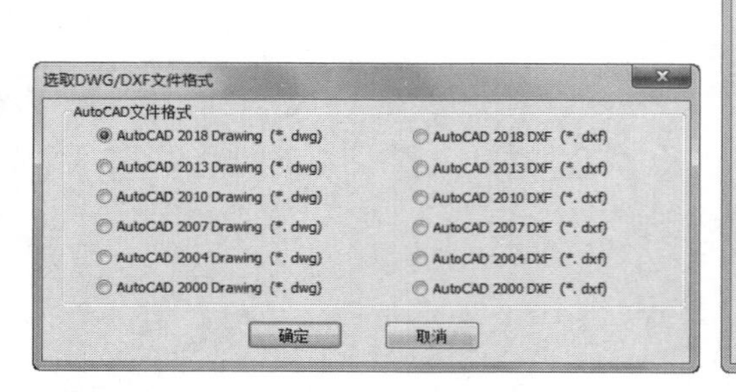

图1-27　"选取DWG/DXF文件格式"对话框

图1-28　"第二步：加载文件"对话框

➢ 转换后文件路径：进行文件转化后的存放路径。

➢ 添加文件：单个添加待转换文件。
➢ 添加目录：添加所选目录下所有符合条件的待转换文件。
➢ 清空列表：清空文件列表。
➢ 删除文件：删除列表内所选文件。
➢ 开始转换：转换列表内的待转换文件。转换完成后软件会询问是否继续操作，可以根据需要进行判断，如图1-29所示。

● 按目录转换：按目录的形式进行数据转换，将目录里符合要求的文件进行批量转换，如图1-30所示。

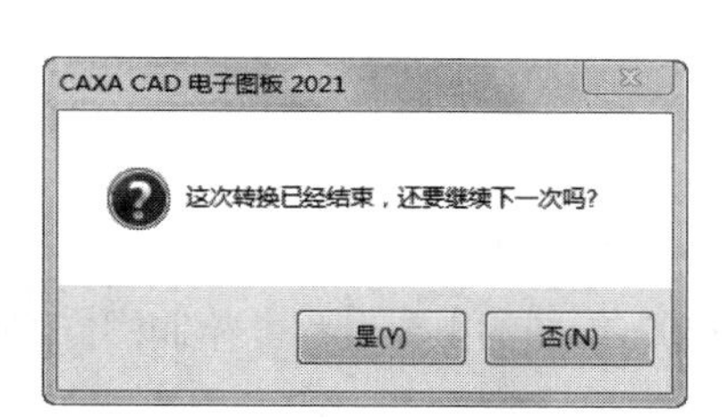

图1-29　询问对话框

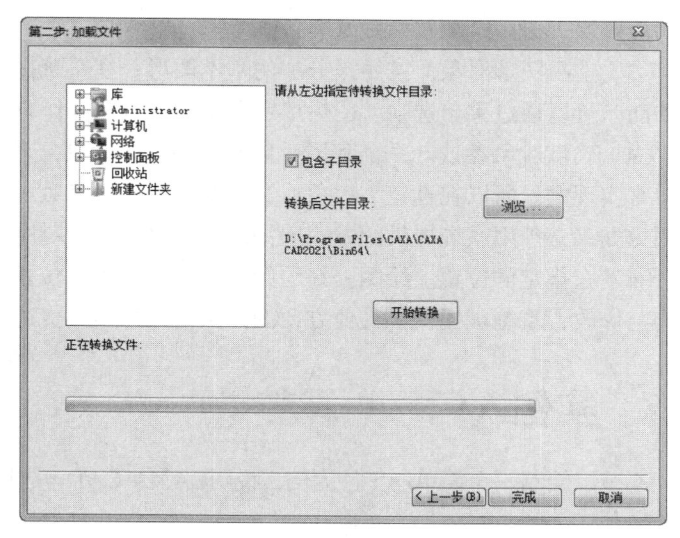

图1-30　“第二步：加载文件”对话框

如果将CAD中的图纸复制到电子图板中，系统默认图纸是一个块，是个整体，而且会保持CAD原来的线型颜色，如果CAD是白底黑字，复制过来的图素是黑色的，需要把电子图板的界面改成白底的，才可以看到图素。建议需要CAD原有图形的用户，可以考虑用并入文件或把要经常用的图形定义成一个图库。电子图板有传统的块定义工具，提供了更方便、更实用的参量化标准件库的自定义工具，可以并入文件或直接调用设置好的图库。

如果CAXA将AutoCAD的文件读过来的时候出现字体自动换行现象，可以将自动换行的字体选中然后进行编辑，将“框填充方式”里的“自动换行”改为“手动换行”即可。

1.6　CAXA CAD电子图板绘图基本步骤

工程图样一般包括如下几个方面的内容。

● 一组视图：根据构件结构的复杂程度，要科学合理地选择视图的个数和表达方式，能正确、完整、清晰地反映构件的全部工程信息，为今后的加工、检验、维修等工作提供依据。
● 尺寸：反映该构件的结构、形状大小等尺寸。
● 技术要求：包括构件的表面粗糙度、尺寸的配合公差、形状和位置公差以及加工和检验的工艺要求等。
● 标题栏：包括制图相关人员、构件相关情况以及零件序号和明细表等。

所以，用计算机进行工程制图时，就必须包含这些基本内容，同时也要按照工程图样的基本思路进行设计。在设计时，应按照如下的基本步骤实施。

（1）确定系统设置。为了使用的方便，CAXA CAD电子图板系统在安装完成以后，已经为用户默认设置好各种参数和界面，主要包括用户界面设置、坐标设置等。对于初学者而言，首先要习惯于这些默认设置，在熟悉了系统操作后，可以根据个人的习惯和爱好，按照系统提供的设置方法进行各种参数和界面的设置。因此，此步骤可以略过。

（2）确认制图基准、分解图形对象。先确定出三个方向的基准，再根据设计图纸或草图，将每个视图中的复杂图形，分解成若干个基本图形，同时考虑图形的对称性或分布规律，为充分利用系统功能资源、提高绘图效率做好准备。

（3）选择图形对象。按照被分解的基本图形，在系统提供的多种方式中选择绘制这些基本图形的功能。可以通过菜单选项、图标按钮和命令输入等操作方法进行选择。

（4）确认对象参数。系统利用对象的各种不同参数，来实现不同的绘图途径。它们是通过立即菜单来实现的。所以在选定了对象后，还要确定这些参数。系统提供一个默认的常用方式，可以不采用；如果必须用系统提供的方式进行，可以单击选择对应的参数。

（5）在指定的位置上绘图。在绘图区中的相应坐标位置上绘制。如果要对绘制的图形进行属性查询与修改，系统也提供了其他方便的方法，此处不再赘述。

1.7 实例入门——阀芯

本节以绘制一个简单的工件为例，说明CAXA CAD电子图板2021绘图的主要过程。绘制图1-31所示的零件图。

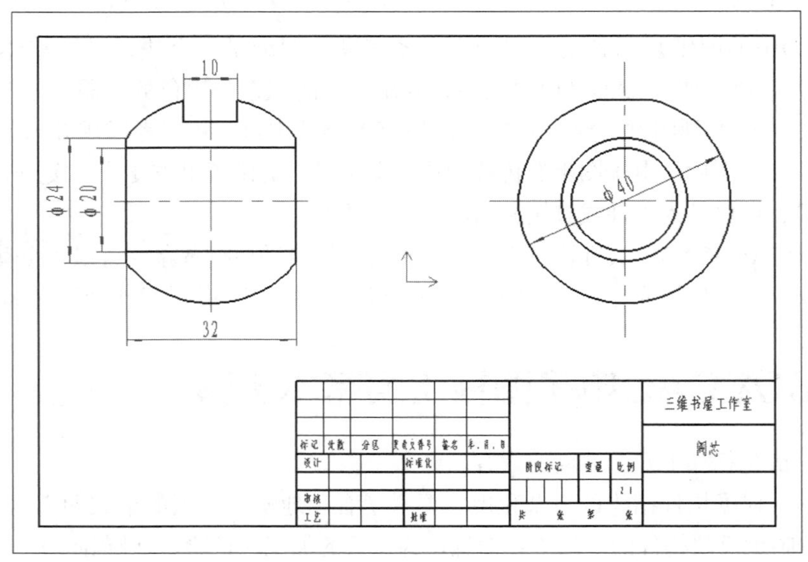

图1-31 零件图

【操作步骤】

（1）配置绘图环境

1 启动CAXA CAD电子图板。执行“开始”→“程序”→CAXA→“CAXA CAD电子图

板2021”→“CAXA CAD电子图板2021”命令或在Windows桌面上使用鼠标左键双击CAXA电子图板应用程序快捷方式图标，启动CAXA CAD电子图板2021，进入CAXA CAD电子图板2021用户界面。

2 建立新文件。执行“文件”→“新建”命令，弹出“新建”对话框，如图1-32所示。在“新建”对话框中提供了若干种图幅样板，可以根据需要选择使用。也可以采用无样板打开，即BLANK样板创建空白文档，在绘图过程中通过“幅面”菜单重新进行图幅设置。本节中采用GB-A4样板创建空白文档。

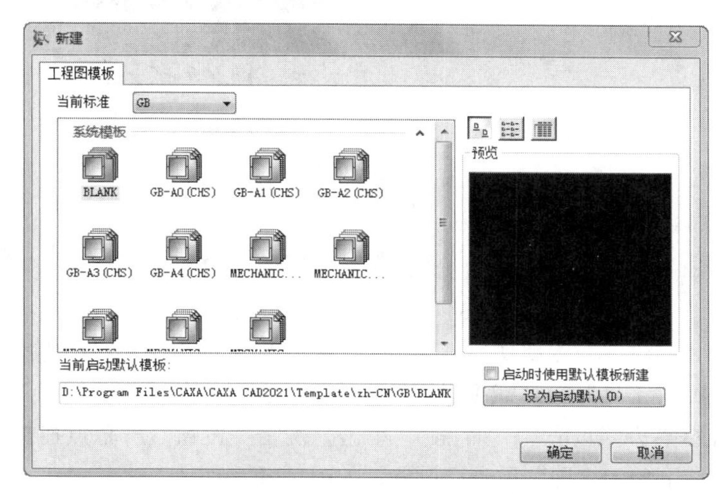

图1-32　“新建”对话框

3 保存文件。执行“文件”→“另存为”命令，弹出“另存文件”对话框，如图1-33所示。选择保存路径，填写文件名称“阀芯”，单击“保存”按钮完成保存。

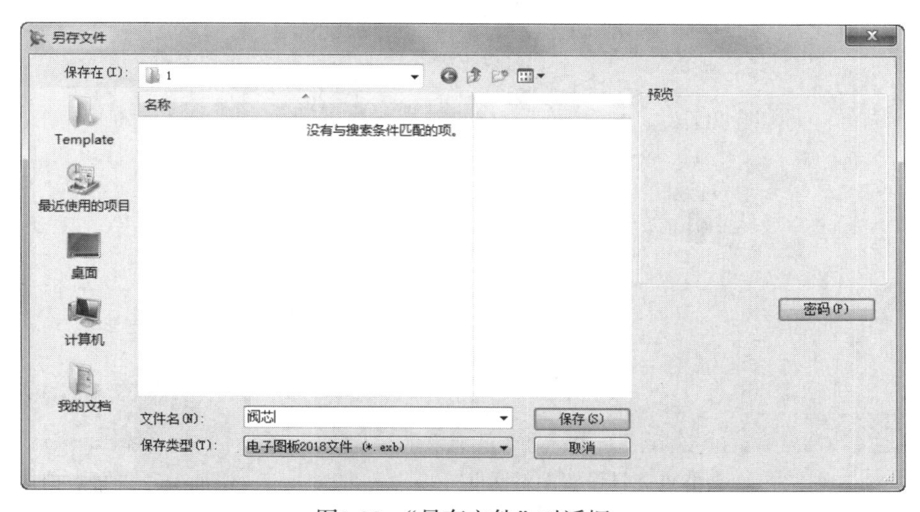

图1-33　“另存文件”对话框

4 图幅设置。执行“幅面”→“图幅设置”命令，根据阀芯的实际尺寸在“图幅设置”对话框中将图纸幅面设置为A4，图纸比例设置为2:1，将图纸方向设置为横放，选择调入相应的图框与标题栏，如图1-34所示，单击“确定”按钮。

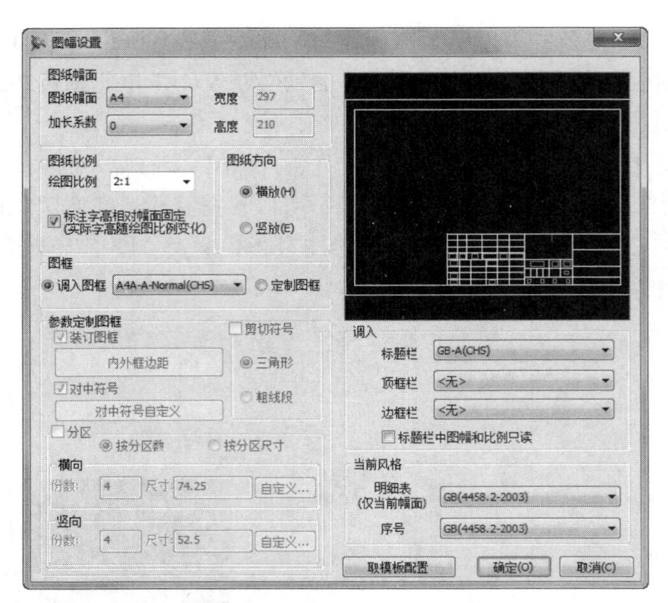

图1-34 “图幅设置”对话框

5 设置捕捉方式。将当前图层切换到“0层”。为了准确捕捉中心点，需要进行屏幕点捕捉方式设置：执行“工具”→“捕捉设置”命令，弹出“智能点工具设置”对话框，如图1-35所示。将屏幕点方式设置为“智能”，单击“确定”按钮。屏幕点捕捉方式设置也可以通过用户界面右下角的立即菜单进行设置，如图1-36所示。

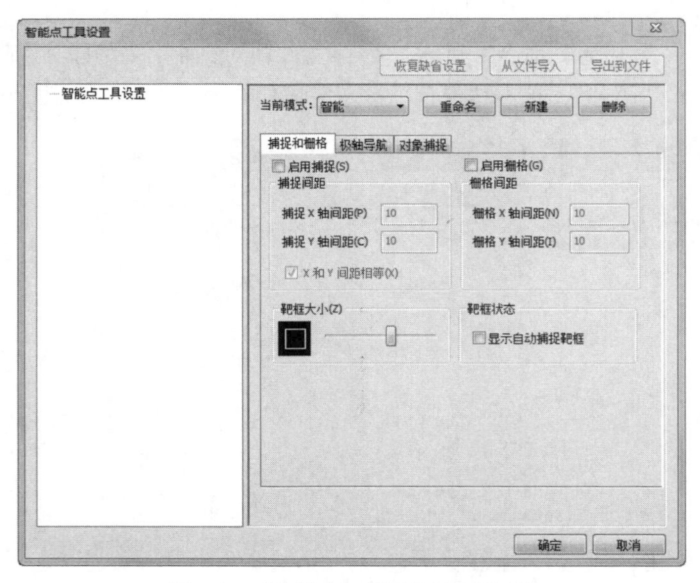

图1-35 “智能点工具设置”对话框

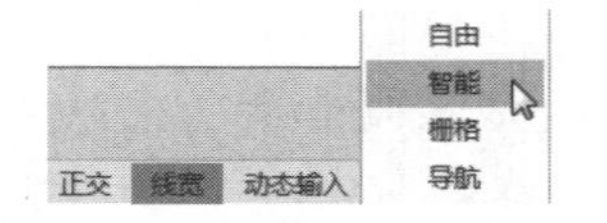

图1-36 屏幕点捕捉方式设置

（2）绘制中心线

1 切换当前图层：执行“格式”→“图层”命令，弹出“层设置”对话框，如图1-37所示。单击“中心线层”，然后单击“设为当前”按钮，将“中心线层”设置为当前图层，单击“确定”按钮，关闭“层设置”对话框，从而完成当前图层的切换。也可以通过单击“图层颜色”工具栏中心线层中的下拉按钮，弹出下拉菜单，在下拉菜单中选择当前图层。

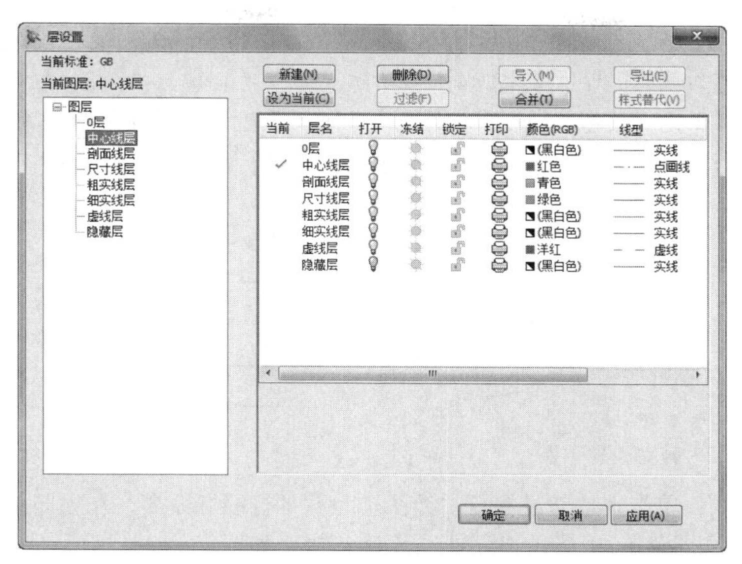

图1-37　“层设置”对话框

2 绘制中心线：单击按钮或执行“绘图”→“直线”命令，用键盘在命令行输入line，弹出“绘制直线”立即菜单，如图1-38所示。在立即菜单1中选择“两点线”，在立即菜单2中选择“单根”。单击绘图区域可以拾取两点，则第一条直线绘制出来，单击鼠标右键取消当前命令。为了准确地绘制出直线，可以使用键盘在命令行输入两点坐标。同理，绘制出另外一条中心线，并且与第一条正交，结果如图1-39所示。

1. 两点线　2. 单根

图1-38　“绘制直线”立即菜单

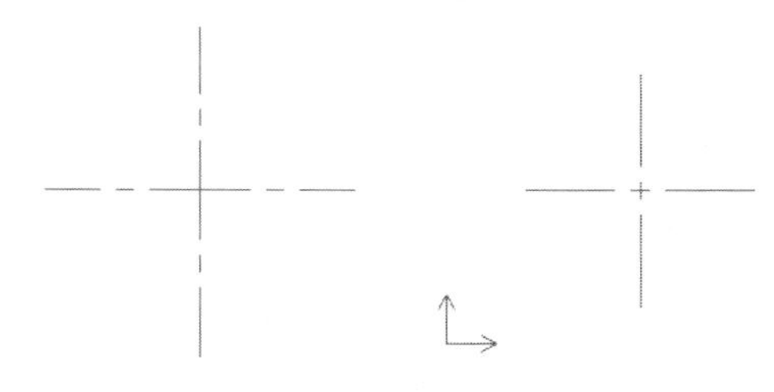

图1-39　绘制中心线结果

（3）绘制阀芯

1 绘制圆：将“粗实线层”设置为当前图层，单击按钮或执行“绘图”→“圆”命令，以右边中心线交点为圆心，绘制直径分别为40、24、20的同心圆，结果如图1-40所示。

2 绘制直线：将直径为40的圆，进行平移/复制操作。单击按钮或执行“绘图”→“直线”命令，从左视图的直径为24、20的圆的象限点引出4条直线，结果如图1-41所示。

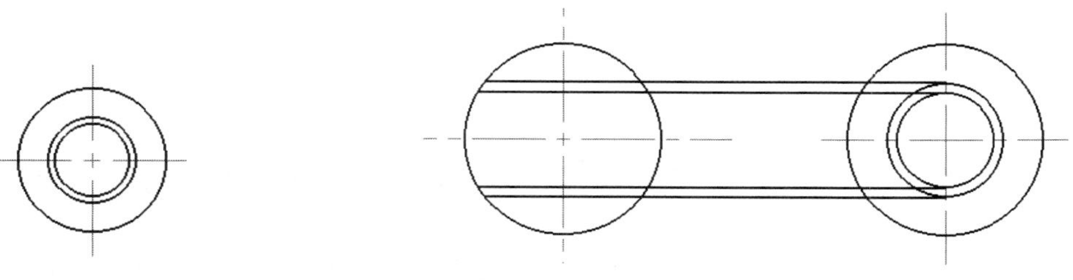

图1-40　绘制圆结果

图1-41　绘制直线结果

3 裁剪处理：单击按钮或执行“修改”→“裁剪”命令，在立即菜单中选择“拾取边界”，拾取左边圆为裁剪边界，结果如图1-42所示。

4 绘制直线：单击按钮或执行“绘图”→“直线”命令，连接从直径为24的圆的象限点引出的直线与直径为40圆的交点，同时对多余曲线进行裁剪，结果如图1-43所示。

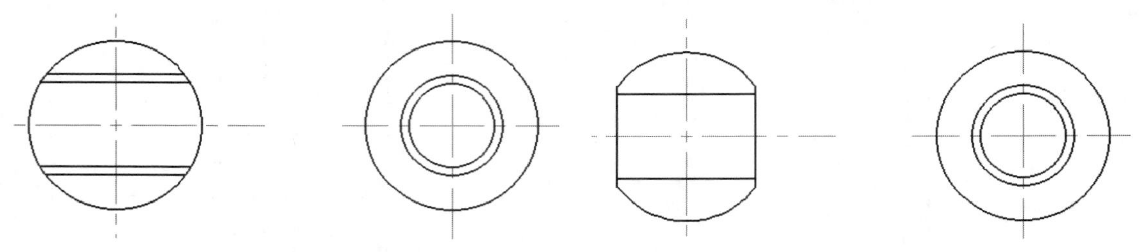

图1-42　裁剪处理结果　　　　图1-43　绘制直线结果

5 绘制平行线：单击按钮或执行“绘图”→“平行线”命令，在立即菜单1中选择“偏移方式”，在立即菜单2中选择“双向”。命令行提示如下。

拾取直线：(选择竖直中心线)
输入距离或指定点(切点)：5↙

6 在立即菜单2中选择“单向”，将水平中心线向上偏移15，结果如图1-44所示。

7 裁剪处理：单击按钮或执行“修改”→“裁剪”命令，结果如图1-45所示。

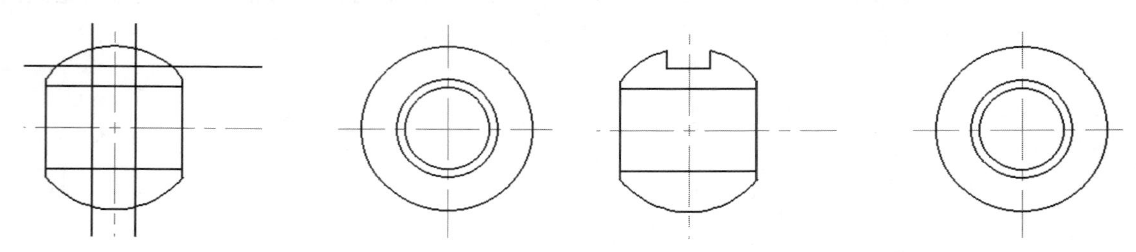

图1-44　平移/复制处理结果　　　　图1-45　裁剪处理结果

8 绘制直线：单击按钮或执行“绘图”→“直线”命令，从主视图的最上方端点引出水平直线与左视图相交，结果如图1-46所示。

9 裁剪处理：单击按钮或执行“修改”→“裁剪”命令，结果如图1-47所示。

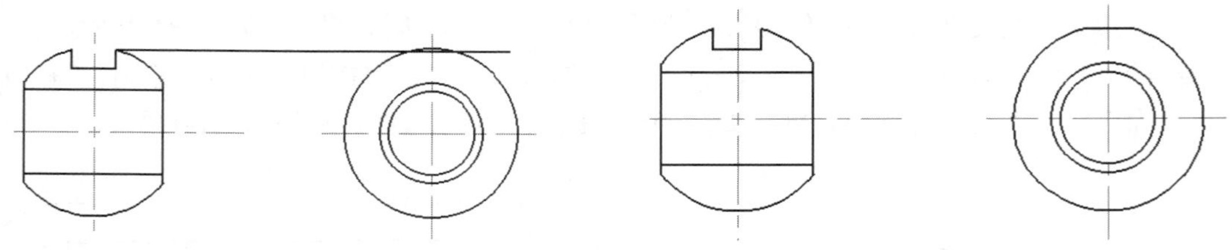

图1-46　绘制直线结果　　　　图1-47　裁剪处理结果

10 标注尺寸：将“尺寸线层”设置为当前图层，单击按钮或执行“标注”→“尺寸标注”命令，标注尺寸，结果如图1-48所示。

11 填写标题栏：执行“幅面”→“标题栏”→“填写”命令，弹出“填写标题栏”对话框，通过键盘输入相应的文字，结果如图1-49所示。

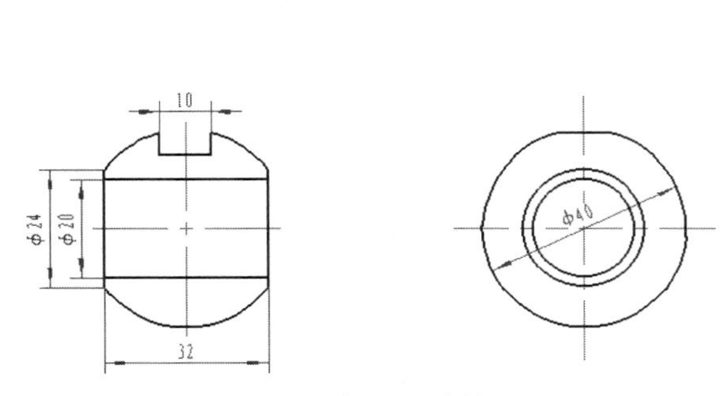

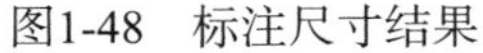
图1-48 标注尺寸结果

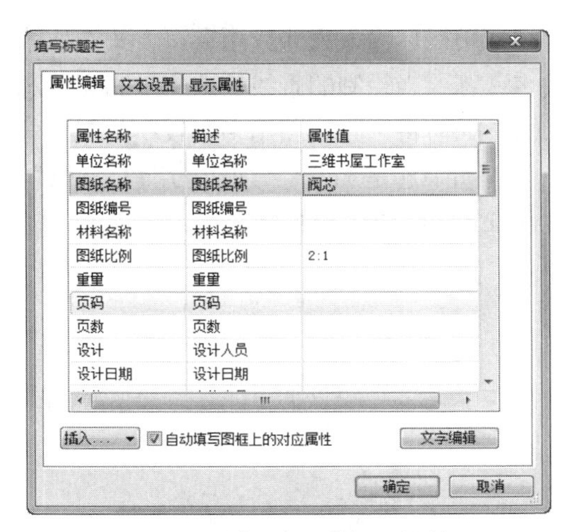

图1-49 “填写标题栏”对话框

1.8 上机操作

1．用鼠标输入方式绘制一个圆。

操作提示

（1）用鼠标左键双击桌面的电子图板的图标，启动电子图板。

（2）操作提示区提示“命令：”，这时选择“绘图”→“圆”菜单命令（或用鼠标光标单击“绘图工具”工具栏中的图标按钮）。

（3）在绘图区左下角出现“绘制圆”立即菜单，如图1-50所示，选择“圆心_半径”方式，系统提示“圆心点：”，用鼠标光标在绘图区的合适位置单击以确定圆心的位置。

图1-50 “绘制圆”立即菜单

（4）移动鼠标，再单击左键，会有一个圆出现在绘图区。

2．绘制一幅图形，将其保存为AutoCAD 2004 Drawing（*.dwg）类型的文件，并再次用电子图板打开此文件。

操作提示

（1）绘制图形。

（2）启动“保存文件”命令，弹出“另存文件”对话框。

（3）在“文件名”一栏中输入要保存的文件名称，在“保存类型”一栏中选择“AutoCAD 2004 Drawing（*.dwg）”，单击“保存”按钮。

（4）关闭电子图板，重新打开一个新界面。

（5）启动“打开文件”命令，弹出“打开”对话框，在该对话框中的“文件类型”一栏中选择“DWG文件”类型，然后在相应的文件夹中找到要打开的文件，单击“打开”按钮即可。

1.9 思考与练习

1．试绘制一条从点（0,15）到点（30,50）的直线。

2．请读者用相对坐标输入法绘制第1题中的直线。

3．用鼠标输入方式或用窗口方式选取第2题中绘制的直线。

4．练习当绘制的直线被选中呈高亮状态时，按空格键弹出“拾取工具”菜单。

5．如何将一张大图用多张较小的图样分别输出？

6．如果您是AutoCAD的老用户，试试将您的DXF或DWG格式的文件转换成CAXA CAD电子图板的EXB格式的文件。

第2章　系统设置与界面定制

系统设置是对系统的初始化环境和条件进行设置，包括层控制、线型、颜色、文本风格、标注风格、剖面图案、点样式、三视图导航、用户坐标系、捕捉点设置、拾取过滤设置、系统配置、界面定制、界面操作等。

2.1　层控制

【执行方式】

- 命令行：layer
- 菜单："格式"→"图层"
- 工具栏："颜色图层"工具栏→

【操作步骤】

1 启动"图层"命令，弹出"层设置"对话框，如图2-1所示。

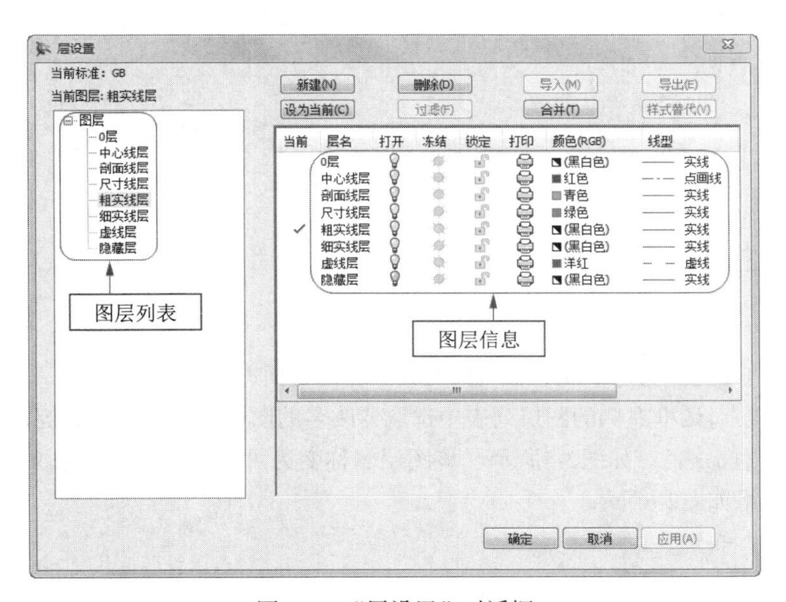

图2-1　"层设置"对话框

2 在"层设置"对话框中，可以进行相关的层操作。

2.1.1　新建图层

在图2-1的"层设置"对话框中，用鼠标光标单击"新建"按钮，弹出图2-2所示的"CAXA CAD电子图板2021"对话框，单击"是"按钮，弹出"新建风格"对话框，如图2-3所示。输入风格名称，并选择一个基准风格，单击"下一步"按钮后在图层列表框的最后一行可以看到该新建图层，新建图层默认使用所选的基准风格的设置，如图2-4所示。

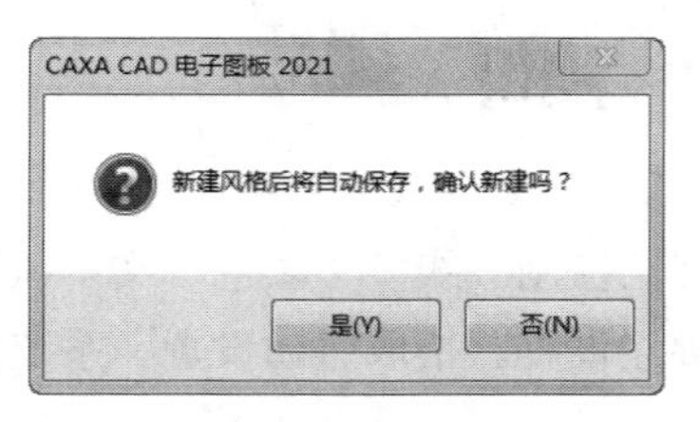

图2-2 “CAXA CAD电子图板2021”对话框

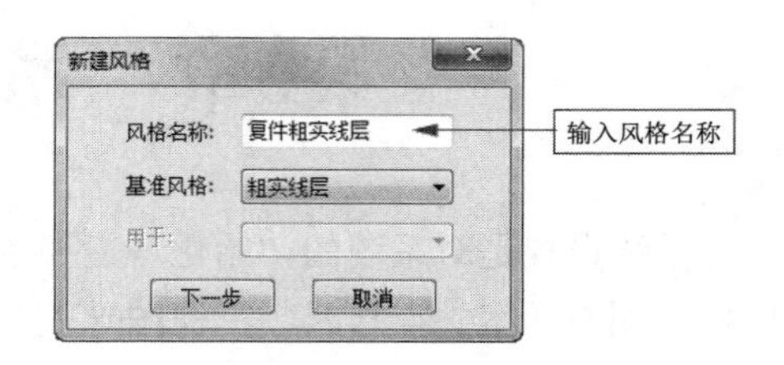

图2-3 “新建风格”对话框

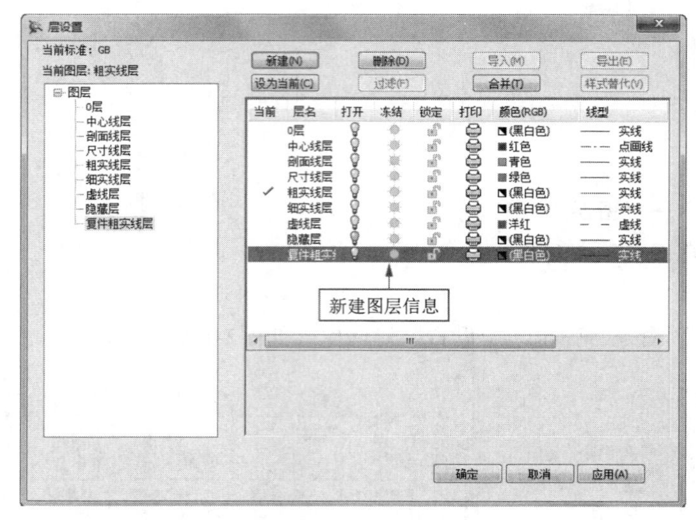

图2-4 “层设置”对话框

2.1.2 层属性操作

在图2-4中可以看出，层状态为“打开”状态，颜色为“黑白色”，线型为“实线”，层锁定为“打开”状态，层打印为“打印”状态，可以对其中任何一项进行修改。

- 修改层名：在对话框左侧的图层列表中选取要改名的图层，单击鼠标右键，在弹出的快捷菜单中选择“重命名”，如图2-5所示。该图层名称变为可编辑状态，输入文字7，单击对话框空白处，结果如图2-6所示。

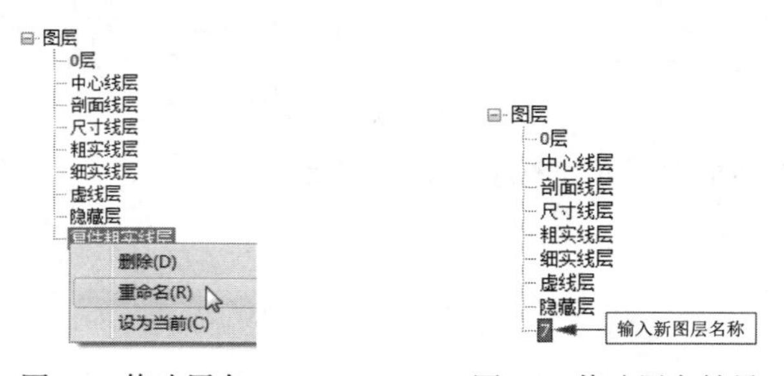

图2-5 修改层名　　图2-6 修改层名结果

- 改变层状态：在要打开或关闭的图层的层状态处，用鼠标左键单击按钮，进行图层打开或关闭的切换。
- 改变颜色：用鼠标左键单击层颜色(黑白色)，弹出“颜色选取”对话框，如图2-7所示，在此选取或定制该图层的颜色，然后单击“确定”按钮即可。具体方法见“颜色设置”一节。

● 改变线型：用鼠标左键单击层线型—— 实线，弹出“线型”对话框，如图2-8所示，选取该图层的线型，然后单击“确定”按钮即可。

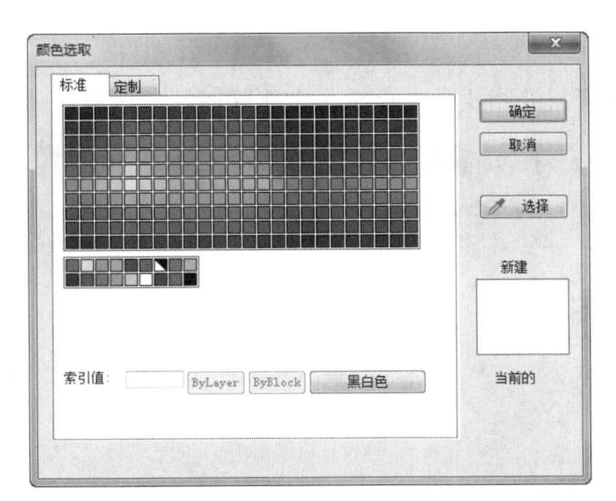

图2-7 “颜色选取”对话框

图2-8 “线型”对话框

● 改变层冻结：在要冻结或解冻的图层的层状态处，用鼠标左键单击按钮，可以进行图层冻结或解冻的切换。
● 改变层锁定：在要锁定或打开的图层的层状态处，用鼠标左键单击按钮，可以进行图层锁定或打开的切换。
● 改变层打印：在要设置为打印或不打印图层的层状态处，用鼠标左键单击按钮，可以进行图层打印或不打印的切换。图层不打印的层状态的图标变为，此图层的内容在打印时不会输出，这对于绘图中不想打印出来的辅助线层很有帮助。

2.1.3 设置当前层

当前层是指当前绘图正在使用的层，要想在某层上绘图，必须先将该层设置为当前层。

将某层设置为当前层，有以下两种方法。

（1）用鼠标左键单击“颜色图层”工具栏中的当前层下拉列表右侧的向下箭头，如图2-9所示，在列表中选取所需的图层。

注意

用鼠标左键单击图 2-9 中的颜色设置图标或层线条框 ——ByLayer 右侧的向下箭头可直接改变当前图层的颜色和线型。

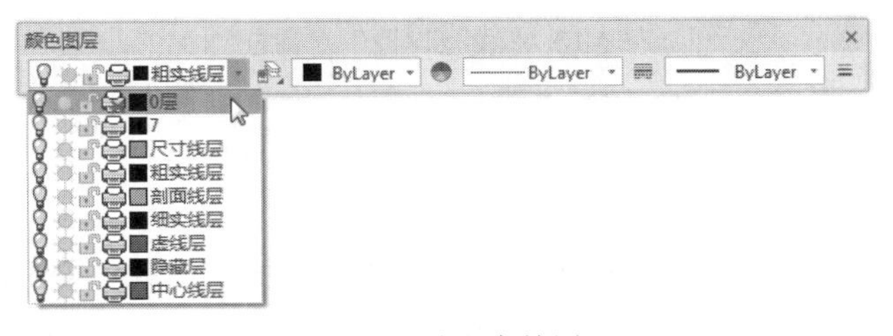

图2-9 设置当前层

（2）在图2-4所示的“层设置”对话框中直接选取所需的图层，然后单击“设为当前”按钮。

2.1.4 删除图层

在图2-4所示的“层设置”对话框中直接选取所需的图层，然后单击“删除图层”按钮。

注意

系统的当前层和初始层不能被删除。

2.2 线型设置

【执行方式】

- 命令行：ltype
- 菜单：“格式”→“线型”

【操作步骤】

启动“线型”命令，弹出“线型设置”对话框，如图2-10所示，该对话框列出了系统中的所有线型，用户可以对其中的线型进行设置。

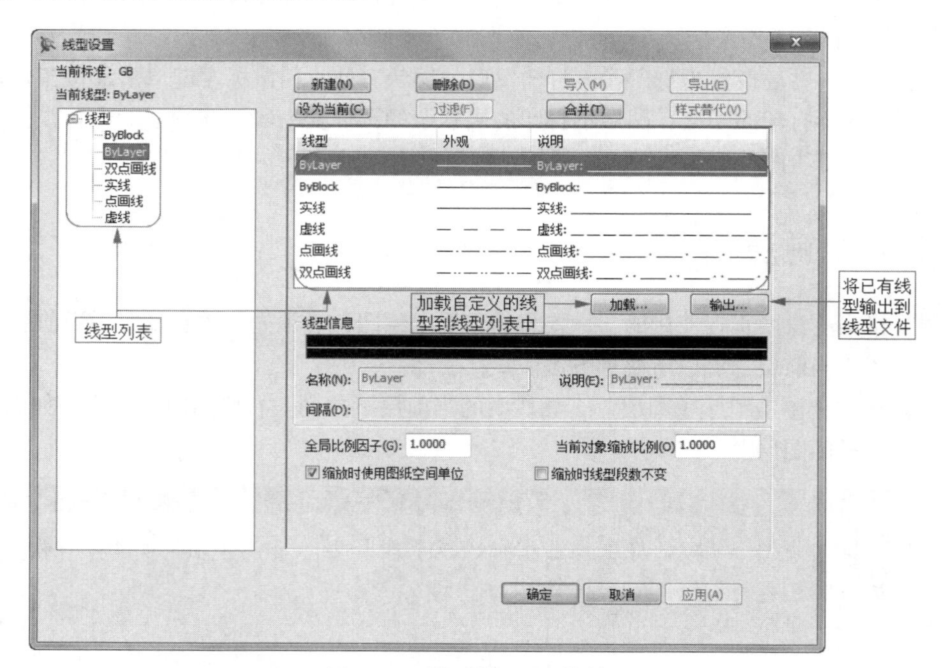

图2-10 “线型设置”对话框

2.2.1 加载线型

加载线型就是将线型加载到当前程序中。单击图2-10中的“加载”按钮，屏幕上会弹出图2-11所示的“加载线型”对话框，单击“文件”按钮，弹出图2-12所示的对话框，选择要加载的线型，单击“确定”按钮。

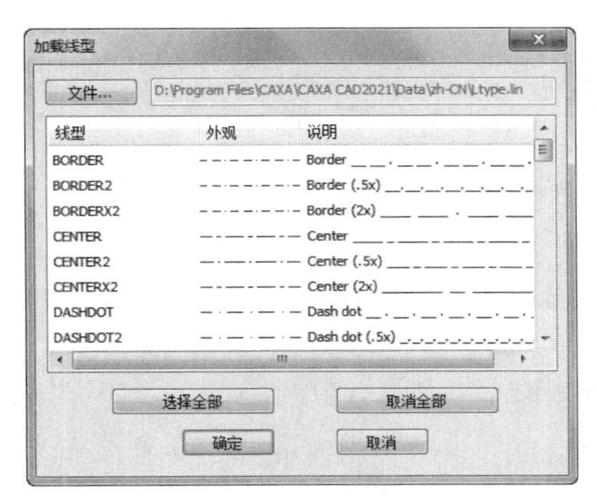

图2-11　“加载线型”对话框

图2-12　“打开线型文件”对话框

2.2.2　输出线型

将已有线型输出到一个线型文件保存。在图2-10所示的“线型设置”对话框中，单击“输出”按钮，弹出“输出线型”对话框，如图2-13所示，在列表框中选中需要输出的自定义线型，单击“确定”按钮即可输出该线型。

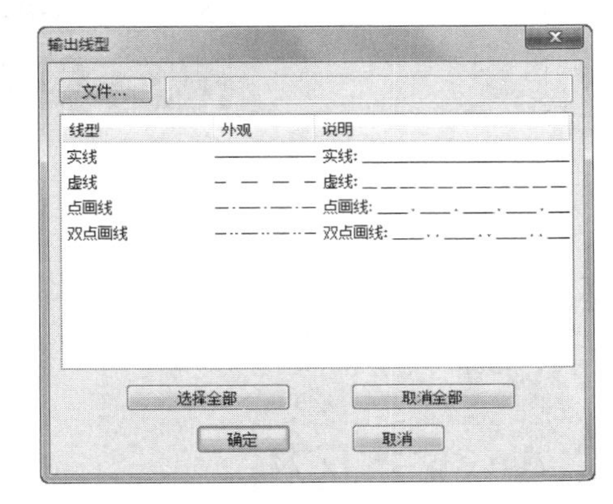

图2-13　“输出线型”对话框

2.3　颜色设置

【执行方式】

- 命令行：color
- 菜单：“格式”→“颜色”
- 工具栏：“颜色图层”工具栏→

【操作步骤】

1 启动“颜色”命令，弹出“颜色选取”对话框，如图2-14所示。

2 选中适当的颜色后，单击“确定”按钮即可完成颜色的设置。

在“颜色选取”对话框中，用户可以直接通过鼠标左键单击选取某种基本颜色，也可以添加自定义颜色。添加自定义颜色的方法有以下两种。

（1）可以直接在对话框左下角的6个文本框中输入相应的数值来选择颜色。

（2）也可以按下鼠标左键拖动色彩框中的光标，同时注意观察颜色框的变化，当颜色框中颜色符合要求时，松开鼠标左键即可。

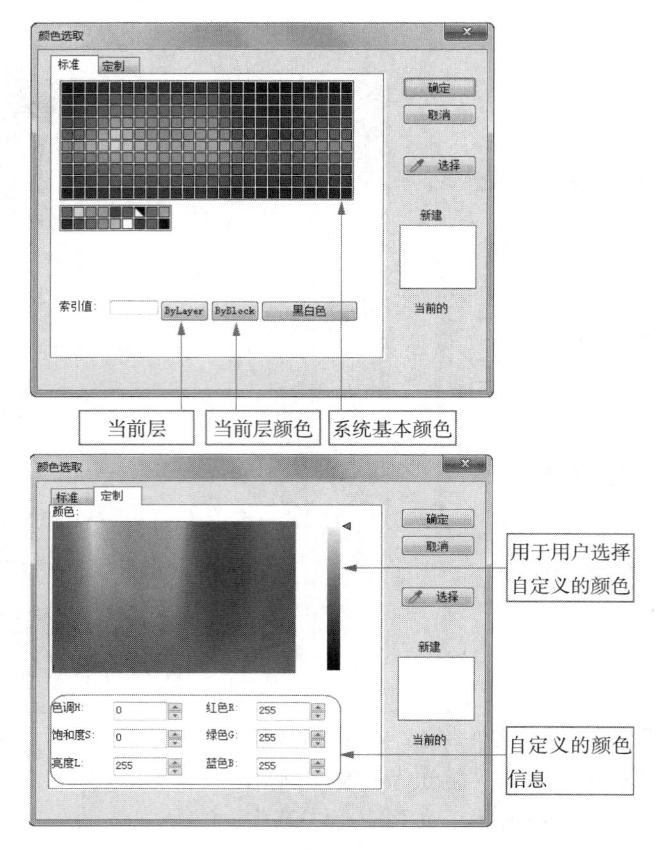

图2-14 “颜色选取”对话框

2.4 文本风格

【执行方式】

- 命令行：textpara
- 菜单：“格式”→“文字”
- 工具栏：“设置工具”工具栏→

【操作步骤】

1 启动“文字”命令，弹出“文本风格设置”对话框，如图2-15所示。

2 在该对话框中，可以对文字的各种参数进行设置。设置完毕后，单击“确定”按钮即可。

“文本风格设置”对话框列出了当前文件中所有已定义的字型。如果尚未定义字型，则系统预定义了两种字型：“标准”字型和“机械”字型。通过在这个组合框中选择不同项来切换当前字型。随着当前字型的变化，对话框下部列出的字型参数相应变化为当前字型对应的参数，预显框中的显示也会随之变化。

对字型可以进行5种操作：新建、设为当前、重命名、删除、合并。单击“新建”按钮，将弹出相应对话框以供输入新字型名，系统用修改后的字型参数创建一个以输入的名字命名的新字型，并将其设置为当前字型；单击“设为当前”按钮，系统则将当前字型的参数更新为修改后的值。

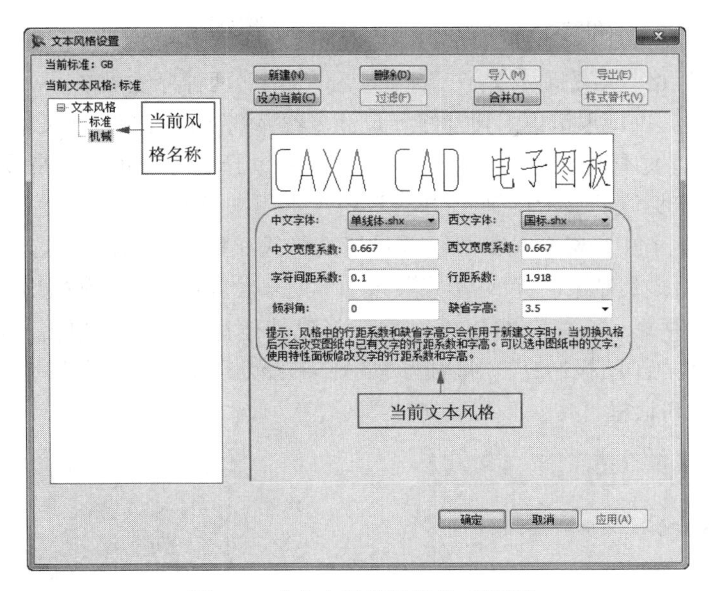

图2-15　“文本风格设置”对话框

2.5　标注风格

【执行方式】

- 命令行：dimpara
- 菜单：“格式”→“尺寸”
- 工具栏：“设置工具”工具栏→

【操作步骤】

1 启动“尺寸”命令，弹出“标注风格设置”对话框，如图2-16所示。

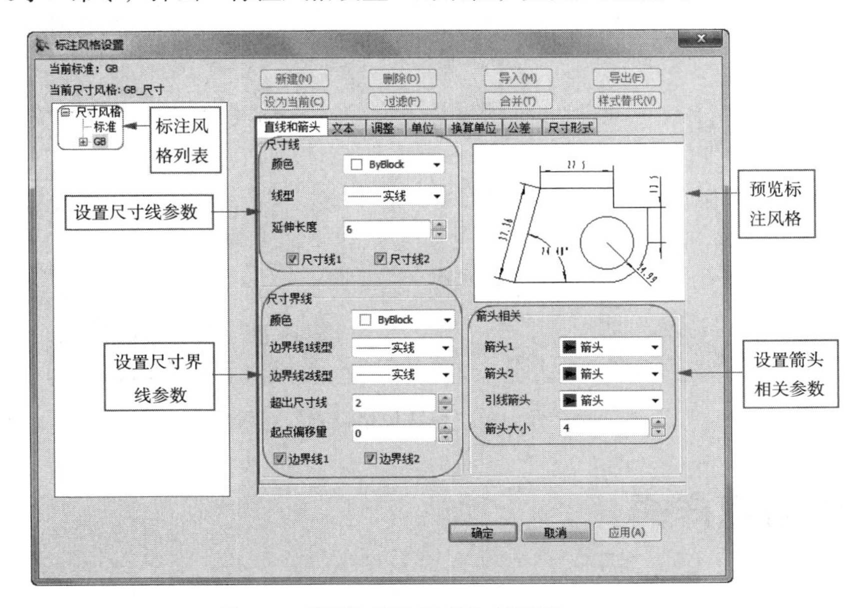

图2-16　“标注风格设置”对话框

2 在该对话框中，可以对当前的标注风格进行编辑修改，也可以新建一个标注风格并设置为当前的标注风格。系统预定义了“标准”和“GB”两种标注风格。

3 “直线和箭头”选项卡可以对尺寸线、尺寸界线及箭头进行颜色和风格的设置；“文本”选项卡用来设置文本风格及与尺寸线的参数关系；“调整”选项卡用来设置尺寸线及文字的位置，并确定标注的显示比例；“单位”选项卡用来设置标注的精度；“换算单位”选项卡用来标注测量值中换算单位的显示并设置其格式和精度；“公差”选项卡用来设置标注文字中公差的格式及显示；“尺寸形式”选项卡用来设置弧长标注和引出点等参数。

4 单击图2-16中的“新建”按钮可以重新创建其他标注风格。单击“新建”按钮，弹出“CAXA CAD电子图板2021”对话框，如图2-17所示，单击“是”按钮，弹出图2-18所示的“新建风格”对话框。

图2-17 “CAXA CAD电子图板2021”对话框

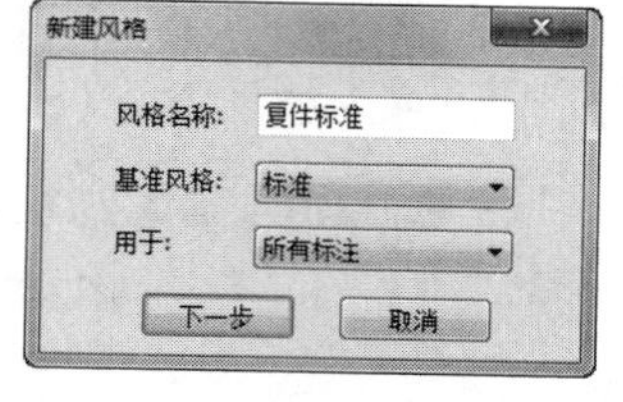

图2-18 “新建风格”对话框

5 在“风格名称”文本框中输入新建的风格名称，单击“下一步”按钮，弹出图2-19所示的“标注风格设置”对话框，在“尺寸形式”选项卡中可以对新建的标注风格进行编辑、设置。

6 设置完成后，单击“确定”按钮即可。

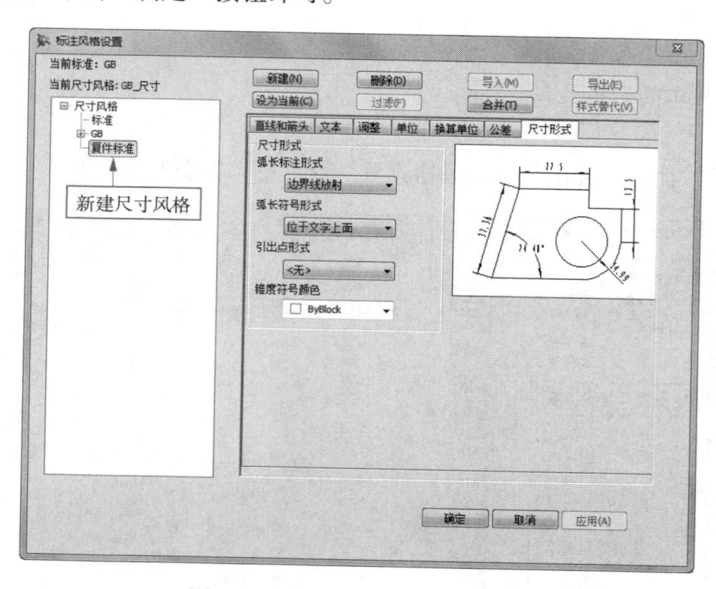

图2-19 “标注风格设置”对话框

2.6 设置点样式

【执行方式】

- 命令行：ddptype

- 菜单：“格式”→“点”
- 工具栏：“设置工具”工具栏→

【操作步骤】

1. 启动“点”命令，弹出图2-20所示的“点样式”对话框。
2. 在该对话框中，用户可以选择20种不同风格的点，还可根据不同需求来设置点的大小。
3. 设置完成后，单击“确定”按钮即可。

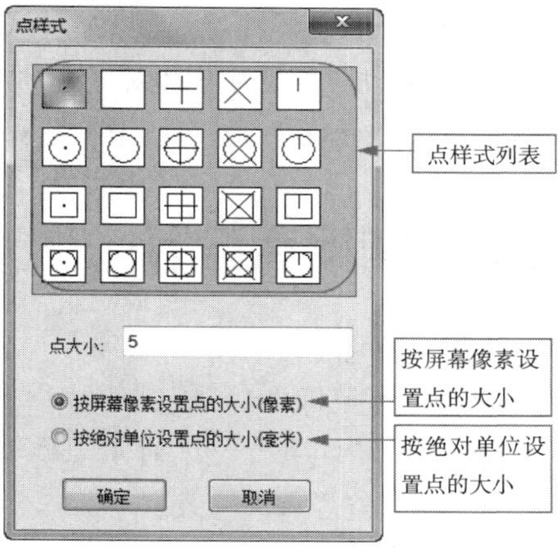

图2-20　“点样式”对话框

2.7　用户坐标系

绘制图形时，合理使用用户坐标系可以使坐标点的输入更方便，从而提高绘图效率。当用鼠标光标选取“工具”菜单时，在其下拉列表中会显示出关于坐标系的两个命令：新建坐标系和坐标系管理，如图2-21所示。

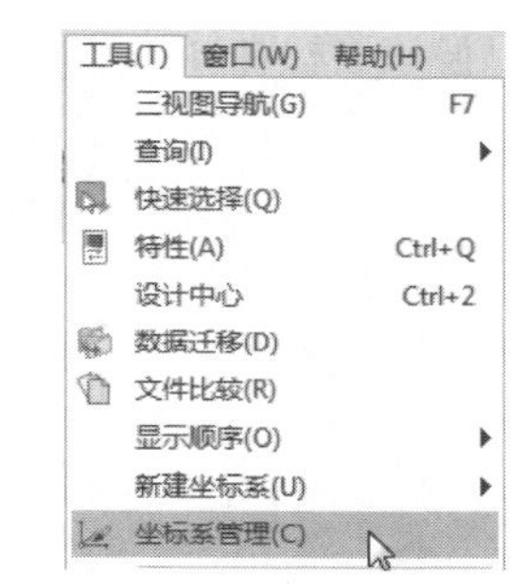

图2-21　用户坐标系菜单

2.7.1　新建用户坐标系

【执行方式】

- 菜单：“工具”→“新建坐标系”→“原点坐标系”

【操作步骤】

1. 启动“新建坐标系”命令。
2. 按照系统提示输入用户坐标系的基点，然后再根据提示输入坐标系的旋转角，即完成新用户坐标系的设置。

2.7.2　管理用户坐标系

【执行方式】

- 菜单：“工具”→“坐标系管理”

【操作步骤】

1. 启动“坐标系管理”命令，弹出图2-22所示的“坐标系”对话框。
2. 在该对话框中，可以对坐标系进行重命名和删除。

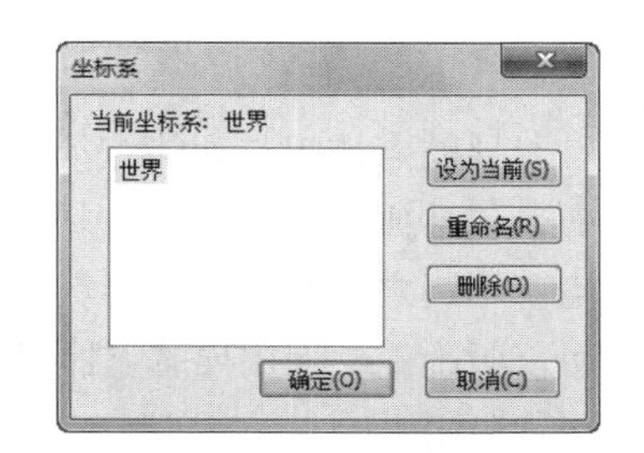

图2-22　“坐标系”对话框

2.7.3　切换当前用户坐标系

【执行方式】

- 快捷键：F5

【操作步骤】

直接启动“切换用户坐标系”命令，原当前坐标系失效，颜色变为非当前坐标系颜色；新的坐标系生效，坐标系颜色变为当前坐标系颜色。

2.8 捕捉点设置

【执行方式】

- 命令行：potset
- 菜单：“工具”→“捕捉设置”
- 工具栏：“设置工具”工具栏→

【操作步骤】

启动“捕捉设置”命令，弹出“智能点工具设置”对话框，如图2-23所示，在该对话框中，可以设置鼠标在屏幕上的捕捉方式。

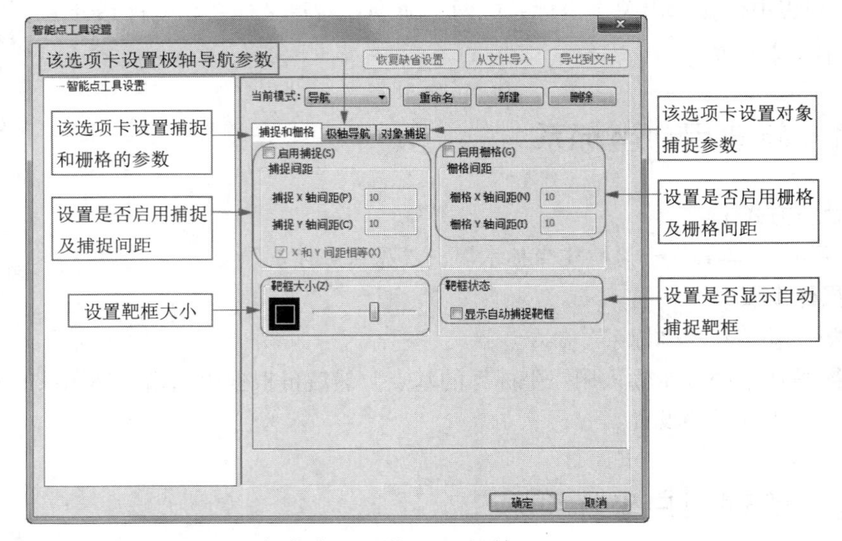

图2-23 “智能点工具设置”对话框

导航点捕捉与智能点捕捉有相似之处但也有明显的不同之处。相似之处就是捕捉的特征点相似，包括孤立点、端点、中点、圆心点、象限点等。当选择导航点捕捉时，这些特征点统称为导航点。不同之处在于用智能点捕捉时，十字光标线的X坐标线和Y坐标线都必须距离智能点最近时才可能吸附上，而用导航点捕捉时，只需十字光标线的X坐标线或Y坐标线之一距离导航点最近时就可能吸附上。

用户通过屏幕右下角的“捕捉状态”立即菜单来切换捕捉方式，如图2-24所示。

图2-24 “捕捉状态”立即菜单

2.9 三视图导航

【执行方式】

- 命令行：guide
- 菜单：“工具”→“三视图导航”

● 快捷键：F7

【操作步骤】

三视图导航是导航方式的扩充，主要是为了方便确定投影关系。当绘制完两个视图之后，可以使用“三视图导航”命令生成第三个视图。

【例2-1】绘制图2-25所示的三视图。

【操作步骤】

1 画主视图，并用“导航点”捕捉方式画俯视图。

2 启动“工具”→“三视图导航”菜单命令，根据提示给出第一点$P1$及第二点$P2$，屏幕上出现一条45°辅助导航的斜线，如图2-26所示。

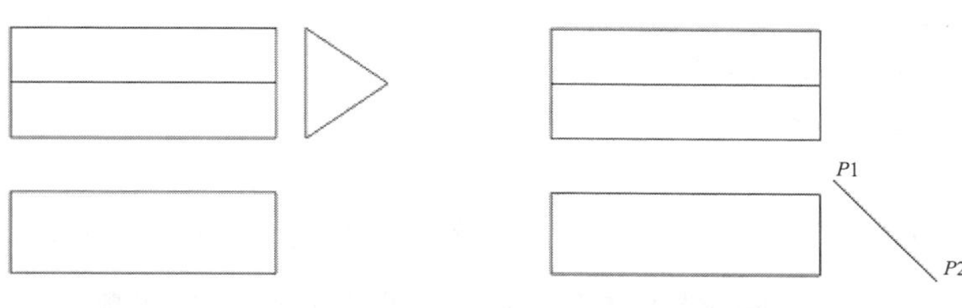

图2-25　三视图导航实例　　　　图2-26　绘制导航线

3 单击“绘图工具”工具栏中绘制直线的图标按钮，立即菜单的选项如图2-27所示，使用导航功能找到A点，单击鼠标左键，然后移动鼠标光标到B点再次单击左键，依次移动光标到C、A点并单击左键（分别如图2-28～图2-31所示），绘制完成。

4 再次选择“工具”→“三视图导航”菜单命令，黄色的导航线自动消失。

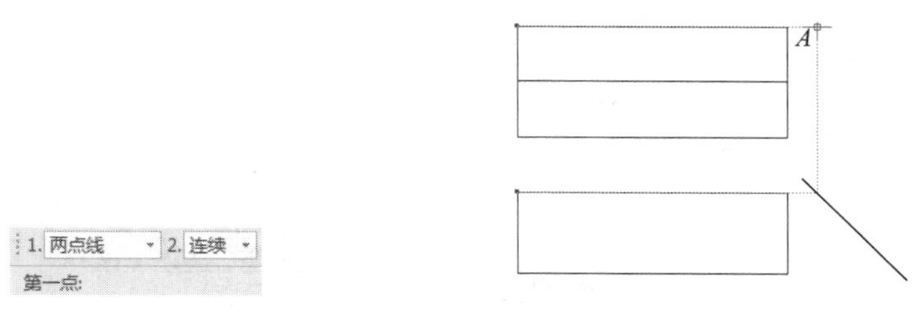

图2-27　“绘制直线”立即菜单　　　　图2-28　利用导航功能找到A点

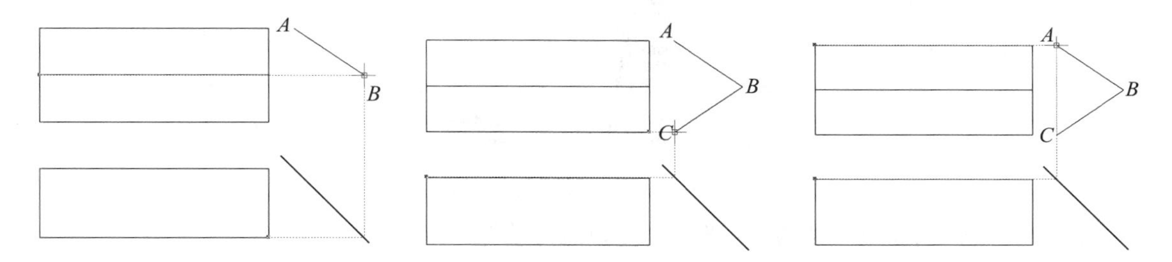

图2-29　利用导航功能找到B点　　图2-30　利用导航功能找到C点　　图2-31　利用导航功能再次找到A点

2.10　特性

【执行方式】

● 菜单：“工具”→“特性”

● 工具栏："常用工具"工具栏→

【操作步骤】

没有选择图素时，系统显示的是全局信息；选择不同的图素时，则显示不同的系统信息。选择直线时的属性查看信息如图2-32所示，信息中的内容除灰色项外都可进行修改。

特性名	特性值
当前特性	
层	粗实线层
线型	ByLayer
线型比例	1.000
线宽	ByLayer
颜色	ByLayer
几何特性	
起点	-1837.849, 93...
终点	-1177.614, 24...
长度	678.174
X增量	660.234
Y增量	154.953

图2-32 属性查看信息

2.11 拾取设置

【执行方式】

● 命令行：objectset

● 菜单："工具"→"拾取设置"

● 工具栏："设置工具"工具栏→

【操作步骤】

1 启动"拾取设置"命令，弹出"拾取过滤设置"对话框，如图2-33所示。

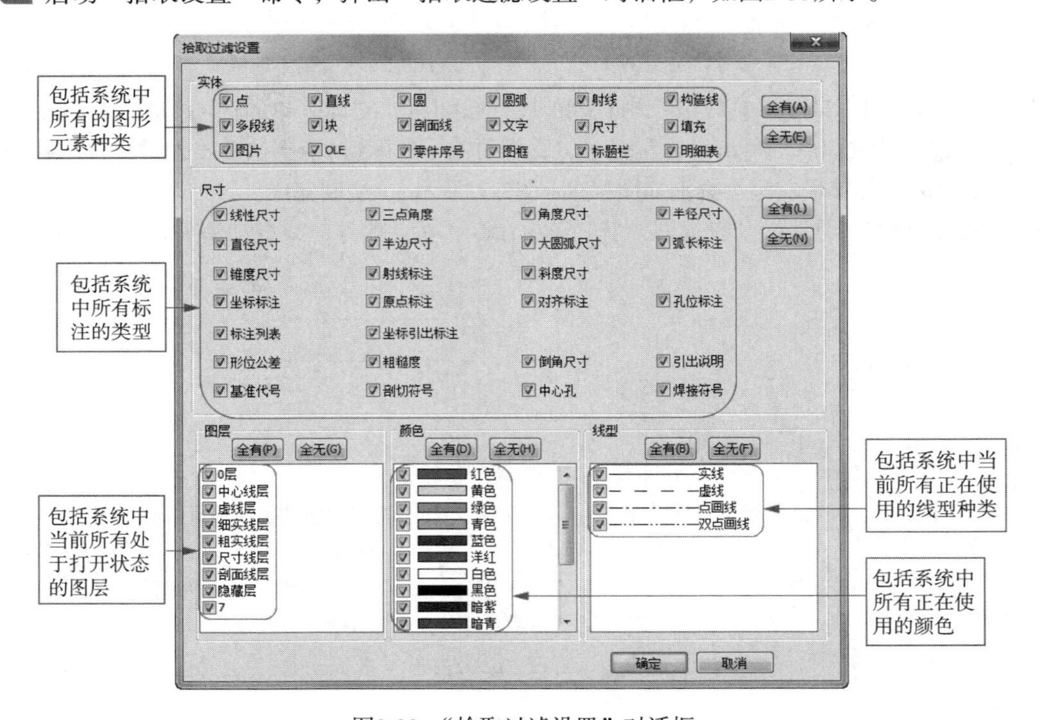

图2-33 "拾取过滤设置"对话框

2 在该对话框中，可以设置拾取图形元素的过滤条件。

3 设置完成后，单击"确定"按钮即可。

在"拾取过滤设置"对话框中，拾取过滤条件包括实体过滤、尺寸过滤、图层过滤、颜色过滤、线型过滤。这5种过滤条件的交集就是有效拾取，利用过滤条件组合进行拾取，可以快速、准确地从图中拾取到想要拾取的图形元素。

2.12　系统配置

【执行方式】

- 菜单："工具" → "选项"

【操作步骤】

1 启动"选项"命令，弹出"选项"对话框。

2 单击"选项"对话框左侧的"路径"选项，右侧显示出"路径"选项卡，如图2-34所示，在该选项卡中可以对文件路径进行设置。

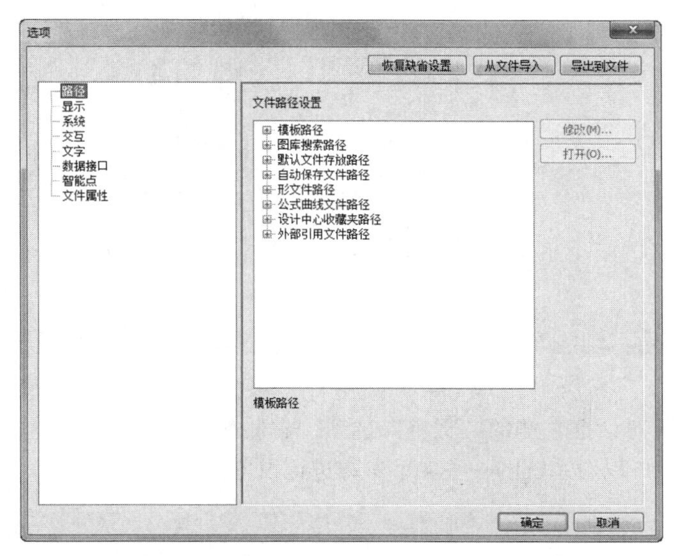

图2-34　"路径"选项卡

3 单击"选项"对话框左侧的"系统"选项，右侧显示出"系统"选项卡，如图2-35所示，在该选项卡中可以对系统的一些参数进行设置。

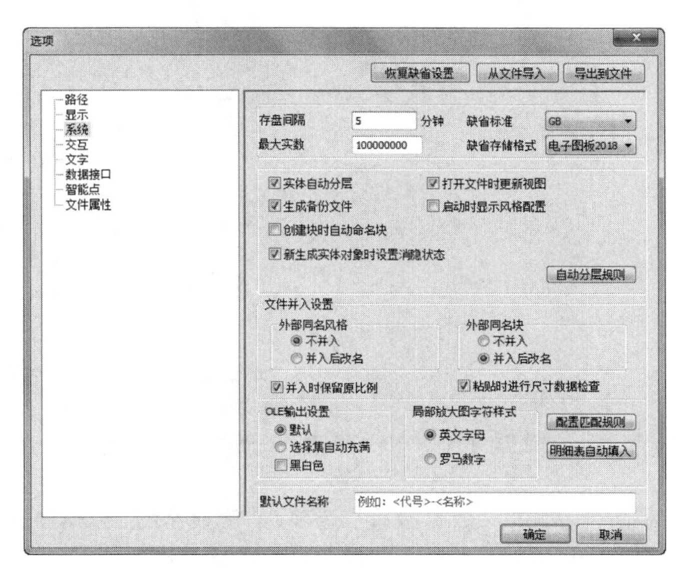

图2-35　"系统"选项卡

4 单击“选项”对话框左侧的“显示”选项，右侧显示出“显示”选项卡，如图2-36所示，在该选项卡中可以对系统的一些颜色参数和光标进行设置。

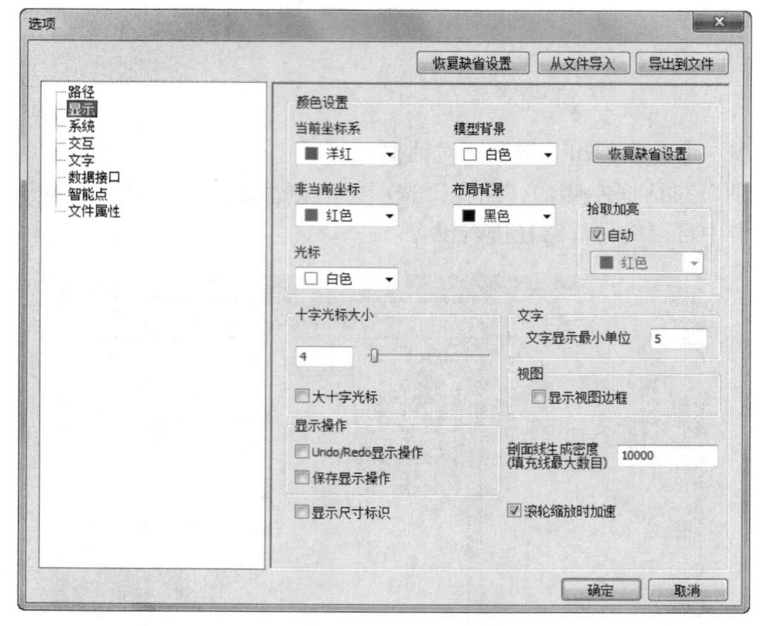

图2-36 “显示”选项卡

5 单击“选项”对话框左侧的“文字”选项，右侧显示出“文字”选项卡，如图2-37所示，在该选项卡中可以对系统的一些文字参数进行设置。

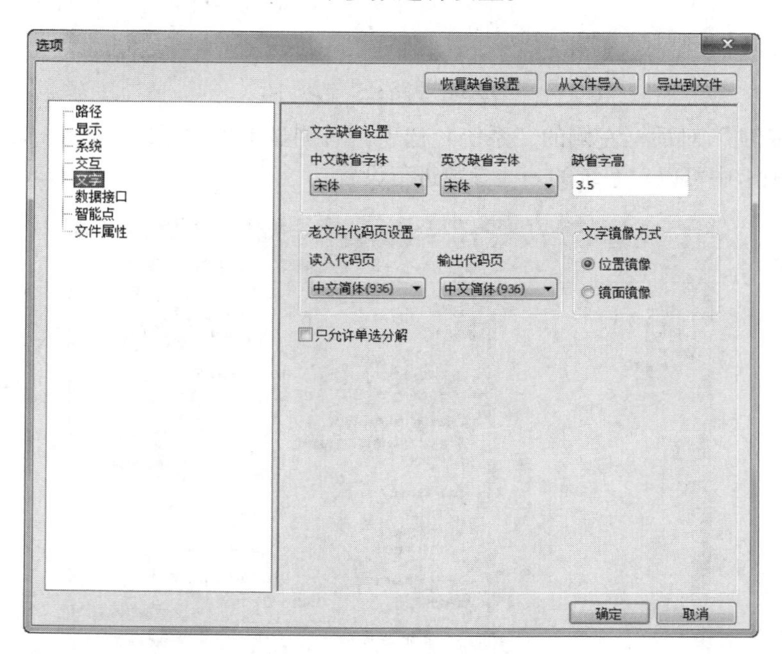

图2-37 “文字”选项卡

6 单击“选项”对话框左侧的“数据接口”选项，右侧显示出“数据接口”选项卡，如图2-38所示，在该选项卡中可以对系统的一些接口参数进行设置。

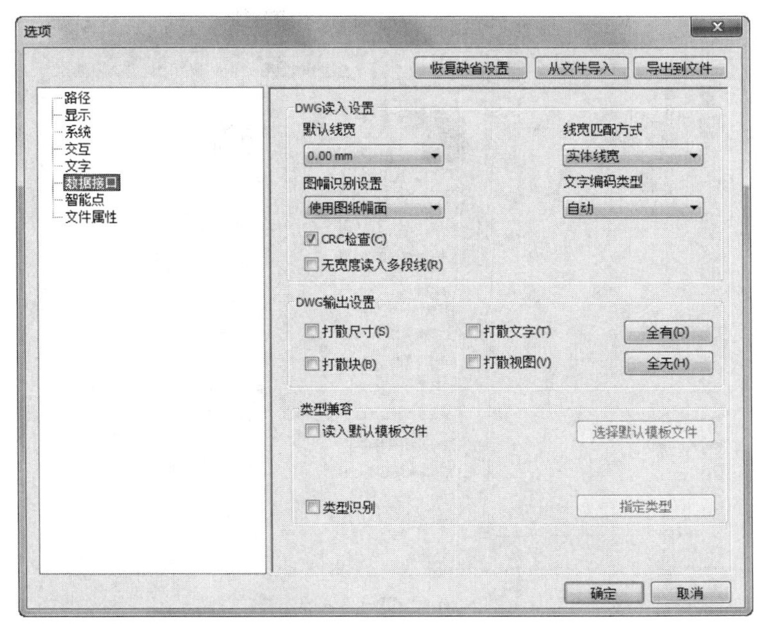

图2-38 “数据接口”选项卡

7 单击“选项”对话框左侧的“文件属性”选项，右侧显示出“文件属性”选项卡，如图2-39所示，在该选项卡中可以设置文件的图形单位。

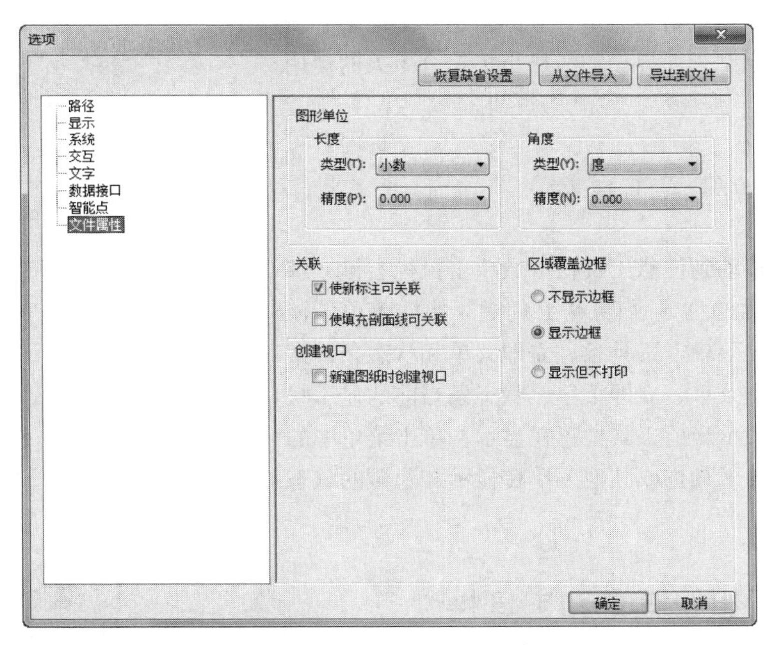

图2-39 “文件属性”选项卡

8 单击“选项”对话框左侧的“交互”选项，右侧显示出“交互”选项卡，如图2-40所示，在该选项卡中可以设置拾取框和夹点大小。

9 设置完成后，单击“确定”按钮即可。

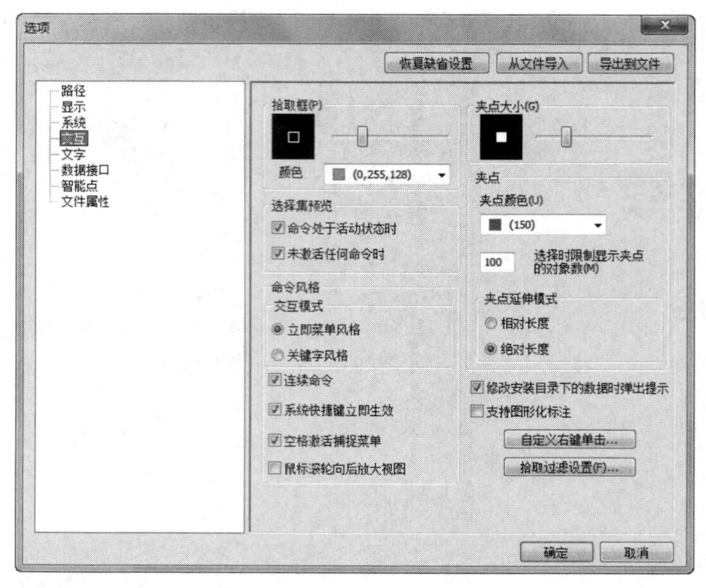

图2-40 “交互”选项卡

2.13 界面定制

电子图板的界面风格是完全开放的，用户可以随心所欲地对界面进行定制，使界面的风格更加符合个人的使用习惯和喜好。

2.13.1 显示/隐藏工具栏

将鼠标光标移动到任意工具栏区域单击鼠标右键，都会弹出图2-41所示的“显示/隐藏工具栏”快捷菜单。该快捷菜单列出了主菜单、工具条、立即菜单和状态条，菜单左侧显示出了主菜单、立即菜单、状态条当前的显示状态，带“√”的表示当前工具栏正在显示，单击菜单中的选项可以使相应的工具栏或其他菜单在显示和隐藏的状态之间进行切换。

2.13.2 重新组织菜单和工具栏

电子图板提供了一组默认的菜单和工具栏命令组织方案，一般情况下这是一组比较合理和易用的组织方案，但是用户也可以根据需要通过使用界面定制工具重新组织菜单和工具栏，即可以在菜单和工具栏中添加命令和删除命令。

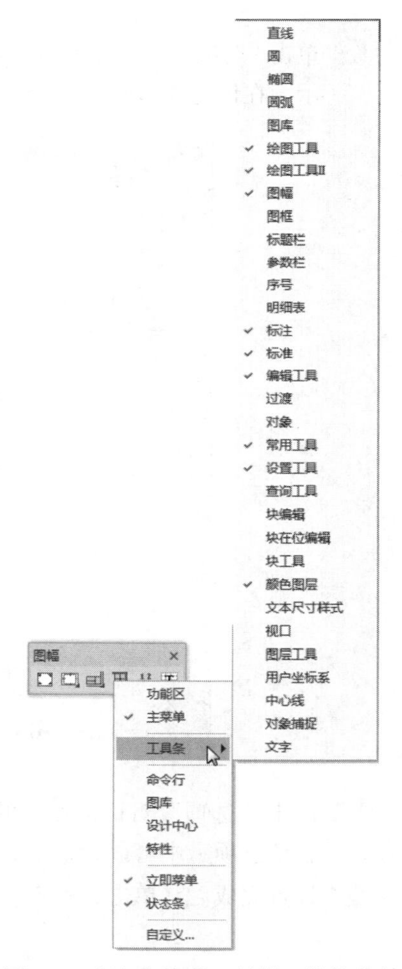

图2-41 “显示/隐藏工具栏”快捷菜单

1. 在菜单和工具栏中添加命令

【操作方法】

1 启动“工具”→“自定义”命令，弹出“自定义”对话框，在该对话框中选择“命令”选项卡，如图2-42所示。

2 使用鼠标左键拖动所选择的命令，并将该命令拖动到需要的菜单中。当菜单显示命令列表时，将鼠标光标移至需要命令出现的地方，然后释放鼠标左键。

3 将命令插入到工具栏的方法也是一样的，只不过是在鼠标光标移动到工具栏中所需的位置时再释放鼠标左键。

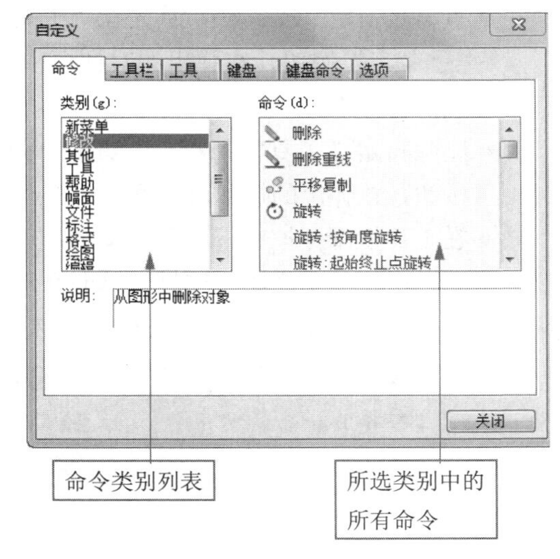

图2-42 “命令”选项卡

2. 从菜单和工具栏中删除命令

【操作方法】

1 启动“工具”→“自定义”命令，弹出“自定义”对话框。

2 在该对话框中选择“命令”选项卡，然后在菜单或工具栏中选中所要删除的命令，最后使用鼠标左键将该命令拖出菜单区域或工具栏区域即可。

2.13.3 定制工具栏

启动“工具”→“自定义”命令，弹出“自定义”对话框，在该对话框中选择“工具栏”选项卡，如图2-43所示，在该选项卡中可以进行下列设置。

图2-43 “工具栏”选项卡

- 重置工具栏：如果对工具栏中的内容进行修改以后，还想回到工具栏的初始状态，可以使用重置工具栏功能恢复，方法是：在“工具栏”列表框中选择要进行重置的工具栏，然后单击“重新设置”按钮，在弹出的提示对话框中选择“是”按钮。
- 重置所有工具栏：如果需要将所有的工具栏恢复到初始状态，可以直接单击“全部重新设置”按钮，在弹出的提示对话框中选择“是”按钮。

注意

当工具栏被全部重置以后，所有的自定义界面信息将全部丢失，不可恢复，因此进行全部重置操作时应该慎重。

- 新建工具栏：单击“新建”按钮，弹出图2-44所示的对话框，在该对话框中输入新建工具栏的名称，单击“确定”按钮后就可以新建工具栏，接下来可以按照“重新组织菜单和工具栏”一节中介绍的方法向工具栏中添加按钮，通过这种方法就可以将常用的功能进行重新组合。

- 重命名自定义工具栏：首先在“工具栏”列表框中选中要重命名的自定义工具栏，然后单击“重命名”按钮，在弹出的对话框中输入新的工具栏名称，单击“确定”按钮后就可以完成重命名操作。
- 删除自定义工具栏：在“工具栏”列表框中选中要删除的自定义工具栏，然后单击“删除”按钮，在弹出的提示对话框中单击“是”按钮后就可以完成删除操作。
- 在工具栏图标按钮下方显示文本：首先在“工具栏”列表框中选中要显示文本的工具栏，然后选中“显示文本”选框，这时在工具栏图标按钮的下方就会显示出文字说明，如图2-45所示。取消“显示文本”选框的选中标志以后，文字说明也随之消失。

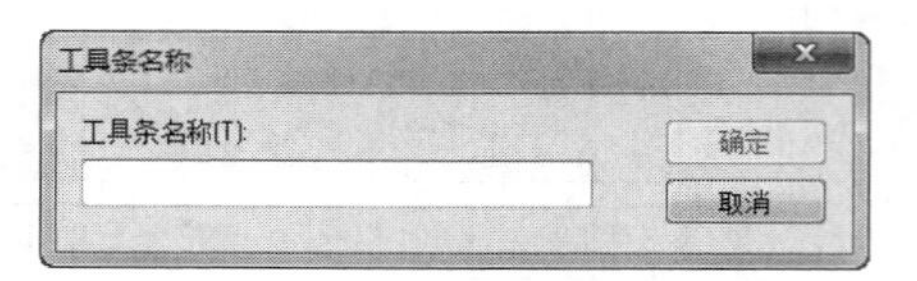

图2-44 新建工具栏

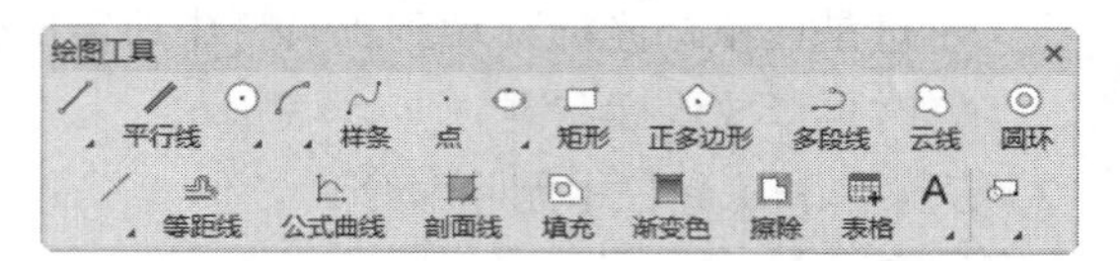

图2-45 在工具栏图标按钮下方显示文本

注意

只能对创建的工具栏进行重命名和删除操作，用户不能更改电子图板自带工具栏的名称，也不能删除电子图板自带的工具栏。

2.13.4 定制工具

在电子图板中，通过外部工具定制功能，可以把一些常用的工具集成到电子图板中，使用起来会十分方便。

启动“工具”→“自定义”菜单命令，弹出“自定义”对话框，在该对话框中选择“工具”选项卡，如图2-46所示。

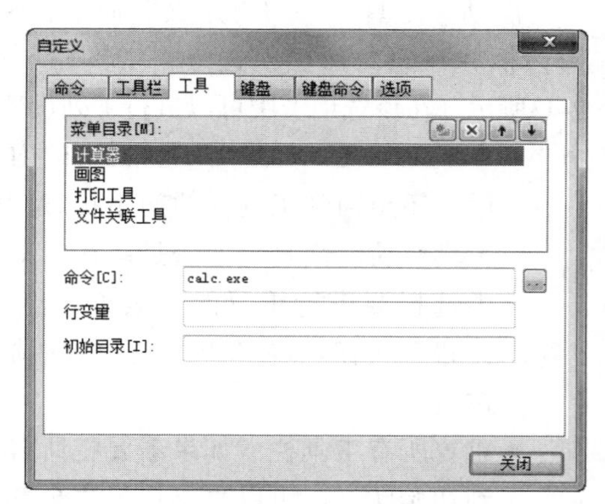

图2-46 “工具”选项卡

“菜单目录”栏中列出了电子图板中已有的外部工具，每个列表项中的文字就是这个外部工具在“工具”菜单中显示的文字；列表框上方的4个按钮分别是新建、删除、上移一层、下移一层；列表框下方的“命令”编辑框中记录的是当前选中外部工具的执行文件名，“行变量”编辑框中记录的是程序运行时所需的参数，“初始目录”编辑框中记录的是执行文件所在的目录。通过这个选项卡，用户可以进行以下操作。

- 修改外部工具的菜单内容：在“菜单目录”列表框中双击要修改菜单内容的外部工具，在相应的位置上会出现一个编辑框，在该编辑框中可以输入新的菜单内容，输入完成以后按Enter键确认就可以完成外部工具的更名操作。

- 修改已有外部工具的执行文件：用鼠标光标在“菜单目录”列表框中选中要改变执行文件的外部工具，在“命令”编辑框中会显示出这个外部工具所对应的执行文件，可以在编辑框中输入新的执行文件名，也可以单击编辑框右侧的按钮，弹出“打开文件”对话框，在该对话框中选择所需的执行文件。

注意

如果在“初始目录”编辑框中输入了应用程序所在的目录，那么在“命令”编辑框中只输入执行文件的文件名就可以了，但是如果在“初始目录”编辑框中没有输入目录，那么在“命令”编辑框中就必须输入完整的路径及文件名。

- 添加新的外部工具：单击按钮，在“菜单目录”列表框的末尾会自动添加一个编辑框，在该编辑框中输入新的外部工具在菜单中显示的文字，按Enter键确认。接下来，在“命令”“行变量”和“初始目录”中输入外部工具的执行文件名、参数和执行文件所在的目录，如果在“命令”编辑框中输入了包含路径的全文件名，则在“初始目录”编辑框中也可以不填。
- 删除外部工具：在“菜单目录”列表框中选择要删除的外部工具，然后单击按钮，就可以将所选的外部工具删除掉。
- 移动外部工具在菜单中的位置：在“菜单目录”列表框中选择要改变位置的外部工具，然后单击按钮或按钮调整该项在列表框中的位置，即在“工具”菜单中的位置。

2.13.5　定制快捷键

在电子图板中，可以为每个命令指定一个或多个快捷键，这样对于常用的功能，就可以通过快捷键来提高操作的速度和效率。

启动“工具”→“自定义”菜单命令，弹出“自定义”对话框，在该对话框中选择“键盘”选项卡，如图2-47所示。

图2-47　“键盘”选项卡

在选项卡的“类别”下拉列表框中，可以选择命令的类别，命令的分类是根据主菜单的组织划分的。在“命令”列表框中列出了在该类别中的所有命令，当选中一个命令后，会在右侧的“快捷键”列表框中列出该命令的快捷键。

“键盘”选项卡可以实现下列功能。

- 指定新的快捷键：在“命令”列表框中选中要指定快捷键的命令以后，在“请按新快捷键”编辑框中单击鼠标左键，然后输入要指定的快捷键，如果输入的快捷键已经被其他命令使用，则会弹出对话框提示重新输入，如果输入的快捷键没有被其他命令所使用，单击“指定”按钮就可以将这个快捷键添加到“快捷键”列表框中。关闭“自定义”对话框后，使用刚才定义的快捷键，就可以执行相应的命令。

注意

在定义快捷键的时候，最好不要使用单个的字母作为快捷键，而是要加上 Ctrl 或 Alt 键，这样快捷键的级别会比较高，比如定义打开文件的快捷键为 O，如果要输入平移的键盘命令 move，当输入 O 时就会激活并打开文件命令。

- 删除已有的快捷键：在“快捷键”列表框中，选中要删除的快捷键，然后单击“删除”按钮，就可以删除所选的快捷键。
- 恢复快捷键的初始设置：如果需要将所有快捷键恢复到初始的设置，可以单击“重新设置”按钮，在弹出的提示对话框中选择“是”按钮确认重置即可。

注意

重置快捷键以后，所有的自定义快捷键设置都将丢失，因此进行重置操作时应该慎重。

2.13.6 定制键盘命令

在电子图板中，除了可以为每个命令指定一个或多个快捷键以外，还可以指定一个键盘命令，键盘命令不同于快捷键，快捷键只能使用一个键（可以同时包含功能键Ctrl和Alt），按完快捷键以后立即响应，执行命令；而键盘命令可以由多个字符所组成，不区分大小写，输入完键盘命令以后需要按空格键或Enter键后才能执行命令，由于所能定义的快捷键比较少，因此键盘命令是快捷键的补充，两者相辅相成，可以大大提高操作的速度和效率。

启动“工具”→“自定义”菜单命令，弹出“自定义”对话框，在该对话框中选择“键盘命令”选项卡，如图2-48所示。

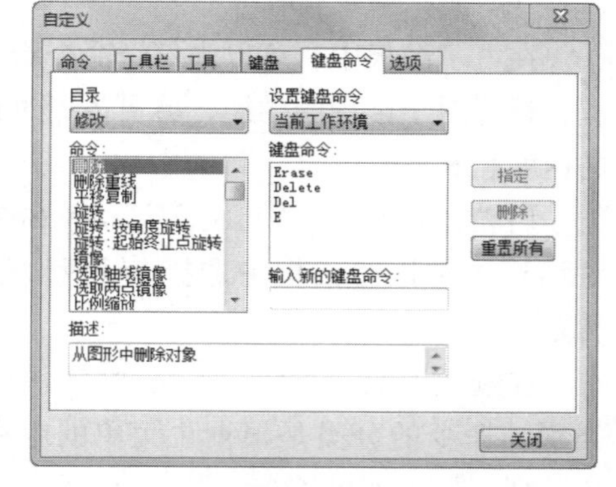

图2-48 “键盘命令”选项卡

在“键盘命令”选项卡的“目录”下拉列表框中，可以选择命令的类别，命令的分类是根据主菜单的组织而划分的。在“命令”列表框中列出了在该类别中的所有命令，当选中一个命令后，会在右侧的“键盘命令”列表框中显示出该命令的键盘命令。通过该选项卡可以实现以下功能。

- 指定新的键盘命令：在“命令”列表框中选中要指定键盘命令的命令以后，在“输入新的键盘命令”编辑框中单击鼠标左键，然后输入要指定的键盘命令，单击“指定”按钮，如果输入的键盘命令已经被其他命令使用，则会弹出对话框提示重新输入，如果输入的键盘命令没有被其他命令所使用，就可以将这个键盘命令添加到“键盘命令”列表框中。关闭“自定义”对话框后，使用刚才定义的键盘命令，就可以执行相应的命令。
- 删除已有的键盘命令：在“键盘命令”列表框中，选中要删除的键盘命令，然后单击“删除”按钮，就可以删除所选的键盘命令。
- 恢复键盘命令的初始设置：如果需要将所有键盘命令恢复到初始设置，可以单击“重置所有”按钮，在弹出的提示对话框中选择“是”按钮确认重置即可。

注意

重置键盘命令以后，所有的自定义键盘命令设置都将丢失，因此进行重置操作时应该慎重。

2.13.7　其他界面定制选项

启动“工具”→“自定义”菜单命令，弹出“自定义”对话框，单击“选项”选项卡，如图2-49所示，在该选项卡中可以设置工具栏的显示效果和个性化菜单。

- 工具栏显示效果：在选项卡的上半部分是5个有关工具栏显示效果的选项，可以选择是否显示关于工具栏的提示、是否在屏幕提示中显示快捷方式、是否将按钮显示成大图标、是否显示多标签页、是否适配系统缩放比例。
- 个性化菜单：是在Windows2000和Office2000中采用的新界面技术，在使用了个性化菜单风格以后，菜单中的内容会根据使用频率而改变，常用的菜单项会出现在菜单的前台，而不经常使用的菜单项将会隐藏到幕后，如图2-50左图所示。当鼠标光标在菜单上停留片刻或单击菜单下方的下拉箭头以后，会列出整个菜单，如图2-50右图所示。图2-50中的两幅图已显示出个性化菜单的效果，从右侧的菜单中可以看出，经常使用的菜单项和不经常使用的菜单项是有区别的。

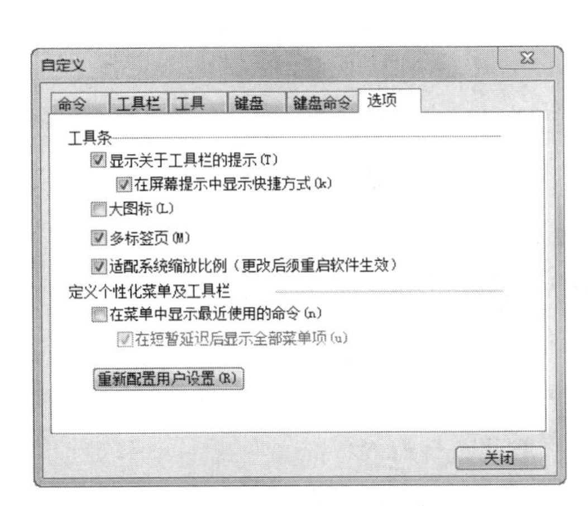

图2-49　“选项”选项卡

图2-50　个性化菜单风格

注意

电子图板在初始的设置中没有使用个性化菜单，如果需要使用个性化菜单，应该在选项卡中勾选上“在菜单中显示最近使用的命令”选项。

- 重置个性化菜单：当单击“重新配置用户设置”按钮后，会弹出对话框询问是否需要重置个性化菜单，如果选择“是”按钮，则个性化菜单会恢复到初始的设置，在初始的设置中，提供了一组默认的菜单，会自动将经常使用的菜单项放到前台显示。

2.14 界面操作

2.14.1 切换界面

【执行方式】

- 命令名：interface
- 菜单："工具"→"界面操作"→"切换"
- 快捷键：F9

【操作步骤】

利用各种执行方式，直接操作，即可实现新旧界面的切换。

当用户切换到某种界面后正常退出，下次再启动CAXA时，系统将按照当前的界面方式显示。

2.14.2 保存界面配置

【执行方式】

- 菜单："工具"→"界面操作"→"保存"

【操作步骤】

1. 启动"工具"→"界面操作"→"保存"菜单命令。
2. 在弹出的图2-51所示的对话框中输入相应的文件名称，单击"保存"按钮即可。

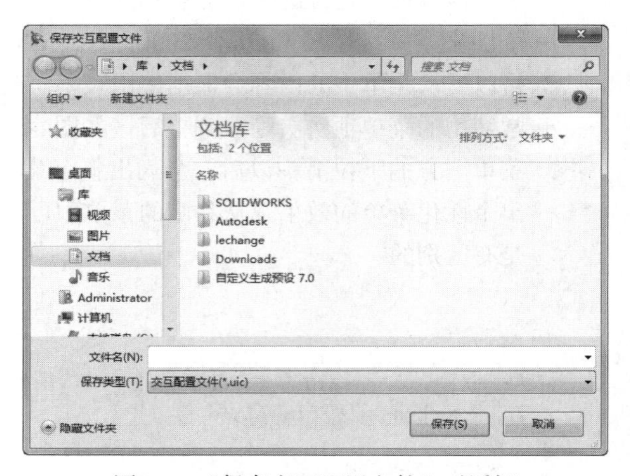

图2-51 "保存交互配置文件"对话框

2.14.3 加载界面配置

【执行方式】

- 菜单："工具"→"界面操作"→"加载"

【操作步骤】

1. 启动"加载"命令。
2. 在弹出的"加载交互配置文件"对话框中选择相应的自定义界面文件，并单击"打开"按钮即可，如图2-52所示。

图2-52 "加载交互配置文件"对话框

2.14.4 界面重置

【执行方式】

- 菜单："工具"→"界面操作"→"重置"

【操作步骤】

直接启动“工具”→“界面操作”→“重置”命令即可。

2.15 上机操作

1．试将当前层变为“中心线”层，颜色和线型均为BLAYER。

操作提示

方法1：用鼠标左键单击属性工具栏中的当前层下拉列表右侧的向下箭头，在列表中选取0层即可。

方法2：启动“格式”→“图层”菜单命令（或单击“属性”工具栏的图标按钮），弹出“层控制”对话框，用鼠标光标选取0层，然后单击“设置当前层”按钮，最后再单击“确定”按钮。

2．绘制图2-53所示的三视图。

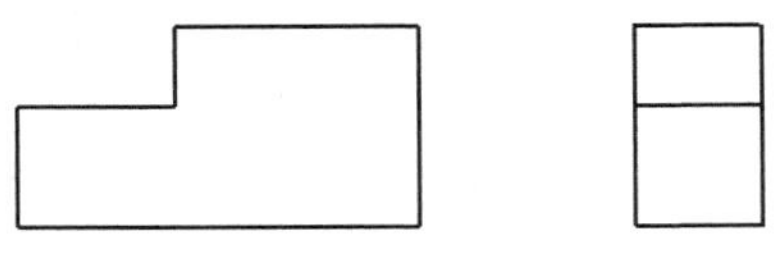

图2-53　三视图

操作提示

（1）将屏幕点捕捉方式设置为“导航点”捕捉方式。

（2）绘制主视图。

（3）利用“导航点”捕捉方式绘制俯视图。

（4）启动“工具”→“三视图导航”菜单命令，并按照系统提示绘制45°导航线。

（5）利用“三视图导航功能”绘制左视图。

2.16 思考与练习

1．“栅格”“智能”“导航”在绘图过程中有什么作用？

2．在绘图区的（50,50）处建立一个用户坐标系，并让此坐标系的两坐标轴与默认的世界坐标系平行。

3．利用“导航点”捕捉方式和“三视图导航功能”绘制图2-54所示的图形，尺寸不限。顺序为先绘制主视图、再利用“导航点”捕捉方式绘制俯视图，最后利用“三视图导航功能”绘制左视图。

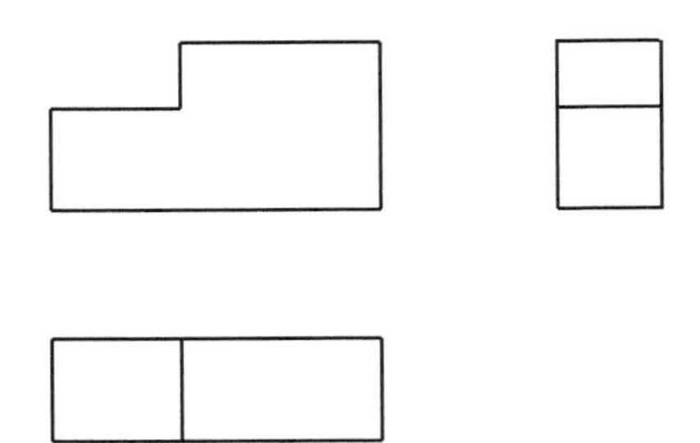

图2-54　练习3图形

第3章　绘图命令

本章介绍了CAXA CAD电子图板中的基本曲线绘图命令、高级曲线绘图命令及图纸幅面设置方法，详细讲解了在绘图过程中经常用到的部分命令的操作方法。读者通过对这些绘图命令的学习，能够初步绘制简单的二维工程图。

3.1　基本曲线绘制

所谓基本曲线，是指那些构成一般图形的基本图形元素。它主要包括："直线""平行线""圆""圆弧""样条""点""公式曲线""椭圆""矩形""正多边形""多段线""中心线""等距线""剖面线""填充""文字"和"局部放大图"等。基本曲线绘制命令集中在"绘图"菜单，如图3-1所示。其工具栏是"绘图工具"工具栏，如图3-2所示。本节将主要介绍"直线""圆""圆弧""公式曲线""中心线"及"文字"等的绘制命令，其他命令可以在以后的实例练习中自己熟悉。

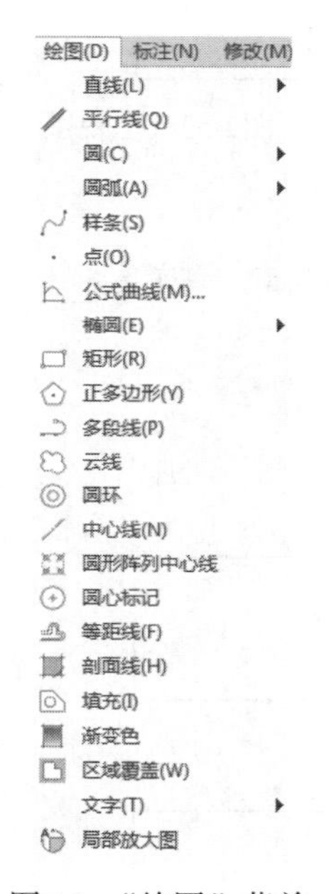

图3-1　"绘图"菜单

图3-2　"绘图工具"工具栏

3.1.1　绘制直线

【执行方式】

- 命令行：line
- 菜单："绘图"→"直线"
- 工具栏："绘图工具"工具栏→

【选项说明】

单击"绘图工具"工具栏中的"直线"按钮，启动"绘制直线"命令后，在屏幕左下角的操作提示区出现绘制直线的立即菜单，单击立即菜单1可选择绘制直线的不同方式，如图3-3所示；单击立即菜单2，该项内容由“连续”变为“单根”。

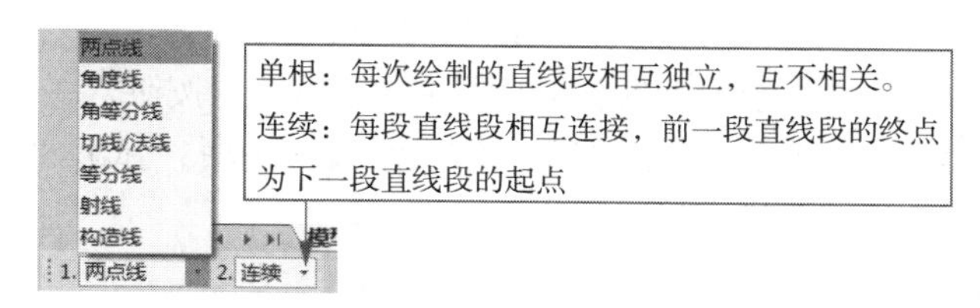

图3-3　绘制直线的立即菜单

CAXA CAD电子图板提供了7种绘制直线的方法。

1．绘制两点线

绘制两点线是指通过确定直线的起点和终点坐标绘制直线。操作步骤如下所示。

（1）单击“绘图工具”工具栏中的“直线”按钮。

（2）在立即菜单1中选择“两点线”选项，在立即菜单2中选择“单根”选项。

（3）按照系统提示，在操作提示区输入第一点坐标（0,0），按Enter键，再根据系统提示输入第二点坐标（50,50），按Enter键，绘制出相应直线，如图3-4所示。

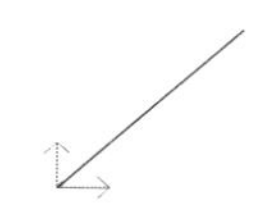

图3-4　绘制两点直线

2．绘制角度线

绘制角度线是指按生成给定长度与给定轴或直线绘制一定角度的直线。操作步骤如下所示。

（1）单击“绘图工具”工具栏中的“直线”按钮。

（2）在立即菜单1中选择“角度线”选项，弹出“角度线”立即菜单，如图3-5所示。在该立即菜单中输入合适的角度值。

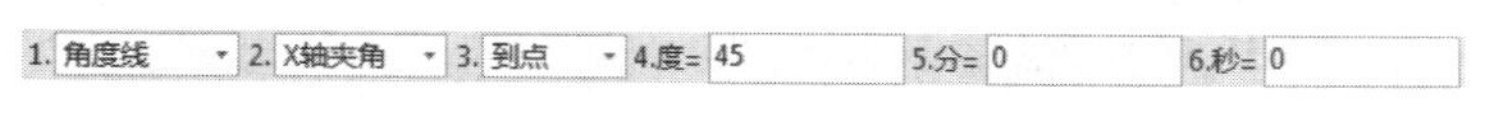

图3-5　“角度线”立即菜单

（3）在系统提示下输入第一点，用鼠标光标拖动生成的角度线到合适的长度，单击左键确定即可。

3．绘制角等分线

绘制角等分线是指按给定等分份数、给定长度绘制一个角的等分线。

【例3-1】绘制∠*AOB*的三等分线，如图3-6所示。

（1）单击“绘图工具”工具栏中的“直线”按钮。

（2）在立即菜单1中选择“角等分线”选项，弹出“角等分线”立即菜单，份数输入3，长度输入120，如图3-7所示。

（3）根据系统提示，依次用鼠标光标拾取∠*AOB*的两条边，完成∠*AOB*三等分线的绘制，如图3-6（b）所示。

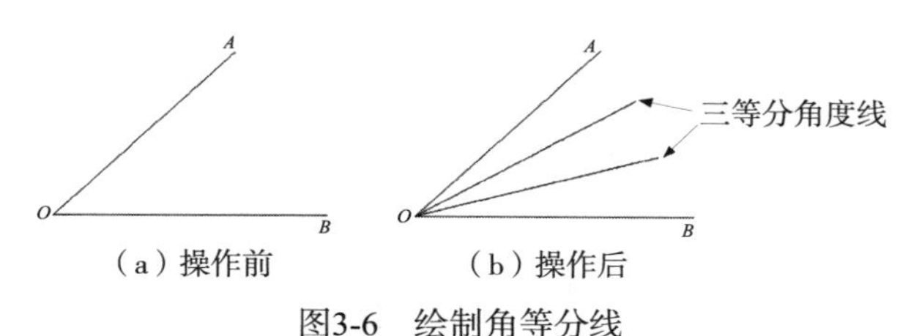

（a）操作前　（b）操作后

图3-6　绘制角等分线

1. 角等分线　2.份数 3　3.长度 120

图3-7　“角等分线”立即菜单

4．绘制切线/法线

绘制切线/法线是指绘制过给定点且与给定曲线平行或垂直的直线。

【例3-2】给图3-8所示的圆绘制切线和法线。

（1）单击“绘图工具”工具栏中的“直线”按钮。

（2）在立即菜单1中选择“切线/法线”选项，弹出“切线/法线”立即菜单，其余选项设置如图3-9所示。

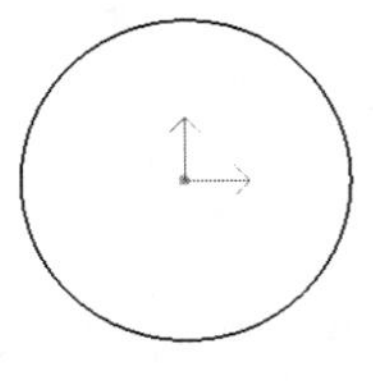

图3-8　圆

1. 切线/法线 ▾ 2. 切线 ▾ 3. 非对称 ▾ 4. 到点 ▾

图3-9　“切线/法线”立即菜单

（3）当系统提示拾取曲线时，单击拾取圆。系统提示选择输入点，按空格键，弹出“工具点”菜单，如图3-10所示。选择“切点”选项，然后单击圆上某点，系统提示输入第二点或长度，这时拖动鼠标单击图中第二点，切线绘制完成，如图3-11所示。

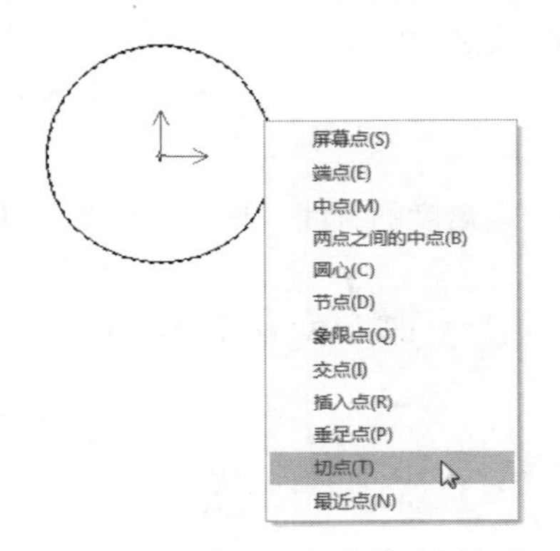

图3-10　利用工具点菜单选择切点

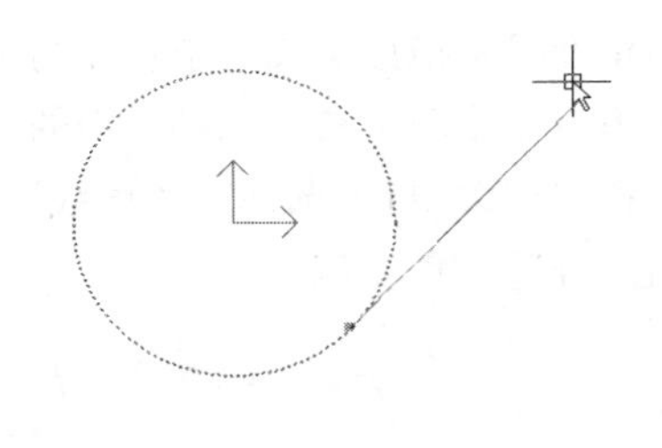

图3-11　绘制切线

绘制法线的方法与绘制切线的方法相似。

5．绘制等分线

（1）单击“绘图工具”工具栏中的“直线”按钮。

（2）在立即菜单1中选择“等分线”选项，弹出“等分线”立即菜单，如图3-12所示。在该立即菜单中输入合适的角度值。

（3）当系统提示拾取第一条曲线时，单击图3-13（a）中任意直线，当系统提示拾取另一条曲线时，单击图3-13（a）中另外一条直线，等分线绘制完成。图3-13（b）所示为等分量设置为5的等分线。

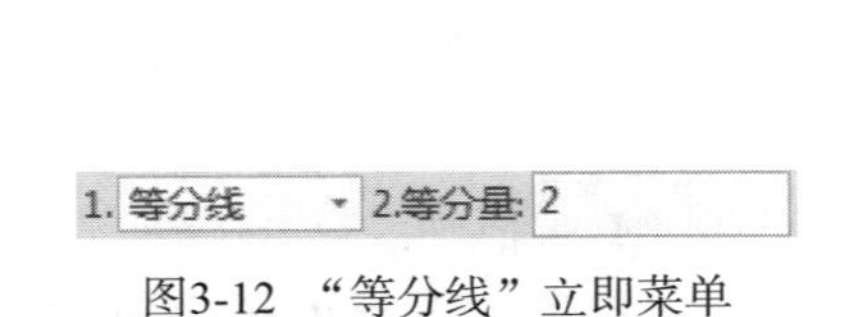

图3-12　“等分线”立即菜单

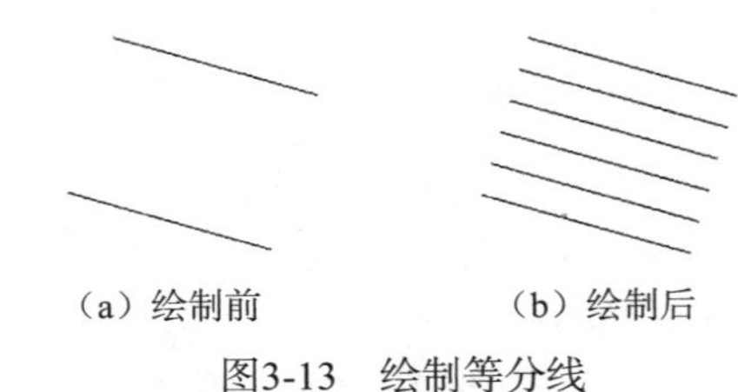

（a）绘制前　（b）绘制后

图3-13　绘制等分线

6．绘制射线

（1）单击“绘图工具”工具栏中的“直线”按钮。

（2）在立即菜单1中选择“射线”选项，弹出“射线”立即菜单，如图3-14所示。

（3）当系统提示指定起点时，单击图中任意一点，当系统提示指定通过点时，单击图中另一点，射线绘制完成，如图3-15所示。

1. 射线

图3-14 “射线”立即菜单

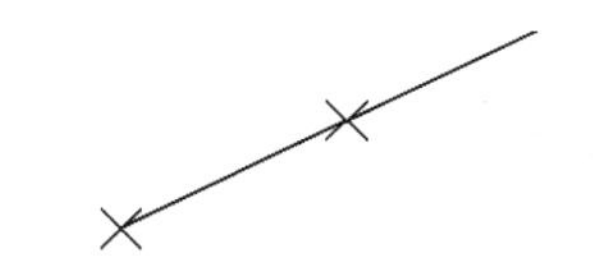

图3-15　绘制射线

7．绘制构造线

（1）单击“绘图工具”工具栏中的“直线”按钮。

（2）在立即菜单1中选择“构造线”选项，弹出“构造线”立即菜单，如图3-16所示。

（3）当系统提示指定点时，单击图中任意一点，当系统提示指定通过点时，单击图中另一点，构造线绘制完成，如图3-17所示。

1. 构造线　2. 两点

图3-16 “构造线”立即菜单

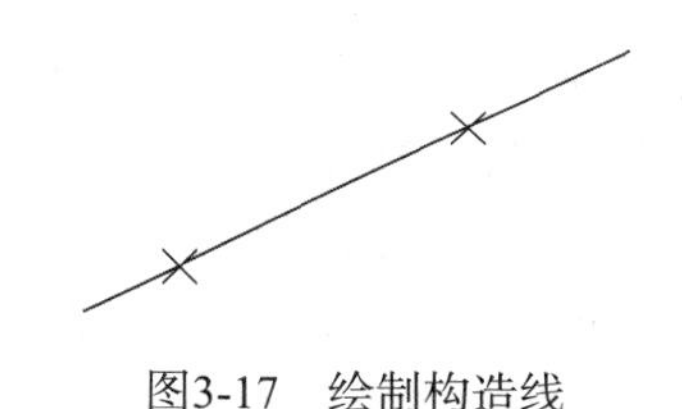

图3-17　绘制构造线

3.1.2　绘制平行线

【执行方式】

- 命令行：ll
- 菜单：“绘图”→“平行线”
- 工具栏：“绘图工具”工具栏→

【选项说明】

单击“绘图工具”工具栏中的“平行线”按钮。进入绘制平行线命令后，在屏幕左下角的操作提示区出现“绘制平行线”立即菜单，如图3-18所示。在立即菜单1中选择绘制平行线的两种方式：偏移方式和两点方式。

偏移方式：按照给定距离和给定点绘制与已知直线平行且长度相等的直线。
两点方式：绘制以给定点为起点，与已知直线平行的直线。

图3-18 “绘制平行线”立即菜单

1．采用偏移方式绘制平行线

（1）单击“绘图工具”工具栏中的“平行线”按钮。

（2）在立即菜单1中选择“偏移方式”选项，在立即菜单2中选择“双向”选项。

（3）按照系统提示，单击拾取已知直线，然后在操作提示区输入偏移距离的数值或用鼠标光标拖动生成的平行线到所需位置，再单击鼠标左键确定即可，如图3-19所示。

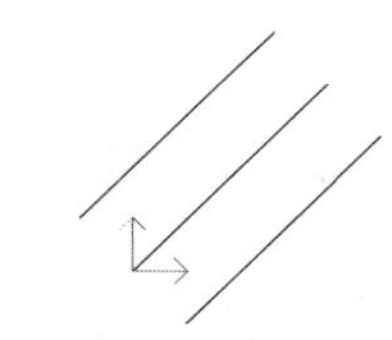

图3-19　绘制平行线

2．采用两点方式绘制平行线

（1）单击“绘图工具”工具栏中的“平行线”按钮。

（2）在立即菜单1中选择“两点方式”选项，在立即菜单2中选择“到点”选项。

（3）按照系统提示，单击拾取直线，然后输入平行线起点，拖动直线到所需位置再单击鼠标左键即可。

3.1.3 绘制圆

【执行方式】

- 命令行：circle
- 菜单：“绘图”→“圆”
- 工具栏：“绘图工具”工具栏→

【选项说明】

单击“绘图工具”工具栏中的“圆”按钮，进入绘制圆命令后，在屏幕左下角的操作提示区出现“绘制圆”立即菜单，在立即菜单1中选择绘制圆的不同方式，如图3-20所示。CAXA CAD电子图板提供了以下4种绘制圆的方式。

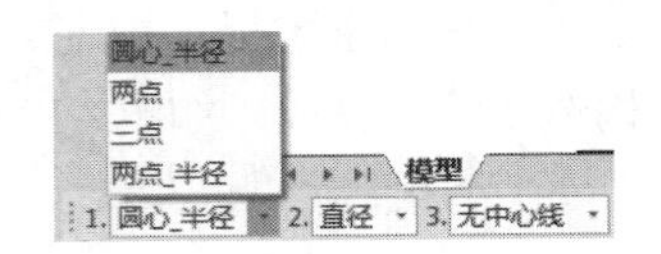

图3-20 “绘制圆”立即菜单

1．通过圆心-半径绘制圆

该方式是通过给定圆心和半径或圆上一点画圆。用鼠标或键盘输入圆的圆心后，屏幕上会生成一段圆心固定、半径由鼠标拖动改变的动态圆，半径大小为圆心与光标之间的距离，拖动圆的半径到合适的长度，单击鼠标左键确定，或输入圆的半径即可。在输入圆心以后，可连续输入半径或圆上点绘制出同心圆，单击鼠标右键即可结束输入。

2．通过两点绘制圆

该方式是以两已知点间的距离为直径画圆。用鼠标或键盘输入一个点，屏幕上会生成一个以光标点与已知点间的线段为直径的动态圆，用鼠标拖动直径的另一端点到合适的位置单击鼠标左键确定即可。

3．通过三点绘制圆

该方式是过已知三点绘制圆。绘制圆时，按系统提示用鼠标或键盘输入第一点和第二点，屏幕上会生成一段过上述两点及光标所在位置的动态圆，用鼠标拖动圆的第三点到合适的位置，单击鼠标左键确定即可。由于各点均可作为切点，故在绘制过程中可以利用“工具点”菜单绘制出过三给定点、过两给定点与一曲线相切；过一给定点与两曲线相切、与三曲线相切的圆。

4．通过两点-半径绘制圆

该方式是过两个已知点及给定半径画圆。用鼠标或键盘输入圆的两个点，屏幕上会生成一段过两个已知点和光标的动态圆，用鼠标拖动圆的第三点到合适的位置，单击鼠标左键确定，或用键盘输入圆的半径即可。

3.1.4 绘制圆弧

【执行方式】

- 命令行：arc

● 菜单："绘图"→"圆弧"

● 工具栏："绘图工具"工具栏→

【选项说明】

单击"绘图工具"工具栏中的"圆弧"按钮，进入绘制圆弧命令后，在屏幕左下角的操作提示区出现"绘制圆弧"立即菜单，在立即菜单1中选择绘制圆弧的不同方式，如图3-21所示。CAXA CAD电子图板提供了以下6种绘制圆弧的方式。

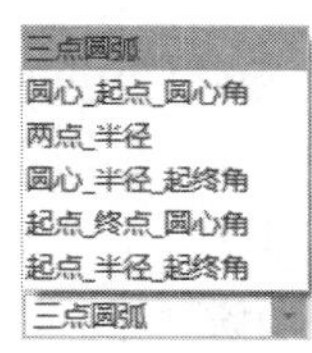

图3-21 "绘制圆弧"立即菜单

1．通过三点绘制圆弧

该方式是通过给定三点绘制圆弧。绘制圆弧时，按系统提示用鼠标或键盘输入第一点和第二点，屏幕上会生成一段过上述两点及光标所在位置的动态圆弧，用鼠标拖动圆弧的第三点到合适的位置，单击鼠标左键确定即可。由于各点均可作为切点，故可以绘制出过三给定点、过两给定点与一曲线相切；过一给定点与两曲线相切、与三曲线相切的圆弧。

2．通过圆心-起点-圆心角绘制圆弧

该方式是通过已知圆心、起点及圆心角绘制圆弧。绘制圆弧时，按系统提示用鼠标或键盘输入圆弧的圆心和起点，屏幕上会生成一段圆心和起点固定、终点由鼠标拖动的动态圆弧，用鼠标拖动圆弧的终点到合适的位置，单击鼠标左键确定（终点位于过圆心和光标的直线上），或用键盘输入圆弧的圆心角即可。

注意

CAXA CAD 电子图板中的圆弧以逆时针方向为正。

3．通过两点-半径绘制圆弧

该方式是通过已知的圆弧起点、终点及圆弧半径绘制圆弧。绘制圆弧时，按系统提示用鼠标或键盘输入圆弧的起点和终点，屏幕上会生成一段起点和终点固定、半径由鼠标拖动改变的动态圆弧，用鼠标拖动圆弧的半径到合适的长度，单击鼠标左键确定，或用键盘输入圆弧的半径即可。

4．通过圆心-半径-起终角绘制圆弧

该方式是通过已知的圆心、半径、起终角绘制圆弧。绘制圆弧时，输入上述条件后会生成一段符合以上条件的圆弧，用鼠标拖动圆弧的圆心到合适的位置，单击鼠标左键确定即可。

5．通过起点-终点-圆心角绘制圆弧

该方式是通过已知的起点、终点、圆心角绘制圆弧。绘制圆弧时，用鼠标或键盘输入圆弧的起点，屏幕上会生成一段起点和圆心角都固定的圆弧，用鼠标拖动圆弧的终点到合适的位置，单击鼠标左键确定即可。

6．通过起点-半径-起终角绘制圆弧

该方式是通过已知的起点、半径、起终角绘制圆弧。绘制圆弧时，输入上述条件后会生成一段符合以上条件的圆弧，用鼠标拖动圆弧的起点到合适的位置，单击鼠标左键确定即可。

3.1.5 绘制样条

样条线是指过一些给定点的平滑曲线，样条线的绘制方法就是给定一系列顶点，由计算机根据这些给定点按照插值方式生成一条平滑曲线。

【执行方式】

- 命令行：spline
- 菜单："绘图"→"样条"
- 工具栏："绘图工具"工具栏→

【选项说明】

单击"绘图工具"工具栏中的"样条"按钮，启动"绘制样条曲线"命令后，在屏幕左下角的操作提示区出现"绘制样条"立即菜单，如图3-22所示，在立即菜单1中选择绘制样条的不同方式。

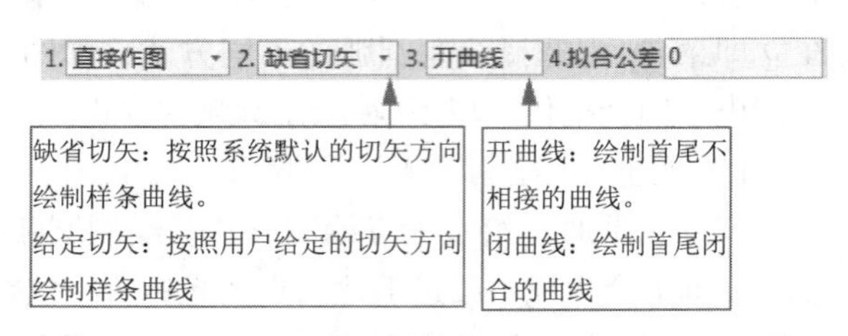

图3-22 "绘制样条"立即菜单

3.1.6 绘制点

CAXA可以生成孤立点实体，该点既可作为点实体绘图输出，也可用于绘图中的定位捕捉。

【执行方式】

- 命令行：point
- 菜单："绘图"→"点"
- 工具栏："绘图工具"工具栏→

【选项说明】

单击"绘图工具"工具栏中的"点"按钮，启动"绘制点"命令后，在屏幕左下角的操作提示区出现"绘制点"立即菜单，如图3-23所示，在立即菜单1中选择绘制点的不同方式。

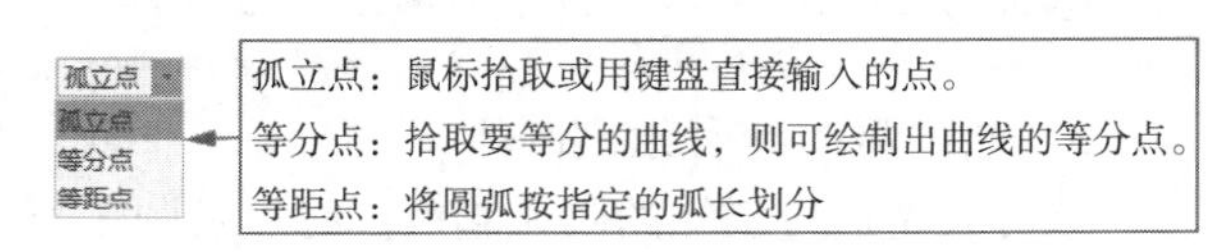

图3-23 "绘制点"立即菜单

3.1.7 绘制公式曲线

公式曲线即是数学表达式的曲线图形，也就是根据数学公式（或参数表达式）绘制出相应的数学曲线，公式的给出既可以是直角坐标形式的也可以是极坐标形式的。公式曲线为用户提供了一种更方便、更精确的绘图手段，以适应某些精确型腔、轨迹线形的绘图设计。用户只需要交互输入数学公式、给定参数，计算机便会自动绘制出该公式描述的曲线。

【执行方式】

- 命令行：fomul
- 菜单："绘图"→"公式曲线"
- 工具栏："绘图工具"工具栏→

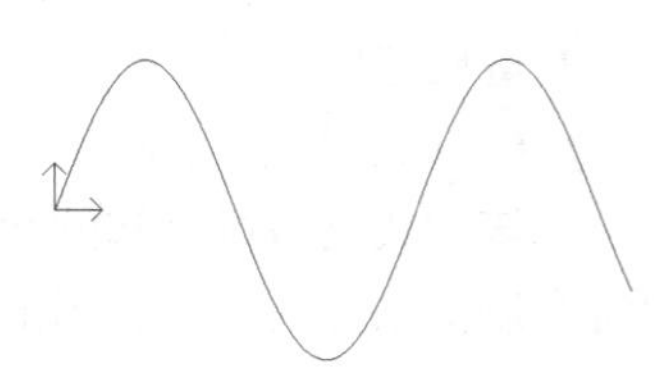

图3-24 公式曲线绘制结果

【例3-3】绘制y=80*sin(t/30)的公式曲线，如图3-24所示。

【操作步骤】

1. 启动"公式曲线"命令。
2. 系统弹出"公式曲线"对话框，在该对话框中坐标系一栏中选择"直角坐标系"，单位选择"弧度"，参变量一栏中填入"t"，起始值一栏中填入"0"，终止值一栏中填入“300”。公式名默认为“无名曲线”（也可输入曲线的名称），“x(t)=”一栏中填入t，“y(t)=”一栏中填入“80*sin(t/30)”（可参照图3-25所示填写各项内容），单击“预显”按钮在图形框中观察一下曲线是否合乎要求，如合适，则单击“确定”按钮。

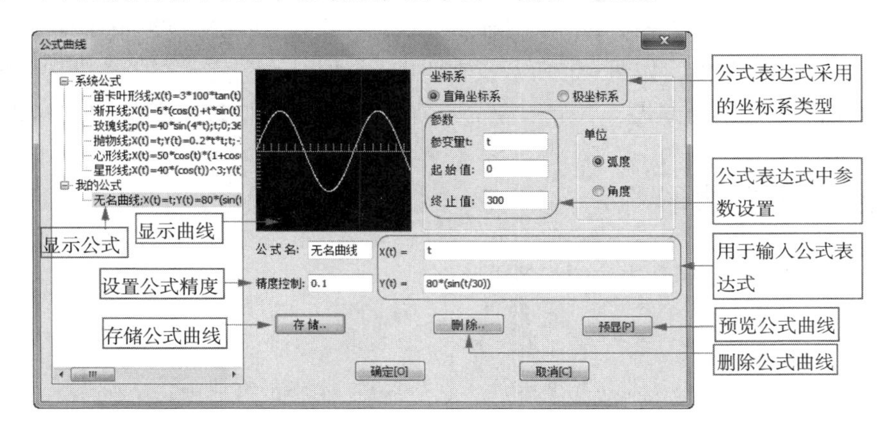

图3-25　“公式曲线”对话框

3.1.8　绘制椭圆

用鼠标或键盘输入椭圆中心，然后按给定的长、短轴半径画任意方向的椭圆或椭圆弧。

【执行方式】

- 命令行：ellipse
- 菜单：“绘图”→“椭圆”
- 工具栏：“绘图工具”工具栏→

【选项说明】

单击“绘图工具”工具栏中的“椭圆”按钮，启动“绘制椭圆”命令后，在屏幕左下角的操作提示区出现“绘制椭圆”立即菜单，在立即菜单1中选择绘制椭圆的不同方式，如图3-26所示。

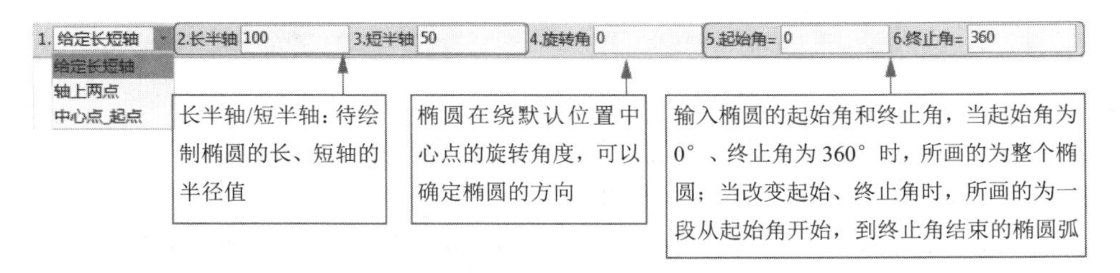

图3-26　“绘制椭圆”立即菜单

3.1.9　绘制矩形

【执行方式】

- 命令行：rect
- 菜单：“绘图”→“矩形”

- 工具栏："绘图工具"工具栏→

【选项说明】

单击"绘图工具"工具栏中的"矩形"按钮，启动"绘制矩形"命令后，在屏幕左下角的操作提示区出现"绘制矩形"立即菜单，如图3-27所示，在立即菜单1中选择绘制矩形的不同方式。

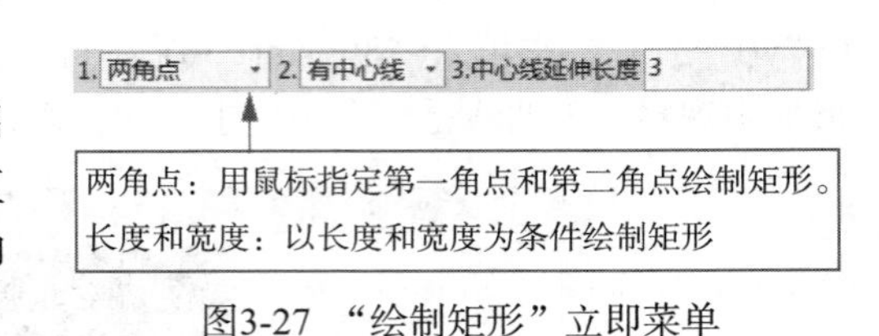

图3-27 "绘制矩形"立即菜单

3.1.10 绘制正多边形

在给定点处绘制给定半径和边数的正多边形。

【执行方式】

- 命令行：polygon
- 菜单："绘图"→"正多边形"
- 工具栏："绘图工具"工具栏→

【选项说明】

单击"绘图工具"工具栏中的"正多边形"按钮，启动"绘制正多边形"命令后，在屏幕左下角的操作提示区出现"绘制正多边形"立即菜单，如图3-28所示。在立即菜单1中选择绘制正多边形的不同方式。

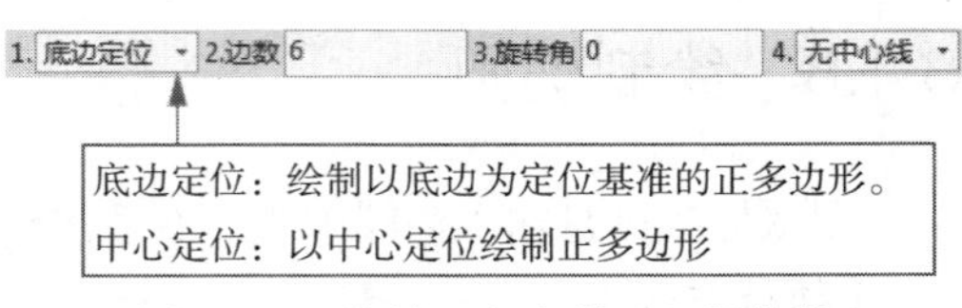

图3-28 "绘制正多边形"立即菜单

3.1.11 绘制多段线

绘制多段线是指绘制由直线和圆弧构成的首尾相接或不相接的一条轮廓线。

【执行方式】

- 命令行：pline
- 菜单："绘图"→"多段线"
- 工具栏："绘图工具"工具栏→

【选项说明】

单击"绘图工具"工具栏中的"多段线"按钮，弹出"绘制多段线"立即菜单，如图3-29所示。在立即菜单1中以选择轮廓为"直线"或"圆弧"，绘制过程中两种方式可交替进行，生成由直线和圆弧构成的轮廓线。

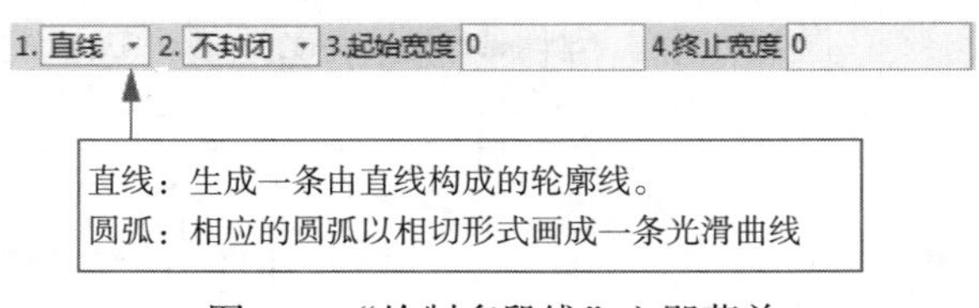

图3-29 "绘制多段线"立即菜单

3.1.12 绘制中心线

CAXA CAD电子图板可以绘制孔、轴或圆、圆弧的中心线。如果拾取一个圆、圆弧或椭圆，则直接生成一对相互正交的中心线。如果拾取两条相互平行或非平行线（如锥体），则生成这两条直线的中心线。

【执行方式】

- 命令行：centerl
- 菜单："绘图" → "中心线"
- 工具栏："绘图工具"工具栏→

【选项说明】

单击"绘图工具"工具栏中的"中心线"按钮，启动"绘制中心线"命令后，在屏幕左下角的操作提示区出现"绘制中心线"立即菜单，在立即菜单中可输入中心线的延伸长度。

3.1.13　绘制等距线

CAXA可以按等距方式生成一条或同时生成数条给定曲线的等距线。

【执行方式】

- 命令行：offset
- 菜单："绘图" → "等距线"
- 工具栏："绘图工具"工具栏→

【选项说明】

启动"绘制等距线"命令后，则在屏幕左下角的操作提示区弹出"绘制等距线"立即菜单，如图3-30所示，在立即菜单1中选择不同的拾取方式。

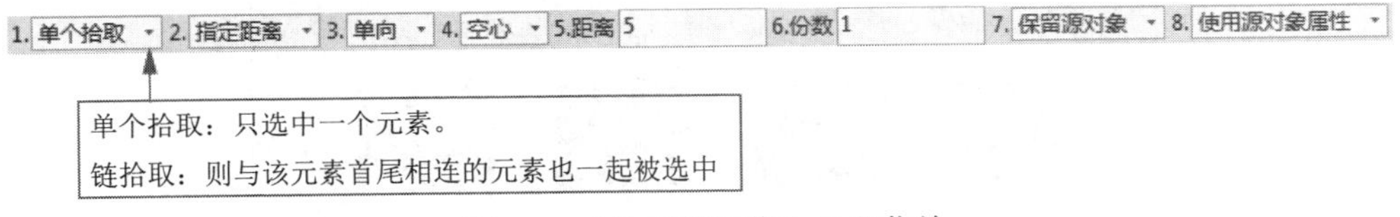

图3-30　"绘制等距线"立即菜单

3.1.14　绘制剖面线

【执行方式】

- 命令行：hatch
- 菜单："绘图" → "剖面线"
- 工具栏："绘图工具"工具栏→

【选项说明】

单击"绘图工具"工具栏中的"剖面线"按钮，启动"绘制剖面线"命令后，在屏幕左下角的操作提示区出现"绘制剖面线"立即菜单，如图3-31所示，在立即菜单1中选择绘制剖面线的方式。系统提供了两种绘制剖面线的方式，如下所示。

1. 通过拾取环内点绘制剖面线

该方式是根据拾取点搜索最小封闭环，再根据环生成剖面线，搜索方向为从拾取点向左的方向，如果拾取点在环外，则操作无效。单击封闭环内的任意点，可以同时拾取多个封闭环。如果所拾取的环相互包容，则在两环之间生成剖面线。

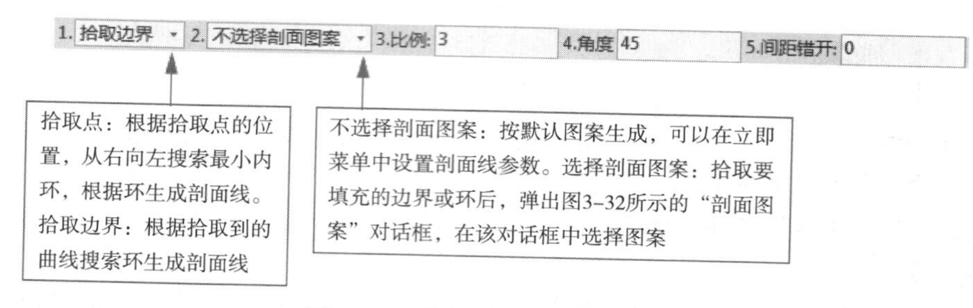

图3-31 “绘制剖面线”立即菜单

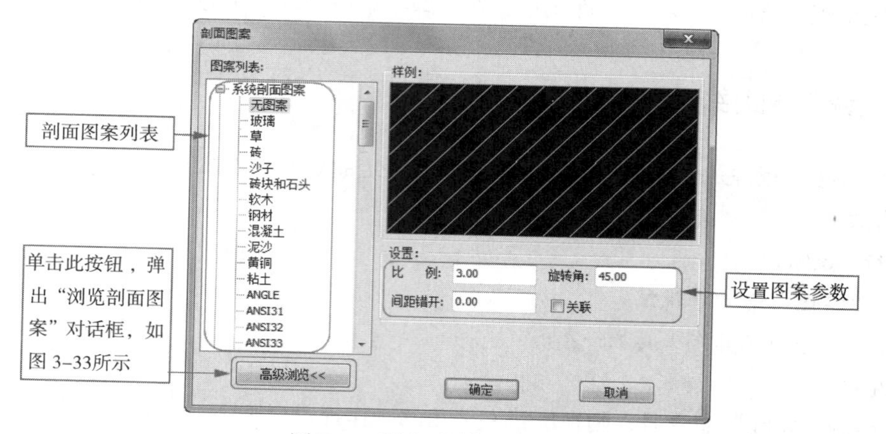

图3-32 “剖面图案”对话框

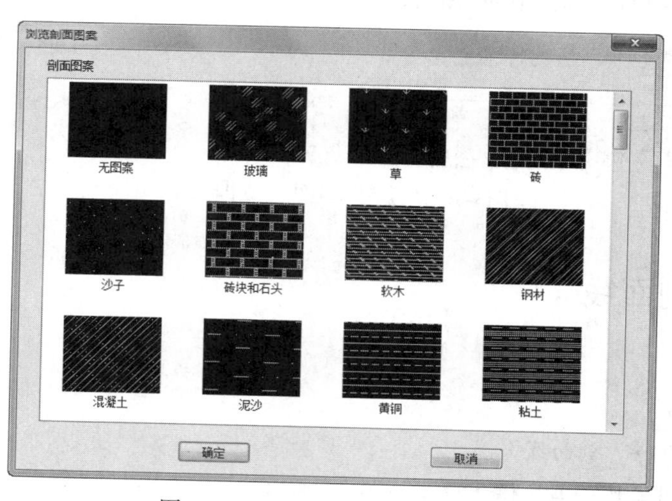

图3-33 “浏览剖面图案”对话框

【例3-4】用拾取点方式在图3-34的基础上绘制图3-35所示的剖面线。

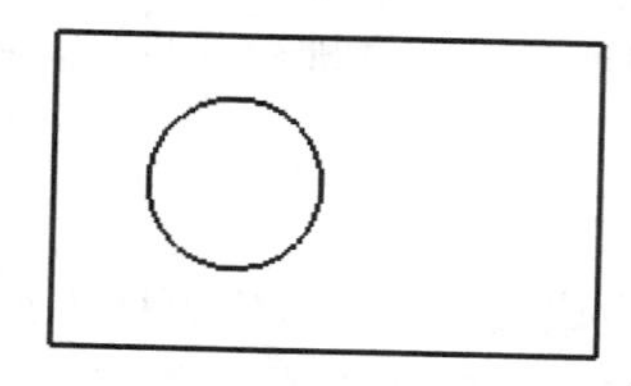

图3-34 绘制剖面线前的图形

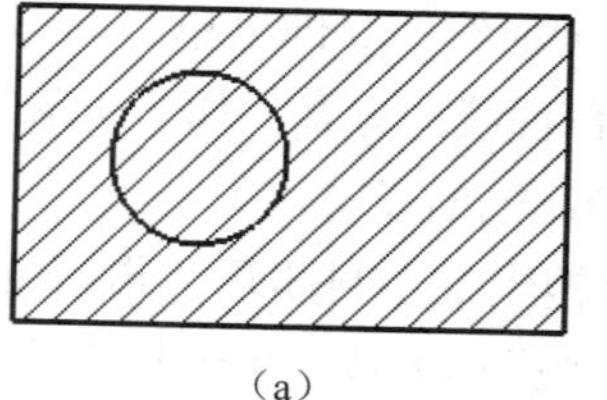

（a）

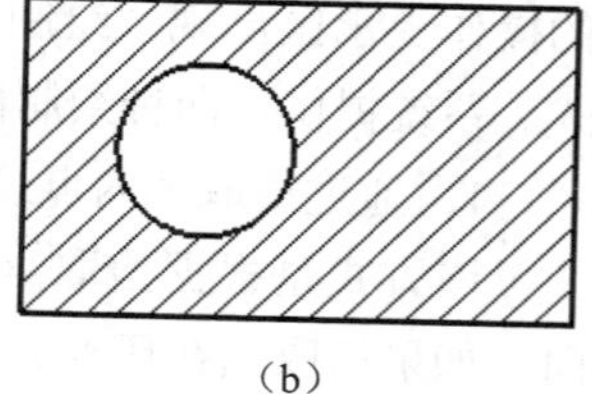

（b）

图3-35 绘制剖面线后的图形

【操作步骤】

1 打开素材中的“初始文件”→3 →“例3-4”文件，启动“绘制剖面线”命令后，则在绘图区左下角弹出“绘制剖面线”立即菜单。

2 在立即菜单1中选择“拾取点”选项，在立即菜单4中输入剖面线的间距“3”，在立即菜单5中输入剖面线的倾斜角度“45”，在立即菜单6中输入间距错开为“0”，如图3-36所示。

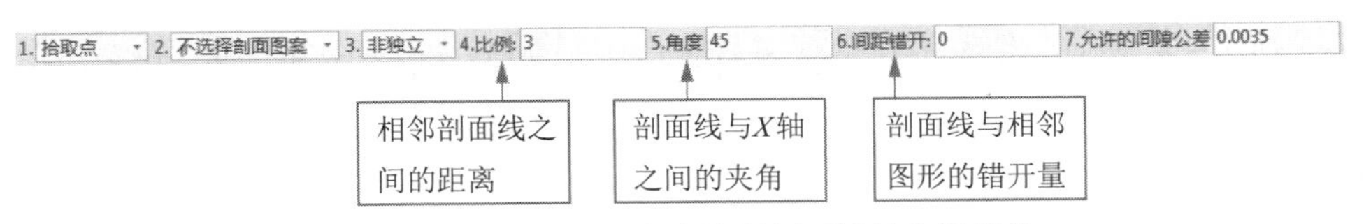

图3-36　以“拾取点”方式绘制剖面线的立即菜单

3 立即菜单项中的内容全部设定完以后，系统提示拾取环内点，用鼠标单击图3-34中矩形内且在圆的左侧的任意一点，自动生成图3-35（a）所示的剖面线。

4 图3-35（b）所示的剖面线绘制步骤与步骤1 ~ 步骤3相同，只是在步骤3中，系统提示拾取环内点时，用鼠标左键单击图3-34中矩形内且在圆的左侧的任意一点后，再用鼠标左键单击圆内任意一点，使矩形和圆均成为绘制剖面线区域的边界线，然后系统生成图3-35（b）所示的剖面线。

注意

如果拾取环内点时存在孤岛，请尽量将拾取点放置在封闭环左侧区域。

2．通过拾取封闭环的边界绘制剖面线

该方法是以拾取边界的方式生成剖面线，即根据拾取到的曲线搜索封闭环，然后根据封闭环生成剖面线。如果拾取到的曲线不能够生成互不相交的封闭环，则操作无效。

注意

系统总是在拾取点亮的所有线条（也就是边界）内部绘制剖面线，所以在拾取环内点或拾取边界以后，读者一定要仔细观察哪些线条被点亮了。通过调整被点亮的边界线，就可以调整剖面线的形成区域。

3.1.15　填充

将一块封闭区域用一种颜色填满。根据屏幕提示用鼠标拾取一块封闭区域内的一点，系统即以当前颜色填充整个区域。

填充实际是一种图形类型，其填充方式类似剖面线的填充，对于某些制件剖面需要涂黑时可用此功能。

【执行方式】

- 命令行：solid
- 菜单：“绘图”→“填充”
- 工具栏：“绘图工具”工具栏→

系统提供了两种绘制剖面线的方式，说明如下所示。

（1）用鼠标左键单击“绘图工具”工具栏中的“填充”按钮，进入填充的命令后，系统提示拾取环内点。

（2）用鼠标左键单击要填充区域内的任一点，然后单击鼠标右键即可。

3.1.16　文字标注

文字标注用于在图形中标注文字。文字可以是多行、横写或竖写形式，并可以根据指定的宽度进行自动换行。

【执行方式】

- 命令行：text
- 菜单：“绘图”→“文字”
- 工具栏：“绘图工具”工具栏→A

【选项说明】

单击“绘图工具”工具栏中的“文字”按钮A，进入标注文字的命令后，在屏幕左下角出现“标注文字”立即菜单，如图3-37所示，在立即菜单1中选择标注文字的方式。

系统提供了4种选择标注文字的方式。

1．在指定两点的矩形区域内标注文字

（1）单击“绘制工具”工具栏中的“文字”按钮A。

（2）在立即菜单1中选择“指定两点”选项，如图3-38所示。

图3-37　“标注文字”立即菜单

1. 指定两点

图3-38　“标注文字”立即菜单1

（3）根据系统提示依次指定标注文字的矩形区域的第一角点和第二角点后，弹出“文本编辑器-多行文字”对话框，如图3-39所示。

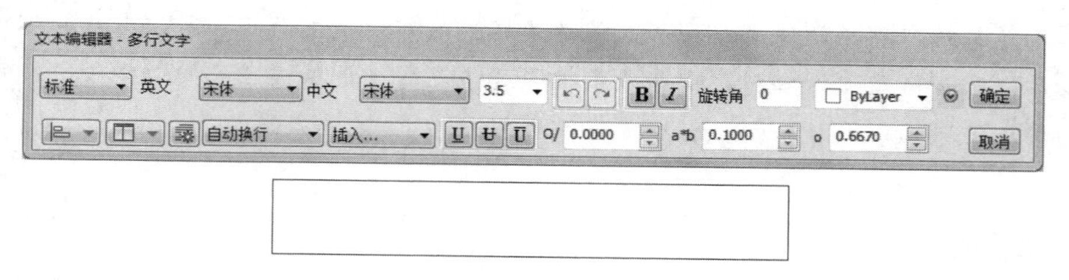

图3-39　“文本编辑器-多行文字”对话框

（4）在编辑框中键入文字。如果需要设置字参数，可以在编辑器中修改文字参数。

在标注文字时，文字中可以包含偏差、上下标、分数、上划线、中间线、下划线以及ϕ、°、±等常用符号。

（5）完成了输入和设置后，单击“确定”按钮，系统生成相应的文字并插入指定的位置，单击“取消”按钮则取消操作。

2．在指定的矩形边界内部标注文字

在指定的矩形边界内部标注文字，其操作方法与上述相似，只是在立即菜单1中选择“搜索边界”选项，如图3-40所示，在立即菜单2中输入边界缩进系数；根据系统提示指定矩形边界内一点，

1. 搜索边界　2.边界缩进系数: 0.1

图3-40　“标注文字”立即菜单

在弹出的“文本编辑器-多行文字”对话框中输入相应文字即可。

3．在曲线上标注文字

在立即菜单1中选择“曲线文字”选项，拾取曲线，指定文字标注方向并指定文字的起点和终点位置，弹出“曲线文字参数”对话框，如图3-41所示，输入相应文字即可。

4．递增文字

在立即菜单1中选择“递增文字”选项，如图3-42所示，拾取单行文字，设置递增文字的参数，在合适的位置单击鼠标左键即可。

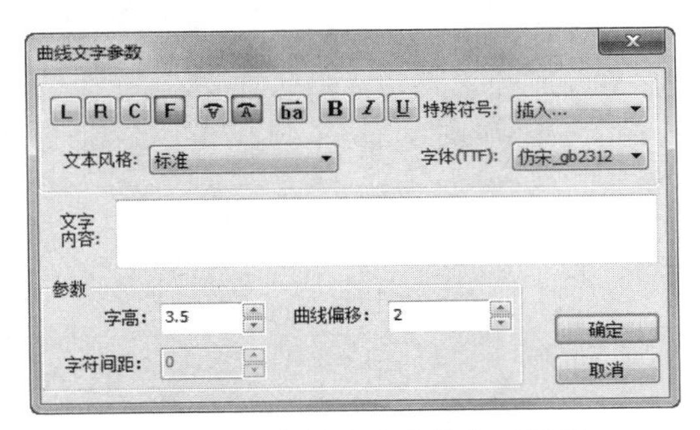

图3-41　“曲线文字参数”对话框

1. 递增文字

图3-42　“标注文字”立即菜单1

3.1.17　综合实例——密封圈

首先利用“轴/孔”命令绘制密封圈外轮廓，其次利用“圆弧”命令绘制密封圈中心的连接，然后利用剖面线填充，最后标注尺寸，完成密封圈零件的绘制，结果如图3-43所示。

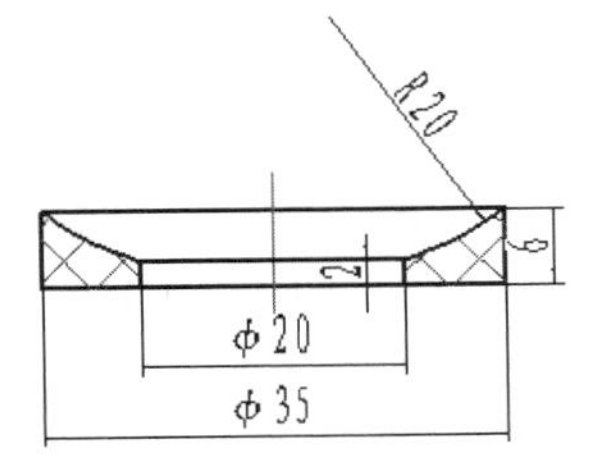

图3-43　密封圈

【操作步骤】

（1）配置绘图环境

1 启动CAXA CAD电子图板。选择“开始”→“程序”→“CAXA CAD电子图板2021”→“CAXA CAD 电子图板 2021”命令或在Windows桌面上双击CAXA CAD电子图板应用程序快捷方式图标，进入CAXA CAD电子图板2021用户界面。

2 建立新文件。选择“文件”→“新建”命令，系统弹出“新建”对话框，如图3-44所示。在“新建”对话框中提供了若干种图幅模板，可以根据需求选择使用。也可以采用“无模板打开”即BLANK模板创建空白文档，在绘图过程中可以通过“幅面”菜单重新进行图幅设置，而本节采用BLANK模板创建空白文档。

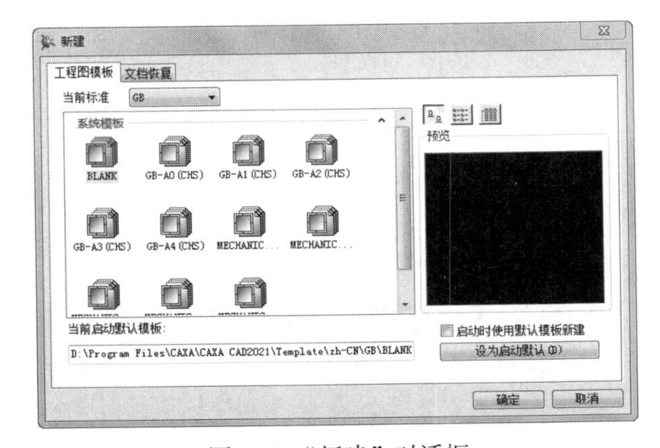

图3-44　“新建”对话框

（2）绘制中心线

1 切换当前图层：执行“格式”→“图层”命令，弹出“层设置”对话框，如图3-45所示。

单击左侧的“中心线层”，然后单击“设为当前”按钮，将“中心线层”设置为当前图层，单击“确定”按钮，关闭“层设置”对话框，从而完成当前图层的切换。也可以通过单击“颜色图层”工具栏  中的下拉箭头，弹出下拉菜单，在下拉菜单中单击选择当前图层。

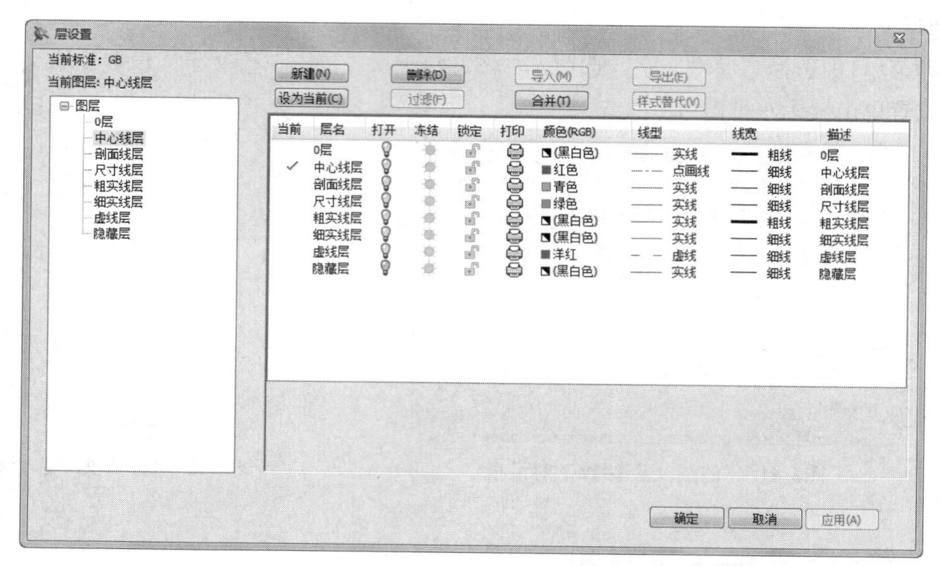

图3-45 “层设置”对话框

2 绘制中心线：单击按钮，或执行“绘图”→“直线”命令，弹出“绘制直线”立即菜单，如图3-46所示。在立即菜单1中选择“两点线”，在立即菜单2中选择“单根”。鼠标左键单击绘图区域可以拾取两点，则第一条直线绘制出来，如图3-47所示，单击鼠标右键取消当前命令。为了准确地绘制出直线，可以使用键盘在命令行输入两点坐标。

1. 两点线 2. 单根

图3-46 “绘制直线”立即菜单

图3-47 绘制中心线

注意

在绘制某些局部图形时，可能会重复使用同一命令，此时若重复使用菜单命令、工具栏命令或命令行命令，会使操作变得烦琐，效率低。CAXA CAD 电子图板 2021 提供了快速重复前一命令的方法，在绘图区域中单击鼠标右键，即可以重复调用上一命令。

（3）绘制阀芯

1 设置捕捉方式。将当前图层从“中心线层”切换到“0层”。为了准确捕捉中心点，需要进行屏幕点捕捉方式设置：执行“工具”→“捕捉设置”命令，弹出“智能点工具设置”对话框，如图3-48所示。将屏幕点模式设置为“导航”，单击“确定”按钮。

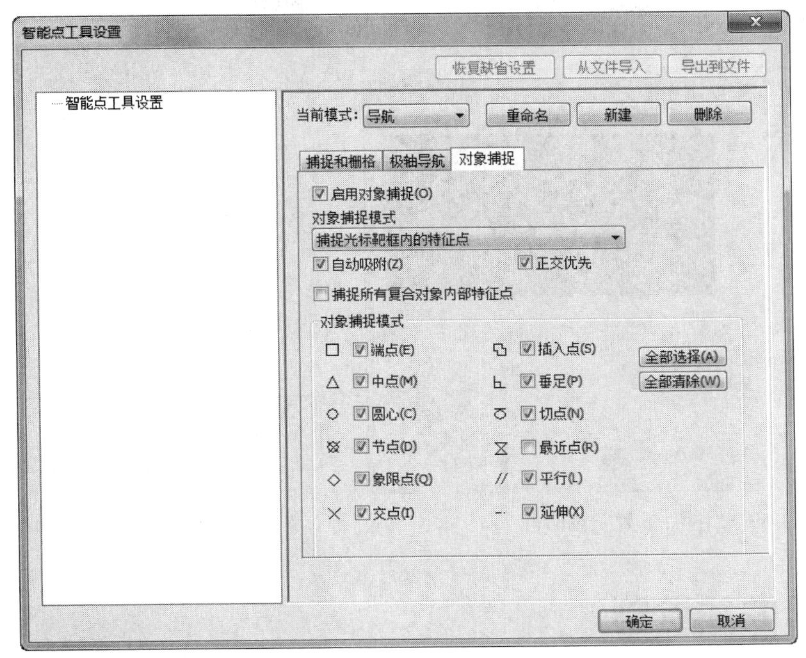

图3-48　“智能点工具设置”对话框

屏幕点捕捉方式设置也可以通过用户界面右下角的立即菜单进行设置，如图3-49所示。

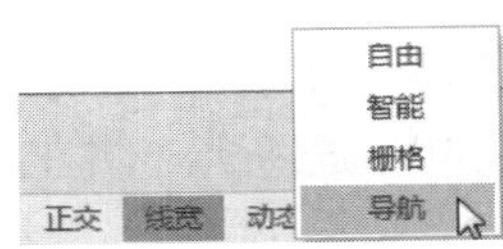

图3-49　“屏幕点捕捉方式设置”立即菜单

2 绘制轴：单击按钮，或执行“绘图”→“矩形”命令，立即菜单选择为“长度和宽度”，定位方式为“顶边中点”，角度为“180”，长度为“35”，宽度为“6”，无中心线，绘制结果如图3-50所示。

3 绘制内孔：单击按钮，或执行“绘图”→“矩形”命令，立即菜单选择为“长度和宽度”，定位方式为“顶边中点”，角度为“180”，长度为“20”，宽度为“2”，无中心线，绘制结果如图3-51所示。

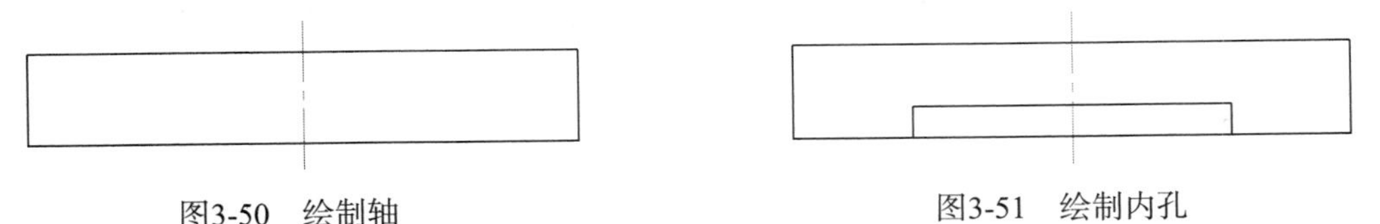

图3-50　绘制轴　　　　图3-51　绘制内孔

4 绘制圆弧：单击按钮，或执行“绘图”→“圆弧”命令，立即菜单选择为“两点_半径”。命令行提示如下。

```
第一点：（拾取图3-51中的小矩形的左上角点）
第二点：（拾取图3-51中的大矩形的左上角点）
第三点（半径）：20↙
```

5 继续绘制另一段圆弧，绘制结果如图3-52所示。

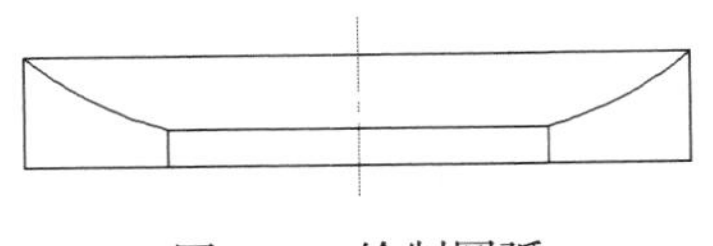

图3-52　绘制圆弧

6 填充剖面线：切换到“剖面线层”，单击按钮，或执行“绘图”→“剖面线”命令。拾取要填充的区域，在立即菜单2中选择“剖面图案”，弹出“剖面图案”对话框，从中选择图案ANSI37，如图3-53所示，填充剖面线如图3-54所示。

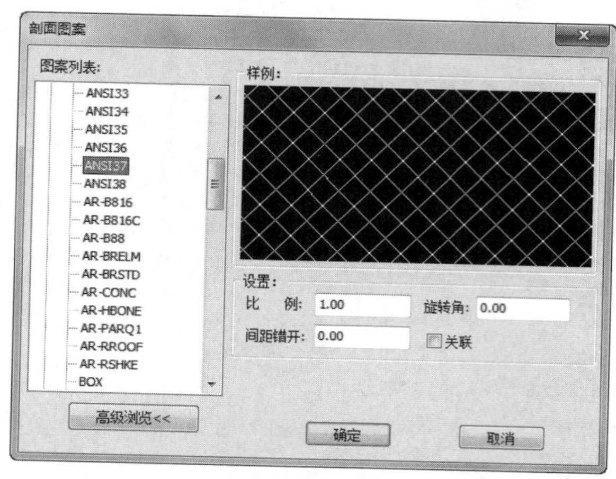

图3-53 “剖面图案”对话框

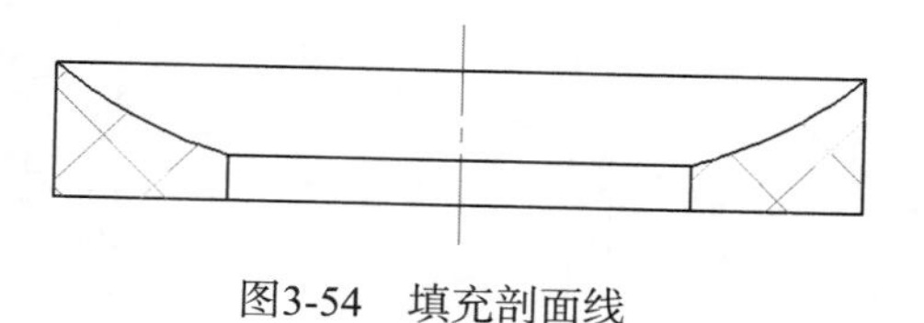

图3-54 填充剖面线

3.2 高级曲线绘制

高级曲线是指由基本元素组成的一些特定的图形或特定的曲线，主要包括波浪线、双折线、箭头、齿形、圆弧拟合样条和孔/轴等类型。高级曲线绘制命令集中在“绘图”菜单的下半部，如图3-55所示，其工具栏是“绘图工具Ⅱ”工具栏，如图3-56所示。

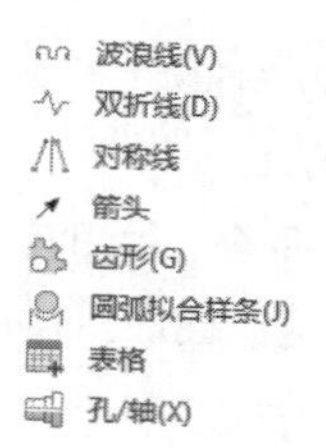

图3-55 高级曲线绘制命令

图3-56 “绘图工具Ⅱ”工具栏

3.2.1 绘制波浪线

CAXA CAD电子图板可以按给定方式生成波浪曲线。此功能常用于绘制剖面线的边界线，一般用细实线。

【执行方式】

- 命令行：wavel
- 菜单：“绘图”→“波浪线”
- 工具栏：“绘图工具Ⅱ”工具栏→

【选项说明】

单击“绘图工具Ⅱ”工具栏中的“波浪线”按钮，弹出“绘制波浪线”立即菜单。在立即菜单1中可以输入波浪线的波峰高度（即波峰到平衡位置的垂直距离）。

【操作步骤】

1 启动“绘制波浪线”命令后，弹出“绘制波浪线”立即菜单，在立即菜单1中输入波浪线的波峰高度。

2 根据系统提示输入第一点和以后各点的坐标。

3 单击鼠标右键结束绘制波浪线操作。

3.2.2　绘制双折线

基于图幅的限制，有些图形元素无法按比例画出，可以用双折线表示。用户可通过两点画出双折线，也可以直接拾取一条现有的直线将其改为双折线。

【执行方式】

- 命令行：condup
- 菜单：“绘图”→“双折线”
- 工具栏：“绘图工具Ⅱ”工具栏→

【选项说明】

单击“绘图工具Ⅱ”工具栏中的“双折线”按钮，弹出“绘制双折线”立即菜单。在立即菜单1中选择“折点个数”或“折点距离”方式，如图3-57所示。

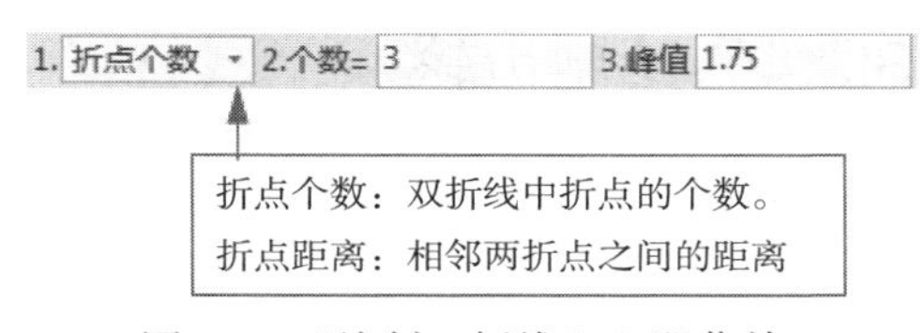

图3-57　“绘制双折线”立即菜单

【操作步骤】

1 启动“绘制双折线”命令后，弹出“绘制双折线”立即菜单。

2 如果在立即菜单1中选择“折点距离”，在立即菜单2中输入距离的值，则生成给定折点距离的双折线；如果在立即菜单1中选择“折点个数”，在立即菜单2中输入折点个数的值，则生成给定折点个数的双折线。

3 根据系统提示拾取直线或输入第一点坐标。如拾取直线则直线按照步骤2中的参数变为双折线。如依次输入两点坐标，系统将按照步骤2中的参数在两点之间生成双折线。

> **注意**
>
> 双折线根据图纸幅面将有不同的延伸长度：A0、A1的延伸长度为1.75，其余图纸幅面的延伸长度为1.25。

3.2.3　绘制箭头

【执行方式】

- 命令行：arrow
- 菜单：“绘图”→“箭头”
- 工具栏：“绘图工具Ⅱ”工具栏→

【选项说明】

单击“绘图工具Ⅱ”工具栏中的“箭头”按钮，弹出“绘制箭头”立即菜单。在立即菜单1中选择“正向”或“反向”方式。

【操作步骤】

1 启动“绘制箭头”命令后，弹出“绘制箭头”立即菜单。

2 在立即菜单1中选择箭头的方向。

3 拾取直线、圆弧、样条或第一点，如果先用鼠标左键拾取箭头第一点，再用鼠标左键拾取第二点，即可绘制出带引线的实心箭头（如果在立即菜单中选择了“正向”，则箭头指向第一点，否则指向第二点）。如果拾取了弧或直线，系统自动生成正向或反向的动态箭头，用鼠标光标拖动箭头到需要的位置单击鼠标左键即可。

> **注意**
>
> 为弧和直线添加箭头时，箭头方向定义如下：对于直线是以坐标系的 X、Y 方向的正方向作为箭头的正方向，X、Y 方向的负方向作为箭头的反方向；对于圆弧是以逆时针方向为箭头的正方向，顺时针方向为箭头的反方向。

3.2.4 绘制齿轮

【执行方式】

- 命令行：gear
- 菜单：“绘图”→“齿形”
- 工具栏：“绘图工具Ⅱ”工具栏→

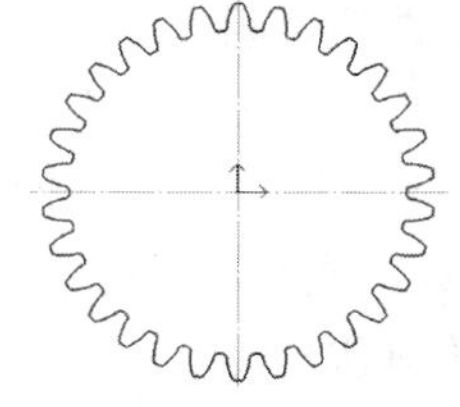

图3-58 齿轮固定在坐标系原点

【例3-5】绘制中心点在坐标原点的齿轮，如图3-58所示。

【操作步骤】

1 启动“绘制齿形”命令后，弹出“渐开线齿轮齿形参数”对话框。在该对话框中可以设置齿轮的齿数、模数、压力角、变位系数等（如图3-59所示），用户还可以设置齿轮的齿顶高系数和齿顶隙系数来改变齿轮的齿顶圆半径和齿根圆半径，也可以直接指定齿轮的齿顶圆直径和齿根圆直径。

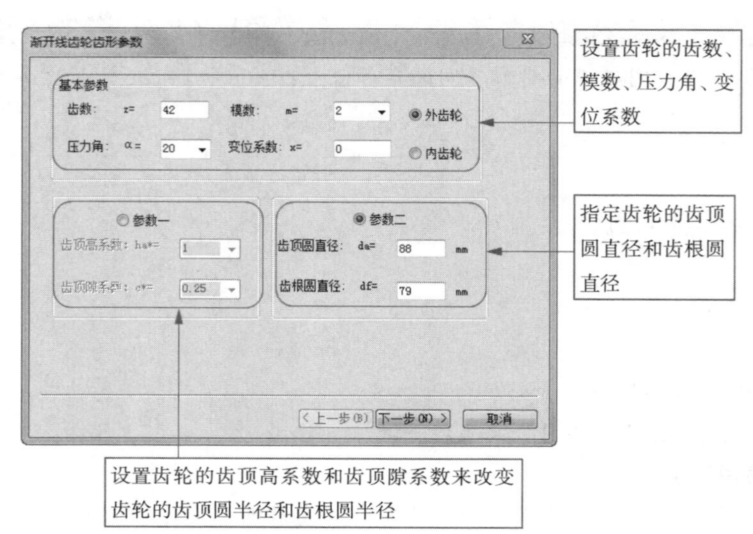

图3-59 “渐开线齿轮齿形参数”对话框

2 确定完齿轮的参数后，单击“下一步”按钮，弹出“渐开线齿轮齿形预显”对话框，如图3-60所示。在此对话框中，设置齿形的齿顶过渡圆角半径为0，齿根过渡圆角半径为0.76以及齿形的精度为0.01，生成的齿数为42，起始齿相对于齿轮圆心的角度为0，确定完参数后可单击“预显”按钮观察生成的齿形。如果要修改前面的参数，单击“上一步”按钮可回到前一对话框。

注意

该功能生成的齿轮要求模数大于0.1、小于50，齿数大于等于5、小于1000。

3 当图3-60中的预显框中的齿形合乎要求后，单击“完成”按钮。这时系统提示输入齿轮的定位点，在操作提示区输入齿轮的中心点坐标为“0,0”，按下Enter键，齿轮中心固定在定位点，绘制完成后的结果如图3-58所示。

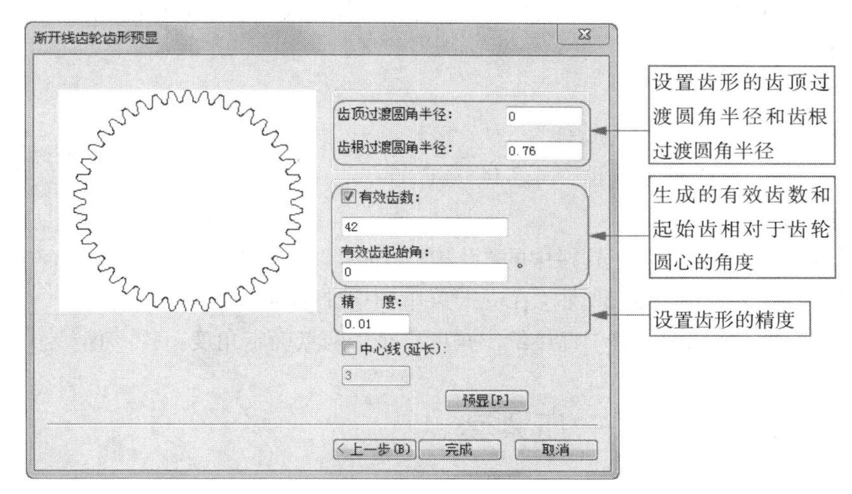

图3-60 “渐开线齿轮齿形预显”对话框

3.2.5 圆弧拟合样条

【执行方式】

- 命令行：nhs
- 菜单：“绘图”→“圆弧拟合样条”
- 工具栏：“绘图工具Ⅱ”工具栏→

【操作步骤】

1 启动“圆弧拟合”命令后，弹出“圆弧拟合”立即菜单，如图3-61所示。

2 在立即菜单1中选取“不光滑连续”或“光滑连续”方式，在立即菜单2中选取“保留原曲线”或“删除原曲线”，在立即菜单3中输入拟合误差，在立即菜单4中输入最大拟合半径。

3 根据系统提示拾取需要拟合的样条曲线，拟合完成。

提示

圆弧拟合样条功能主要用来处理线切割加工图形，经上述处理后的样条线，可以使图形加工结果更光滑，生成的加工代码更简单。

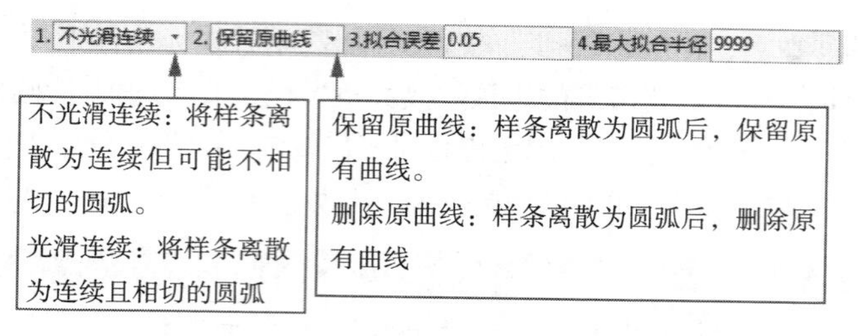

图3-61 “圆弧拟合”立即菜单

3.2.6 绘制孔/轴

CAXA可以在给定位置画出带有中心线的孔和轴或带有中心线的圆锥孔或圆锥轴。

【执行方式】

- 命令行：hoax
- 菜单：“绘图”→“孔/轴”
- 工具栏：“绘图工具Ⅱ”工具栏→

【选项说明】

单击“绘图工具Ⅱ”工具栏中的“孔/轴”按钮，弹出“绘制孔/轴”立即菜单，如图3-62所示。在立即菜单1中选择绘制“孔”或“轴”，在立即菜单2中选择“直接给出角度”或“两点确定角度”。

直接给出角度：在中心线角度编辑框中输入数值，用来确定所绘制的孔或轴的角度。

两点确定角度：通过输入的两个点的位置来确定中心线的角度

图3-62 “绘制孔/轴”立即菜单

3.2.7 综合实例——压紧套

图3-63所示为本例要绘制的压紧套。首先利用“绘制轴/孔”命令绘制压紧套的轮廓，其次利用“裁剪”命令删除多余的曲线，最后利用“绘制剖面线”命令填充剖面线完成压紧套的绘制。

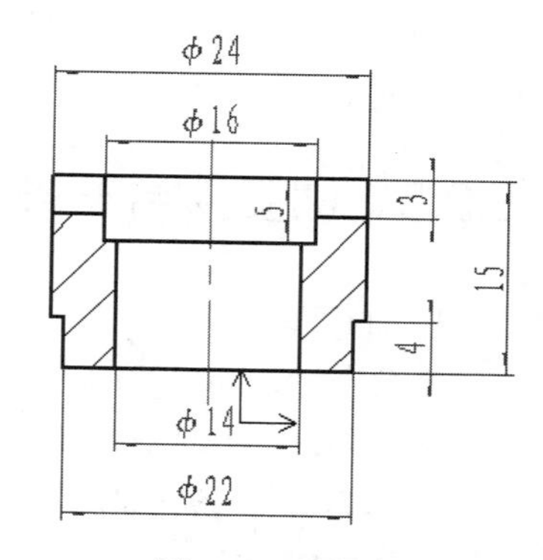

图3-63 压紧套

【操作步骤】

（1）创建新文件

启动CAXA CAD 2021电子图板，创建一个新文件。

（2）绘制轴

1 单击按钮，或执行“绘图”→“孔/轴”命令，或用键盘输入命令hoax，在立即菜单中选择“轴”，中心线角度设为“90”。从上到下的顺序，轴的直径与长度如下所设。

- 第一段轴直径为24，长度为11。
- 第二段轴直径为22，长度为4。

2 绘制轴的结果如图3-64所示。

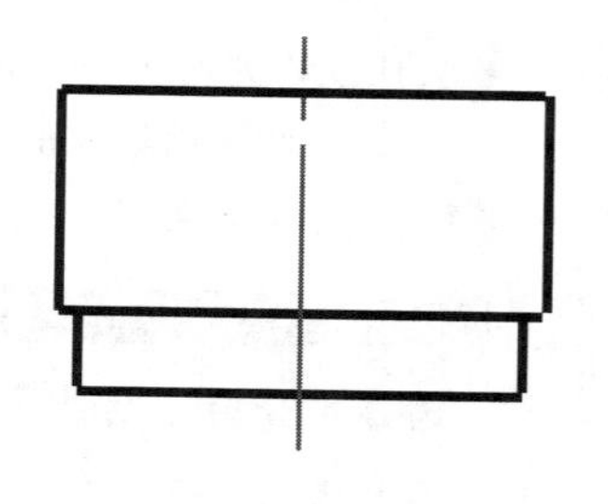

图3-64 绘制轴

3 绘制孔：单击按钮，或执行“绘图”→“孔/轴”命令，或用键盘输入命令hoax，在立即菜单中选择“孔”，中心线角度设为“90”。从上到下的顺序，孔的直径与长度如下所设。

- 第一段孔直径为16，长度为5。
- 第一段孔直径为14，长度为10。

4 绘制孔的结果如图3-65所示。

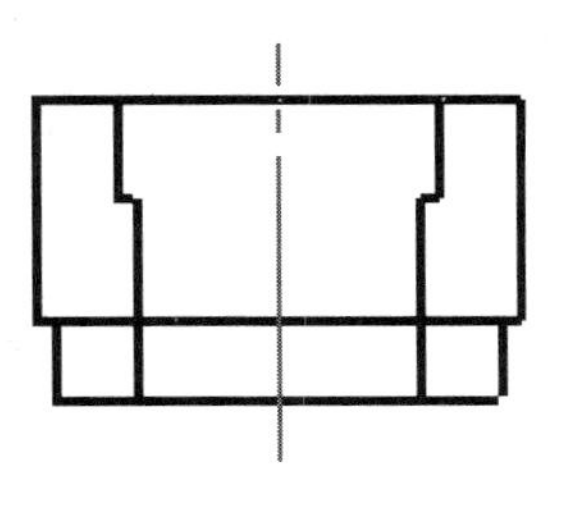

图3-65　绘制孔

5 绘制平行线：单击按钮，或执行“绘图”→“平行线”命令，或用键盘输入命令ll，在立即菜单中选择“偏移方式”。命令行提示如下所示。

```
拾取直线：（拾取水平的最上部的直线）
输入距离或指定点（切点）：3↙（鼠标光标选择在直线的下方）
```

6 结果如图3-66所示。

7 绘制直线：单击按钮，或执行“绘图”→“直线”命令，或用键盘输入命令line，连接图3-66中的两点，删除平行线，结果如图3-67所示。

8 填充剖面线：单击按钮，或执行“绘图”→“剖面线”命令，结果如图3-68所示。

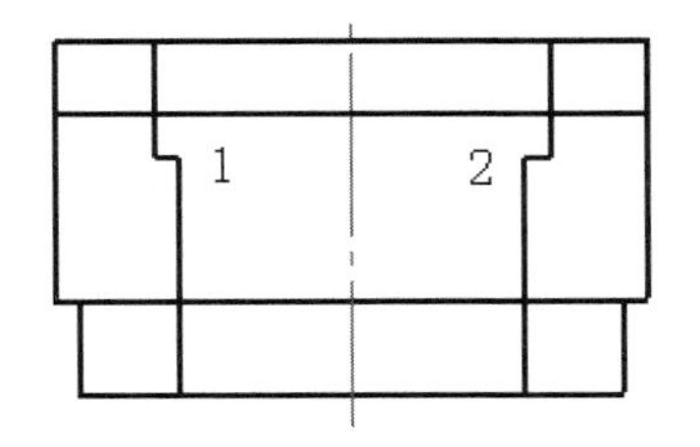

图3-66　绘制平等线

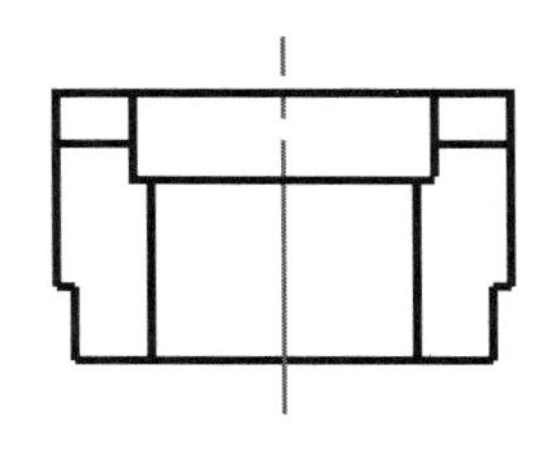

图3-67　裁剪处理

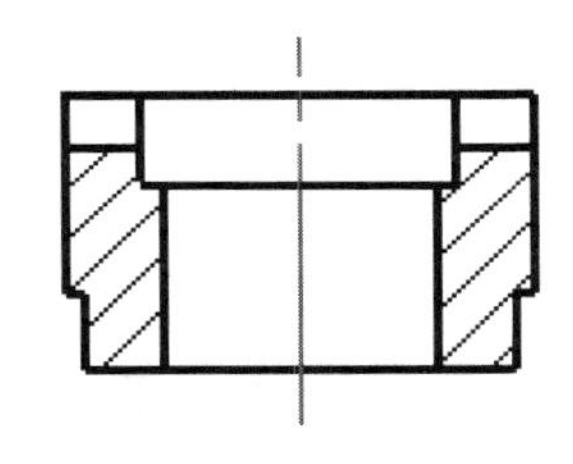

图3-68　填充剖面线

3.3　图纸设置

一张符合国标标准的工程图，不仅需要有图形元素，而且需要有标准的图框、标题栏、零件编号和明细表等元素。CAXA CAD电子图板绘图系统具有图纸设置功能，包括幅面设置、图框设置、标题栏设置、零件序号设置和明细表设置。

3.3.1　幅面设置

在图纸幅面设置功能中，根据图纸幅面的规格不同，CAXA CAD电子图板提供了从A0到A4共5种标准图纸幅面，并可设置图纸方向及图纸比例。

【执行方式】

- 命令行：setup
- 菜单：“幅面”→“图幅设置”
- 工具栏：“图幅”工具栏→

【操作步骤】

1 启动“图幅设置”命令后，弹出“图幅设置”对话框，如图3-69所示。

2 在该对话框中，可以对图纸的幅面、比例、方向进行相应的设置。

3 单击“调入图框”或“调入标题栏”的下拉箭头，在列表中选择需要的图框和标题栏，系统会在右侧的预览框中显示出相应的图框和标题栏。

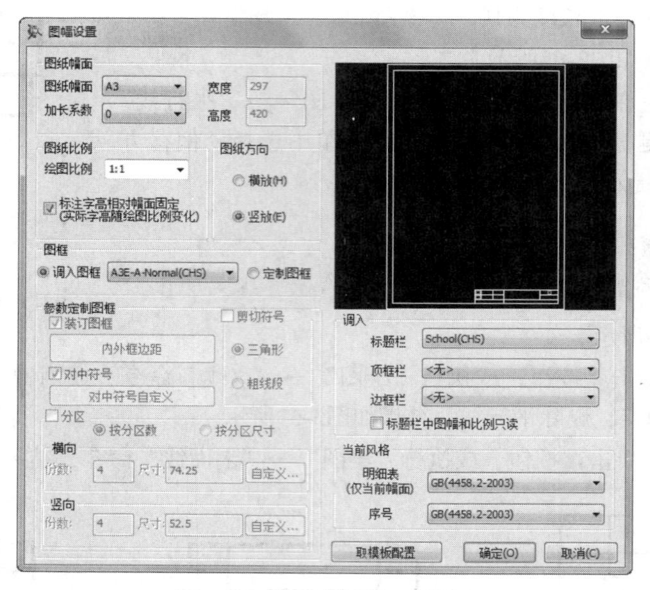

图3-69 “图幅设置”对话框

3.3.2 图框设置

在进行图框设置时，其操作包括以下几个关于图框设置的选项。

1. 调入图框

调入图框功能将调入与当前绘图幅面一致的标准图框。

【执行方式】

- 命令行：frmload
- 菜单：“幅面”→“图框”→“调入”
- 工具栏：“图框”工具栏→

【操作步骤】

1 启动“调入图框”命令后，弹出“读入图框文件”对话框，如图3-70所示。

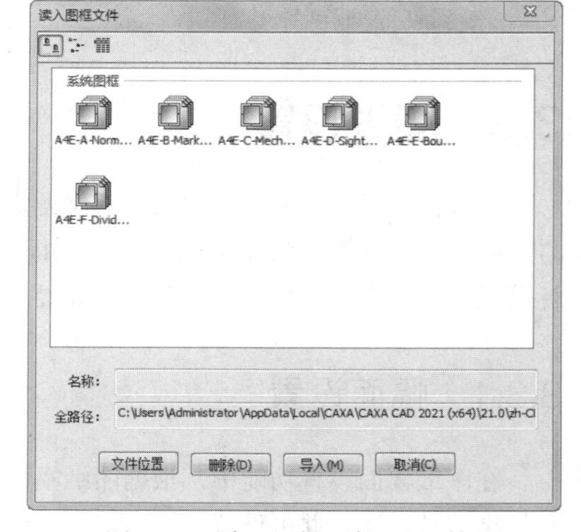

图3-70 “读入图框文件”对话框

2 在该对话框中的图框列表中列出了与当前幅面一致的图框名称，选取所需图框并单击“导入”按钮即可将该图框插入到当前图样中。

如果图样中已经有图框，则新图框将替代旧图框。

2. 定义图框

定义图框功能将绘制的图形定义成图框。

【执行方式】

● 命令行：frmdef

● 菜单："幅面"→"图框"→"定义"

● 工具栏："图框"工具栏→

【操作步骤】

1 按系统提示用鼠标左键拾取添加定义为图框的图形，单击鼠标右键确定。

2 按系统提示选取基准点（基准点用来定位标题栏，一般选择图框的右下角），单击鼠标左键即可选取基准点。如果当前设置的幅面与所选的定义为图框的图形元素的尺寸大小不一致，则弹出"选择图框文件的幅面"对话框，如图3-71所示。

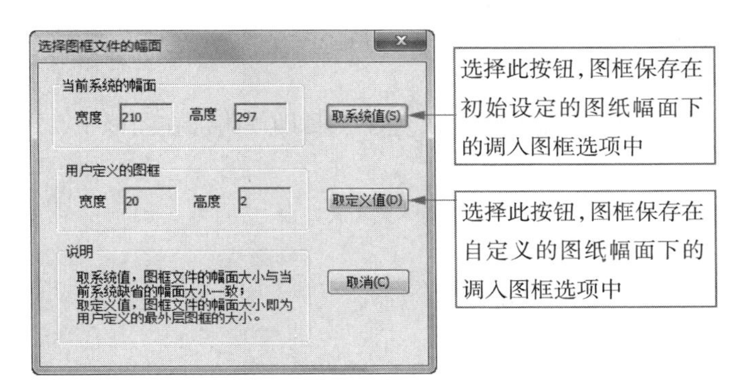

图3-71 "选择图框文件的幅面"对话框

3 选择完毕弹出"另存为"对话框，如图3-72所示，在该对话框底部的文件名输入行内输入图框名称，然后单击"保存"按钮，定义图框的操作即可结束。

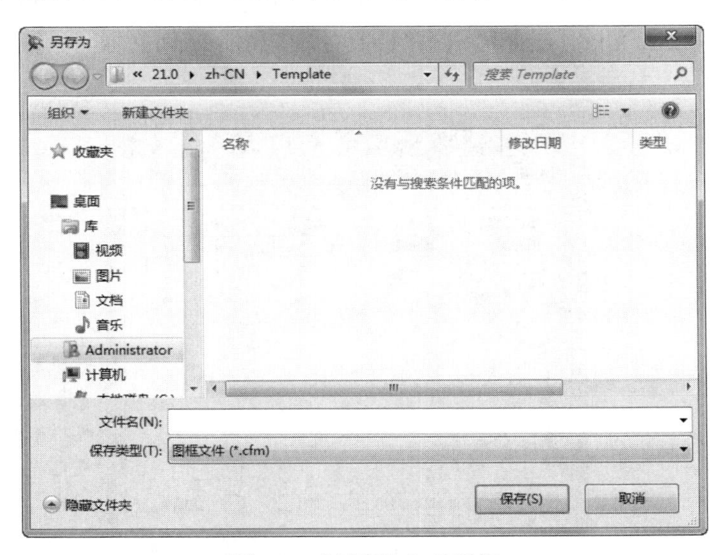

图3-72 "另存为"对话框

3．存储图框

存储图框功能是将当前界面中的图框存储到文件中以备调用。

【执行方式】

● 命令行：frmsave

- 菜单："幅面"→"图框"→"存储"
- 工具栏："图框"工具栏→

【操作步骤】

1 弹出"另存为"对话框，输入要存储图框文件名，如"机械常用A4"。

2 单击"保存"按钮，系统自动添加文件扩展名".cfm"，这样，一个文件名为"机械常用A4.cfm"的图框文件就被存储在Template目录中了。

注意

若图中没有定义的图框则不弹出对话框。另外，图框文件将自动加上扩展名".cfm"，且最好不要输入路径名。

4．填写图框

通常有很多属性信息如描图、底图总号、签字、日期等附加在图框中，因此要对属性图框中的属性信息进行填写。

【执行方式】

- 命令名：frmfill
- 菜单："幅面"→"图框"→"填写"
- 工具栏："图框"工具栏→

【操作步骤】

1 执行"填写图框"命令后，弹出"填写图框"对话框，如图3-73所示。如果定义的图框所拾取的对象中包含"属性定义"，那么调入该图框后就可以对这些属性进行填写。在"属性编辑"选项卡中的"属性值"一栏，在需要填写的行位置单击鼠标左键，就可对该行的信息进行填写。选中窗口右下角的"自动填写标题栏上的对应属性"，可使标题栏与属性栏中的对应属性内容同步填写。

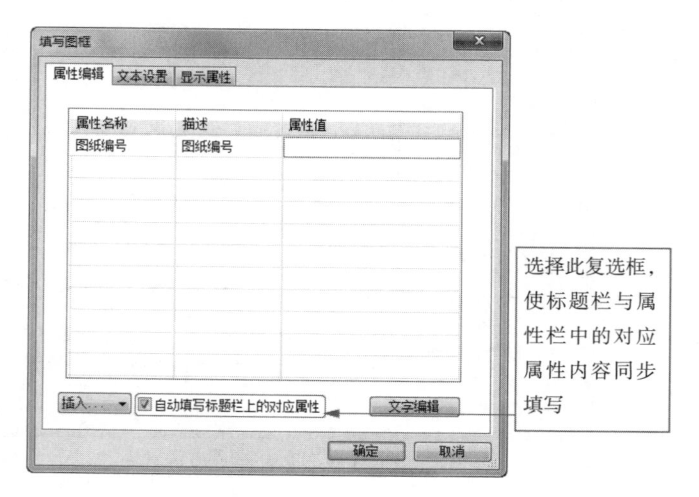

图3-73 "填写图框"对话框

2 在选中一行的状态下，选择"文本设置"选项卡，如图3-74所示。在"对齐方式"和"文本风格"后面的下拉菜单中选择需要的格式。在"字高"和"旋转角"文本框中输入数值，对该行文字进行设定。

3 选择“显示属性”选项卡，如图3-75所示，在“层”和“颜色”后面的下拉菜单中设置选中行的文字所属层和文字颜色。

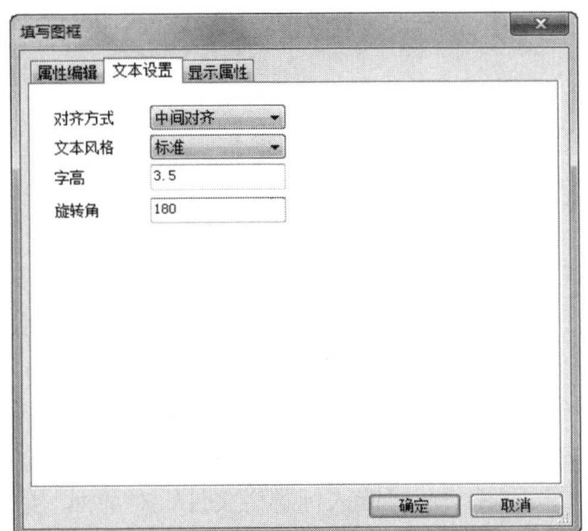

图3-74 “文本设置”选项卡

图3-75 “显示属性”选项卡

注意

也可以直接双击图中的属性图框，弹出“填写图框”对话框，进行填写。

5．编辑图框

图框是一个特殊的块，可以块编辑的方式对图框进行编辑操作。

【执行方式】

- 命令名：frmedit
- 菜单：“幅面”→“图框”→“编辑”
- 工具栏：“图幅”工具栏→

【操作步骤】

1 图纸上的图框将在窗口中以最大化形式独立显示，并出现“块编辑”工具。

2 进入块编辑状态，操作方法与图框编辑部分的方法相同。

3.3.3 标题栏设置

CAXA CAD电子图板系统具有为用户设计的多种标题栏，使用这些标题栏会大大提高绘图的效率。同时，CAXA CAD电子图板也允许自定义标题栏，并将自定义的标题栏以文件的形式保存起来。标题栏的设置有以下几项。

1．调入标题栏

调入标题栏功能可将选取的所需标题栏插入到当前图样中。

【执行方式】

- 命令行：headload
- 菜单：“幅面”→“标题栏”→“调入”
- 工具栏：“标题栏”工具栏→

【操作步骤】

1 执行“幅面”→“标题栏”→“调入”命令，弹出“读入标题栏文件”对话框，如图3-76所示。

2 该对话框列出了已有标题栏的文件名，单击鼠标左键选取所需格式的标题栏。

3 单击“导入”按钮，即调入所选标题栏，显示于已有图框的右下角。

图3-76 “读入标题栏文件”对话框

2. 定义标题栏

定义标题栏功能可将绘制的图形定义成标题栏。

【执行方式】

- 命令行：headdef
- 菜单：“幅面”→“标题栏”→“定义”
- 工具栏：“标题栏”工具栏→

【操作步骤】

1 命令提示栏显示：“拾取元素”，单击鼠标左键拾取需要定义的标题栏，包括全部图形和文字，单击鼠标右键确定。

2 命令提示栏显示：“基准点”，单击鼠标左键选取一点为基准点。

3 弹出“另存为”对话框，如图3-77所示，在该对话框底部的文件名输入行内输入标题栏名称，然后单击“保存”按钮，定义标题栏的操作即可结束。

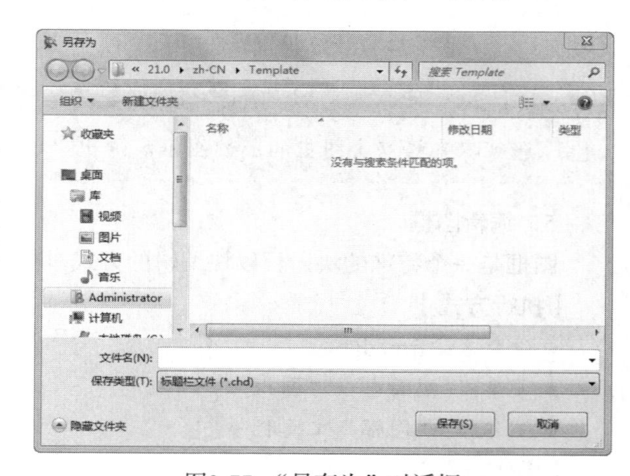

图3-77 “另存为”对话框

> **注意**
>
> 定义后的标题栏可以调用，调用时自动插入以定义后的标题栏整体图形（包括所有图形、文字和属性定义）的右下角为定位点，与图框的右下角对齐。

3. 存储标题栏

存储标题栏功能可将当前定义的标题栏存储到文件中以备调用。

【执行方式】

- 命令行：headsave
- 菜单：“幅面”→“标题栏”→“存储”
- 工具栏：“标题栏”工具栏→

【操作步骤】

启动“存储标题栏”命令，弹出“另存为”对话框，在该对话框中输入文件名后单击“保存”按钮即可。

> **注意**
>
> 若图中没有定义的标题栏则不弹出“保存标题栏”对话框。另外，标题栏文件将自动加上扩展名 .chd，并且最好不要输入路径名。

4．填写标题栏

填写标题栏功能查以填写系统提供的标题栏。

【执行方式】

- 命令行：headerfill
- 菜单：“幅面”→“标题栏”→“填写”
- 工具栏：“标题栏”工具栏→

【操作步骤】

启动“填写标题栏”命令，弹出“填写标题栏”对话框，如图3-78所示，在该对话框中填写相关内容后单击“确定”按钮即可。

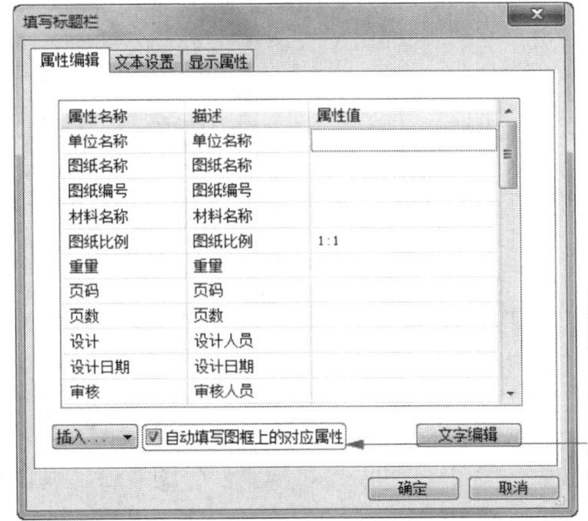

选择此复选框，可以自动填写图框中与标题栏相同字段的属性信息

图3-78　“填写标题栏”对话框

> **注意**
>
> 如果此时的标题栏不是系统所提供的或没有标题栏，则无法使用此功能。

【例3-6】创建图3-79所示的标题栏。

						45钢	三维书屋工作室
标记	处数	分区	更改文件号	签名	年、月、日		圆柱齿轮
设计			标准化			阶段标记 / 重量 / 比例	
						1:1	
审核							
工艺			批准			共　张　第　张	

图3-79　标题栏

【操作步骤】

1 调入标题栏：执行“幅面”→“标题栏”→“调入”命令，或用键盘输入命令headload，

则弹出图3-80所示的“读入标题栏文件”对话框。选取其中的GB-A文件，单击“导入”按钮，结果如图3-81所示。

2 填写标题栏：单击按钮或执行“幅面”→“标题栏”→“填写”命令，或用键盘输入命令headfill，弹出图3-82所示的“填写标题栏”对话框。在该对话框的“单位名称”文本框中输入“三维书屋工作室”，“图纸名称”文本框中输入“圆柱齿轮”，“材料名称”文本框中输入“45钢”，单击“确定”按钮，完成标题栏的填写，结果如图3-79所示。

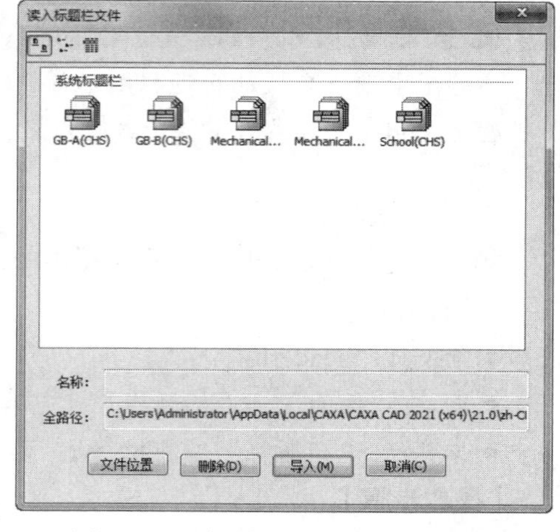

图3-80 “读入标题栏文件”对话框

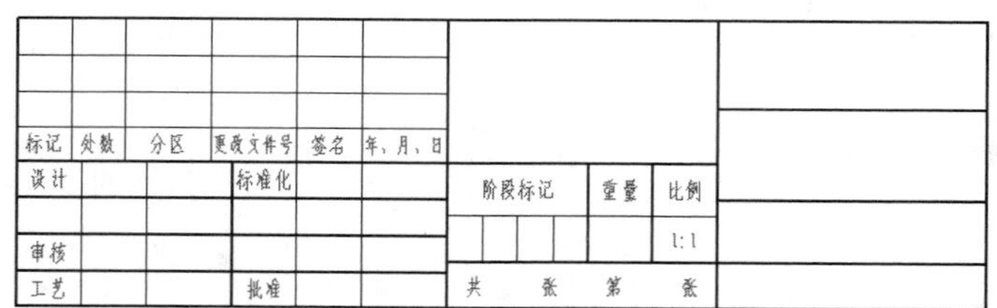

图3-81 GB-A标题栏

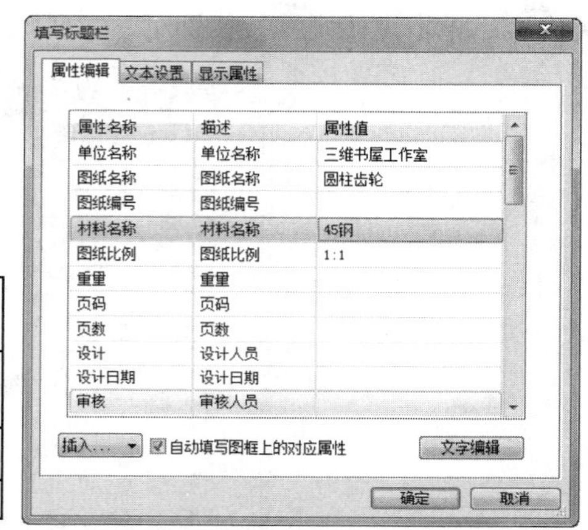

图3-82 “填写标题栏”对话框

3.3.4 参数栏

齿轮等零件有许多尺寸、材料等参数，需要在图纸中进行说明。通过CAXA CAD电子图板的参数栏功能，可以实现对参数栏的调入、定义、存储、填写和编辑。

1. 调入参数栏

为当前图纸调入一个参数栏。如果屏幕上已有一个参数栏，则新参数栏将替代原参数栏，参数栏调入时的定位点为其右上角点。

【执行方式】

- 命令名：paraload
- 菜单：“幅面”→“参数栏”→“调入”
- 工具栏：“参数栏”工具栏→

【操作步骤】

1 执行“幅面”→“参数栏”→“调入”命令，弹出“读入参数栏文件”对话框，如图3-83所示。选取需要调入的参数栏并单击“导入”按钮。

2 按照命令栏提示，输入参数栏右上角定位点的坐标值，单击Enter键确定，或单击鼠标左键确定定位点，调入参数栏完成。

2．定义参数栏

可将屏幕上的已有图形包括文字定义为参数栏。也就是说，允许将任何图形定义成参数栏文件以备调用。通过属性定义的方式将图纸名称、图纸代号、企业名称等属性信息加入到定义的参数栏中。

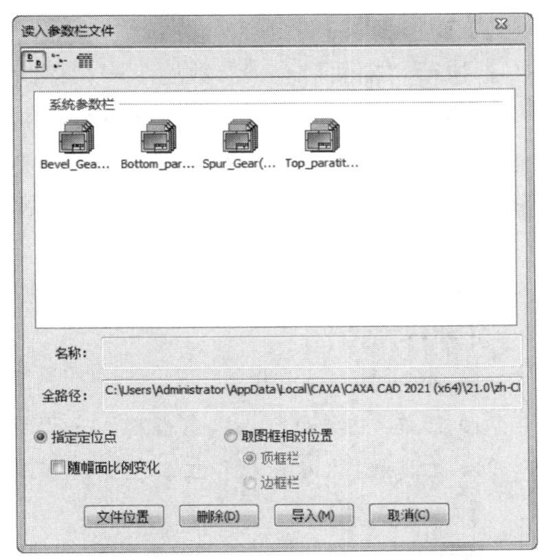

图3-83　“读入参数栏文件”对话框

【执行方式】

- 命令名：paradef
- 菜单：“幅面”→“参数栏”→“定义”
- 工具栏：“参数栏”工具栏→

【操作步骤】

1 执行“幅面”→“参数栏”→“定义”命令，命令提示栏显示：“拾取元素”，单击鼠标左键拾取需要定义的参数栏包括的全部图形和文字，单击鼠标右键确定。

2 命令提示栏显示：“基准点”，单击鼠标左键选取一点为基准点或输入基准点的坐标值。

3 弹出“另存为”对话框，如图3-84所示。在对话框底部的文件名输入行内输入参数栏名称，然后单击“保存”按钮，定义参数栏的操作即可完成。

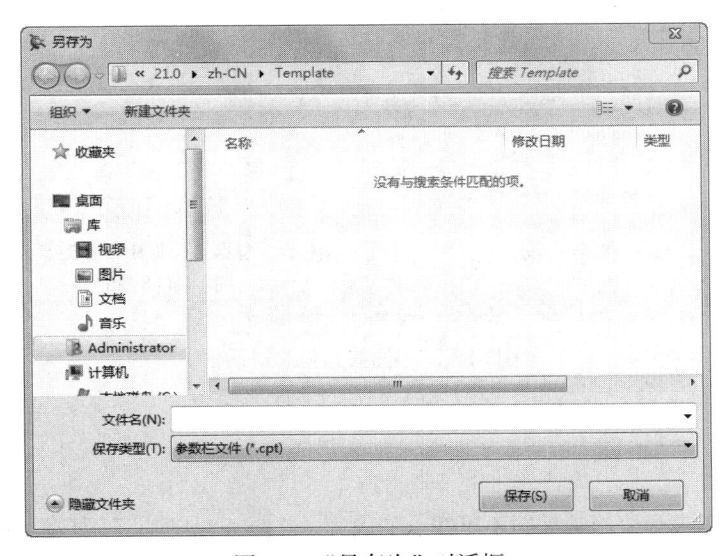

图3-84　“另存为”对话框

3．存储参数栏

将定义好的参数栏以文件形式存盘，以备调用。

【执行方式】

- 命令名：parasave
- 菜单：“幅面”→“参数栏”→“存储”
- 工具栏：“参数栏”工具栏→

【操作步骤】

执行“幅面”→“参数栏”→“存储”命令，然后按照系统命令栏提示，选择需要存储的参数栏，弹出“另存为”对话框，该对话框中列出了已有参数栏文件的文件名，在对话框底部的文件名输入行内输入要存储的参数栏文件名，如“蜗杆”。接着单击“保存”按钮，系统会自动加上文件扩展名“.cpt”，这样，一个文件名为“蜗杆.cpt”的图框文件就被存储在Template目录中了。

4. 填写参数栏

填写当前绘图区中已有的参数栏的属性信息。

【执行方式】

- 命令名：parafill
- 菜单：“幅面”→“参数栏”→“填写”
- 工具栏：“参数栏”工具栏→

【操作步骤】

1 执行“幅面”→“参数栏”→“填写”命令，然后按照系统命令栏提示，拾取需要填写的参数栏。

2 弹出“填写参数栏”对话框，如图3-85所示。在该对话框中的属性值单元格处直接进行填写编辑，单击“确定”按钮即可完成参数栏的填写。

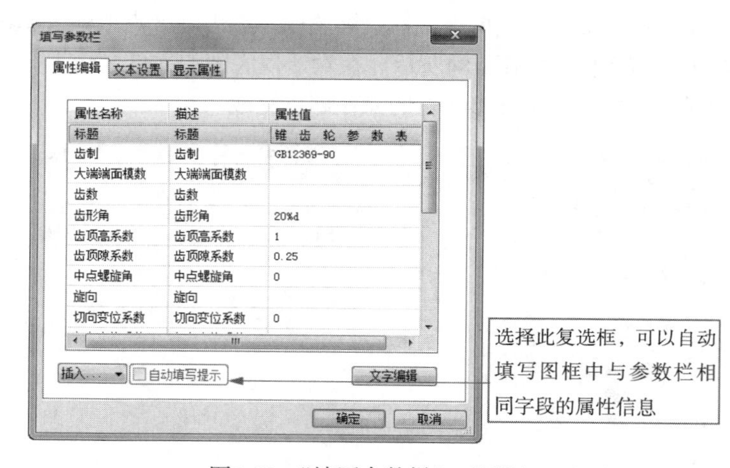

图3-85 “填写参数栏”对话框

3.3.5 零件序号设置

零件序号和明细表是绘制装配图不可缺少的内容。CAXA CAD电子图板设置了序号生成和插入功能，并且与明细表联动，在生成和插入零件序号的同时，允许填写或不填写明细表中的各表项，而且对从图库中提取的标准件或含属性的块，在零件序号生成时，能自动将其属性填入明细表中。

单击幅面菜单，弹出相应的选项分别为生成序号、删除序号、编辑序号和交换序号等。

1. 生成序号

生成序号功能可以生成或插入零件的序号。

【执行方式】

- 命令行：ptno

- 菜单："幅面"→"序号"→"生成"
- 工具栏："序号"工具栏→

【操作步骤】

1 启动"生成序号"命令，弹出"零件序号"立即菜单，如图3-86所示。

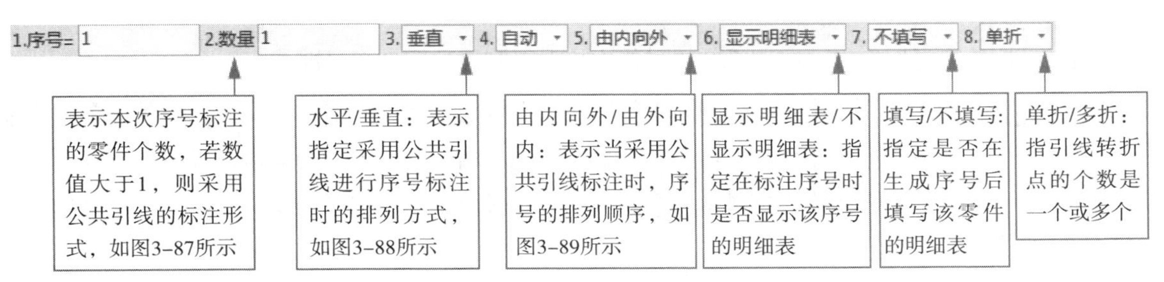

图3-86　"零件序号"立即菜单

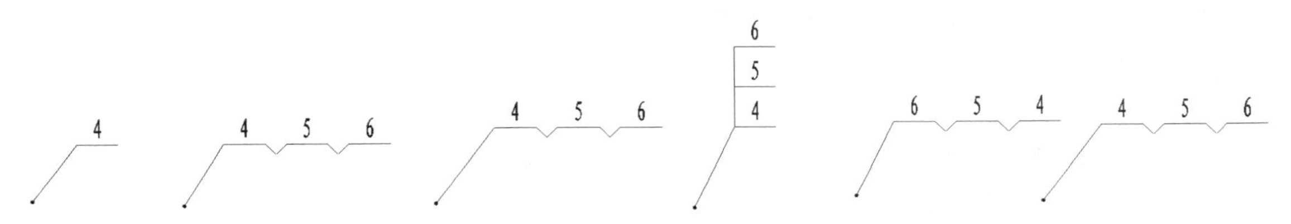

图3-87　"数量"一栏的输入值　　图3-88　序号标注时的排列方式　　图3-89　序号的排列顺序

2 填写或选择立即菜单的各项内容。

3 根据系统提示依次选取序号引线的引出点和转折点即可。

【选项说明】

立即菜单1"序号"：零件的序号值，可以输入数值，也可以输入前缀加数值，但是前缀和数值均最多只能有3位，否则系统提示输入的数值错误，当前缀的第一位字符是@的时候，标注出的序号是加圈的形式，如图3-90所示。

当一个零件的序号被确定下来后，系统根据当前的序号自动生成下次标注时的新序号。如果当前序号为纯数值，则系统自动将序号栏中的数值加1，如果为纯前缀，则系统为当前标注的序号后加数值1，并为下次标注的序号后加数值2；如果为前缀加数值，则前缀不变，数值为当前数值加1。

当输入的一个零件序号小于当前相同前缀的序号的最小值或大于最大值加1时，系统也会提示输入的数值不合法。但如果输入的序号与当前已存在的序号相同时，则弹出图3-91所示的对话框询问是插入还是取重号。当选择"插入"按钮时，原有的序号从当前序号开始一直到与当前前缀相同数值最大的序号统一向后顺延；如果选择"取重号"按钮，则系统生成与现有序号重复的序号。如果选择"自动调整"按钮，则当前输入的序号变为当前前缀相同数值最大的序号加1。如果选择"取消"按钮，则输入的序号无效。

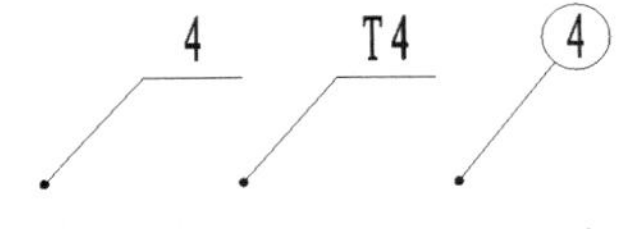

图3-90　零件序号的输入值

图3-91　序号冲突时弹出的对话框

2．删除序号

删除序号功能可以删除不需要的零件序号。

【执行方式】

- 命令行：ptnodel
- 菜单："幅面"→"序号"→"删除"
- 工具栏："序号"工具栏→

【操作步骤】

启动"删除序号"命令，按照系统提示依次拾取要删除的零件序号即可。

> **注意**
>
> 如果所要删除的序号没有重名的序号，则同时删除明细表中相应的表项，否则只删除所拾取的序号。如果删除的序号为中间项，则系统会自动将该项以后的序号值顺序减一，以保持序号的连续性。

3．编辑序号

编辑序号功能可以编辑零件序号的位置和排列方式。

【执行方式】

- 命令行：ptnoedit
- 菜单："幅面"→"序号"→"编辑"
- 工具栏："序号"工具栏→

【操作步骤】

1 启动"编辑序号"命令，按照系统提示依次拾取要编辑的零件序号。

2 如果拾取的是序号的指引线，此时可移动鼠标编辑引出点的位置。

3 如果拾取的是序号的引出线，此时系统弹出图3-92所示的立即菜单，系统提示输入转折点，此时移动鼠标就可以编辑序号的排列方式和序号的位置。

1. 水平 2. 由内向外

图3-92 "编辑序号"立即菜单

4．交换序号

交换序号功能即交换序号的位置，并根据需要交换明细表内容。

【执行方式】

- 命令行：ptnoswap
- 菜单："幅面"→"序号"→"交换"
- 工具栏："序号"工具栏→

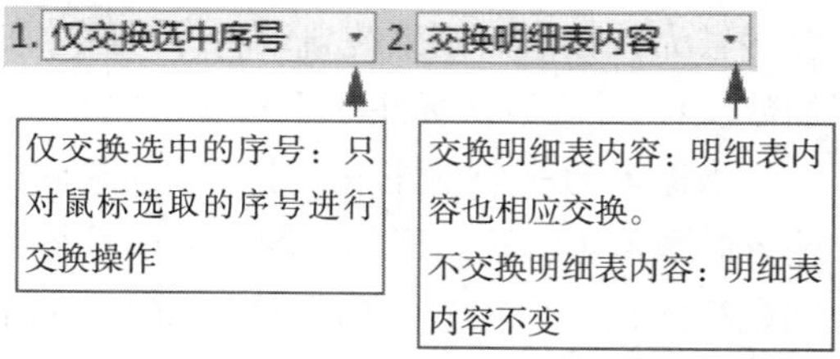

【操作步骤】

1 启动"交换序号"命令，弹出图3-93所示的立即菜单。

2 选择要交换的序号后，两个序号马上交换位置。

1. 仅交换选中序号 2. 交换明细表内容

仅交换选中的序号：只对鼠标选取的序号进行交换操作

交换明细表内容：明细表内容也相应交换。

不交换明细表内容：明细表内容不变

图3-93 "交换序号"立即菜单

3.3.6 明细表设置

CAXA CAD电子图板的明细表与零件序号是联动的，可以随零件序号的插入和删除产生相应的变化。除此之外，明细表本身还有定制明细表、删除表项、表格折行、填写明细表、插入空行、输出明细表、输出数据和读入数据等操作。

1. 删除表项

从已有的明细表中删除某一个表项。删除该表项时，其表格及项目内容所对应的一行全部被删除。并且表项与序号联动，相应零件序号也被删除，序号重新排列。

【执行方式】

- 命令名：tbldel
- 菜单："幅面"→"明细表"→"删除表项"
- 工具栏："明细表"工具栏→

【操作步骤】

1 启动"删除表项"命令，命令栏提示："请拾取表项"，在明细表中用鼠标左键拾取所要删除的表项对应的一行的序号列，拾取无误则删除该表项及所对应的所有序号，同时该序号以后的序号将自动重新排列，可重复删除一系列明细表表项及相应的序号。

2 单击鼠标右键即可退出删除表项命令。

如果需要删除所有明细表表项，可以直接拾取明细表表头，此时会弹出询问对话框，如图3-94所示。

单击"是"按钮，就可删除所有的明细表表项及序号。

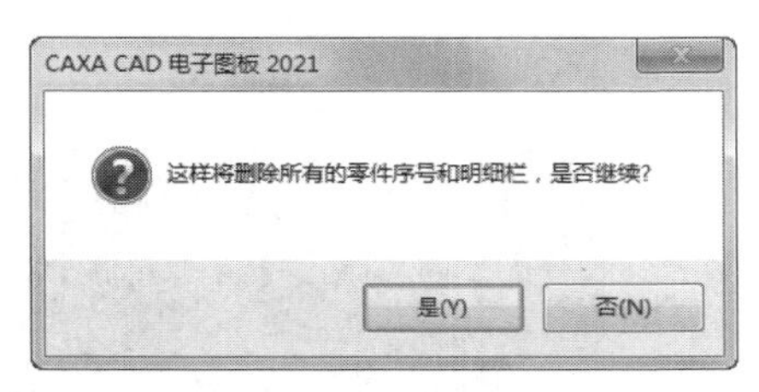

图3-94　询问对话框

2. 表格折行

将已有的明细表表格按行拆分并编辑拆分行及其以上表格的位置，可将其由现在位置向左或向右转移，并可以设置转移后表格的左右位置。转移时，表格及项目内容一起转移。

【执行方式】

- 命令名：tblbrk
- 菜单："幅面"→"明细表"→"表格折行"
- 工具栏："明细表"工具栏→

【操作步骤】

1 设置折行点：在立即菜单中选择"设置折行点"。按命令栏提示，输入折行后的明细表右下角点的位置坐标或用鼠标左键选择。

2 设置折行方向：在立即菜单中选择"左折"使拾取行以上（包括拾取行）明细表转移到左边一列，或选择"右折"使拾取行以下（包括拾取行）明细表转移到右边一列。

3 命令栏提示："请拾取表项"，用鼠标左键从已有的明细表中拾取某一待折行的表项，则该表项以上的表项（包括该表项）及其内容全部移动到指定的折行点位置。

3. 填写明细表

在明细表内填写某零件序号、名称、材料等各项内容。

【执行方式】

- 命令名：tbledit
- 菜单："幅面"→"明细表"→"填写明细表"
- 工具栏："明细表"工具栏→

【操作步骤】

1 启动"填写明细表"命令，弹出"填写明细表"对话框，如图3-95所示。

2 在表中填写或修改明细表的内容，然后单击"确定"按钮，所填项目将自动添加到明细表当中。

- 计算总重：单击“配置总计（重）”按钮，弹出“配置总计（重）”对话框，如图3-96所示。选择总计、单件和数量的列，设置计算精度和后缀是否零压缩，然后再单击“确定”按钮即可。

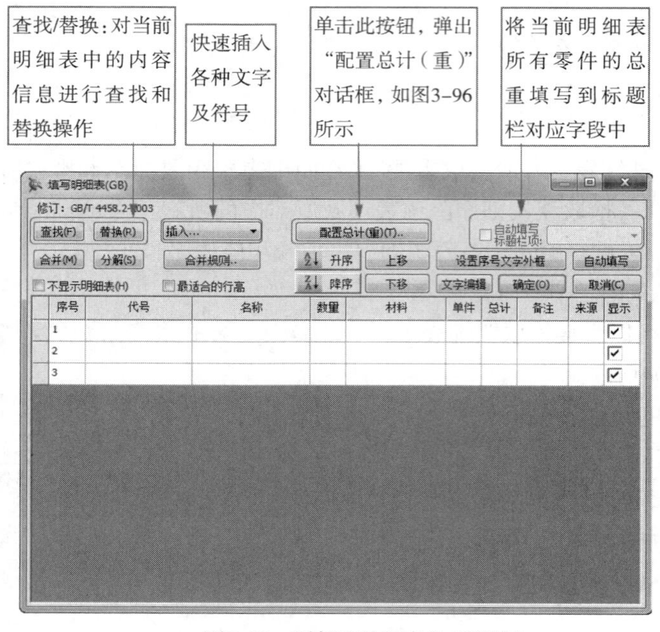

图3-95 “填写明细表”对话框

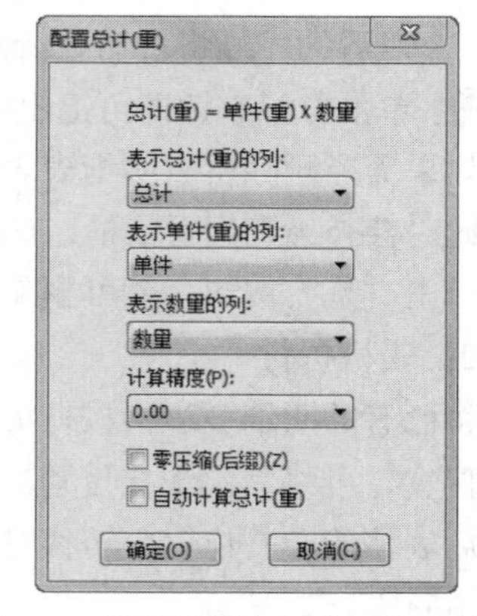

图3-96 “配置总计（重）”对话框

4．插入空行

在明细表中插入空白行。

【执行方式】

- 命令名：tblnew
- 菜单：“幅面”→“明细表”→“插入空行”
- 工具栏：“明细表”工具栏→

【操作步骤】

启动“插入空行”命令，命令栏提示：“拾取表项”，拾取需要插入位置的下一行表项，插入一空白行到明细表中，可连续操作，单击鼠标右键退出命令。

5．输出明细表

给定参数将当前图形中的明细表数据信息输出到单独的文件中。该文件为CAXA CAD电子图板的图形文件格式，可以使用“填写明细表”对话框进行编辑修改。

【执行方式】

- 命令名：tableexport
- 菜单：“幅面”→“明细表”→“输出”
- 工具栏：“明细表”工具栏→

【操作步骤】

1 启动“输出”命令后，弹出“输出明细表设置”对话框，如图3-97所示。

2 如果设置了输出的明细表文件带有图框，则单击“输出”按钮，弹出“读入图框文件”对话框，如图3-98所示。

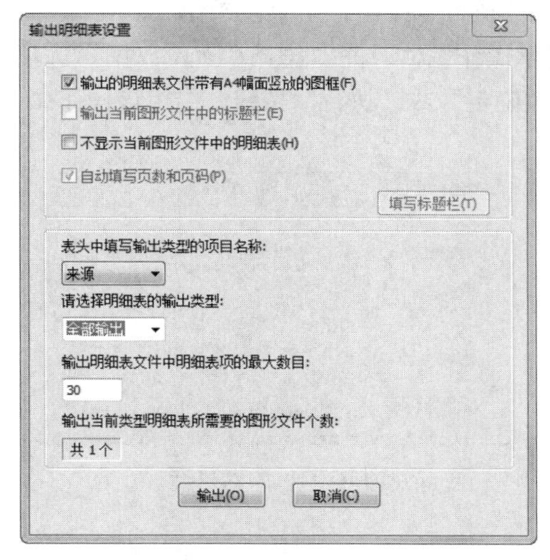

图3-97　“输出明细表设置”对话框

图3-98　“读入图框文件”对话框

3 选择输入的图框文件，单击“导入”按钮。

4 弹出“浏览文件夹”对话框，如图3-99所示，选择需要存储的位置后，单击“确定”按钮，文件以“.exb”格式保存。

图3-99　“浏览文件夹”对话框

6．数据库

为方便明细表数据的存储和填写，CAXA CAD电子图板可以将外部数据文件读入明细表中，也可以将明细表内的数据输出到外部的数据文件中，并且可以与外部的数据文件关联，数据文件格式还支持“*.mdb”和“*.xls。”

【执行方式】

- 命令名：tbldat
- 菜单：“幅面”→“明细表”→“数据库操作”
- 工具栏：“明细表”工具栏→

【操作步骤】

1 启动“数据库操作”命令后，弹出“数据库操作”对话框，如图3-100所示。

2 设置明细表与外部数据文件关联：在明细表“数据库操作”对话框中选择“自动更新设置”，单击数据库路径中的“路径选择”按钮，选择与明细表相关联的数据文件，设置“绝对路径”或“相对路径”。

3 在“数据库表名”右方单击下拉箭头选择数据文件的表名。单击“确定”或“执行”按钮，结束

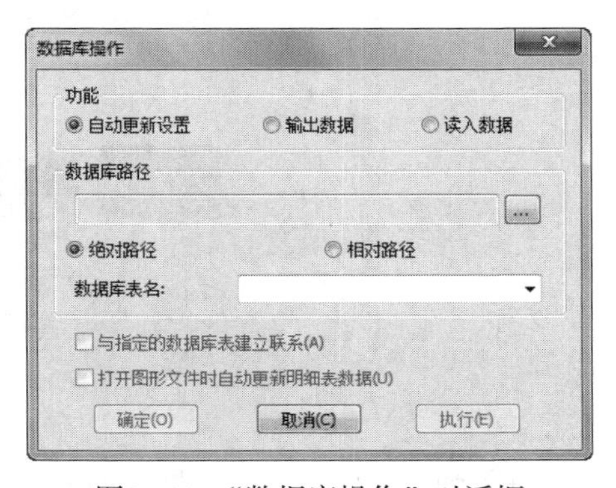

图3-100　“数据库操作”对话框

该操作。

4 输出明细表中数据：在明细表“数据库操作”对话框中选择“输出数据”选项，如图3-101所示，设置输出的数据文件。单击“确定”或“执行”按钮，结束该操作。

5 从外部数据文件输入数据：在明细表“数据库操作”对话框中选择“读入数据”选项，如图3-102所示，设置要读入的数据文件。单击“确定”或“执行”按钮，结束该操作。

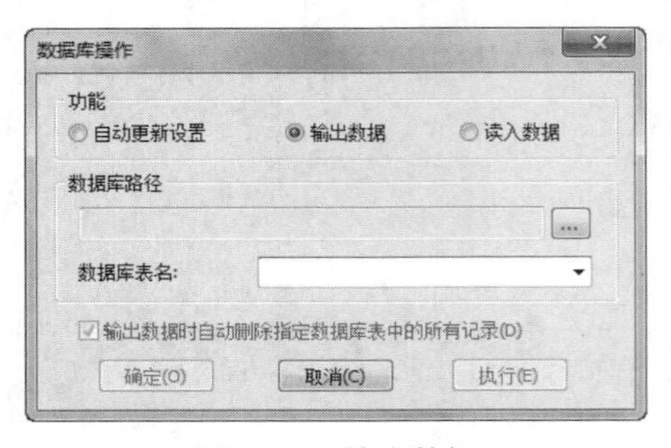

图3-101　输出数据

图3-102　读入数据

3.3.7　背景设置

CAXA CAD电子图板系统提供了背景设置的功能。

1．插入图片

插入图片功能可以将图片文件插入到当前的文件中作为绘图区的背景。

【执行方式】

● 菜单：“绘图”→“图片”→“插入图片”

【操作步骤】

1 启动“插入图片”命令，弹出“打开”对话框，如图3-103所示，从中选择图片文件的路径和文件名，单击“打开”按钮。

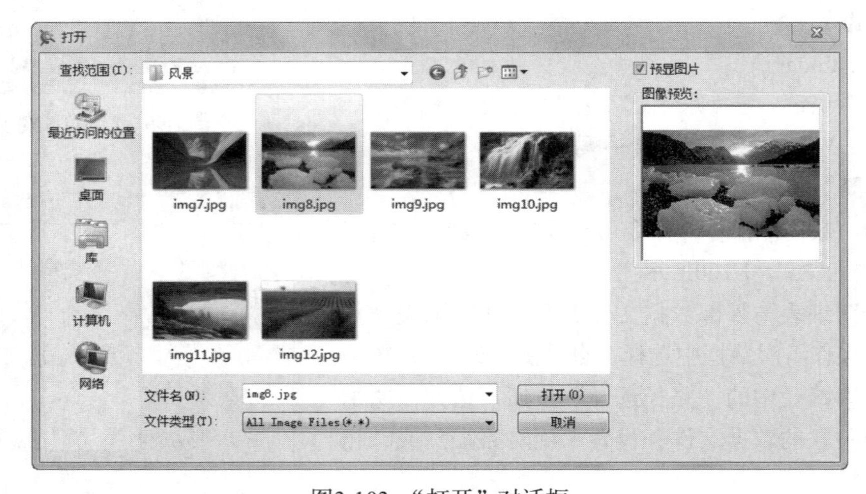

图3-103　“打开”对话框

2 弹出“图像”对话框，如图3-104所示，设置图像的插入点、比例以及旋转角度。

3 按系统提示输入图片的插入点，插入图片后的结果如图3-105所示。

图3-104　“图像”对话框

图3-105　插入图片后的结果

2．图片管理器

通过统一的“图片管理器”对话框设置图片文件的保存路径等参数。

【执行方式】

- 命令：image
- 菜单：“绘图”→“图片”→“图片管理器”

【操作步骤】

1 启动“图片管理器”命令，弹出“图片管理器”对话框，如图3-106所示。

2 单击对话框中“相对路径”和“嵌入”下方的复选框即可进行修改。

3 在对话框中设置好参数后，单击“确定”按钮。

另外，要使用相对路径链接必须先将当前电子图板文件存盘。

图3-106　“图片管理器”对话框

3.4　上机操作

1．绘制图3-107所示的圆弧板图形（不标注尺寸）。

操作提示

（1）将当前层设置为中心线层。

（2）绘制图中四条中心线（注意利用直线的正交功能和平行线的偏移方式）。

（3）将当前层设置为0层，再绘制4个圆（注意使用工具点菜单中的“交点”或“圆心”选项以精确定位）。

（4）利用绘制圆弧中的“两点-半径”方式绘制*R*70、*R*50的圆弧（注意利用“工具点”菜单中的“切点”选项功能自动捕捉特征点）。

（5）绘制切线（利用直线中的两点线方式，配合使用“工具点”菜单以“切点”选项精确捕捉特征点）。

2．绘制图3-108所示的机床手柄1的图形（不标注尺寸）。

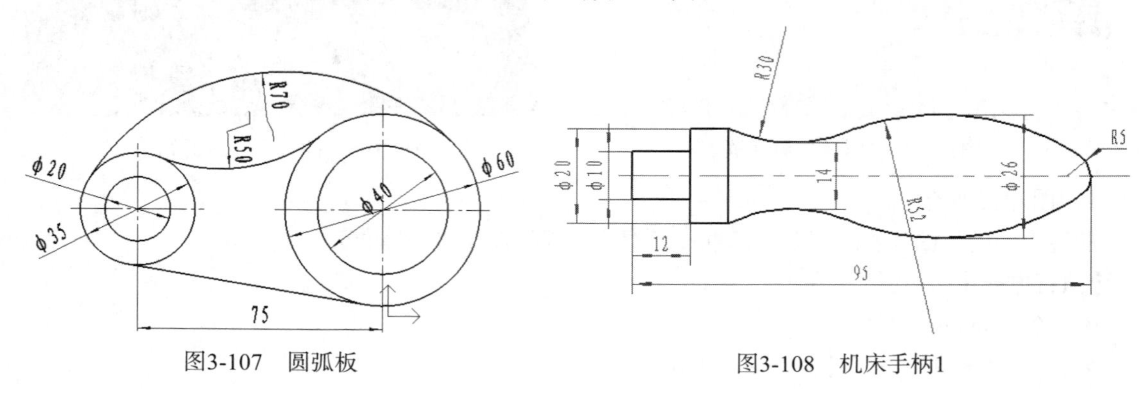

图3-107　圆弧板　　　　图3-108　机床手柄1

操作提示

（1）将当前层设置为0层。

（2）利用“孔/轴”命令绘制图3-108中左端的阶梯轴。

（3）将当前层设置为中心线层，并利用平行线偏移的方式找到*R*52的圆心。

（4）再次将当前层设置为0层，并绘制两个*R*52的圆。

（5）利用绘制圆弧中的“两点-半径”方式绘制两个*R*30的圆弧，再利用此命令绘制最右侧的*R*5的小圆弧（注意利用“工具点”菜单中的“切点”选项功能自动捕捉特征点）。

（6）利用“编辑工具”工具栏中的“裁剪”命令（图标），裁剪多余部分。

3．调入一个幅面为横A2，绘图比例为1:2的图框，并调入国标标题栏。

操作提示

（1）执行“幅面”→“图幅设置”命令（或单击“图幅操作”工具栏中的图标按钮）。

（2）弹出“图幅设置”对话框，在该对话框内，可以对图样的幅面、比例、方向进行相应的设置。

（3）单击“调入图框”或“调入标题栏”的下拉箭头，在下拉列表中选择需要的图框和标题栏即可。

3.5 思考与练习

1．绘制直线、圆、圆弧的命令各有几种方式？

2．在“绘制直线”立即菜单中，“单个”和“连续”的含义是什么，“正交”和“非正交”的含义是什么？

3．绘制轴与绘制孔的命令有何区别和联系？

4．图样幅面在绘图过程中有什么作用？

5．绘制一幅装配图，标注各零件的序号，并填写标题栏和明细表。

第4章　图形编辑

对当前图形进行编辑修改，是交互式绘图软件不可缺少的基本功能。它对提高绘图速度及质量都具有至关重要的作用。电子图板为了满足不同用户的需求，提供了功能齐全、操作灵活方便的编辑修改功能。

4.1　曲线编辑方法

为提高绘图效率以及删除在绘图过程中产生的多余线条，CAXA CAD电子图板提供了曲线编辑功能，包括裁剪、过渡、延伸、打断、拉伸、平移、平移复制、旋转、镜像等。

“曲线编辑”命令的菜单操作主要集中在“修改”菜单，如图4-1所示，工具栏操作主要集中在“编辑工具”工具栏，如图4-2所示。

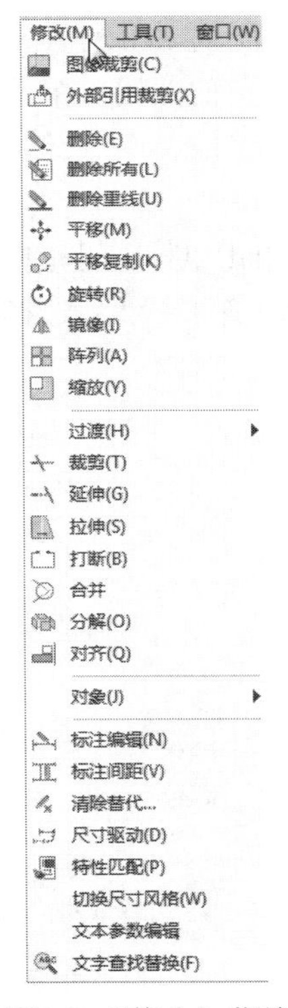

图4-1　“修改”菜单

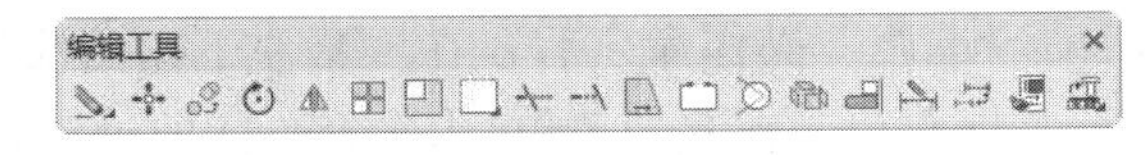

图4-2　“编辑工具”工具栏

4.1.1　裁剪

裁剪功能用于对给定曲线（一般称为被裁剪线）进行修整，删除不需要的部分，得到新的曲线。

【执行方式】

- 命令行：trim

- 菜单："修改"→"裁剪"
- 工具栏："编辑工具"工具栏→

【选项说明】

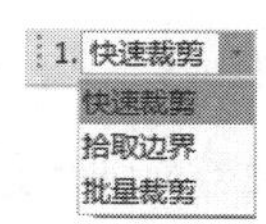

图4-3 "裁剪"立即菜单

启动"裁剪"操作命令后，在屏幕左下角的操作提示区出现"裁剪"立即菜单，在立即菜单1中选择裁剪的不同方式，如图4-3所示。

1．快速裁剪

用鼠标左键直接单击被裁剪的曲线，系统将自动判断边界并作出裁剪响应。系统视裁剪边界为与该曲线相交的曲线。快速裁剪一般用于比较简单的边界情况（如一条线段只与两条以下的线段相交）。

注意

对于与其他曲线不相交的一条单独的曲线不能使用裁剪命令，只能用删除命令将其删除掉。

2．拾取边界

以一条或多条曲线作为剪刀线，可对一系列被裁剪的曲线进行裁剪。单击鼠标左键拾取一条或多条曲线作为剪刀线，单击鼠标右键确认，再根据屏幕提示选取要裁剪的曲线，单击鼠标右键确认，拾取的曲线段至边界部分即可被裁剪，而边界另一侧的部分被保留。

3．批量裁剪

当曲线较多时，可以对曲线或曲线组用批量裁剪。根据系统提示单击鼠标左键拾取剪刀链（剪刀链可以是一条曲线，也可以是首尾相连的多条曲线），单击鼠标右键确认，然后选择要裁剪的方向，即可完成裁剪。

4.1.2 过渡

过渡功能包含了一般CAD软件的圆角、尖角、倒角等功能。

【执行方式】

- 命令行：corner
- 菜单："修改"→"过渡"
- 工具栏："编辑工具"工具栏→

【选项说明】

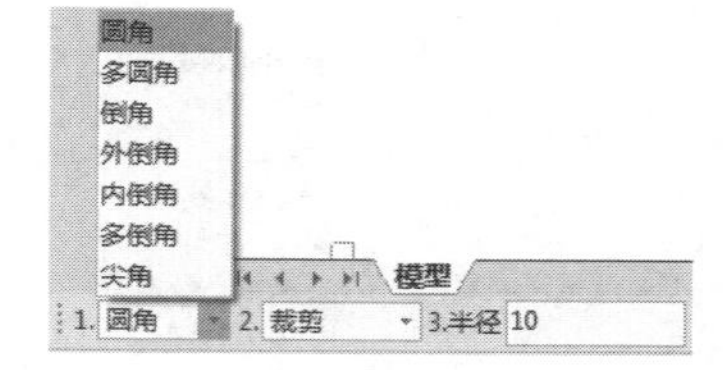

图4-4 "过渡"立即菜单

启动"过渡"操作命令后，在屏幕左下角的操作提示区出现"过渡"立即菜单，在立即菜单1中选择不同的过渡方式，如图4-4所示。

1．圆角过渡

该方式用于对两曲线（直线、圆弧、圆）进行圆弧光滑过渡。曲线可以被裁剪或往角的方向延伸。

注意

用鼠标选取的曲线位置不同，会得到不同的结果，过渡圆弧半径的大小应合适，否则也将得不到正确的结果。

2. 多圆角过渡

该方式用于对多条首尾相连的直线进行圆弧光滑过渡。启动“过渡”操作命令，在立即菜单1中选取“多圆角”过渡方式，在立即菜单2中输入过渡圆角的半径，然后根据系统提示用鼠标光标拾取要进行过渡的首尾相连的直线即可。

3. 倒角过渡

该方式用于两直线之间进行倒角过渡。直线可以被裁剪或往角的方向延伸。

4. 外倒角过渡

该方式用于对轴端等有3条两两垂直的直线进行倒角过渡。

5. 内倒角过渡

该方式用于对孔端等有3条两两垂直的直线进行倒角过渡。

6. 多倒角过渡

该方式用于对多条首尾相连的直线进行倒角过渡。

7. 尖角过渡

该方式用于在第一条曲线与第二条曲线（直线、圆弧、圆）的交点处形成尖角过渡。曲线在尖角处可被裁剪或往角的方向延伸。

4.1.3　延伸

延伸即以一条曲线为边界对一系列曲线进行裁剪或延伸。

【执行方式】

- 命令行：edge
- 菜单：“修改”→“延伸”
- 工具栏：“编辑工具”工具栏→

【选项说明】

启动“延伸”操作命令后，在屏幕左下角的操作提示区出现“延伸”立即菜单，在立即菜单1中选择不同的延伸方式，如图4-5所示。

1. 延伸

图4-5 “延伸”立即菜单

1. 延伸

根据屏幕提示用鼠标左键选取多条曲线作为边界，然后选取一系列曲线进行编辑修改。若选取的曲线与边界曲线没有交点，则无法延伸。

2. 对边

根据屏幕提示用鼠标左键选取一条曲线作为边界，然后选取一系列曲线进行编辑修改，如果选取的曲线与边界曲线有交点，则系统按“延伸”命令进行操作，即系统将延伸所拾取的曲线至边界位置。如果被裁剪的曲线与边界曲线没有交点，那么系统将把曲线延伸至延长线与边界线的相交处（圆或圆弧可能会有例外，因为它们无法向无穷远处延伸，它们的延伸范围是有限的）。

4.1.4　打断

打断功能是将一条曲线在指定点处打断成两条曲线，以便于分别操作。

【执行方式】

- 命令行：break
- 菜单："修改"→"打断"
- 工具栏："编辑工具"工具栏→

【操作步骤】

1 启动"打断"操作命令后，根据屏幕提示用鼠标左键选取一条待打断的曲线。

2 用鼠标左键选取曲线的打断点即可。

打断点最好选在需打断的曲线上，为绘图准确，可充分利用智能点、导航点、栅格点和工具点菜单。为了更灵活地使用此功能，电子图板也允许把点设在曲线外，使用规则如下：若打断的为直线，则系统从选定点向直线绘制垂线，设定垂足点为打断点；若打断线为圆弧或圆，则从圆心向选定点绘制直线，该直线与圆弧的交点被设定为打断点。另外，打断后的曲线与打断前并没有什么两样，但实际上原来的曲线已经变成了两条互不相干的曲线，成为了一个独立的实体。

4.1.5 拉伸

拉伸功能是对曲线或曲线组进行拉伸的操作。

【执行方式】

- 命令行：stretch
- 菜单："修改"→"拉伸"
- 工具栏："编辑工具"工具栏→

【选项说明】

启动"拉伸"操作命令后，在屏幕左下角的操作提示区出现"拉伸"立即菜单，在立即菜单1中选择不同的拉伸方式（系统提供单个拾取和窗口拾取两种拉伸功能）。

1．单个拾取拉伸

该方式可用鼠标左键拾取单个直线、圆、圆弧或样条进行拉伸。拾取直线时，有轴向拉伸和任意拉伸两种拉伸方式。

（1）轴向拉伸即保持直线的方向不变，改变靠近拾取点的直线端点的位置。轴向拉伸又分点方式和长度方式。采用点方式时拉伸后的端点位置是鼠标光标位置在直线方向上的垂足；采用长度方式时需要输入拉伸长度，直线将延伸指定的长度，如果输入的是负值，则直线将反向延伸。

（2）任意拉伸时，靠近拾取点的直线端点位置完全由鼠标光标位置决定。

（3）拾取圆时，可以在保持圆心不变的情况下改变圆的半径；拾取圆弧时，可以选择拉伸弧长或拉伸半径。

（4）拾取样条时，系统提示"拾取插值点"，此时样条上的所有插值点显示为绿色，用鼠标左键拾取合适的插值点，移动鼠标，样条的形状将随之改变，再次单击鼠标左键时该插值点将固定在新位置上。可以接着拾取其他插值点进行拉伸，最后对样条的形状满意时，单击鼠标右键或按Esc键结束操作。

2．窗口拾取拉伸

该方式可移动窗口内图形的指定部分，即将窗口内的图形一起拉伸。如果选择给定偏移，那么用鼠标进行窗口选取后可以给出移动图形在X和Y方向上的偏移量。

如果选择给定两点，那么用鼠标左键进行窗口选取后可以给出两个参考点，系统将根据这两个点的位置关系自动计算图形的偏移。

4.1.6　平移

平移图形是指对拾取到的实体进行平移的操作。

【执行方式】

- 命令行：move
- 菜单："修改"→"平移"
- 工具栏："编辑工具"工具栏→

【选项说明】

启动"平移"操作命令后，在屏幕左下角的操作提示区出现"平移"立即菜单，如图4-6所示。在立即菜单1中选择不同的平移方式。

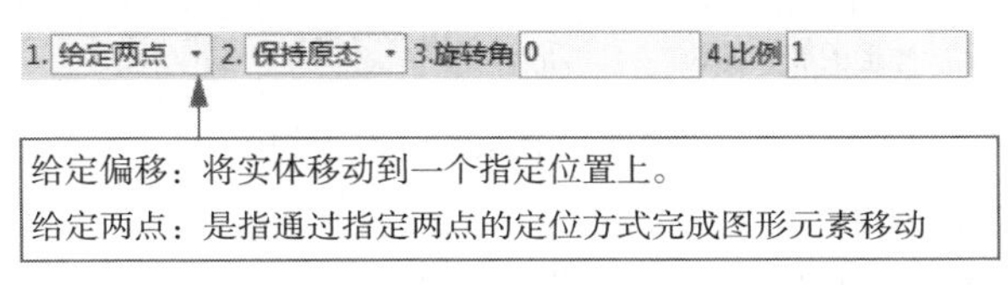

图4-6　"平移"立即菜单

1．给定偏移

给定偏移是指用给定偏移量的方式来平移实体。

2．给定两点

给定两点即用指定的两点作为平移的位置依据，可以在任意位置输入两点，系统将以两点间的距离作为偏移量进行平移操作。

4.1.7　平移复制

平移复制是指对拾取到的实体进行复制粘贴。

【执行方式】

- 命令行：copy
- 菜单："修改"→"平移复制"
- 工具栏："编辑工具"工具栏→

【选项说明】

启动"平移复制"操作命令后，在屏幕左下角的操作提示区出现"平移复制"立即菜单，如图4-7所示。在立即菜单1中选择不同的复制方式。

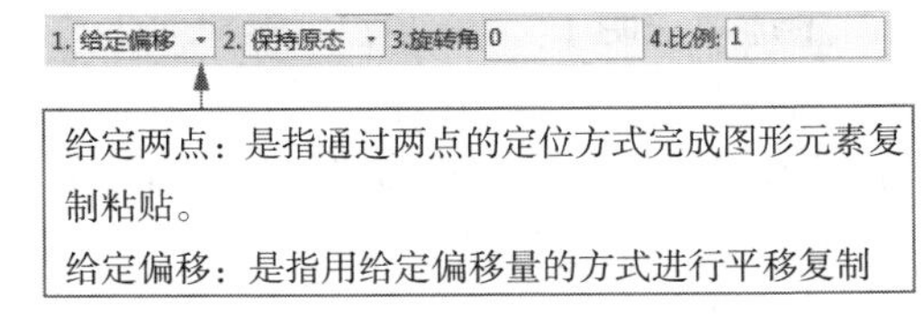

图4-7　"平移复制"立即菜单

1．给定两点

该方式是指通过两点的定位方式进行图形元素的平移复制。

2．给定偏移

该方式是指用给定偏移量的方式进行图形元素的平移复制。

4.1.8 旋转

旋转图形是指对拾取到的实体进行旋转或拷贝的操作。

【执行方式】

- 命令行：rotate
- 菜单："修改"→"旋转"
- 工具栏："编辑工具"工具栏→

【选项说明】

启动"旋转"操作命令后，在屏幕左下角的操作提示区出现"旋转"立即菜单，如图4-8所示。在立即菜单1中选择不同的旋转方式。

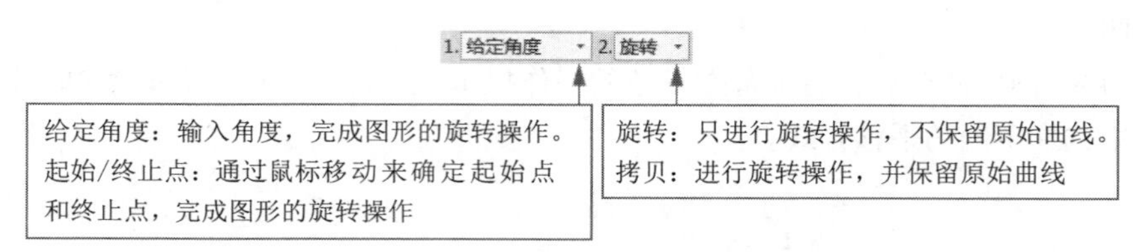

图4-8 "旋转 "立即菜单

1. 给定旋转角度旋转图形

该方式是以给定的基准点和角度将图形进行旋转。

2. 指定起始点和终止点旋转图形

该方式是根据给定的两点和基准点之间的角度将图形进行旋转。

4.1.9 镜像

镜像图形是对拾取到的图形元素进行镜像拷贝或镜像位置移动的操作，镜像用的轴可以是图上已有的直线，也可由用户交互给出两点作为镜像用的轴。

【执行方式】

- 命令行：mirror
- 菜单："修改"→"镜像"
- 工具栏："编辑工具"工具栏→

【选项说明】

启动"镜像"操作命令后，在屏幕左下角的操作提示区出现"镜像"立即菜单，如图4-9所示。在立即菜单1中选择不同的镜像方式。

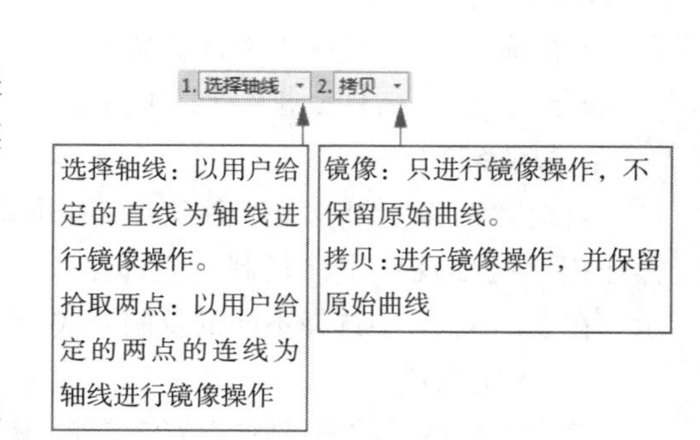

图4-9 "镜像"立即菜单

1. 选择轴线

该方式是以拾取到的直线为镜像轴生成镜像图形。

2. 拾取两点

该方式是以拾取到的两点的连线为镜像轴生成镜像图形。

4.1.10　缩放

比例缩放图形是指对拾取到的实体按给定比例进行缩小或放大的操作，也可以用光标在屏幕上直接拖动进行比例缩放，系统会动态显示被缩放的图形，当用户满意时，可单击鼠标左键确认。

【执行方式】

- 命令行：scale
- 菜单："修改"→"比例缩放"
- 工具栏："编辑工具"工具栏→

【选项说明】

根据系统提示选择图形缩放的基准点，系统提示输入比例系数，这时输入要缩放的比例系数并按Enter键或在屏幕上直接拖动鼠标光标进行比例缩放，大小合适时单击鼠标左键确认。

4.1.11　阵列

阵列的目的是通过一次操作可同时生成若干个相同的图形，以提高绘图速度。

【执行方式】

- 命令行：array
- 菜单："修改"→"阵列"
- 工具栏："编辑工具"工具栏→

【选项说明】

进入阵列操作命令后，在屏幕左下角的操作提示区出现"阵列"立即菜单，如图4-10所示。在立即菜单1中选择合适的阵列方式。

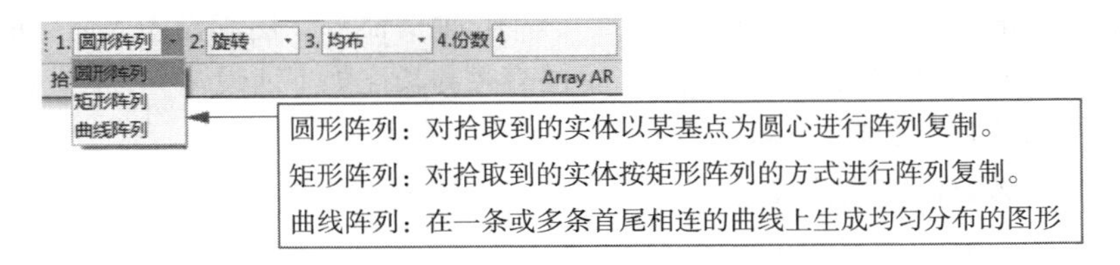

图4-10　"阵列"立即菜单

1．圆形阵列

该方式是以指定点为圆心，以指定点到实体图形的距离为半径，将拾取到的图形在圆周上进行阵列复制。

2．矩形阵列

该方式是将拾取到的图形按矩形阵列的方式进行阵列复制。

3．曲线阵列

该方式可在一条或多条首尾相连的曲线上生成均匀分布的图形。

4.1.12　特性匹配

特性匹配功能使目标对象依照源对象的属性进行变化。通过格式刷功能，用户可以大批量更改软件中的图形元素属性。

【执行方式】

- 命令行：match
- 菜单："修改"→"特性匹配"
- 工具栏："修改"工具栏→

【操作步骤】

1 启动"特性匹配"命令。

2 按照系统提示依次拾取源对象、目标对象，则目标对象依照源对象的属性进行变化。

注意

使用该功能可对"图形""文字""标注"等对象进行修改。

4.1.13 综合实例——阀杆

首先利用"孔/轴"命令绘制阀杆的主视图，其次利用"圆"命令绘制左视图，再次绘制主视图的剖视图，最后进行剖面线填充完成阀杆的绘制。阀杆如图4-11所示。

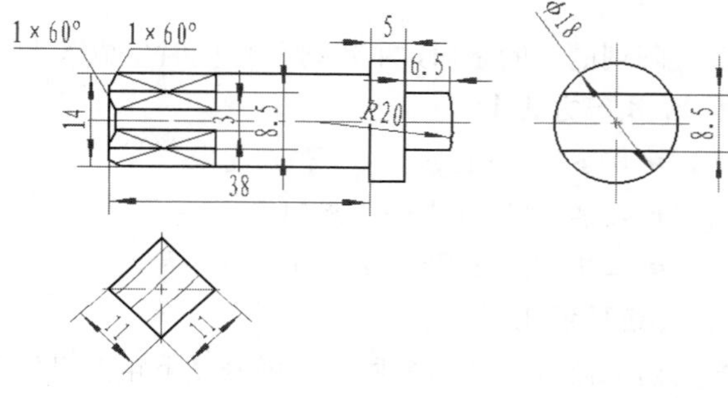

图4-11 阀杆

【操作步骤】

1 启动电子图板，创建一个新文件。

2 绘制轴：单击按钮，或执行"绘图"→"孔/轴"命令，用键盘输入命令hole，在立即菜单中选择"轴"，按从左至右的顺序，轴的直径与长度如下所设。

- 第一段轴直径为14，长度为38。
- 第二段轴直径为18，长度为5。
- 第三段轴直径为8.5，长度为6.5。

3 绘制轴结果如图4-12所示。

4 绘制左视图的圆：单击按钮或执行"绘图"→"圆"命令，用键盘输入命令circle，绘制直径为18的圆，如图4-13所示。

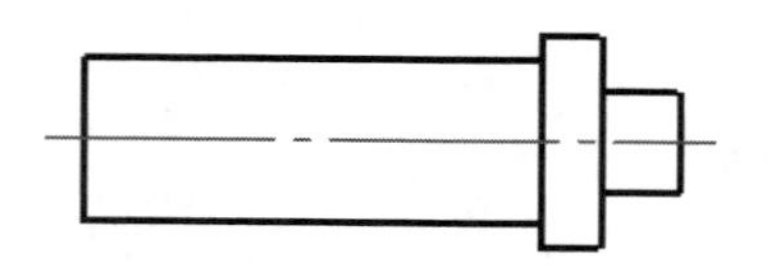

图4-12 绘制轴结果

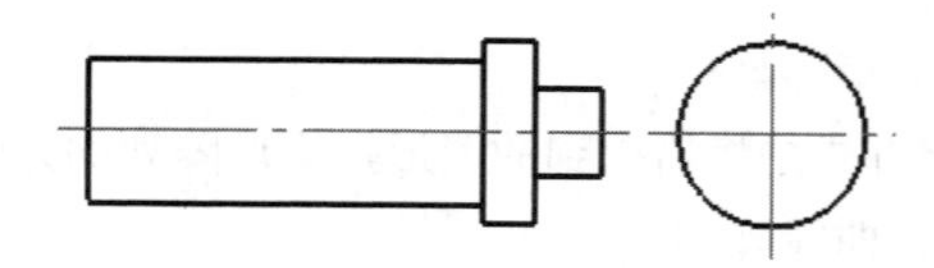

图4-13 绘制左视图的圆

5 绘制正方形：单击按钮，或执行"绘图"→"矩形"，或用键盘输入命令rect，在立即菜单1中选择"长度和宽度"，长度和宽度都为"11"。然后单击按钮，或执行"修改"→"旋转"命令，用键盘输入命令rotate，将生成的正方形旋转45°，绘制正方形结果如图4-14所示。

6 平移操作：单击，选择绘制的正方形，将其左端点与主视图的左边界对齐，并绘制直线，如图4-15所示。

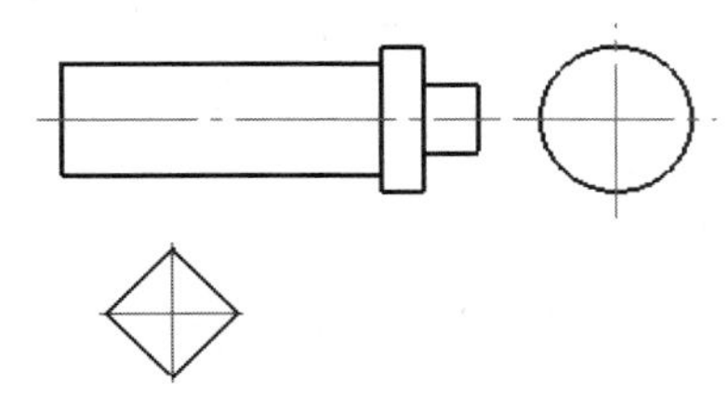

图4-14　绘制正方形结果

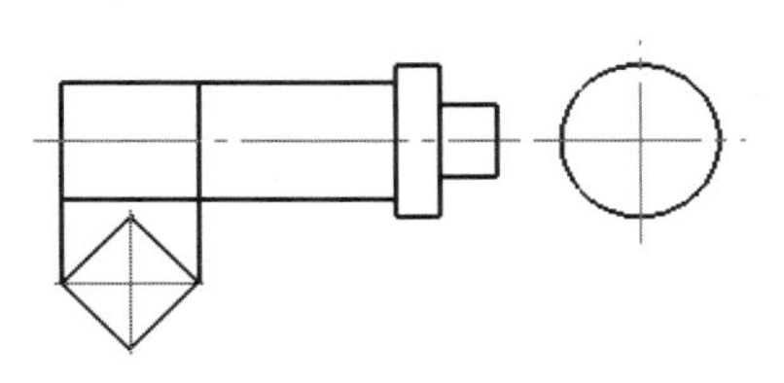

图4-15　平移操作

7 绘制孔：单击按钮，或执行“绘图”→“孔/轴”命令，用键盘输入命令hoax，在立即菜单中选择“孔”，孔的直径与长度如下所设。

- 大孔直径为8.5，孔的终止位置与主视图的右界线相交。
- 大孔直径为8.5，孔的起始与终止位置与左视图的两半圆相交。
- 小孔直径为3，孔的终止位置与主视图的右界线相交。

8 绘制孔结果如图4-16所示。

9 裁剪处理：单击按钮，或执行“修改”→“裁剪”命令，用键盘输入命令trim，如图4-17所示。

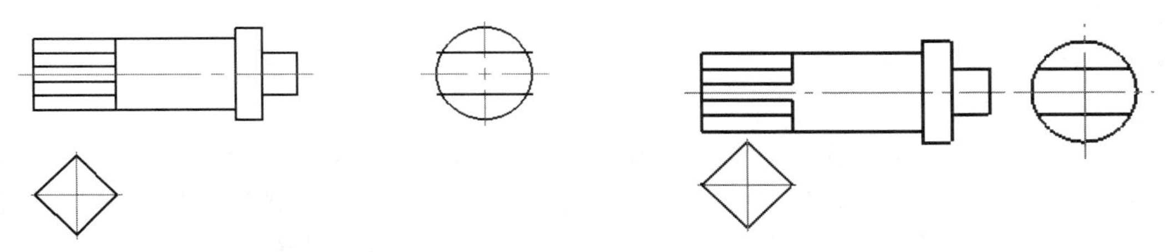

图4-16　绘制孔结果　　图4-17　裁剪处理结果

10 过渡处理：单击按钮，或执行“修改”→“过渡”→“倒角”命令。在立即菜单中选择“倒角”，长度为“1”，倒角为“60”，并绘制直线，如图4-18所示。

11 绘制直线：将“细实线层”设为“当前图层”。单击按钮或选取“绘图”→“直线”命令，用键盘输入命令line，绘制图4-19所示的细实线。

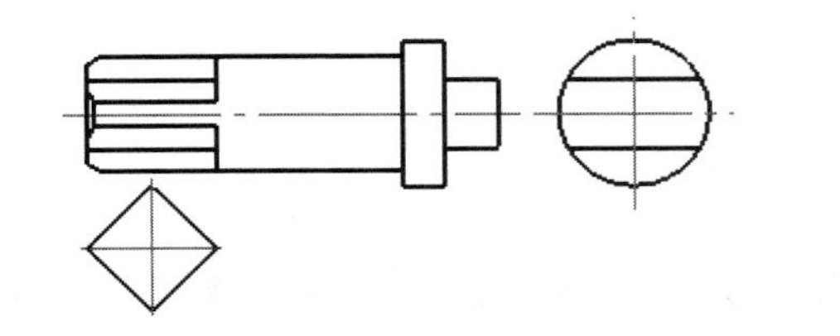

图4-18　过渡处理

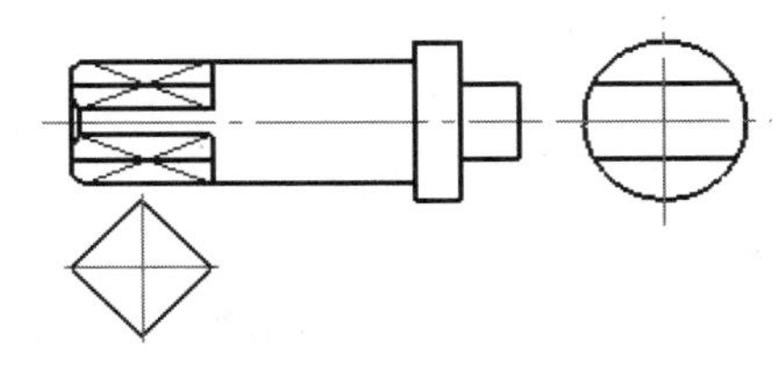

图4-19　绘制直线

12 绘制圆弧：将“0层”设为“当前图层”。单击按钮或选取“绘图”→“圆弧”命令，用键盘输入命令arc，在立即菜单中选择“两点-半径”，捕捉主视图右端直线的两端点，半径为20，利用修剪命令将多余的线段剪掉，如图4-20所示。

13 填充剖面线：单击按钮，或执行“绘图”→“剖面线”命令，如图4-21所示。

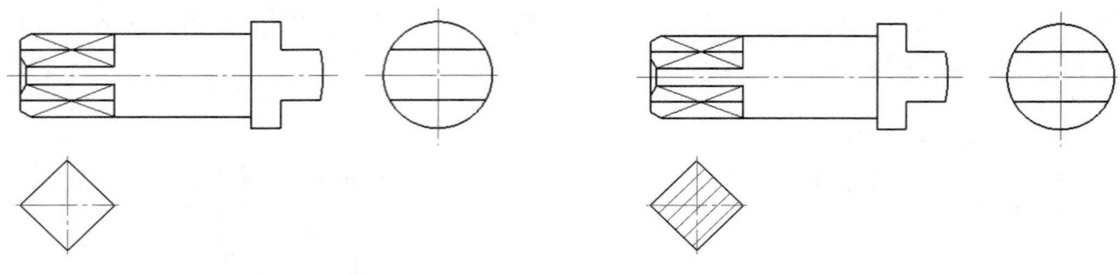

图4-20　绘制圆弧　　　　图4-21　填充剖面线

4.2　撤销操作与恢复操作

撤销操作与恢复操作是相互关联的一对命令，用于将当前图纸的内容切换到编辑过程中的某一个状态。

4.2.1　撤销操作

【执行方式】

- 命令行：undo
- 菜单："编辑"→"撤销"
- 工具栏："标准"工具栏→
- 快捷键：Ctrl+Z

撤销操作用于取消最近一次发生的编辑动作。例如，绘制图形、编辑图形、删除实体、修改尺寸风格和文字风格等，常用于取消一次误操作。例如，错误地删除了一个图形，即可使用本命令取消删除操作。撤销操作命令具有多级回退功能，可以回退至任意一次操作的状态。

4.2.2　恢复操作

恢复操作是撤销操作的逆过程，用来取消最近一次的撤销操作。

【执行方式】

- 命令行：redo
- 菜单："编辑"→"恢复"
- 工具栏："标准"工具栏→
- 快捷键：Ctrl+Y

它用来取消最近一次的撤销操作，即把撤销操作恢复。恢复操作也具有多级重复功能，能够回退（恢复）到任意一次撤销操作的状态。

注意

撤销操作和恢复操作只是对电子图板绘制的图形元素有效而不能对 OLE 对象和幅面的修改进行取消和恢复操作。

4.3 剪切板应用

剪切、复制和粘贴是一组相互关联使用的命令，使用时应注意它们的相互联系。

4.3.1 图形剪切

图形剪切是将选中的图形或OLE对象送入剪贴板中，以供粘贴图形时使用。

【执行方式】

- 命令行：cut
- 菜单："编辑"→"剪切"
- 工具栏："标准"工具栏→
- 快捷键：Ctrl+X

图形剪切与图形复制不论在功能上还是在使用上都十分相似，只是图形复制不删除用户拾取的图形，而图形剪切是在图形复制的基础上删除掉用户拾取的图形。

4.3.2 图形复制

图形复制是将选中的图形或OLE对象送入剪贴板中，以供图形粘贴时使用。

【执行方式】

- 命令行：copylip
- 菜单："编辑"→"复制"
- 工具栏："标准"工具栏→
- 快捷键：Ctrl+C

【操作步骤】

1 单击"编辑"子菜单中的"复制"菜单项，或直接单击"复制"按钮。

2 用鼠标光标拾取需要复制的实体。被拾取的实体呈红色显示状态，单击鼠标右键确认。

> **注意**
>
> 如果单击"剪切"菜单项，则输入完定位基点以后，用户拾取的图形在屏幕上消失，这部分图形已被存入剪贴板。

复制区别于曲线编辑中的平移复制，相当于临时存储区，可将选中的图形临时存储，以供粘贴使用。平移复制只能在同一个电子图板文件内进行复制粘贴，而复制与图形粘贴配合使用，除了可以在不同的电子图板文件中进行复制粘贴外，还可以将所选图形或OLE对象送入Windows剪贴板，粘贴到其他支持OLE的软件（如Word）中。

4.3.3 带基点复制

带基点复制是将选中的图形或OLE对象送入剪贴板中，以供图形粘贴时使用。

【执行方式】

- 命令行：copywb
- 菜单："编辑"→"带基点复制"
- 工具栏："标准"工具栏→
- 快捷键：Ctrl+Shift+C

带基点复制与复制的区别是：带基点复制操作时要指定图形的基点，粘贴时也要指定基点放置对象；而复制命令执行时不需要指定基点，粘贴时默认的基点是拾取对象的左下角点。

4.3.4 图形粘贴

图形粘贴是指将剪贴板中存储的图形或OLE对象粘贴到文档中，如果剪贴板中的内容是由其他支持OLE对象的软件的复制命令送入的，则粘贴到文件中的为对应的OLE对象。

【执行方式】

- 命令行：paste
- 菜单："编辑"→"粘贴"
- 工具栏："标准"工具栏→
- 快捷键：Ctrl+V

【操作步骤】

1. 单击"编辑"子菜单中的"粘贴"菜单项，或直接单击"粘贴"按钮。
2. 复制操作时用户拾取的图形重新出现，同时系统要求输入插入定位点。
3. 图形随鼠标光标的移动而移动。在合适位置单击鼠标左键，即可以把该图形粘贴到当前的图形中。
4. 在粘贴的过程中还可以根据图4-22所示的立即菜单和系统提示改变粘贴方式，可以选择"拷贝为块"或"保持原态"，以及图形*X*、*Y*方向的比例和旋转角度。在粘贴为块命令中，用户可以选择是否消隐。

图4-22 "粘贴"立即菜单

4.3.5 选择性粘贴

选择性粘贴是将Windows剪贴板中的内容按照所需的类型和方式粘贴到文件中。

【执行方式】

- 命令行：specialpaste
- 菜单："编辑"→"选择性粘贴"
- 工具栏："标准"工具栏→

【操作步骤】

1. 在其他支持OLE的Windows软件中选取一部分内容复制到剪贴板中，比如可以在Microsoft Word中复制一行文字。

2 单击“编辑”→“选择性粘贴”，弹出图4-23所示“选择性粘贴”对话框。

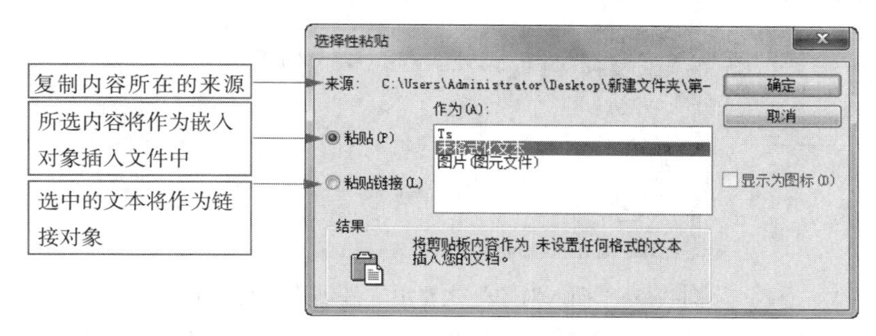

图4-23　“选择性粘贴”对话框

3 如果选择了Word文档，则选中的文本将作为一个对象被粘贴到文件中；如果选择了纯文本，则选中的文字将以电子图板自身的矢量字体方式粘贴到文件中；如果选择了图片，则选中的文字将转化为与设备无关的图片插入到文件中。

4.4　对象编辑

4.4.1　插入对象

CAXA允许在文件中插入一个OLE对象。可以新创建对象，也可以由现有文件创建；新创建的对象可以是嵌入的对象，也可以是链接的对象。

【执行方式】

- 命令行：insertobject
- 菜单：“编辑”→“插入对象”
- 工具栏：“对象”工具栏→

【操作步骤】

1 在“编辑”子菜单中单击“插入对象”选项，弹出“插入对象”对话框，如图4-24所示。

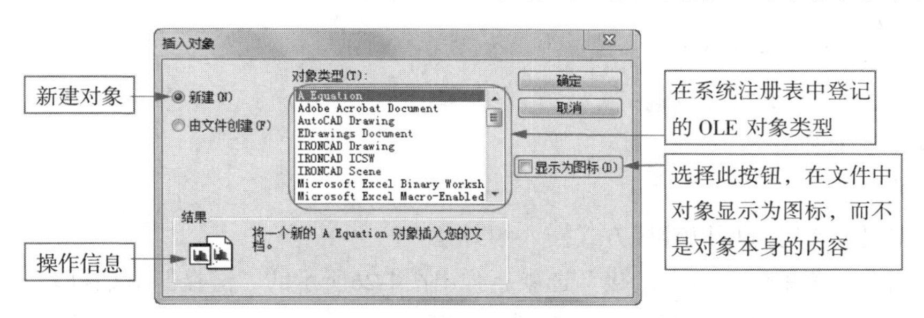

图4-24　“插入对象”之“新建”对话框

2 弹出时默认以创建新对象的方式插入对象，从对话框的“对象类型”列表中选取所需的对象，单击“确定”按钮后，将弹出相应的对象编辑窗口对插入对象进行编辑，如选择BMP图像，则会弹出应用程序“画笔”进行编辑。

3 若在对话框中选择“由文件创建”，则对话框如图4-25所示。

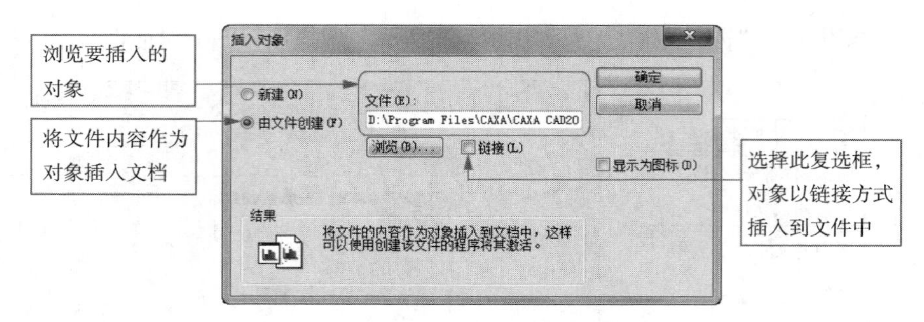

图4-25 “插入对象”之“由文件创建”对话框

4 单击“浏览”按钮，打开“浏览”对话框，从“文件列表”中选取所需的文件。单击“确定”按钮后，该文件将以对象的方式嵌入文件中。

4.4.2 删除对象

删除对象是指删除一个选中的OLE对象。

【执行方式】

- 命令行：delete
- 菜单：“编辑”→“删除”

【操作步骤】

1 选中要删除的对象

2 在“编辑”子菜单中单击“删除”选项，也可以在选中对象后按Delete（或Del）键进行删除。

4.4.3 链接对象

实现以链接方式插入到文件中的对象的有关链接的操作，这些操作包括：立即更新（更新文档）、打开源（编辑链接对象）、更改源（更换链接对象）和断开链接等操作。

【执行方式】

- 菜单：“编辑”→“链接”
- 工具栏：“对象”工具栏→
- 快捷键：Ctrl+K

【操作步骤】

1 首先用鼠标左键选中以链接方式插入的对象。

2 在“编辑”菜单中单击“链接”选项，弹出图4-26所示的“链接”对话框。

3 对话框中列出了链接对象的源、类型及更新方式。如果用户选择“手动”更新方式，则可以通过“立即更新”按钮进行对象的更新；如果用户选择“自动”更新方式，则插入对象会根据源文件的改变自动更新。

> **注意**
>
> 如果选中的对象是嵌入对象而不是链接对象，则“链接”选项变灰，禁止用户选择。

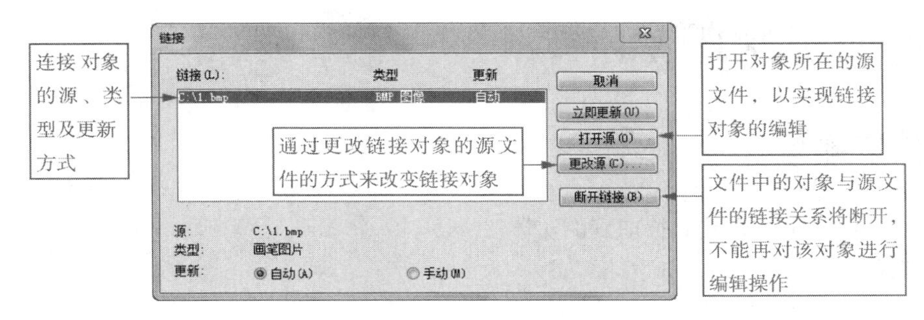

图4-26 “链接”对话框

4.4.4　OLE对象

在“编辑”菜单中，该项的内容随选中对象的不同而不同，比如选中的对象是一个链接的Word文档，则菜单项显示为“已链接的文档对象”。不论该菜单项如何显示，但点取该项菜单后，都将弹出下一级子菜单，子菜单包括编辑、打开和转换选项；如果对象是midi对象或avi对象，则还有一个“播放”选项。通过这些选项，可以对选中的对象进行测试、编辑和转换类型等操作。

【执行方式】

- 菜单：“编辑”→“OLE对象”→“打开”
- 工具栏：“对象”工具栏→

4.4.5　对象属性

编辑对象属性是指察看对象的属性、转换对象类型、更改对象的大小、图标、显示方式，如果选中的对象是以链接方式插入的，还可以实现对象的链接操作。

【执行方式】

- 命令行：objectatt
- 菜单：“编辑”→“OLE对象”→“属性”

【操作步骤】

1 选中对象，比如选择一个图片对象。

2 单击“编辑”→“OLE对象”→“属性”选项，弹出图4-27所示的对话框。

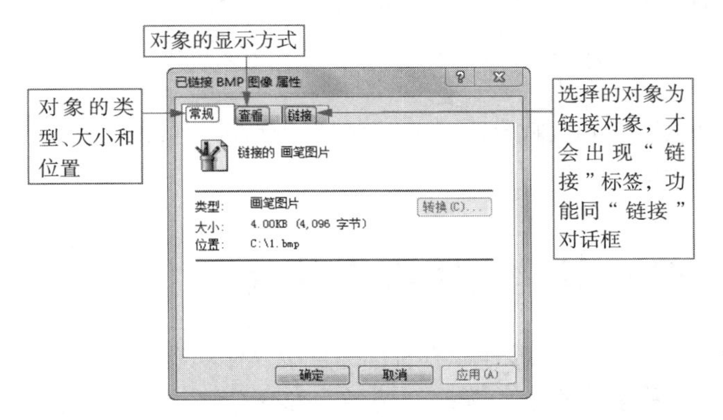

图4-27 “已链接BMP图像属性”对话框

4.5 拾取删除和删除所有

4.5.1 拾取删除

利用拾取删除功能可以删除拾取到的实体。

【执行方式】

- 命令行：del/delete/e
- 菜单："编辑"→"删除"或"修改"→"删除"
- 工具栏："编辑工具"工具栏→

【操作步骤】

1. 单击"编辑"子菜单中的"删除"选项或单击"编辑工具"工具栏中的按钮。
2. 拾取想要删除的若干个实体，单击鼠标右键确认。
3. 所拾取的实体从当前屏幕中被删除掉。
4. 如果想中断本命令，可按下Esc键退出。

注意

系统只选择符合过滤条件的实体执行删除操作。

4.5.2 删除所有

利用删除所有功能将所有已打开图层上的符合过滤条件的实体全部删除。

【执行方式】

- 命令行：delall
- 菜单："编辑"→"删除所有"

【操作步骤】

1. 单击"编辑"子菜单中的"删除所有"选项，即可执行本命令。
2. 弹出图4-28所示的警告对话框。
3. 系统以对话框的形式对用户的"删除所有"操作提出警告，若认为所有打开层的实体均已无用，则可单击"确定"按钮，所有实体被删除。

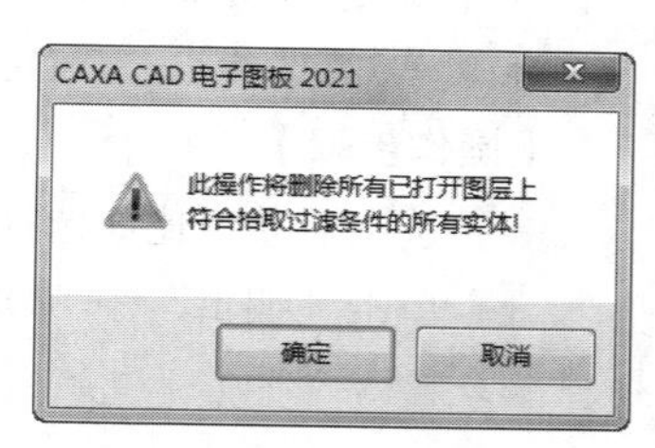

图4-28　警告对话框

4. 若认为某些实体不应被删除或本操作有误，则单击"取消"按钮，警告对话框消失后屏幕上图形保持原样不变。

4.6 面向对象的右键直接操作功能

CAXA CAD电子图板提供了面向对象的右键直接操作功能，即可直接对图形元素进行属性查询、属性修改、删除、平移（拷贝）、旋转、镜像、部分存储、输出DXF等。

4.6.1　曲线编辑

对拾取的曲线进行删除、平移、旋转、镜像、阵列、比例缩放等操作。用鼠标左键拾取绘图区的一个或多个图形元素，被拾取的元素呈高亮显示，随后单击鼠标右键，弹出图4-29所示的右键快捷菜单，也可在工具栏中可单击相应的按钮。

4.6.2　属性操作

用鼠标左键拾取绘图区的一个或多个图形元素，被拾取的元素呈高亮显示，随后单击鼠标右键，在弹出的右键快捷菜单中，系统提供了属性查询和属性修改的功能。

在右键快捷菜单中单击“特性”选项，弹出“特性”对话框，如图4-30所示，在该对话框中单击相应的按钮即可对元素的层、线型、颜色进行修改。

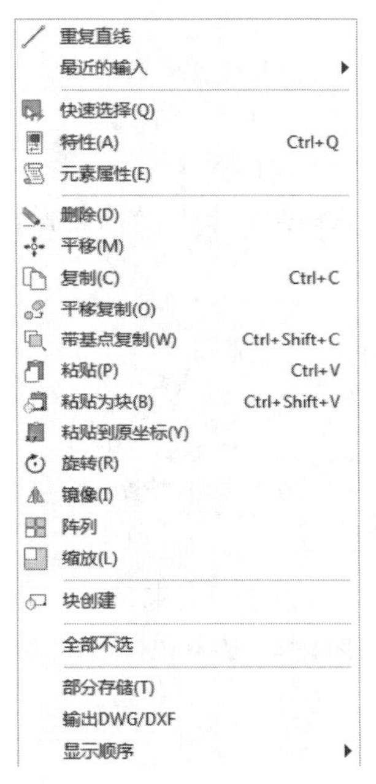

图4-29　右键快捷菜单

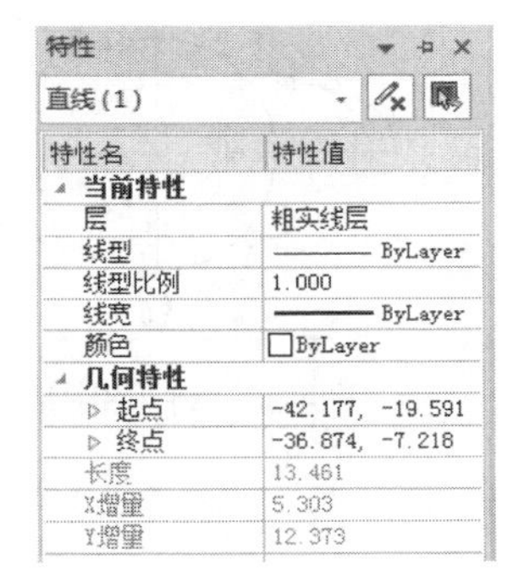

图4-30　“特性”对话框

4.7　上机操作

1. 绘制图4-31所示的手轮图形，不标注尺寸。

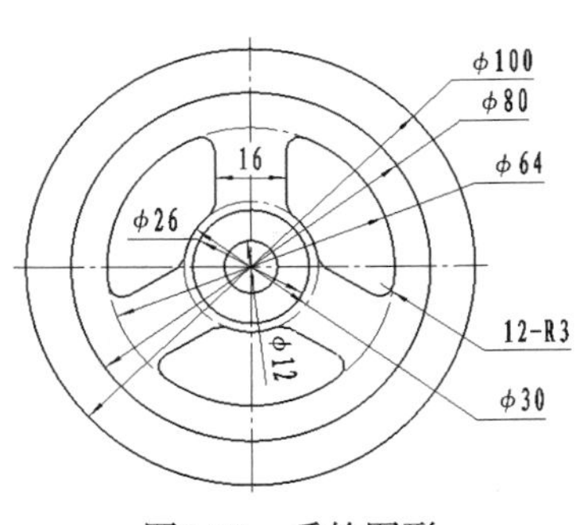

图4-31　手轮图形

操作提示

（1）在相应层中分别绘制ϕ100、ϕ80、ϕ64、ϕ30、ϕ26的同心圆。

（2）绘制ϕ100的中心线。

（3）在0层中利用绘制平行线中的“偏移”方式绘制尺寸为16的两条竖直边线，并绘制过渡圆角。

（4）在圆周方向阵列为三组。

（5）裁剪、删除多余线段，修整图形。

2．绘制图4-32所示的图形，并对各图形元素的属性进行修改。

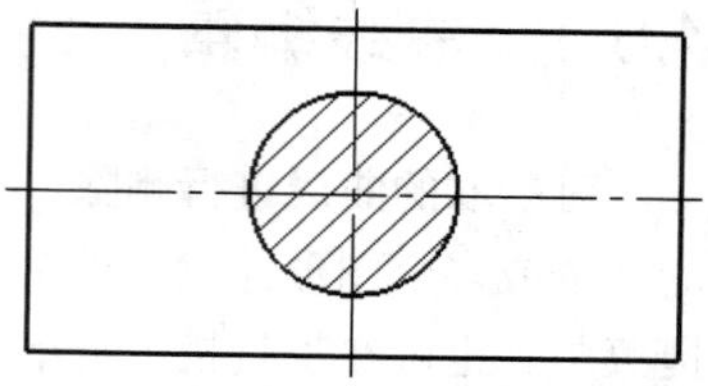

图4-32　示例图形

操作提示

（1）绘制图形。

（2）用鼠标左键单击选中图形中组成矩形的粗实线，再单击鼠标右键，弹出“特性”对话框，在该对话框中改变图形的图层、线型和颜色。

（3）按照（2）中的方法依次对中心线和剖面线进行特性修改，观察图形的变化情况。

（4）在操作过程中重复执行“撤销操作”与“恢复操作”命令，观察图形的变化情况。

4.8　思考与练习

1．常用的曲线编辑命令有哪些？

2．图形编辑的命令有哪些？

3．绘制图4-33所示的图形，不标注尺寸。

4．绘制图4-34所示的图形（不标注尺寸），注意练习“撤销操作”与“恢复操作”命令的使用。绘制完成后，练习使用图形的剪切、复制与粘贴功能。

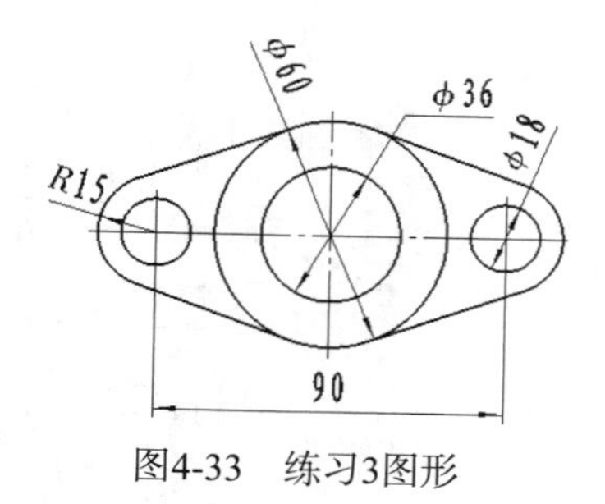

图4-33　练习3图形

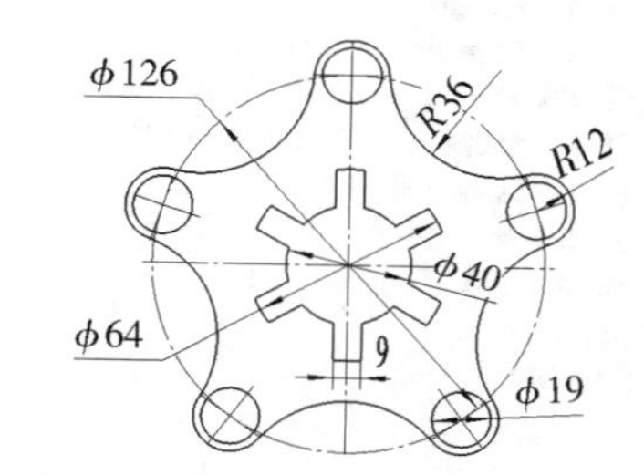

图4-34　练习4图形

第5章　辅助工具

为了便于绘图操作，CAXA CAD电子图板提供了一些控制图形显示和系统查询的功能。控制图形显示功能只能改变图形在屏幕上的显示方式，可以按操作者所期望的位置、比例和范围进行显示，以便于观察，但不能使图形产生实质性的改变，既不改变图形的实际尺寸，也不影响实体间的相对关系。系统查询功能可以查询点的坐标、两点间距离、角度、元素属性、重心、周长、惯性矩以及系统状态等内容，还可以将查询结果保存成文件。

5.1　重画与重生成

5.1.1　重生成

重生成功能可以将拾取到的显示失真的图形按当前窗口的显示状态进行重新生成。

【执行方式】

- 命令行：refresh
- 菜单："视图"→"重生成"

【操作步骤】

进入"重生成"命令后，按系统提示拾取要重生成的实体，单击鼠标右键确认即可。

5.1.2　全部重生成

全部重生成功能可以将绘图区中所有显示失真的图形按当前窗口的显示状态进行重新生成。

【执行方式】

- 命令行：refreshall
- 菜单："视图"→"全部重生成"

【操作步骤】

进入"全部重生成"命令后，使图形中所有元素进行重新生成。

5.2　图形动态平移与缩放

5.2.1　动态平移

【执行方式】

- 命令行：pan
- 菜单："视图"→"动态平移"
- 工具栏："常用工具"工具栏→

【操作步骤】

1 光标显示为，按住鼠标左键，移动鼠标即可进行平移。

2 单击鼠标右键，退出动态平移显示。

另外，可以按住鼠标中键（滚轮）直接进行平移，松开鼠标中键（滚轮）即可退出。

5.2.2 动态缩放

【执行方式】

- 命令行：dynscale
- 菜单："视图"→"动态缩放"
- 工具栏："常用工具"工具栏→

【操作步骤】

1 光标显示为，按住鼠标左键，向上方拖动为放大显示，向下方拖动为缩小显示。

2 单击鼠标右键，退出动态缩放显示。

另外，可以按住鼠标滚轮上下滚动直接进行缩放。

5.3 图形缩放与平移

5.3.1 显示窗口

显示窗口功能提示用户输入窗口的上角点和下角点，系统将两个角点所包含的图形充满屏幕绘图区加以显示。

【执行方式】

- 命令行：zoom
- 菜单："视图"→"显示窗口"
- 工具栏："常用工具"工具栏→

【操作步骤】

1 执行命令后，会弹出系统提示，显示窗口第一个角点，在所需位置单击鼠标左键指定显示窗口的第一个角点。

2 移动鼠标，出现一个大小可随鼠标的移动而改变的矩形窗口，使需要放大显示的区域位于矩形窗口内。

3 根据系统提示，单击鼠标左键指定第二个角点，第一个角点和第二个角点为矩形窗口的对角点。矩形窗口区域的中心成为新的屏幕显示中心，其中图形按照充满屏幕的方式重新显示出来。

【例5-1】放大两圆相交部分。

【操作步骤】

1 绘制相交两圆，如图5-1（a）所示。

2 光标位于两圆相交区域的左上角，单击鼠标左键，如图5-1（b）所示。

3 向右下角移动鼠标光标，出现矩形窗口区域，选定光标位置，单击鼠标左键确定，如图5-1（c）所示。

4 矩形窗口区域内的图形被放大显示，如图5-1（d）所示。

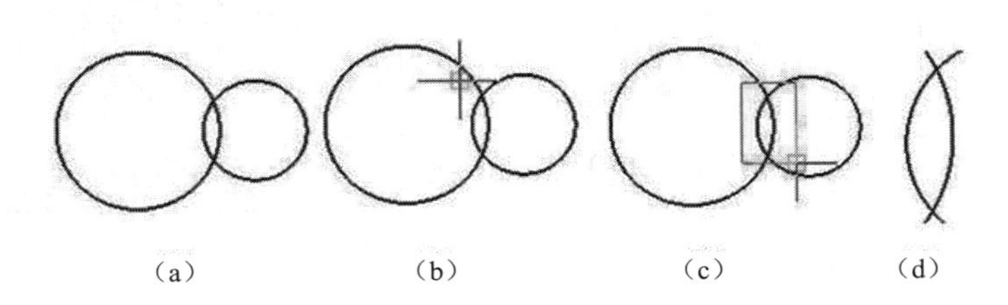

图5-1　例5-1的显示窗口

5.3.2　显示平移

显示平移功能提示用户输入一个新的显示中心点，系统将以该点为屏幕显示的中心，平移待显示的图形。

【执行方式】

- 命令行：dyntrans
- 菜单："视图"→"显示平移"

【操作步骤】

进入"显示平移"命令后，根据系统提示拾取屏幕的中心点，拾取点变为屏幕显示的中心。图5-2所示为窗口平移的实例。

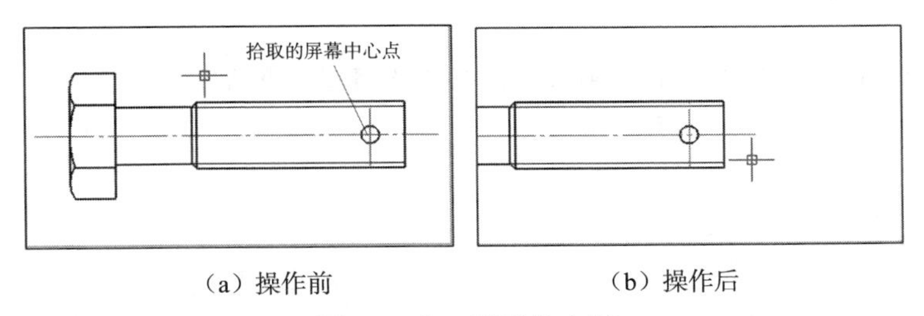

（a）操作前　　（b）操作后

图5-2　窗口平移的实例

5.3.3　显示全部

显示全部功能可将当前所绘制的图形全部显示在屏幕绘图区内。

【执行方式】

- 命令行：zoomall
- 菜单："视图"→"显示全部"
- 工具栏："常用工具"工具栏→

【操作步骤】

进入"显示全部"命令后，系统将当前所绘制的图形全部显示在屏幕绘图区内。图5-3所示为显示全部的实例。

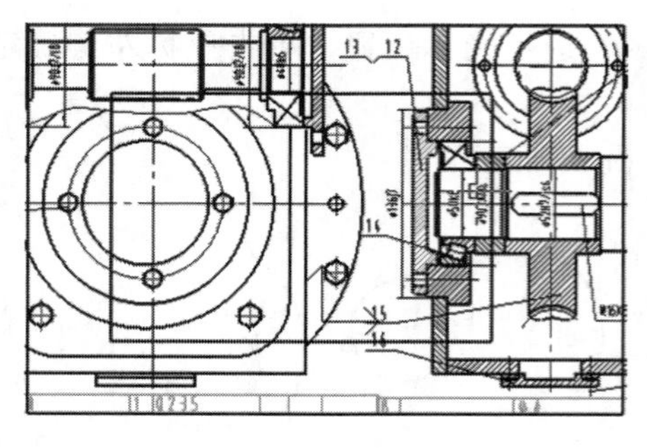

（a）操作前

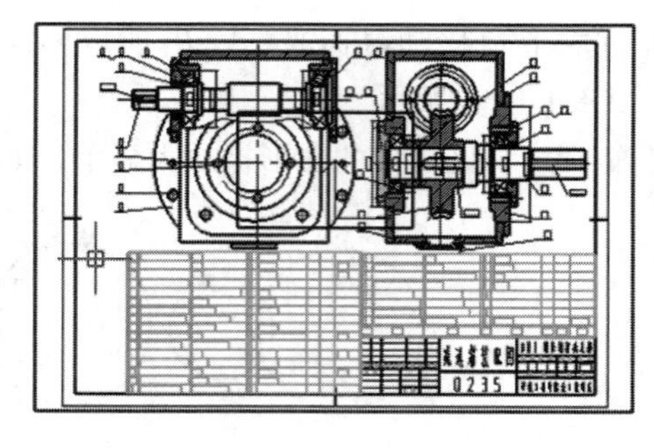

（b）操作后

图5-3　显示全部的实例

5.3.4　显示复原

显示复原功能可恢复初始显示状态，即当前图纸内容的显示状态。

【执行方式】

- 命令行：home
- 菜单："视图"→"显示复原"
- 快捷键：home

【操作步骤】

进入"显示复原"命令后，系统立即将屏幕内容恢复到初始显示状态。

5.3.5　显示比例

显示比例功能可以按用户输入的比例系数，将图形缩放后重新显示。

【执行方式】

- 命令行：vscale
- 菜单："视图"→"显示比例"

【操作步骤】

1. 在立即菜单的"比例系数："文本框中输入一个（0,1000）范围内的数值，该数值为图形缩放的比例系数，并按Enter键确定。按照输入数值决定放大（或缩小）比例的图形被显示出来。
2. 单击Esc键退出"显示比例"状态。

5.3.6　显示回溯

显示回溯功能可以取消当前显示，返回到上一次显示变换前的状态。

【执行方式】

- 命令行：prev
- 菜单："视图"→"显示上一步"
- 工具栏："常用工具"工具栏→

【操作步骤】

进入“显示上一步”命令后，系统立即将图形按上一次显示的状态显示出来。

5.3.7　显示向后

显示向后功能可以返回到下一次显示变换后的状态，同显示回溯配套使用。

【执行方式】

- 命令行：next
- 菜单：“视图”→“显示下一步”

【操作步骤】

进入“显示下一步”操作后，系统将图形按下一次显示的状态显示出来。此操作与显示回溯操作配合使用可以方便灵活地观察新绘制的图形。例如，图5-4（a）为原图，图5-4（b）为经过显示放大后的图形，如果对图5-4（b）进行“显示上一步”操作，系统将重新显示图5-4（a），如果将重新显示的图5-4（a）进行“显示下一步”操作，系统又将图5-4（b）再次显示出来。

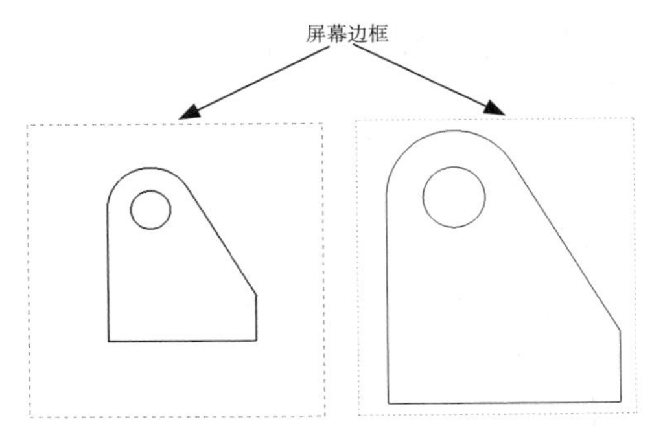

（a）原图　　（b）经过显示放大后的图形

图5-4　显示回溯和显示向后

5.3.8　显示放大

【执行方式】

- 命令行：zoomin
- 菜单：“视图”→“显示放大”
- 快捷键：PgUp

【操作步骤】

1 光标显示为🔍，单击鼠标左键一次，系统将所有图形按固定比例放大一次，可连续操作。

2 单击Esc键或鼠标右键退出本命令。

另外，按键盘的PgUp键，同样可以实现按固定比例显示放大的效果。

5.3.9　显示缩小

【执行方式】

- 命令行：zoomout
- 菜单：“视图”→“显示缩小”
- 快捷键：PgDn

【操作步骤】

1 光标显示为🔍，单击鼠标左键一次，系统将所有图形按固定比例缩小一次，可连续操作。

2 单击Esc键或鼠标右键退出本命令。

另外，按键盘的PgDn键，同样可以实现按固定比例显示缩小的效果。

5.4 系统查询

CAXA CAD电子图板为用户提供了系统查询的功能，可以查询点的坐标、两点间距离、角度、元素属性、重心、周长、惯性矩以及系统状态等内容，还可以将查询结果保存成文件。充分利用系统的查询功能，用户可以更加方便地绘制与编辑图形。

5.4.1 点坐标查询

点坐标查询功能可查询点的坐标。

【执行方式】

- 命令行：id
- 菜单："工具"→"查询"→"点坐标"
- 工具栏："查询工具"工具栏→

【操作步骤】

1 启动"查询点坐标"命令后，状态栏出现"拾取要查询的点"。

2 在绘图区拾取所要查询的点，可以同时拾取多个要查询的点，如果拾取成功则屏幕上出现用拾取颜色显示的点标识。

3 单击鼠标右键结束拾取状态，屏幕上立刻弹出"查询结果"对话框，将查询到的点坐标信息显示出来。

4 关闭"查询结果"对话框后，被拾取到的点标识也随即消失（用户也可单击"查询结果"对话框中的"存盘"按钮，将查询结果保存为文本文件）。

【例5-2】查询图形中直线端点、切点、圆心等点的坐标值。

【操作步骤】

1 打开素材中的"初始文件"→5→"例5-1"文件。单击"查询"子菜单中的"点坐标"命令。

2 利用导航点功能，用鼠标光标拾取直线与圆的切点，如图5-5（a）所示的1点。

3 重复步骤2，顺时针依次拾取其他需要查询的点，如图5-5（b）所示。

4 单击鼠标右键结束取点，弹出"查询结果"对话框，如图5-6所示。

5 单击"关闭"按钮退出命令，或单击"保存"按钮将结果保存在指定位置。

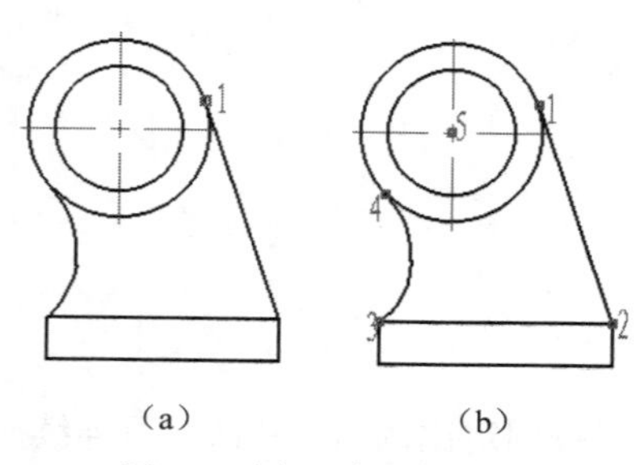

图5-5 例5-1点坐标查询

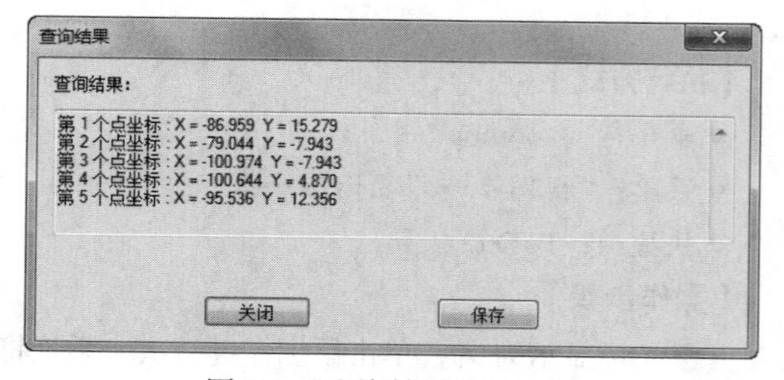

图5-6 "查询结果"对话框

5.4.2　两点距离查询

两点距离查询功能可查询两点之间的距离（包括两点的坐标，两点间*X*方向和*Y*方向的坐标差和两点间的直线距离）。

【执行方式】

- 命令行：dist
- 菜单："工具"→"查询"→"两点距离"
- 工具栏："查询工具"工具栏→

【操作步骤】

1 启动"查询两点距离"命令后，根据系统提示拾取第一点和第二点。

2 当拾取完第二点后屏幕上立刻弹出"查询结果"对话框，将查询到的两点距离显示出来，如图5-7所示。

3 关闭"查询结果"对话框后，被拾取到的点标识也随即消失（用户也可单击"查询结果"对话框中的"保存"按钮，将查询结果保存为文本文件）。

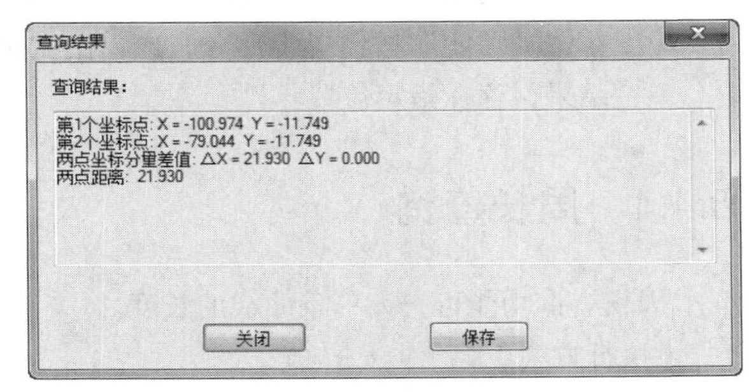

图5-7　"查询结果"对话框

5.4.3　角度查询

角度查询功能可查询圆弧的圆心角、两直线夹角和三点夹角。

【执行方式】

- 命令行：angle
- 菜单："工具"→"查询"→"角度"
- 工具栏："查询工具"工具栏→

【操作步骤】

1 启动"查询角度"命令后，弹出"查询角度"立即菜单如图5-8所示。

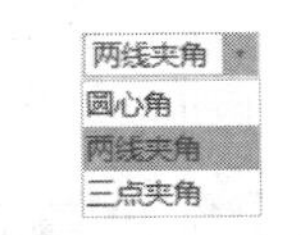

图5-8　"查询角度"立即菜单

2 如果查询的是圆弧对应的圆心角，则在立即菜单中选择"圆心角"，命令栏提示："拾取圆弧"，且光标显示为□，拾取所要查询的圆弧后，立刻弹出"查询结果"对话框，显示出该圆弧的圆心角，如图5-9所示。

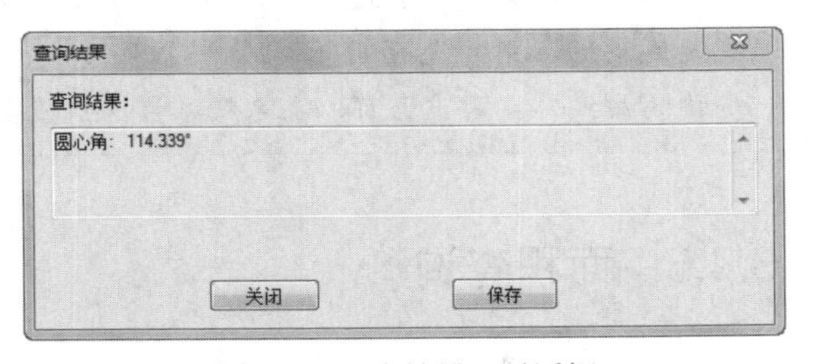

图5-9　"查询结果"对话框

3 如果查询的是两条直线之间的夹角，则在立即菜单中选择"两线夹角"，命令栏提示："拾取第一条直线"，且光标显示为□，用光标拾取所查询角的一边，命令栏提示："拾取第二条直线"，用光标拾取所查询角的另一边，立刻弹出"查询结果"对话框，显示出两直线间的夹角。

> **注意**
>
> 夹角范围为0°～180°，而且查询的角度与拾取直线的位置有关。按图5-10（a）所示的方法拾取，查询结果为60°，按图5-10（b）所示的方法拾取，查询结果为120°。

4 如果查询的是三点之间的夹角，则在立即菜单中选择“三点夹角”，按命令栏提示分别拾取夹角的顶点、起始点和终止点，弹出“查询结果”对话框，显示出三点之间的夹角。三点夹角的范围为0～180°。

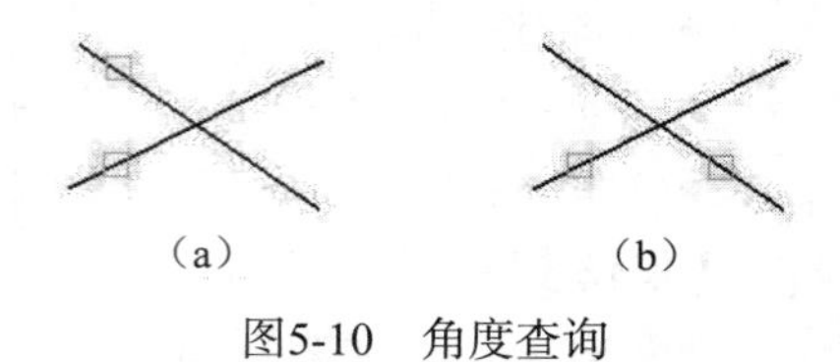

图5-10 角度查询

5 单击“关闭”按钮退出命令，或单击“保存”按钮将结果保存在指定位置。

5.4.4 周长查询

周长查询功能可查询一条曲线的长度。

【执行方式】

- 命令行：circum
- 菜单：“工具”→“查询”→“周长”
- 工具栏：“查询工具”工具栏→

【操作步骤】

1 启动“查询周长”命令后，根据系统提示拾取要查询周长的曲线，被拾取到的曲线用拾取颜色显示，拾取完毕后弹出“查询结果”对话框，如图5-11所示，显示出曲线的长度。

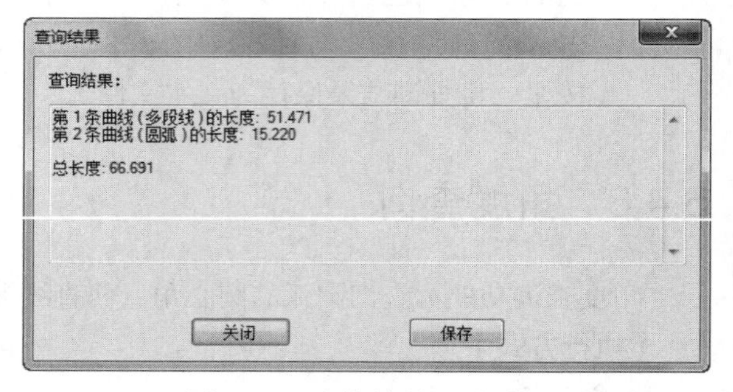

图5-11 “查询结果”对话框

2 单击“关闭”按钮关闭“查询结果”对话框后，被拾取到的曲线恢复正常颜色显示（用户也可单击“查询结果”对话框中的“保存”按钮，将查询结果保存为文本文件）。

> **注意**
>
> 查询一条曲线的长度，这条曲线可以由多段基本曲线或高级曲线连接而成，但必须保证曲线是连续的，中间没有间断的地方。单击“查询”→“周长”选项后，状态栏出现“可拾取要查询的曲线”。用户还可以在系统配置里设置要查询的小数位数。

5.4.5 面积查询

面积查询功能可查询一个或多个封闭区域的面积，封闭区域可以由基本曲线、高级曲线，或由基本曲线与高级曲线组合所构成。

【执行方式】

- 命令行：area

● 菜单："工具"→"查询"→"面积"

● 工具栏："查询工具"工具栏→

【操作步骤】

1 启动"查询面积"命令后，弹出"面积查询"立即菜单，如图5-12所示。

增加面积：当查询面积开始时，初始面积为0，以后每拾取一个封闭区域，均在已有面积上累加新的封闭区域的面积，直至单击鼠标右键结束拾取，随后绘图区内的十字线光标将变成沙漏形状，表明系统正在进行面积计算，当计算结束时沙漏光标消失，屏幕上立刻弹出"查询结果"对话框，显示出查询到的面积。关闭"查询结果"对话框后，被拾取到的封闭区域边界恢复正常颜色显示。

减少面积：当查询面积开始时，初始面积为0，以后每拾取一个封闭区域，均在已有面积上累减新的封闭区域的面积，直至单击鼠标右键结束拾取

图5-12 "面积查询"立即菜单

2 立即菜单1中有"增加面积"和"减少面积"两种方式可供选择。用户设置好立即菜单后，命令栏提示："拾取环内点"，在需要计算面积的封闭区域内单击鼠标左键，系统将从该点开始向左搜索最小的封闭环，如果搜索成功，即开始计算该封闭区域的面积。

3 重复步骤2，可对多个封闭区域的面积进行计算，直至单击鼠标右键结束拾取。弹出"查询结果"对话框，获得查询结果。

【例5-3】查询图5-13（a）所示大圆内阴影部分面积。

【操作步骤】

1 打开素材中的"初始文件"→5→"例5-2"文件。单击"工具"→"查询"→"面积"选项。

2 立即菜单1选择"增加面积"选项，单击鼠标左键拾取圆内阴影部分中的一点，大圆边界显示为选中状态，如图5-13（b）所示。

3 将立即菜单切换为"减少面积"选项，连续拾取两个矩形和小圆内一点，各边界显示为选中状态，如图5-13（c）所示。

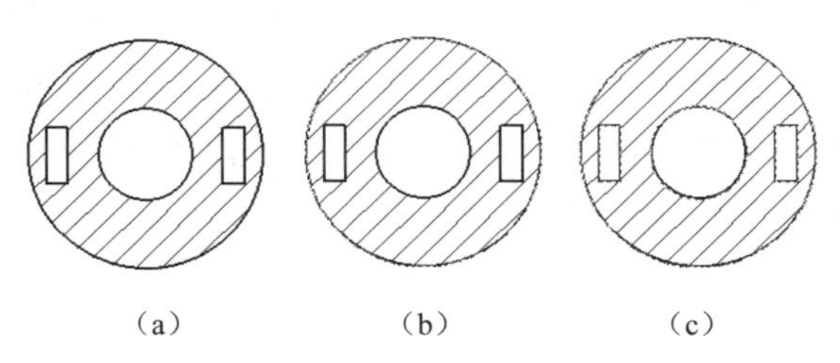

图5-13　阴影部分面积查询

4 单击鼠标右键结束拾取，弹出"查询结果"对话框。

5 单击"关闭"按钮退出命令，或单击"保存"按钮将结果保存在指定位置。

5.4.6　元素属性查询

元素属性查询功能可查询图形元素的属性。

【执行方式】

- 命令行：list
- 菜单："工具"→"查询"→"元素属性"
- 工具栏："查询工具"工具栏→

【操作步骤】

1 启动"查询元素属性"命令后，根据系统提示依次拾取要查询属性的图形元素，被拾取到的图形元素用拾取颜色显示，拾取完毕后单击鼠标右键结束拾取。

2 弹出"查询结果"对话，如图5-14所示，在该对话框中，将查询到的各个元素属性显示出来，包括图形元素的类型、图层、颜色、线型、视图以及其他几何信息。

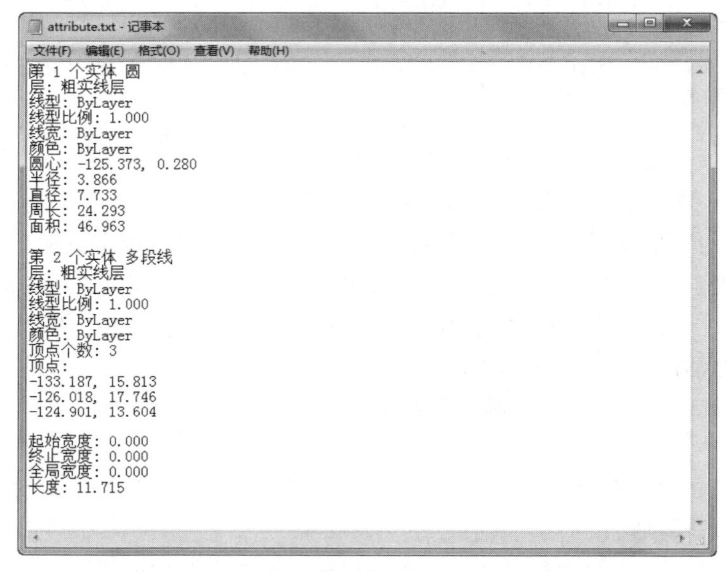

图5-14 "查询结果"对话框

3 单击"关闭"按钮关闭"查询结果"对话框后，被拾取到的图形元素恢复正常颜色显示（用户也可单击"查询结果"对话框中的"保存"按钮，将查询结果保存为文本文件）。

查询图形元素的属性，这些图形元素包括点、直线、圆、圆弧、尺寸、文字、多义线、块、剖面线、零件序号、图框、标题栏、明细表、填充等。用户可以在系统配置里设置要查询的小数位数。

5.4.7 重心查询

重心查询功能可查询一个或多个封闭区域的重心，封闭区域可以由基本曲线、高级曲线，或由基本曲线与高级曲线组合所构成。

【执行方式】

- 命令行：barcen
- 菜单："工具"→"查询"→"重心"

- 工具栏："查询工具"工具栏→

【操作步骤】

1 启动"查询重心"命令后，弹出"重心查询"立即菜单，如图5-15所示。

2 在"重心查询"立即菜单中，有"增加环"和"减少环"两种方式可供选择，用户选择其中一种方式，系统提示"拾取环内点"。

3 依次拾取封闭环内的点，被拾取到的环将用拾取颜色显示。完成拾取后，单击鼠标右键结束拾取，弹出"查询结果"对话框，显示出重心的坐标。

4 保存查询结果或关闭对话框。

5.4.8　惯性矩查询

惯性矩查询功能可查询一个或多个封闭区域相对于任意回转轴、回转点的惯性矩，封闭区域可以由基本曲线，高级曲线，或者由基本曲线与高级曲线组合所构成。

【执行方式】

- 命令行：iner
- 菜单："工具"→"查询"→"惯性矩"
- 工具栏："查询工具"工具栏→

【操作步骤】

1 启动"查询惯性矩"命令后，弹出"重心查询"立即菜单，如图5-16所示。

图5-15 "重心查询"立即菜单

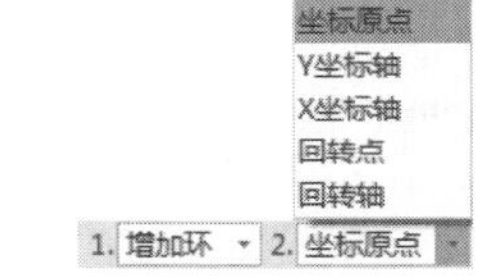

图5-16 "惯性矩查询"立即菜单

2 立即菜单中共有两项，其中立即菜单1包含"增加环"和"减少环"两个选项，立即菜单2包含"坐标原点""*Y*坐标轴""*X*坐标轴""回转点""回转轴"这几个选项。

3 根据需要，在立即菜单中各选择一项，系统提示："拾取环内一点"。用鼠标左键在需要查询惯性矩的一个或多个封闭区域内各拾取一点，最后单击鼠标右键结束拾取。

4 如果在立即菜单2中选取的是"回转轴"，系统将提示："拾取回转轴"，需要在屏幕上拾取一条直线作为回转轴。

5 如果在立即菜单2中选取的是"回转点"，系统将提示："拾取回转点"，需要在屏幕上拾取一点作为回转点。

6 如果在立即菜单2中选取的是"坐标原点""*Y*坐标轴""*X*坐标轴"其中的一项，则直接进行下一步。

7 弹出"查询结果"对话框，将查询到的惯性矩显示出来。

5.4.9　系统重量查询

系统重量查询功能可查询系统根据所选材料计算的重量，包括已知面积、圆柱、长方体、回转体、圆环、棱锥体、球体、台体等的重量。

【执行方式】

- 命令行：weight
- 菜单："工具"→"查询"→"重量"
- 工具栏："查询工具"工具栏→

【操作步骤】

启动"查询系统重量"命令后，屏幕上立刻弹出"重量计算器"对话框，拾取要查询的图形，查询到的系统重量信息将显示出来，如图5-17所示。

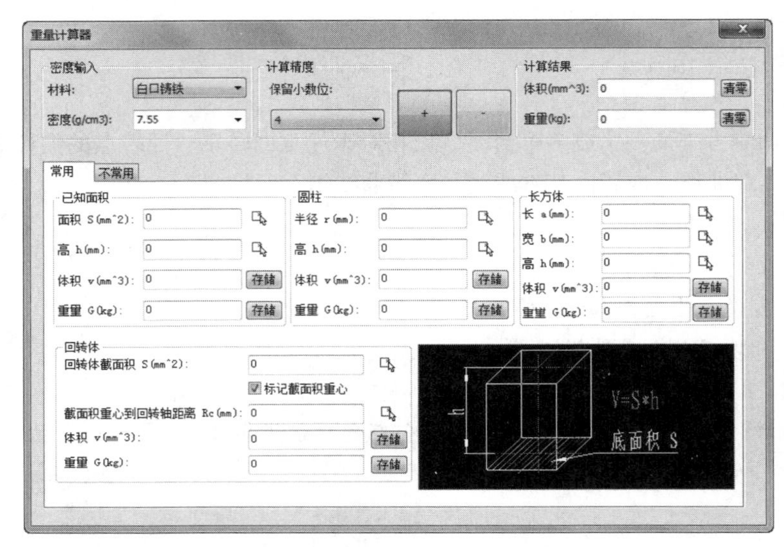

图5-17 "重量计算器"对话框

5.4.10 综合实例——查询法兰盘属性

【操作步骤】

（1）打开文件

启动电子图板，单击图标，或执行"文件"→"打开文件"命令，用键盘输入命令open，打开素材中的"初始文件"→5→"法兰盘.exb"文件。单击"打开"按钮，则法兰盘的图形显示在绘图窗口，如图5-18所示。

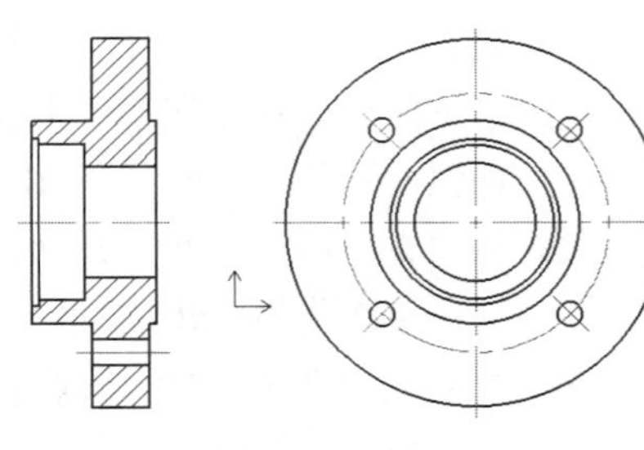

图5-18 法兰盘

（2）点坐标查询

1 单击图标或执行"工具"→"查询"→"坐标点"命令，用键盘输入命令id，命令行提示如下。

拾取要查询的点：(拾取点，用户可以对多个点进行拾取，拾取完毕单击鼠标右键确认)

2 此例中拾取的点如图5-19（a）所示。

3 用户可以对多个点进行拾取，拾取完毕单击鼠标右键确认，弹出图5-19（b）所示的"查询结果”对话框。

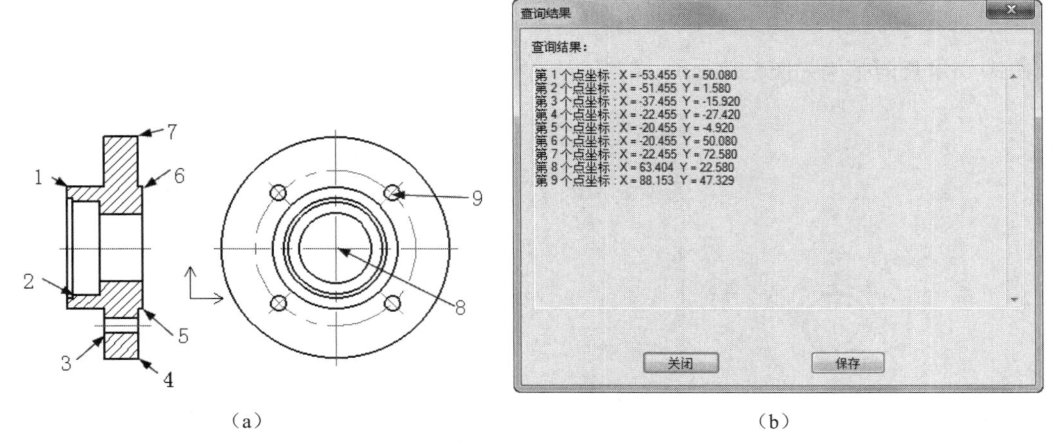

（a）　　　　　　　　　　（b）

图5-19　点的拾取及点坐标“查询结果”对话框

4 在“查询结果”对话框中，单击“保存”按钮，将查询结果保存为文本文件。

（3）两点距离查询

1 单击图标，或执行“工具”→“查询”→“两点距离”命令，或用键盘输入命令dist，命令行提示如下。

```
拾取第一点：（拾取点1）
拾取第二点：（拾取点2）
```

2 弹出图5-20所示的“查询结果”对话框。

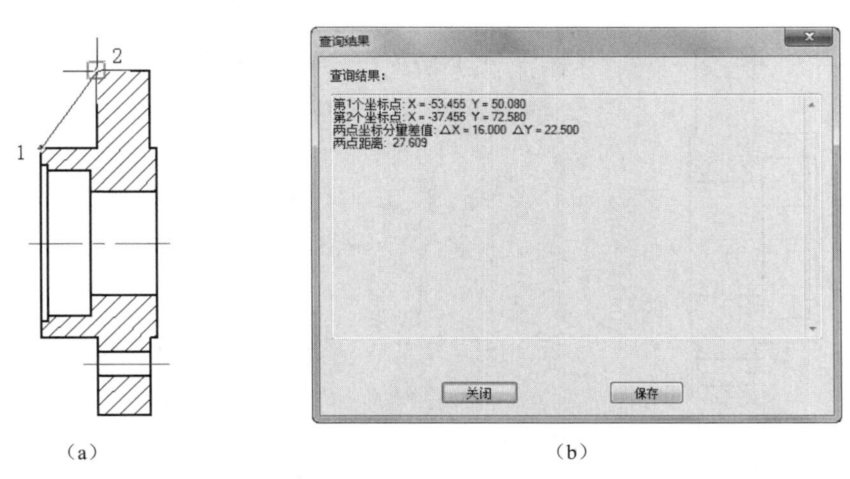

（a）　　　　　　　　　　（b）

图5-20　拾取点及两点间距离“查询结果”对话框

3 同理，可以通过单击“查询结果”对话框中的“保存”按钮，将查询结果保存为文本文件。

（4）角度查询

1 单击图标，或执行“工具”→“查询”→“角度”命令，或用键盘输入命令angle，弹出图5-21所示的“角度查询”立即菜单。

图5-21　“角度查询”立即菜单

2 在立即菜单中选择“圆心角”，命令行提示如下。

拾取一个圆弧：（拾取图5-22中的圆弧，拾取后圆弧被标记为虚线）

3 圆心角查询结果如图5-22所示。

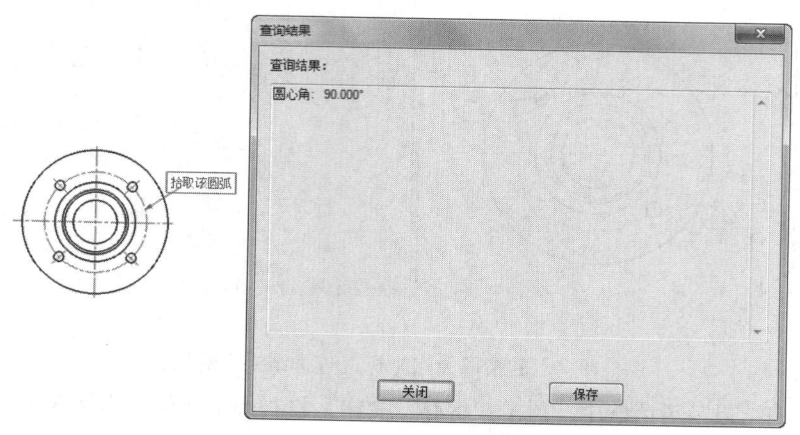

图5-22 圆心角“查询结果”对话框

4 同理，可以通过单击“查询结果”对话框中的“保存”按钮，将查询结果保存为文本文件。

5 在立即菜单中选择“两线夹角”，命令行提示如下。

拾取第一条直线：（拾取法兰盘主视图中任意一条直线，拾取后直线被标记为虚线）
拾取第二条直线：（拾取法兰盘主视图中任意一条直线，拾取后直线被标记为虚线）

6 两线夹角查询结果如图5-23所示。

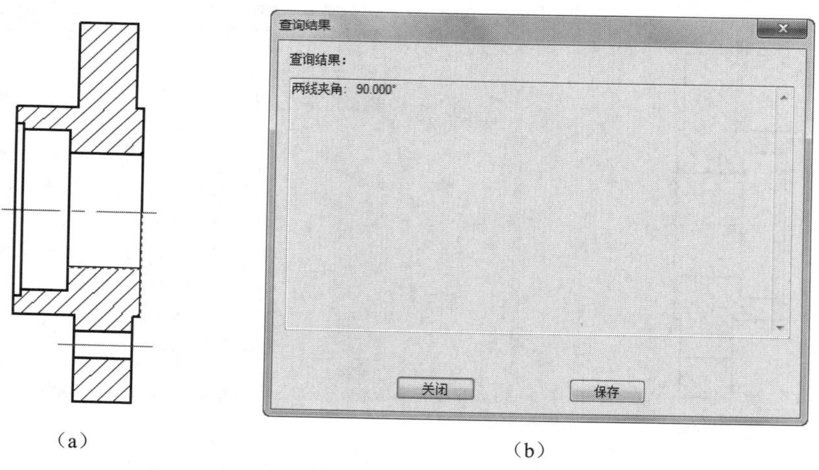

图5-23 直线的拾取及两线夹角“查询结果”对话框

7 同理，可以通过单击“查询结果”对话框中的“保存”按钮，将查询结果保存为文本文件。

8 在立即菜单中选择“三点夹角”，命令行提示如下。

拾取夹角的顶点：（拾取一点）
拾取夹角的起始点：（拾取一点）
拾取夹角的终止点：（拾取一点）

9 三点夹角查询结果如图5-24所示。

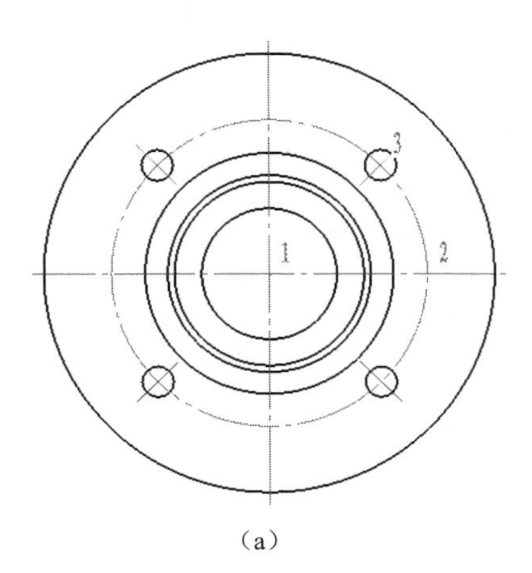

（a）

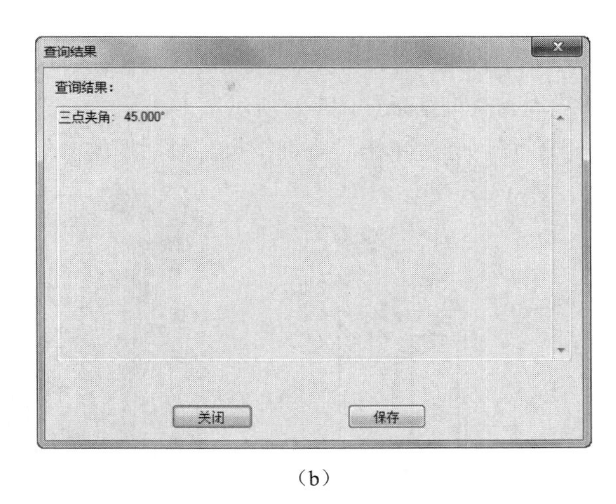

（b）

图5-24　点的拾取及三点夹角“查询结果”对话框

10 同理，可以通过单击“查询结果”对话框中的“保存”按钮，将查询结果保存为文本文件。

（5）元素属性

单击图标或执行“工具”→“查询”→“元素属性”命令，或用键盘输入命令list，命令行提示如下。

拾取添加:（用窗口拾取元素，拾取到的元素被标记为虚线）

元素属性查询结果如图5-25所示。

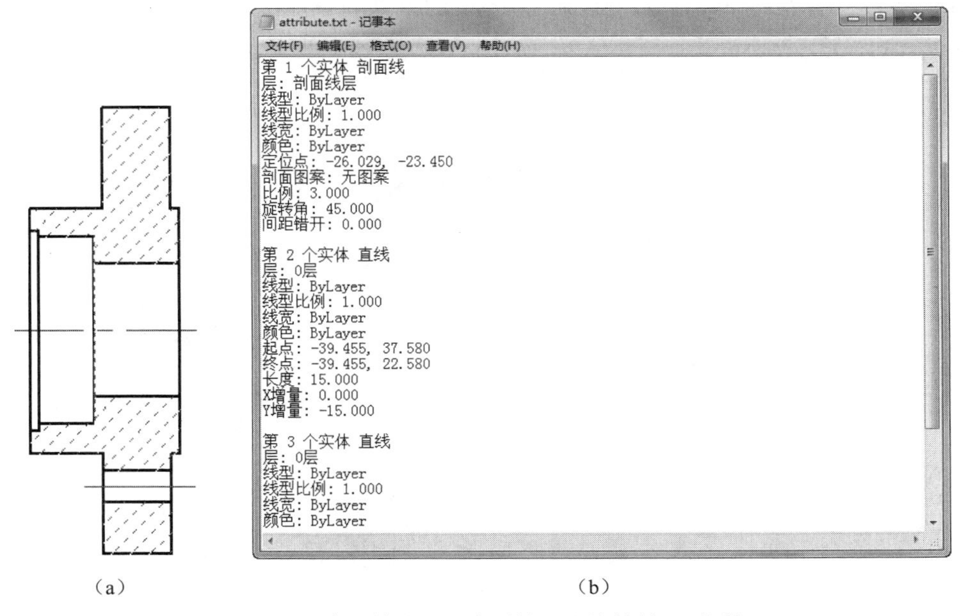

（a）　　　　（b）

图5-25　元素的拾取及元素属性“查询结果”对话框

同理，可以通过单击“查询结果”对话框中的“保存”按钮，将查询结果保存为文本文件。

（6）周长

单击图标或执行“工具”→“查询”→“周长”命令，或用键盘输入命令circum，命令行提示如下。

拾取要查询的曲线：（拾取法兰盘主视图外轮廓的任意一条直线，整个外轮廓被标记为虚线）

曲线周长查询结果如图5-26所示。

同理，可以通过单击“查询结果”对话框的“保存”按钮，将查询结果保存为文本文件。

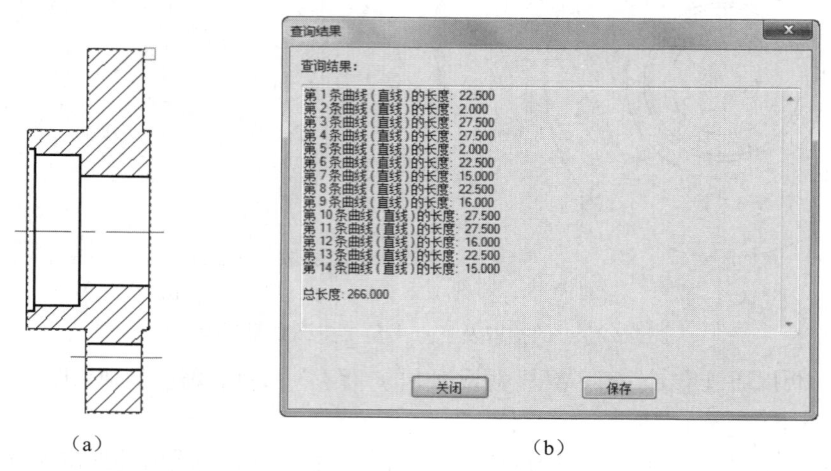

图5-26　曲线的拾取及周长“查询结果”对话框

（7）面积

单击图标或执行“工具”→“查询”→“面积”命令，或用键盘输入命令area，立即菜单包含“增加面积”和“减少面积”两个选项。

● 增加面积，将拾取的封闭区域的面积与其他的面积进行累加，命令行提示如下。

拾取环内点：（三次拾取填充剖面线部分，拾取图中填充剖面线的部分）

面积查询结果如图5-27所示。

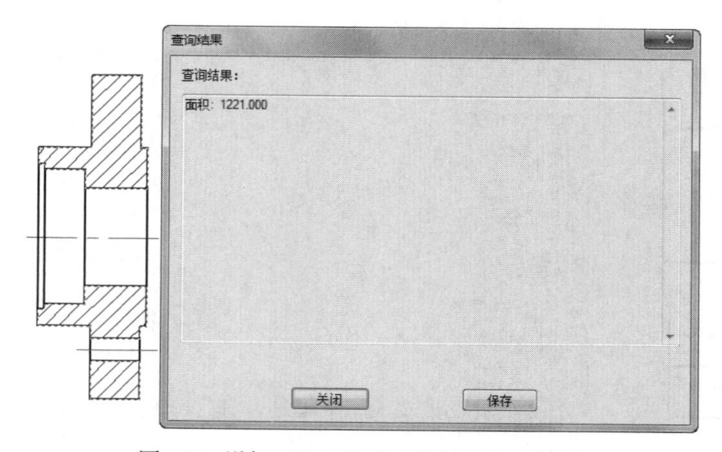

图5-27　增加面积时的“查询结果”对话框

● 减少面积，从其他面积中减去所拾取的封闭区域的面积，命令行提示如下。

拾取环内点：（将立即菜单设置为“增加面积”，拾取图中上半部分剖面线，修改立即菜单为“减少面积”，拾取下半部分剖面线）

面积查询结果如图5-28所示。

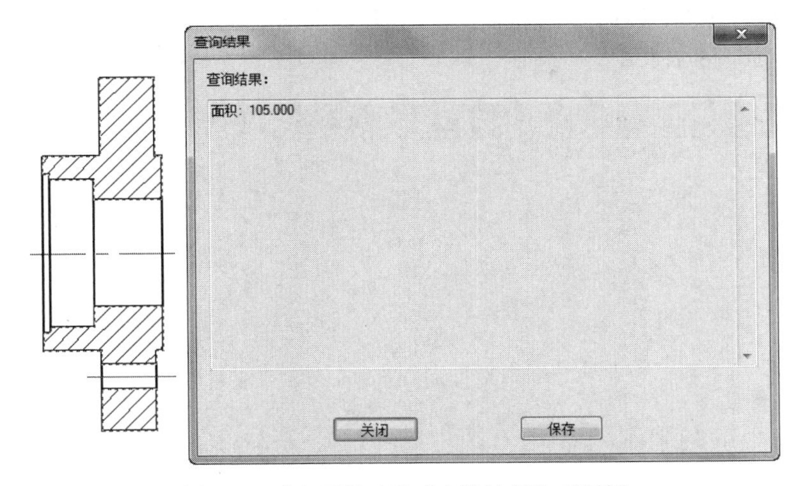

图5-28　减少面积时的“查询结果”对话框

（8）重心

单击图标或执行“工具”→“查询”→“重心”命令，或用键盘输入命令barcen，立即菜单包含“增加环”和“减少环”两个选项。

- 增加环，将拾取的封闭区域的面积与其他的面积进行累加，命令行提示如下。

拾取环内点：（拾取封闭区域，拾取法兰盘的上半部分）

重心查询结果如图5-29所示。

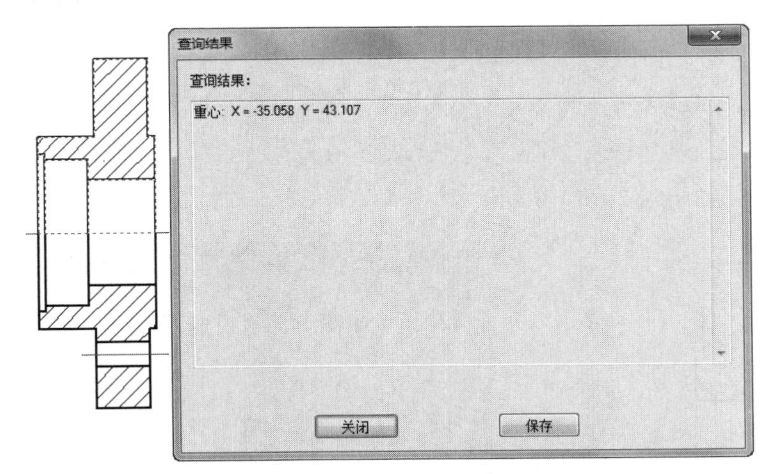

图5-29　重心（增加环）“查询结果”对话框

- 减少环，将拾取的封闭区域的面积与其他的面积进行减操作，命令行提示如下。

拾取环内点：（将立即菜单设置为“增加环”，拾取上半部分剖面区域，再将立即菜单设置为“减少环”，拾取下半部分空白区域）

重心查询结果如图5-30所示。

（9）惯性矩

单击图标或执行“工具”→“查询”→“惯性矩”命令，或用键盘输入命令iner，弹出“惯性矩”立即菜单，如图5-31所示。

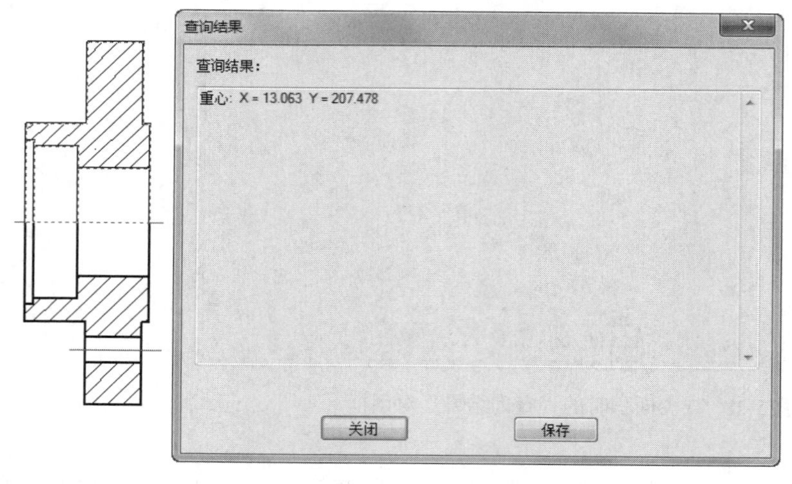

图5-30 重心（减少环）“查询结果”对话框

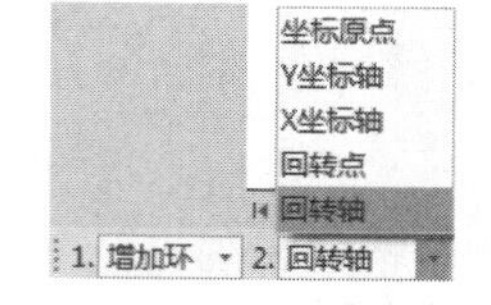

图5-31 “惯性矩”立即菜单

- 立即菜单1中的“增加环”和“减少环”的含义与“重心查询”立即菜单中的“增加环”和“减少环”含义类似。
- 立即菜单2，选择相对于所选对象的惯性矩，包含“坐标原点”“*Y*坐标轴”“*X*坐标轴”“回转点”“回转轴”5个选项，分别表示所拾取的面积相对于坐标原点、*Y*坐标轴、*X*坐标轴、所拾取的点作为回转点、所拾取的直线作为回转轴的惯性矩。在立即菜单中选择“增加环”和“回转轴”选项，其命令行提示如下。

拾取环内一点：拾取法兰盘的下半部分剖面线区域，如图5-32（a）所示。
拾取回转轴：拾取法兰盘主视图的最右端的竖直直线作为回转轴，如图5-32（a）所示。

惯性矩查询结果如图5-32（b）所示。

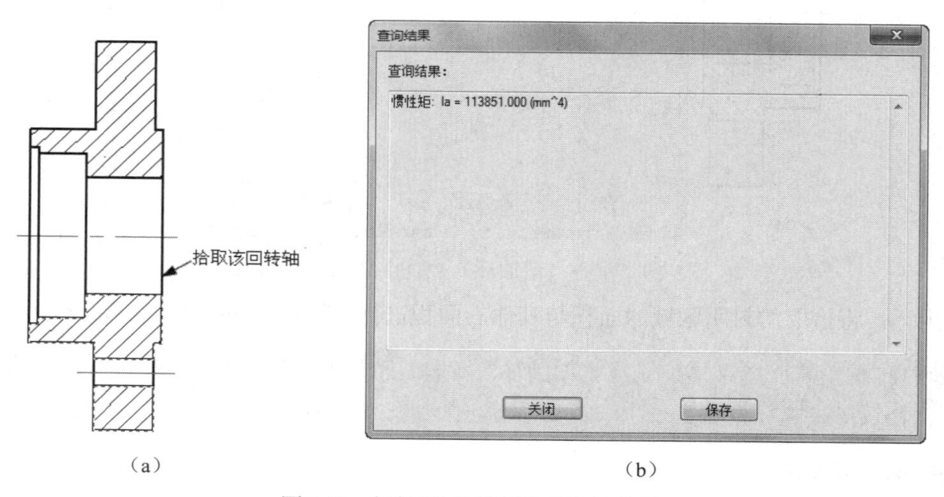

（a）　　　　（b）

图5-32 惯性矩“查询结果”对话框

5.5　上机操作

1. 打开已绘制的图形，练习显示控制命令的使用。

操作提示

（1）打开已绘制的图形。

（2）依次执行下列命令：显示窗口、显示平移、显示全部、显示复原、显示比例、显示回溯、显示向后、显示放大、显示缩小、动态平移、动态缩放。

（3）注意观察图形的显示变化。

2. 绘制图5-33所示的图形，并利用查询功能进行以下几个方面的查询操作。

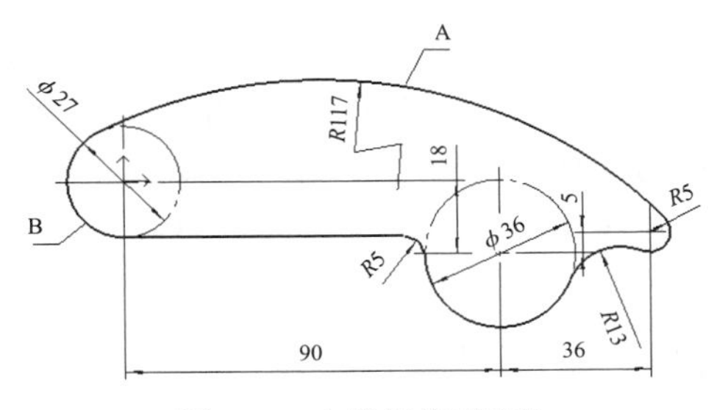

图5-33　上机操作2图形

（1）查询A圆弧的圆心点坐标、A圆弧与B圆弧中心之间的距离。

（2）查询此图形的周长和面积。

（3）查询图形的重心位置和相对于X轴的惯性矩。

5.6　思考与练习

1. 常用的显示控制命令有哪些?
2. 重画与重生成的命令有何区别?
3. 图形显示控制的命令会改变图形的实际尺寸吗?
4. 常用的系统查询命令有哪些?
5. 系统查询功能在绘图过程中有什么作用?

第6章　块操作与库操作

电子图板为用户提供了将不同类型的图形元素组合成块的功能，块是由多种不同类型的图形元素组合而成的整体，组成块的元素属性可以同时被编辑修改。另外，电子图板还提供了强大的标准零件库，用户在设计绘图时可以直接提取这些图形并插入图中，还可以自行定义要用到的其他标准件或图形符号，即对图库进行扩充。本章主要介绍CAXA CAD电子图板的块操作、块在位编辑和库操作功能。

6.1　块操作

电子图板定义的块是复合型图形实体，是一种应用十分广泛的图形元素，可由用户定义，经过定义的块可以像其他图形元素一样进行整体的平移、旋转、拷贝等编辑操作；块可以被打散，即将块分解为结合前的各个单一的图形元素；利用块可以实现图形的消隐；利用块还可以存储与该块相关的非图形信息，即块属性，如块的名称、材料等。

块操作包括块创建、块分解、块消隐、块属性和块编辑等部分，下面分别进行介绍。

6.1.1　块创建

块创建功能是指选择一组图形对象定义为一个块对象。每个块对象包含块名称、一个或多个对象、用于插入块的基点坐标值和相关的属性数据。

【执行方式】

- 命令行：block
- 菜单："绘图"→"块"→"创建"
- 工具栏："块工具"工具栏→

【操作步骤】

1 启动"块创建"命令。

2 根据系统提示拾取要组成块的实体，单击鼠标右键确认后指定块的基准点即可（块的基准点用于块的拖动定位）。

3 弹出"块定义"对话框，如图6-1所示，在"名称"文本框中输入块名称，单击"确定"按钮。

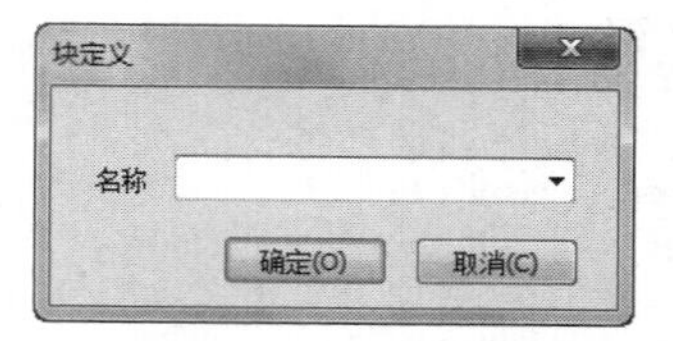

图6-1　"块定义"对话框

注意

先拾取实体，然后单击鼠标右键，在系统弹出的右键快捷菜单中选择"块创建"选项，最后根据系统提示输入块的基准点，也可以生成块。

【例6-1】将六角头螺栓的一个视图[如图6-2（a）所示]，定义为块。

【操作步骤】

1 打开素材中的"初始文件"→6→"例6-1"文件，启动"块创建"命令。

2 拾取圆、正六边形和中心线，图形显示如图6-2（b）所示。

3 单击鼠标右键确定。

4 用鼠标左键单击圆心，将圆心选为基准点。

5 在弹出的“块定义”对话框中输入块的名称为“六角螺母视图”，块生成完毕，如图6-2（c）所示。

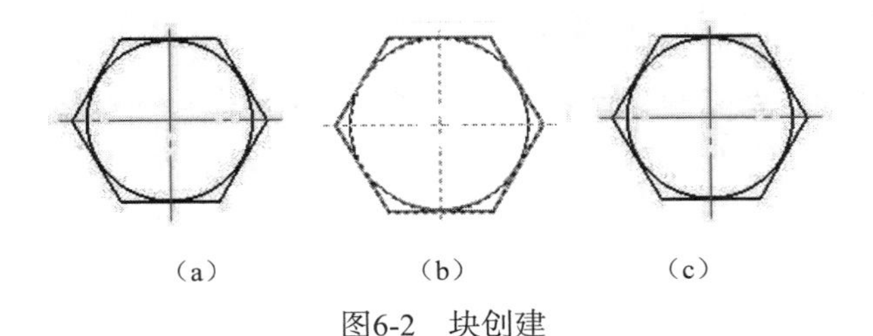

图6-2　块创建

6.1.2　块插入

块插入功能是指选择块并插入当前图形中。

【执行方式】

- 命令行：insertblock
- 菜单：“绘图”→“块”→“插入”
- 工具栏：“块工具”工具栏→

【操作步骤】

1 启动“块插入”命令，弹出“块插入”对话框，如图6-3所示，在该对话框中选择要插入的块，并设置插入块的比例和角度，单击“确定”按钮。

2 根据系统提示输入插入点。

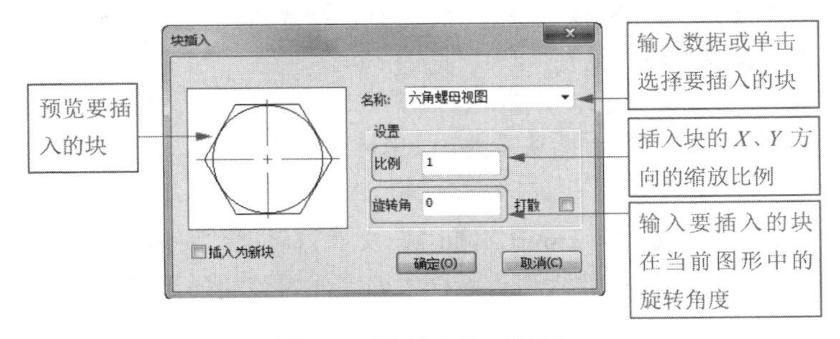

图6-3　“块插入”对话框

6.1.3　块分解

块分解功能是指将块打散成为单个实体，其逆过程为块创建。

【执行方式】

- 命令行：explode
- 菜单：“修改”→“分解”
- 工具栏：“编辑工具”工具栏→

【操作步骤】

1 启动“块分解”命令。

2 根据系统提示拾取一个或多个欲打散的块，被选中的块呈红色，最后单击鼠标右键确认即可。

注意

对于嵌套多级的块，每次打散一级。非打散的图符、标题栏、图框、明细表、剖面线等其属性都是块。

6.1.4 块消隐

块消隐功能是指用前景零件的外环对背景实体进行填充式调整。前景零件可以是任何块，包括系统绘制的各种工程图符。如果前景零件没有封闭外环，则操作无效。

【执行方式】

- 命令行：hide
- 菜单：“绘图”→“块”→“消隐”
- 工具栏：“块工具”工具栏→

【操作步骤】

1 启动“块消隐”命令；弹出“块消隐”立即菜单，如图6-4所示，在立即菜单1中选择“消隐”选项。

图6-4 “块消隐”立即菜单

2 根据系统提示拾取要消隐的块1，拾取一个消隐一个，可连续操作。

注意

在块消隐的命令状态下，拾取已经消隐的块即可取消消隐。只是这时注意要在“块消隐”立即菜单1中选择“取消消隐”选项。

【例6-2】六角头螺栓和六角螺母两块重叠，如图6-5（a）所示，分别对两块进行块消隐操作。

【操作步骤】

1 打开素材中的“初始文件”→6→“例6-2”文件，启动“块消隐”命令。

2 立即菜单选为“消隐”，拾取六角头螺栓，即完成对该块的消隐，如图6-5（b）所示。

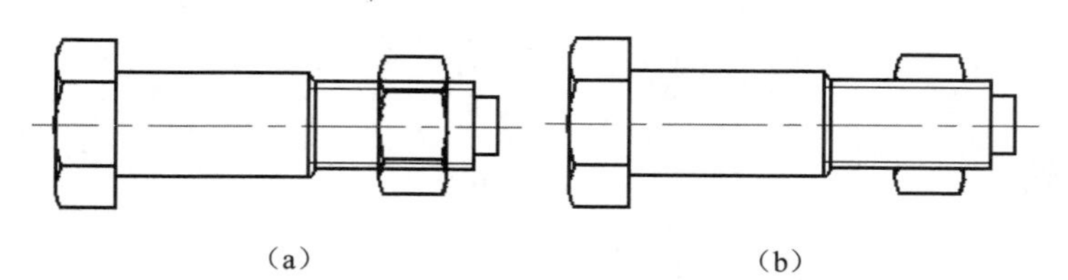

（a）　　（b）

图6-5 消隐图1

3 重复启动“块消隐”命令，再拾取六角螺母，即可完成对该块的消隐，如图6-6（a）所示。

4 重复启动“块消隐”命令，立即菜单切换为“取消消隐”，拾取六角螺母，取消六角螺母的消隐，如图6-6（b）所示。

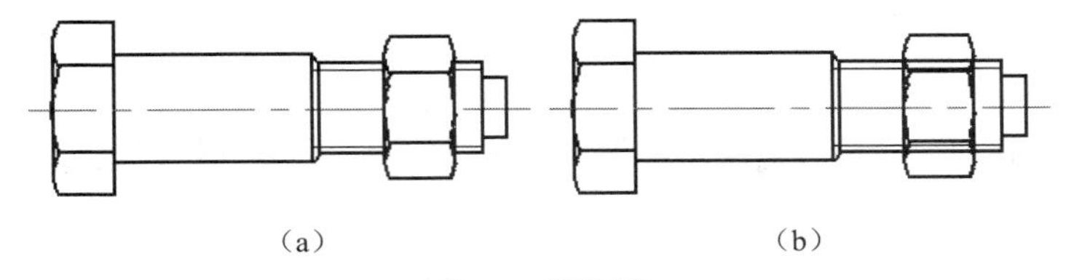

（a）　　　　　　　　（b）

图6-6　消隐图2

6.1.5　块属性

块属性功能用于创建一组用于在块中存储非图形数据的属性定义。

属性可能包含的数据有零件编号、名称、材料等信息。创建属性定义后，可以在创建块定义时将其选为对象。如果已将属性定义合并到块中，则插入块时将会用指定的文字串提示输入属性。该块的每个后续参照可以使用为该属性指定的不同的值。

【执行方式】

- 命令行：attrib
- 菜单："绘图"→"块"→"属性定义"
- 工具栏："块工具"工具栏→

【操作步骤】

1 启动"块属性定义"命令。

2 弹出"属性定义"对话框，如图6-7所示。

3 按需要填写各属性值，填写完毕后单击"确定"按钮即可。

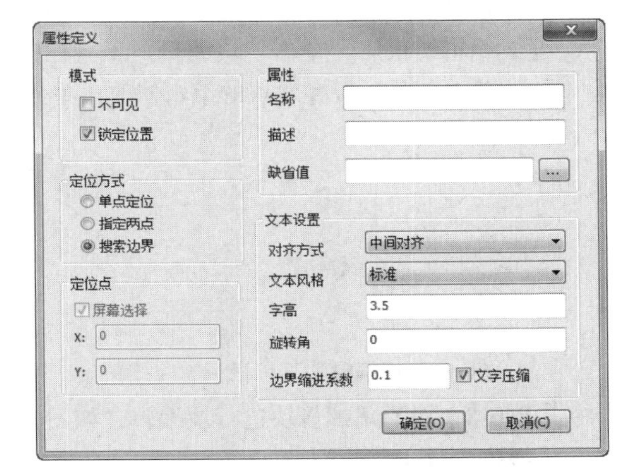

图6-7　"属性定义"对话框

> **注意**
>
> 在"属性定义"对话框中所填写的内容将与块一同存储。同时，利用该对话框也可以对已经存在的块属性进行修改。

6.1.6　粘贴为块

粘贴为块功能是指可以将图形复制后粘贴，粘贴的图形与原图形的形状和尺寸一致，但是以块的形式粘贴。

【执行方式】

- 菜单："绘图"→"块"→"粘贴为块"
- 快捷键：Ctrl+Shift+V

【操作步骤】

1 选定复制图形并复制。

2 启动"粘贴为块"命令，按照系统提示输入定位点和旋转角，即完成操作。

6.1.7 块编辑

块编辑功能是指在只显示所编辑的块的形式下对块的图形和属性进行编辑。

【执行方式】

- 命令名：bedit
- 菜单："绘图"→"块"→"块编辑"
- 工具栏："块工具"→

【操作步骤】

1 按照命令栏提示拾取需要编辑的块，进入块编辑状态，出现"块编辑"工具栏，如图6-8所示。

2 对块进行绘制和修改等操作。单击"块编辑"工具栏中的"属性定义"图标对块的属性进行编辑。

3 编辑结束后，单击"块编辑"工具栏中的"退出块编辑"图标，弹出图6-9所示的对话框，单击"是"保存对块的编辑修改，单击"否"取消本次块编辑操作。

图6-8 "块编辑"工具栏

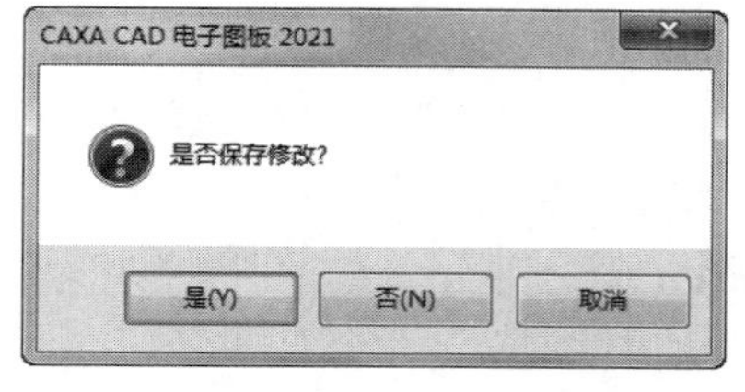

图6-9 保存修改窗口

【例6-3】对六角螺母块进行块编辑，如图6-10（a）所示，图中的矩形不属于块内元素。

【操作步骤】

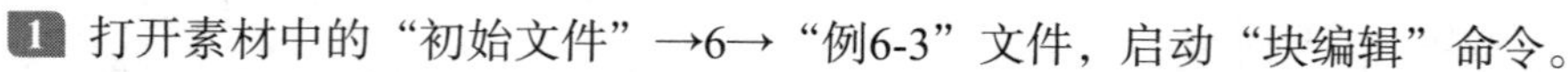

1 打开素材中的"初始文件"→6→"例6-3"文件，启动"块编辑"命令。

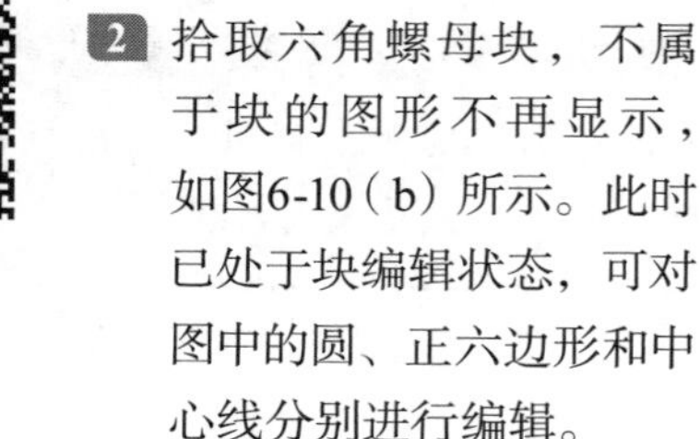

2 拾取六角螺母块，不属于块的图形不再显示，如图6-10（b）所示。此时已处于块编辑状态，可对图中的圆、正六边形和中心线分别进行编辑。

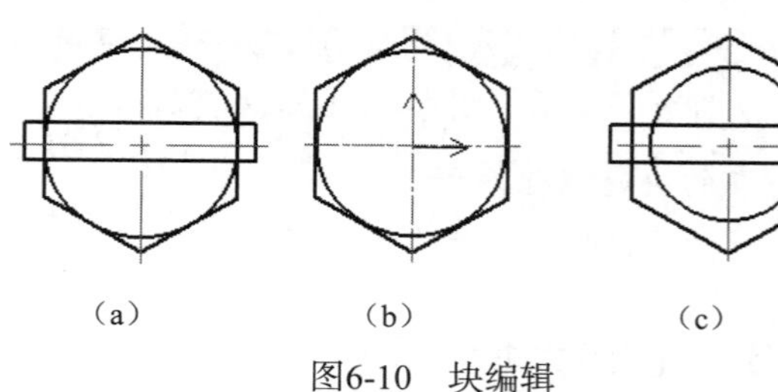

（a）（b）（c）

图6-10 块编辑

3 编辑结束后，单击"退出块编辑"按钮，在对话框中单击"是"按钮，保存并退出块编辑状态，如图6-10（c）所示。

6.2 块在位编辑

6.2.1 块在位编辑

块在位编辑功能用于在不打散块的情况下编辑块内实体的属性，如修改颜色、层等，也可以向块内增加实体，或从块中删除实体等。

【执行方式】

- 菜单："绘图"→"块"→"块在位编辑"
- 工具栏："块工具"工具栏→

【操作步骤】

1 启动"块在位编辑"命令。

2 根据系统提示拾取块在位编辑的实体，单击鼠标右键确认。

6.2.2　添加到块内

添加到块内功能用于向块内添加实体。

【执行方式】

- 工具栏："块在位编辑"工具栏→

【操作步骤】

1 启动"添加到块内"命令。

2 根据系统提示拾取要添加到块内的实体，单击鼠标右键确认。

6.2.3　从块内移出

从块内移出功能用于把实体从块中移出，而不是从系统中删除。

【执行方式】

- 工具栏："块在位编辑"工具栏→

【操作步骤】

1 启动"从块内移出"命令。

2 根据系统提示拾取要移出块的实体，单击鼠标右键确认。

6.2.4　不保存退出

不保存退出功能用于放弃对块进行的编辑，退出块在位编辑状态。

【执行方式】

- 工具栏："块在位编辑"工具栏→

【操作步骤】

1 启动"不保存退出"命令。

2 系统自动退出块在位编辑状态。

6.2.5　保存退出

保存退出功能用于保存对块进行的修改，会更新块。

【执行方式】

- 工具栏："块在位编辑"工具栏→

【操作步骤】

1 启动“保存退出”命令。

2 系统自动退出块在位编辑状态，并对修改后的块进行保存和更新。

6.3 库操作

电子图板已经定义了用户在设计时经常要用到的各种标准件和常用的图形符号，如螺栓、螺母、轴承、垫圈、电气符号等。用户在设计绘图时可以直接提取这些图形插入图中，避免不必要的重复劳动，提高绘图效率。用户还可以自行定义自己要用到的其他标准件或图形符号，即对图库进行扩充。

电子图板将图库中的标准件和图形符号统称为图符，图符分为参数化图符和固定图符。电子图板为用户提供了图库的编辑和管理功能。此外，对于已经插入图中的参量图符，还可以通过尺寸驱动功能修改其尺寸规格。用户对图库可以进行的操作包括：提取图符、定义图符、驱动图符、图库管理、图库转换等。

6.3.1 插入图符

插入图符功能就是从图库中选择合适的图符（如果是参数化图符还要选择其尺寸规格），并将其插入到图中合适的位置。

【执行方式】

- 命令行：sym
- 菜单：“绘图”→“图库”→“插入图符”
- 工具栏：“图库”工具栏→

【操作步骤】

1 启动“插入图符”命令，弹出“插入图符”对话框，如图6-11所示。

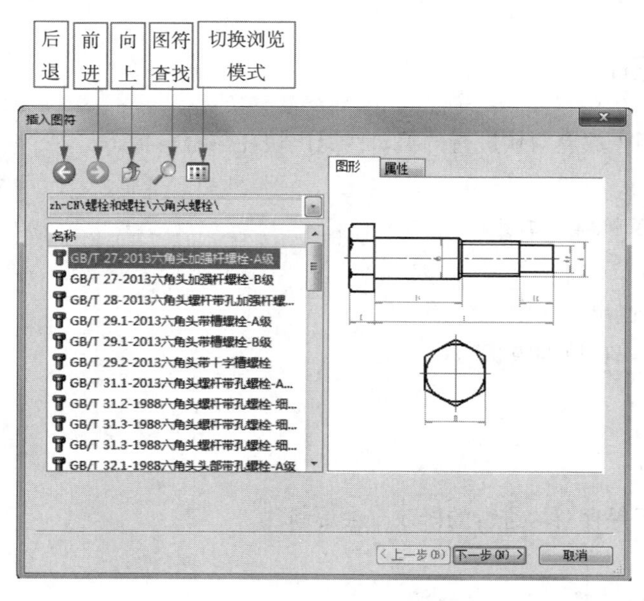

图6-11 “插入图符”对话框

2 在“插入图符”对话框中选择要插入的图符，单击“下一步”按钮。

3 弹出“图符预处理”对话框，如图6-12所示，设置完各个选项并选取了一组规格尺寸后，单击“完成”按钮。在“图符预处理”对话框里可以对已选定的参数化图符进行尺寸规格的选择，以及设置图符中尺寸标注的形式、作为整体插入还是打散为各图形元素提取、是否进行消隐，对于有多个视图的图符还可以选择提取哪几个视图。“图符预处理”对话框操作方法如下。

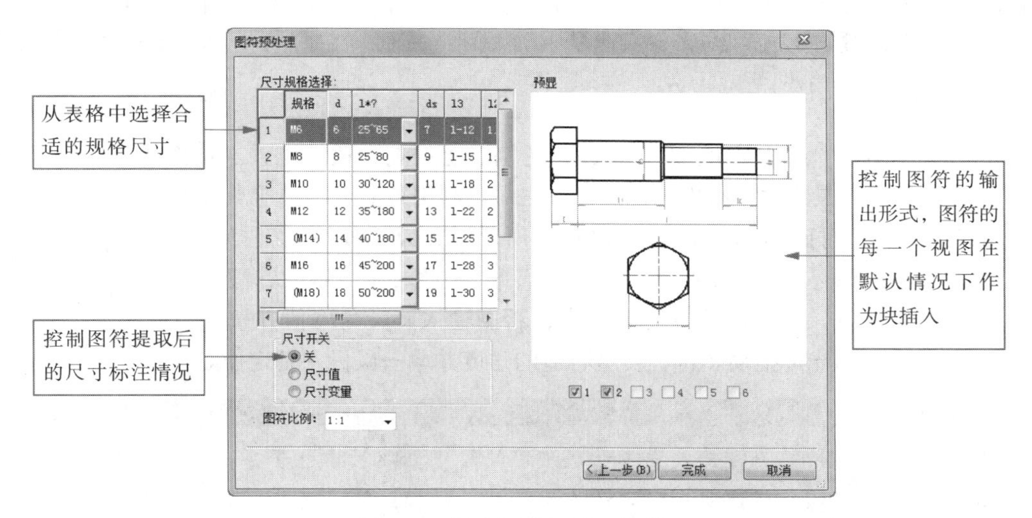

图6-12 “图符预处理”对话框

- 尺寸规格选择：从左边“尺寸规格选择”一栏的表格中选择合适的规格尺寸。可以用鼠标或键盘将插入符移到任一单元格并输入数值来替换原有的数值。按下F2键则当前单元格进入编辑状态且插入符被定位在单元格内文本的最后。列出的尺寸变量名后如果有星号则说明该尺寸是系列尺寸，用鼠标单击相应行中系列尺寸对应的单元格，单元格右端将出现一个按钮，单击此按钮弹出一个下拉框，从中选择合适的系列尺寸值；尺寸变量名后如果有问号则说明该尺寸是动态尺寸，用鼠标右键单击相应行中动态尺寸对应的单元格，单元格内尺寸值后将出现一个问号，这样在插入图符时可以通过鼠标拖动来动态决定该尺寸的数值。再次用鼠标右键单击该单元格则问号消失，插入时不作为动态尺寸。确定系列尺寸和动态尺寸后，单击相应行左端的选择区选择一组合适的规格尺寸。
- 尺寸开关：控制图符提取后的尺寸标注情况，“关”表示提取出的图符不标注任何尺寸；“尺寸值”表示提取后标注实际尺寸值；“尺寸变量”表示提取出的图符里的尺寸文本是尺寸变量名，而不是实际尺寸值。
- 图符预览区：位于对话框的右边，下面排列有6个视图控制开关，用鼠标左键点取可打开或关闭任意一个视图，被关闭的视图将不被提取出来。
- 如果预览区里的图形显示太小，用鼠标右键单击预览区内任一点，则图形将以该点为中心放大显示，可以反复放大；在预览区内同时按下鼠标的左、右两键则图形恢复最初显示的大小。

注意

如果在步骤 2 选定的是固定图符，则略过步骤 3 而直接进入步骤 4 插入图符的交互过程，通过交互将图符插入到图中合适的位置。

4 确定好要提取的图符并做了相应选择后，对话框消失，在十字光标处将出现所提取的图符的第一个打开的视图，图符的基点被吸附在光标的中心，图符的位置随十字光标的移动而移动。

注意

如果提取的是固定图符，则弹出立即菜单，要求指定横向缩放倍数和纵向缩放倍数，默认值均为 1。如果不想采用默认值，可以用鼠标左键单击缩放倍数编辑框，在弹出的输入框中输入新值并按 Enter 键，也可以在立即菜单输入框中输入新值。图符将按指定缩放倍数沿水平 / 竖直方向进行放大或缩小。

5 系统提示输入“图符定位点”，将图符的基点定位在合适的位置。在拖动过程中可以按下空格键弹出工具点菜单帮助精确定位，也可以利用智能点、导航点等定位。

6 图符定位后，打开立即菜单，如图6-13所示，可以选择块是否打散，是否消隐；状态栏的提示变为“旋转角”，此时单击鼠标右键则接受默认值，图符的位置完全确定；否则输入旋转角度值并按Enter键，或用光标拖动图符旋转至合适的角度并单击鼠标左键定位。

1. 不打散 2. 消隐

图6-13　立即菜单

注意

如果提取的是参数化图符并设置了动态确定的尺寸且该尺寸包含在当前视图中，则在确定了视图旋转角度后，状态栏出现提示“请拖动确定 x 的值：”，其中 x 为尺寸名，此时该尺寸值随鼠标位置的变化而变化，拖动到合适的位置时单击鼠标左键就确定了该尺寸的最终大小，也可以用键盘输入该尺寸的数值。图符中可以含有多个动态尺寸。

7 插入完图符的第一个被打开的视图后的光标处又会出现该图符的下一个打开的视图（如果有的话）或同一视图（如果图符只有一个打开的视图），因此可以将提取的图符一次插入多个，插入的交互过程同上。当不再需要插入时，单击鼠标右键结束插入过程。

6.3.2　定义图符

定义图符功能就是用户将自己要用到而图库中没有的参数化图形或固定图形加以定义，存储到图库中，供以后调用。

【执行方式】

- 命令行：symdef
- 菜单：“绘图”→“图库”→“定义图符”
- 工具栏：“图库”工具栏→

注意

可以定义到图库中的图形元素类型有：直线、圆、圆弧、点、尺寸、块、文字、剖面线、填充。如果有其他类型的图形元素（如样条曲线）需要定义到图库中，可以先将其做成块。

【操作步骤】

1 绘制好要定义的图形，并标注好尺寸。

2 进入定义图符命令后。

3 系统提示“请选择第1视图：”，框选图符的第一视图，如果一次没有选全，可以接着选取遗漏的图形元素。选取完后，单击鼠标右键结束选择。

4 状态栏提示“请单击或输入视图的基点”：用鼠标指定基点，指定基点时可以用空格键弹出工具点菜单来帮助精确定点，也可以利用智能点、导航点等定位。

5 指定基点后，如果视图中不包含尺寸，则进入下一视图的选择（当有多个视图时），操作方法同上；如果视图中包含尺寸，请为该视图的每个尺寸指定一个变量名，单击当前视图中的任意一个尺寸，在弹出的输入框中输入该尺寸的名字，尺寸名应与标准中采用的尺寸名或被普遍接受的习惯相一致。为当前视图中的所有尺寸指定变量名。可以再次选中已经指定过变量名的尺寸为其指定新名字。指定完变量名后单击鼠标右键结束对当前视图的操作。根据提示对其余各视图进行同样的操作。

定义参数化图符前不但要绘制定义的图形还要对图形进行尺寸标注。

【操作步骤】

1 按照命令栏提示，选择作为第一视图的图形，单击鼠标右键确定。

2 按照命令栏提示，单击鼠标左键选择一点为基点，或输入基点的坐标值。

3 指定基点后，为该视图的各个尺寸指定一个变量名，鼠标左键单击尺寸值，弹出“请输入变量名称”编辑框，如图6-14所示，输入该尺寸的变量名，单击“确定”按钮。

4 依次定义每个尺寸的变量名，单击鼠标右键确定该视图设置完毕。

5 重复步骤2和步骤3，完成所有需要设置的视图，单击鼠标右键退出视图设置。

6 弹出“元素定义”对话框，如图6-15所示。通过对每个图形元素的起点、终点、圆心等的设置，确定图形的外形尺寸和定位尺寸。元素定义，也就是对图符参数化，用尺寸变量逐个表示出每个图形元素的表达式，如直线的起点、终点表达式，圆的圆心、半径的表达式等。CAXA CAD电子图板会自动生成一些简单的元素定义表达式，随着元素定义的进行，电子图板会根据已定义的元素表达式不断地修改、完善未定义的元素表达式。元素定义是把每一个元素的各个定义点写成相对基点的坐标值表达式，表达式的正确与否将决定图符提取的准确与否。通过“上一元素”和“下一元素”两个按钮来查询和修改每个元素的定义表达式，也可以直接用鼠标左键在预览区中拾取。如果预览区中的图形比较复杂，则可放大观察（方法参看插入图符、图符预处理部分）。

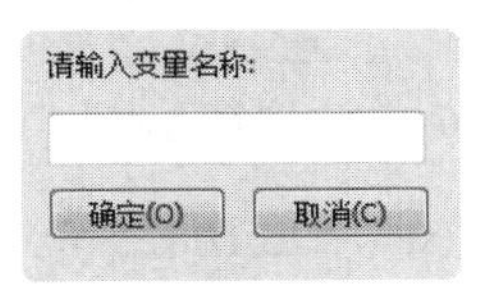

图6-14 “请输入变量名称”编辑框

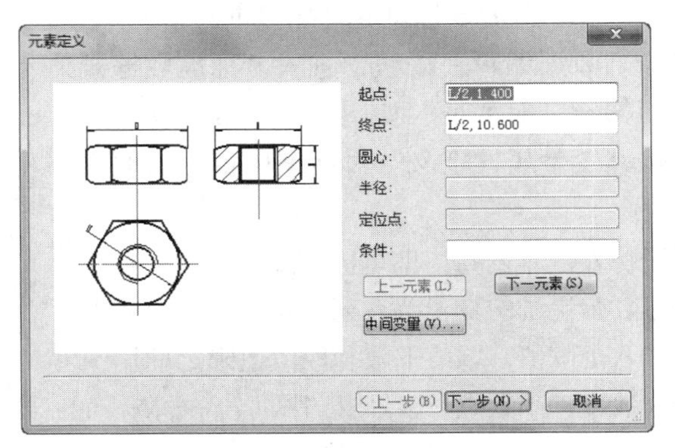

图6-15 “元素定义”对话框

> **注意**
>
> 定义剖面线和填充的定位点时，应选取总在封闭边界内的点。

7 公式中如果有使用频率较高或比较长的表达式，单击“中间变量”按钮，弹出“中间变量”对话框，如图6-16所示。左半部分输入中间变量名，右半部分输入表达式，先定义的中间变量可以出现在后定义的中间变量的表达式中，因此中间变量是尺寸变量和前面已经定义的中间变量的函数。单击“确定”按钮后，就可以和其他尺寸变量一样用在图形元素的定义表达式中。

8 “元素定义”编辑完毕，单击“下一步”按钮，弹出“变量属性定义”对话框，如图6-17所示。系统默认的变量属性均为“否”，即变量既不是系列变量，也不是动态变量。用鼠标左键单击相应的单元格，对号表示选中。变量的序号从0开始，决定了各个变量在输入标准数据和选择尺寸规格时的排列顺序，一般应将选择尺寸规格时作为主要依据的尺寸变量的序号指定为0。“序号”列中已经指定了默认的序号，可以单击该单元格进行编辑修改。设置完成后单击“下一步”按钮。

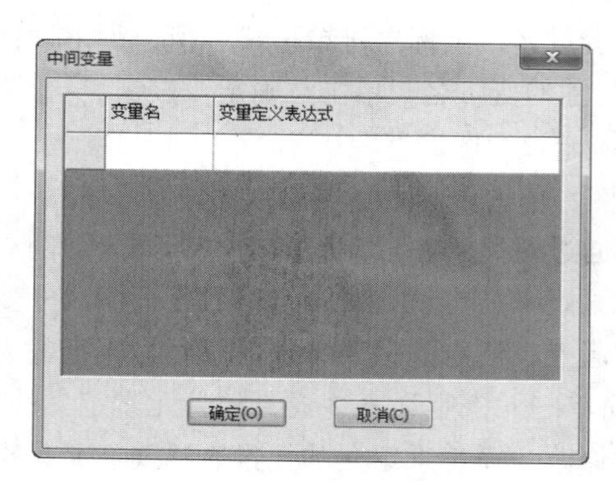

图6-16 “中间变量”对话框

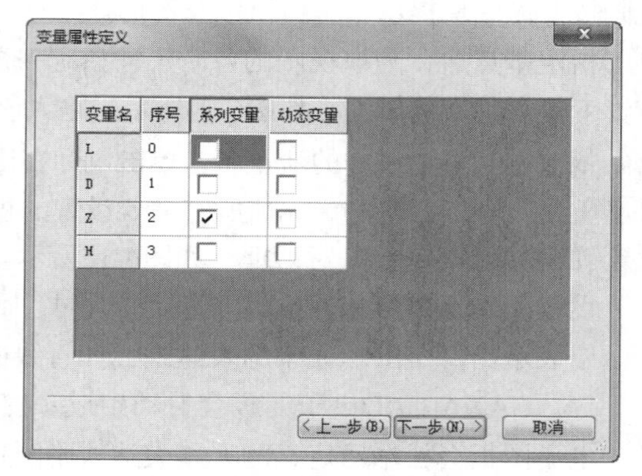

图6-17 “变量属性定义”对话框

9 弹出“图符入库”对话框，如图6-18所示，选择图符的存储类和定义图符名称。

10 单击“属性编辑”按钮，弹出“属性编辑”对话框，编辑过程与固定图符相同。

11 单击“数据编辑”按钮，进入“标准数据录入与编辑”对话框，如图6-19所示。尺寸变量按“变量属性定义”对话框中指定的顺序排列。

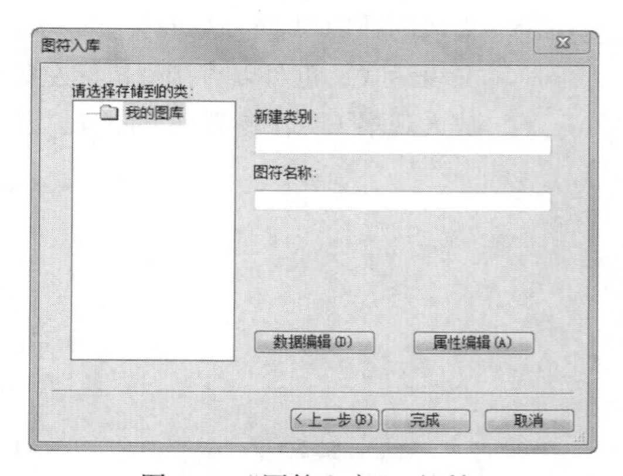

图6-18 “图符入库”对话框

12 用鼠标左键单击每行即可进行编辑，输入相应数值。带星号的变量为系列变量，这一列数据应输入范围值，取值下限和取值上限之间用一个除数字、小数点、字母E以外的字符分隔，如“8~40”“16/80”“25,100”等。

13 单击系列变量名所在的标题格，弹出“系列变量值输入与编辑”对话框，如图6-20所示，在该对话框中按由小到大的顺序输入系列变量的所有取值，用逗号分隔。输入完毕，单击

"确定"按钮。

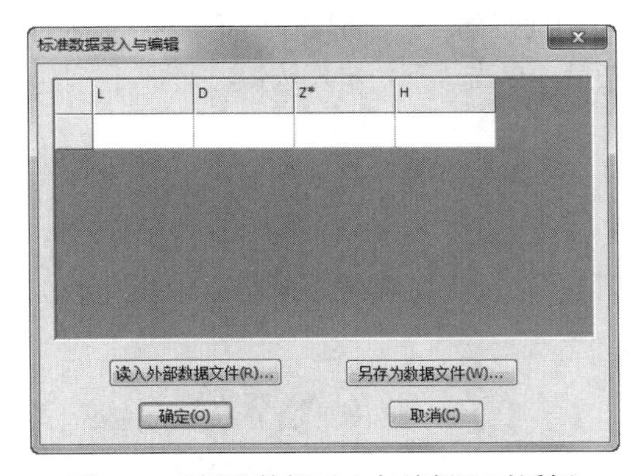

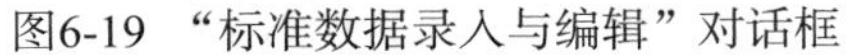
图6-19 "标准数据录入与编辑"对话框

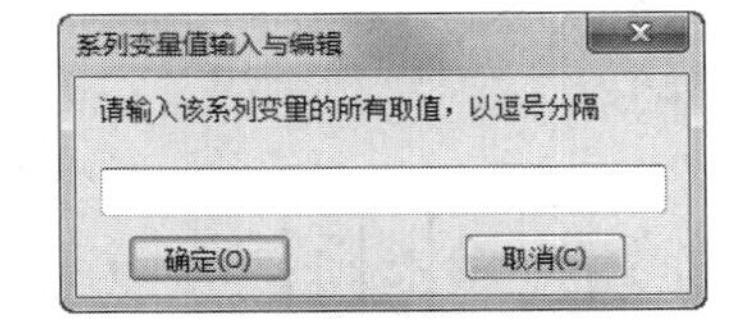

图6-20 "系列变量值输入与编辑"对话框

14 可以单击"另存为数据文件"按钮将录入的数据存储为数据文件，以备后用；也可以单击"读入外部数据文件"按钮从外部数据文件中读取数据，但注意读取文件的数据格式应与数据表的格式完全一致。数据录入结束后单击"确定"按钮退出数据编辑。

15 在"图符入库"对话框中，单击"确定"按钮，可以把新建的图符加到图库中。参数化图符的定义操作全部完成，再次提取图符时，新建的图符就已经出现在相应的类中。

【例6-4】将螺母设定为参数化图符，如图6-21（a）所示。

【操作步骤】

1 打开素材中的"初始文件"→6→"例6-4"文件，启动"定义图符"命令。

2 命令栏提示："请选择第1视图"，选中作为第一视图的图形，如图6-21（b）所示，单击鼠标右键确定。

3 命令栏提示："请单击或输入视图的基点"，选择圆心为基点。

4 为该视图的各个尺寸指定一个变量名，单击尺寸标注"10"，弹出"请输入变量名称"编辑框，如图6-22所示。输入变量名为"l"，单击"确定"按钮确认。

5 用同样的操作指定圆半径为"4"，变量名为"d"。

6 重复步骤2和步骤3，设置第二个视图，基点为中心线与底边交点，单击高度尺寸"4.8"，变量名为"h"，单击鼠标右键退出视图选择。

7 弹出"元素定义"对话框，对应修改个元素表达式。

- 设置第一视图中的各元素的值。圆的设置："圆心"为"0,0"，"半径"为"d/2"。水平中心线："起点"为"l/2+0.3,0"，"终点"为"−l/2−0.3,0"；竖直中心线："起点"为"0,0.433×l+0.3"，"终点"为"0,−0.433×l−0.3"。正六边形由底边开始沿逆时针顺序各边依次设置："起点"为"−l/4,−0.433×l"，"终点"为"l/4,−0.433×l"；"起点"为"l/4,−0.433×l"，"终止点"为"l/2,0"；"起点"为"l/2,0"，"终点"为"l/4,0.433×l"、"起点"为"l/4,0.433×l"，"终点"为"−l/4,0.433×l"；"起点"为"−l/4,0.433×l"，"终点"为"−l/2,0"；"起点"为"−l/2,0"，"终点"为"−l/4,−0.433×l"。
- 设置第二视图中的各元素的值。矩形顶边"起点"为"−l/2,h"，"终点"为"l/2,h"；底边"起点"为"−l/2,0"，"终点"为"l/2,0"；左侧边"起点"为"−l/2,h"，"终点"为"−l/2,0"；右侧边"起点"为"l/2,h"，"终点"为"l/2,0"。
- 孔设置："起点"为"−d/2,h"，"终点"为"−d/2,0"；"起点"为"d/2,h"，"终点"为

“d/2,0”。孔中心线“起点”为“0,h+1”，“终点”为“0,−1”，图符剖面线是用定位点定义的，为确保定位点一直处于剖面线内部，因此以剖面线部分图形形心为定位点，设置：“定位点”分别为“（d+l）/4,h/2”，所有元素设置完毕后，单击“下一步”按钮。

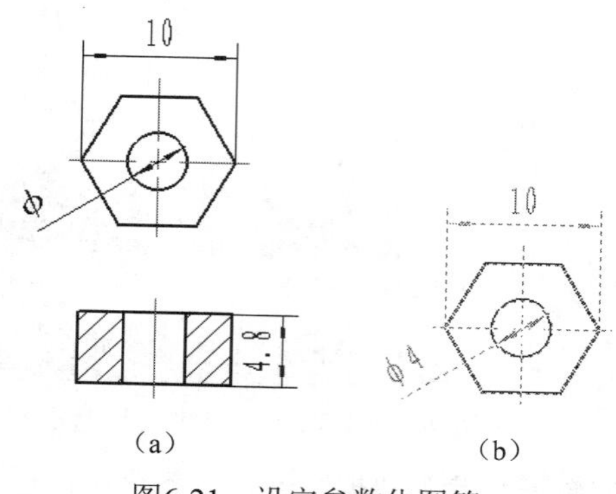

图6-21　设定参数化图符

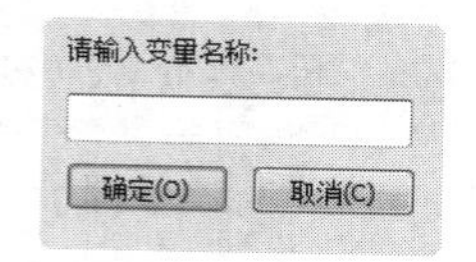

图6-22　“请输入变量名称”编辑框

8 弹出“变量属性定义”对话框，如图6-23所示。单击第二行第三列，将变量“d”设置为系列变量，同样将变量“h”设置为动态变量。单击“下一步”按钮。

9 弹出“图符入库”对话框，如图6-24所示。单击“数据编辑”按钮弹出“标准数据录入与编辑”对话框，单击每个变量对应的单元格设置变量的标准值，如图6-25所示。单击系列变量d列头，弹出“系列变量值输入与编辑”编辑框，在编辑框中从小到大以逗号为间隔输入数值，如图6-26所示，单击“确定”按钮退出此编辑框，再单击“标准数据录入与编辑”对话框中的“确定”按钮退出。

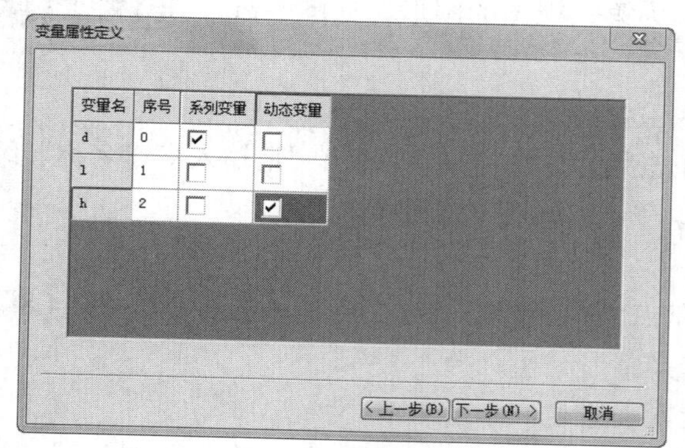

图6-23　“变量属性定义”对话框

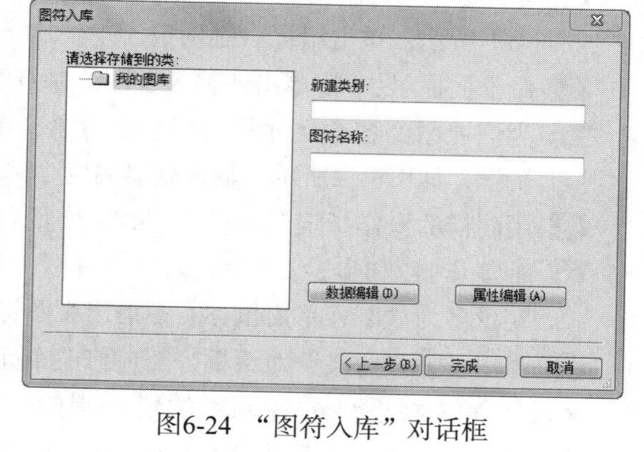

图6-24　“图符入库”对话框

标准数据录入与编辑

	d*	l	h?
1	1/2	5	3
2	2/3	6	4
3	3/4	7	5
4	4/5	8	6

读入外部数据文件(R)...　另存为数据文件(W)...

确定(O)　取消(C)

图6-25　“标准数据录入与编辑”对话框

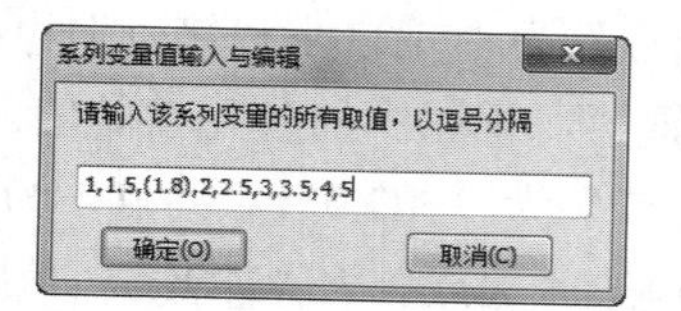

图6-26　“系列变量值输入与编辑”对话框

10 在“图符入库”对话框中，设置图符类。“新建类别”为“自定义”，“图符名称”为“六角螺母视图”。单击“完成”按钮，退出该图符定义。

螺母的参数化设定完成后，可以在“插入图符”对话框中提取并设定一定尺寸的该图符，如图6-27所示。

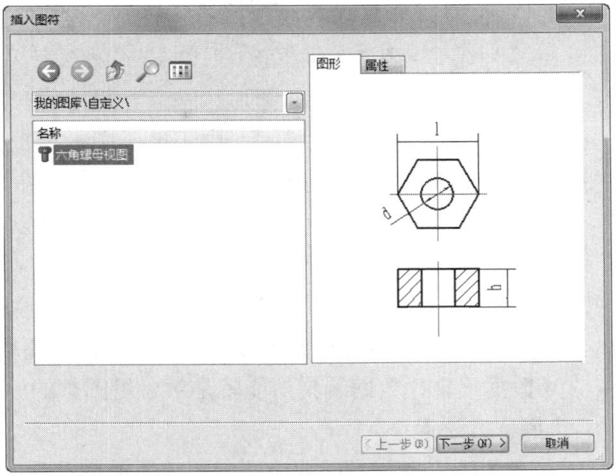

图6-27 “插入图符”对话框

6.3.3 图库管理

图库管理功能为用户提供了对图库文件及图库中的各个图符进行编辑修改的功能。

【执行方式】

- 命令行：symman
- 菜单：“绘图”→“图库”→“图库管理”
- 工具栏：“图库”工具栏→

【操作步骤】

1 启动“图库管理”命令；弹出“图库管理”对话框，如图6-28所示，此对话框中图符浏览、预显放大、检索及设置当前图符的方法与“插入图符”对话框完全相同。

2 在该对话框中，可以对图符进行相关的操作。

- 图符编辑：应用图符编辑功能可以对已经定义的图符进行全面的编辑修改，也可以利用这个功能从一个定义好的图符出发去定义另一个相类似的图符，以减少重复劳动。

【操作方法】

在“图库管理”对话框中选定要编辑的图符后，单击“图符编辑”按钮，弹出图6-29所示的“图符编辑”下拉菜单。

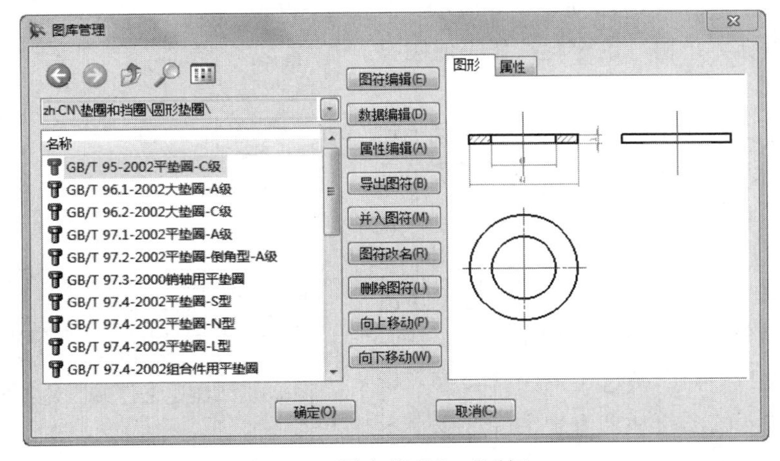

图6-28 “图库管理”对话框

图6-29 “图符编辑”下拉菜单

> 如果只是要修改参量图符中图形元素的定义或尺寸变量的属性，可以选择第一项，则“图库管理”对话框被关闭，进入元素定义，开始对图形元素的定义进行编辑修改。

> 如果需要对图符的图形、基点、尺寸或尺寸名进行编辑，可以选择第二项，同样“图库管理”对话框被关闭。由于电子图板要把该图符插入绘图区以供编辑，因此如果当前打开的文件尚未存盘，将提示用户保存文件。如果文件已保存则关闭文件并清除屏幕显示。图符的各个视图显示在绘图区，此时可以对图形进行编辑修改。修改完成后单击“定义图符”按钮，后续操作与定义图符完全一样。该图符仍含有除被编辑过的图形元素的定义表达式外的全部定义信息。因此编辑时只需对要变动的地方进行修改，其余保持原样。在图符入库时，如果输入了一个与原来不同的名字，就定义了一个新的图符。

- 数据编辑：数据编辑功能就是对参量图符的标准数据进行编辑修改。

【操作方法】

在“图库管理”对话框中选定要编辑的图符后，单击“数据编辑”按钮，弹出“标准数据录入与编辑”对话框，对话框中的表格里显示了该图符已有的尺寸数据供编辑修改，编辑方法见上一节中的“标准数据录入与编辑”对话框的操作。

编辑完成后单击“确定”按钮则保存编辑后的数据，单击“取消”按钮则放弃所进行的修改退出。

- 属性编辑：属性编辑功能就是对图符的属性进行编辑修改。

【操作方法】

在“图库管理”对话框中选定要编辑的图符后，单击“属性编辑”按钮，弹出“属性编辑”对话框，对话框中的表格里显示了该图符已定义的属性信息供编辑修改，编辑方法见上一节中的“属性编辑”对话框的操作。

编辑完成后单击“确定”按钮则保存编辑后的属性，单击“取消”按钮则放弃所进行的修改退出。

- 导出图符：导出图符功能就是将需要导出的图符以“图库索引文件（*.sbl）”的方式在系统中进行保存备份或用于图库交流。

【操作方法】

在“图库管理”对话框中选定要导出的图符后，单击“导出图符”按钮，弹出“浏览文件夹”对话框，如图6-30所示。在对话框中选择要导出到的文件夹，单击“确定”按钮完成图符的导出。

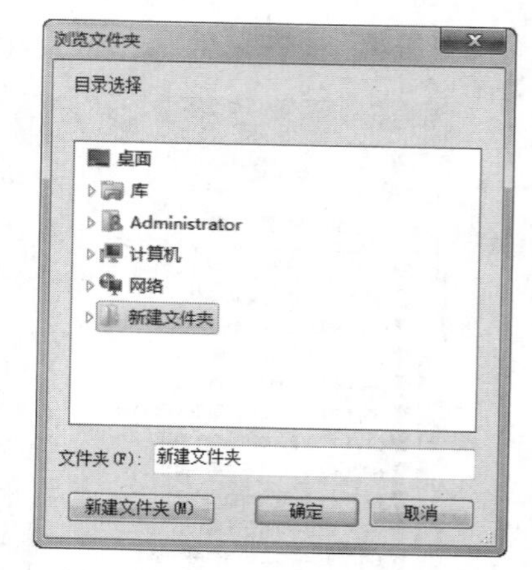

图6-30 “浏览文件夹”对话框

- 并入图符：并入图符功能用来将用户在另一台计算机上定义好的图符或将其他目录下的图符加入本计算机系统目录下的图库中。

【操作方法】

在“图库管理”对话框中单击“并入图符”按钮，弹出“并入图符”对话框，如图6-31所示，在该对话框中选择要并入图库的索引文件，单击“并入”按钮，被选中的图符会存入指定的类别。并入成功后，被并入的图符从列表中消失。接下来可以再进行其余图符的并入。

图6-31　“并入图符”对话框

- 图符改名：图符改名功能用来给图符起一个新名字。

【操作方法】

在“图库管理”对话框中选定想要改名的图符（如果是重命名小类或大类，可以不选择具体的图符）后，单击“图符改名”按钮，弹出“图符改名”对话框，如图6-32所示。

在编辑框中输入新名字，单击“确定”按钮完成改名，单击“取消”按钮则放弃修改。

- 删除图符：删除图符功能用于从图库中删除图符。

【操作方法】

在“图库管理”对话框定选定想要删除的图符（如果是删除整个小类或大类，可以不选择具体的图符）后，单击“删除图符”按钮，在弹出的警示框中单击“确定”按钮即可完成操作，如图6-33所示。

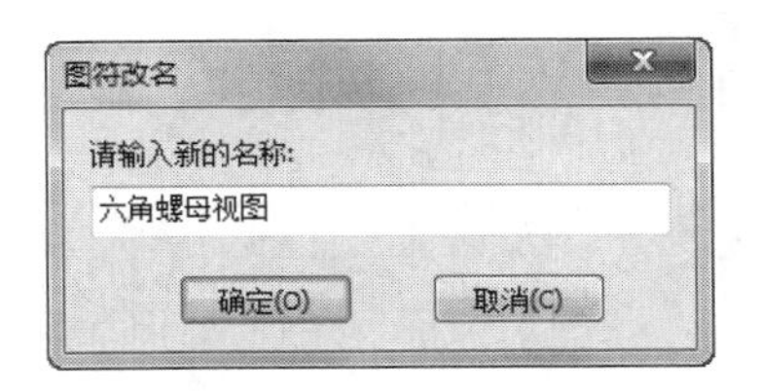

图6-32 “图符改名”对话框

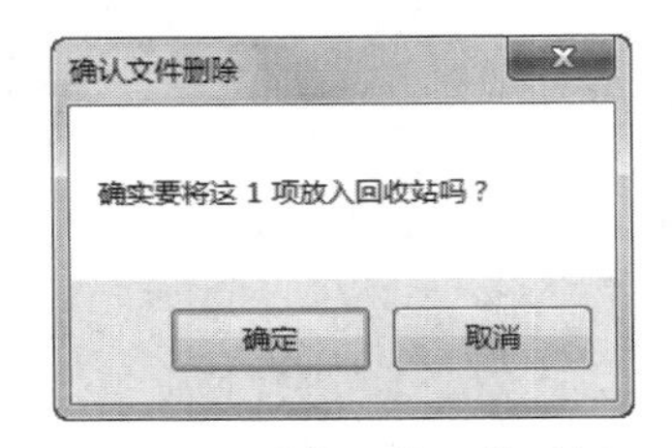

图6-33 “删除图符”警示框

6.3.4　驱动图符

驱动图符功能就是将已经插入到图中的参量图符的某个视图的尺寸规格进行修改。

【执行方式】

- 命令行：symdrv
- 菜单：“绘图”→“图库”→“驱动图符”
- 工具栏：“图库”工具栏→

【操作步骤】

1 启动“驱动图符”命令后，系统提示选择想要变更的图符。

2 选取要驱动的图符，弹出“图符预处理”对话框。在这个对话框中修改该图符的尺寸及各选项的参数。操作方法与图符预处理时相同。然后单击“完成”按钮，被驱动的图符将在原来的位置以原来的旋转角被按新尺寸生成的图符所取代。

6.3.5 图库转换

图库转换功能用来将用户在低版本电子图板中的图库（可以是自定义图库）转换为当前版本电子图板的图库格式，以继承用户的劳动成果。

【执行方式】

- 命令行：symtran
- 菜单：“绘图”→“图库”→“图库转换”
- 工具栏：“图库”工具栏→

【操作步骤】

1 启动“图库转换”命令后，弹出“图库转换”对话框，如图6-34所示，单击“下一步”按钮。

2 弹出“打开旧版本主索引或小类索引文件”对话框，如图6-35所示，在该对话框中选择要转换图库的索引文件，单击“打开”按钮，该对话框被关闭。

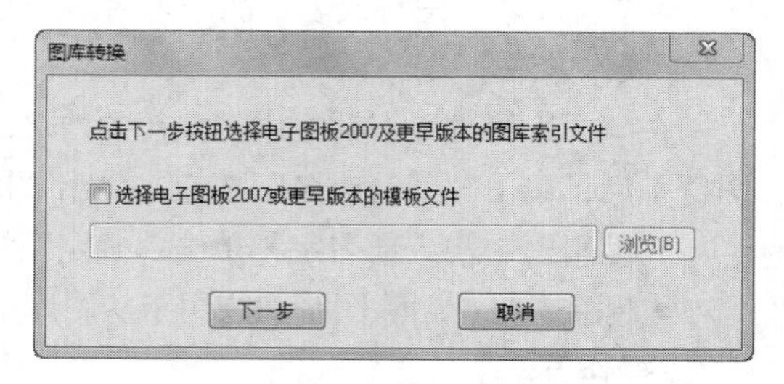

图6-34 “图库转换”对话框

3 弹出“转换图符”对话框，如图6-36所示，选择需要转换的图符和存储的类，单击“转换”按钮完成图库转换。

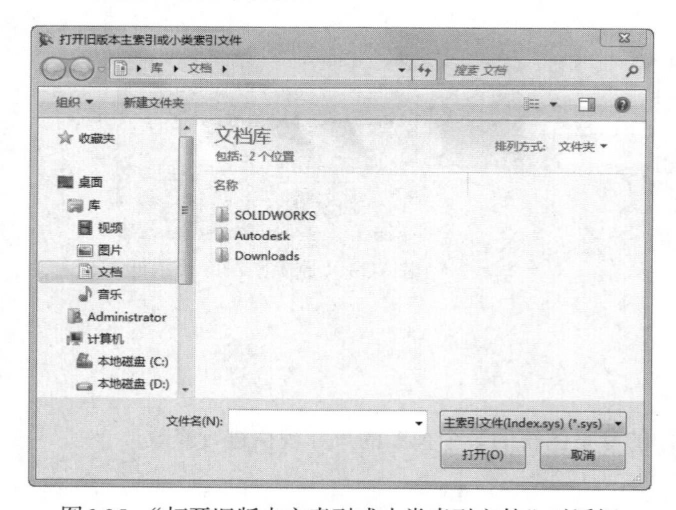

图6-35 “打开旧版本主索引或小类索引文件”对话框

图6-36 “转换图符”对话框

6.3.6 构件库

构件库是一种新的二次开发模块的应用形式。

【执行方式】

● 命令行：component

● 菜单："绘图"→"构件库"

【操作步骤】

1 启动"构件库"命令后，弹出"构件库"对话框，如图6-37所示。

2 在该对话框的"构件库"下拉列表中可以选择不同的构件库，在"选择构件"栏中以图标按钮的形式列出了这个构件库中的所有构件，用鼠标左键单击选中以后会在"功能说明"栏中列出所选构件的功能说明，单击"确定"按钮以后就会执行所选的构件。

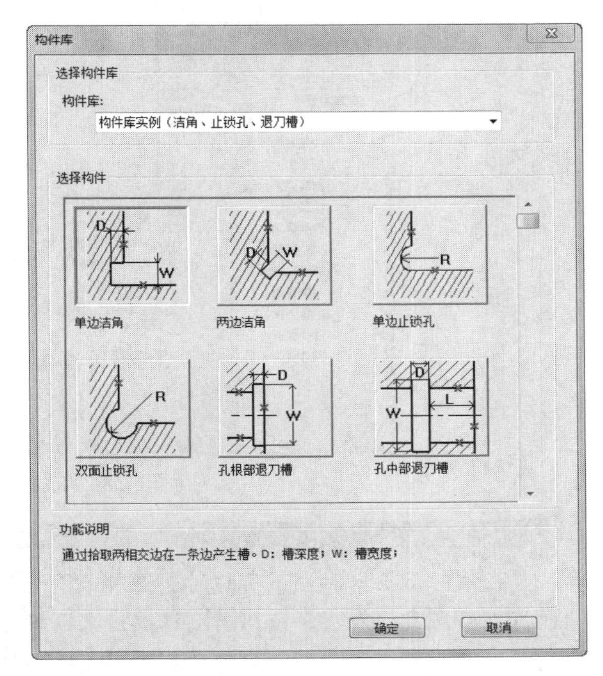

图6-37 "构件库"对话框

构件库的开发和普通二次开发基本上是一样的，只是在使用上与普通二次开发应用程序有以下区别。

（1）它在电子图板启动时自动载入，在电子图板关闭时退出，不需要通过应用程序管理器进行加载和卸载。

（2）普通二次开发程序中的功能是通过菜单激活的，而构件库模块中的功能是通过构件库管理器进行统一管理和激活的。

（3）构件库一般用于不需要对话框进行交互，只需要立即菜单进行交互的情况。

（4）构件库的功能使用更直观，它不仅有功能说明等文字说明，还有图片说明，更加形象。

在使用构件库之前，首先应该把编写好的库文件eba复制到EB安装路径下的构件库目录\Conlib中（注：在该目录中已经提供了一个构件库的例子EbcSample），然后启动电子图板。

6.3.7 技术要求库

技术要求库用数据库文件分类记录了常用的技术要求文本项，可以辅助生成技术要求文本插入工程图，也可以对技术要求库中的类别和文本进行添加、删除和修改，即进行技术要求库管理。

【执行方式】

● 命令行：speclib

● 菜单："标注"→"技术要求"

● 工具栏："标注"工具栏→

【操作步骤】

1 启动"技术要求"命令后，弹出"技术要求库"对话框，如图6-38所示。

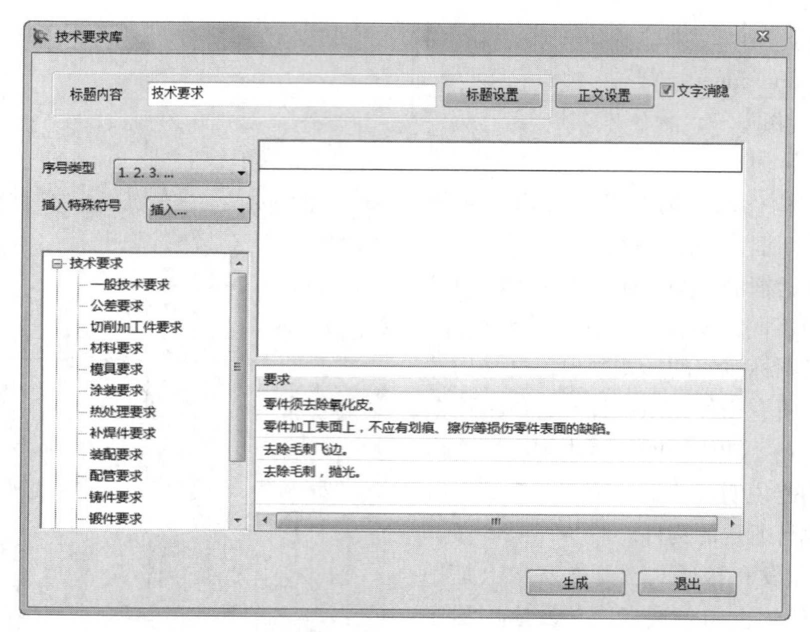

图6-38 “技术要求库”对话框

注意

在该对话框中，左下角的列表框列出了所有已有的技术要求类别，右下角的表格列出了当前类别的所有文本项。顶部的编辑框用来编辑要插入工程图的技术要求文本。如果某个文本项内容较多、显示不全，可以将光标移到表格中任意两个相邻行的选择区之间，此时光标形状发生变化，向下拖动光标则行的高度增大，向上拖动光标则行的高度减小。

2 如果技术要求库中已经有了要用到的文本，可以在切换到相应的类别后用鼠标左键直接将文本从表格中拖到编辑框中合适的位置，也可以直接在编辑框中输入和编辑文本。

单击“标题设置”按钮进入“文字参数设置”对话框，如图6-39所示，修改技术要求文本要采用的文字参数。

完成编辑后，单击“生成”按钮，根据提示指定技术要求所在的区域，系统将生成技术要求文本插入工程图。

注意

设置的文字参数是技术要求正文的参数，而标题“技术要求”4个字由系统自动生成，并相对于指定区域中上对齐，因此在编辑框中也不需要输入这4个字。

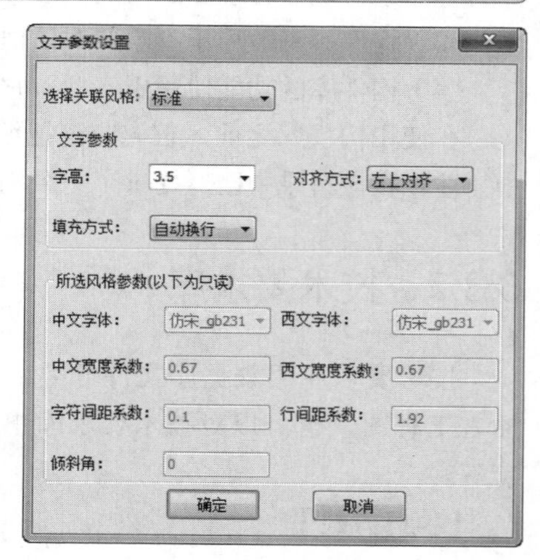

图6-39 “文字参数设置”对话框

另外，技术要求库的管理工作也是在图6-38所示的对话框中进行，方法如下。

要增加新的文本项，可以在表格所在的行输入；要删除文本项，先单击鼠标左键选中该行，再按Del键删除；要修改某个文本项的内容，可以直接在表格中修改。

要增加一个类别，选择列表框中的最后一项“我的技术要求”，单击鼠标右键在弹出的快捷菜单中选择“添加表”选项，输入新类别的名字，然后在表格中为新类别增加文本项；要删除一个类别，选中该类别，单击鼠标右键选择“删除表”，则该类别及其所有文本项都从数据库中删除；要修改类别名，先用鼠标左键双击类别名，再进行修改。完成管理工作后，单击“退出”按钮退出对话框。

6.4　综合实例——传动轴

轴类零件是重要的机械构件之一，用于支持旋转传递扭矩。利用CAXA CAD电子图板绘图中的“孔/轴”功能，使轴的图样绘制更加简单。首先设置图纸幅面和格式，调入并填写标题栏，然后绘制主视图，最后绘制断面图，如图6-40所示。

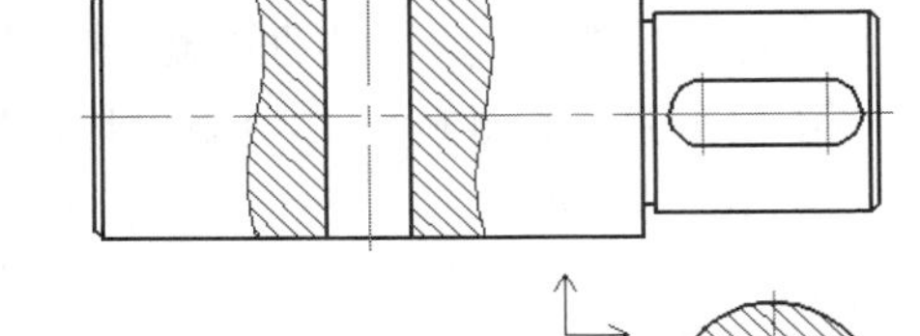

图6-40　传动轴

【操作步骤】

（1）创建新文件

启动电子图板，创建一个新文件。

（2）绘制轴

1 单击图标，或执行“绘图”→“孔/轴”命令，或用键盘输入命令hoax；在立即菜单1中选择“轴”，在“3.中心线角度”文本框输入“0”，如图6-41所示。

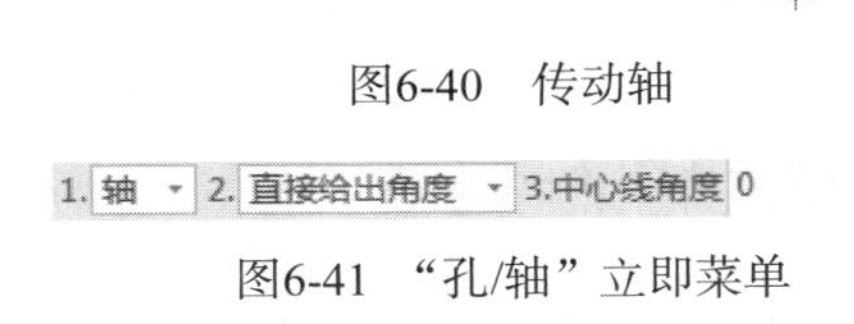

图6-41　“孔/轴”立即菜单

2 在绘图区选择轴左端起始位置，单击鼠标左键确定。设置立即菜单：在立即菜单“2.起始直径”文本框中输入“60”；在立即菜单“3.终止直径”文本框中输入“60”；在立即菜单4中选择“有中心线”；在立即菜单“5.中心线延伸长度”文本框中输入“3”。在命令提示栏中输入轴的长度“128”，如图6-42所示。

图6-42　左段轴参数设置

3 在绘图区将光标移向起始点右侧，即该段轴绘制方向，出现正四边形，如图6-43（a）所示，单击鼠标右键确定，绘制出该段轴，如图6-43（b）所示。

4 用同样的方法绘制推刀槽。设置立即菜单：在立即菜单“2.起始直径”文本框中输入“44”；在立即菜单“3.终止直径”文本框中输入“44”；在立即菜单4中选择“有中心线”；在立即菜单“5.中心线延伸长度”文本框中输入“3”。在命令提示栏中输入轴的长度“3”，如图6-44所示。

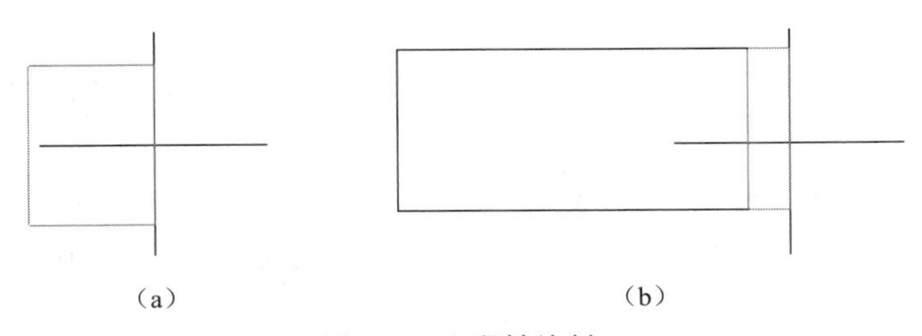

图6-43　左段轴绘制

5 单击鼠标右键确定，绘制出该段轴，如图6-45所示。

图6-44　推刀槽参数设置　　图6-45　推刀槽绘制

6 绘制右段轴。设置立即菜单：在立即菜单“2.起始直径”文本框中输入“48”；在立即菜单“3.终止直径”文本框中输入“48”；在立即菜单4中选择“有中心线”；在立即菜单“5.中心线延伸长度”文本框中输入“3”。在命令提示栏中输入轴的长度“52”，如图6-46所示。

7 单击鼠标右键确定，绘制出该段轴。再次单击鼠标右键，完成轴主体轮廓的绘制，如图6-47所示。

图6-46　右段轴绘制　　图6-47　轴主体轮廓绘制

（3）绘制倒角

1 单击□图标，或执行“修改”→“过渡”命令，弹出“过渡”立即菜单。

2 设置立即菜单：在立即菜单1中选取“外倒角”；在立即菜单“3.长度”文本框中输入“2”；在立即菜单“4.角度”文本框中输入“45”，如图6-48所示。

3 按照命令提示栏提示分别拾取形成外倒角的三条直线，如图6-49中三条虚线表示的直线，三条直线的拾取不用分先后顺序。

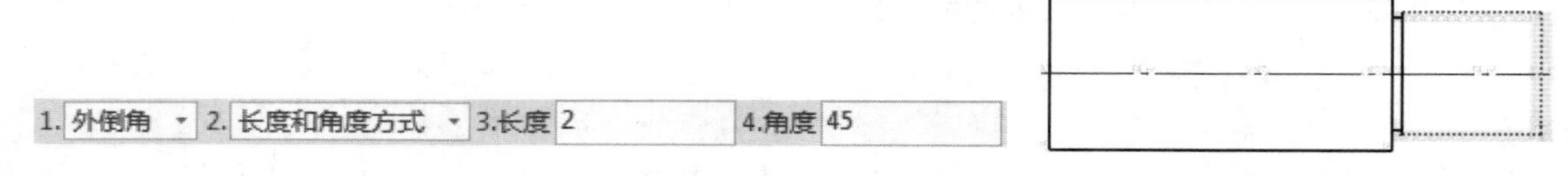

图 6-48　“过渡”立即菜单　　图6-49　右端轴倒角绘制过程

4 第三条直线拾取结束后，倒角绘制完毕，如图6-50所示。

5 用同样的方法绘制左段轴的倒角。绘制结束后的效果如图6-51所示，单击鼠标右键退出“过渡”命令。

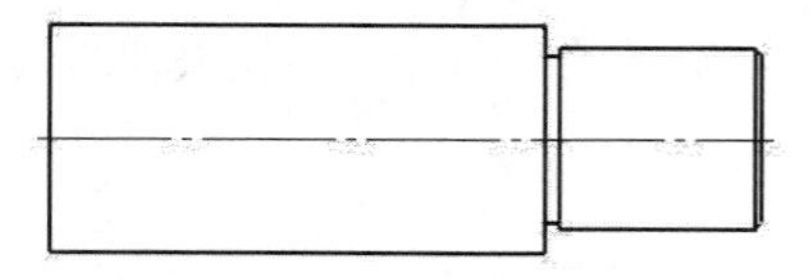

图6-50　右端轴倒角绘制完成

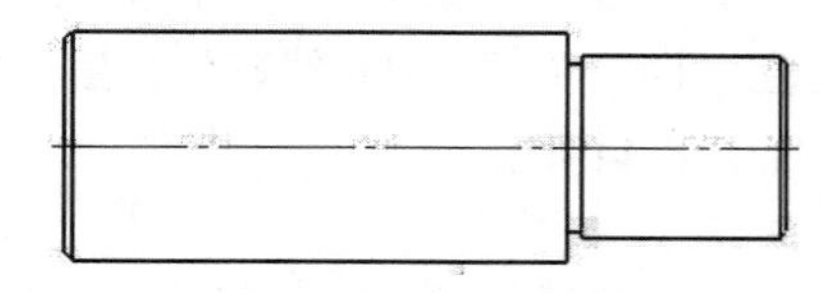

图6-51　轴倒角绘制完毕

（4）插入键槽

1 单击图标或执行“绘图”→“图库”→“插入图符”命令。

2 弹出“插入图符”对话框，如图6-52所示。在“zh-CN\键\平键\”中选取“GB/T 1096-2003 普通型平键–A型”，单击“下一步”按钮。

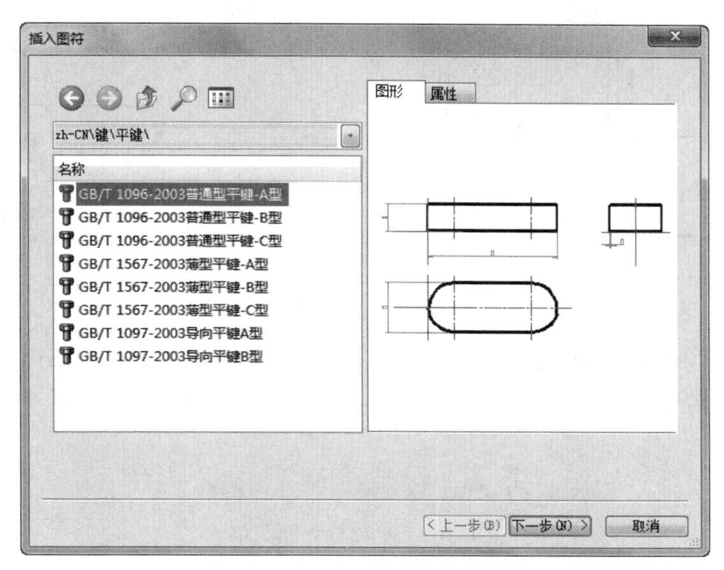

图6-52　“插入图符”对话框

3 弹出“图符预处理”对话框，“尺寸规则选择”中选取“b”值为“16”，单击该行对应的“L*”列，弹出“L*”数值的下拉框，选取“L*”值为“45”。在绘图显示区下方只选择视图2，如图6-53所示，单击“完成”按钮。

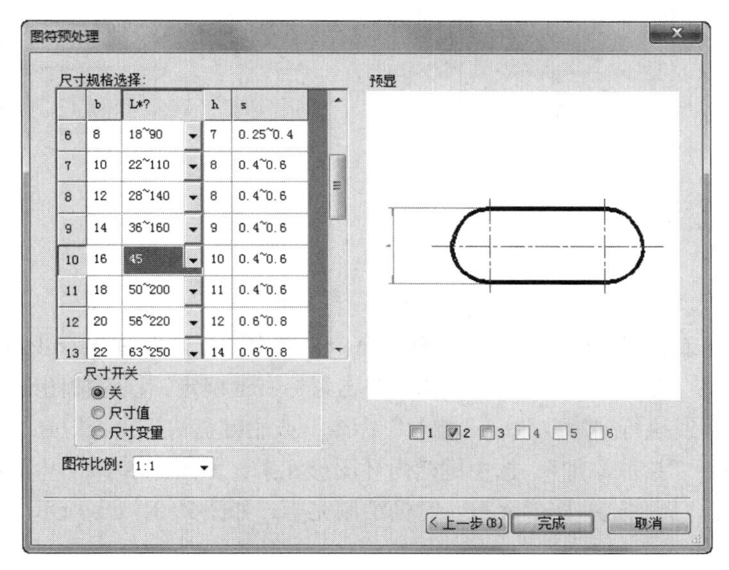

图6-53　“图符预处理”对话框

4 命令栏显示：“图符定位点”，将右下角的设置分别选择为“正交”和“智能”，如图6-54所示。

图6-54　切换捕捉方式

5 用鼠标拾取轴的纵向中点，如图6-55（a）所示，单击鼠标左键确定插入点，命令栏显示：“旋转角”，单击Enter键，确定旋转角度为0°，单击鼠标右键退出，如图6-55（b）所示。

6 单击图标或执行“修改”→“平移”命令，或用键盘输入命令move，弹出“平移”立即菜单。

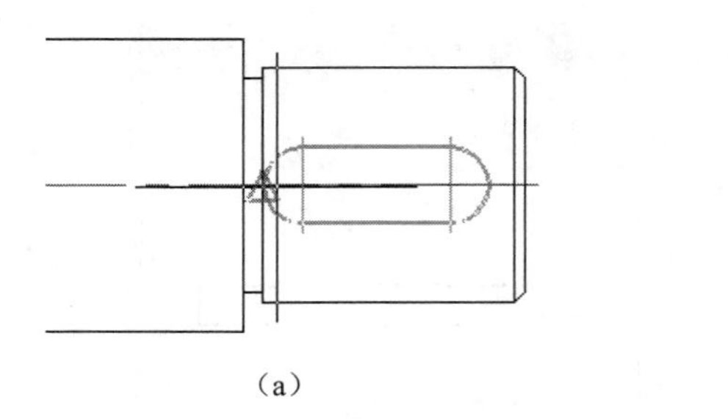
（a）

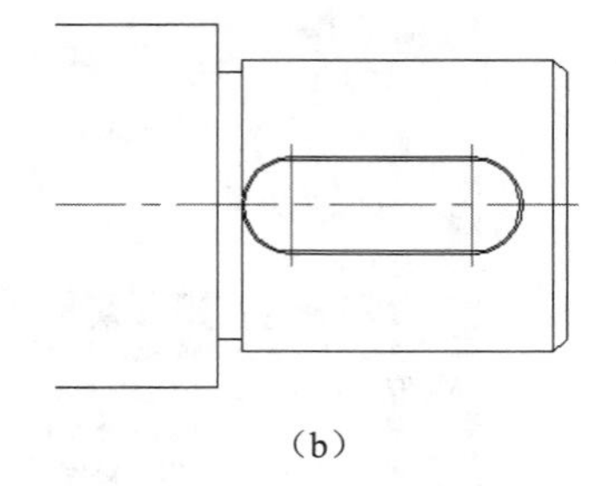
（b）

图6-55　绘制平键

7 设置立即菜单：在立即菜单1中选择“给定偏移”；有立即菜单2中选择“保持原态”；在立即菜单“3.旋转角”文本框中输入“0”；在立即菜单“4.比例”文本框中输入“1”，如图6-56所示。

1. 给定偏移　2. 保持原态　3.旋转角 0　4.比例: 1

图6-56　“平移”立即菜单

8 根据命令栏提示拾取键槽，单击鼠标右键确定。命令栏显示：“*X*或*Y*方向偏移量”，将光标延*X*轴方向移动到原图右侧，如图6-57（a）所示，并输入3，单击鼠标右键确定。键槽延*X*轴方向向右移动3mm，如图6-57（b）所示。

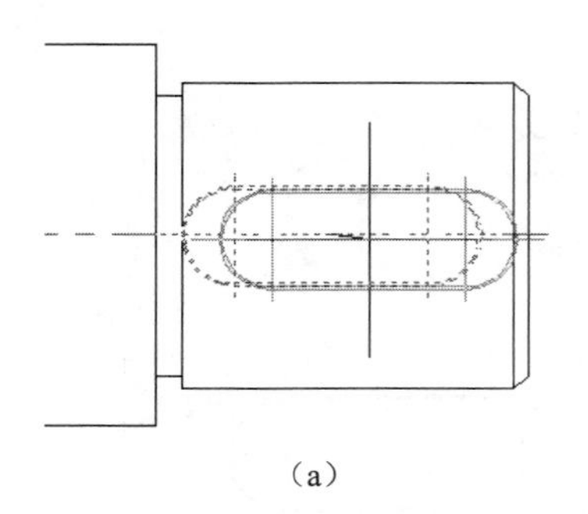
（a）

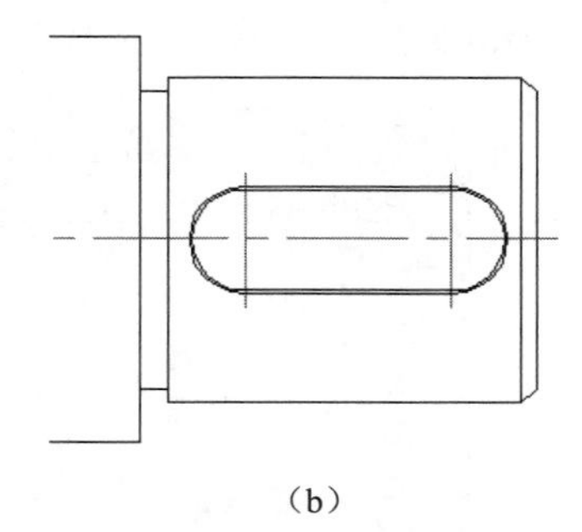
（b）

图6-57　平移平键

9 单击图标或执行“修改”→“分解”命令，或用键盘输入命令Explode。

10 命令栏显示：“拾取元素”，选中键槽，单击鼠标右键确定，该键槽图形被打散。

11 单击图标或执行“修改”→“删除”命令，或用键盘输入命令Erase。

12 命令栏显示：“拾取添加”，选中键槽内环图形元素，如图6-58（a）中的虚线部分，单击鼠标右键确定，删除这些图形元素。键槽绘制完毕，如图6-58（b）所示。

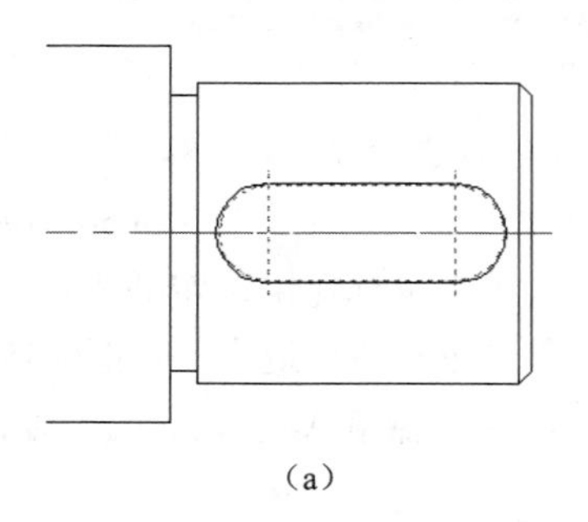
（a）

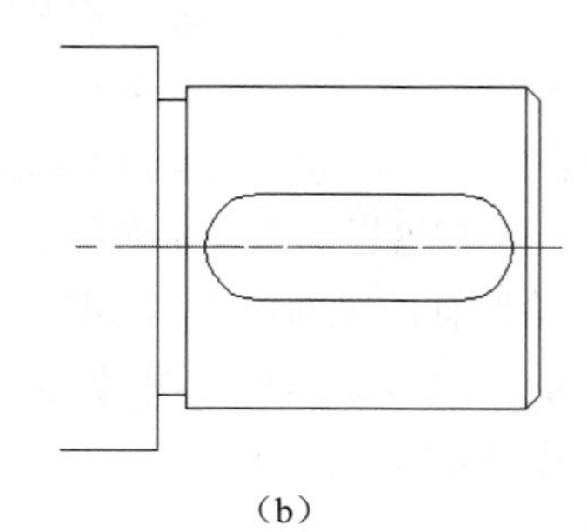
（b）

图6-58　修改键槽

（5）孔的局部剖视图

1. 单击图标或执行“绘图”→“平行线”命令，或键盘输入命令ll，弹出平行线立即菜单。
2. 设置立即菜单：在立即菜单1中选取“偏移方式”；在立即菜单2中选取“单向”，如图6-59所示。
3. 按照命令提示栏提示拾取图6-60中虚线表示的直线，并将光标移至该线左侧。

1. 偏移方式　2. 单向

图6-59　“平行线”立即菜单

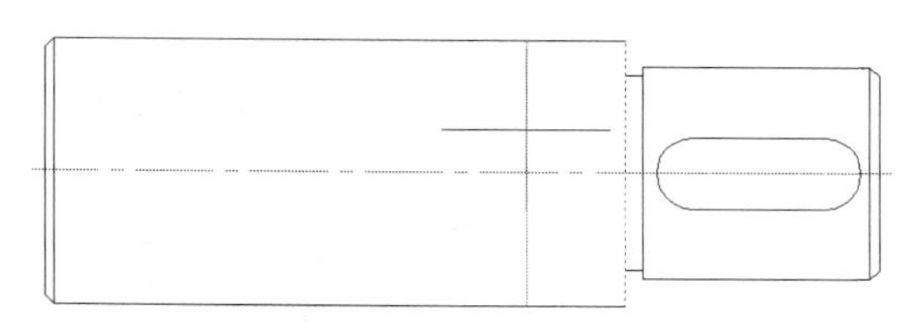

图6-60　孔右轮廓线绘制

4. 命令栏显示：“输入距离或指定点（切点）”，输入“54”，得到一条延*X*轴负向距原直线54mm、长度相同的直线，即孔的一条轮廓线。用同样的方法继续输入“74”，得到孔的另一条轮廓线，如图6-61所示，单击鼠标右键退出平行线命令。
5. 单击图标或执行“绘图”→“中心线”命令，或用键盘输入命令centerl，弹出“中心线”立即菜单。
6. 设置立即菜单：在立即菜单“4.延伸长度”中输入“3”，即中心线超出轮廓线3mm。按照命令提示栏提示拾取孔的两条轮廓线，单击鼠标右键确定，如图6-62所示。

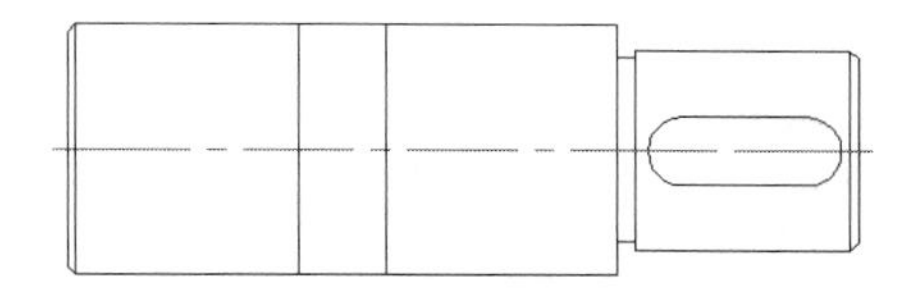

图6-61　孔左轮廓线绘制

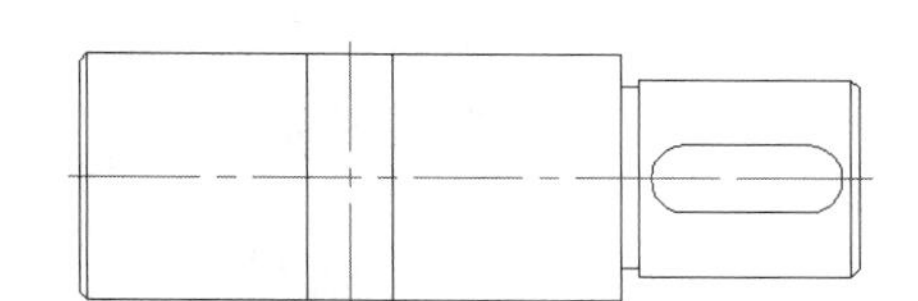

图6-62　孔中心线绘制

（6）绘制孔的剖面线

1. 单击图标或执行“绘图”→“波浪线”命令，或用键盘输入命令wavel，弹出“波浪线”立即菜单。
2. 设置立即菜单：立即菜单“1.波峰”设置为“2”，将“屏幕点”设置为“导航”。按照命令栏提示拾取波浪线的起始点，利用“导航”功能，以孔的轮廓线和轴的轮廓线的交点为定位点，确保起始点在轴的轮廓线上可以形成封闭区域，用同样的方法拾取波浪线的终止点，单击鼠标右键确定，绘制出一条局部剖视图的分界线。再用同样的方法绘制另一条波浪线。绘制结果如图6-63所示。

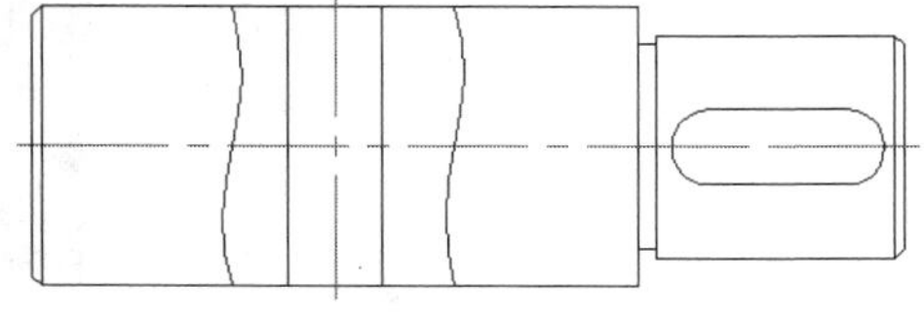

图6-63　波浪线绘制

3. 单击图标或执行“绘图”→“剖面线”命令，或用键盘输入命令hatch，弹出“剖面线”立即菜单。
4. 设置立即菜单：将立即菜单1设置为“拾取点”；将立即菜单2设置为“不选择剖面图案”；将立即菜单“4.比例”设置为“3”；将立即菜单“5.角度”设置为“135”；将立即菜单“6.间距错开”设置为“0”，如图6-64所示。

图6-64 “剖面线”立即菜单

5 按照命令栏提示连续选取需要绘制剖面线图形的环内点，全部选取结束后单击鼠标右键退出，如图6-65所示。

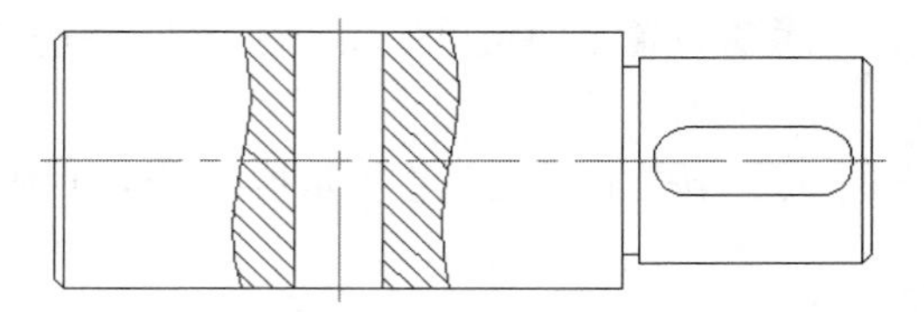

图6-65 剖面线绘制

（7）绘制断面图

1 单击图标或执行“绘图”→“图库”→“插入图符”命令。

2 弹出“插入图符”对话框，如图6-66所示。在“zh-CN\常用图形\常用剖面图\”中选取“轴截面”，单击“下一步”按钮。

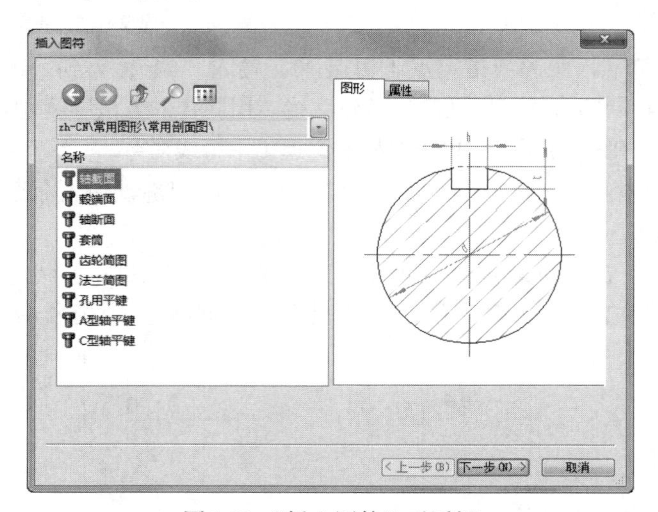

图6-66 “插入图符”对话框

3 弹出“图符预处理”对话框，如图6-67所示。“尺寸规格选择”中单击b=16行的左端，选中该行。单击该行对应的d列，修改数值为“48”，单击“完成”按钮。

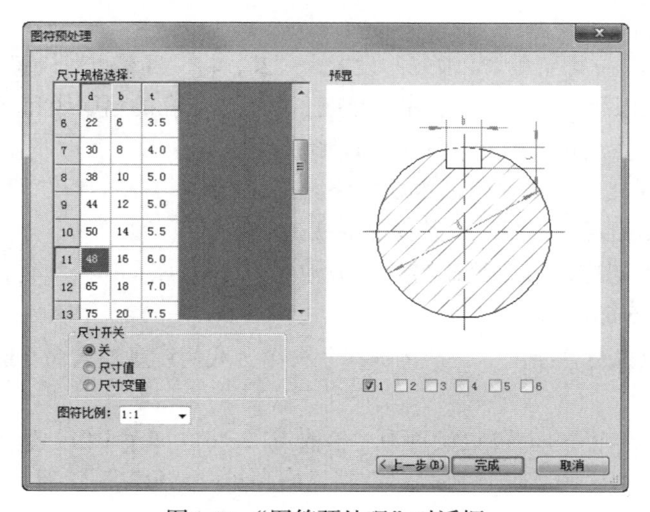

图6-67 “图符预处理”对话框

4 命令栏显示：“图符定位点”，在主视图中键槽对应位置的下方选取一点，并按命令栏提示输入旋转角度“-90”，单击鼠标左键确定，再单击鼠标右键退出。断面图绘制完毕，如图6-68所示。

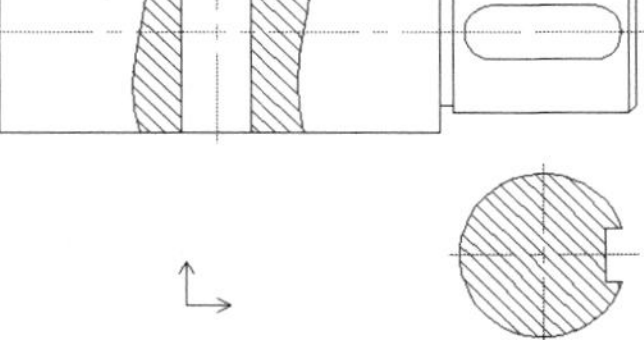

图6-68　断面图绘制

6.5　上机操作

1．从图库中调用下面的标准螺母并对其进行相应的操作，如图6–69所示。

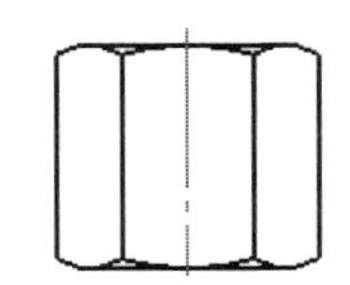

图6-69　标准螺母

操作提示

（1）执行“块分解”命令。

（2）进行相应的编辑，将中心线缩短，并将所有的线条改为细实线。

（3）再执行“块创建”命令重新生成块。

> **注意**
>
> 此螺母为图符大类“螺母”、图符小类“六角螺母”中的“GB56-1988 六角厚螺母”的第一个视图。

2．从图库中调用图6–70（a）所示的标准螺栓并对其进行相应的操作，使其结果如图6–70（b）所示。

操作提示

（1）执行“驱动图符”命令，对其尺寸进行适当的改变（长度由50变为30）。

（2）执行“块编辑”命令。

（3）编辑调整尺寸线的位置。

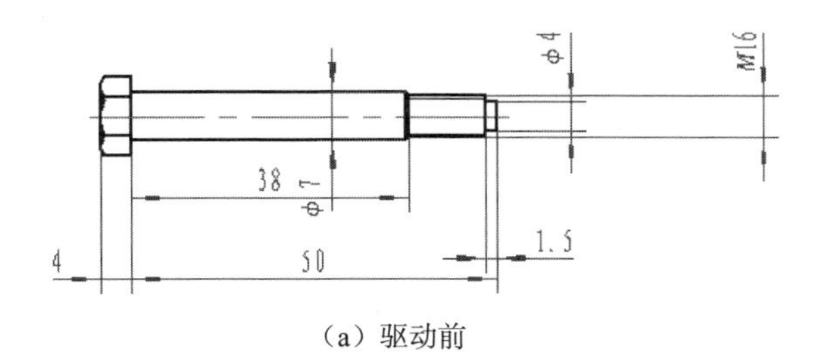

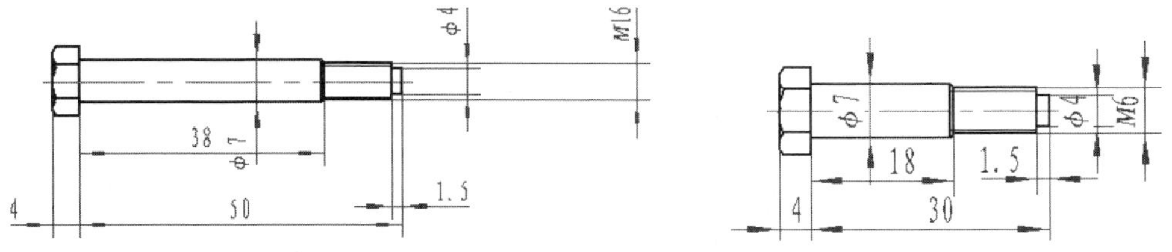

（a）驱动前　　（b）驱动后

图6-70　标准螺栓

> **注意**
>
> 此螺母为图符大类“螺栓和螺柱”、图符小类“六角头螺栓”中的“GB27-1988 六角头铰制孔用螺栓 -A 级”的第一个视图。

6.6　思考与练习

1．从图库中调用一个标准件，试用块操作的命令。

（1）先执行“块分解”命令、再执行“块创建”命令重新生成块。

（2）在绘图区绘制任意图形，用标准件的块来练习“块消隐”命令。

2．将如图6-71所示的图形——电阻定义成固定图符存入图形库中。

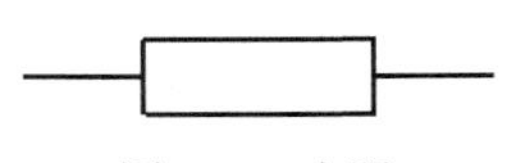

图6-71　电阻

第7章　工程标注与标注编辑

电子图板依据《机械制图国家标准》提供了对工程图进行尺寸标注、文字标注和工程符号标注的一整套方法，是绘制工程图样十分重要的手段和组成部分。本章主要介绍CAXA CAD电子图板工程标注的方法和标注编辑的手段。

7.1　尺寸标注

“尺寸标注”是进行尺寸标注的主体命令，尺寸类型与形式有很多，本系统在命令执行过程中提供了智能判别功能。

（1）根据拾取的元素不同，自动标注相应的线性尺寸、直径尺寸、半径尺寸或角度尺寸。

（2）根据立即菜单的条件，选择基本尺寸、基准尺寸、连续尺寸、尺寸线方向。

（3）尺寸文字可以采用拖动定位。

（4）尺寸数值可以采用测量值，也可以直接输入。

【执行方式】

- 命令行：dim
- 菜单：“标注”→“尺寸标注”→“尺寸标注”
- 工具栏：“标注”工具栏→

【选项说明】

启动“尺寸标注”命令后，在屏幕左下角出现“尺寸标注”立即菜单，如图7-1所示，在立即菜单1中可以选择不同的尺寸标注方式。

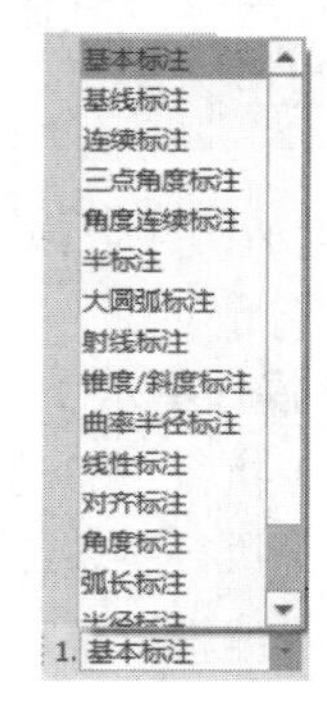

图7-1　“尺寸标注”立即菜单

7.1.1　基本标注

基本标注是对尺寸进行标注的基本方法。CAXA CAD电子图板具有智能尺寸标注功能，系统能够根据拾取智能地判断出所需要的尺寸标注类型，然后实时地在屏幕上显示出来，此时可以根据需要来确定最后的标注形式与定位点。系统根据鼠标拾取的对象来进行不同的尺寸标注。

1．单个元素的标注

【例7-1】对图7-2中的直线进行基本尺寸标注。

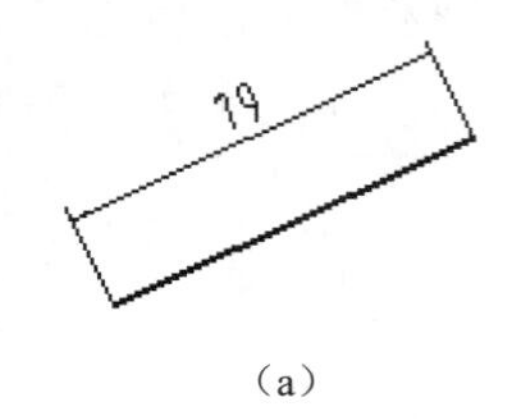

（a）

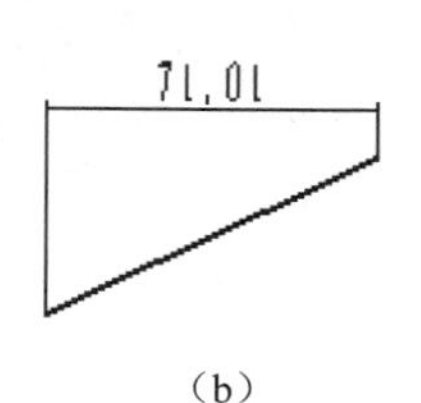

（b）

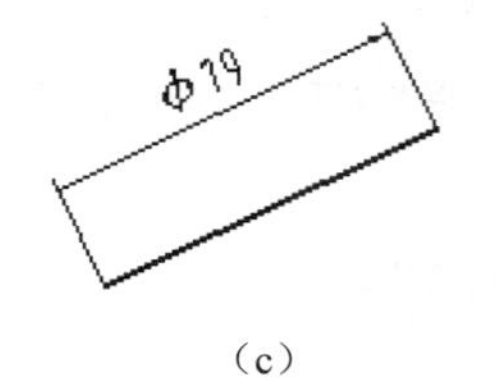

（c）

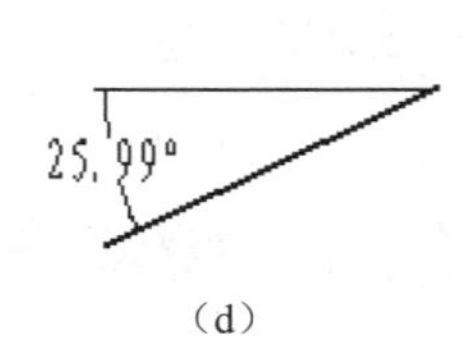

（d）

图7-2　直线标注

【操作步骤】

1 打开素材中的“初始文件”→7 →“例7-1”文件，启动“尺寸标注”命令后，在立即菜单1中选择“基本标注”方式。

2 根据系统提示拾取要标注的直线，弹出“直线标注”立即菜单，如图7-3所示。

3 通过选择不同的立即菜单选项，可标注直线的长度、直径和与坐标轴的夹角。

4 当在立即菜单2中选择“文字平行”，在立即菜单3中选择“标注长度”，在立即菜单4中选择“长度”，在立即菜单5中选择“平行”时（如图7-3所示），标注结果如图7-2（a）所示。

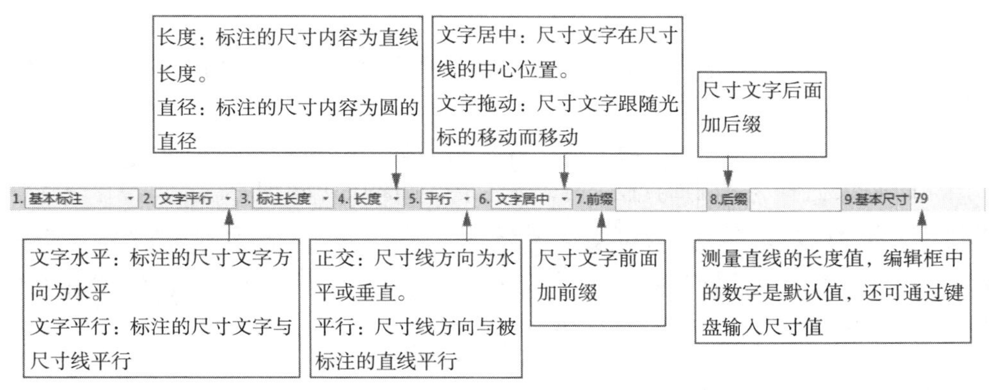

图7-3 “直线标注”立即菜单

5 当在立即菜单2中选择“文字平行”，在立即菜单3中选择“标注长度”，在立即菜单4中选择“长度”，在立即菜单5中选择“正交”时，标注结果如图7-2（b）所示。

6 当在立即菜单2中选择“文字平行”，在立即菜单3中选择“标注长度”，在立即菜单4中选择“直径”，在立即菜单5中选择“平行”时，标注结果如图7-2（c）所示。

7 当在立即菜单3中选择“标注角度”，在立即菜单4中选择“X轴夹角”，在立即菜单5中选择“度”时，如图7-4所示，标注结果如图7-2（d）所示。

图7-4 “直线标注”立即菜单

【例7-2】对图7-5中的圆进行基本尺寸标注。

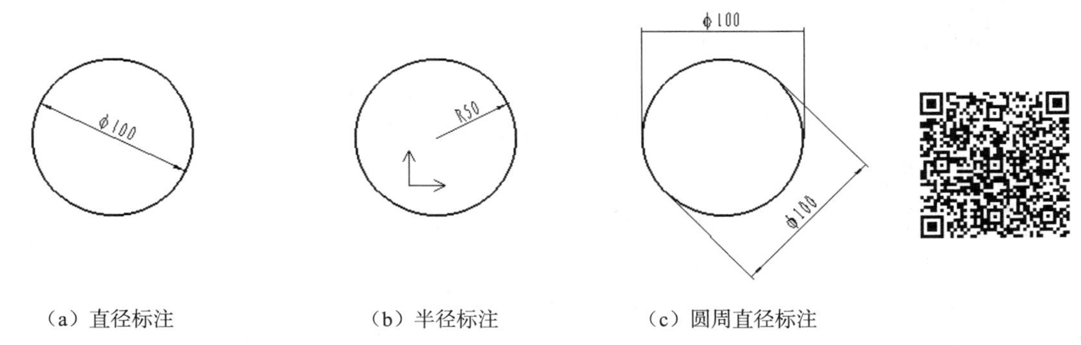

（a）直径标注　（b）半径标注　（c）圆周直径标注

图7-5 圆的基本尺寸标注

【操作步骤】

1 打开素材中的“初始文件”→7→“例7-2”文件，启动“尺寸标注”命令后，在立即菜单1中选择“基本标注”方式。

2 根据系统提示拾取要标注的圆，弹出“圆标注”立即菜单。

3 通过对立即菜单3的选择，可标注圆的直径、半径及圆周直径，如图7-6所示。

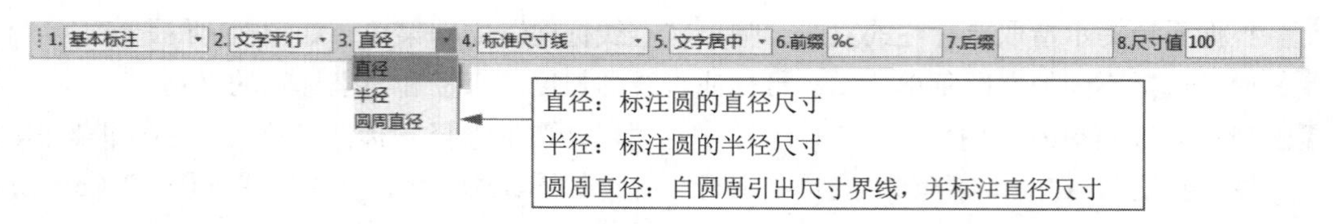

图7-6 “圆标注”立即菜单

4 当立即菜单3选择为“直径”时，立即菜单4选择为“文字居中”时，标注结果如图7-5（a）所示。

5 当立即菜单3选择为“半径”时，标注结果如图7-5（b）所示。

6 当立即菜单3选择为“圆周直径”时，标注结果如图7-5（c）所示。

注意

在标注“直径”或“圆周直径”时，尺寸数值前自动带前缀“ϕ”，在标注“半径”时，尺寸数值前自动带前缀“R”。

【例7-3】对图7-7中的圆弧进行基本尺寸标注。

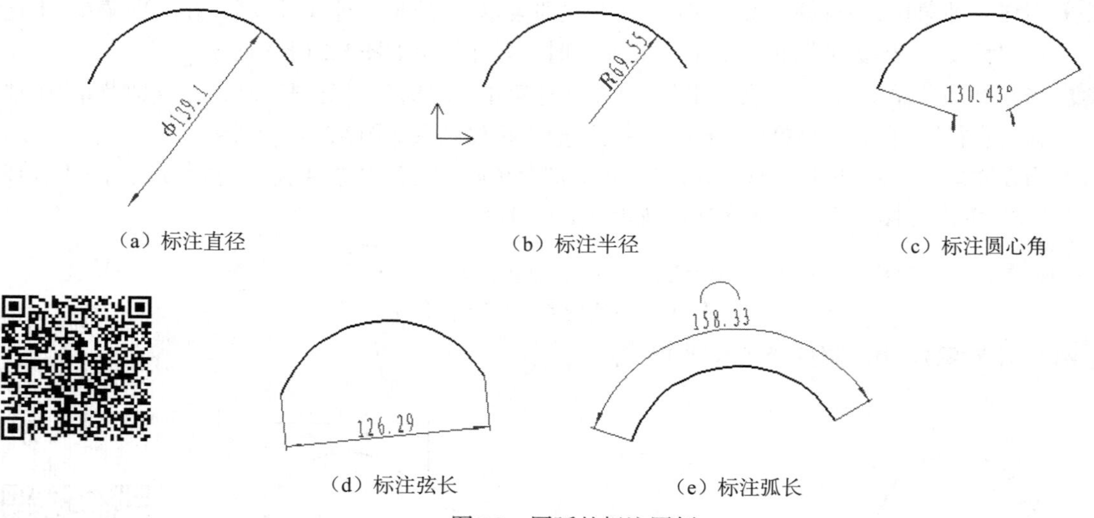

（a）标注直径　（b）标注半径　（c）标注圆心角

（d）标注弦长　（e）标注弧长

图7-7　圆弧的标注图例

【操作步骤】

1 打开素材中的“初始文件”→7→“例7-3”文件，启动“尺寸标注”命令后，在立即菜单1中选择“基本标注”方式。

2 根据系统提示拾取要标注的圆弧，弹出“圆弧标注”立即菜单。

3 通过对立即菜单2的选择，可标注圆弧的半径、直径、圆心角及弦长、弧长，如图7-8所示。

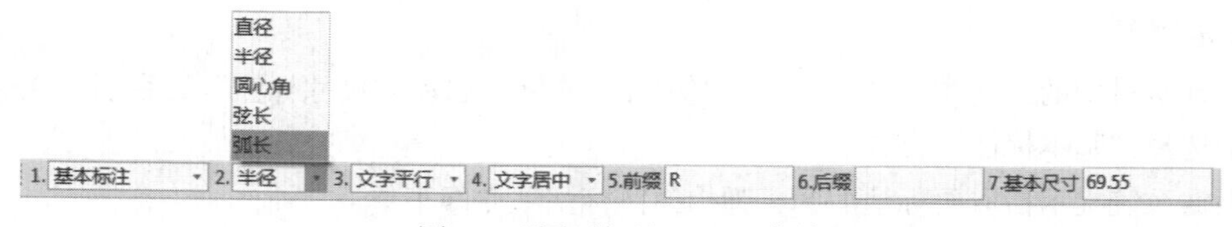

图7-8 “圆弧标注”立即菜单

4 当立即菜单2选择“直径”，立即菜单3选择“文字水平”，立即菜单4选择“文字居中”时，标注结果如图7-7（a）所示。

5 当立即菜单2选择“半径”时，标注结果如图7-7（b）所示。

6 当立即菜单2选择“圆心角”时，标注结果如图7-7（c）所示。

7 当立即菜单2选择“弦长”时，标注结果如图7-7（d）所示。

8 当立即菜单2选择“弧长”时，标注结果如图7-7（e）所示。

> **注意**
>
> 在标注圆弧“直径”时，尺寸数值前自动带前缀“ϕ”，在标注圆弧“半径”时，尺寸数值前自动带前缀“R”。

2．两个元素的标注

【例7-4】对图7-9中的两点间距离进行基本标注。

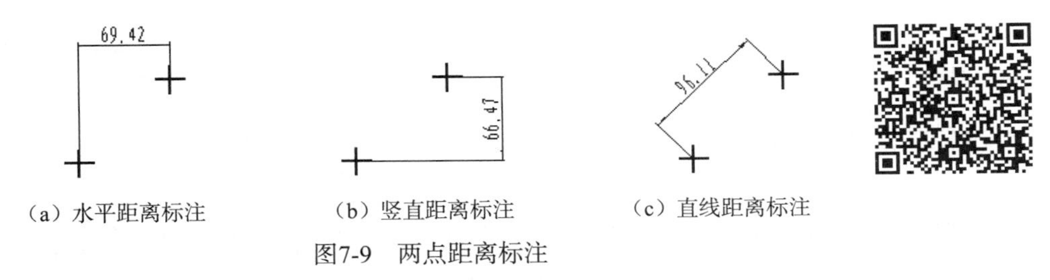

（a）水平距离标注　　（b）竖直距离标注　　（c）直线距离标注

图7-9　两点距离标注

【操作步骤】

1 打开素材中的“初始文件”→7 →“例7-4”文件，启动“尺寸标注”命令后，在立即菜单1中选择“基本标注”方式。

2 根据系统提示分别拾取第一点和第二点（屏幕点、孤立点或各种控制点如端点、中点等），弹出“两点标注”立即菜单，如图7-10所示。

图7-10　“两点标注”立即菜单

3 通过对立即菜单4中“正交”与“平行”的切换，即可标注两点之间的水平距离、竖直距离和两点间的直线距离，标注结果如图7-9所示。

80.94

图7-11　点与直线的距离标注

【例7-5】对图7-11中的点和直线间距离进行基本标注。

【操作步骤】

1 打开素材中的“初始文件”→7 →“例7-5”文件，启动“尺寸标注”命令后，在立即菜单1中选择“基本标注”方式。

2 根据系统提示分别拾取点和直线（直线和点的拾取无先后顺序），弹出“点和直线标注”立即菜单，如图7-12所示。

图7-12　“点和直线标注”立即菜单

3 通过对立即菜单的选择，即可标注点与直线之间的距离，标注结果如图7-11所示。

【例7-6】对图7-13中的点和圆心（或点和圆弧中心）间距离进行基本标注。

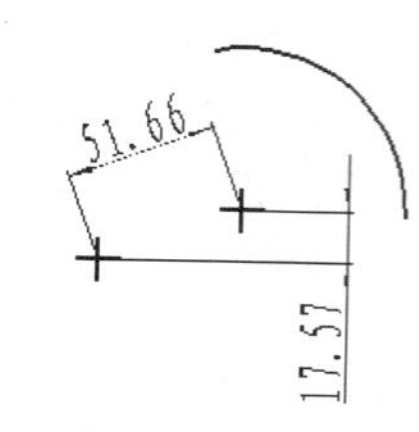

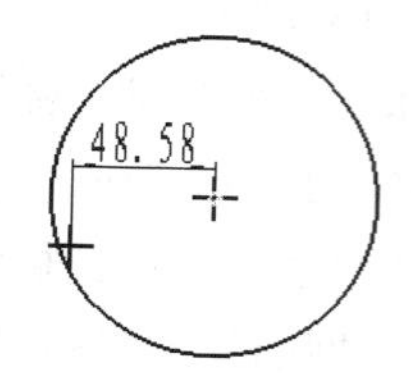

图7-13　点与圆心（圆弧中心）的距离标注

【操作步骤】

1. 打开素材中的“初始文件”→7→“例7-6”文件，启动“尺寸标注”命令后，在立即菜单1中选择“基本标注”方式。
2. 根据系统提示分别拾取点和圆（或圆弧），标注点到圆心的距离，弹出“点和圆心标注”立即菜单，如图7-14所示。

图7-14　“点和圆心标注”立即菜单

3. 通过对立即菜单的选择，即可标注点与圆心（或圆弧中心）之间的距离，标注结果如图7-13所示。

注意

如果先拾取点，则点可以是任意点[屏幕点、孤立点或各种控制点（端点、中点等）]；如果先拾取圆（或圆弧），则点不能是屏幕点。

【例7-7】对图7-15中的圆和圆（或圆和圆弧、圆弧和圆弧）间距离进行基本标注。

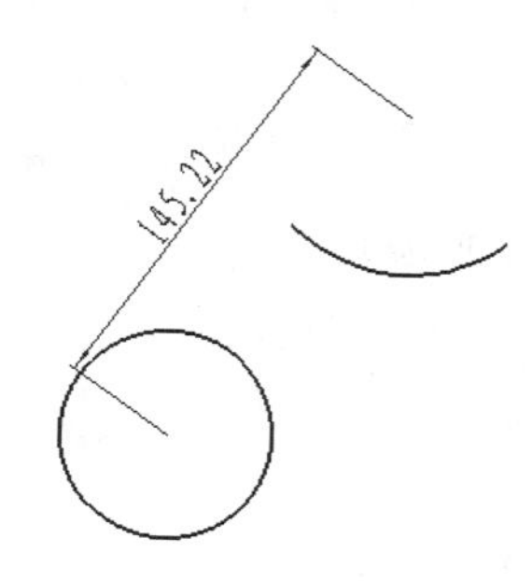

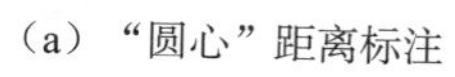
（a）“圆心”距离标注

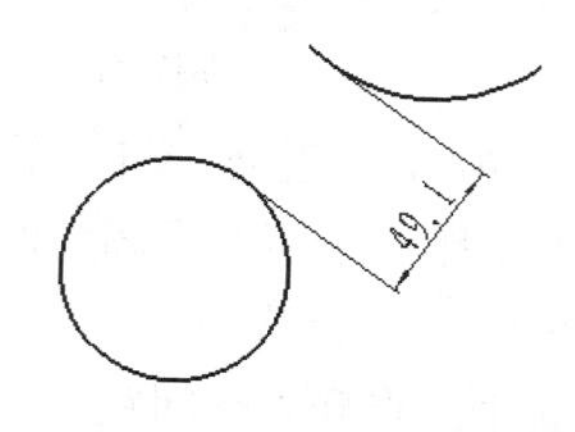

（b）“切点”距离标注

图7-15　圆与圆弧距离的标注

【操作步骤】

1. 打开素材中的“初始文件”→7→“例7-7”文件，启动“尺寸标注”命令后，在立即菜单1中选择“基本标注”方式。
2. 根据系统提示分别拾取圆（或圆弧），弹出“圆与圆弧距离标注”立即菜单，如图7-16所示。
3. 若在立即菜单4中选择“圆心”，则标注的是两圆（圆弧）中心的距离，结果如图7-15（a）所示。

4 若在立即菜单4中选择“切点”，则标注的是两圆（圆弧）切点之间的距离，结果如图7-15（b）所示。

1. 基本标注　2. 文字平行　3. 文字居中　4. 圆心　5. 平行　6.前缀　7.后缀　8.尺寸值 145.22

圆心：指标注圆心到直线的最短或垂直距离。
切点：指标注圆的切点与直线的距离

图7-16 “两圆（或圆弧）距离标注”立即菜单

【例7-8】对图7-17中的直线和圆（或圆弧）进行基本标注。

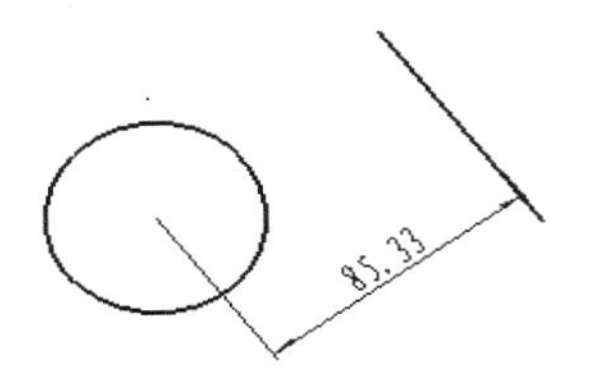

（a）“圆心”距离标注

（b）“切点”距离标注

图7-17　直线与圆弧距离的标注

【操作步骤】

1 打开素材中的“初始文件”→7→“例7-8”文件，启动“尺寸标注”命令后，在立即菜单1中选择“基本标注”方式。

2 根据系统提示分别拾取直线和圆（或圆弧），弹出立即菜单，如图7-18所示。

3 若在立即菜单3中选择“圆心”，则标注的是直线与圆（圆弧）中心之间的距离，结果如图7-17（a）所示。

4 若在立即菜单3中选择“切点”，则标注的是直线与圆（圆弧）切点之间的距离，结果如图7-17（b）所示。

1. 基本标注　2. 文字平行　3. 圆心　4. 文字居中　5.前缀　6.后缀　7.尺寸值 85.33

图7-18 “直线与圆（圆弧）距离标注”立即菜单

【例7-9】对图7-19中的直线和直线进行基本标注。

【操作步骤】

1 打开素材中的“初始文件”→7→“例7-9”文件，启动“尺寸标注”命令后，在立即菜单1中选择“基本标注”方式。

（a）平行直线的标注

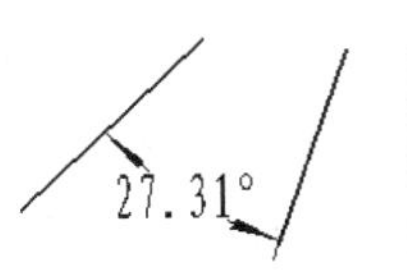

（b）不平行直线的标注

图7-19　直线和直线的标注

2 根据系统提示分别拾取两条直线。

3 若拾取的两直线平行，则系统弹出图7-20所示的立即菜单，标注两直线的距离，结果如图7-19（a）所示。

1. 基本标注　2. 文字平行　3. 长度　4. 文字居中　5.前缀　6.后缀　7.基本尺寸 16

图7-20 “两平行直线标注”立即菜单

4 若拾取的两直线不平行，则系统弹出如图7-21所示的立即菜单，标注两直线的夹角，结果如图7-19（b）所示。

1.基本标注 2.默认位置 3.文字水平 4.度 5.文字居中 6.前缀 7.后缀 8.基本尺寸 27.31%d

图7-21 “两不平行直线标注”立即菜单

7.1.2 尺寸公差标注

拾取所要标注的图素（线、圆等）后，单击鼠标右键即可弹出图7-22所示的“尺寸标注属性设置”对话框。在此对话框内，用户可以任意改变它们的值，并根据需要填写公差代号和尺寸前、后缀。用户还可以改变公差的输入、输出形式（代号、数值），以满足不同的标注需求。

图7-22 “尺寸标注属性设置”对话框

“尺寸标注属性设置”对话框各项含义如下所示。

- 基本尺寸：默认为实际测量值，可以输入数值。
- 前缀、后缀：输入尺寸值前后的符号，如“2-ϕ10”等。
- 附注：方便填写“沉孔”“配作”等信息。
- 标注风格：有系统自带的两种标注风格，标准和机械；也可以单击右边的“标注风格”按钮，在弹出的“标注风格”对话框中新建、编辑标注风格。
- 箭头反向：选中此复选框可以设置箭头反向。
- 文字边框：选中此复选框可以设置文字带边框。
- 输入形式：有4种，代号、偏差、配合和对称。当输入形式为代号时，系统自动根据公差代号文本框中的公差代号，计算出上、下偏差值并显示在上、下偏差的显示框中。
- 上偏差、下偏差：当输入形式为代号时，可以在这两个文本框中显示系统自动根据公差代号查询出的上、下偏差值；当输入形式为偏差时，可以由用户在上、下偏差的文本框中输入上、下偏差的值；当输入形式为对称时，可以由用户在上偏差的文本框中输入上偏差的值，上、下偏差的值一致。
- 公差代号：当输入形式为代号时，可以在此文本框中输入公差代号，如k7、H8等，系统自动根据公差代号计算出上、下偏差值并显示在上、下偏差的显示框中；当输入形式为偏差时，可以由用户在上、下偏差的文本框中输入上、下偏差的值；当输入形式为配合时，在公差代号的文本框中可以输入配合的符号，如H7、k6等。
- 输出形式：有5种，代号、偏差、(偏差)、代号（偏差）、极限尺寸。当输出形式为代号时，标注公差代号，如k7、H8等；当输出形式为偏差时，标注上、下偏差的值；当输出形式为

（偏差）时，标注带括号的上、下偏差值；当输出形式为代号（偏差）时，同时标注代号和上、下偏差的值。当输出形式为极限偏差时，输入形式中输入代号后，将自动在上下偏差一栏中生成极限尺寸。

立即菜单法

用户也可以在立即菜单中用输入前缀和后缀特殊符号的方式标注公差。

- 直径符号：用符号“%c”表示。例如，输入“%c40”，则标注为“ϕ40”。
- 角度符号：用符号“%d”表示。例如，输入“40%d”，则标注为“40°”。
- 公差符号：用符号“%p”表示。例如，输入“40%p0.5”，则标注为“40±0.5”。

上、下偏差值格式为：“%”加上偏差值加“%”再加上下偏差值加“%b”。偏差值必须带符号，偏差为零时省略，系统自动把偏差值的字高选为比尺寸值字高小一号，并且自动判别上、下偏差，自动判别其书写位置，使标注格式符号国家标准的规定，例如，输入“100%+0.02%　0.01%b”时，则标注为“$100^{+0.02}_{-0.01}$”。

上下偏差值后的后缀为“%b”，系统自动把后续的字符高度恢复为尺寸值的字高来标注。

7.1.3　基准标注

基准标注是指以已知尺寸边界或已知点为基准标注其他尺寸。

【例7-10】标注轴承座，如图7-23所示。

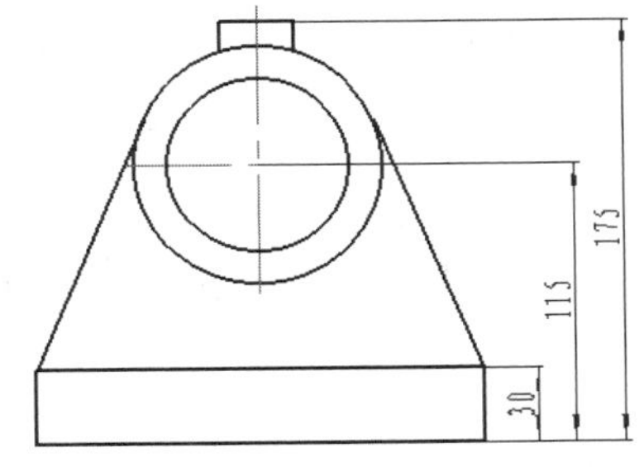

图7-23　轴承座主视图纵向尺寸标注

【操作步骤】

1. 打开素材中的“初始文件”→7→“例7-10”文件，启动“尺寸标注”命令后，在立即菜单1中选择“基准标注”方式。
2. 系统提示区提示“拾取线性尺寸或第一引出点”，此时用鼠标左键单击图7-23中最下方水平线上的点。
3. 系统提示区提示“拾取第二引出点”，此时用鼠标左键单击图7-23中底座上平面的水平线上的点。系统提示区提示“尺寸线位置”，拖动鼠标向右确定尺寸标注位置后单击左键完成第一个尺寸（图7-23中标有“30”的尺寸）的标注。
4. 系统提示区提示“拾取第一引出点”，此时用鼠标左键单击图7-23中圆心点完成圆心的定位尺寸的标注（图7-23中标有“115”的尺寸）。
5. 系统又提示“拾取第二引出点”，此时用鼠标左键单击图7-23中最上方的圆柱平台面上的点完成上平面的定位尺寸的标注（图7-23中标有“175”的尺寸）。

完成轴承座的各个基本图形的纵向尺寸的标注。

7.1.4　连续标注

连续标注是指将前一个生成的尺寸作为下一个尺寸的基准。

【例7-11】连续标注图7-24所示的图形。

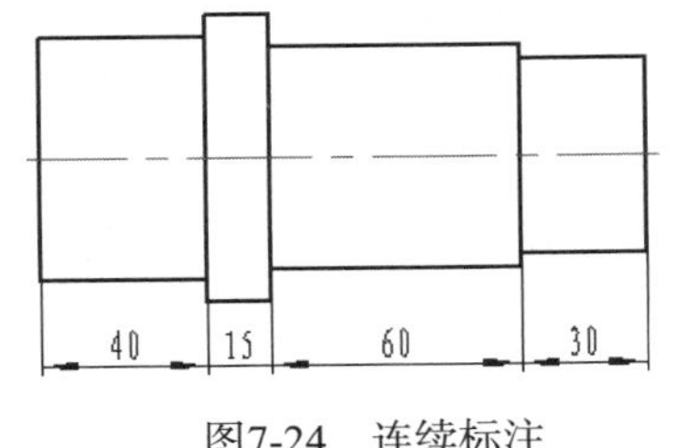

图7-24　连续标注

【操作步骤】

1 打开素材中的“初始文件”→7→“例7-11”文件，在立即菜单中选择“连续标注”方式。

2 提示区提示“拾取线性尺寸或第一个引出点”，鼠标左键单击图形最左边垂线上的点。

3 提示区提示“拾取第二个引出点”，鼠标左键单击第一个要标注的40mm尺寸垂线上的点。

4 提示区提示“尺寸线位置”，此时用户拖动鼠标将尺寸显示到合适的位置。

5 提示区提示“拾取第二引出点”，按照步骤3和步骤4依次标注尺寸15mm、60mm和30mm。

7.1.5 三点角度标注

角度尺寸标注两直线之间的夹角，通过拖动确定角度是小于180°还是大于180°。其尺寸界线交汇于角度顶点，其尺寸线为以角度顶点为圆心的圆弧，其两端带箭头，角度尺寸数值单位为度。

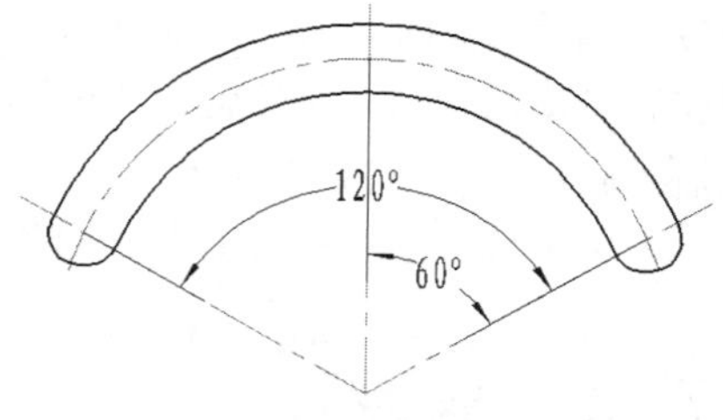

图7-25　三点角度标注

【例7-12】用“三点角度”功能标注图7-25所示的圆心角。

【操作步骤】

1 打开素材中的“初始文件”→7→“例7-12”文件，在立即菜单中选择“三点角度标注”方式，如图7-26所示。

1. 三点角度标注　2. 文字水平　3. 度　4. 文字居中　5.前缀　6.后缀　7.基本尺寸

图7-26　“三点角度标注”立即菜单

2 在图形上分别按照系统提示用鼠标左键单击对称轴的最低点、左边半圆的圆心和右边半圆的圆心。

3 选择尺寸的适当位置单击鼠标左键即可完成图7-25所示的120°角的标注。同样方法，完成60°角的标注。标注的结果如图7-25所示。

7.1.6 角度连续标注

角度连续标注功能只能进行角度的标注。

【例7-13】如图7-27所示，从右到左连续标注30°、60°、60°和30°这4个角度。

【操作步骤】

1 打开素材中的“初始文件”→7→“例7-13”文件，在立即菜单中选择“角度连续标注”方式。

2 鼠标左键单击立即菜单中的“顺时针”选项使其变为“逆时针”。

3 从右边开始按照逆时针的方向，鼠标左键分别单击标注角度的分界线，调整角度显示位置，依次完成各个角度的标注。标注的结果如图7-27所示。

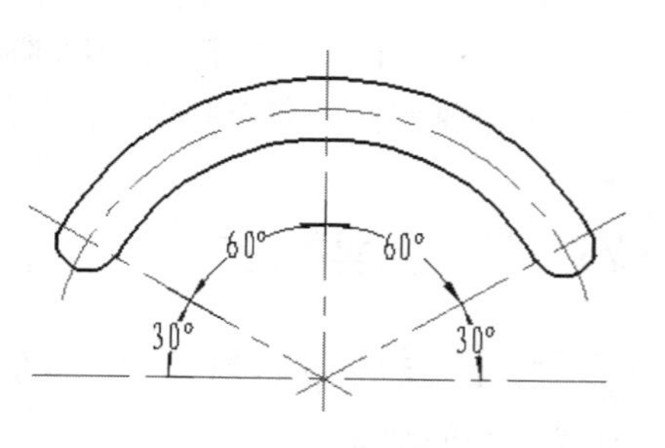

图7-27　角度连续标注

7.1.7 半标注

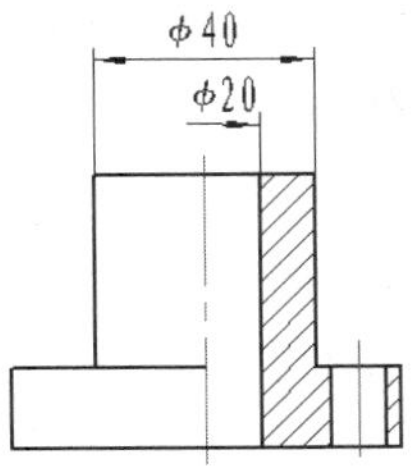

半标注功能用于只有一般尺寸线的标注。通常包括半剖视图尺寸标注等国标规定的尺寸标注。

【例7-14】用半标注的方法标注图7-28所示的套筒座直径为20mm的内径。

图7-28 半标注

【操作步骤】

1 打开素材中的“初始文件”→7→“例7-14”文件。鼠标左键单击“标注”工具栏中的“尺寸标注”按钮，在立即菜单中选择“半标注”方式，如图7-29所示。

图7-29 “半标注”立即菜单

2 提示区“拾取直线或第一点”，用鼠标左键拾取套筒座的纵向对称轴。

3 系统提示“拾取与第一条直线平行的直线或第二点”，拾取内孔的转向轮廓线。

4 系统提示“尺寸线位置”，确定尺寸线位置。用光标动态拖动尺寸线，在适当位置确定尺寸线位置后，即完成标注，如图7-28中长度为20的尺寸。

注意

半标注的尺寸界线引出点总是从第二次拾取元素上引出，尺寸线箭头指向尺寸界线。

7.1.8 大圆弧标注

大圆弧标注功能用于标注大圆弧。这是一种比较特殊的尺寸标注，在国标中对其尺寸标注也进行了相关规定。CAXA就是按照国标的规定进行标注的。

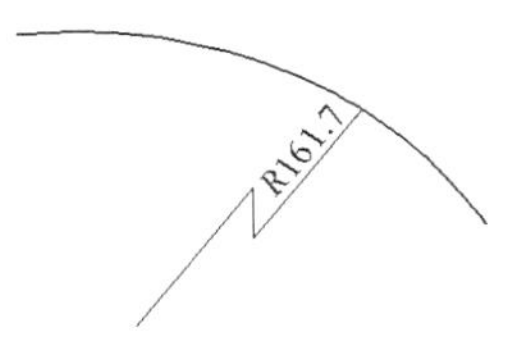

图7-30 大圆弧标注

【例7-15】标注图7-30所示的大圆弧。

【操作步骤】

1 打开素材中的“初始文件”→7 →“例7-15”文件，鼠标左键单击“标注”工具栏中的“尺寸标注”按钮，在立即菜单中选择“大圆弧标注”方式，如图7-31所示。

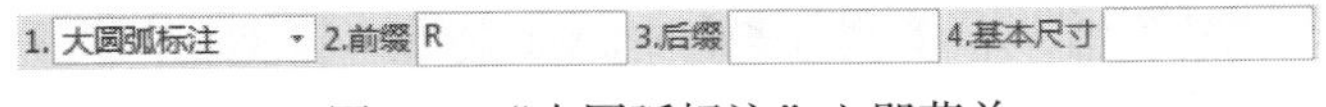

图7-31 “大圆弧标注”立即菜单

2 系统提示区提示“拾取圆弧”。鼠标左键单击圆弧线。拾取圆弧之后，圆弧的尺寸值显示在立即菜单中，也可以输入尺寸值和尺寸前缀符号。

3 依次按照系统提示区提示，在适当的位置上单击鼠标左键确定第一引出点、第二引出点和定位点后即完成大圆弧标注。标注的结果如图7-30所示。

7.1.9 射线标注

射线标注是指以射线形式标注两点距离。

【例7-16】对图7-32中的*A*、*B*两点，由*A*到*B*进行射线标注。

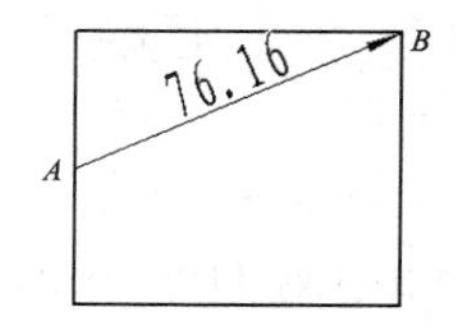

图7-32　射线标注

【操作步骤】

1. 打开素材中的“初始文件”→7→“例7-16”文件，在立即菜单中选择“射线标注”方式，如图7-33所示。
2. 系统提示“第一点”，用鼠标左键智能捕捉或单击*A*点作为第一点。
3. 系统提示“第二点”，用同样的方法拾取*B*点为第二点。
4. 出现标注箭头和尺寸，并弹出“射线标注”立即菜单。确定好尺寸值、选定好位置后，再单击鼠标左键确定尺寸标注。尺寸值默认为第一点到第二点的距离，即线段*AB*长度。用户也可以自行输入尺寸值。

图7-33　“射线标注”立即菜单

7.1.10　锥度标注

CAXA的锥度标注功能与其他CAD软件比较大大简化了标注过程。

【例7-17】标注图7-34（a）中两条边与水平底线轴的锥度和图7-34（b）中两条边与水平底线的斜度。

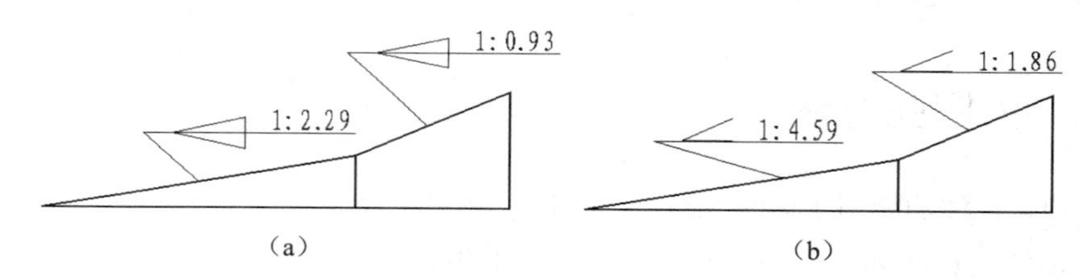

图7-34　锥度标注

【操作步骤】

1. 打开素材中的“初始文件”→7 →“例7-17”文件，在立即菜单中选择“锥度/斜度标注”方式，如图7-35所示。

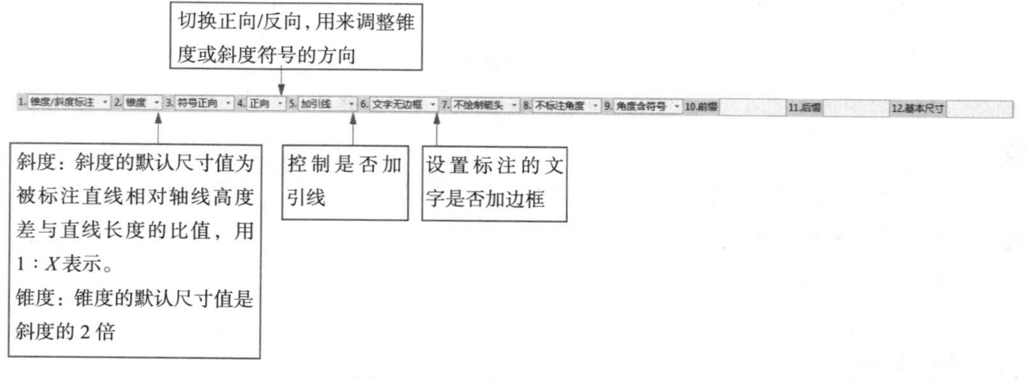

图7-35　“锥度标注”立即菜单

2. 系统提示“拾取轴线”，用鼠标左键在图形上单击水平底线轴作为基准线。

3 系统提示“拾取直线”，拾取需要标注的直线。此时在立即菜单中显示默认尺寸值，用户也可以自行输入尺寸值。

4 系统提示“定位点”，单击鼠标左键确定标注的位置，完成锥度标注。

5 系统会继续提示“拾取轴线”，继续在指定基准线的基础上标注另一条直线的锥度。标注结束后，单击鼠标右键结束此项操作。

6 在“锥度/斜度标注”立即菜单的第二项中选择“斜度”。以下操作及系统提示与步骤2~步骤5相同。但设定的是直线与作为基准线的轴线之间的斜度。图7-34（a）中的1:2.29和1:0.93是指定的两条边与水平底线轴的锥度；图7-34（b）中的1:4.59和1:1.86是指定的两条边与水平底线的斜度。

7.1.11　曲率半径标注

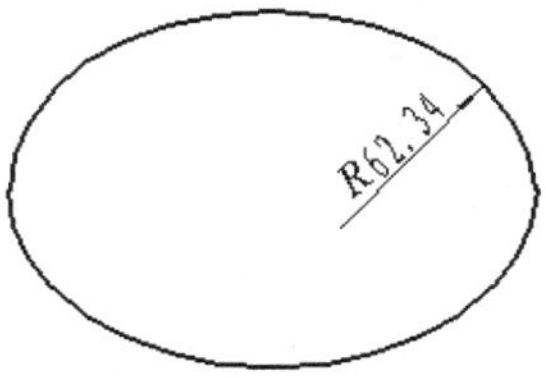

图7-36　曲率半径标注

曲率半径标注功能可标注样条的曲率半径。

【例7-18】标注图7-36中样条线的曲率半径。

【操作步骤】

1 打开素材中的“初始文件”→7 →“例7-18”文件，在立即菜单第1项中选择“曲率半径标注”；第2项中选择“文字水平”或“文字平行”；第3项中选择“文字居中”或“文字拖动”，如图7-37所示。

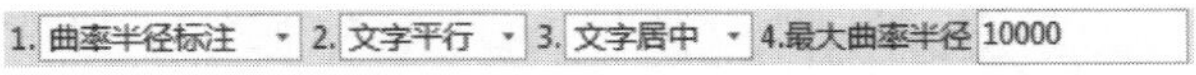

1. 曲率半径标注　2. 文字平行　3. 文字居中　4.最大曲率半径 10000

图7-37　“曲率半径标注”立即菜单

2 系统提示“拾取标注元素或点取第一点”，拾取需要标注的样条线。

3 系统提示“尺寸线位置”，移动鼠标确定标注线位置，单击鼠标左键确定，完成样条线曲率半径标注。

7.2　坐标标注

坐标标注功能主要用来标注原点、选定点或圆心（孔位）的坐标值。

【执行方式】

- 命令行：dimco
- 菜单：“标注”→“坐标标注”→“坐标标注”
- 工具栏：“标注”工具栏→

【选项说明】

启动“坐标标注”命令后，在屏幕左下角出现的立即菜单1中可以选择不同的标注方式，如图7-38所示。

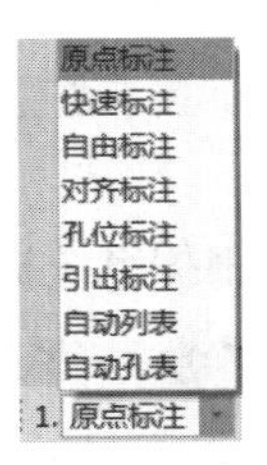

图7-38　“坐标标注”立即菜单

7.2.1　原点标注

原点标注功能可标注当前工作坐标系原点的X轴坐标值和Y轴坐

标值。

【操作步骤】

1 启动“坐标标注”命令后，在“坐标标注”立即菜单1中选择“原点标注”方式，出现“原点标注”立即菜单，如图7-39所示。

2 在立即菜单2中可以选择尺寸线双向或尺寸线单向，在立即菜单3中可以选择文字双向或文字单向，在立即菜单4和立即菜单5中分别输入X轴偏移、Y轴偏移。

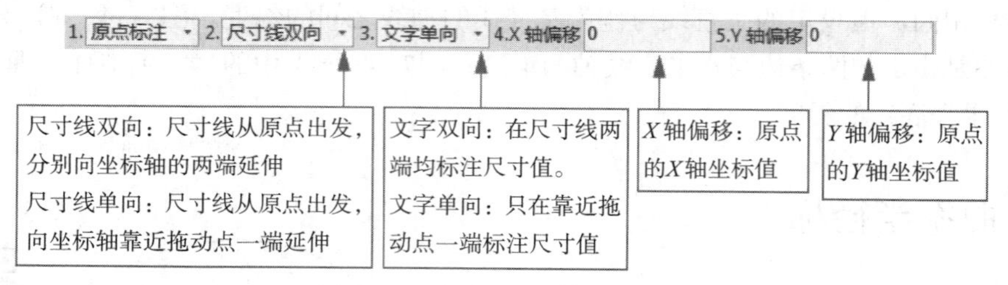

图7-39 “原点标注”立即菜单

3 根据系统提示输入第二点或长度值以确定标注文字的位置。系统根据光标的位置确定是首先标注X轴方向上的坐标还是标注Y轴方向上的坐标。输入第二点或长度值后，系统接着提示“输入第二点或长度”。如果只需要在一个坐标轴方向上标注，则单击鼠标右键或按Enter键结束，如果还需要在另一个坐标轴方向上标注，接着输入第二点或长度值即可。

7.2.2 快速标注

快速标注功能用于标注当前坐标系下任意“标注点”的X方向和Y方向的坐标值，标注格式由立即菜单确定。

【例7-19】对图7-40中的直线进行快速标注。

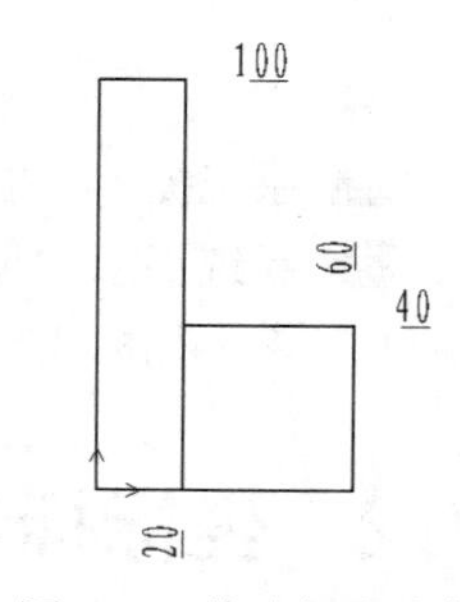

图7-40 快速标注实例

【操作步骤】

1 打开素材中的“初始文件”→7→“例7-19”文件，启动“坐标标注”命令后，在立即菜单1中选择“快速标注”方式，出现“快速标注”立即菜单，如图7-41所示。

2 在立即菜单2中可以选择尺寸值的正负号，在立即菜单4中可以选择标注X坐标还是Y坐标。

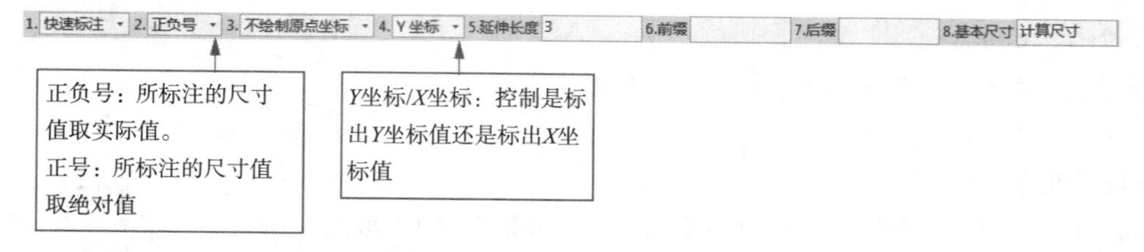

图7-41 “快速标注”立即菜单

3 根据系统提示输入标注点，结果如图7-40所示。

注意

在图 7-42 中，如果用户在立即菜单 5 中输入尺寸值时，立即菜单 2 中的正负号控制就不起作用。

7.2.3　自由标注

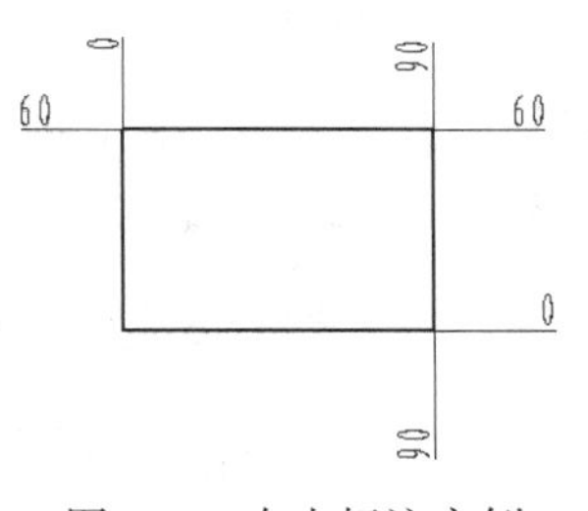

图7-42　自由标注实例

自由标注功能用于标注当前坐标系下任意“标注点”的X方向和Y方向的坐标值，标注格式由用户自己给定。

【例7-20】对图7-42中的矩形进行自由标注。

【操作步骤】

1 打开素材中的“初始文件”→7 →“例7-20”文件，启动“坐标标注”命令后，在立即菜单1中选择“自由标注”方式，出现“自由标注”立即菜单，如图7-43所示。

2 在立即菜单2中可以选择尺寸值的正负号，立即菜单6中默认为测量值，用户也可以用输入尺寸值。

1. 自由标注　2. 正负号　3. 不绘制原点坐标　4.前缀　5.后缀　6.基本尺寸 计算尺寸

图7-43　“自由标注”立即菜单

3 根据系统提示输入标注点，结果如图7-42所示。

注意

在图 7-43 中，如果用户在立即菜单 6 中输入尺寸值时，在立即菜单 2 中的正负号控制就不起作用。另外，X 坐标、Y 坐标以及尺寸线的尺寸由定位点控制。

7.2.4　对齐标注

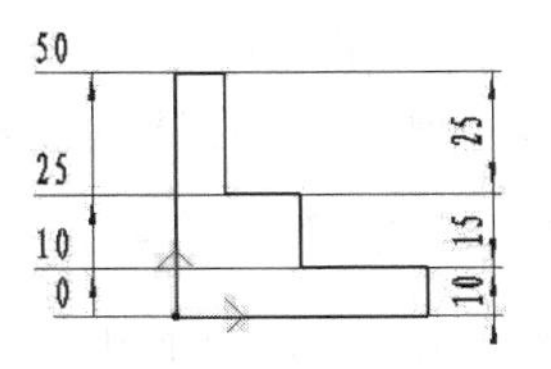

图7-44　对齐标注实例

对齐标注是一组以第一个坐标标注为基准，尺寸线平行，尺寸文字对齐的标注。

【例7-21】对图7-44中的点进行对齐标注。

【操作步骤】

1 打开素材中的“初始文件”→7 →“例7-21”文件，启动“坐标标注”命令后，在立即菜单1中选择“对齐标注”方式，出现“对齐标注”立即菜单，如图7-45所示，并在立即菜单中设定对齐标注的格式。

1. 对齐标注　2. 正负号　3. 不绘制引出点箭头　4. 尺寸线打开　5. 箭头打开　6. 不绘制原点坐标　7.对齐点延伸 0　8.前缀　9.后缀　10.基本尺寸 计算尺寸

尺寸线关闭 / 打开：控制对齐标注下是否要画出尺寸线

图7-45　“对齐标注”立即菜单

2 标注第一个尺寸：根据系统提示输入标注点、定位点即可。

3 标注后续尺寸：系统只提示“标注点”，选定系列的标注点，即可完成一组尺寸文字对齐的坐标标注，结果如图7-44所示。

7.2.5　孔位标注

孔位标注功能可标注圆心或一个点的X、Y坐标值。

【操作步骤】

1 启动“坐标标注”命令后，在立即菜单1中选择“孔位标注”方式，出现“孔位标注”立即菜单，如图7-46所示，并在立即菜单中设定孔位标注的格式。

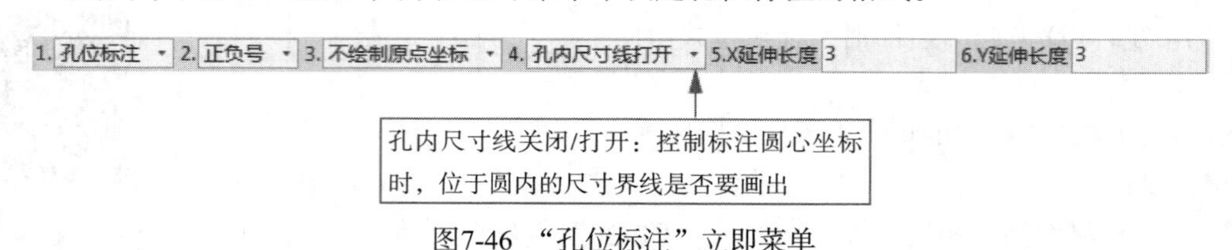

图7-46 “孔位标注”立即菜单

2 根据系统提示拾取圆心或点即可，如图7-47所示。

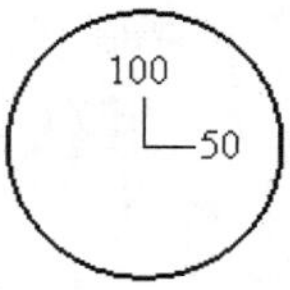

100
50

图7-47 孔位标注

7.2.6 引出标注

引出标注功能用于坐标标注中尺寸线或文字过于密集时，将数值标注引出来的标注。

启动“坐标标注”命令后，在立即菜单1中选择“引出标注”方式，出现“引出标注”立即菜单，如图7-48所示。在立即菜单4中可以转换“引出标注”的标注方式，自动打折或手工打折。

1. 自动打折方式引出标注

【操作步骤】

1 启动“坐标标注”命令后，在立即菜单1中选择“引出标注”方式，出现“引出标注”立即菜单，在立即菜单4中选择“自动打折”方式。

2 在立即菜单中设定引出标注的格式。

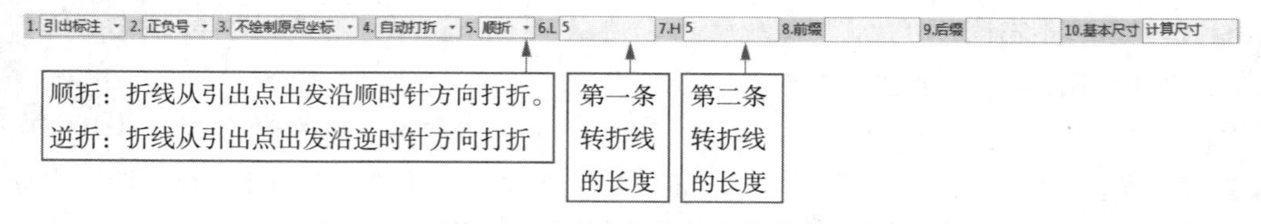

图7-48 “引出标注”立即菜单

3 根据系统提示依次输入“标注点”和“引出点”即可，结果如图7-49所示。

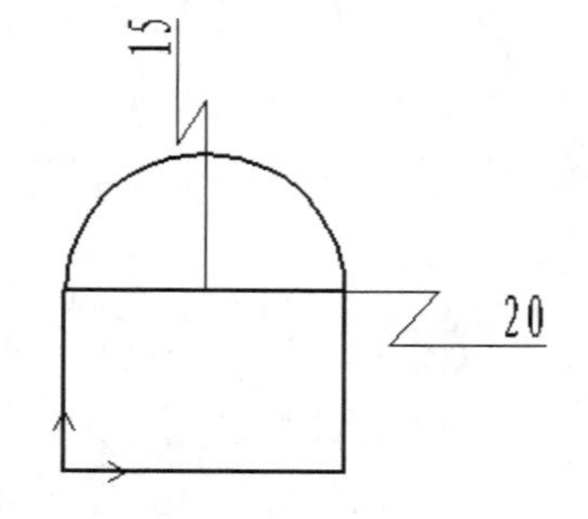

图7-49 引出标注

2. 手工打折方式引出标注

【操作步骤】

1 启动“坐标标注”命令后，在立即菜单1中选择“引出标注”方式，出现“引出标注”立即菜单，在立即菜单4中选择“手工打折”方式。

2 在立即菜单中设定引出标注的格式，如图7-48所示；立即菜单各项的作用与自动打折方式一样。

3 根据系统提示依次输入“标注点”“引出点”“第二引出点”“定位点”，即完成标注。

7.2.7　自动列表标注

自动列表标注是指以表格方式列出标注点、圆心或样条插值点的坐标值。

【操作步骤】

1 启动“坐标标注”命令后，在立即菜单中选择“自动列表”方式，出现“自动列表标注”立即菜单，如图7-50所示，系统提示“输入标注点或拾取圆（弧）或样条”。

1. 自动列表　2. 正负号　3. 加引线　4. 不标识原点

图7-50　“自动列表标注”立即菜单

2 如果输入第一个标注点时，拾取到样条，根据系统提示输入序号插入点，立即菜单变更为图7-51所示，在此立即菜单中可以控制表格的尺寸。

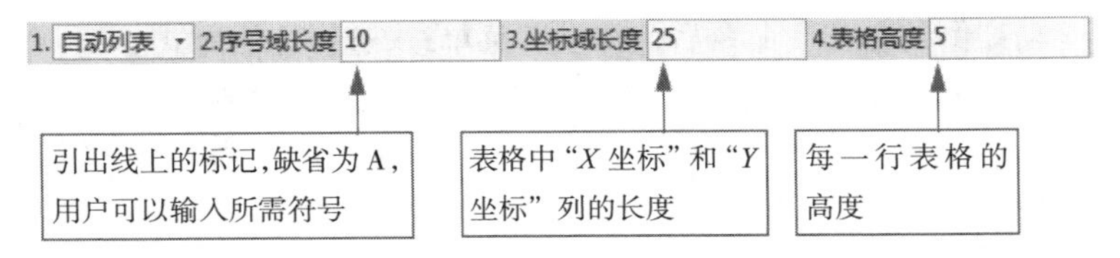

图7-51　“样条的自动列表标注”立即菜单

> **注意**
>
> 在图 7-50 中，立即菜单 2 中可以选择尺寸值的正负号（如选“正负号”，则所标注的尺寸值取实际值，如果是负数则保留负号；如选“正号”，则所标注的尺寸值取绝对值）；立即菜单 3 中的“加引线 / 不加引线”：控制尺寸引线是否要画出；立即菜单 4 可以输入样条插入点的标注符号。

3 系统提示“定位点”，输入定位点后即完成标注。

4 若在步骤2中拾取到的是点或圆、圆弧后，则系统提示输入序号的插入点，按照系统提示输入插入点后，系统重复提示拾取标注点或圆弧或样条。输入一系列的标注点后，单击鼠标右键或按Enter键确认，立即菜单也变更为图7-51所示，以下操作与拾取样条相同，只是在输出表格时，如果有圆（弧），表格中会增加一列直径ϕ。

7.3　倒角标注

倒角标注功能用于标注图样中的倒角尺寸。

【执行方式】

- 命令行：dimch
- 菜单：“标注”→“倒角标注”
- 工具栏：“标注”工具栏→

【选项说明】

启动“倒角标注”命令后，在屏幕左下角出现“倒角标注”立即菜单，如图7-52所示，在立即菜单1中可以选择不同的倒角标注方式。

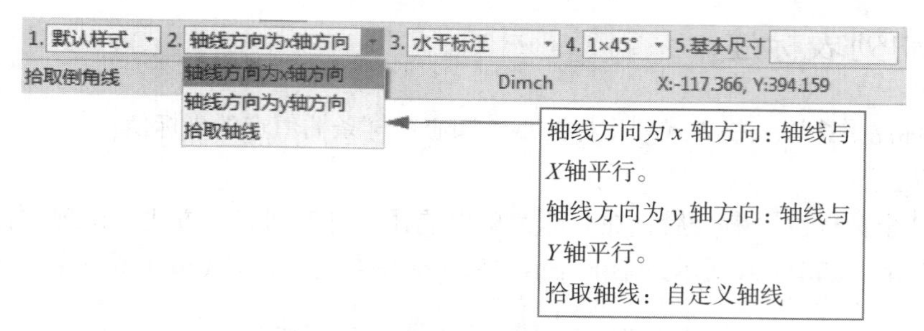

图7-52 “倒角标注”立即菜单

【例7-22】标注图7-53中的倒角。

【操作步骤】

1 打开素材中的“初始文件”→7→“例7-22”文件，启动“倒角标注”命令后，在立即菜单3中选择标注方式。

2 根据系统提示直接拾取要标注倒角部位直线，结果如图7-53所示。

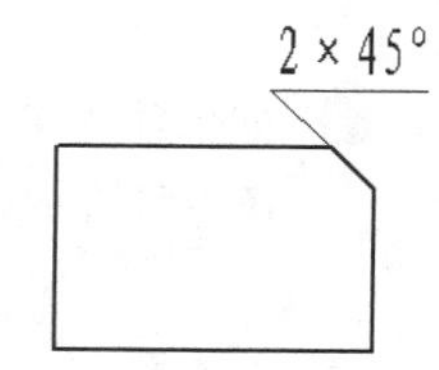

图7-53 倒角标注实例

7.4 引出说明

引出说明功能用于标注引出注释，由文字和引线两部分组成，文字可以输入西文或输入汉字。文字的各项参数由文字参数决定。

【执行方式】

- 命令行：ldtext
- 菜单：“标注”→“引出说明”
- 工具栏：“标注”工具栏→

【例7-23】对图7-54中的螺纹孔进行引出标注。

【操作步骤】

1 打开素材中的“初始文件”→7→“例7-23”文件，启动“引出说明”命令后，弹出“引出说明”对话框，如图7-55所示。在该对话框中输入说明性文字后单击“确定”按钮。

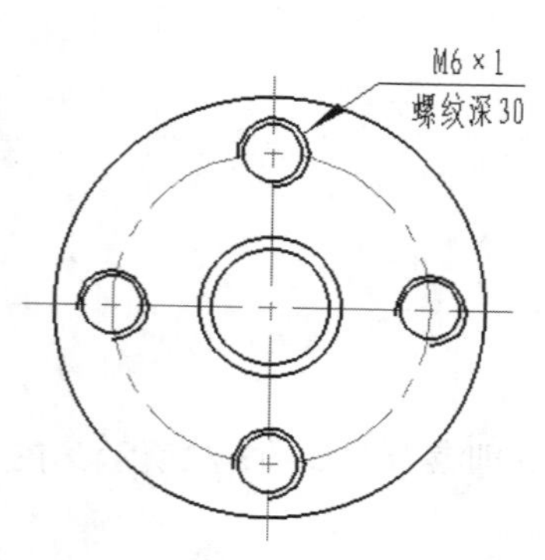

图7-54 引出说明的标注

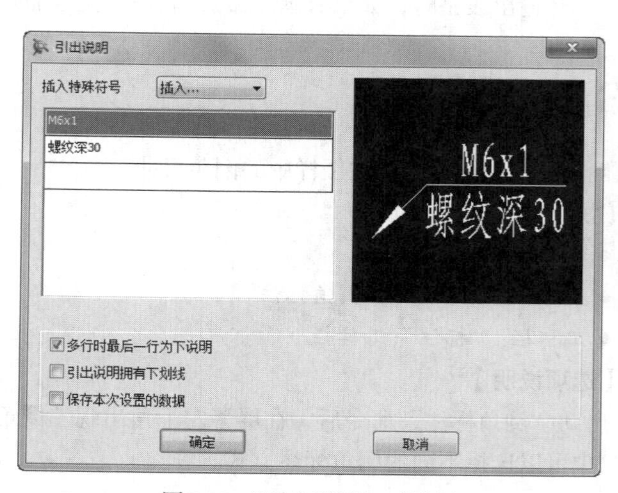

图7-55 “引出说明”对话框

2 系统弹出图7-56所示的“引出标注”立即菜单（在此立即菜单中可以选择文字方向），然后根据系统提示拾取定位点或直线或圆弧，接着拾取引线转折点和定位点，结果如图7-54所示。

1. 文字缺省方向　2. 智能结束　3. 有基线

图7-56　“引出标注”立即菜单

7.5　中心孔标注

【执行方式】

- 命令行：dimhole
- 菜单：“标注”→“中心孔标注”
- 工具栏：“标注”工具栏→

【操作步骤】

1 启动“引出说明”命令后，弹出“中心孔标注”立即菜单，如图7-57所示。

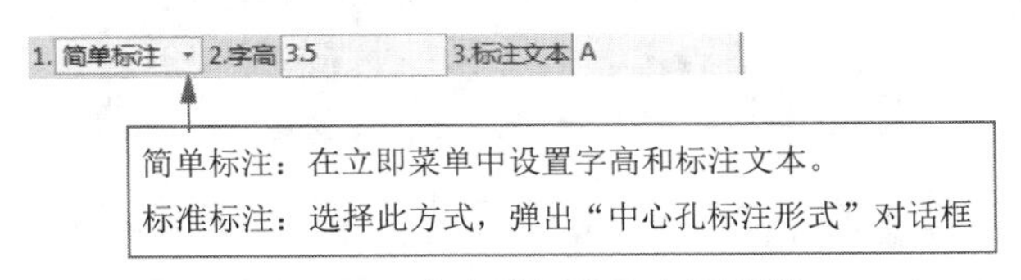

图7-57　“中心孔标注”立即菜单

2 根据系统提示在视图中选择轴的中心点为定位点。

3 根据系统提示输入旋转角度为“0”，结果如图7-58所示。

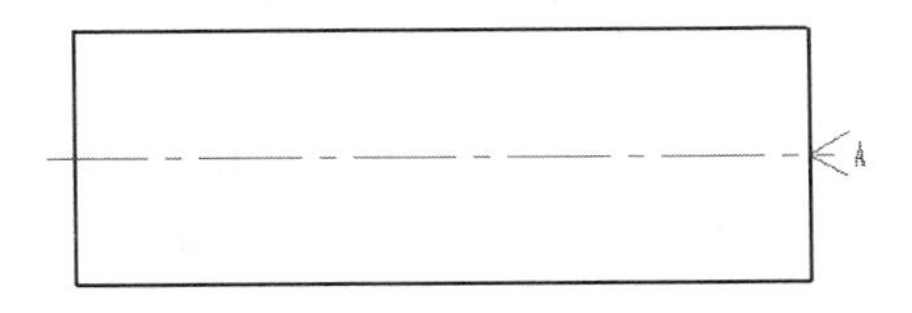

图7-58　标注中心孔位置

7.6　形位公差标注

形位公差标注功能用于标注形状和位置公差。可以拾取一个点、直线、圆或圆弧进行形位公差标注，要拾取的直线、圆或圆弧可以是尺寸或块里的组成元素。

【执行方式】

- 命令行：fcs
- 菜单：“标注”→“形位公差”
- 工具栏：“标注”工具栏→

【操作步骤】

1 启动“形位公差标注”命令后，弹出图7-59所示的“形位公差”对话框，在该对话框中输入应标注的形位公差后，单击“确定”按钮。

2 系统弹出图7-60所示的立即菜单，在立即菜单1中可以选择“水平标注”或“垂直标注”，然后根据系统提示依次输入引出线的转折点和定位点即可。

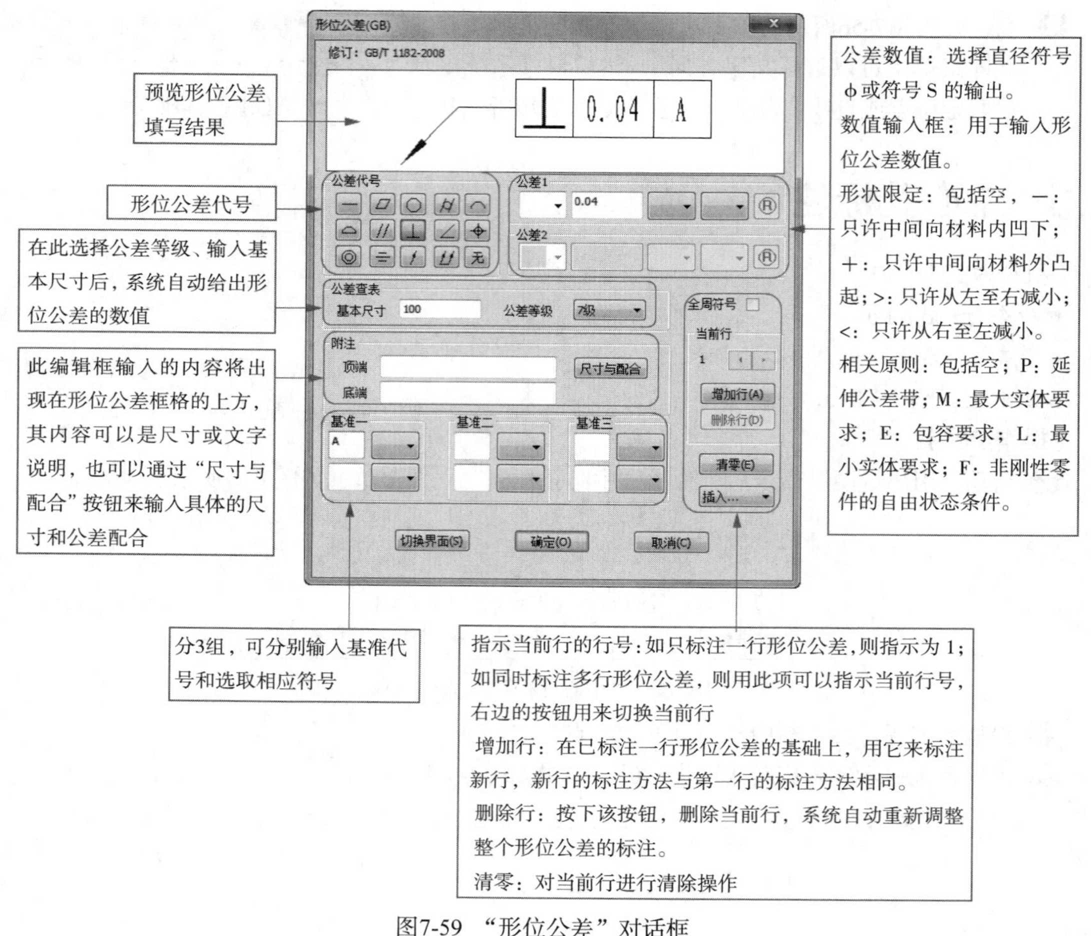

图7-59 “形位公差”对话框

1. 水平标注 2. 智能结束 3. 有基线

图7-60 “形位公差标注”立即菜单

7.7 粗糙度标注

粗糙度标注功能用于标注表面粗糙度代号。

【执行方式】

- 命令行：rough
- 菜单：“标注”→“粗糙度”
- 工具栏：“标注”工具栏→√

【操作步骤】

1 启动“粗糙度标注”命令后，弹出图7-61所示的立即菜单，在立即菜单1中可以选择“简单标注”或“标准标注”方式。

2 若采用“简单标注”方式，在立即菜单2中可以选择“默认方式”或“引出方式”，在立即菜单3中可以选择材料的符号类型，“去除材料”“不去除材料”或“基本符号”，在立即菜单4中输入粗糙度值。根据系统提示拾取定位点或直线或圆弧或圆，如采用默认方式，还要根据系统提示输入标注符号的旋转角，如采用引出方式再输入标注的位置点。

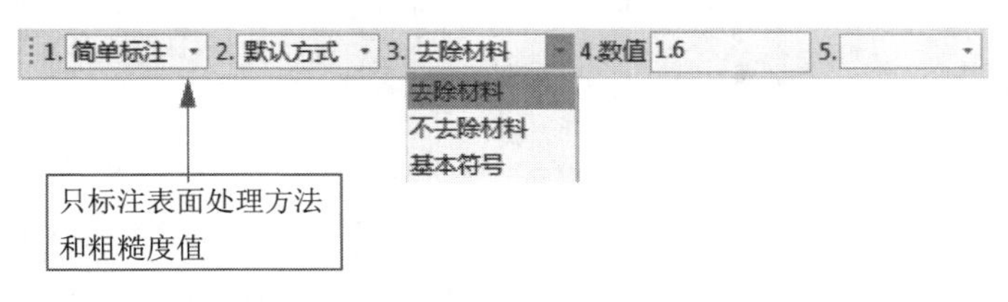

图7-61　“简单标注粗糙度”立即菜单

3 若采用“标准标注”方式，如图7-62所示，在立即菜单2中也可以选择“默认方式”或“引出方式”。系统弹出图7-63所示的“表面粗糙度”对话框，在该对话框中输入应标注的粗糙度后，单击“确定”按钮，后面的步骤与“简单标注”方式相同。

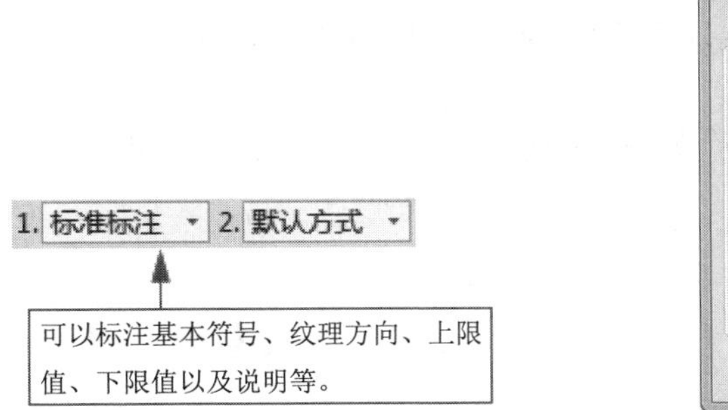

图7-62　“标准标注粗糙度”立即菜单

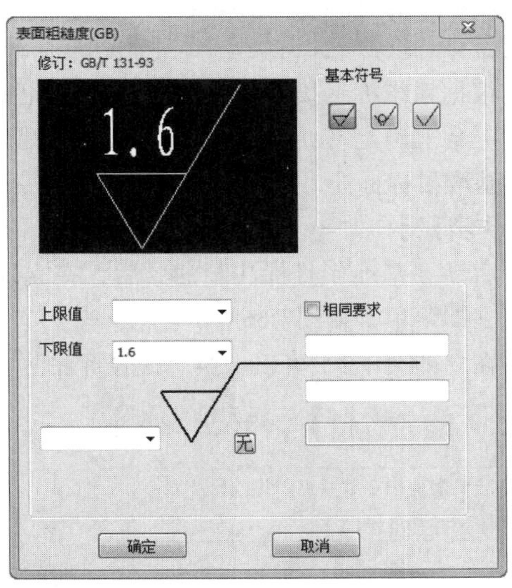

图7-63　“表面粗糙度”对话框

7.8　基准代号标注

基准代号标注功能用于标注基准代号或基准目标。

【执行方式】

- 命令行：datum
- 菜单：“标注”→“基准代号”
- 工具栏：“标注”工具栏→

【选项说明】

启动“基准代号标注”命令后，弹出“基准代号标注”立即菜单，在立即菜单1中可以选择“基准标注”或“基准目标”方式。

1．基准代号标注

【操作步骤】

1 启动“基准代号标注”命令后，在立即菜单1中选择“基准标注”，出现图7-64所示的立即菜单。

2 在立即菜单2中可以切换“给定基准”（如图7-64所示）或“任选基准”（如图7-65所示）。

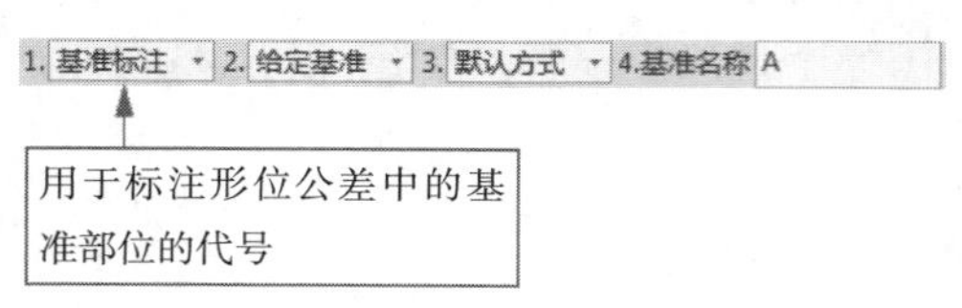

图7-64　以“给定基准”标注基准代号立即菜单

1. 基准标注　2. 任选基准　3.基准名称 A

图7-65　以“任选基准”标注基准代号立即菜单

> **注意**
>
> 在图7-64中，在立即菜单3可以切换“默认方式”（无引出线）或“引出方式”（图7-65的“任选基准”方式中没有此项），在立即菜单4中可以改变基准代号名称，基准代号名称可以由两个字符或一个汉字组成。

3 根据系统提示拾取定位点或直线或圆弧来确定基准代号的位置，系统提示“输入角度或由屏幕上确定”，用鼠标拖动方式或从键盘输入旋转角后，即可完成标注。

2．基准目标标注

【操作步骤】

1 启动“基准代号标注”命令后，在立即菜单1中选择“基准目标”，出现“基准目标标注”立即菜单，如图7-66所示。

2 在立即菜单2中可以切换“代号标注”（如图7-66所示）或“目标标注”（如图7-67所示）。

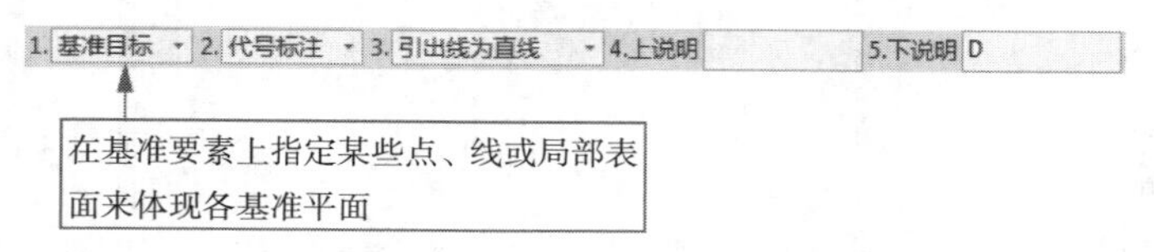

图7-66　“基准目标标注”立即菜单

1. 基准目标　2. 目标标注

图7-67　“基准目标标注”立即菜单

3 根据系统提示拾取点或直线或圆弧来确定基准目标的位置即可。

7.9　焊接符号标注

焊接符号标注功能用于标注焊接符号。

【执行方式】

- 命令行：weld
- 菜单：“标注”→“焊接符号”
- 工具栏：“标注”工具栏→

【操作步骤】

1 启动“焊接符号标注”命令后，弹出“焊接符号”对话框，如图7-68所示。

2 在该对话框中对需要标注的焊接符号的各种选项进行设置后，单击“确定”按钮。

3 根据系统提示依次拾取标注元素、输入引线转折点和定位点即可。

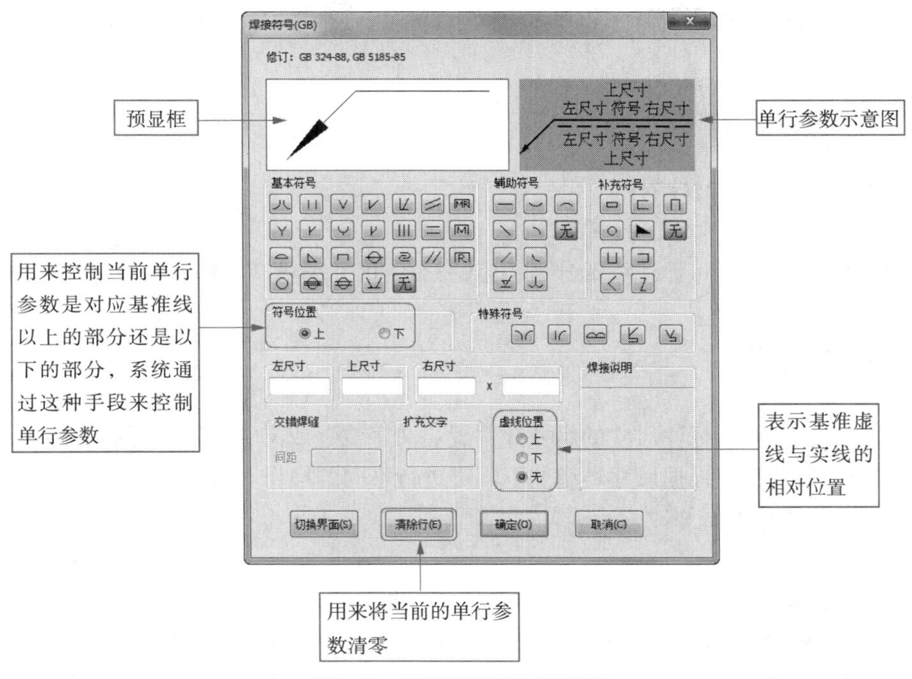

图7-68 “焊接符号”对话框

7.10　剖切符号标注

剖切符号标注功能用于标出剖面的剖切位置。

【执行方式】

- 命令行：hatchpos
- 菜单：“标注”→“剖切符号”
- 工具栏：“标注”工具栏→

【操作步骤】

1. 启动“剖切符号标注”命令后，弹出“剖切符号”立即菜单，如图7-69所示。

1. 垂直导航　2. 自动放置剖切符号名　3. 真实投影

图7-69 “剖切符号”立即菜单

2. 以两点线的方式画出剖切轨迹线，当绘制完成后，单击鼠标右键结束画线状态，此时在剖切轨迹线的终止点显示出沿最后一段剖切轨迹线法线方向的两个箭头标识。
3. 在两个箭头的一侧单击鼠标左键以确定箭头的方向或单击鼠标右键取消箭头。
4. 拖动一个表示文字大小的矩形到所需位置单击左键确认，此步骤可以重复操作，直至单击鼠标右键结束为止。

7.11　标注修改

标注修改也就是对工程标注（尺寸、符号和文字）进行编辑，对这些标注的编辑仅通过一个菜单命令即可完成，系统将自动识别标注实体的类型而进行相应的编辑操作。所有的编辑实际上都是对已有的标注进行相应的位置编辑和内容编辑，这两者是通过立即菜单来切换的，位置编辑是指对尺寸或工程符号等位置的移动或角度的变换；而内容编辑则是指对尺寸值、文字内容或符号内容的修改。

【执行方式】

- 命令行：dimedit
- 菜单："修改"→"标注编辑"
- 工具栏："编辑工具"工具栏→

根据工程标注分类，可将标注编辑分为相应的3类：尺寸编辑、文字编辑、工程符号编辑。

7.11.1 尺寸编辑

尺寸编辑功能用来对已标注尺寸的尺寸线位置、文字位置或文字内容进行编辑修改。当标注编辑时所拾取到的为尺寸，则根据尺寸类型的不同可进行不同的操作。

1．对线性尺寸进行编辑修改

【操作步骤】

1 启动"修改标注"命令后，系统提示拾取要编辑的标注。

2 用鼠标左键在绘图区拾取要编辑的线性尺寸，弹出"线性尺寸编辑"立即菜单，在立即菜单1中可以选择对标注的"尺寸线位置""文字位置""箭头形状"进行编辑修改，如图7-70所示。

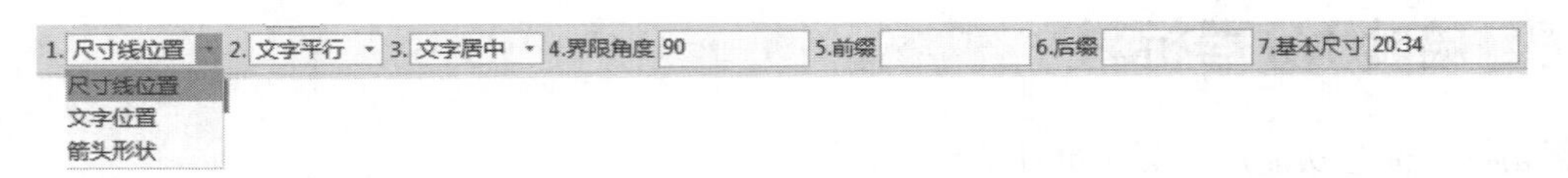

图7-70 "线性尺寸编辑"立即菜单

3 尺寸线位置编辑：在立即菜单1中选择"尺寸线位置"，"尺寸线位置"立即菜单如图7-70所示。修改立即菜单中其他选项内容后，根据系统提示输入尺寸线的新位置即可完成编辑操作（在"尺寸线位置"立即菜单中可以修改文字的方向、文字位置以及尺寸界线的倾斜角度和尺寸值的大小等）。

4 文字位置的编辑：在立即菜单1中选择"文字位置"，"文字位置"立即菜单如图7-71所示。修改立即菜单中其他选项内容后，根据系统提示输入文字的新位置即可完成编辑操作（文字位置的编辑只修改尺寸值大小和是否加引线）。

图7-71 "文字位置"立即菜单

5 箭头形状的编辑：在立即菜单1中选择"箭头形状"，弹出"箭头形状编辑"对话框，如图7-72所示。修改对话框中的内容后，单击"确定"按钮，完成箭头形状的编辑。

图7-72 "箭头形状编辑"对话框

2．对直径和半径尺寸进行编辑修改

【操作步骤】

1 启动"标注修改"命令后，系统提示拾取要编辑的标注。

2 用鼠标左键在绘图区拾取要编辑的直径或半径尺寸，弹出“直径和半径尺寸编辑”立即菜单，在立即菜单1中可以对标注的“尺寸线位置”“文字位置”进行编辑修改。

3 尺寸线位置编辑：在立即菜单1中选择“尺寸线位置”，“尺寸线位置”立即菜单如图7-73所示。修改立即菜单中其他选项内容后，根据系统提示输入尺寸线的新位置即可完成编辑操作（在“尺寸线位置”立即菜单中可以修改文字的方向、文字位置以及尺寸值的大小等）。

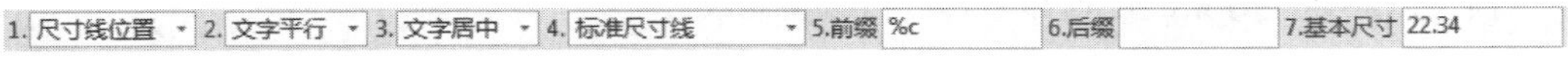

1. 尺寸线位置　2. 文字平行　3. 文字居中　4. 标准尺寸线　5.前缀 %c　6.后缀　7.基本尺寸 22.34

图7-73 “尺寸线位置”立即菜单

4 文字位置的编辑：在立即菜单1中选择“文字位置”，“文字位置”立即菜单如图7-74所示。修改立即菜单中其他选项内容后，根据系统提示输入文字的新位置即可完成编辑操作（文字位置的编辑只可修改尺寸值大小）。

1. 文字位置　2. 标准尺寸线　3.前缀 %c　4.后缀　5.基本尺寸 22.34

图7-74 “文字位置”立即菜单

3．对角度尺寸进行编辑修改

【操作步骤】

1 启动“标注修改”命令后，系统提示拾取要编辑的标注。

2 用鼠标左键在绘图区拾取要编辑的角度尺寸，弹出“角度尺寸编辑”立即菜单，在立即菜单1中可以对标注的“尺寸线位置”“文字位置”进行编辑修改。

3 尺寸线位置编辑：在立即菜单1中选择“尺寸线位置”，“尺寸线位置”立即菜单如图7-75所示。修改立即菜单中的其他选项内容后，根据系统提示输入尺寸线的新位置即可完成编辑操作（在“尺寸线位置”立即菜单中可以修改尺寸值的大小）。

1. 尺寸线位置　2. 文字水平　3. 度　4. 文字居中　5.前缀　6.后缀　7.基本尺寸 270%d

图7-75 “尺寸线位置”立即菜单

4 文字位置的编辑：在立即菜单1中选择“文字位置”，“文字位置”立即菜单如图7-76所示。修改立即菜单中其他选项内容后，根据系统提示输入文字的新位置即可完成编辑操作（文字位置的编辑可修改文字是否加引线、尺寸值大小）。

1. 文字位置　2. 文字水平　3. 度　4. 不加引线　5.前缀　6.后缀　7.基本尺寸 90%d

图7-76 “文字位置”立即菜单

7.11.2 文字编辑

文字编辑功能用于对已标注的文字内容和风格进行编辑修改。

【操作步骤】

1 启动“标注修改”命令后，系统提示拾取要编辑的标注。

2 用鼠标左键在绘图区拾取要编辑的文字，弹出“文字编辑器”对话框，在该对话框中可以对文字的内容和风格进行编辑修改。

7.11.3 工程符号编辑

工程符号编辑功能用于对已标注的工程符号的内容和风格进行编辑修改。

【操作步骤】

1. 启动“标注修改”命令后，系统提示拾取要编辑的标注。
2. 用鼠标左键在绘图区拾取要编辑的工程符号，弹出相应的立即菜单，通过对立即菜单的切换可以对标注对象的位置和内容进行编辑修改。

7.12 尺寸驱动

尺寸驱动是系统提供的一套局部参数化功能。用户在选择一部分实体及相关尺寸后，系统将根据尺寸建立实体间的拓扑关系，当用户选择想要改动的尺寸并改变其数值时，相关实体及尺寸将受到影响并发生变化，但元素间的拓扑关系保持不变，如相切、相连等。另外，系统可自动处理过约束及欠约束的图形。

【执行方式】

- 命令行：drive
- 菜单：“修改”→“尺寸驱动”
- 工具栏：“修改”工具栏→

【操作步骤】

1. 选择驱动对象（实体和尺寸）。局部参数化的第一步是选择驱动对象（用户想要修改的部分），系统将只分析选中部分的实体及尺寸；在这里，除选择图形实体外，选择尺寸也是必要的，因为工程图样是依靠尺寸标注来避免二义性的，系统正是依靠尺寸来分析元素间的关系的。例如，存在一条斜线，标注了水平尺寸，则当其他尺寸被驱动时，该直线的斜率及垂直距离可能会发生相应的变化，但是该直线的水平距离将保持为标注值。同样的道理，如果驱动该水平尺寸，则该直线的水平长度将发生改变，改变为与驱动后的尺寸值一致。因而，对于局部参数化功能，选择参数化对象至关重要，为了使驱动的目的与自己设想的一致，有必要在选择驱动对象之前进行必要的尺寸标注，对该动的和不该动的关系进行一些必要的定义。一般说来，某实体如果没有必要的尺寸标注，系统将会根据“连接”“角度”“正交”“相切”等一般的默认准则来判断实体之间的约束关系。
2. 选择驱动图形的基准点。如同旋转和拉伸需要基准点一样，驱动图形也需要基准点，这是由于任一尺寸表示的均是两个（或两个以上）对象的相关约束关系，如果驱动该尺寸，必然存在着一端固定，动另一端的问题，系统将根据被驱动尺寸与基准点的位置关系来判断哪一端该固定，从而驱动另一端。
3. 选择被驱动尺寸，输入新值。在前两步的基础上，最后驱动某一尺寸。选择被驱动的尺寸，而后输入新的尺寸值，则被选中的实体部分将被驱动，在不退出该状态（该部分驱动对象）的情况下，用户可以连续驱动其他的尺寸。

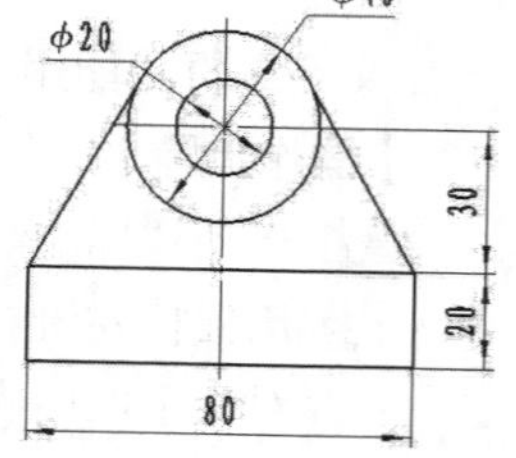

图7-77 尺寸驱动

【例7-24】将图7-77中的圆心位置向上增加10mm，基座的长度尺寸由原来的80mm改变为70mm，将大圆半径由

40mm变为30mm。

【操作步骤】

1 打开素材中的“初始文件”→7→“例7-24”文件，单击“尺寸驱动”按钮。

2 拾取整个图形。

3 单击纵向对称轴与最下方的水平线的交点，使其为基准点。

4 首先单击80mm的尺寸值，在弹出的“新的尺寸值”对话框中输入新尺寸值为70，单击“确定”按钮，如图7-78所示。此时图形的形状和尺寸立即改为新的尺寸，特别是图形的其他部分也进行了相应的修改。

5 继续单击“φ40”和30两个尺寸，分别在弹出的“新的尺寸值”对话框中输入30和40。

6 单击“确定”按钮，形成了新的图形，如图7-79所示。

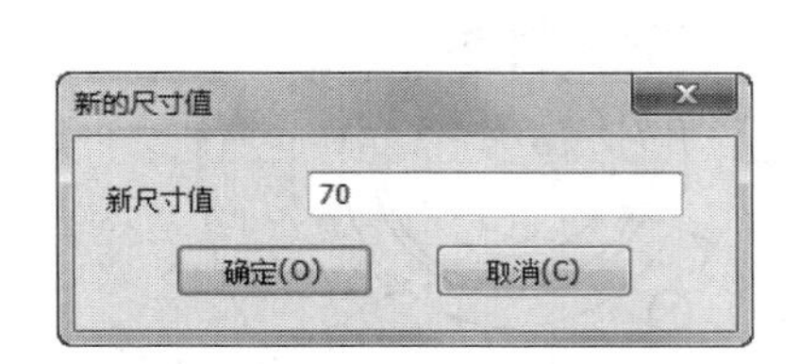

图7-78　“新的尺寸值”对话框

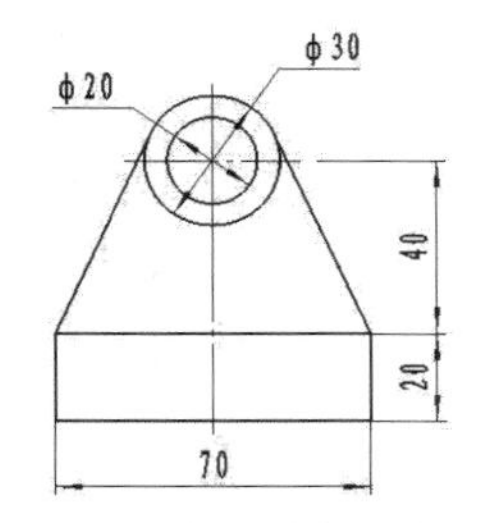

图7-79　尺寸驱动完成效果图

7.13　综合实例——法兰盘标注

首先标注尺寸和公差，然后标注表面粗糙度、基准符号以及剖切符号等，最后插入图幅，填写标题栏和技术要求，结果如图7-80所示。

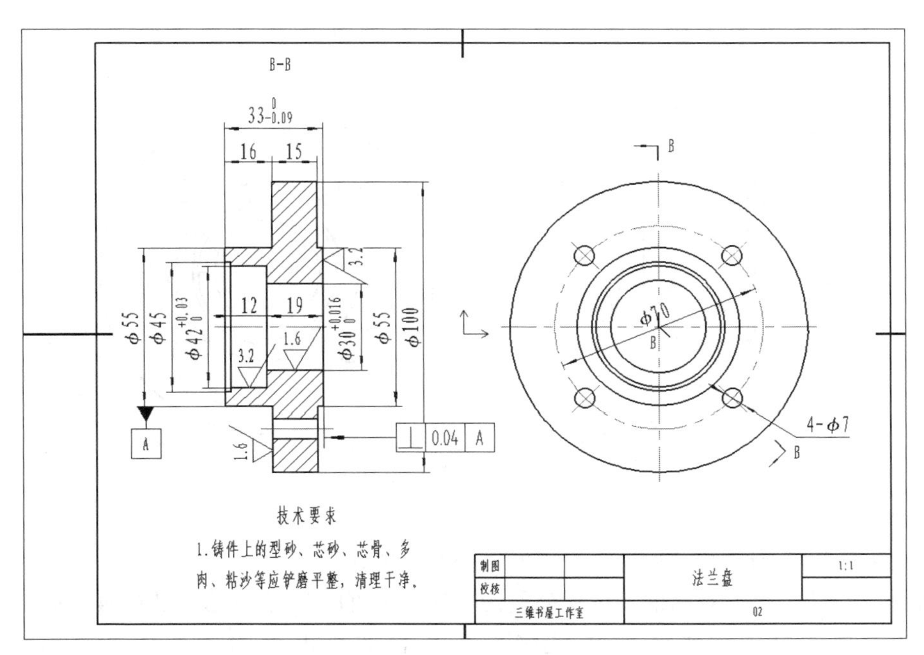

图7-80　法兰盘标注

【操作步骤】

（1）尺寸及公差标注

1 打开文件。单击按钮，或执行“文件”→“打开”命令，或用键盘输入命令open，从弹出的“打开”对话框中选择“5.4.10综合实例——法兰盘.exb”，单击“打开”按钮，则法兰盘的图形显示在绘图窗口。

2 单击按钮，或执行“标注”→“尺寸标注”→“尺寸标注”命令，或用键盘输入命令“dim”，弹出“标注”立即菜单。标注尺寸，标注结果如图7-81所示。

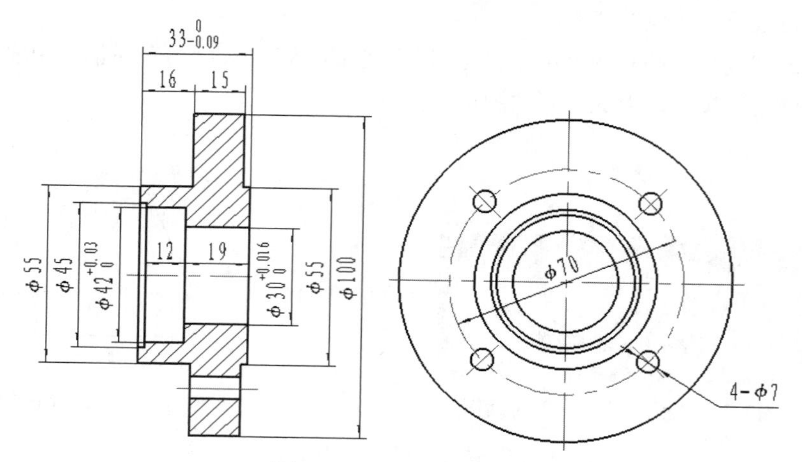

图7-81　尺寸及公差标注

（2）表面粗糙度标注

单击按钮，或执行“标注”→“粗糙度”命令，弹出“表面粗糙度标注”立即菜单，选择“简单标注”方式，标注结果如图7-82所示。

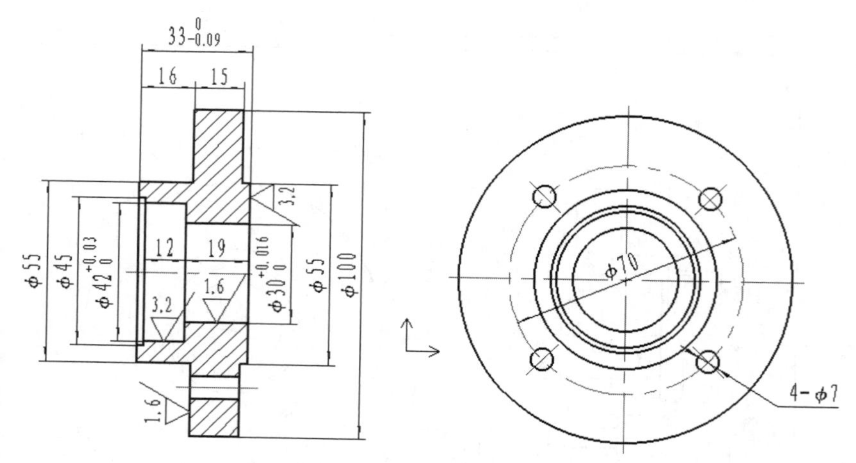

图7-82　表面粗糙度标注

（3）标注形位公差

1 单击按钮，或执行“标注”→“形位公差”命令。

2 弹出“形位公差”对话框。选择公差代号为“垂直度”，公差数值为0.04，基准一为A，如图7-83所示。单击“确定”按钮完成设置。标注结果如图7-84所示。

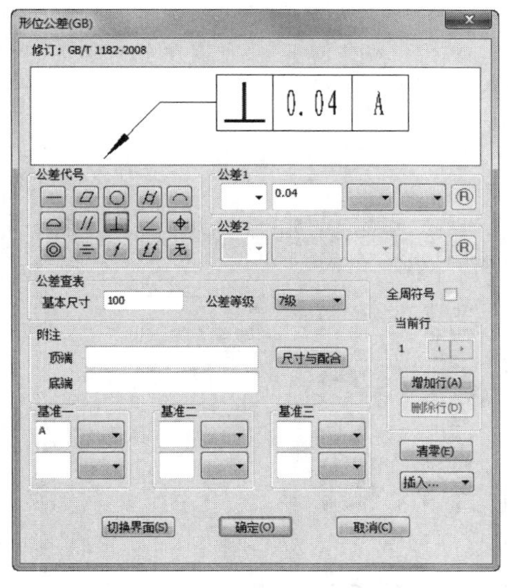

图7-83　“形位公差”对话框　　　　图7-84　形位公差标注

（4）剖切符号标注

1 单击按钮，或执行“标注”→“剖切符号”命令，弹出“剖切符号”立即菜单。

2 在立即菜单1中选取“不垂直导航”。按照系统提示对应主视图中心线和小圆中心线确定剖切迹线位置，拾取剖切线右方为箭头方向，单击鼠标右键退出剖切符号设置。其剖切符号标注如图7-85所示。

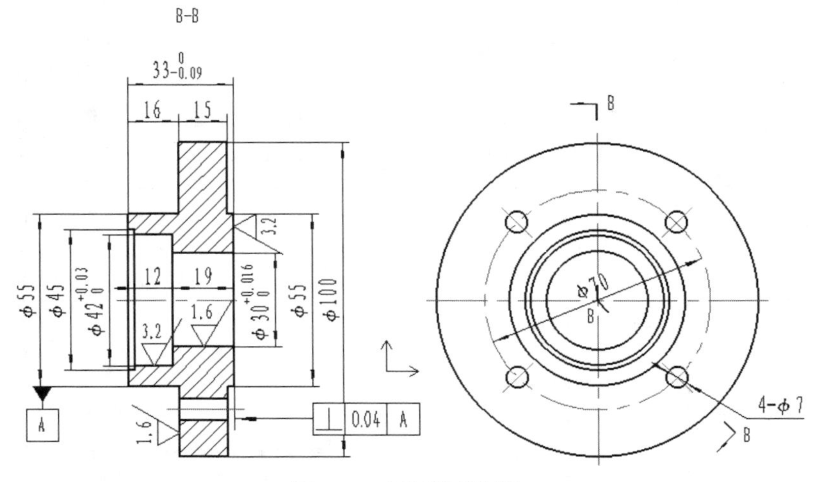

图7-85　剖切符号标注

（5）设置图纸幅面和标题栏

1 单击按钮，或执行“幅面”→“图幅设置”命令。

2 弹出“图幅设置”对话框，如图7-86所示。图纸幅面设置为“A4”，绘图比例为“1:1”，图纸方向为“横放”，调入图框为“A4A-E-Bound(CHS)”，调入标题栏为“School”，单击“确定”按钮完成图幅设置。

3 单击按钮，或执行“幅面”→“标题栏”→“填写”命令。

4 弹出“填写标题栏”对话框，填写标题栏信息，如图7-87所示。单击“确定”按钮完成标题栏的填写。

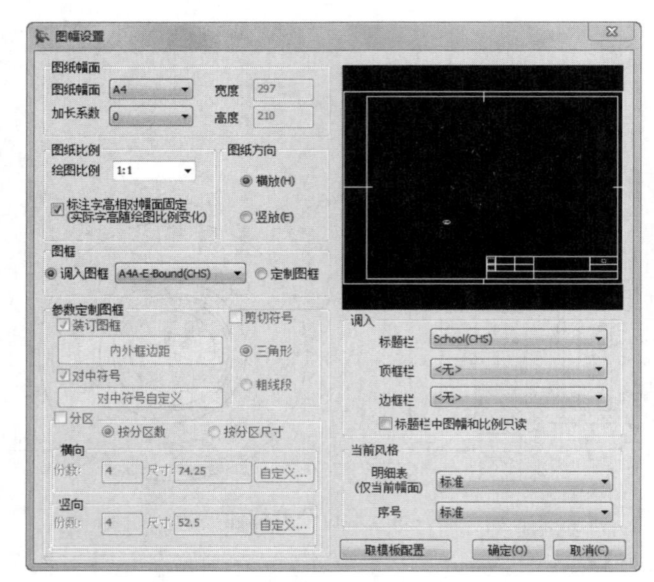

图7-86 “图幅设置”对话框

图7-87 “填写标题栏”对话框

（6）技术要求

1. 单击按钮，或执行“标注”→“技术要求”命令。
2. 弹出“技术要求库”对话框，如图7-88所示，在“铸件要求”中选取相应要求，单击“生成”按钮，按照系统提示选取技术要求的标注区域，如图7-89所示。

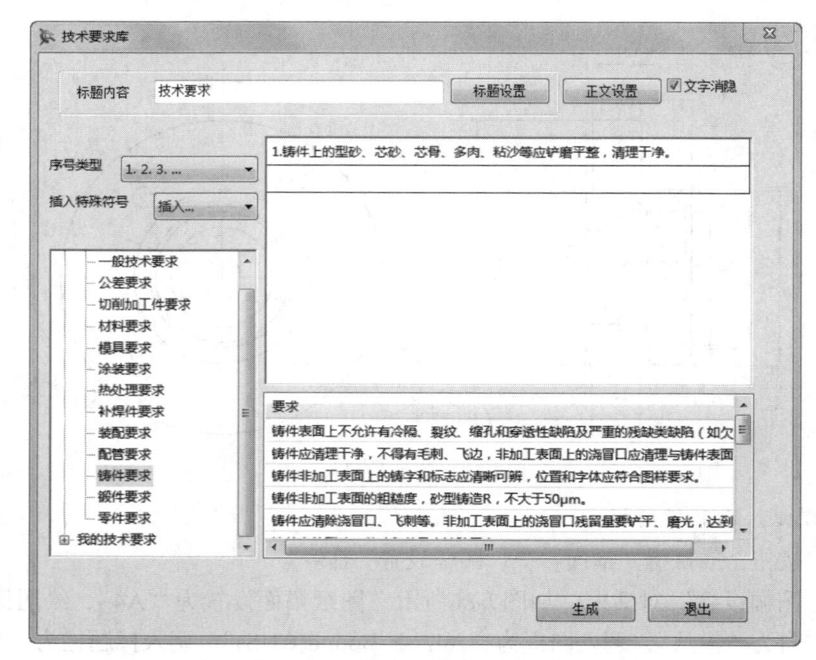

图7-88 “技术要求库”对话框

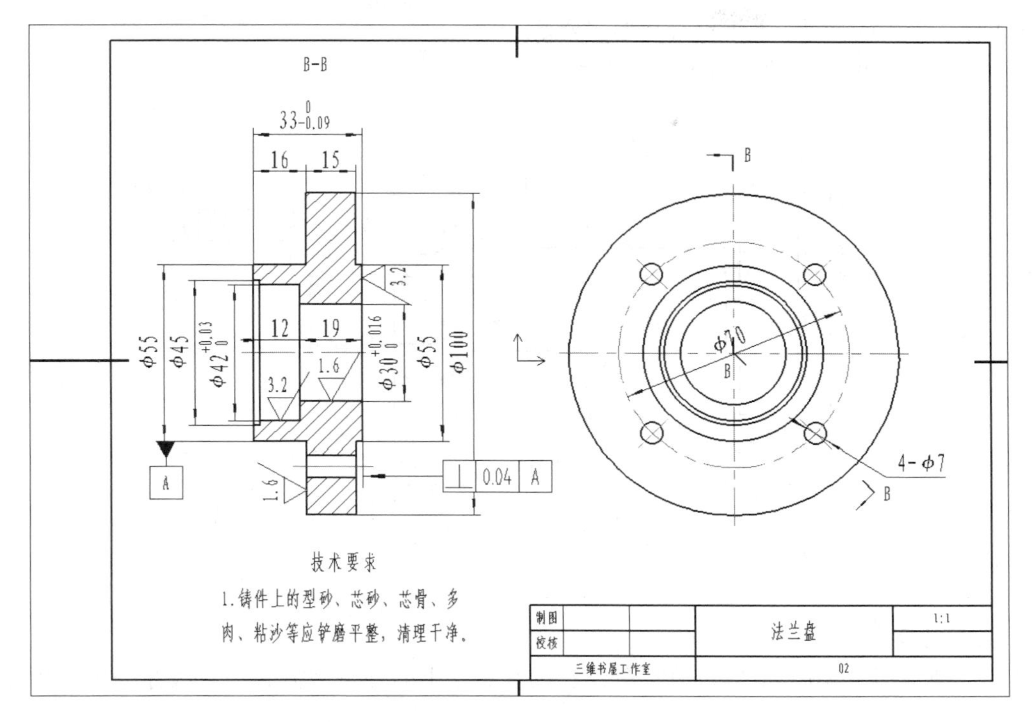

图7-89　编写技术要求

7.14　上机操作

1．绘制如图7-90所示的轴承座并标注尺寸。

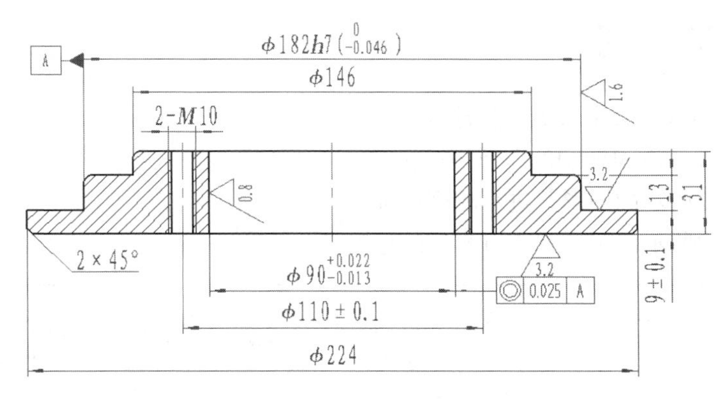

图7-90　轴承座

操作提示

（1）将当前层设置为粗实线层，利用“孔/轴”命令绘制图7-90中的外轮廓及中心孔。

（2）在相应层绘制两个螺纹孔。

（3）裁剪、删除多余线段后，绘制剖面线。

（4）利用尺寸标注中的“基本标注”方式标注图7-90中的尺寸及尺寸公差。

（5）利用“倒角标注”命令标注图中的倒角。

（6）标注粗糙度符号、基准符号、形位公差。

2. 绘制如图7-91所示的柱塞并标注尺寸。

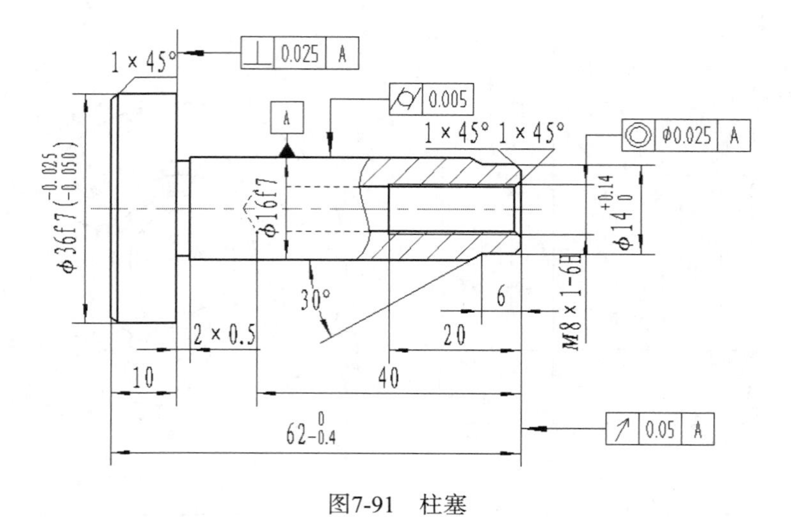

图7-91　柱塞

操作提示

（1）绘制图形（要用到“孔/轴”命令、过渡命令中的外倒角方式、直线命令中的角度线方式等）。

（2）标注基本尺寸及尺寸公差、标注倒角尺寸。

（3）标注形位公差、基准符号及引出说明。

（4）利用“格式”→“尺寸”菜单命令对标注文字的参数进行编辑，将文字高度变为3.5，箭头长度变为3。

7.15 思考与练习

1. 如何设置绘图区的文字参数和标注参数？
2. 对前面章节课后练习题中的图形进行标注。
3. 绘制如图7-92所示的图形并进行相应的标注。
4. 绘制如图7-93所示的图形并进行相应的标注。

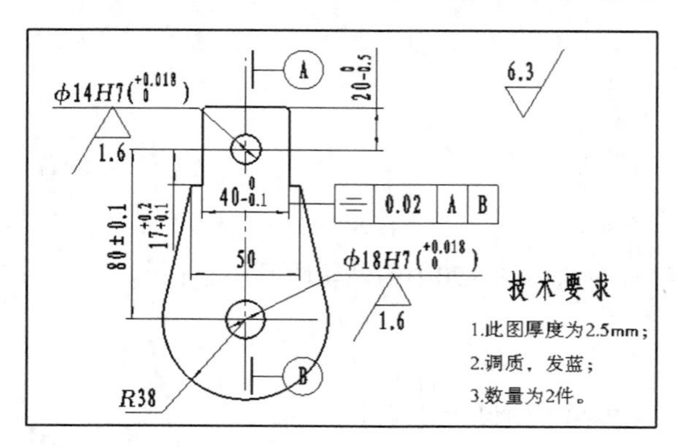

图7-92　练习3图形

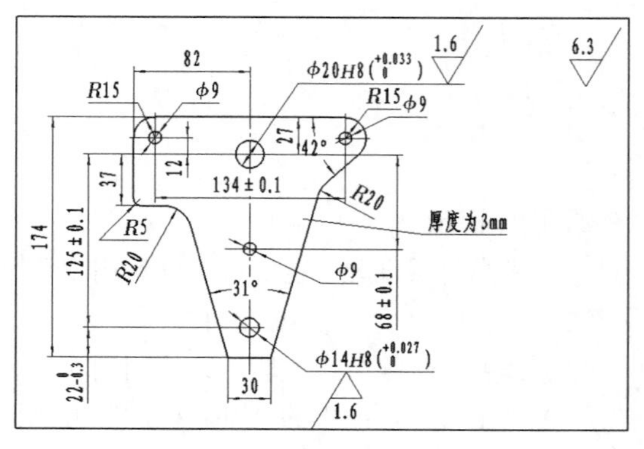

图7-93　练习4图形

第8章　减速器二维设计综合实例

减速器由若干个零部件组成。本章主要介绍减速器中各个零件的二维设计以及装配图设计，包括齿轮轴、圆柱齿轮、减速器箱体等。

在减速器零件的设计过程中，将对CAXA CAD电子图板软件的功能进行系统性学习。在设计的过程中，如何高效、准确地绘制零部件并进行装配是本章的学习目的，也是本章的学习难点。

8.1　定距环设计

8.1.1　设计思路

定距环是机械零件中的一种典型的辅助轴向定位零件，绘制比较简单。如图8-1所示，定距环只需要主视图与左视图两个视图即可表达清楚。

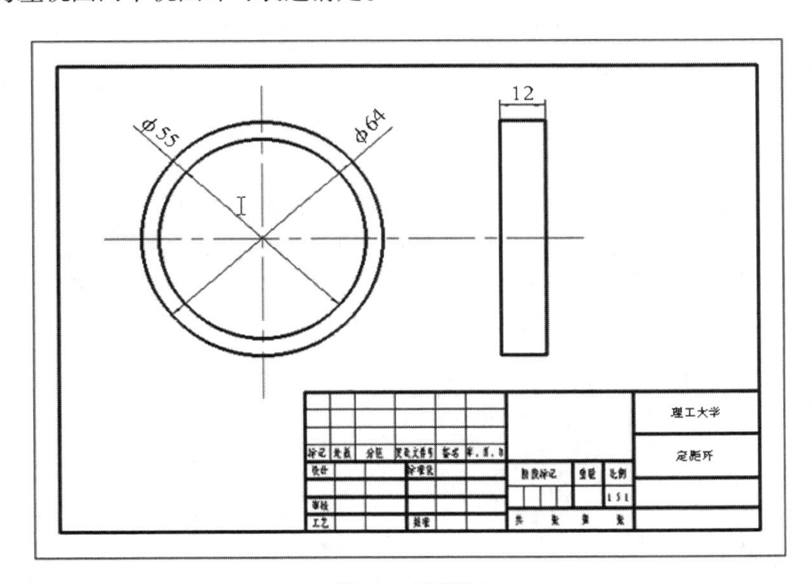

图8-1　定距环

8.1.2　设计步骤

1．配置绘图环境

（1）建立新文件。执行“文件”→“新建”命令，弹出“新建”对话框，如图8-2所示。在“新建”对话框中提供了若干种图幅样板，可以根据需要选择使用。也可以采用“无样板打开”即“BLANK”样板创建空白文档，在绘图过程中通过“幅面”菜单重新进行图幅设置。本节将采用“BLANK”样板创建空白文档。

（2）图幅设置。单击按钮，或执行“幅面”→“图幅设置”命令，弹出“图幅设置”对话框，如图8-3所示。根据定距环的实际尺寸，在“图幅设置”对话框中将图纸幅面设置为“A4”，图纸比例设置为“1.5:1”，图纸方向设置为“横放”，选择调入相应的图框与标题栏，单击“确定”按钮。这样，绘制定距环的基本绘图环境就设置完成了，即可进行定距环的绘制。

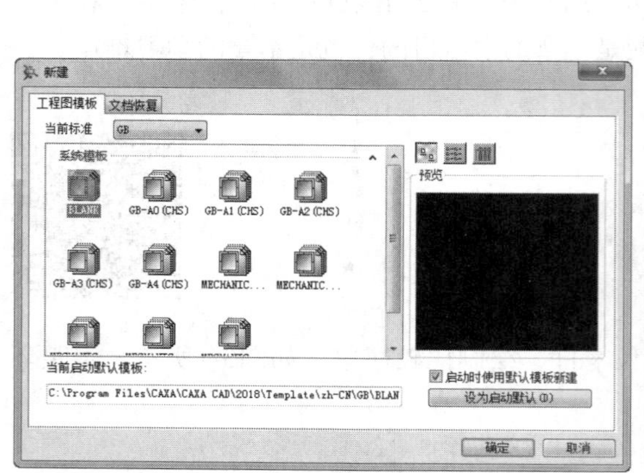

图8-2 “新建”对话框

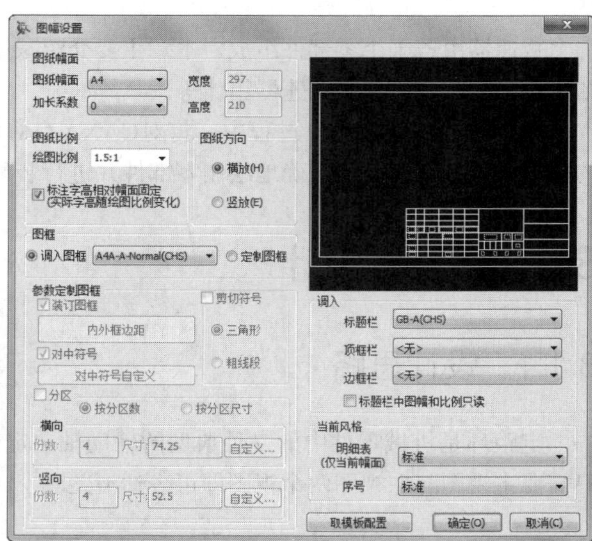

图8-3 “图幅设置”对话框

2. 绘制定距环

(1) 绘制中心线

1) 切换当前图层：单击按钮，或执行“格式”→“图层”命令，弹出“层设置”对话框，如图8-4所示。单击“中心线层”，然后单击“设为当前”按钮，将“中心线层”设置为当前图层，再单击“确定”按钮，完成切换当前图层。也可以通过单击“颜色图层”工具栏中下拉按钮，在下拉菜单中单击选择当前图层。

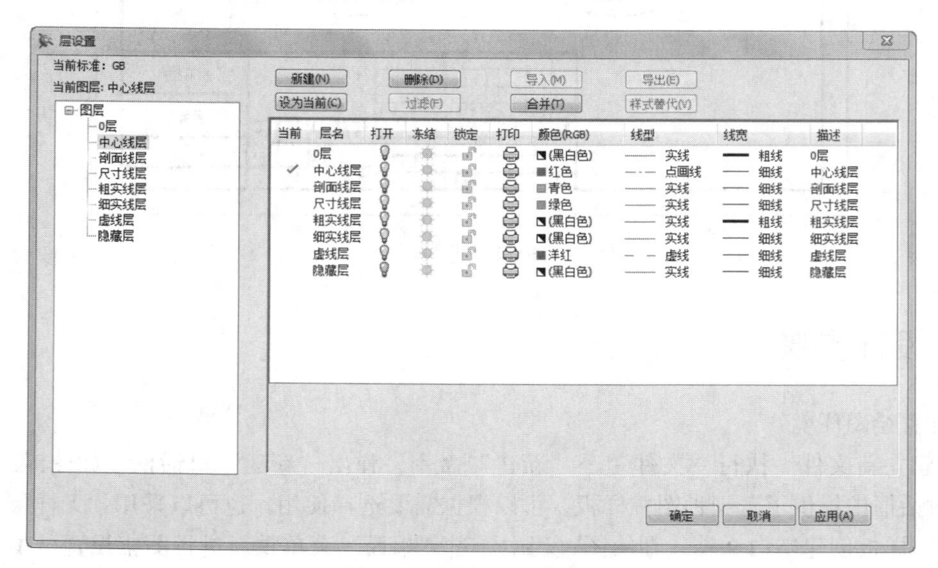

图8-4 “层设置”对话框

2) 绘制中心线：单击按钮，或执行“绘图”→“直线”命令，这时在操作界面下方将出现“绘制直线”立即菜单，如图8-5所示。在立即菜单1中选择“两点线”，在立即菜单2中选择“单根”。单击绘图区域，拾取两点，则第一条直线绘制完成。单击鼠标右键取消当前命令。为了准确地绘制出直线，可以使用键盘在命令行输入两点坐标。同理，绘制出另外一条中心线，并使其与第一条中心线正交，如图8-6所示。

图8-5 “绘制直线”立即菜单　　　　图8-6　绘制中心线

（2）绘制主视图

1）将当前图层从“中心线层”切换到“0层”。为了准确地捕捉中心点，需要进行屏幕点捕捉方式设置：执行“工具”→“捕捉设置”命令，弹出“智能点工具设置”对话框，如图8-7所示，将屏幕点方式设置为“智能”，单击“确定”按钮。

屏幕点捕捉方式设置也可以通过用户界面右下角的立即菜单进行设置，如图8-8所示。

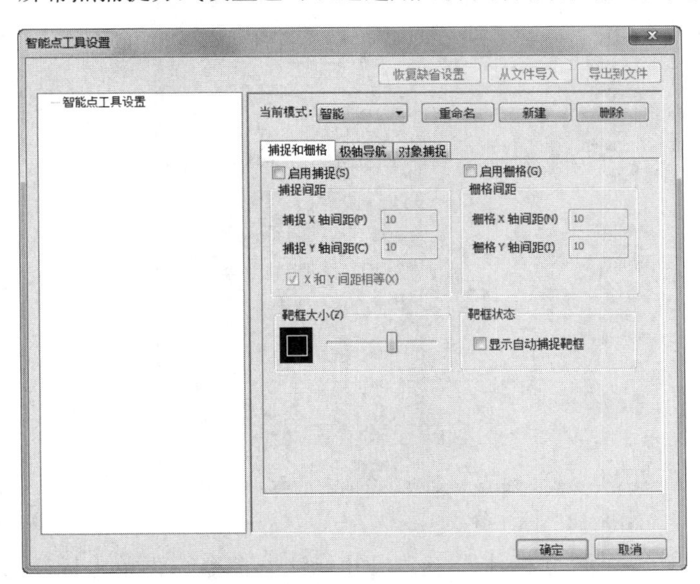

图8-7 “智能点工具设置”对话框

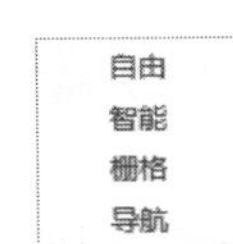

图8-8 “屏幕点设置”立即菜单

2）单击⊙按钮，或执行“绘图”→“圆”命令，在立即菜单2中选择“直径”，将光标移动到中心线交点处，系统将自动捕捉圆心，输入“55”，按Enter键；再输入“64”，按Enter键。单击鼠标右键取消当前命令。这时在绘图区域将出现两个同心圆（即主视图），如图8-9所示。

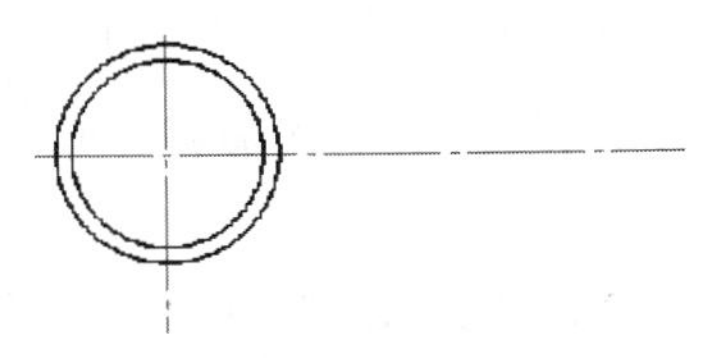

图8-9　绘制主视图

（3）绘制左视图

1）单击／按钮，或执行“绘图”→“直线”命令，在导航点捕捉方式下，用光标捕捉圆与中心线交点作为直线的端点，绘制第一条直线，如图8-10所示。

2）单击按钮，或执行“修改”→“平移复制”命令，在立即菜单1中选择“给定偏移”，单击直线，单击鼠标右键确认将其拾取，输入12，按Enter键，单击鼠标右键取消当前命令，结果如

图8-11所示。最后使用“直线”命令，将左视图绘制完成。

图8-10　绘制直线　　　　图8-11　直线平移复制

3．标注定距环

1）单击按钮，或执行“格式”→“尺寸”命令，弹出“标注风格设置”对话框，选择“文本”选项卡，对标注参数进行设置。将字高设置为“7”，其他设置不变，如图8-12所示，单击“确定”按钮。

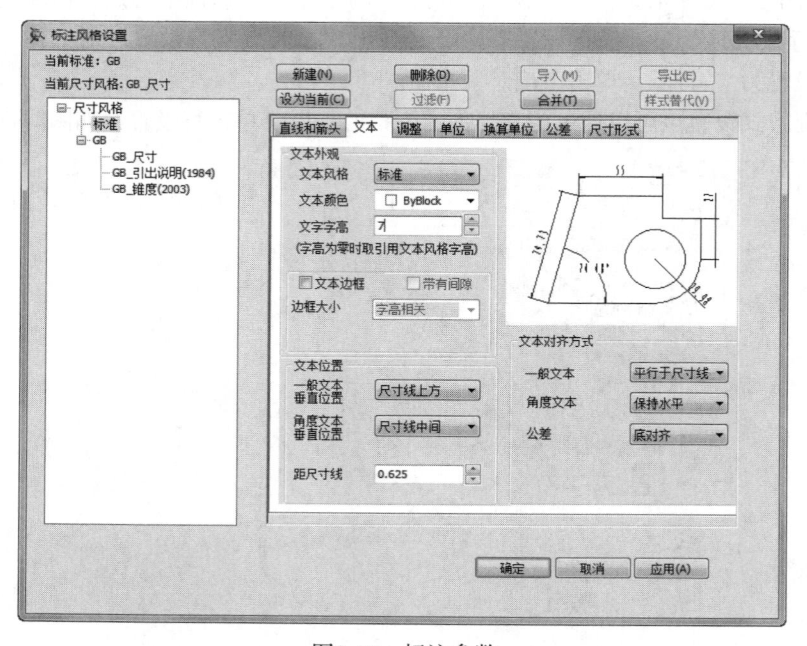

图8-12　标注参数

2）单击按钮，或执行“标注”→“尺寸标注”→“尺寸标注”命令，再单击标注对象“圆”进行拾取，在立即菜单3中选择“直径”，其他设置如图8-13所示。移动鼠标，摆放好尺寸线位置后单击左键。这样，即可对ϕ64和ϕ55两个直径尺寸进行标注。

图8-13　“直径尺寸标注”立即菜单

3）单击标注对象“直线”进行拾取，立即菜单如图8-14所示，进行长度尺寸标注。单击鼠标左键摆放好尺寸线位置后，再单击鼠标右键取消当前命令，结果如图8-15所示。

图8-14　“长度尺寸标注”立即菜单

4．填写标题栏

单击按钮，或执行“幅面”→“标题栏”→“填写”命令，弹出“填写标题栏”对话框，通过键盘输入相应文字，单击“确定”按钮，结果如图8-16所示。

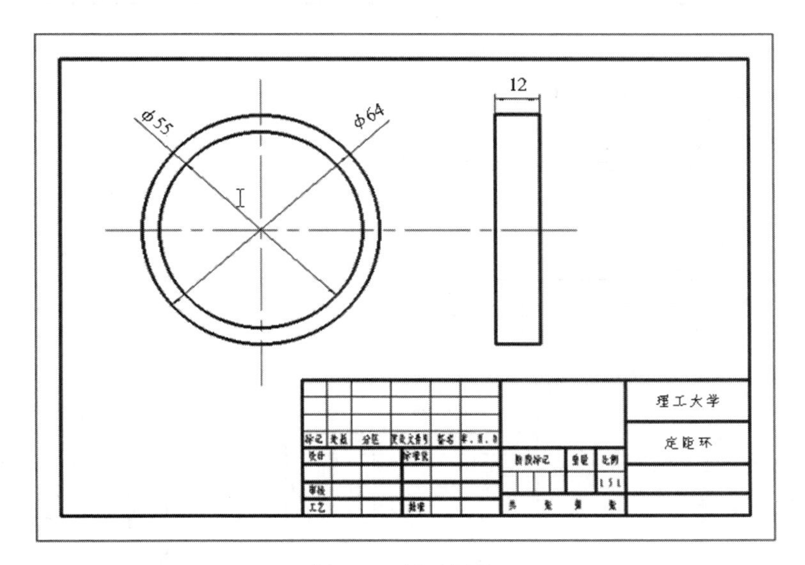

图8-15　尺寸标注

									理工大学
									定距环
标记	处数	分区	更改文件号	签名	年.月.日				
设计			标准化			阶段标记	重量	比例	
								1.5:1	
审核									
工艺			批准			共　张	第　张		

图8-16　标题栏

5．保存文件

执行“文件”→“保存”命令，弹出“另存文件”对话框，选择保存路径，填写文件名称，如“定距环”，单击“保存”按钮完成保存。也可以单击“标准”工具栏中的按钮进行文件保存。

注意

在绘制圆或直线时，可以通过不同的屏幕点捕捉方式捕捉圆心和端点，也可以通过键盘输入圆心或端点的坐标值，准确定位点的位置。

8.2　平键设计

8.2.1　设计思路

本节将绘制机械中常用的平键，如图8-17所示。平键是一种机械连接零件，形状简单，只需要主视图与俯视图即可表达清楚。结合平键的形状，在绘制过程中可以使用“矩形”命令绘制，同时使用“栅格点”屏幕捕捉方式进行屏幕点捕捉，准确方便地定位平键的位置。

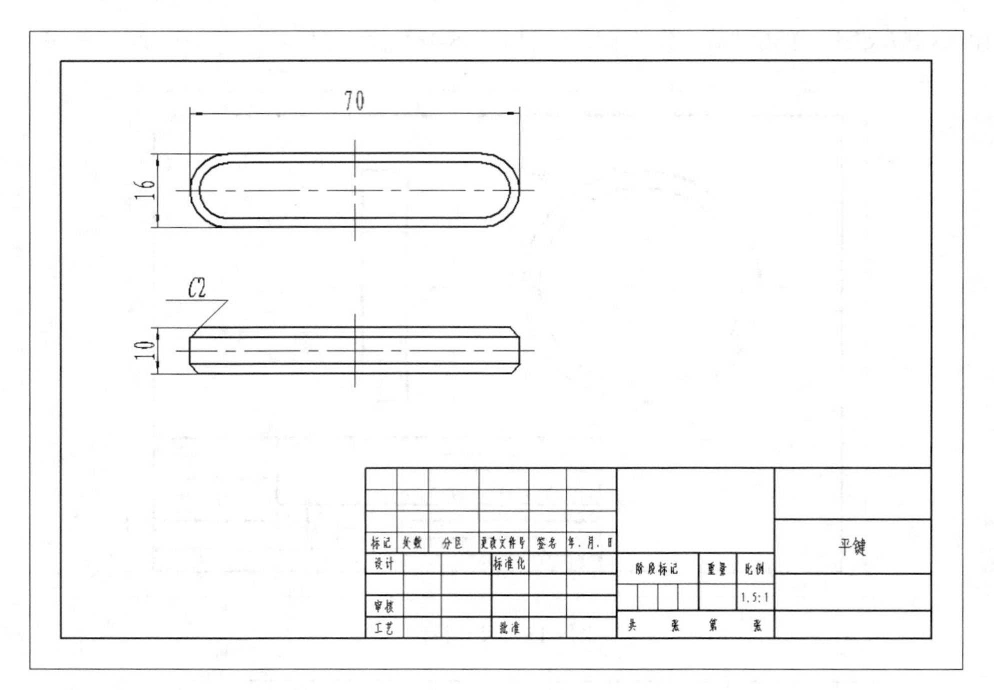

图8-17　平键

8.2.2　设计步骤

1．配置绘图环境

（1）建立新文件。执行“文件”→“新建”命令，弹出“新建”对话框，选择“BLANK”样板创建空白文档，进入用户界面。

（2）图幅设置。单击按钮，或执行“幅面”→“图幅设置”命令，弹出“图幅设置”对话框，根据平键的实际尺寸在“图幅设置”对话框中将图纸幅面设置为“A4”，图纸比例设置为“1.5:1”，图纸方向设置为“横放”，选择调入相应的图框与标题栏，单击“确定”按钮。

（3）开启“栅格”屏幕点捕捉方式。单击按钮，或执行“工具”→“捕捉设置”命令，弹出“智能点工具设置”对话框，将屏幕点方式设置为“栅格”，栅格间距设置为“5”，单击“确定”按钮。

2．绘制平键

（1）绘制平键主视图

1）绘制轮廓草图：单击按钮，或执行“绘图”→“矩形”命令，在弹出的立即菜单1中选择“长度和宽度”，在立即菜单2中选择“中心定位”，在立即菜单3中输入“0”，在立即菜单4中输入“70”，在立即菜单5中输入“16”，在立即菜单6中选择“有中心线”，在立即菜单7中输入“3”，移动鼠标，将矩形定位到合适的位置单击左键。改变矩形的长度与宽度分别设置为“66”“12”，绘制第二个矩形，使两矩形同心。结果如图8-18所示。

2）显示放大：为了便于绘制图形，需要放大图形。单击按钮，或执行“视图”→“显示窗口”命令，单击鼠标左键选择一个角点，移动鼠标出现一个选取框，将被放大对象选入框内，再单击鼠标左键选择另一个角点即可对图形进行部分放大。单击按钮，或执行“视图”→“显示全部”命令，将会显示全部图形。

3）倒圆：将屏幕点捕捉方式由“栅格”改为“导航”。单击按钮，或执行“修改”→“过渡”命令，在立即菜单1中选择“圆角”，在立即菜单2中选择“裁剪”，在立即菜单3中输入“8”。选取大矩形，单击鼠标右键对轮廓线进行倒圆。使用“过渡”命令，将圆角半径设置为“6”，对小矩形进行倒圆。使用“显示全部”命令显示全部图形，结果如图8-19所示。

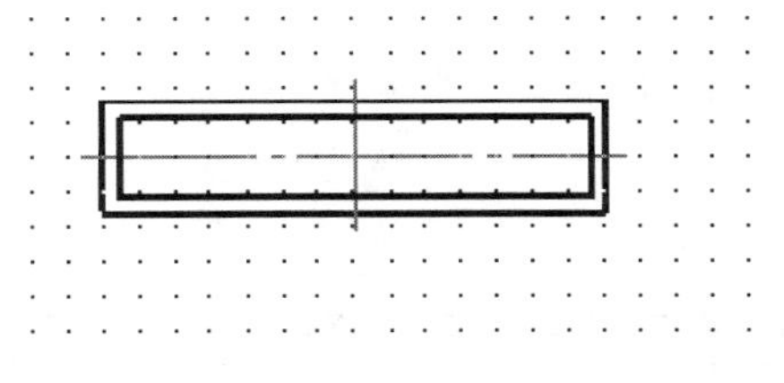

图8-18　轮廓草图

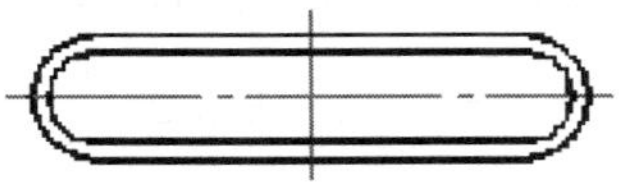

图8-19　倒圆

（2）绘制平键俯视图

1）绘制轮廓草图：首先，将屏幕点捕捉方式改为“栅格”方式。单击按钮，或执行“绘图”→“矩形”命令，绘制长70mm、宽10mm的矩形（即俯视图轮廓草图），利用栅格点进行准确定位，如图8-20所示。

2）外倒角：单击按钮，或执行“修改”→“过渡”命令，在立即菜单1中选择“外倒角”，长度为“2”，倒角为“45°”。用鼠标左键依次单击需外倒角的边线，即可以进行外倒角绘制，如图8-21所示。

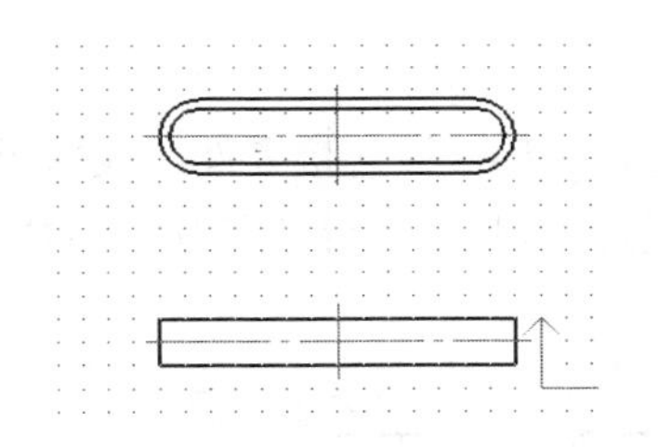

图8-20　俯视图轮廓草图

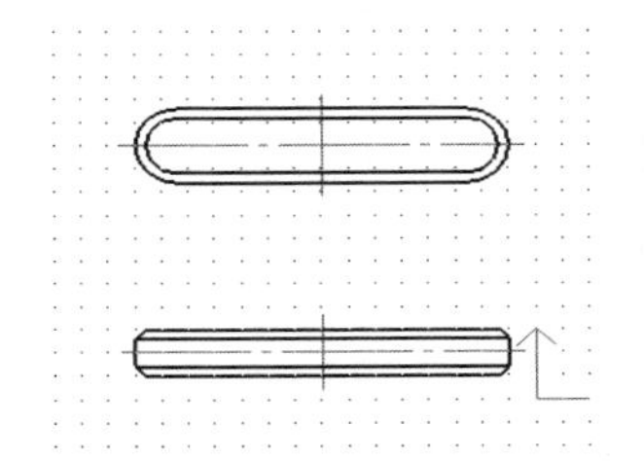

图8-21　俯视图外倒角

（3）标注平键

1）标注参数设置：单击按钮，或执行“格式”→“尺寸”命令，弹出“标注风格设置”对话框，将标注参数中字高设置为“7”，其他参数不变。

2）标注尺寸：单击按钮，或执行“标注”→“尺寸标注”→“尺寸标注”命令，单击鼠标左键选取平键的上下两条边线，在立即菜单3中选择“长度”，移动鼠标，摆放好尺寸线位置后单击鼠标左键，标注平键宽度尺寸为“16”。延续“尺寸标注”命令，标注平键长度尺寸为“70”。为了准确捕捉平键与中心线的交点，可以使用“工具点”菜单。“工具点”菜单的使用方法是：当系统提示“拾取标注元素或点取第一点”时，按下空格键弹出“工具点”菜单，如图8-22所示，选择“交点”选项，然后单击一个交点。当系统提示“拾取另一个标注元素或点取第二点”时，同样使用“工具点”菜单，单击拾取另一个交点，标注平键长度尺寸为“70”，如图8-23所示。

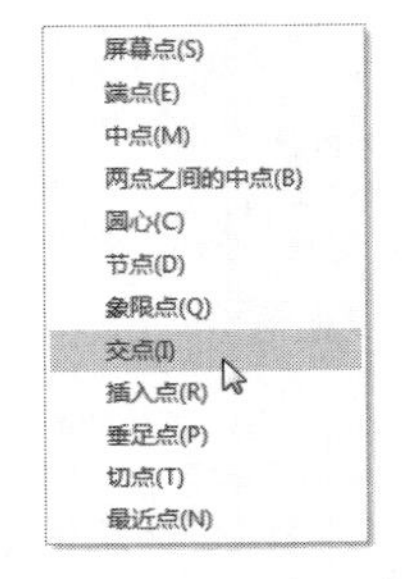

图8-22　“工具点”菜单

再次使用“尺寸标注”命令，标注平键的厚度尺寸为“10”。

单击按钮，或执行“标注”→“倒角标注”命令，在立即菜单2中选择“轴线方向为X方向”，单击拾取倒角线，再次单击鼠标左键标注出倒角尺寸，结果如图8-24所示。

（4）填写标题栏

单击按钮，或执行“幅面”→“标题栏”→“填写”命令，填写标题栏。

（5）保存文件

执行“文件”→“保存”命令，将文件进行保存，输入文件名为“平键”。

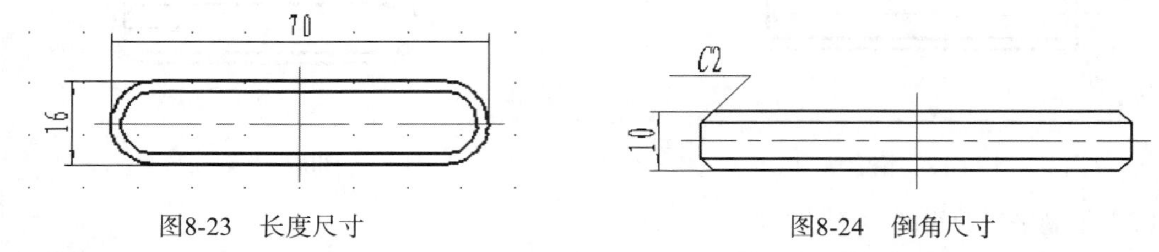

图8-23　长度尺寸

图8-24　倒角尺寸

倒角标注的字母为正体，这里需要用“分解”命令将倒角尺寸进行分解，然后将字母改成斜体。

8.3　销的设计

8.3.1　设计思路

本节将绘制机械中常用的零件销，如图8-25所示。销也是一种机械连接零件，根据形式的不同分为圆柱销、圆锥销、开口销等。销形似圆锥体，其结构通过主视图一个视图和适当的尺寸标注即可表达清楚。

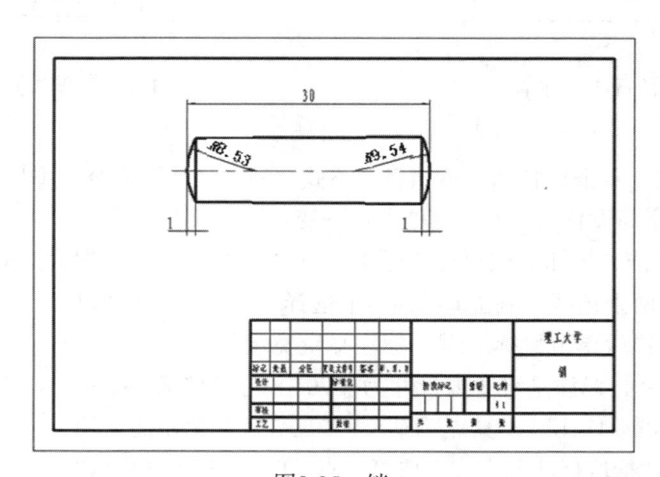

图8-25　销

8.3.2　设计步骤

1．配置绘图环境

（1）建立新文件。启动CAXA CAD电子图板2021，选择“BLANK”样板创建空白文档，进入用户界面。

（2）图幅设置。单击按钮，或执行“幅面”→“图幅设置”命令，根据销的实际尺寸在“图幅设置”对话框中将图纸幅面设置为“A4”，图纸比例设置为“4:1”，图纸方向设置为“横放”，选择调入相应的图框与标题栏，单击“确定”按钮。

（3）开启“导航”屏幕点捕捉方式。单击按钮，或执行“工具”→“捕捉设置”命令，将屏幕点方式设置为“导航”，单击“确定”按钮。

2. 绘制销

（1）绘制中心线

1）切换当前图层：在“颜色图层”工具栏中将“中心线层”设置为当前图层。

2）绘制中心线：使用“直线”命令，在绘图区域的适当位置绘制一条直线，作为销的中心线，结果如图8-26所示。

图8-26　绘制中心线

（2）绘制销

1）切换当前图层：在“颜色图层”工具栏中将“0层”设置为当前图层

2）绘制平行线：单击按钮，或执行“绘图”→“平行线”命令，在立即菜单1中选择“偏移方式”，在立即菜单2中选择“双向”，如图8-27所示。系统提示“拾取直线”，鼠标左键单击中心线，并且输入距离值“4”，按Enter键，结果如图8-28所示。

1. 偏移方式　2. 双向

图8-27 “绘制平行线”立即菜单

图8-28　绘制平行线

3）绘制销轮廓：单击按钮，或执行“绘图”→“直线”命令，在立即菜单1中选择“两点线”，绘制一条垂直直线，然后单击鼠标左键拾取此直线，单击鼠标右键弹出编辑菜单，选择“平移复制”选项，如图8-29所示。在立即菜单1中选择“给定偏移”，分别输入“1”“29”“30”三个数值，单击鼠标右键取消当前命令，绘制结果如图8-30所示。

4）绘制角度线：单击按钮，或执行“绘图”→“直线”命令，在立即菜单1中选择“角度线”，在立即菜单2中选择“X轴夹角”，使用“显示窗口”命令将绘图区域放大，按空格键弹出“工具点”菜单，如图8-31所示。选择“交点”选项，将光标移动到交点附近单击鼠标左键，如图8-32所示。

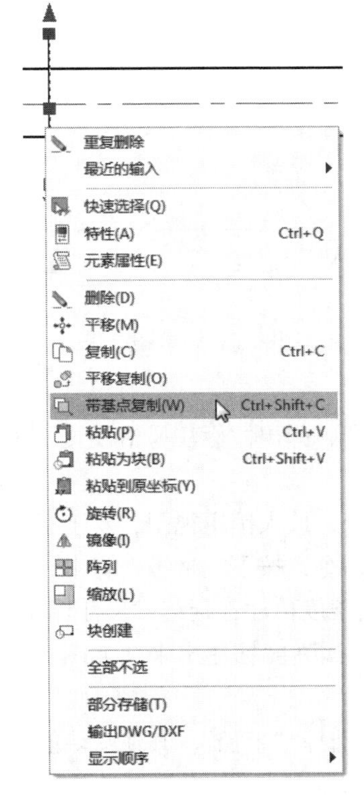

图8-29　选择“平移复制”选项

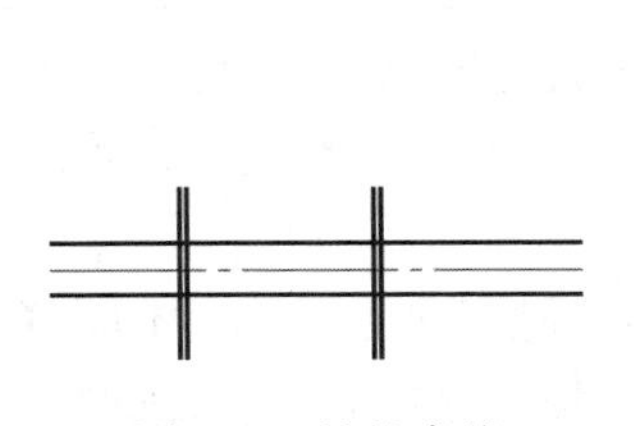

图8-30　销轮廓线

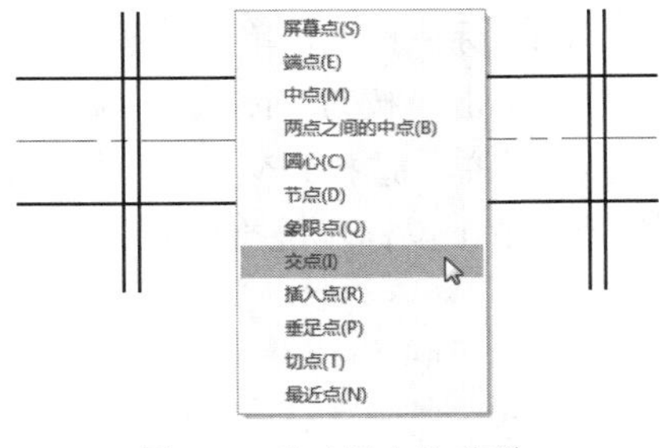

图8-31 “工具点”菜单

在立即菜单角度输入项中输入“0.5”，移动光标拉伸直线，得到合适的长度，如图8-33所示。单击鼠标右键取消当前命令，结果如图8-34所示。

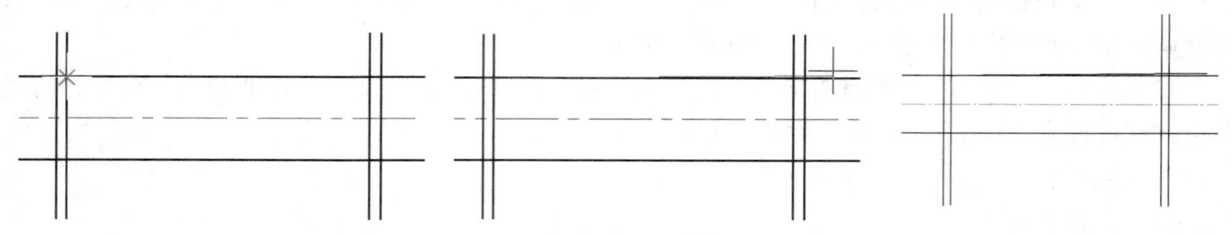

图8-32 拾取交点　　图8-33 移动光标拉伸直线　　图8-34 绘制角度线

5）镜像直线：单击按钮，或执行“修改”→“镜像”命令，在立即菜单1中选择“选择轴线”，在立即菜单2中选择“拷贝”，系统提示“拾取元素”，单击鼠标左键拾取角度线，然后单击鼠标右键取消当前命令，系统提示“拾取轴线”，再单击鼠标左键拾取中心线，这时角度线被镜像复制，结果如图8-35所示。

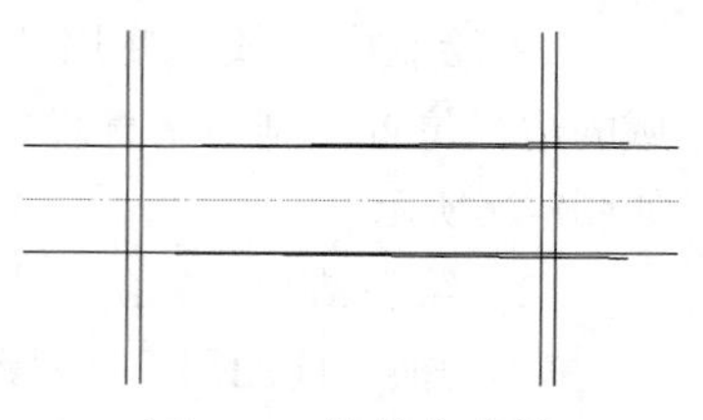

图8-35 镜像角度线

6）绘制圆弧：单击按钮，或执行“绘图”→“圆”命令，在立即菜单1中选择“三点”，根据系统提示，分别单击鼠标左键拾取3个交点，如图8-36所示，绘制销左端圆弧。再采用同样的方法，绘制销右端圆弧，结果如图8-36所示。

7）裁剪与删除：单击按钮，或执行“修改”→“裁剪”命令，系统提示“拾取要裁剪的曲线”，单击鼠标左键拾取需要裁剪的曲线，将多余线条裁剪掉（不能被裁剪的线条可以使用“删除”命令进行删除）。单击按钮，或执行“修改”→“删除”命令，单击鼠标左键拾取相应线条，单击鼠标右键确认。销草图结果如图8-37所示。

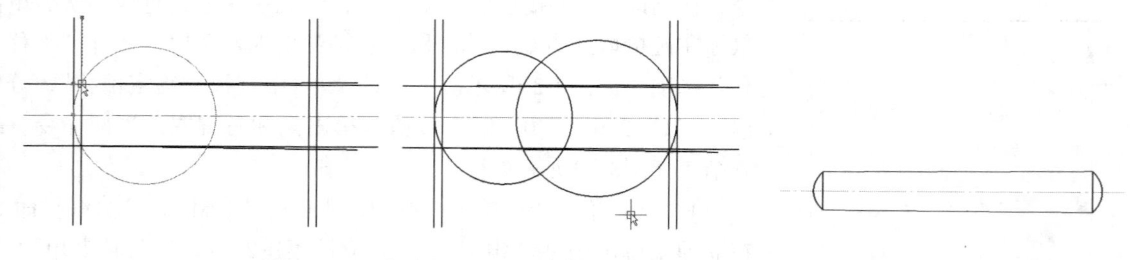

图8-36 三点绘制圆弧　　图8-37 销草图结果

3．标注销

（1）标注参数设置。单击按钮，或执行“格式”→“尺寸”命令，弹出“标注风格设置”对话框，将标注参数中字高设置为“7”，其他参数不变。

（2）标注尺寸。单击按钮，或执行“视图”→“显示窗口”命令，放大销主视图，易于标注尺寸；单击按钮，或执行“标注”→“尺寸标注”→“尺寸标注”命令，按下空格键，弹出“工具点”菜单，选择“交点”；采用同样的方法选择另一个交点，进行销长度标注；延续“尺寸标注”命令，单击鼠标左键拾取圆弧端直线和圆弧与中心线交点，将两个圆弧高度标注出来，如图8-38所示。

使用“尺寸标注”命令，单击鼠标左键拾取圆弧，在立即菜单2中选择“半径”，其他默认值不变，移动鼠标摆放好尺寸线位置，单击鼠标左键确定，结果如图8-39所示。

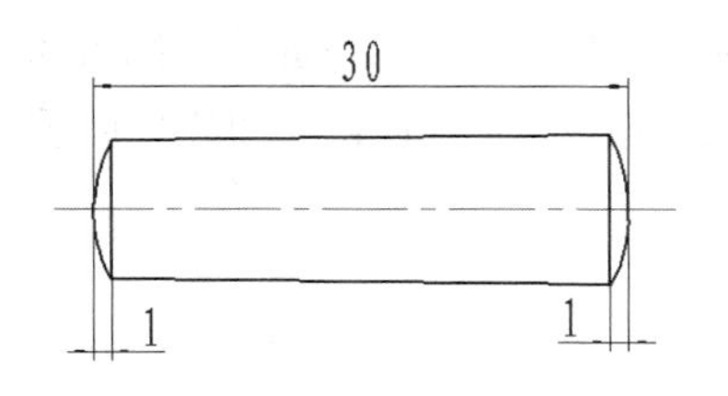

图8-38　销长度标注

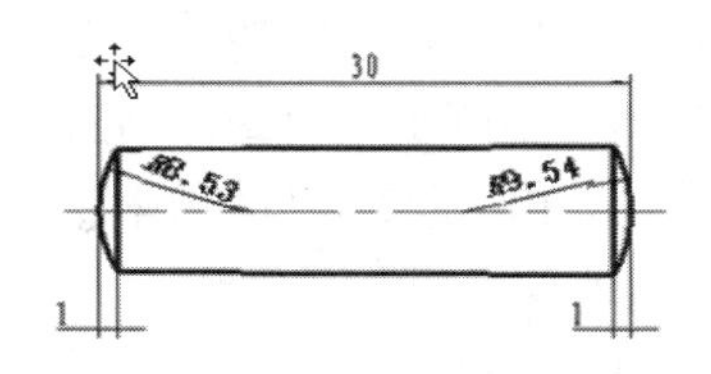
图8-39　销尺寸标注

4．填写标题栏

单击按钮，或执行“幅面”→“标题栏”→“填写”命令，弹出“填写标题栏”对话框，输入相应文字，单击“确定”按钮。

5．保存文件

执行“文件”→“保存”命令，将文件进行保存，输入文件名为“销”。

8.4　轴承端盖设计

8.4.1　设计思路

机械零件中有许多呈盘套形状，可将其归类为盘套类零件。盘套类零件的基本形状是回转体结构，如带轮、端盖、齿轮等。本节将以轴承端盖（见图8-40）为例，讲解盘套类零件的设计过程。

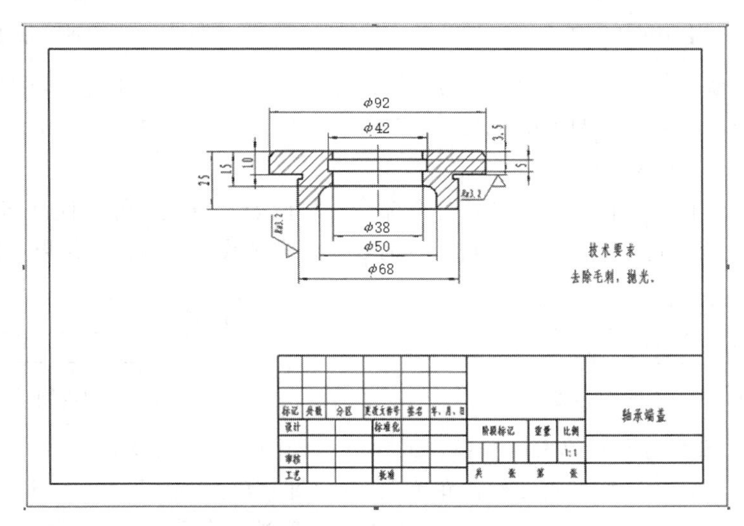

图8-40　轴承端盖

轴承端盖结构简单，一般来说，盘套类零件用全剖的主视图即可表达清楚。

8.4.2　设计步骤

1．配置绘图环境

（1）建立新文件。启动CAXA CAD电子图板2021，选择“BLANK”样板创建空白文档，进入用户界面。

（2）图幅设置。单击按钮，或执行“幅面”→“图幅设置”命令，根据轴承端盖的实际尺寸在“图幅设置”对话框中将图样幅面设置为“A4”，图样比例设置为“1:1”，图样方向设置为“横放”，选择调入相应的图框与标题栏，单击“确定”按钮。

2．绘制轴承端盖

（1）绘制轴承端盖轮廓

① 切换当前图层：将“0层”设置为当前图层。

② 绘制轴承端盖大端：单击按钮，或执行“绘图”→“孔/轴”命令，系统提示“选择插入点”，在操作界面下方出现立即菜单，如图8-41所示。在立即菜单1中选择“轴”，在立即菜单2中选择“直接给出角度”，在立即菜单3中输入“90”。移动光标到绘图区域的合适位置，单击鼠标左键，立即菜单切换为如图8-42所示。在立即菜单2中的“起始直径”项中输入“92”，在立即菜单3中的“终止直径”项中输入“92”，系统提示“轴上一点或轴的长度”，输入数值“10”，按Enter键，单击鼠标右键取消此命令，结果如图8-43所示。

1. 轴 2. 直接给出角度 3.中心线角度 90

图8-41 “绘制孔/轴”立即菜单

1. 轴 2.起始直径 92 3.终止直径 92 4. 有中心线 5.中心线延伸长度 3

图8-42 “绘制孔/轴”立即菜单

（2）绘制轴承端盖小端：单击拾取图8-43中的下方直线，然后单击鼠标右键，在弹出的快捷菜单中选择“平移复制”命令，将直线向下平移，距离为15，结果如图8-44所示。

图8-43 绘制轴承端盖小端　　图8-44 平移轴承端盖轮廓

单击按钮，或执行“绘图”→“平行线”命令，绘制图8-44所示中心线的平行线。首先拾取中心线，如图8-45所示，在立即菜单2中选择“双向”，输入距离“34”，按Enter键，单击鼠标右键取消当前命令，结果如图8-46所示。

单击按钮，或执行“修改”→“拉伸”命令，将两条竖直线拉伸，使其与下面的直线相交。然后单击按钮，或执行“修改”→“裁剪”命令，将多余线条裁剪掉，结果如图8-47所示。

图8-45 拾取中心线　　图8-46 绘制平行线

（3）绘制轴承端盖内孔：单击按钮，或执行“绘图”→“孔/轴”命令，在立即菜单1中选择“孔”，在立即菜单2中选择“直接给出角度”，在立即菜单3中输入“90”。设置起始直径和终止直径均为“38”，孔长度为“15”，绘制内孔。这时，不取消此命令，将起始直径和终止直径均改为“50”，孔长度改为“10”，绘制孔，结果如图8-48所示。单击按钮，或执行“修改”→“拉伸”命令，将直线拉伸，结果如图8-49所示。

图8-47 裁剪结果　　图8-48 绘制内孔轮廓

（4）绘制内环槽：单击按钮，或执行“绘图”→“平行线”命令，拾取端盖上直线，绘制距离分别为“8.5”“8.5”的两条水平平行线，如图8-50所示。

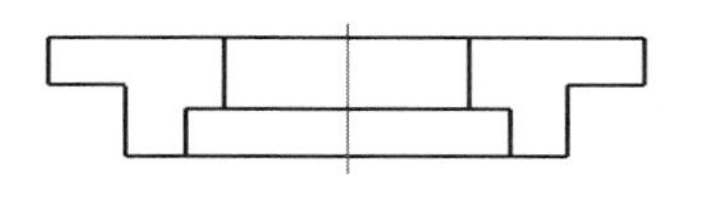
图8-49 拉伸直线

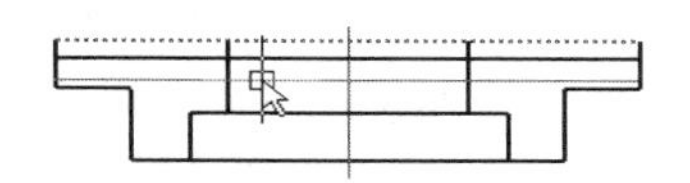
图8-50 绘制水平平行线

同理，绘制中心线的两条竖直平行线，距离为“21”，如图8-51所示。单击按钮，或执行“修改”→“裁剪”命令，将多余线条裁剪掉，结果如图8-52所示。

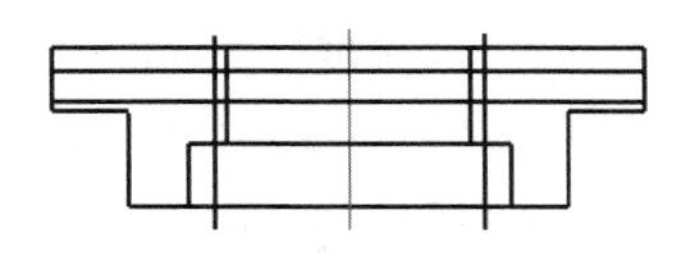
图8-51 绘制竖直平行线

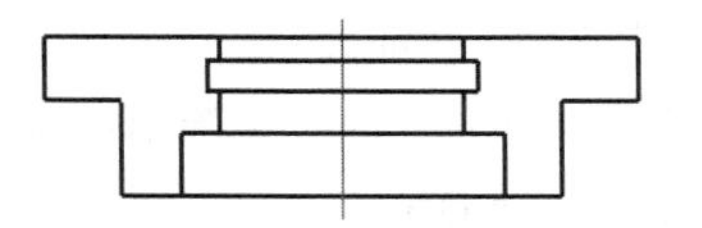
图8-52 绘制内环槽

（5）绘制退刀槽：单击按钮，或执行“修改”→“平移复制”命令，复制竖直直线，距离为“2”，如图8-53所示；复制水平直线，距离为“2”，如图8-54所示。

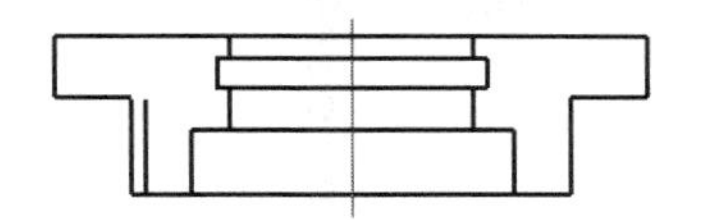
图8-53 平移竖直线

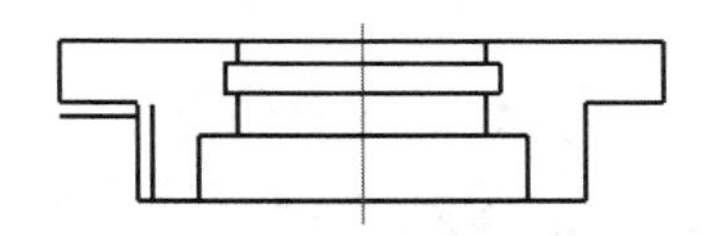
图8-54 平移水平线

单击按钮，或执行“修改”→“拉伸”命令，将直线拉伸，使其相交，然后单击按钮，或执行“修改”→“裁剪”命令，裁剪线条，结果如图8-55所示。重复上述操作，绘制右边的退刀槽截面，结果如图8-56所示。

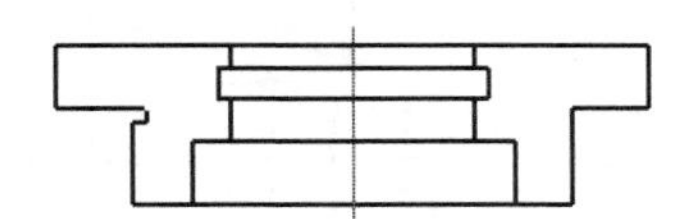
图8-55 绘制左边退刀槽截面

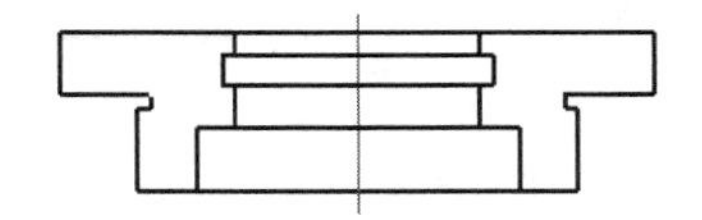
图8-56 绘制右边退刀槽截面

（6）绘制圆角和倒角：单击按钮，或执行“修改”→“过渡”命令，绘制半径为5mm的圆角，如图8-57所示。绘制2×45° 的倒角，如图8-58所示。

（7）绘制剖面线：单击按钮，或执行“绘图”→“剖面线”命令，绘制轴承端盖的剖面线，如图8-59所示。

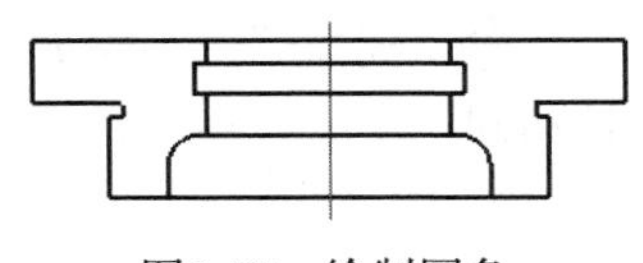
图8-57 绘制圆角

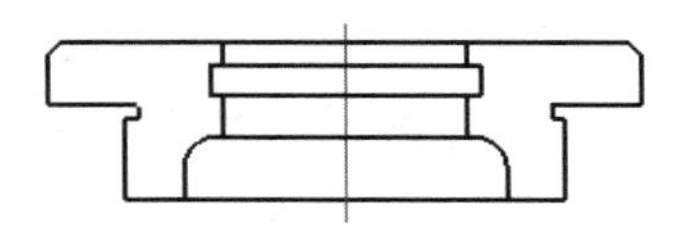
图8-58 绘制倒角

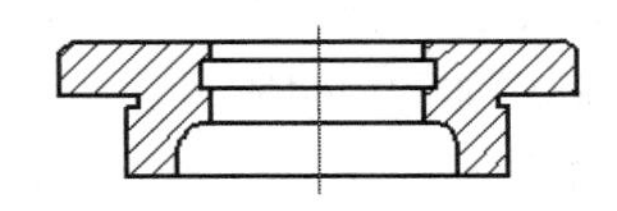
图8-59 绘制剖面线

3．标注轴承端盖

（1）标注尺寸。单击按钮，或执行“格式”→“尺寸”命令，将标注文本字高设置为“5”。单击按钮，或执行“标注”→“尺寸标注”→“尺寸标注”命令，标注轴承端盖的尺寸，结果如

图8-60所示。

（2）标注表面粗糙度。单击√按钮，或执行“标注”→“粗糙度”命令，弹出“标注表面粗糙度”立即菜单，如图8-61所示。

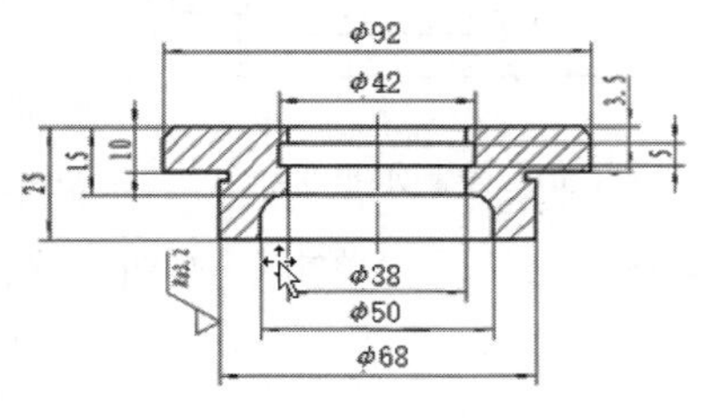

图8-60　标注尺寸

图8-61　“标注表面粗糙度”立即菜单

在立即菜单1中可以选择“简单标注”或“标准标注”。如果选择“标准标注”，则弹出“表面粗糙度”对话框，如图8-62所示，在该对话框中可以选择表面粗糙度符号、纹理方向、数值及输入说明等操作。

本例中，在立即菜单1中选择“简单标注”，在立即菜单2中选择“默认方式”，在立即菜单3中选择“去除材料”，在立即菜单4中输入“3.2”。在系统提示下，移动鼠标，确定标注定位点后单击左键，移动鼠标，确定表面粗糙度符号位置后再次单击左键，结果如图8-63所示。

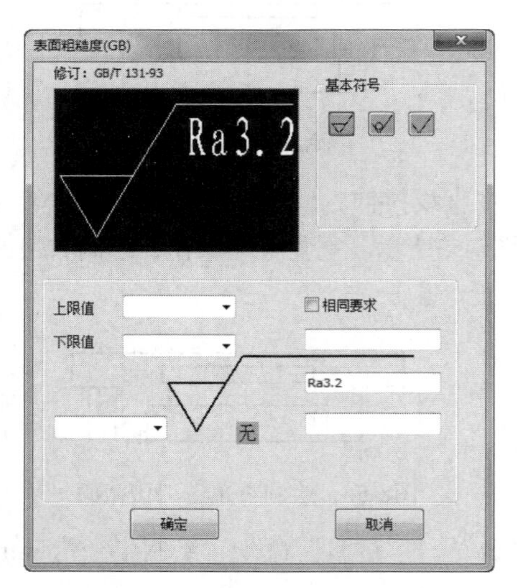

图8-62　“表面粗糙度”对话框

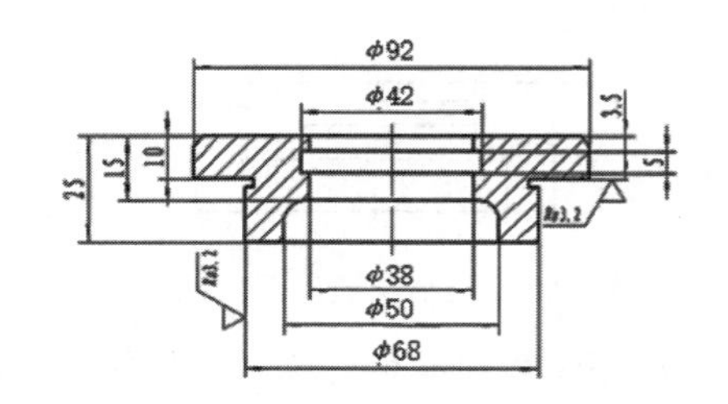

图8-63　标注表面粗糙度

表面粗糙度符号标注的字母为正体，在这里需要用“分解”命令将表面粗糙度符号进行分解，然后将字母改成斜体。

（3）标注技术要求。单击按钮，或执行“标注”→“技术要求”命令，弹出“技术要求库”对话框，如图8-64所示。在该对话框中，选定某项技术要求后，复制粘贴到上方的文本编辑框中，在文本编辑框中可以对其进行编辑修改。单击“正文设置”按钮，设置文本字高为“5”，并单击“生成”按钮。根据系统提示，在绘图区域的右下角单击鼠标左键，然后拖动鼠标，选择另一角点再次单击鼠标左键，技术要求即可被标注于绘图区域，结果如图8-40所示。

4．填写标题栏

单击按钮，或执行“幅面”→“标题栏”→“填写”命令，填写标题栏，结果如图8-40所示。

5．保存文件

将轴承端盖图样进行保存，输入文件名为“轴承端盖”。

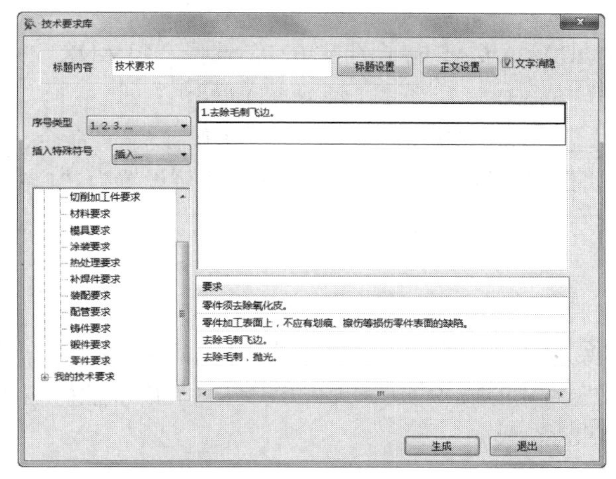

图8-64　“技术要求库”对话框

8.5　减速器设计

8.5.1　设计思路

减速器是一种典型的箱体类零件，其结构比较复杂，标注的尺寸较多，如图8-65所示。绘制减速器将用到大量的绘图命令，是使用CAXA CAD电子图板绘图功能的综合实例。

通过对减速器的结构分析，可以首先绘制减速器的俯视图，通过俯视图可以清楚地了解减速器轴孔的位置关系；然后利用屏幕点的“导航”捕捉功能，绘制减速器的主视图和左视图，绘制过程中要注意不同视图的投影关系。为了更好地表达减速器的结构，还可以在减速器的局部进行剖视图的绘制。

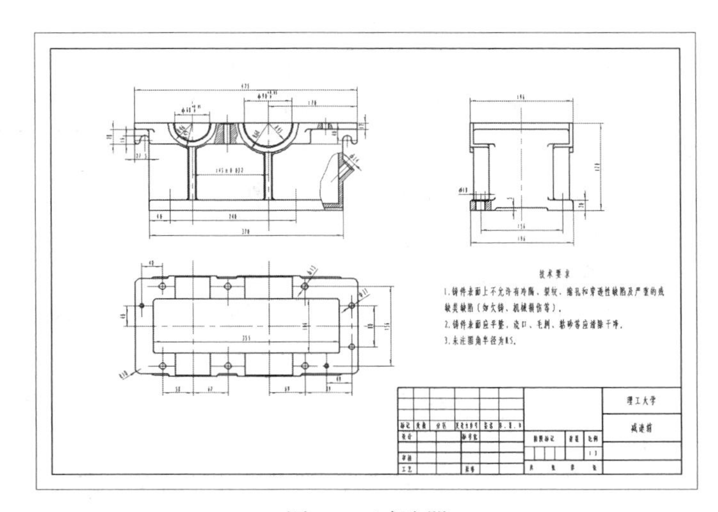

图8-65　减速器

8.5.2 设计步骤

1．配置绘图环境

（1）建立新文件。启动CAXA CAD电子图板2021，选择“BLANK”样板创建空白文档，进入用户界面。

（2）图幅设置。单击按钮，或执行“幅面”→“图幅设置”命令，根据减速器的实际尺寸在“图幅设置”对话框中将图样幅面设置为“A3”，图样比例设置为“1:3”，图样方向设置为“横放”，选择调入相应的图框与标题栏，单击“确定”按钮。

2．绘制减速器

（1）绘制中心线

首先，将当前图层切换为“中心线层”。然后，使用“直线”命令和“平行线”命令，在绘图区域绘制两条间距为145的竖直中心线（轴承孔中心线）、一条减速器左视图竖直中心线和一条减速器俯视图水平中心线，如图8-66所示。

（2）绘制减速器俯视图

1）切换图层：将当前图层切换为“0层”。

2）绘制减速器俯视图外轮廓：单击按钮，或执行“绘图”→“平行线”命令，在俯视图区域绘制水平中心线的两条平行线，距离为98；绘制竖直中心线的两条平行线，距离分别为110、170，如图8-67所示。然后，将多余线条裁剪掉，结果如图8-68所示。

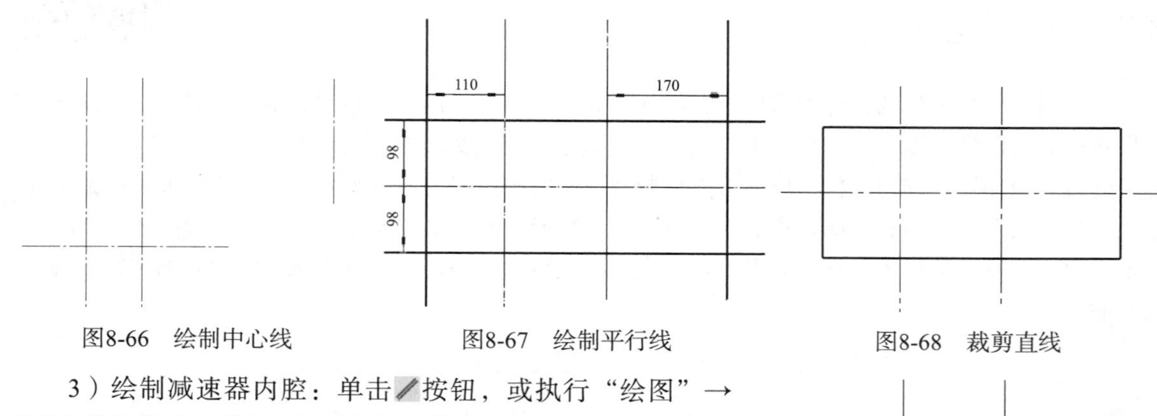

图8-66　绘制中心线　　图8-67　绘制平行线　　图8-68　裁剪直线

3）绘制减速器内腔：单击按钮，或执行“绘图”→“平行线”命令，绘制4条平行线，作为减速器箱体内腔，然后裁剪直线，如图8-69所示。

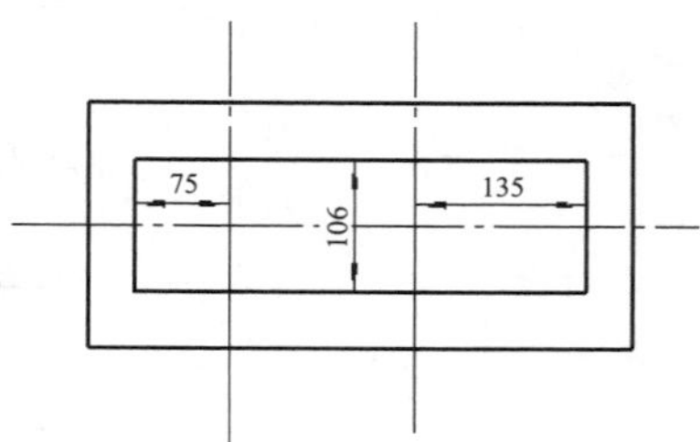

图8-69　绘制内腔矩形

4）绘制圆角：单击按钮，或执行“修改”→“过渡”命令，绘制内腔矩形的圆角，圆角半径为5mm。

5）绘制平行线：单击按钮，或执行“绘图”→“平行线”命令，绘制外轮廓边线的两条平行线，距离为5，如图8-70所示。

6）绘制轴孔：单击按钮，或执行“绘图”→“孔/轴”命令，绘制两对轴承孔，直径分别为68、90，结果如图8-71所示。

7）绘制减速器侧面凸台：单击按钮，或执行“绘图”→“平行线”命令，绘制轴承孔的平行线，距离分别为12、15。单击按钮，或执行“修改”→“镜像”命令，然后将其以水平线为轴进行镜像拷贝，如图8-72所示。

8）绘制圆角：单击□按钮，或执行“修改”→“过渡”命令，进行圆角过渡。设置四周圆角半径为10mm，其余圆角半径为5 mm。单击✂按钮，或执行“修改”→“裁剪”命令，删除多余的线条，结果如图8-73所示。

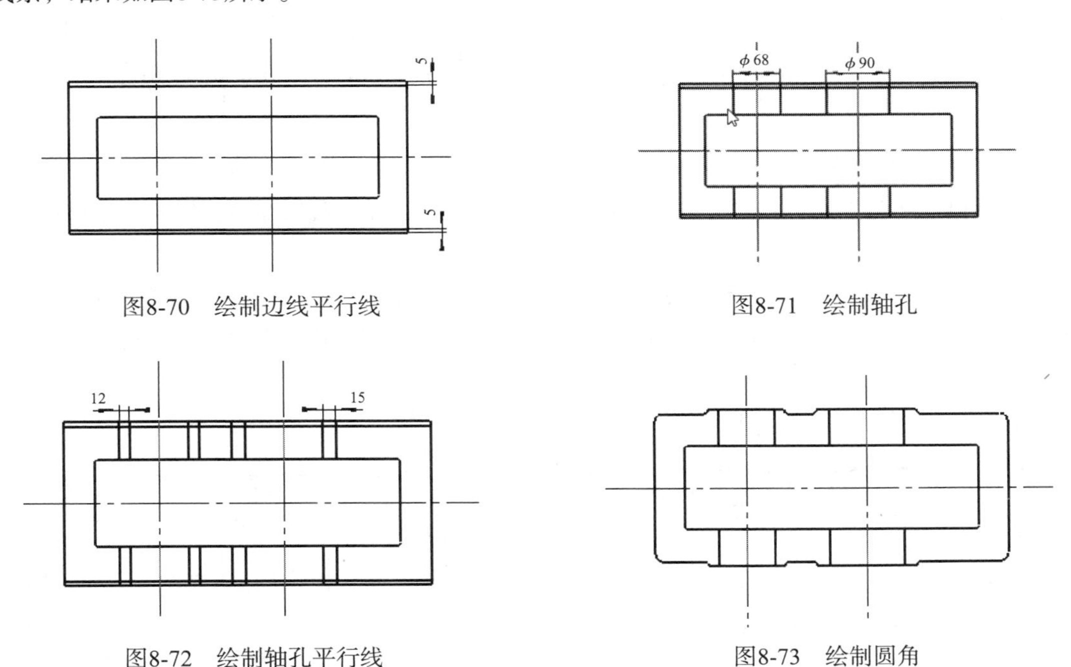

图8-70 绘制边线平行线　　图8-71 绘制轴孔

图8-72 绘制轴孔平行线　　图8-73 绘制圆角

9）倒角：单击□按钮，或执行“修改”→“过渡”命令，在立即菜单1中选择“内倒角”，长度为2，角度为45，绘制轴孔端面内倒角，结果如图8-74所示。

10）绘制螺栓孔及定位销孔中心线：首先切换当前图层为“中心线层”，单击╱按钮，或执行“绘图”→“平行线”命令，绘制螺栓孔和销孔中心线，如图8-75所示。

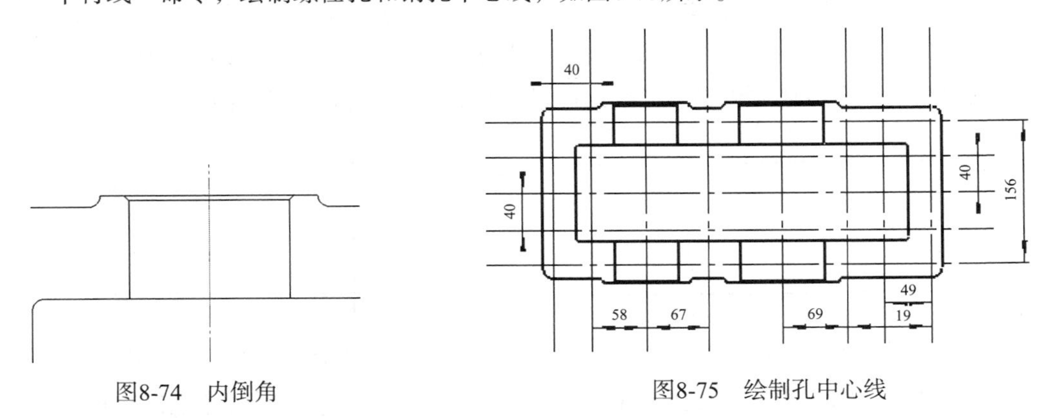

图8-74 内倒角　　图8-75 绘制孔中心线

11）裁剪和修改中心线：执行“修改”→“裁剪”命令和“修改”→“拉伸”命令，将中心线进行裁剪和修改，结果如图8-76所示。

12）绘制螺栓孔和销孔：切换当前图层为“0层”，螺栓孔上下为ϕ13mm的通孔，右侧为ϕ11mm的通孔；销孔由ϕ10mm和ϕ8mm两个投影圆组成。单击⊙按钮，或执行“绘图”→“圆”命令，以中心线交点为圆心分别绘制圆，结果如图8-77所示。

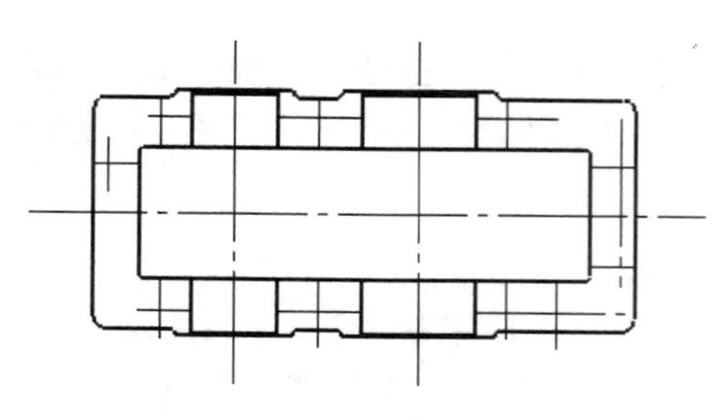

图8-76　裁剪和修改中心线

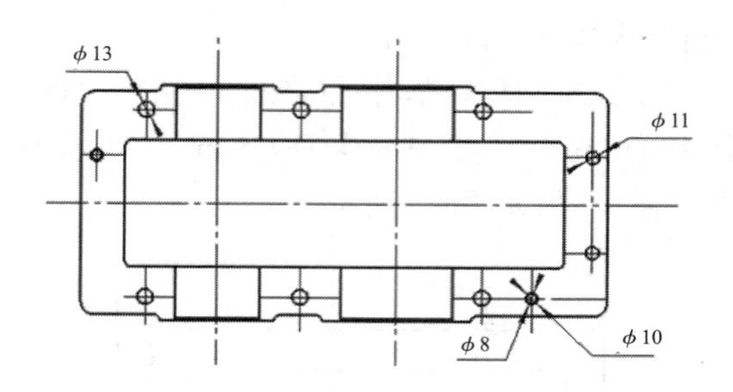

图8-77　绘制螺栓孔和销孔

13）绘制底座轮廓线：单击按钮，或执行“绘图”→“平行线”命令，绘制底座轮廓线，如图8-78所示。

14）绘制俯视图：单击按钮，或执行“修改”→“过渡”命令，绘制底座轮廓4个圆角，半径为10mm。单击按钮，或执行“修改”→“裁剪”命令，对轮廓线进行裁剪，完成减速器俯视图的绘制，结果如图8-79所示。

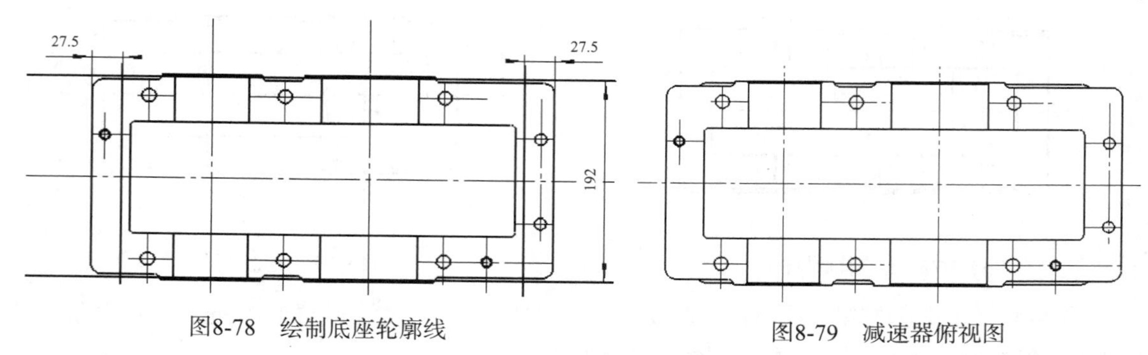

图8-78　绘制底座轮廓线

图8-79　减速器俯视图

（3）绘制减速器主视图

1）切换当前图层：将“0层”设置为当前图层。

2）绘制减速器主视图轮廓：执行“绘图”→“直线”命令和“修改”→“平移复制”命令，绘制两条间距为170的水平直线，作为减速器的上、下底面，如图8-80所示。使用“屏幕设置”命令，设置屏幕点方式为“导航”，结合俯视图，绘制左、右侧面边线，如图8-81所示。

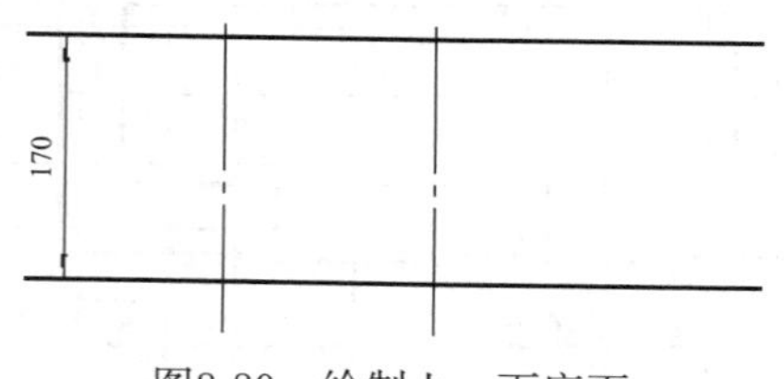

图8-80　绘制上、下底面

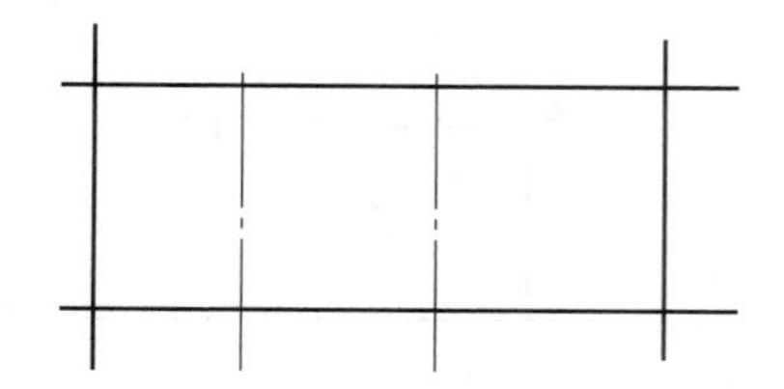

图8-81　绘制左、右侧面边线

3）绘制平行线：单击按钮，或执行“绘图”→“平行线”命令，绘制3条水平平行线和两条竖直平行线，其距离分别如图8-82所示。

4）裁剪：单击按钮，或执行“修改”→“裁剪”命令，裁剪图8-80中的线条，得到主视图轮廓，如图8-83所示。

5）绘制轴孔和端面安装面：单击按钮，或执行“绘图”→“圆”命令，以两条竖直中心线与顶面线交点为圆心，分别绘制同心圆，左侧一组直径分别为68mm、72mm、92mm和98mm；右侧一组直径分别为90mm、94mm、114mm和120mm，结果如图8-84所示。

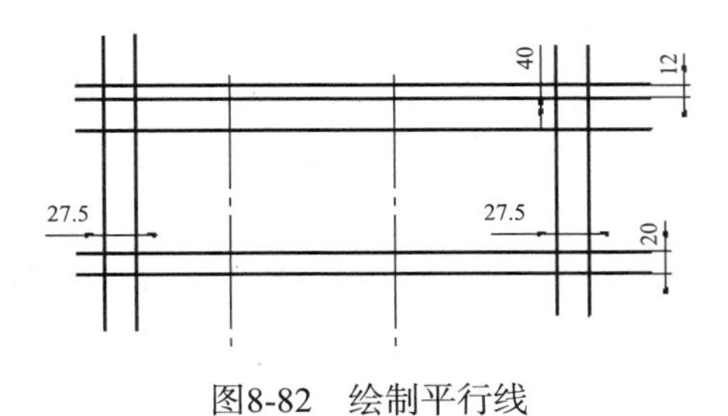

图8-82　绘制平行线

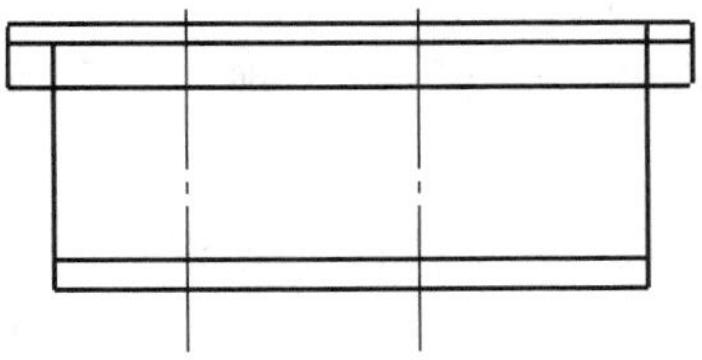

图8-83　主视图轮廓

6）绘制左、右耳片圆弧中心线：切换当前图层为“中心线层”，单击按钮，或执行“绘图”→“平行线”命令，绘制左、右耳片圆弧中心线，其位置尺寸如图8-85所示。

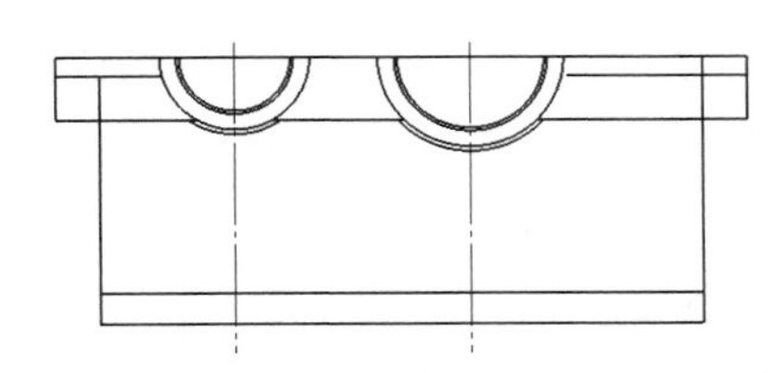

图8-84　绘制轴孔和端面安装面

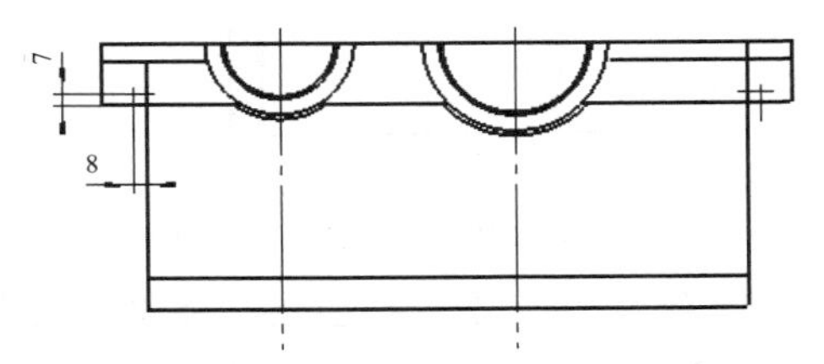

图8-85　绘制左、右耳片圆弧中心线

7）绘制圆弧：切换当前图层为“0层”，单击按钮，或执行“绘图”→“圆”命令，绘制耳片圆弧，直径为18mm，单击按钮，或执行“绘图”→“直线”命令，在圆弧的象限点处绘制竖直线，裁剪后的结果如图8-86所示。

8）绘制肋板：单击按钮，或执行“绘图”→“平行线”命令，绘制竖直中心线的平行线，设置肋板宽度为12mm，与箱体相交宽度为16mm。对图形进行裁剪，结果如图8-87所示。

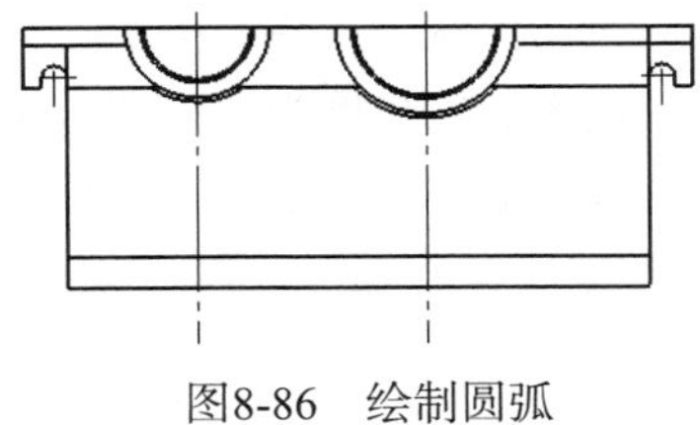

图8-86　绘制圆弧

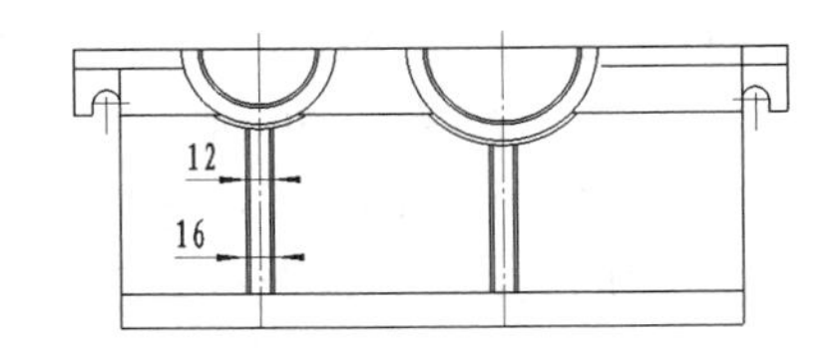

图8-87　绘制肋板

9）绘制铸造圆角位置线：单击按钮，或执行“绘图”→“平行线”命令，绘制图8-88所示的位置直线，用于下一步绘制铸造圆角。

10）绘制圆角：单击按钮，或执行“修改”→“过渡”命令，对主视图进行圆角操作，设置圆角半径为5mm，然后删除多余线条，结果如图8-89所示。

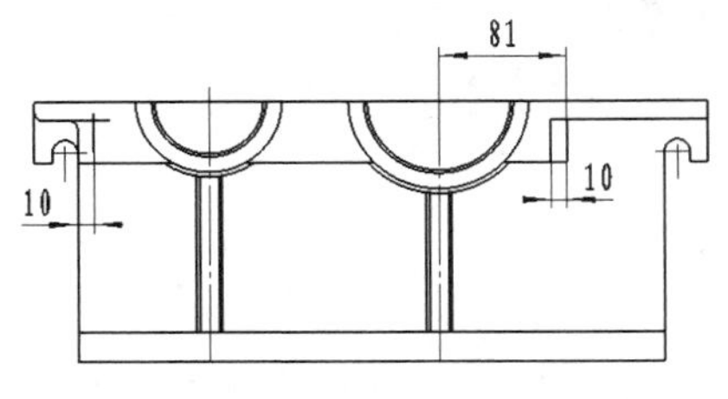

图8-88　绘制铸造圆角位置线

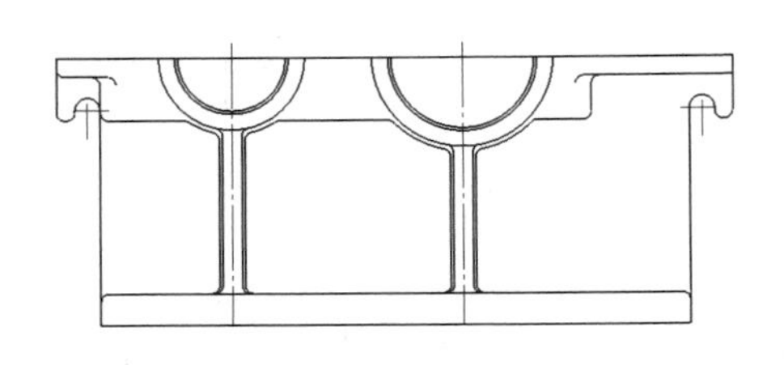

图8-89　绘制圆角

11）绘制螺栓孔和销孔局部剖视图：单击按钮，或执行“绘图”→“平行线”命令，绘制螺栓孔，螺栓孔尺寸为ϕ13mm×38mm，安装沉孔尺寸为ϕ24mm×2mm。

根据俯视图的投影关系，将“细实线层”设置为当前图层。单击按钮，或执行“绘图”→“样条”命令，在主视图上绘制螺栓孔局部剖视图轮廓，然后将多余线条裁剪掉，结果如图8-90所示。

单击按钮，或执行“绘图”→“剖面线”命令，切换到“剖面线层”，绘制剖面线。采用同样的方法，绘制尺寸为ϕ10mm×12mm的销孔，结果如图8-91所示。

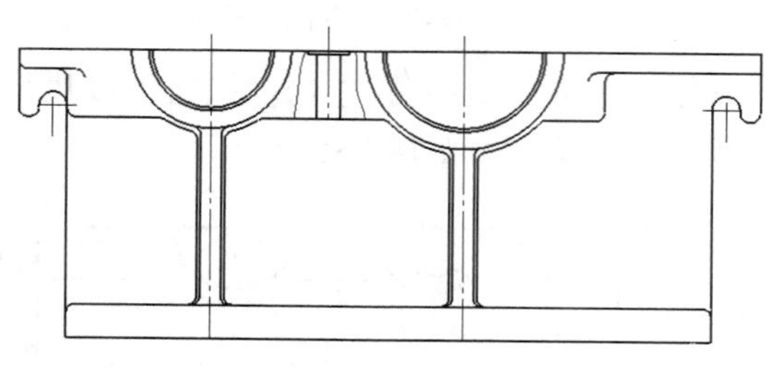

图8-90　绘制螺栓孔剖视图

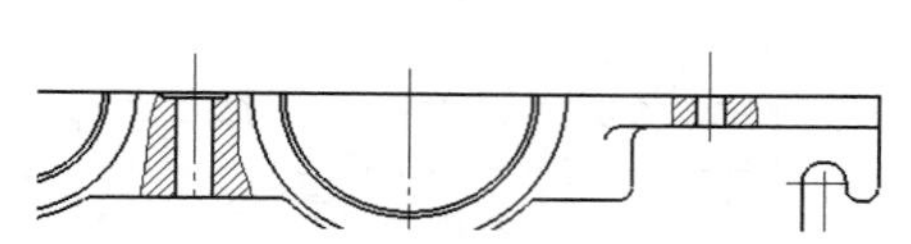

图8-91　绘制销孔局部剖视图

12）绘制油标尺安装孔：将当前图层切换到“0层”，单击按钮，或执行“绘图”→“平行线”命令，绘制箱体底边线的平行线，距离为100。单击按钮，或执行“绘图”→“直线”命令，过平行线与箱体侧面交点绘制两条平行角度线，距离为30，同时绘制其中心线，如图8-92所示。

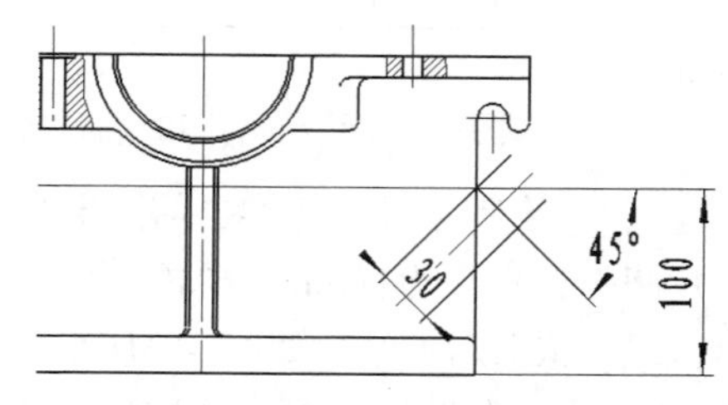

图8-92　绘制油标尺安装孔

单击按钮，或执行“绘图”→“图库”→“插入图符”命令，在图8-93所示的“插入图符”对话框中选择“常用图形\孔”，在图符列表框中选择“六角螺钉沉孔”，单击“下一步”按钮。在图8-94所示的“图符预处理”对话框中选择M12尺寸规格螺钉孔，单击“完成”按钮。从零件库中提取图符，在系统提示下，移动鼠标，选择图8-95所示的交点作为图符定位点，输入旋转角度为“-45”。使用鼠标右键单击图符，在弹出的立即菜单中选择“分解”命令，将图符块打散。

绘制减速器的内壁边线和样条线，然后进行裁剪，绘制剖面线，得到油标尺安装孔的剖视图，如图8-96所示。

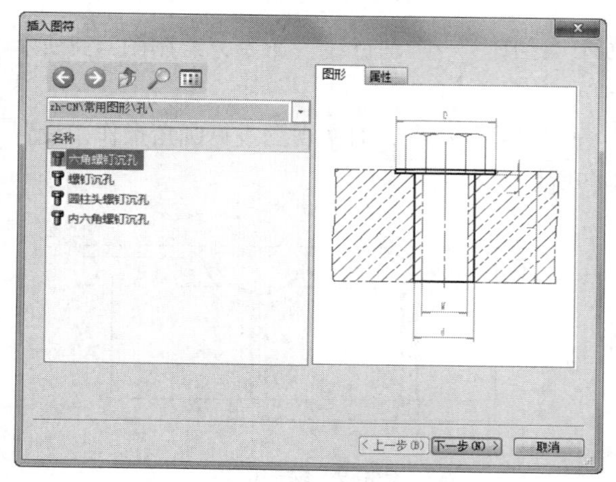

图8-93　“插入图符”对话框

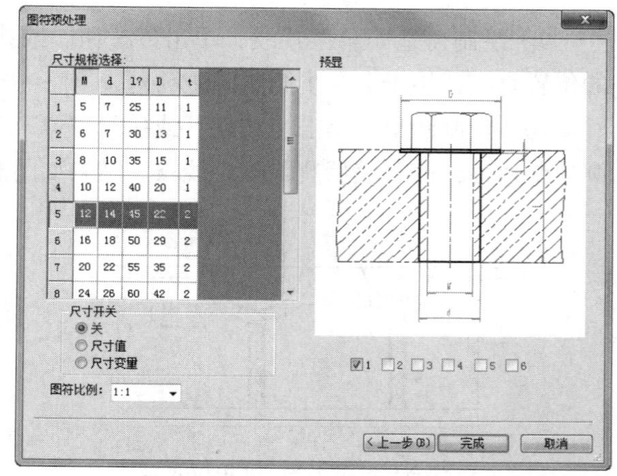

图8-94　“图符预处理”对话框

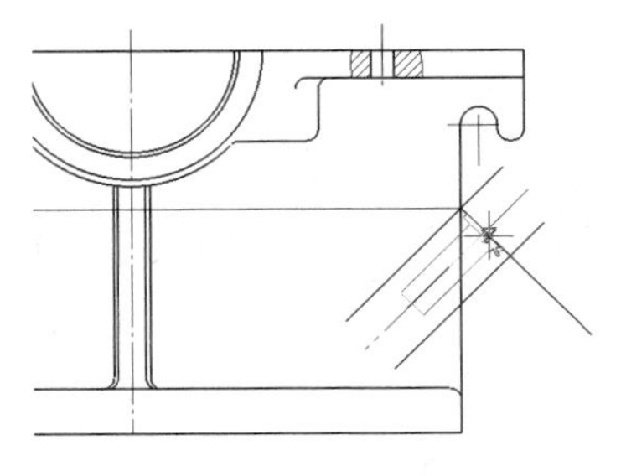

图8-95　选择图符定位点

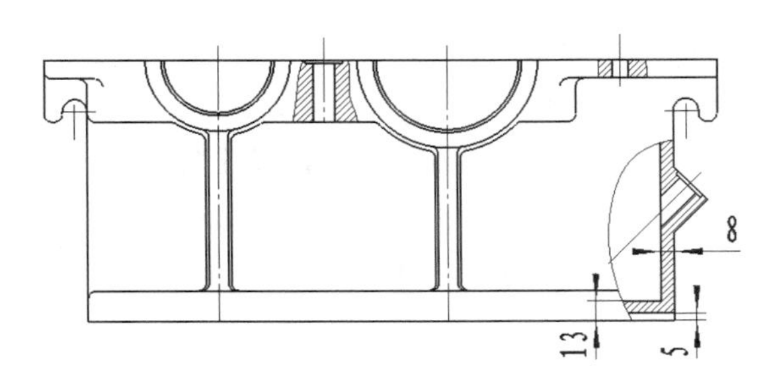

图8-96　绘制油标尺安装孔

（4）绘制减速器左视图

1）绘制箱体左视图侧面边线：单击按钮，或执行“绘图”→“平行线”命令，绘制一系列直线，构成减速器的侧面，如图8-97所示。

2）绘制水平边线：利用屏幕点捕捉“导航”方式，单击按钮，或执行“绘图”→“直线”命令，绘制一系列水平直线，如图8-98所示。

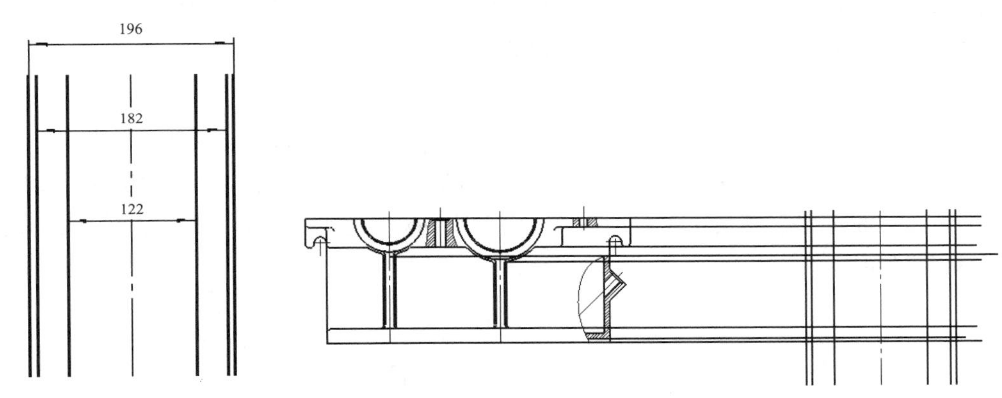

图8-97　绘制左视图侧面边线

图8-98　绘制左视图水平边线

3）裁剪图形：单击按钮，或执行“修改”→“裁剪”命令，裁剪左视图，如图8-99所示。

4）绘制圆角：单击按钮，或执行“绘图”→“平行线”命令，绘制中心线的两条平行线，距离为50，如图8-100所示。单击按钮，或执行“修改”→“过渡”命令，绘制各个圆角，设置圆角半径为5，然后进行裁剪，结果如图8-101所示。

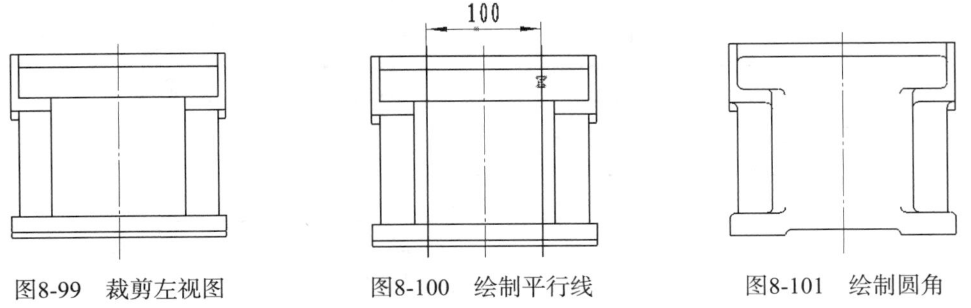

图8-99　裁剪左视图

图8-100　绘制平行线

图8-101　绘制圆角

5）绘制底座螺栓孔：首先将中心线向右侧进行“平移复制”，距离为78，然后进行镜像。执行“插入图符”命令，从图库中提取螺栓孔，尺寸为*M*16，长度为20mm，将图符定位于图8-102所示的位置。最后绘制样条线和剖面线。减速器箱体绘制完毕。

3．标注减速器

（1）标注主视图

1）进行无公差尺寸标注：首先，单击按钮，或执行“格式”→“尺寸”命令，将标注文字字高设置为“3”。然后，单击按钮，或执行“标注”→“尺寸标注”→“尺寸标注”命令，进行无公差尺寸的标注，如图8-103所示。

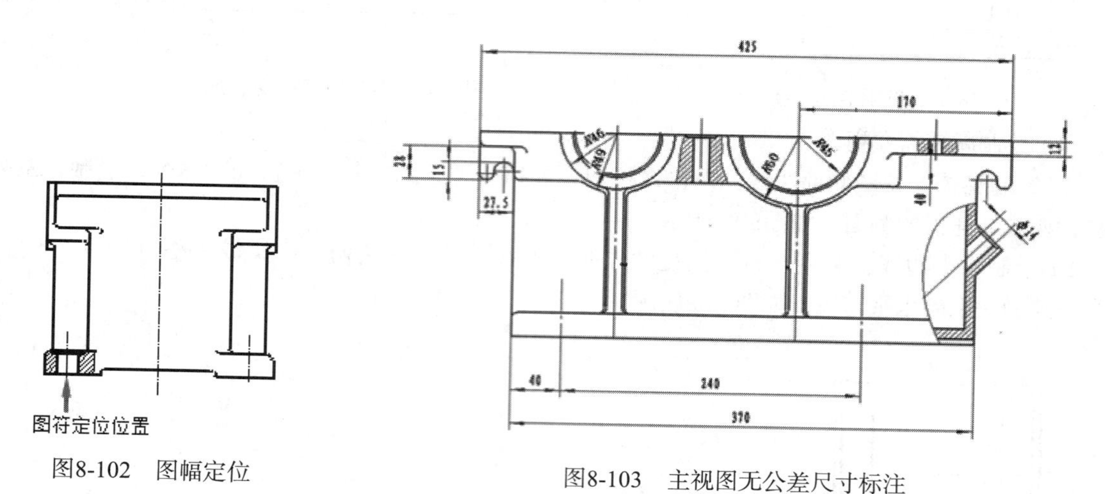

图8-102　图幅定位

图8-103　主视图无公差尺寸标注

2）进行公差尺寸标注：单击按钮，或执行“标注”→“尺寸标注”→“尺寸标注”命令，选择需要标注尺寸的对象，然后单击鼠标右键，在弹出的对话框中输入合适的公差值，进行公差尺寸标注，如图8-104所示。

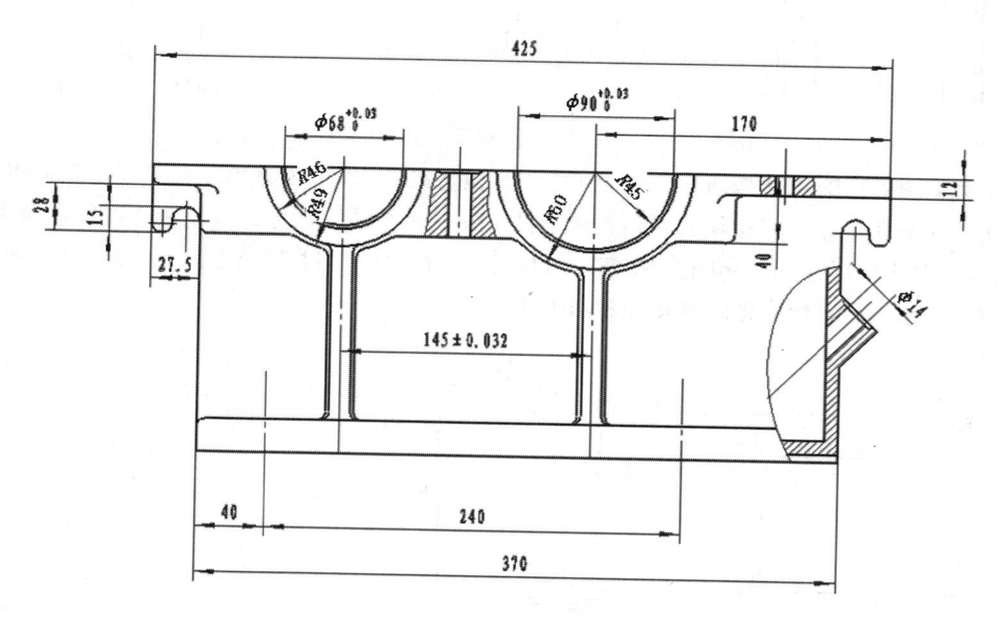

图8-104　主视图公差尺寸标注

（2）标注俯视图和左视图

重复上述标注尺寸的方法，在俯视图和左视图上进行尺寸标注，结果如图8-105和图8-106所示。

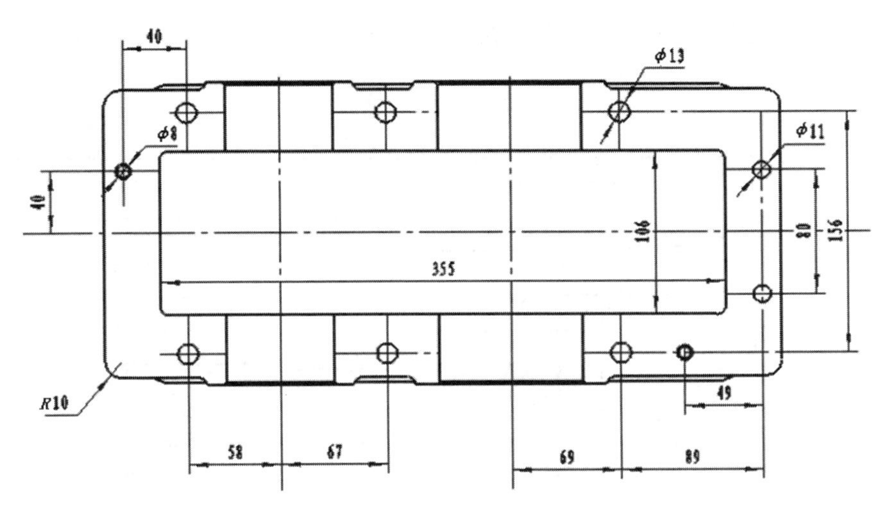

图8-105　俯视图尺寸标注

（3）标注技术要求

单击按钮，或执行“标注”→“技术要求”命令，在弹出的“技术要求库”对话框中设置字高为“5”，在文本框中调入技术要求库中的合适技术要求或输入自定义技术要求，然后在绘图区域的合适位置标注技术要求，如图8-107所示。

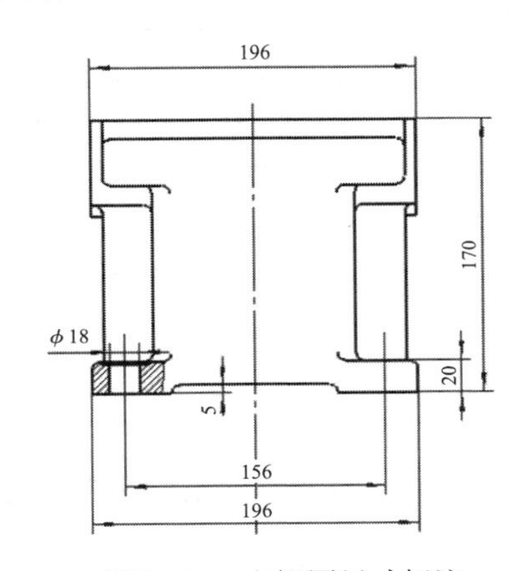

图8-106　左视图尺寸标注

技 术 要 求

1. 铸件表面上不允许有冷隔、裂纹、缩孔和穿透性缺陷及严重的残缺类缺陷（如欠铸、机械损伤等）。
2. 铸件表面应平整，浇口、毛刺、粘砂等应清除干净。
3. 未注圆角半径R5。

图8-107　标注技术要求

4．填写标题栏

单击按钮，或执行“幅面”→“标题栏”→“填写”命令，弹出“填写标题栏”对话框，输入相应文字，单击“确定”按钮。

5．保存文件

将减速器图样进行保存，输入文件名为“减速器”。

8.6　传动轴设计

8.6.1　设计思路

传动轴是机械零件中用于传动的轴类零件，绘制比较简单。图8-108所示的传动轴只需要主视图与两个键槽位置的剖视图即可表达清楚。在绘制过程中要重点学习“尺寸公差”与“形位公差”的标注方法。

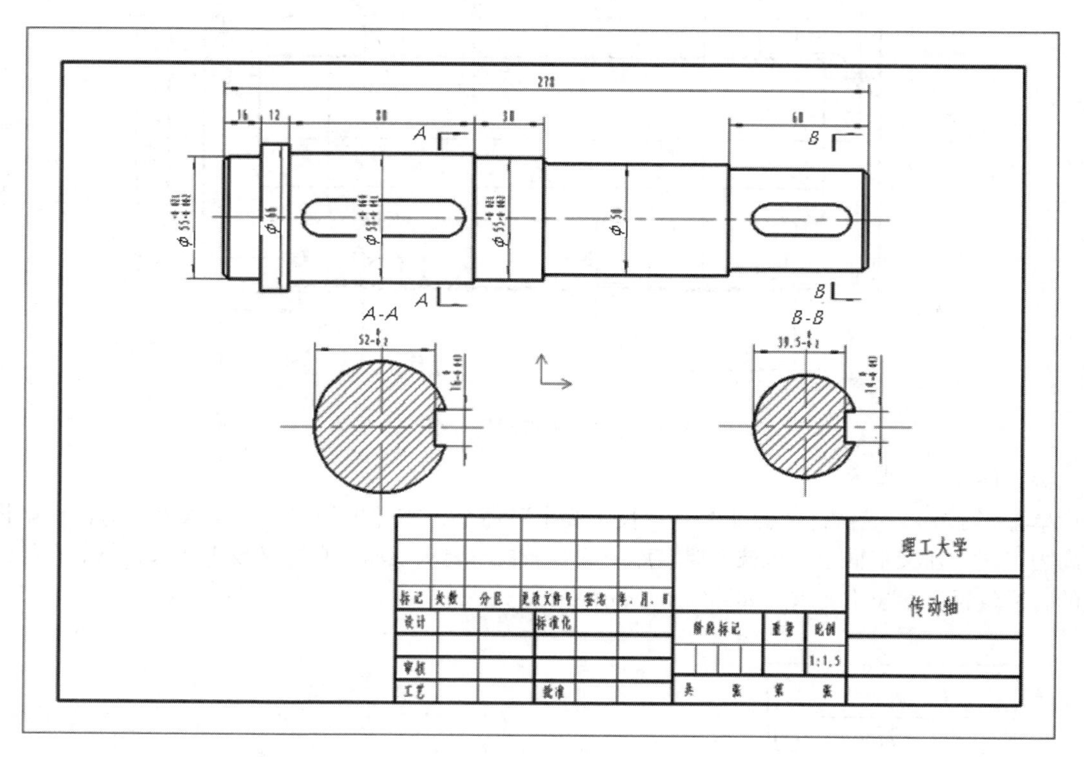

图8-108　传动轴

8.6.2　设计步骤

1．配置绘图环境

（1）建立新文件。启动CAXA CAD电子图板2021，选择“BLANK”样板创建空白文档，进入用户界面。

（2）保存文件。选择保存路径，填写文件名称“传动轴”，单击“保存”按钮完成保存。

（3）图幅设置。单击按钮，或执行“幅面”→“图幅设置”命令，根据传动轴的实际尺寸在“图幅设置”对话框中将图纸幅面设置为“A4”，图纸比例设置为“1:1.5”，图纸方向设置为“横放”，选择调入相应的图框与标题栏，单击“确定”按钮。

2．绘制传动轴

（1）绘制中心线

1）切换当前图层：将“中心线层”设置为当前图层。

2）绘制中心线：单击按钮，或执行“绘图”→“直线”命令，在绘图区域的适当位置绘制一条直线，作为传动轴的中心线，结果如图8-109所示。

图8-109　绘制中心线

（2）绘制传动轴主视图

1）切换当前图层：将“0层”设置为当前图层。

2）绘制横向平行线：单击按钮，或执行“绘图”→“平行线”命令，在立即菜单1中选择“偏移方式”，在立即菜单2中选择“单向”。系统提示“拾取直线”，单击鼠标左键拾取中心线，依次输入偏移距离33、29、27.5、25、22.5，分别按Enter键确定，单击鼠标右键取消当前命令，结果如图8-110所示。

3）绘制轴向平行线：首先，单击按钮，或执行“绘图”→“直线”命令，在立即菜单1中选择“两点线”，绘制传动轴左端边线。然后，单击按钮，或执行“修改”→“平移复制”命令，在立即菜单1中选择“给定偏移”方式，其他立即菜单采用默认方式。将传动轴左端边线依次向右复制，平移间距分别为16、28、108、138、218、278，结果如图8-111所示。

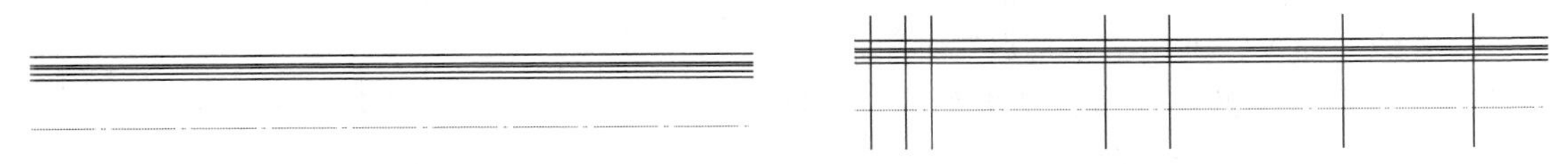

图8-110　绘制横向平行线　　　图8-111　绘制轴向平行线

4）裁剪平行线：单击按钮，或执行“修改”→“裁剪”命令，将横向平行线与轴向平行线多余部分裁剪，不能裁剪的可以使用“删除”命令将其删除，得到传动轴上半部分轮廓，结果如图8-112所示。

5）绘制键槽轮廓线：参照图8-108中的尺寸，执行“绘图”→“直线”命令和“绘图”→“平行线”命令，绘制键槽的轮廓线，单击按钮，或执行“修改”→“裁剪”命令，将多余线条裁剪掉，结果如图8-113所示。

图8-112　裁剪平行线　　　图8-113　绘制键槽轮廓线

6）端面倒角：单击按钮，或执行“修改”→“过渡”命令，在立即菜单1中选择“倒角”，在立即菜单3中选择“裁剪”，倒角长度为2，角度为45，按照系统提示，单击鼠标左键拾取相应直线，将端面进行倒角后，单击鼠标右键取消当前命令，结果如图8-114所示。

7）台阶面倒圆：单击按钮，或执行“修改”→“过渡”命令，在立即菜单1中选择“圆角”，立即菜单2中选择“裁剪始边”，圆角半径为1.5，按照系统提示，单击鼠标左键拾取相应直线，将台阶面倒圆，结果如图8-115所示。

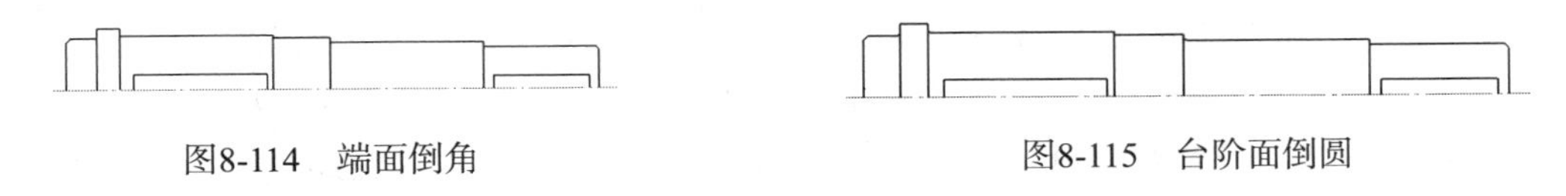

图8-114　端面倒角　　　图8-115　台阶面倒圆

注意

在进行倒圆时，要注意光标拾取位置，拾取位置不同，圆角方向亦不同，如果拾取不方便可以用绘图区域局部方法进行拾取。

8）键槽倒圆：同样的方法，单击按钮，或执行“修改”→“过渡”命令，在立即菜单1中选择“圆角”，在立即菜单2中选择“裁剪”，圆角半径分别为8mm和7mm，将键槽倒圆，再单击按钮，或执行“修改”→“删除”命令，鼠标左键删除多余线条，结果如图8-116所示。

9）镜像现有图形：单击按钮，或执行“修改”→“镜像”命令，系统提示“拾取元素”，在绘图区域左上角单击鼠标左键，移动鼠标拉出拾取框，拾取需镜像的对象，单击鼠标右键确定。系统提示“拾取轴线”，单击鼠标左键拾取中心线，完成图形的镜像，单击鼠标右键取消当前命令，结果如图8-117所示。

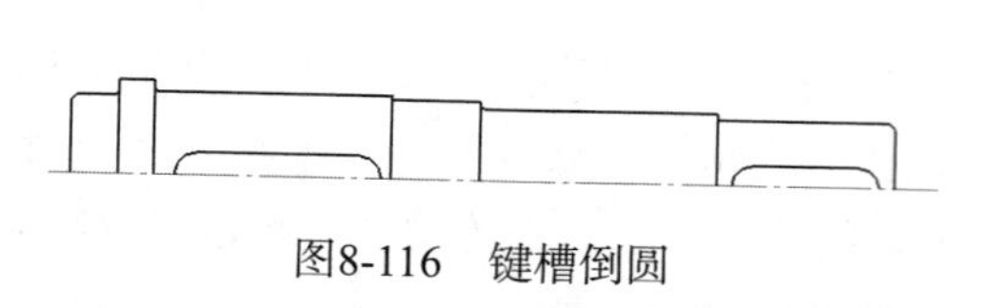

图8-116　键槽倒圆

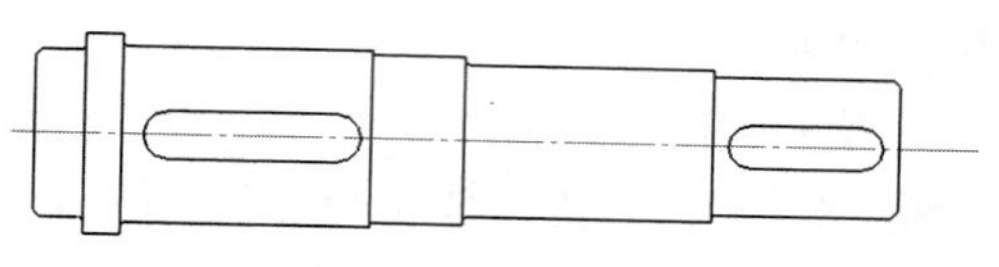

图8-117　镜像现有图形

10）补全端面线：单击按钮，或执行“绘图”→“直线”命令，利用“工具点”菜单捕捉交点，补全左、右两端的端面线，结果如图8-118所示。至此，传动轴主视图绘制完毕。

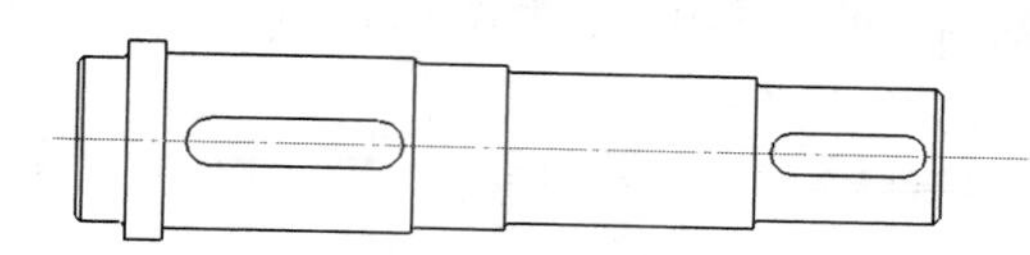

图8-118　补全端面线

（3）绘制键槽剖视图

1）切换当前图层：在“颜色图层”工具栏中将“中心线层”设置为当前图层。

2）绘制剖视图中心线：单击按钮，或执行“绘图”→“直线”命令，在绘图区域分别绘制两个剖视图的中心线，如图8-119所示。

3）绘制剖面圆：将当前图层设置为“0层”，单击按钮，或执行“绘图”→“圆”命令，可以使用弹出的“工具点”菜单捕捉的交点作为圆心，绘制两个剖面圆，半径分别为29mm和22.5mm，结果如图8-120所示。

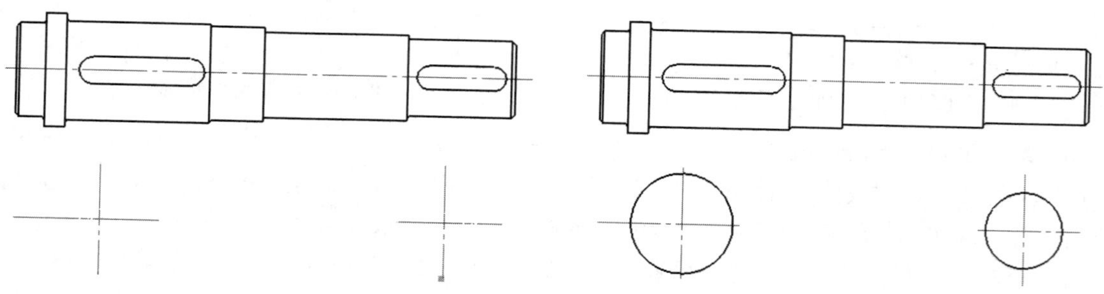

图8-119　绘制剖视图中心线

图8-120　绘制剖面圆

4）绘制键槽轮廓线：单击按钮，或执行“绘图”→“平行线”命令，在立即菜单1中选择“偏移方式”，在立即菜单2中选择“单向”，分别在左、右两个圆上拾取中心线，绘制中心线的平行线，设置左侧圆上、下偏移量为8，水平偏移量为23；右侧圆上、下偏移量为7，水平偏移量为17。结果如图8-121所示。

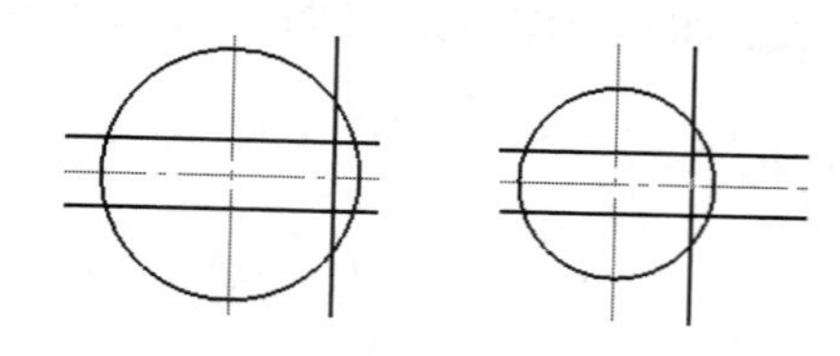

图8-121　绘制键槽轮廓线

5）绘制键槽：单击按钮，或执行“修改”→“裁剪”命令，通过裁剪3条偏移直线形成键槽，如图8-122所示。

6）绘制剖面线：单击按钮，或执行“绘图”→“剖面线”命令，在立即菜单1中选择“拾取点”，其他设置可以不变，单击鼠标左键依次拾取封闭环内任意点，然后单击鼠标右键确认，如图8-123所示。剖面线绘制完成，结果如图8-124所示。

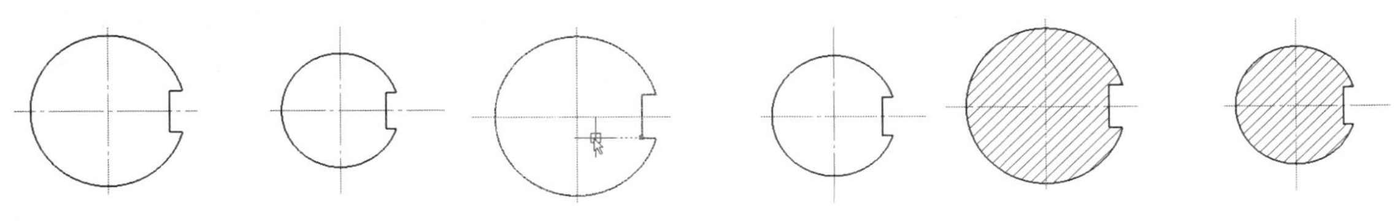

图8-122　绘制键槽　　　　图8-123　选择剖面线区域　　　　图8-124　绘制剖面线

注意

在进行剖面线绘制时，绘制区域必须是封闭环。系统的默认剖面图案是机械制图标准规定的机械零件图案，如果绘制其他剖面图案，可以在立即菜单1中选择“选择剖面图案”，通过“剖面图案”对话框进行设置。

3. 标注传动轴

（1）无公差尺寸标注

单击按钮，或执行“格式”→“尺寸”命令，进行标注参数设置，将字高设置为5。单击按钮，或执行“标注”→“尺寸标注”→“尺寸标注”命令，标注出传动轴主视图的无公差尺寸，在标注过程中注意要在立即菜单中选择正确的设置，正确区分长度尺寸和直径尺寸，结果如图8-125所示。

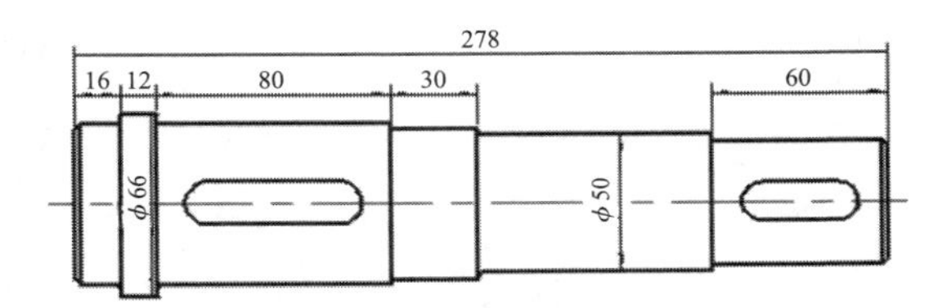

图8-125　无公差尺寸标注

（2）带公差尺寸标注

1）公差尺寸标注方法：单击按钮，或执行“标注”→“尺寸标注”→“尺寸标注”命令，拾取所要标注的对象（线、圆），移动光标确定尺寸线位置后，同时单击鼠标右键即弹出“尺寸标注属性设置”对话框，如图8-126所示。在该对话框内，系统自动给出图素的基本尺寸及相应的上、下偏差，但是用户可以任意改变它们的值，并根据需要填写公差代号和尺寸前、后缀。用户还可以改变公差的输入/输出形式（代号、数值），以满足不同的标注需求。

图8-126　“尺寸标注属性设置”对话框

在该对话框中对所标注尺寸的“公差与配合”进行设置、查询及修改的方法如下。

①自动查询上、下偏差：选择输入形式为“代号”，输入基本尺寸和公差代号后按Enter键，系统自动查询上下偏差，并将结果显示在上、下偏差编辑框中，如图8-127所示。

②自己输入上、下偏差：选择输入形式为“偏差”，然后在上、下偏差编辑框中输入上、下偏差值。

③标注配合尺寸：选择输入形式为“配合”，在对话框中弹出“配合尺寸标注设置”选项，如图8-128所示。正确进行“输入形式”“配合制”“公差带”“配合方式”等选项的设置，单击“确定”按钮。

图8-127　公差值查询

图8-128　“配合尺寸标注设置”选项

④对话框中的“输出形式”控制公差的标注形式。

a．当选择“代号”时，只标注公差代号。

b．当选择“偏差”时，只标注上、下偏差。

c．当选择“（偏差）”时，将偏差用括号括起来。

d．当选择“代号（偏差）”时，同时标注公差代号及上、下偏差。

e．例外情况：当输入形式为“配合”时，标注形式不受输出形式的控制。

2）传动轴公差尺寸标注：单击按钮，或执行“视图”→“显示窗口”命令，将显示窗口放大，以便于进行尺寸标注。

单击按钮，或执行“标注”→“尺寸标注”→“尺寸标注”命令，再单击鼠标左键拾取传动轴左端直径的两条边线，弹出“尺寸标注”立即菜单，在立即菜单3中选择“直径”，移动鼠标摆放好尺寸线位置，单击鼠标右键弹出“尺寸标注属性设置”对话框（见图8-126）。选择输入形式为“偏差”，输出形式为“偏差”，在上偏差输入框中输入“0.021”，在下偏差输入框中输入“0.002”，单击“确定”按钮，左边轴端直径公差尺寸标注完成，如图8-129所示。

单击按钮，或执行“标注”→“尺寸标注”→“尺寸标注”命令，拾取较大键槽的两条边线，进行键槽宽度尺寸标注。拾取标注元素，在立即菜单3中选择“长度”，移动鼠标确定好尺寸线位置后，单击鼠标右键，在弹出的对话框中选择输入形式为“偏差”，输出形式为“偏差”，在公差值输入框中分别输入“0”“–0.043”，结果如图8-130所示。

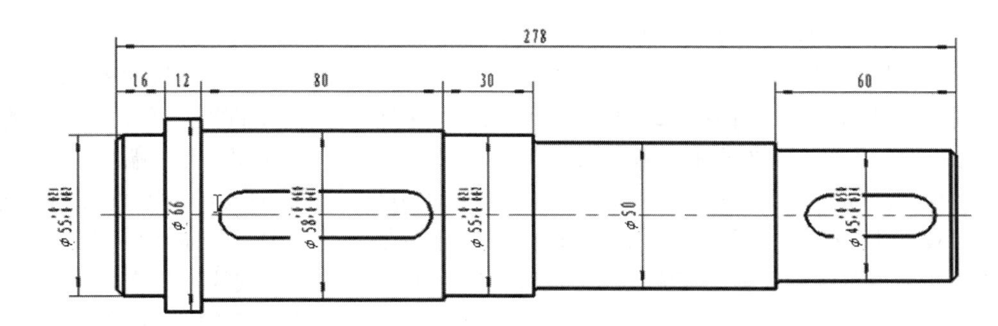

图8-129　直径公差尺寸标注

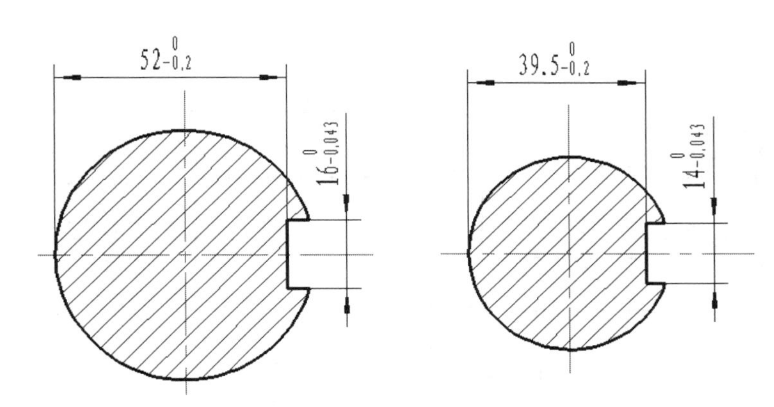

图8-130　长度公差尺寸标注

（3）标注编辑方法

在标注尺寸的过程中，经常需要对已标注尺寸进行编辑修改。标注编辑方法如下。

单击按钮，或执行“修改”→“标注编辑”命令，系统提示“拾取要编辑的标注”，单击鼠标左键拾取需要修改的标注尺寸，弹出立即菜单，如图8-131所示。在立即菜单中进行相应修改，再次单击鼠标左键将标注尺寸固定。

图8-131　“标注编辑”立即菜单

在进行标注修改时，也可以先单击鼠标左键拾取需修改的标注尺寸，然后单击鼠标右键，弹出相应的右键编辑菜单，如图8-132所示。在该菜单中选择“编辑”命令，同样可以弹出立即菜单对标注尺寸进行修改。

（4）尺寸驱动方法

尺寸驱动是系统提供的一套局部参数化功能。用户在选择一部分实体及相关尺寸后，系统将根据尺寸建立实体间的拓扑关系。当选择想要改动的尺寸并改变其数值时，相关实体及尺寸将受到影响发生变化，但元素间的拓扑关系保持不变，如相切、相连等。另外，系统可自动处理过约束及欠约束的图形。具体步骤如下所示。

局部参数化的第一步是选择驱动对象（用户想要修改的部分），系统将只分析选中部分的实体及尺寸。在这里，除选择图形实体外，选择尺寸也是很有必要的，因为工程图纸是依靠尺寸标注来避免二义性的，系统正

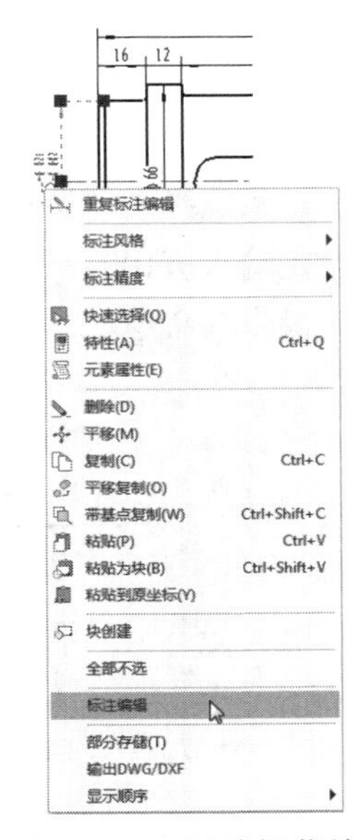

图8-132　右键编辑菜单

是依靠尺寸来分析元素间的关系的。

如同旋转和拉伸需要基准点一样，驱动图形也需要基准点，这是由于任一尺寸表示的均是两个（或两个以上）对象的相关约束关系，如果驱动该尺寸，必然存在着一端固定，移动另一端的问题，系统将根据被驱动尺寸与基准点的位置关系来判断哪一端该固定，从而驱动另一端。

在前两步的基础上，最后驱动某一尺寸。选择被驱动的尺寸，而后输入新的尺寸值，则被选中的实体部分将被驱动，在不退出该状态（该部分驱动对象）的情况下，用户可以连续驱动其他的尺寸。

例如，如果需要将传动轴长度驱动尺寸设置为80，单击按钮，或执行“修改”→“尺寸驱动”命令，根据系统提示选择驱动对象，如图8-133所示，单击鼠标右键确定，系统提示“请给出尺寸关联对象变化的参考点”，移动光标选择传动轴尺寸值“80”左端中心点为基准点，如图8-134所示。

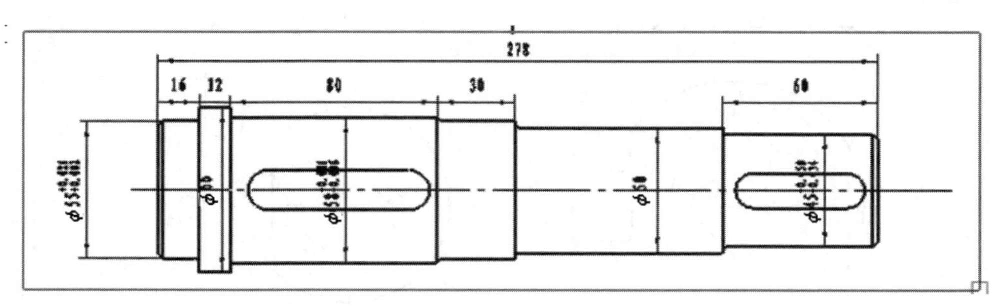

图8-133　尺寸驱动选择驱动对象

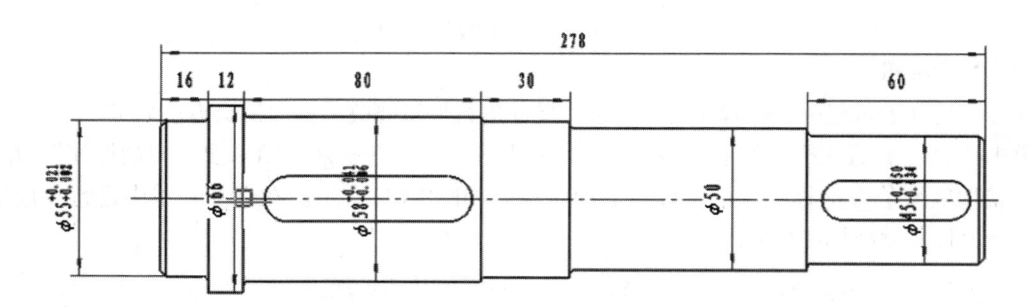

图8-134　选择图形基准点

系统提示“请拾取驱动尺寸”，单击鼠标左键拾取尺寸值278，系统提示“输入新的尺寸值”，设定输入值100，尺寸被驱动，结果如图8-135所示。若要回到先前设置，单击标准工具栏中的“撤销操作”命令。

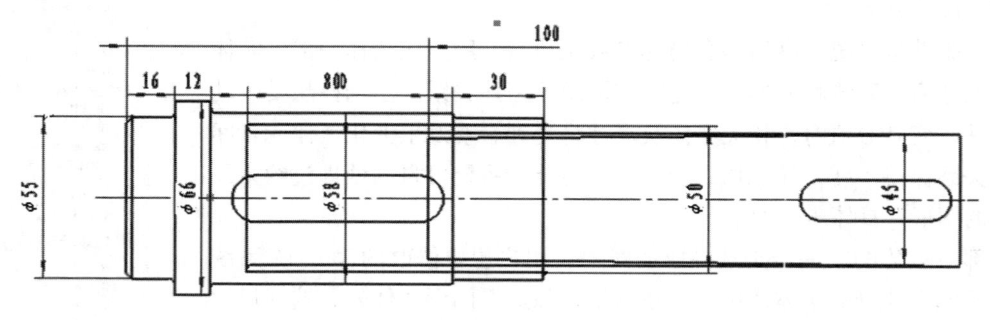

图8-135　尺寸驱动

标注剖切符号：单击按钮，或执行“标注”→“剖切符号”命令，在弹出的立即菜单中采用默认设置，用鼠标左键确定画剖面的轨迹，单击鼠标右键结束画剖面。此时，命令行提示“请单击箭头选择剖切方向”，在屏幕上出现左右箭头提示，如图8-136所示，按住鼠标左键向右移动，以确定剖切方向。

在弹出的立即菜单1中输入剖切符号“A”，系统提示“指定剖面名称标注点”，并出现剖面名称文字框。用鼠标左键确定剖面名称的标注点位置，单击鼠标右键结束标注，结果如图8-137所示。

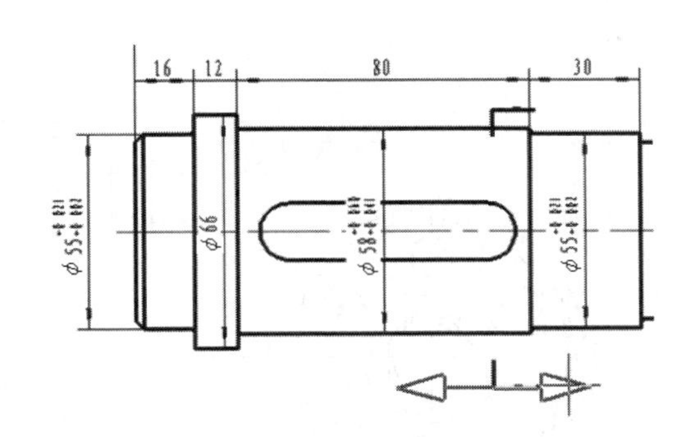

图8-136　选择剖切方向

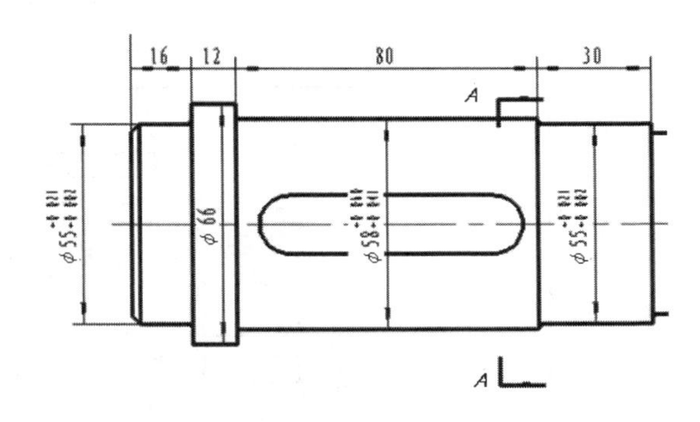

图8-137　标注剖切符号A

重复“剖切符号”命令，标注剖切符号B，结果如图8-138所示。

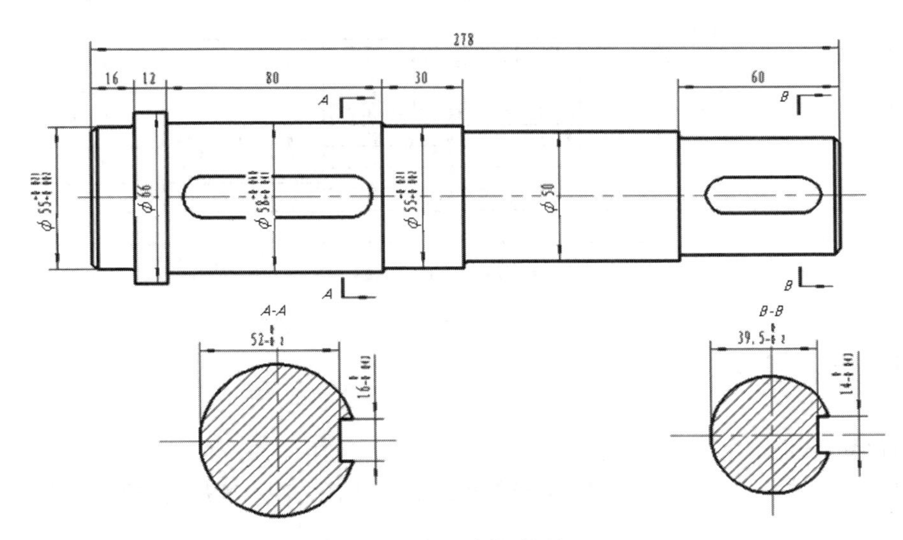

图8-138　标注剖切符号B

4．填写标题栏

单击按钮，或执行“幅面”→“标题栏”→“填写”命令，弹出“填写标题栏”对话框，输入相应文字，单击“确定”按钮。

5．保存文件

执行“文件”→“保存”命令，将文件进行保存，输入文件名为“传动轴”。传动轴绘制完成，结果如图8-108所示。

8.7 圆柱齿轮设计

8.7.1 设计思路

齿轮是机械设备中广泛应用的一种重要的传动零件。图8-139所示的圆柱齿轮是标准结构。齿轮属结构对称的盘类零件，一般采用两个视图表达其结构形状。

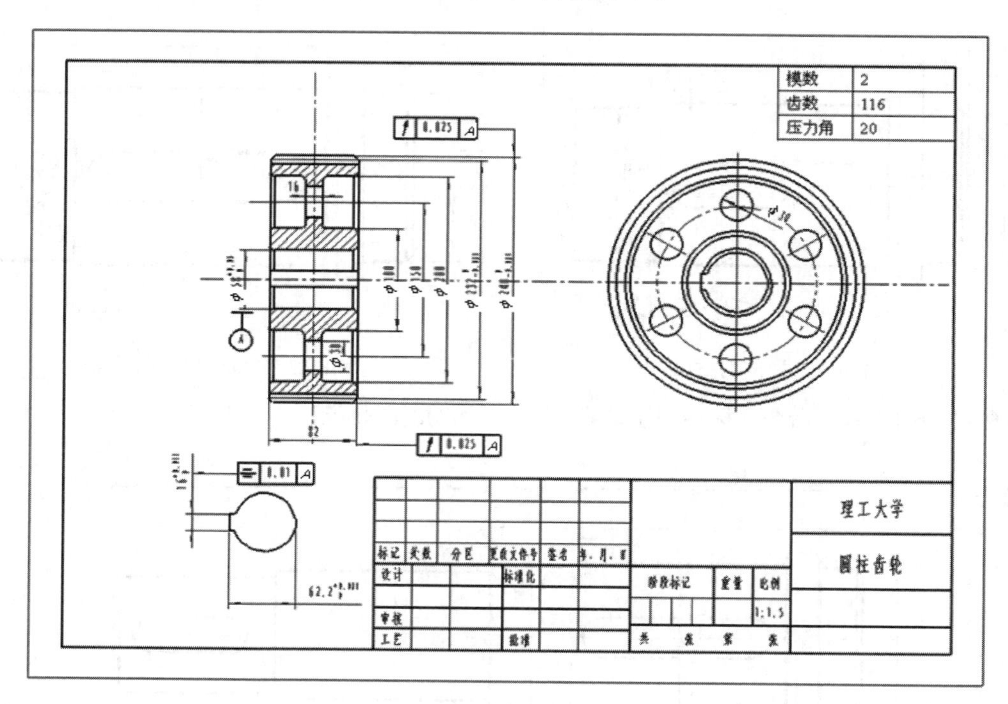

图8-139 圆柱齿轮

8.7.2 设计步骤

1. 配置绘图环境

（1）建立新文件。启动CAXA CAD电子图板2021，选择“BLANK”样板创建空白文档，进入用户界面。

（2）图幅设置。单击按钮，或执行“幅面”→“图幅设置”命令，根据圆柱齿轮的实际尺寸在“图幅设置”对话框中将图纸幅面设置为“A3”，图纸比例设置为“1:1.5”，图纸方向设置为“横放”，选择调入相应的图框与标题栏，单击“确定”按钮。

2. 绘制圆柱齿轮

（1）绘制中心线

1）切换当前图层：将“中心线层”设置为当前图层。

2）绘制中心线：单击按钮，或执行“绘图”→“直线”命令，在绘图区域的适当位置绘制两条垂直直线，作为圆柱齿轮主视图的中心线，结果如图8-140所示。

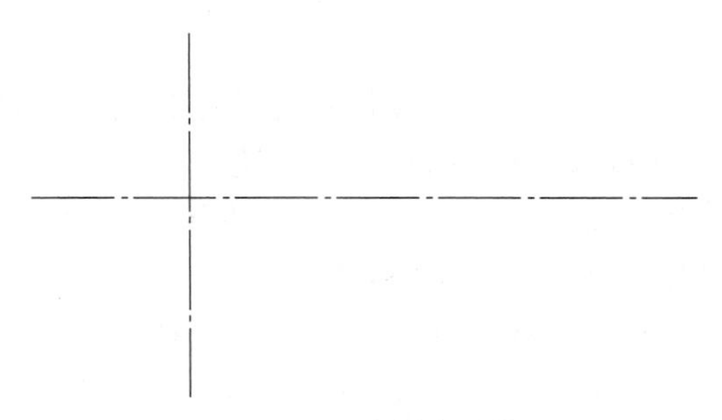

图8-140 绘制中心线

（2）绘制圆柱齿轮主视图

1）切换当前图层：将“0层”设置为当前图层。

2）绘制等距线：单击按钮，或执行“绘图”→“等距线”命令，在立即菜单1中选择“单个拾取”选项，在立即菜单2中选择“指定距离”选项，在立即菜单5中输入“29”。单击鼠标左键拾取水平中心线，按照系统提示，单击鼠标左键选择等距线方向，如图8-141所示。绘制结果如图8-142所示。

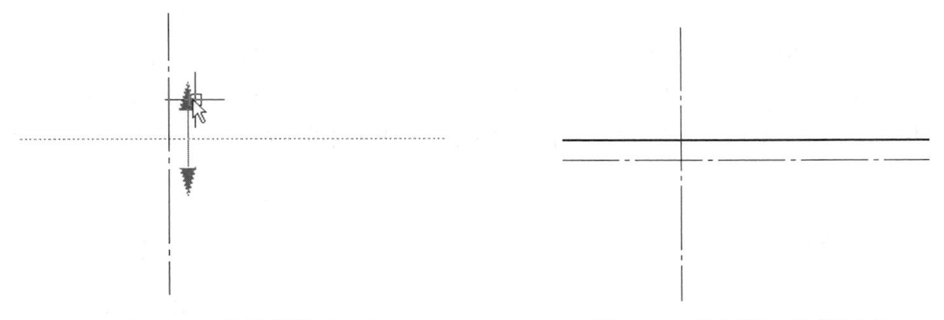

图8-141 选择等距线方向　　图8-142 绘制第一条等距线

重复上述步骤，依次以水平中心线为基准线，绘制7条距离分别为50、60、90、100、112、116、120的水平等距线，再以垂直中心线为基准线，绘制两条距离分别为8、41的竖直等距线，如图8-143所示。

3）裁剪等距线：单击按钮，或执行“修改”→“裁剪”命令，单击鼠标左键拾取需要裁剪的线段，将多余部分裁剪掉，结果如图8-144所示。

图8-143 绘制等距线　　图8-144 裁剪等距线

4）倒角和过渡圆角：单击按钮，或执行“修改”→“过渡”命令，在立即菜单1中选择“倒角”选项，输入倒角长度“2”和角度“45”，单击鼠标左键拾取需要倒角的线段；单击按钮，或执行“修改”→“过渡”命令，在立即菜单1中选择“圆角”选项，分别在立即菜单2中使用“裁剪”和“裁剪始边”选项，输入圆角半径“2”，单击鼠标左键拾取需要圆角的线段，补充绘制倒圆轮廓线。

同时，选取上方第二条水平线直线，单击鼠标右键，选择“特性”命令，在弹出的“特性”对话框中将其线型属性改为“点画线”，颜色属性改为“红色”，结果如图8-145所示。

5）绘制键槽：单击按钮，或执行“绘图”→“等距线”命令，以水平中心线为基准线，绘制距离为8的等距线，然后进行裁剪，结果如图8-146所示。

6）镜像现有图形：单击按钮，或执行“修改”→“镜像”命令，分别以两条中心线为轴线进行镜像，补充绘制减重圆孔中心线，结果如图8-147所示。

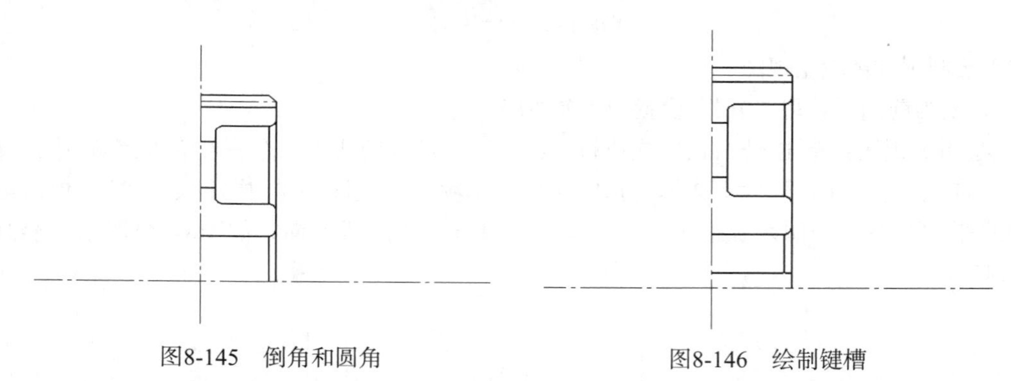

图8-145　倒角和圆角　　　图8-146　绘制键槽

7）绘制剖面线：单击按钮，或执行“绘图”→“剖面线”命令，用鼠标左键依次拾取需绘制剖面线的封闭环内任意点，然后单击鼠标右键确认，绘制剖面线。主视图绘制完成，如图8-148所示。

图8-147　镜像图形　　　图8-148　圆柱齿轮主视图

（3）绘制圆柱齿轮左视图

1）绘制左视图垂直中心线：拾取主视图垂直中心线，单击鼠标右键确认，单击按钮，或执行“修改”→“平移复制”命令，在立即菜单1中选择“给定两点”选项，平移此中心线到绘图区域右侧相应位置，得到左视图垂直中心线。

2）绘制同心圆：单击按钮，或执行“绘图”→“圆”命令，以左视图中心线交点为圆心，以主视图为基准，绘制齿轮的齿顶圆，如图8-149所示。重复此步骤，绘制出其他的同心圆和其中的一个减重圆孔（减重圆孔的分布圆环属于“中心线层”），结果如图8-150所示。

3）绘制环形阵列圆孔：首先，单击鼠标左键拾取左视图的垂直中心线，单击鼠标右键，选择“删除”命令将其删除。然后，单击按钮，或执行“绘图”→“中心线”命令，在中心线层中用鼠标左键单击减重孔，绘制减重孔中心线。单击鼠标左键拾取减重孔水平中心线并将其删除，结果如图8-151所示。

单击按钮，或执行“修改”→“阵列”命令，在立即菜单1中选择“圆形阵列”，在立即菜单2中选择“旋转”，在立即菜单3中选择“均布”，在立即菜单4中份数输入“6”。单击鼠标左键拾取减重孔及其垂直中心线，单击鼠标右键确认，系统提示选择中心点。按空格键，在“工具点”菜单中选择“圆心”选项，单击鼠标左键拾取任意一个同心圆绘出齿轮的所有减重孔。补画大圆的垂直中心线，结果如图8-152所示。

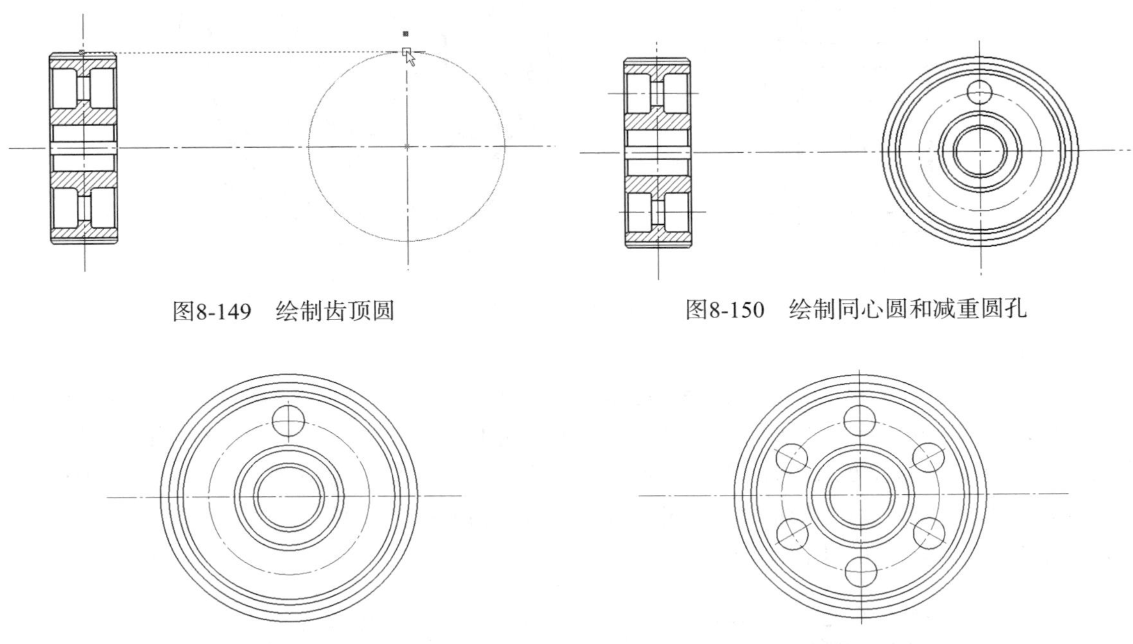

图8-149　绘制齿顶圆

图8-150　绘制同心圆和减重圆孔

图8-151　绘制减重孔中心线

图8-152　阵列减重孔

4）绘制键槽：单击按钮，或执行“绘图”→“等距线”命令，在立即菜单3中选择“双向”选项，输入等距线距离为8，以左视图水平中心线为基准线，绘制两条等距线。重复使用“等距线”命令，将立即菜单3改为“单项”，输入等距线距离为38.2，以左视图垂直中心线为基准线，在垂直中心线左侧绘制一条等距线，如图8-153所示。

5）裁剪图形：使用“裁剪”命令和“删除”命令对左视图进行修剪，得到圆柱齿轮左视图，如图8-154所示。

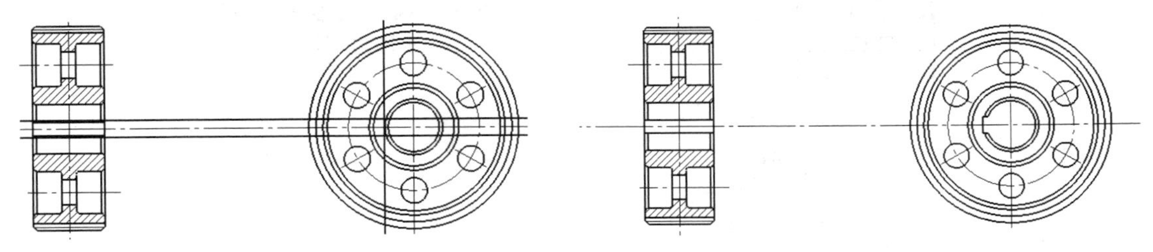

图8-153　绘制键槽等距线

图8-154　圆柱齿轮左视图

3．标注圆柱齿轮

（1）无公差尺寸标注

单击按钮，或执行“标注”→“尺寸标注”→“尺寸标注”命令，标注出圆柱齿轮的无公差尺寸，如图8-155所示。在标注过程中注意区分长度尺寸和直径尺寸，单击按钮，或执行“格式”→“尺寸”命令，对标注参数进行设置，字高设置为“7”，其他设置参数为默认值。

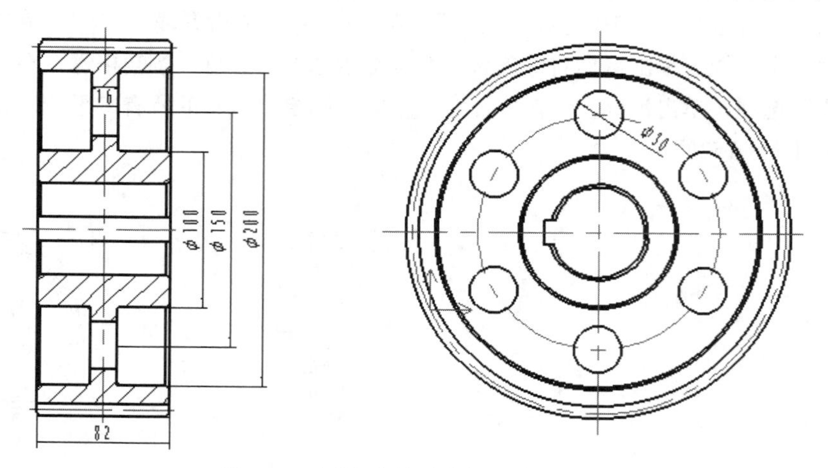

图8-155　圆柱齿轮无公差尺寸标注

（2）带公差尺寸标注

为了方便标注键槽尺寸，单击按钮，或执行“修改”→“平移复制”命令，选择中心孔及键槽边线，将其平移至绘图区域左下角。然后，按照公差尺寸的标注方法，标注分度圆直径为ϕ232，上偏差为0，下偏差为-0.021；齿顶圆直径为240，上偏差为0，下偏差为-0.027；中心孔直径为ϕ58，上偏差为0.03，下偏差为0；键槽宽度尺寸为16，上偏差为0.015，下偏差为0；深度尺寸为62.2，上偏差为0.025，下偏差为0。结果如图8-156所示。

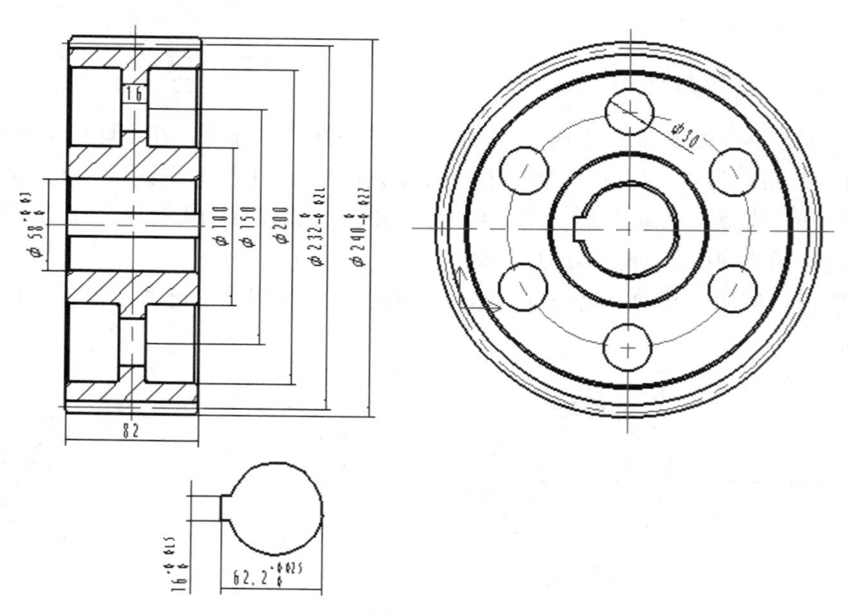

图8-156　圆柱齿轮公差尺寸标注

（3）形位公差标注

在圆柱齿轮零件绘制过程中需要标注形位公差，下面具体介绍形位公差的标注方法。

1）绘制基准代号：单击按钮，或执行“标注”→“基准代号”命令，在立即菜单1中选择“基准标注”选项，在立即菜单2中选择“给定基准”选项，在立即菜单3中选择“默认方式”，在立即菜单4中输入基准名称“A”，系统提示“拾取定位点或直线或圆弧”。

单击鼠标左键拾取中心孔直径尺寸箭头处，如图8-157所示，再次单击鼠标左键确定基准代号的位置。

2）标注形位公差：单击按钮，或执行“标注”→“形位公差”命令，弹出“形位公差”对话框，如图8-158所示。

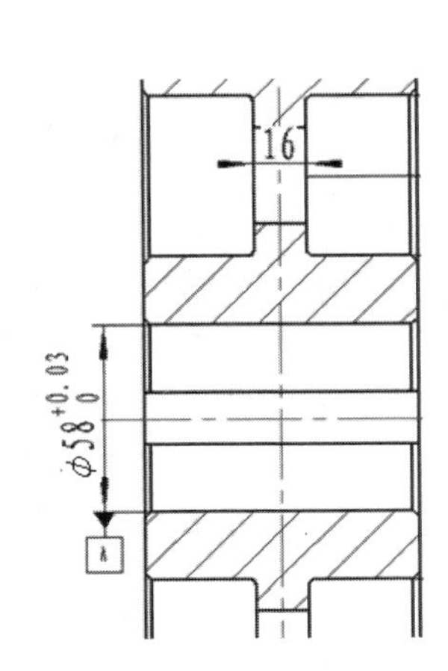

图8-157　绘制基准代号

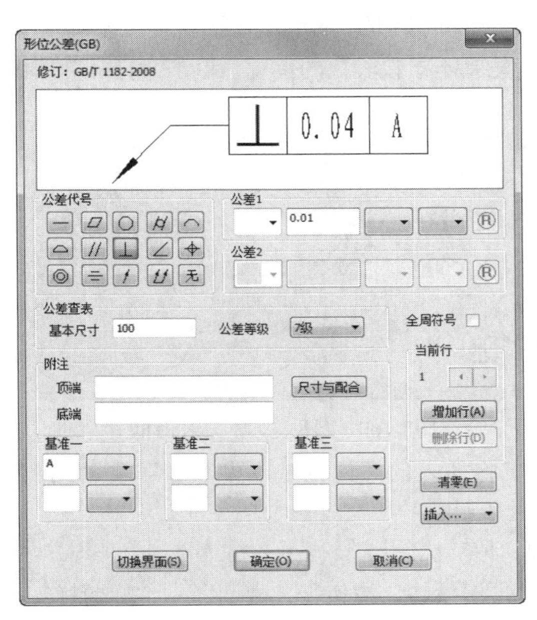

图8-158　“形位公差”对话框

在本实例中，使用“形位公差”命令，标注两个“跳动”和一个键槽“对称度”形位公差，标注结果如图8-159所示。

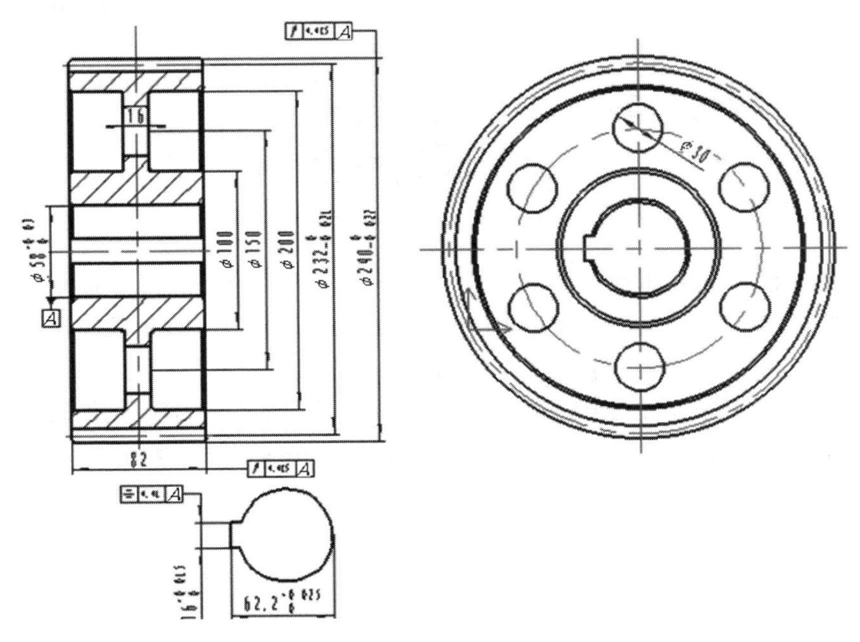

图8-159　圆柱齿轮形位公差标注

（4）标注齿轮基本参数

1）在Word软件中创建表格，在表格中填写齿轮基本参数：模数2、齿数116、压力角20°，将此文件存储于某个文件夹中。

2）单击按钮，或执行“编辑”→“插入对象”命令，弹出“插入对象”对话框，如图8-160所示。

3）选择对话框中的“由文件创建”选项，弹出图8-161所示的对话框，单击“浏览”按钮，确定“齿轮基本参数表”的位置，单击“打开”按钮，此表即插入CAXA CAD电子图板文件中。

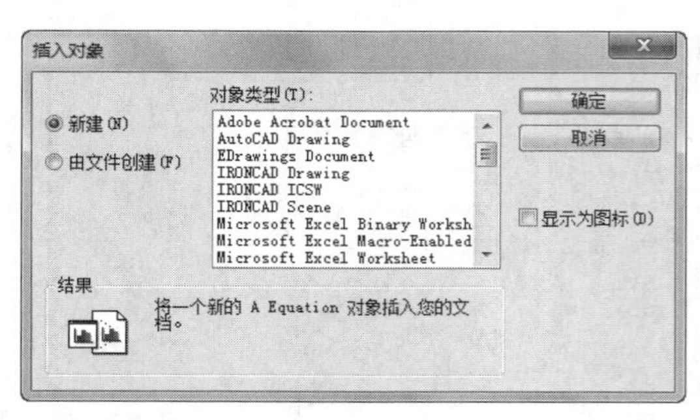

图8-160 “插入对象”对话框

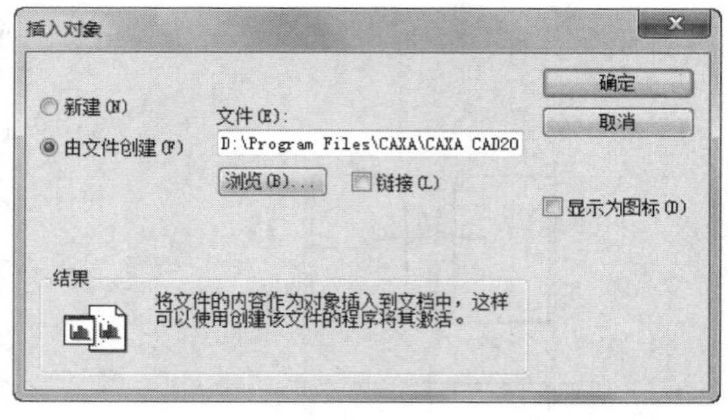

图8-161 由文件创建插入对象

4）将插入的“齿轮基本参数表”移动到图面的右上角，如图8-162所示。

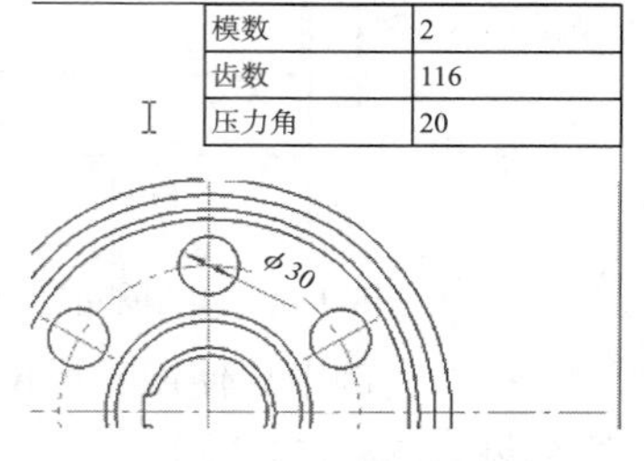

图8-162 插入齿轮基本参数

4. 填写标题栏

单击按钮，或执行“幅面”→“标题栏”→“填写”命令，弹出“填写标题栏”对话框，输入相应文字，单击“确定”按钮。

5. 保存文件

执行“文件”→“保存”命令，将文件保存，输入文件名为“圆柱齿轮”。

8.8 生成零部件图块

8.8.1 设计思路

将绘制好的零部件图样生成图块，然后将图块保存为一个单独的文件。在绘制装配图时可以将此零部件文件并入装配图中，从而避免重复绘制零部件图样，提高装配图的绘制效率。

在本书配备的电子资料包中，包含有减速器装配图中需要用到的零部件图样，读者可以先将这些零部件生成图块，然后将其并入装配图中。生成零部件图块的过程中需要用到的命令主要有“块创建”命令、“块分解”命令、“部分存储”命令、“拾取过滤设置”命令等。

8.8.2 设计步骤

1. 创建减速器箱体图块

（1）打开“减速器”图样文件。启动CAXA CAD电子图板2021，选择“BLANK”样板创建空白文档，进入用户界面。执行“打开”命令，打开本章中绘制的“减速器”图样文件，如图8-163所示。

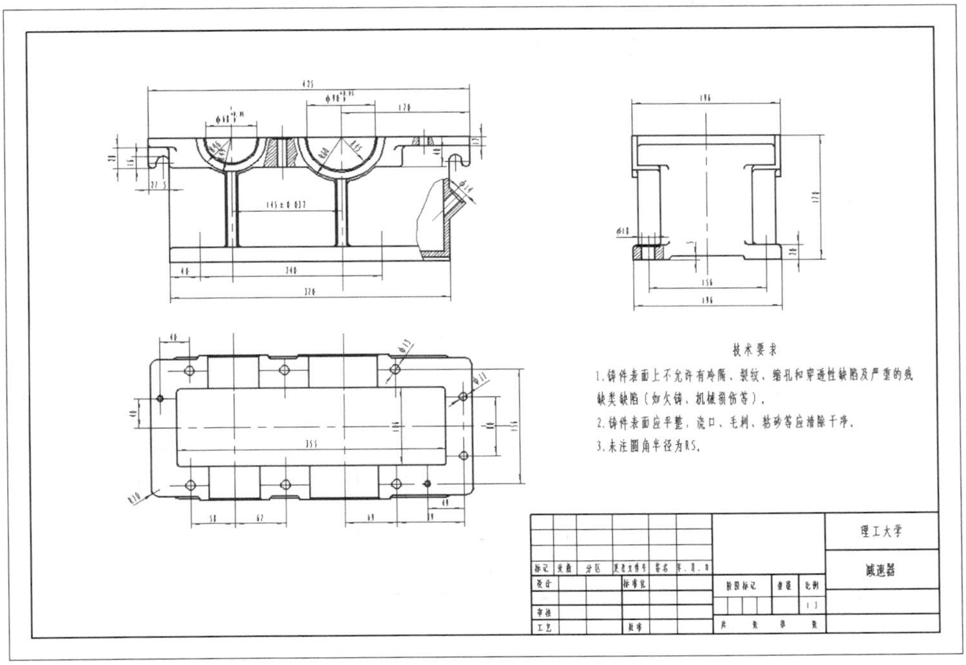

图8-163　“减速器”图样

（2）拾取过滤设置。单击按钮，或执行“工具”→“拾取设置”命令，系统弹出“拾取过滤设置”对话框，如图8-164所示。在该对话框中的“实体”选项中将“尺寸”“图框”“标题栏”“明细表”选项取消，单击“确定”按钮。执行“显示窗口”命令，将减速器的俯视图放大，便于下面的操作。

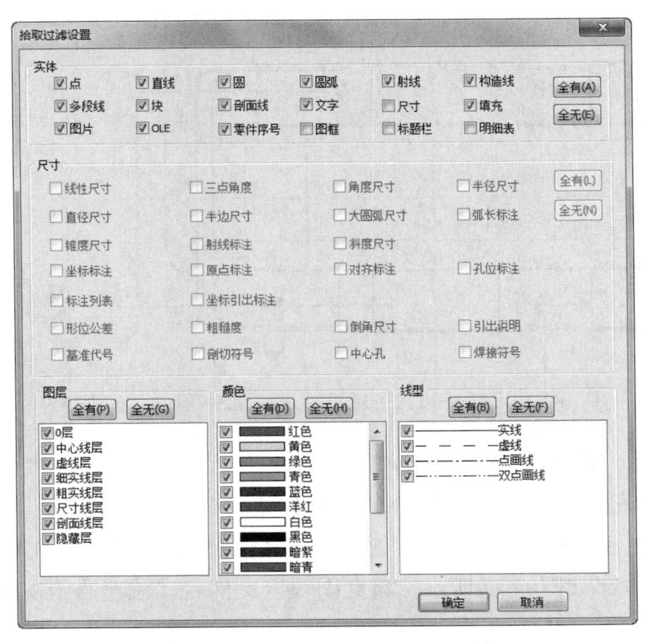

图8-164　“拾取过滤设置”对话框

（3）选择俯视图。单击鼠标左键，对减速器俯视图进行框选，如图8-165所示。在选择俯视图时，没有选择尺寸标注。在俯视图被拾取呈高亮状态时，单击鼠标右键弹出右键快捷菜单，在右键快捷菜单中选择“块创建”选项，如图8-166所示。

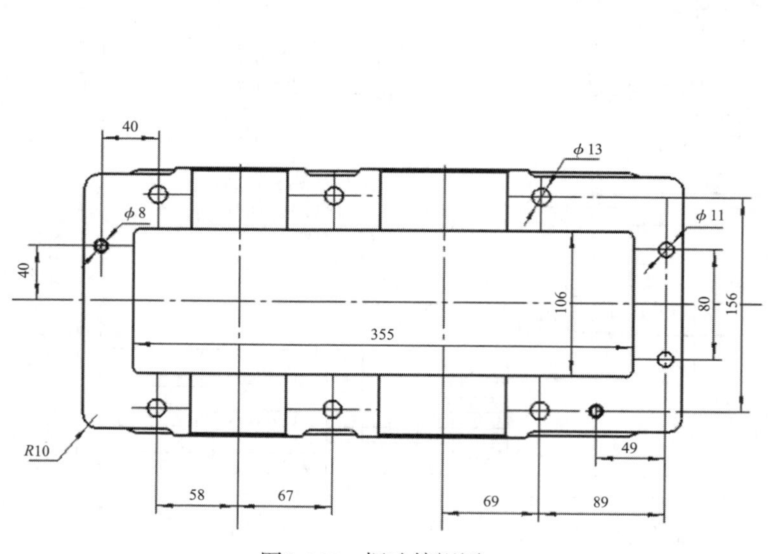

图8-165　框选俯视图

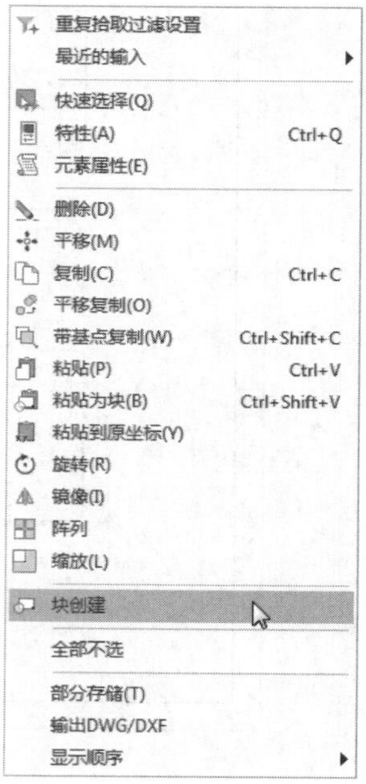

重复拾取过滤设置
最近的输入
快速选择(Q)
特性(A)　Ctrl+Q
元素属性(E)
删除(D)
平移(M)
复制(C)　Ctrl+C
平移复制(O)
带基点复制(W)　Ctrl+Shift+C
粘贴(P)　Ctrl+V
粘贴为块(B)　Ctrl+Shift+V
粘贴到原坐标(Y)
旋转(R)
镜像(I)
阵列
缩放(L)
块创建
全部不选
部分存储(T)
输出DWG/DXF
显示顺序

图8-166　右键快捷菜单

（4）创建图块。这时，系统提示“选择基点”，移动光标拾取中心线交点作为基点（见图8-167），弹出图8-168所示的“块定义”对话框，输入名称为“箱体俯视图”，单击“确定”按钮，完成块的创建。

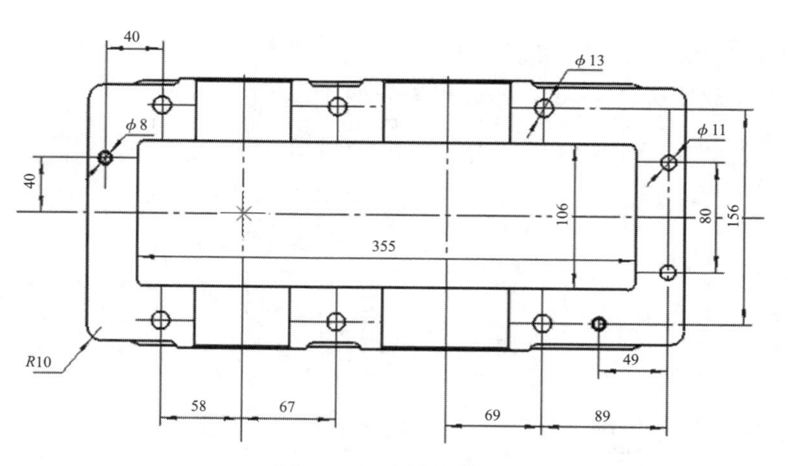

图8-167　选择基点

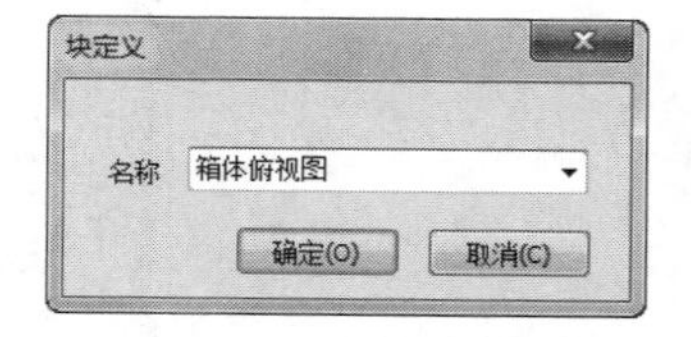

图8-168　“块定义”对话框

（5）将图块部分存储。执行“文件”→“部分存储”命令，在系统提示下，拾取俯视图图块，单击鼠标右键。系统提示“给定图形基点”，可以继续选择图8-167中的交点作为基点。这时弹出“部分存储文件”对话框，如图8-169所示。将此图块以文件名“减速器俯视图”进行部分存储，单击“保存”按钮。

2．创建其他零部件图块

采用上述创建图块的方法，还可以创建其他零部件的图块，这里不再一一介绍，在本书配备电子资料包中的目录：\源文件\结果文件\8\中，存储有装配图绘制过程中需要用的图块，读者可以直接读取电子资料包，使用已有的图块。

图8-169 “部分存储文件”对话框

8.9 减速器装配图设计

8.9.1 设计思路

绘制减速器装配图时，可以先将减速器箱体俯视图图块插入预先设置好的装配图图样中，再分别插入需要的相应零件图块。可以使用“移动/拷贝”命令使各个零部件具有正确的位置关系；如果需要修改图形，可以使用“块分解”命令，将图块打散后进行修改，再补全相应的线条。装配图需要给各个零件编号、标注零件序号、填写标题栏和明细表。

8.9.2 设计步骤

1．配置绘图环境

（1）建立新文件。启动CAXA CAD电子图板2021，选择“BLANK”样板创建空白文档，进入用户界面。

（2）图幅设置。单击按钮，或执行“幅面”→“图幅设置”命令，根据减速器装配图的实际尺寸在“图幅设置”对话框中将图样幅面设置为“A3”，图样比例设置为“1:2.5”，图样方向设置为“横放”，选择调入相应的图框与标题栏，单击“确定”按钮。

2．绘制减速器装配图

（1）并入减速器俯视图图块文件。执行“文件”→“并入”命令，弹出“并入文件”对话框，如图8-170所示。在该对话框中选择随书电子资料包中的目录：\源文件\结果文件\8\图块\中的“箱体俯视图”文件，单击“打开”按钮。这时，立即菜单1中的比例值为“1”，在系统提示下，选择合适的定位点，设置旋转角度为“0”，将图块定位在绘图区域中，如图8-171所示。

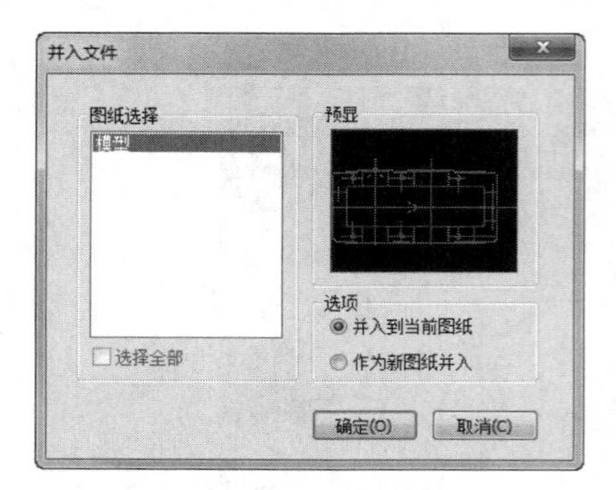

图8-170 “并入文件”对话框

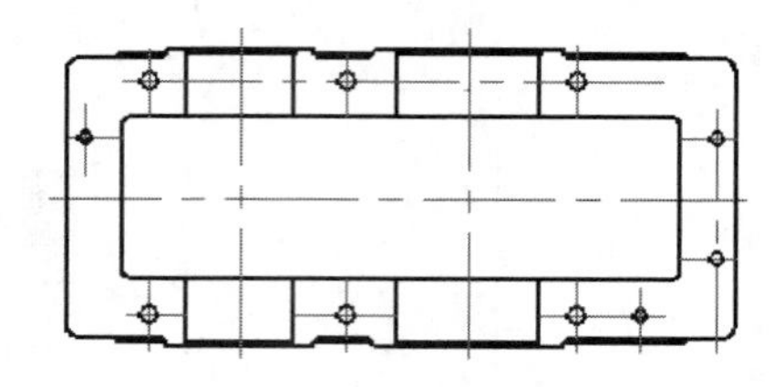

图8-171 并入减速器图块

（2）并入齿轮轴图块。执行“文件”→“并入”命令，弹出“并入文件”对话框，在该对话框中选择随书电子资料包中的目录：\源文件\结果文件\8\图块\中的“齿轮轴”图块文件，单击“打开”按钮。此时，立即菜单1中的比例值为“1”，在系统提示下，选择图8-172所示的定位点，设置旋转角度为“90”，将图块定位在绘图区域中，如图8-173所示。

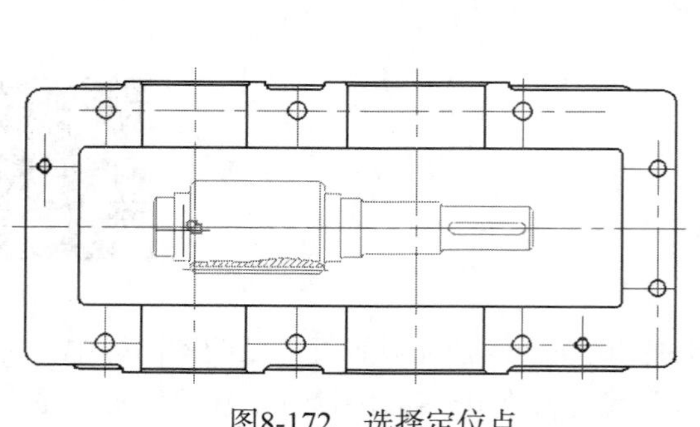

图8-172 选择定位点

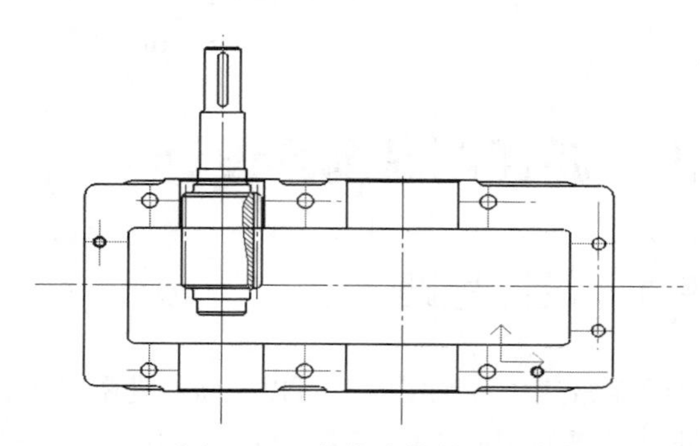

图8-173 定位齿轮轴图块

（3）平移齿轮轴图块。使用“尺寸标注”命令，量取齿轮轴大端面台阶边线距减速器内壁为“40”，如图8-174所示。然后，单击按钮，或执行“修改”→“平移”命令，将齿轮轴向下方平移，平移距离为“40”，结果如图8-175所示。

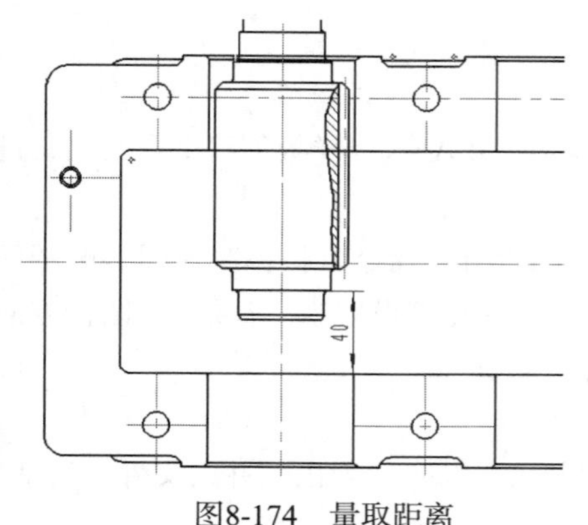

图8-174 量取距离

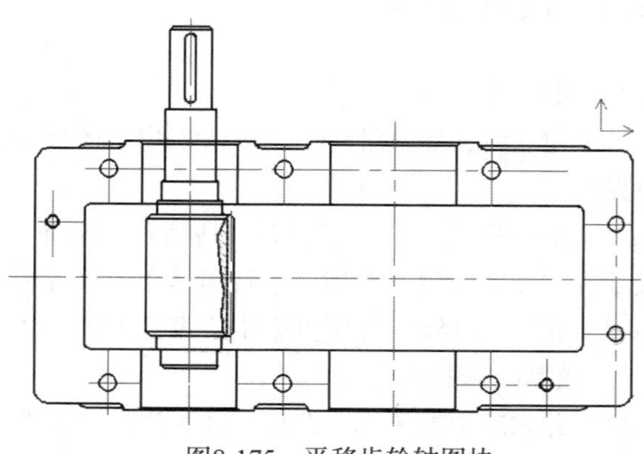

图8-175 平移齿轮轴图块

（4）并入传动轴图块。执行“文件”→“并入”命令，弹出“并入文件”对话框，在该对话框中选择随书电子资料包中的目录：\源文件\结果文件\8\图块\中的“传动轴”图块文件，单击“打开”按钮。此时，立即菜单1中的比例值为“1”，在系统提示下，选择合适的定位点，设置旋转角度为“-90”，将图块定位在绘图区域中。

（5）平移传动轴图块。单击按钮，或执行“修改”→“平移”命令，将传动轴平移，结果如图8-176所示。

（6）并入圆柱齿轮图块。执行“文件”→“并入”命令，弹出“并入文件”对话框，在该对话框中选择随书电子资料包中的目录：\源文件\结果文件\8\图块\中的“圆柱齿轮”图块文件，单击“打开”按钮。此时，立即菜单3中的比例值为“1”，在系统提示下，选择合适的定位点，设置旋转角度为“-90”，将图块定位在绘图区域中，如图8-177所示。

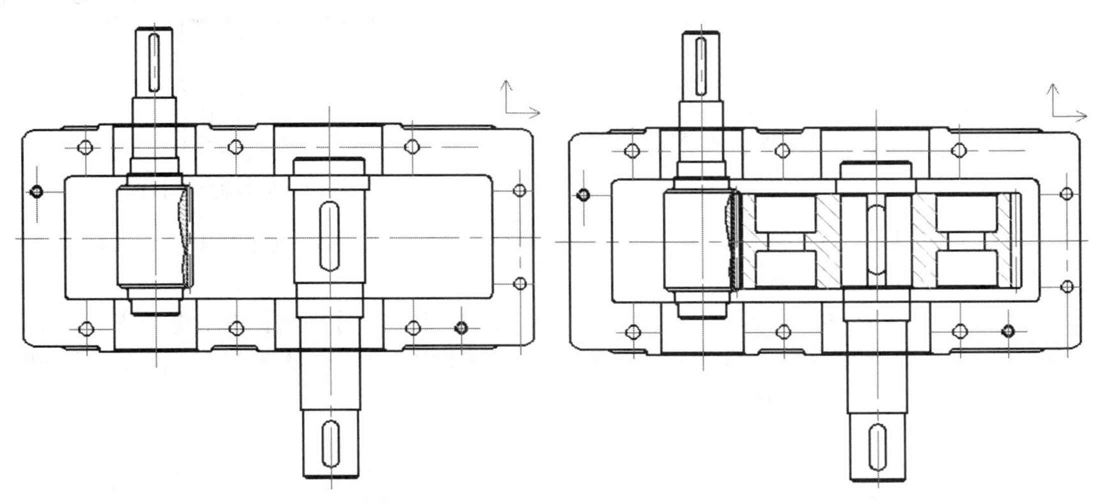

图8-176　平移传动轴图块　　　　图8-177　并入圆柱齿轮图块

（7）提取轴承图符。减速器装配图中需要装入轴承，可以在CAXA CAD电子图板的图库中直接提取“轴承”图符，然后将图符定位于装配图中。

1）单击按钮，或执行“绘图”→“图库”→“插入图符”命令，弹出“插入图符”对话框，如图8-178所示。选择“轴承\深沟球轴承”，在图符列表中选择“GB/T276-2013 深沟球轴承60000型10系列”，单击“下一步”按钮。

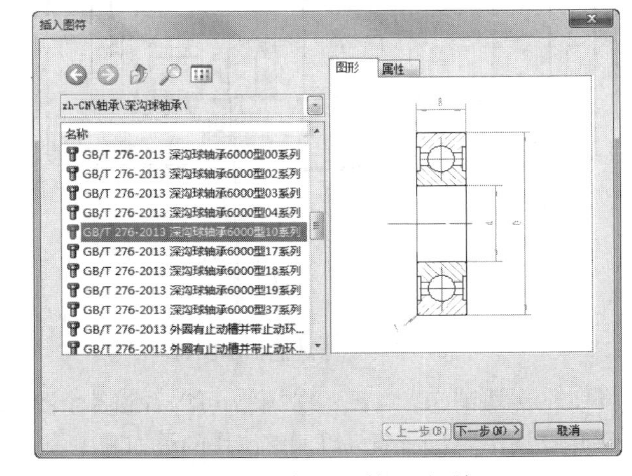

图8-178　“插入图符”对话框

2）弹出“图符预处理”对话框，如图8-179所示。在该对话框中，选择轴承代号为6008，单击“完成”按钮。在系统提示下，选择齿轮轴中心线与减速器内壁的交点作为定位点，设置旋转角度为“90”，按Enter键确定轴承在装配图中的位置，如图8-180所示。

3）单击按钮，或执行“绘图”→“图库”→“插入图符”命令，弹出“插入图符”对话框，选择“轴承\深沟球轴承”，在图符列表中选择“GB/T276-2013深沟球轴承60000型10系列”，单击“下一步”按钮。弹出“图符预处理”对话框，在该对话框中，选择轴承代号为6011，将此轴承定位于传动轴大端。

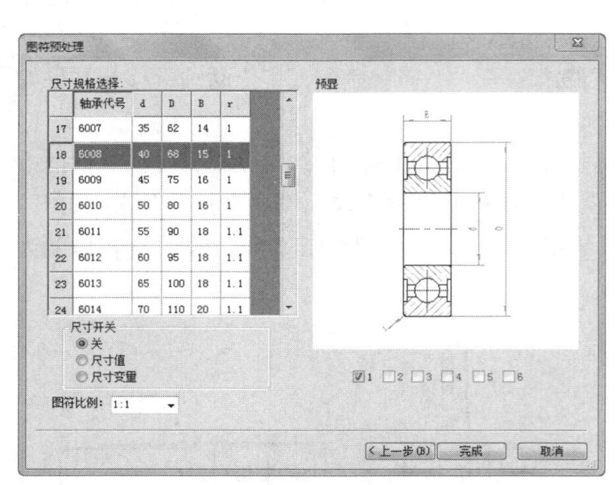

图8-179 “图符预处理”对话框

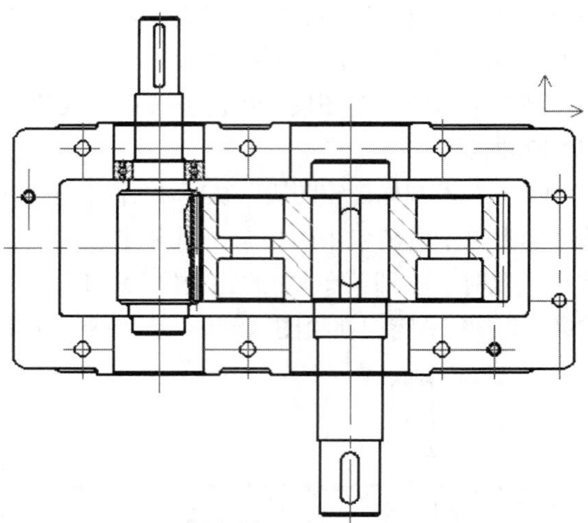

图8-180 提取轴承图符

4）单击按钮，或执行“修改”→“镜像”命令，将两个轴承以减速器中心线为轴线进行镜像，修剪结果如图8-181所示。

（8）并入其他零部件图块。重复上述并入文件的操作方法，分别选择随书电子资料包中的目录：\源文件\结果文件\8\图块\中的“轴承端盖1”“轴承端盖2”“轴承端盖3”“轴承端盖4”图块文件，将其并入装配图中，结果如图8-182所示。

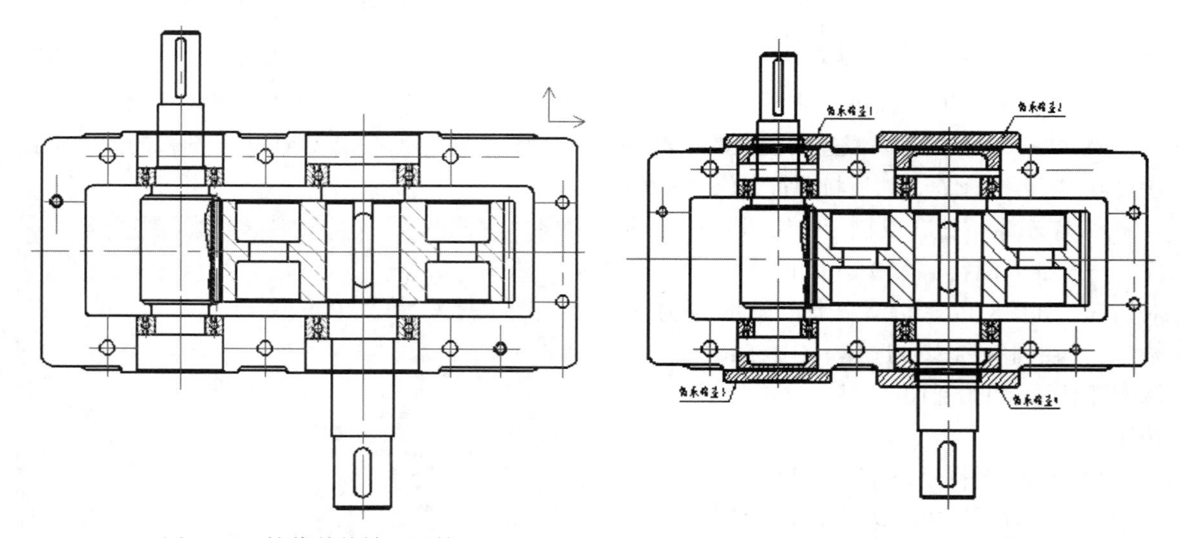

图8-181 镜像其他轴承图符

图8-182 并入轴承端盖图块

（9）块消隐。在图8-182中，可以看到各个图块之间由于相互重叠而互相遮挡，导致图面混乱。采用“块消隐”命令可以调整图块的叠加顺序。

首先，单击鼠标左键依次拾取轴承端盖图块，然后单击鼠标右键，在弹出的快捷菜单中选择“消隐”命令，将各个轴承端盖进行块消隐操作。然后，重复上述操作，将“传动轴图块”和“齿轮轴图块”进行块消隐操作，结果如图8-183所示。

（10）并入定距环。在装配图中，在轴承与端盖、轴承与齿轮之间并入定距环，结果如图8-184所示。

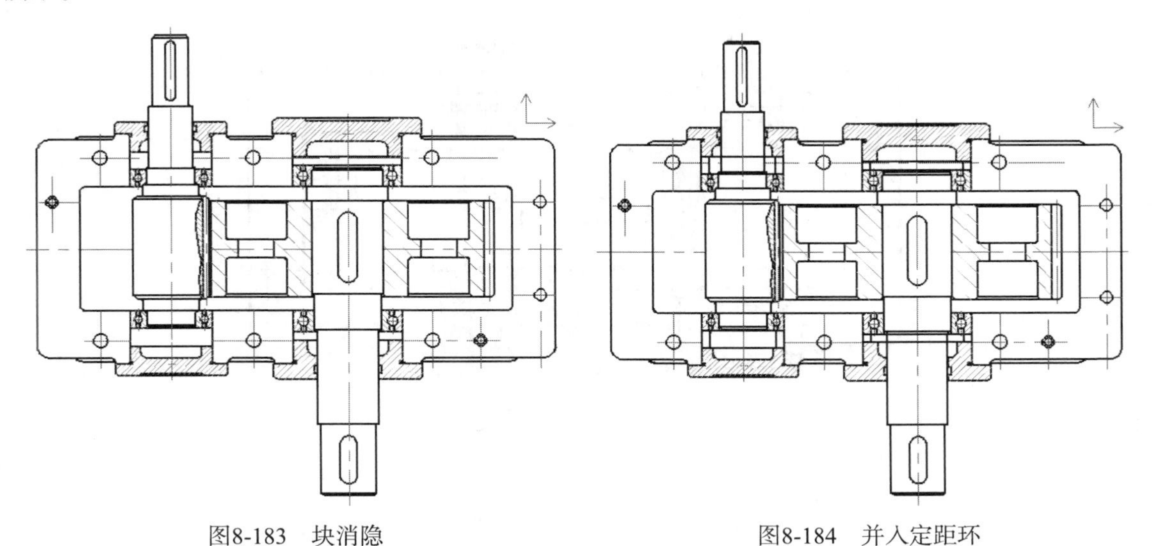

图8-183　块消隐　　　　图8-184　并入定距环

3．标注装配图

（1）编辑标注风格。单击按钮，或执行“格式”→“尺寸”命令，进行编辑标注风格，将标注文字字高设置为“4.5”。

（2）标注配合尺寸。单击按钮，或执行“标注”→“尺寸标注”→“尺寸标注”命令，在装配图中标注配合尺寸：齿轮轴与小轴承的配合尺寸、小轴承与箱体轴孔的配合尺寸、传动轴与大齿轮的配合尺寸、传动轴与大轴承的配合尺寸以及大轴承与箱体轴孔的配合尺寸。

拾取所要标注的图素后，单击鼠标右键弹出“尺寸标注属性设置”对话框，如图8-185所示。在“输入形式”一栏中选择“配合”方式，对话框如图8-186所示。在该对话框中选择正确的配合方式，在“公差带”一栏中输入孔公差带代号和轴公差带代号，单击“确定”按钮。标注结束后，结果如图8-187所示。

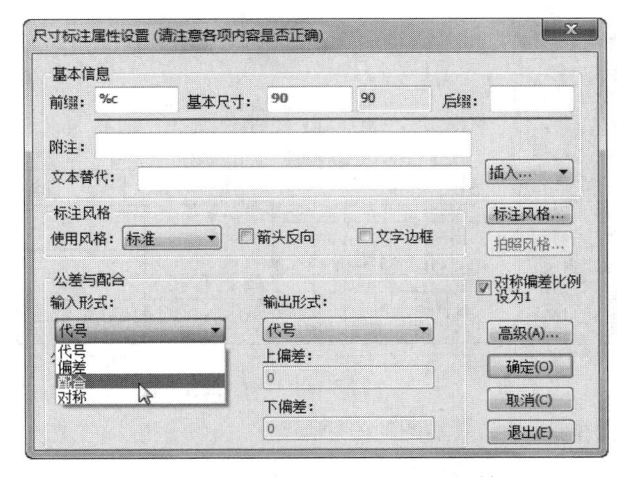

图8-185　“尺寸标注属性设置”对话框

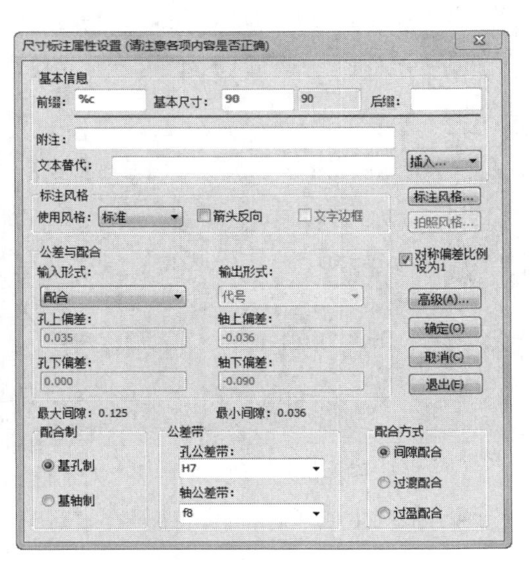

图8-186　“输入形式”选择“配合”

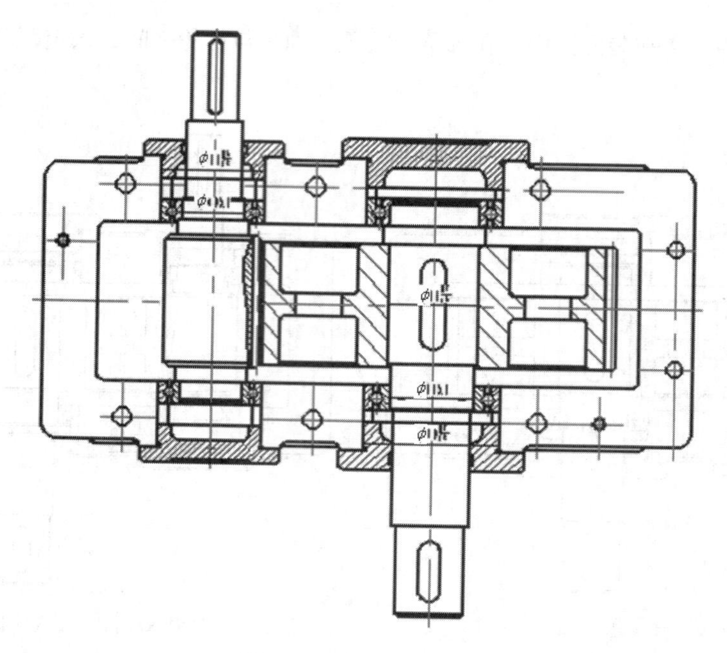

图8-187　标注配合尺寸

（3）生成零件序号及明细表。单击 按钮，或执行“幅面”→“序号”→“生成”命令，弹出立即菜单，如图8-188所示。在立即菜单5中选择“显示明细表”选项，在立即菜单6中选择“填写”选项。

图8-188　“生成序号”立即菜单

在装配图图样中的减速器箱体上单击确定序号指引线的引出点，引出后再确定序号的转折点。系统弹出“填写明细表”对话框，如图8-189所示。填写各项内容后单击“确定”按钮，明细表信息将出现在标题栏上方，如图8-190所示。

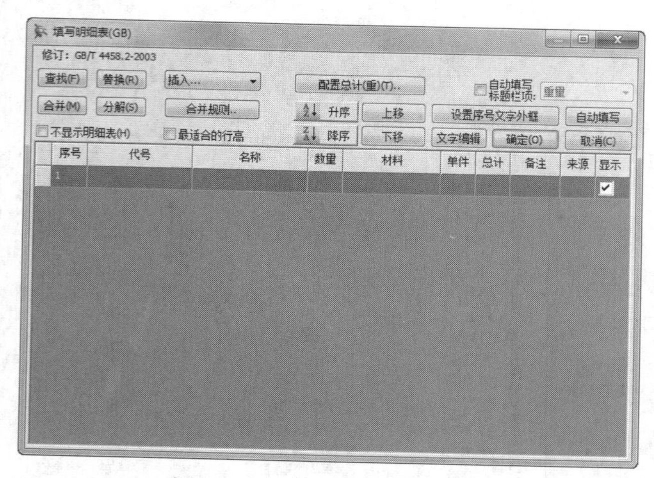

图8-189　“填写明细表”对话框

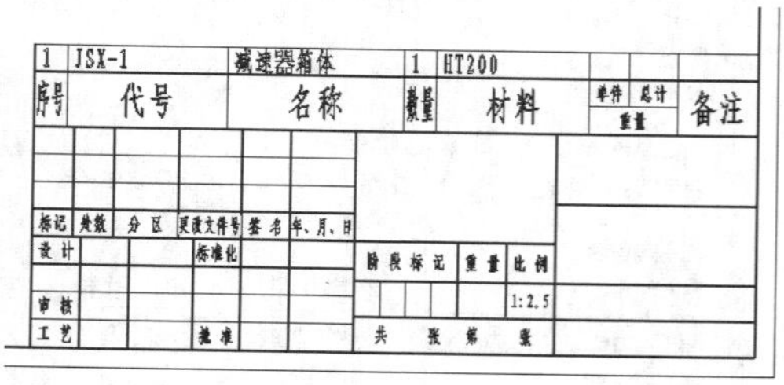

1	JSX-1	减速器箱体	1	HT200			
序号	代号	名称	数量	材料	单件 重量	总计 重量	备注

标记　处数　分区　更改文件号　签名　年、月、日
设计　标准化　阶段标记　重量　比例
审核　1:2.5
工艺　批准　共　张　第　张

图8-190　明细表信息

（4）依次生成所有零件的序号并填写明细表内容。结果如图8-191所示。

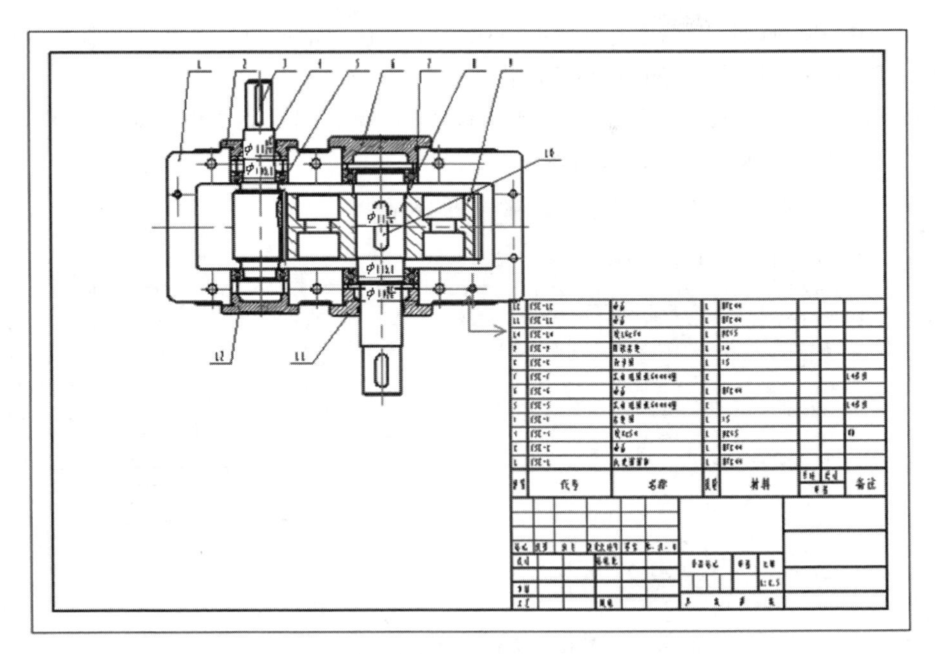

图8-191　生成所有零件序号并填写明细表

（5）明细表表格折行。如图8-191所示，明细表与装配图产生干涉，需要调整部分明细表的位置。可以使用“表格折行”命令进行折行操作。单击按钮，或执行“幅面”→“明细表”→“表格折行”命令，弹出立即菜单，在立即菜单1中选择“左折”，在系统提示下，拾取需要折行的表项，系统将把所拾取的表项及其上方的明细表表项向左折放，如图8-192所示。

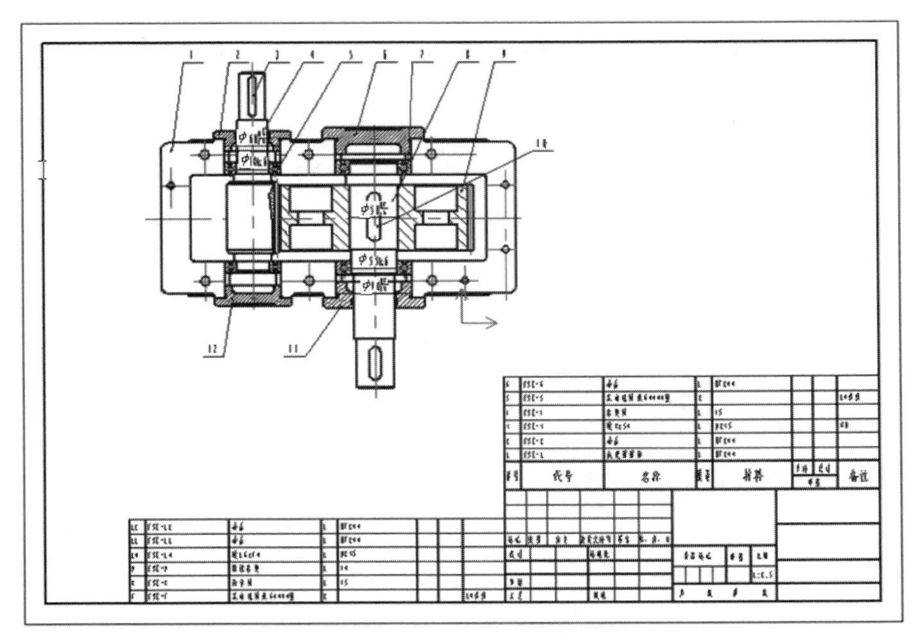

图8-192　表格折行

（6）修改明细表内容。生成明细表后，如果需要修改明细表内容，可以采用下面的操作步骤：单击按钮，或执行“幅面”→“明细表”→“填写明细表”命令，然后拾取需要填写的明细表表格，弹出“填写明细表”对话框，如图8-193所示。在该对话框中可以更改明细表的内容，单击“查找”和“替换”按钮，即可修改明细表的内容。

也可以先单击鼠标左键拾取明细表，再单击鼠标右键弹出快捷菜单，如图8-194所示。选择“填写明细表”选项，重新填写明细表内容。

序号	代号	名称	数量	材料	单件	总计	备注	来源	显示
1	JSX-1	减速箱箱体	1	HT200					☑
2	JSX-2	端盖	1	HT200					☑
3	JSX-3	键8x50	1	Q235			GB		☑
4	JSX-4	齿轮轴	1	45					☑
5	JSX-5	深沟球轴承60000型	2				10系列		☑
6	JSX-6	端盖	1	HT200					☑
7	JSX-7	深沟球轴承60000型	2				10系列		☑
8	JSX-8	传动轴	1	45					☑
9	JSX-9	圆柱齿轮	1	40					☑
10	JSX-10	键16x70	1	Q235					☑
11	JSX-11	端盖	1	HT200					☑
12	JSX-12	端盖	1	HT200					☑

图8-193　修改明细表内容

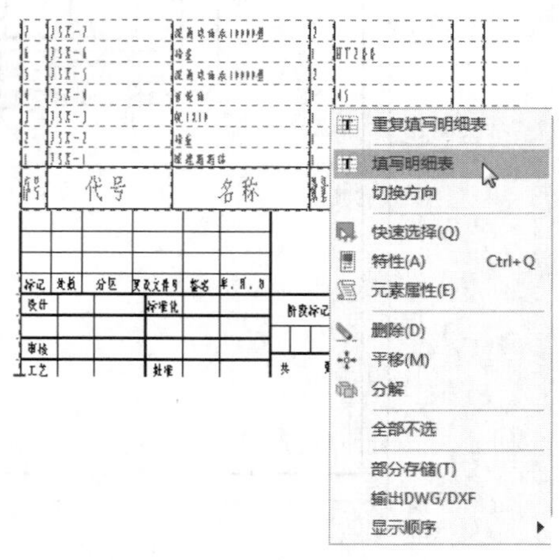

图8-194　右键快捷菜单

4．填写标题栏

单击按钮，或执行“幅面”→“标题栏”→“填写”命令，弹出“填写标题栏”对话框，输入相应文字，单击“确定”按钮。

5．保存文件

执行“文件”→“保存”命令进行保存，输入文件名为“减速器装配图”。结果如图8-192所示。至此，装配图绘制完毕。

第 2 篇

CAXA 3D 实体设计 2021

计算机辅助设计与制造（CAD/CAM）系列

本篇主要知识点

- CAXA 3D实体设计2021基础知识
- 二维截面的生成
- 实体特征的创建
- 实体特征的编辑
- 零件的定位及装配
- 减速器实体设计综合实例

第9章　CAXA 3D实体设计2021基础知识

CAXA 3D实体设计是最先将完全的可视化三维设计、图样生成和动画制作融入微型计算机的软件。本软件把具有突破性的全新系统结构同拖放实体造型方法结合起来，形成目前推向市场的、对用户最友好的三维零件设计/二维绘图环境。本章将讲述CAXA 3D实体设计2021的相关基础知识。

9.1　软件安装与启动

1．安装与卸载程序

在Windows系统环境下安装CAXA 3D实体设计2021，必须确信系统当前没有运行任何其他应用程序。如果安装了杀毒软件，在开始安装CAXA 3D实体设计2021前应终止其所有功能的执行（关闭或退出）。CAXA 3D实体设计2021安装完成后，可以继续运行杀毒软件和其他应用程序。

注意

如果计算机上已经安装有以前版本的 CAXA 3D 实体设计，建议先将其卸载，并重新启动计算机，然后安装最新版本的 CAXA 3D 实体设计 2021。如果在 CAXA 3D 实体设计 2021 文件夹中创建了文件（如设计元素、模板以及任何其他文件或子文件夹），需将它们备份到其他文件夹中或磁盘上。安装完成后，可以将那些文件或文件夹重新复制到 CAXA 3D 实体设计 2021 当前文件夹中。

在Windows系统环境下卸载CAXA 3D实体设计的步骤如下所示。

（1）单击Windows任务栏的“开始”菜单。

（2）在“任务”菜单中选择“所有程序”选项。

（3）在“所有程序”菜单中选择“CAXA”，弹出下拉菜单。

（4）在下拉菜单中选择“CAXA 3D实体设计2021(x64)”→“卸载CAXA 3D实体设计2021(x64)”。

CAXA 3D实体设计将被从计算机中卸载。用户所创建或修改的所有文件，以及保存这些文件的目录将被保存。

2．启动CAXA 3D实体设计2021

启动CAXA 3D实体设计2021与启动Windows系统的其他应用程序一样。在Windows系统环境下启动CAXA 3D实体设计2021的步骤如下所示。

（1）在Windows任务栏单击“开始”按钮。

（2）在“任务”菜单中选择“所有程序”选项。

（3）在“所有程序”菜单中选择“CAXA”，弹出一个下拉菜单。

（4）在下拉菜单中选择“CAXA 3D实体设计2021(x64)”→“CAXA 3D实体设计2021(x64)”。

CAXA 3D实体设计2021启动画面出现，弹出“欢迎来到CAXA”对话框。

3．创建新设计环境

启动CAXA 3D实体设计2021后，弹出“欢迎来到CAXA”对话框，需要创建一个3D设计环境，如图9-1所示。

（1）选择“创建一个新的设计文件”，准备开始一个新的设计项目。

（2）如果不希望每次启动CAXA 3D实体设计2021时都出现该对话框，则可以取消选择左下角的“启动时显示”选项。

（3）单击“确定”按钮，弹出“新的设计环境”对话框，如图9-2所示。

（4）在“新的设计环境”对话框的3个选项卡中，选择最适合的设计环境，然后选择一个设计环境模板。

如果不确定该选择哪种样式的设计环境模板，从“公制”选项中选择“白色”。CAXA 3D实体设计2021将显示一个空白的三维设计环境。至此，就可以利用CAXA 3D实体设计2021开始设计工作。

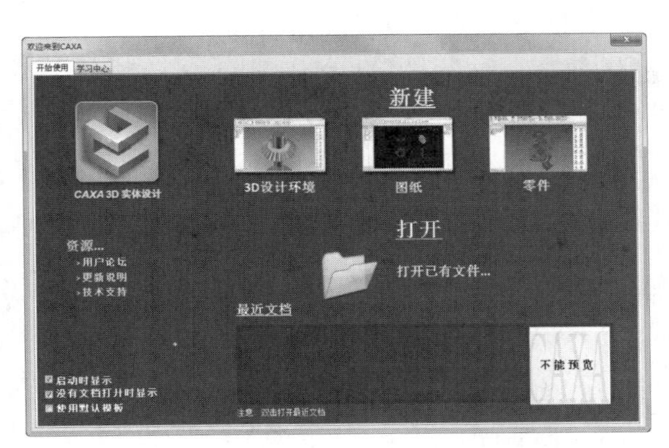

图9-1　“欢迎来到CAXA”对话框

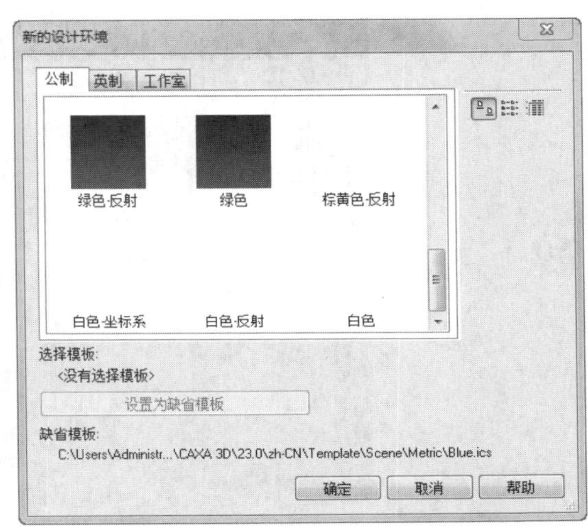

图9-2　“新的设计环境”对话框

9.2　三维设计环境介绍

9.2.1　初识设计环境

CAXA 3D实体设计2021设计环境如图9-3所示。

当打开一个CAXA 3D实体设计2021设计环境或绘图环境时，将看到与两个环境都有关的主窗口，每种设计环境界面都包括以下几项。

菜单栏：通过CAXA 3D实体设计2021的默认主菜单栏可以访问CAXA 3D实体设计2021的大部分设计和绘图命令。然而，CAXA 3D实体设计2021的菜单可以由用户进行自定义。

快速启动栏：在软件界面的左上方，有一条始终显示的工具条，在这里有用户最常用的功能。

工具栏：CAXA 3D实体设计2021的默认设计和绘图工具条为用户提供了文件操作、图形操作、设计与绘图工具以及CAXA 3D实体设计2021其他重要功能。像菜单一样，CAXA 3D实体设计2021的工具条可以根据要求进行自定义，默认状态下基本上不显示工具条。如果要显示某个工具栏，可以在功能区单击鼠标右键，然后光标停留在右键菜单中的“工具条设置”上，工具条名称会全部显示出来，然后选择需要显示的工具条名称，使其前面打上对钩。

元素库：元素库出现在设计环境中，它们是一组组相关的设计资源，如基本图素和表面材质类型等。在零件设计中使用元素库中的内容时，只要将元素的图标拖到设计环境中即可。

功能区：CAXA 3D实体设计的功能区将实体设计的功能进行了分类，可显示大图标，这样用户在使用其中某些功能时，可以方便地用鼠标左键单击此功能中的任何一个有效按钮。

设计树：设计树以树图表的形式显示当前设计环境中的所有内容，包括设计环境本身以及其中的产品/装配/组件、零件、零件内的智能图素、群组、约束条件、视向和光源。

状态栏：状态栏位于窗口下方的区域，可用来观察有关CAXA 3D实体设计2021的信息和提示，提供操作提示、视图尺寸、单位、视向设置、配置等内容。

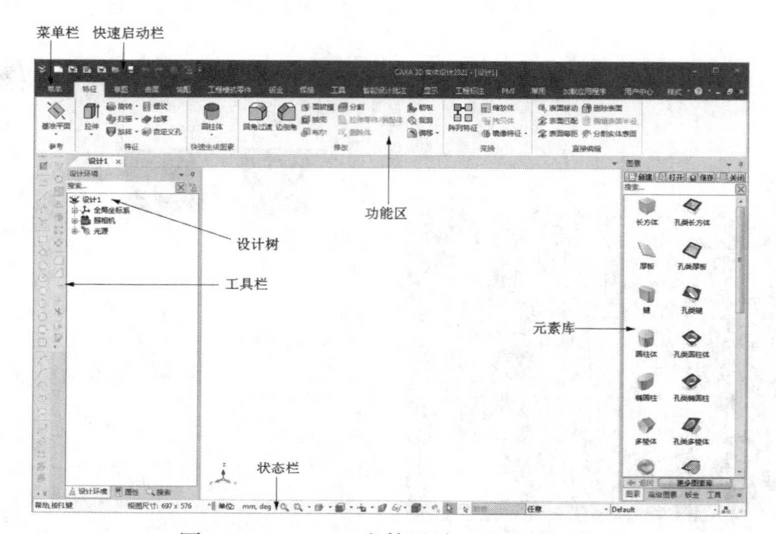

图9-3　CAXA 3D实体设计2021设计环境

9.2.2　设计环境菜单

三维零件设计中所用的多数选项都可以通过CAXA 3D实体设计2021的缺省“设计环境”菜单来选用，如图9-4所示。

“文件”菜单如图9-5所示。

“编辑”菜单如图9-6所示。

“显示”菜单包含的选项较多，主要由3部分组成，分别是查看设计环境窗口的一些选项（如工具条、状态条、设计树与参数表等选项），查看设计环境中的光源、相机、坐标系、附着点和基准面等选项，查看与标注关联尺寸的智能标注、约束、包围盒尺寸、位置尺寸与关联标注等选项，如图9-7所示。

“生成”菜单如图9-8所示。

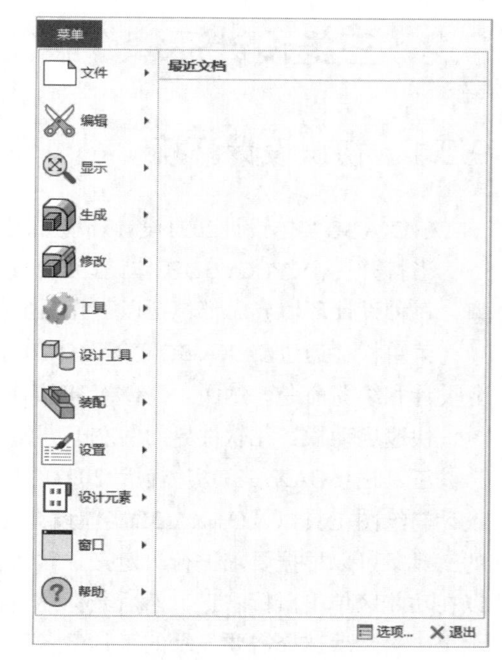

图9-4　“设计环境”菜单

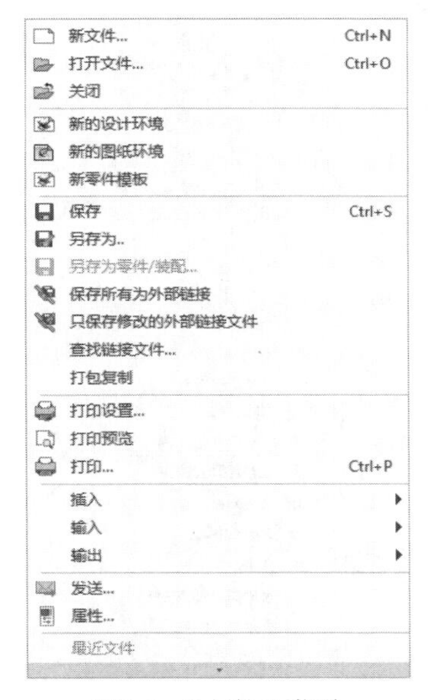

图9-5 “文件”菜单

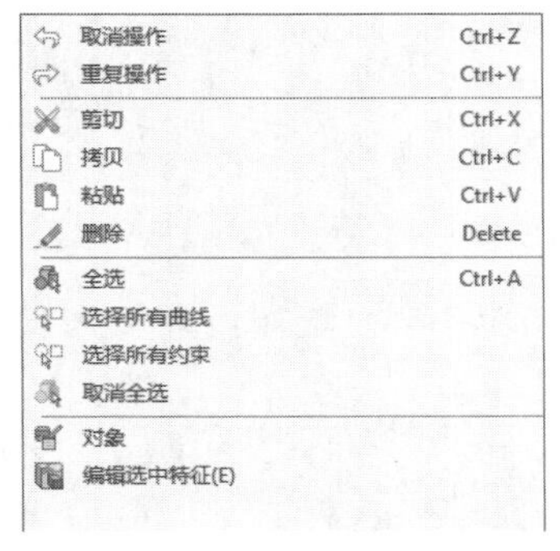

图9-6 “编辑”菜单

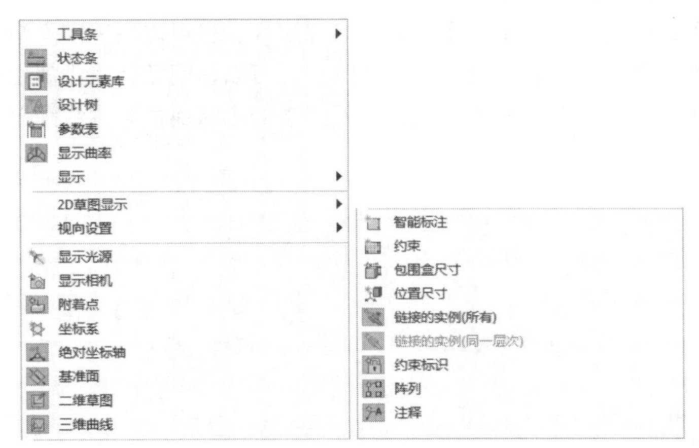

图9-7 “显示”菜单

图9-8 “生成”菜单

“修改”菜单如图9-9所示。

“工具”菜单包括三维球、无约束装配、定位约束等重要设计工具，包括智能渲染、渲染器、智能动画等选项，还包括对设计环境及其组件进行自定义的选项、自定义、加载应用程序、加载工具、运行Add-on工具等重要选项，在下文中将对这些选项进行详细讲解。“工具”菜单如图9-10所示。

“设计工具”菜单包括将所选择的特征/零件组合为一个整体的组合操作、移动锚点，重新选择装配或零件的包围盒尺寸的重置包围盒、重新生成所选的装配或零件的重新生成，对图素或零件进行压缩与解压缩操作，面转换为智能图素等操作选项，如图9-11所示。

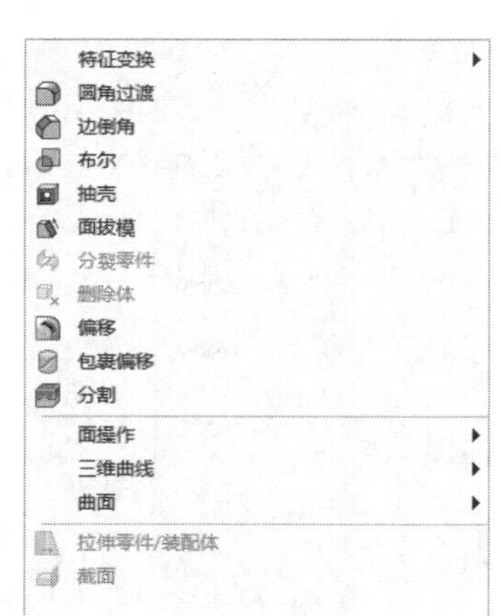

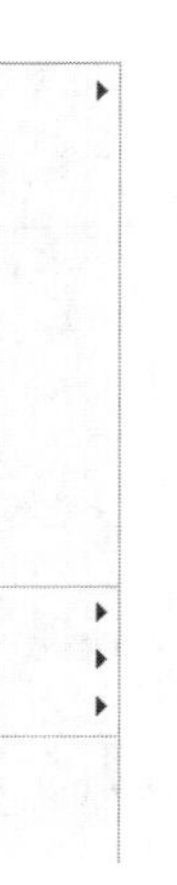

图9-9 “修改”菜单

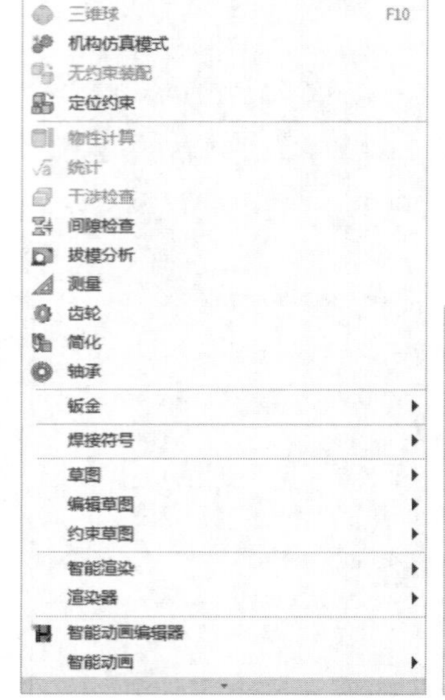

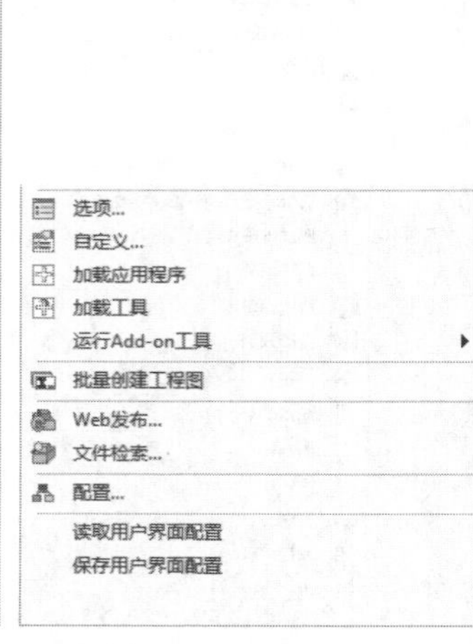

图9-10 “工具”菜单

“装配”菜单包括装配、解除装配、打开零件/装配、保存零件/装配、解除链接外部与装配树输出等选项，如图9-12所示。利用这些选项，设计人员可以将图素、零件、模型、装配件等装配成一个新的装配件或拆开已有的装配件。可以在装配件中插入零件模型，取消与其中某个零件模型的链接，将零件模型/组合件保存到文件中或访问“装配树浏览工具”。

用户利用“设置”菜单中的选项，可以指定单位、坐标系和默认尺寸属性；也可以用来定义渲染、背景、雾化效果、曝光度、视向属性。利用“设置”菜单的其他选项，可以访问智能渲染属性和向导。此外，还可以将表面属性从一个对象转换到另一个对象，访问图素的形状属性并生成配置文件。“设置”菜单如图9-13所示。

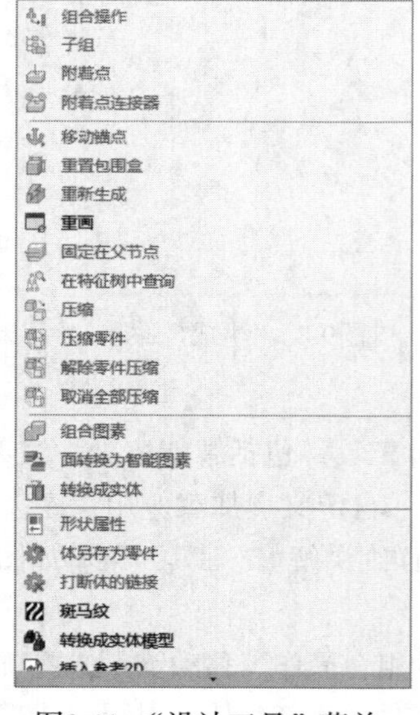

图9-11 “设计工具”菜单

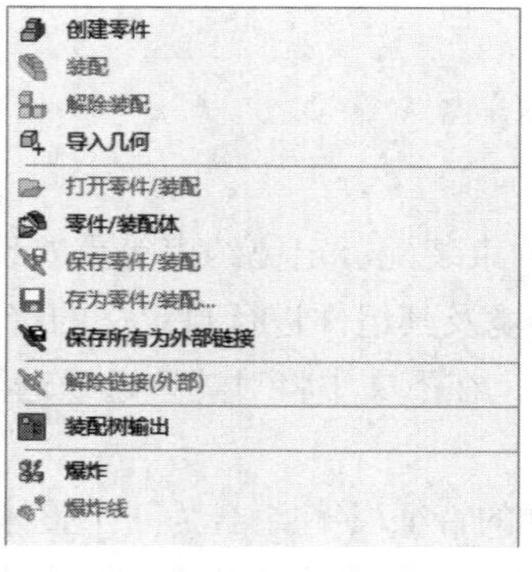

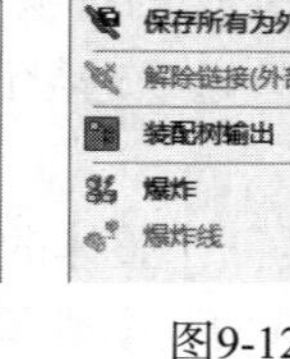

图9-12 “装配”菜单

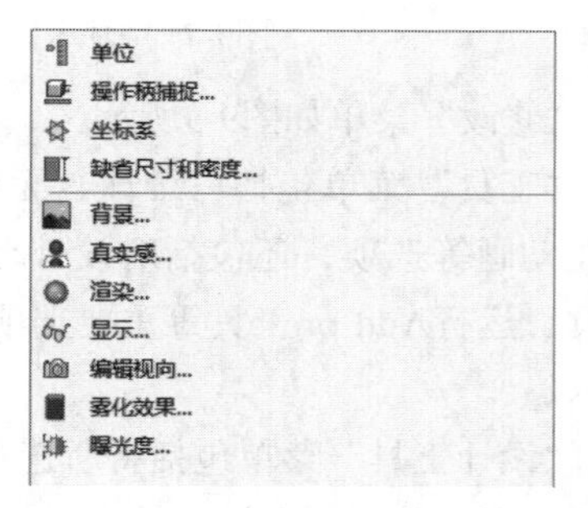

图9-13 “设置”菜单

“设计元素”菜单包括设计元素的新建、打开和关闭等功能选项，如图9-14所示。菜单中的自动隐藏选项允许设计人员激活或禁止设计元素浏览器的“自动隐藏”功能。设计元素选项还包括设计元素保存和设计元素库的访问功能。

“窗口”菜单包括用来生成新窗口、层叠/平铺窗口和排列图标的标准“窗口”选项，如图9-15所示。

“帮助”菜单包括几个标准帮助功能选项，提供访问有关CAXA 3D实体设计2021及其在线帮助系统的信息。

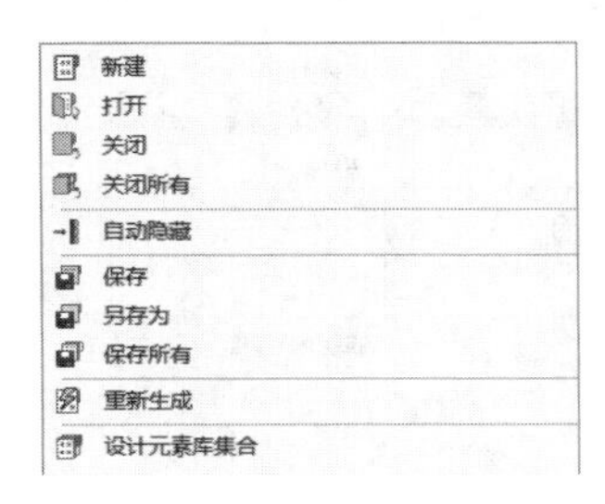

图9-14 “设计元素”菜单

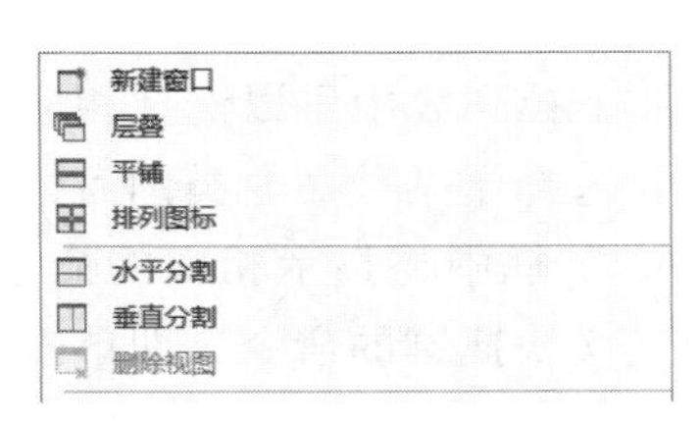

图9-15 “窗口”菜单

9.2.3 自定义设计环境

1. 自定义工具栏

CAXA 3D实体设计2021提供了多种默认的工具条，这些工具条带有设计环境中最常用的功能选项。与CAXA 3D实体设计2021的菜单一样，工具条和它们的选项都能进行自定义。

光标停留在工具图标上时所显示的文本称为“工具提示”。若要关闭这些工具提示信息，可执行“显示”|“工具条”|“工具条”命令，在出现的“自定义”对话框中选择“选项”选项卡，取消显示关于工具栏的提示复选框，并单击“关闭”按钮即可。

自定义工具条同自定义菜单一样，执行“工具”|“自定义”命令，打开“工具栏”选项卡，如图9-16所示，显示各个选项。在左边的“工具栏”下拉列表框中，可以根据设计环境的需要选择工具条。一旦选择了某个工具条选项，它将显示在设计环境的界面中。还可以根据需要通过“新建”“删除”“重新设置”等操作对工具条进行调整。

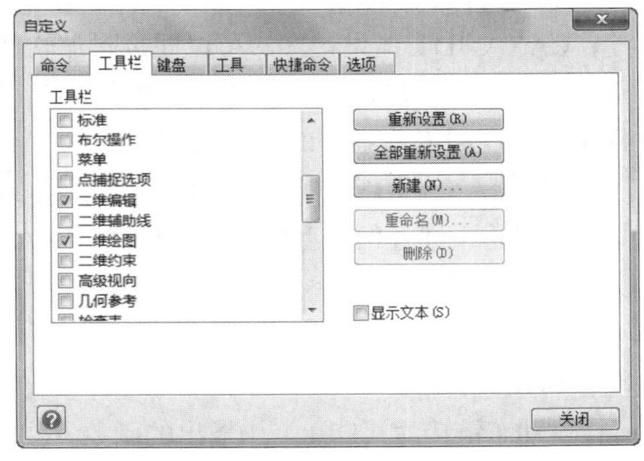

图9-16 “自定义”对话框中的“工具栏”选项卡

2. 自定义命令

与“工具栏”选项卡一样，“命令”选项卡上的“类别”列表框可以指定设计环境或图表命令类别的显示。一旦选择了某个选项，对话框右边的显示区域将显示当前选定类别的命令图标，如图9-17所示。

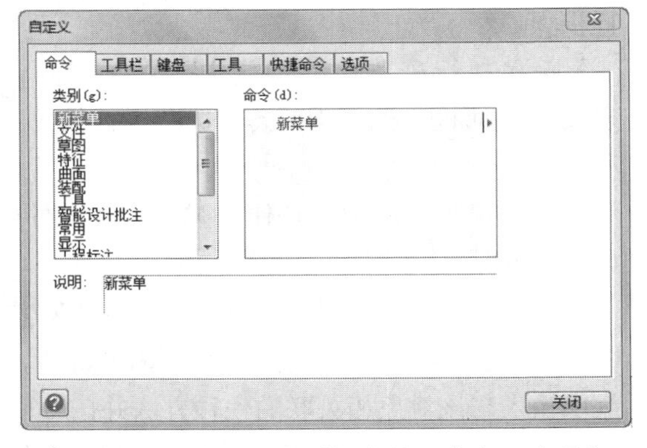

图9-17 “自定义”对话框中的“命令”选项卡

若要将一条命令添加到工具条上，应首先从列表框中选择相应的命令，以显示其图标，然后单击该图标，按下左键，将该命令拖动到工具条上的相应位置，出现插入标识时释放左键，指定的命令就添加到工具条的特定位置。通过单击拖动可以在工具条内移动命令和将该命令移动到选择的工具条中。

3. 自定义键盘快捷键

自定义键盘快捷键的过程与自定义菜单过程相似，在“自定义”对话框中选择“键盘”选项卡，如图9-18所示。

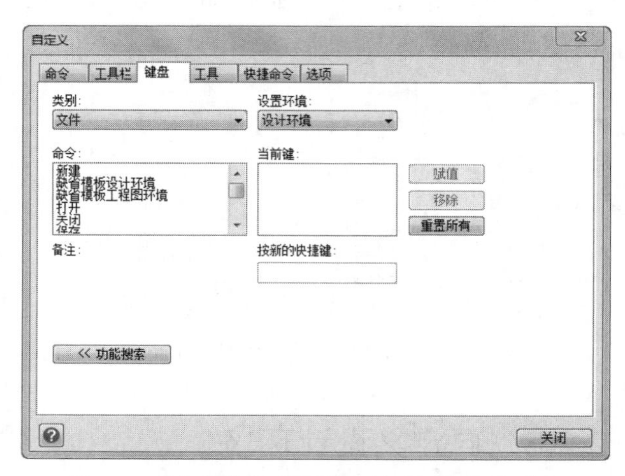

图9-18 “自定义”对话框中的“键盘”选项卡

在“类别”下拉列表中可以选择相应的命令类别，一旦选择了某种命令类别后，在左下方的“命令”框中将显示相应的命令，可以选取需要定义快捷键的命令，即单击使其高亮显示。在右方的“当前键”框中选择快捷键，单击“移除”按钮，即将此命令的快捷键取消。然后在其下方的“按新的快捷键”框中键入需要的快捷键，单击“赋值”|“关闭”按钮即可以对相应命令进行自定义键盘快捷键。

4. 外部加载工具

CAXA 3D实体设计2021可以通过附加软件来扩展CAXA 3D实体设计2021的功能。典型的软件附加工具是由用户自己或第三方软件供货商编写的Visual Basic应用程序。例如，可以编写一个VB程序来实现图素或零件的多份复制，然后将该程序添加到CAXA 3D实体设计2021中作为其附加工具，可以将下述任何类型的程序添加到CAXA 3D实体设计2021中。

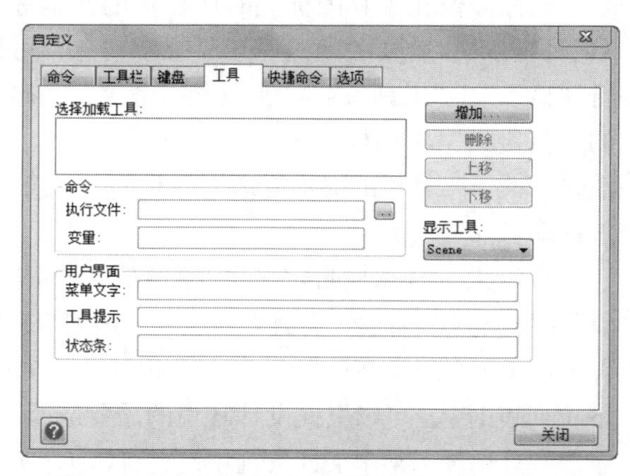

图9-19 “自定义”对话框中的“工具”选项卡

◆可执行程序。

◆OLE对象。

◆动态链接库（DLL）中输出的函数。

下面介绍“工具”菜单中添加外部工具的过程步骤。

（1）执行“工具”|“自定义”命令，弹出“自定义”对话框，选择“工具”选项卡，如图9-19所示。

（2）单击“增加”按钮，弹出“加载外部工具”对话框，如图9-20所示。

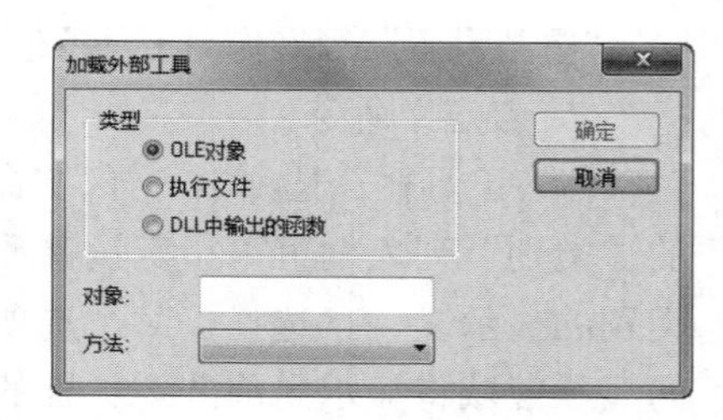

图9-20 “加载外部工具”对话框

如果要添加OLE对象，则选择“OLE对象”选项，然后在“对象”文本框中输入对象名称并按Enter键。在“方法”文本框中输入与该对象相关联的一种方法并按Enter键。

如果要添加执行程序，则选择“执行文件”选项，然后单击“执行文件”文本框后面的文件浏览按钮，在文件浏览对话框中可以选择一个执行程序并单击“确定”按钮。

如果要添加DLL库的某种功能，则选择“DLL中输出的函数”选项，在“DLL名称”文本框中输入库文件的名称并按Enter键。或单击浏览按钮，在文件浏览对话框中选择一个库文件，然后单击“确定”按钮。最后，在“功能”文本框中输入功能参数。

5．选项属性设置

CAXA 3D实体设计2021提供了大量的选项属性，通过修改这些选项属性，可以改变设计环境及其设计参数。在使用的过程中，可以根据自己的需要选择最合适的设计环境。执行“工具”|“选项”命令，弹出“选项”对话框。

（1）“常规”选项卡：单击左侧“常规”，弹出图9-21所示的对话框。

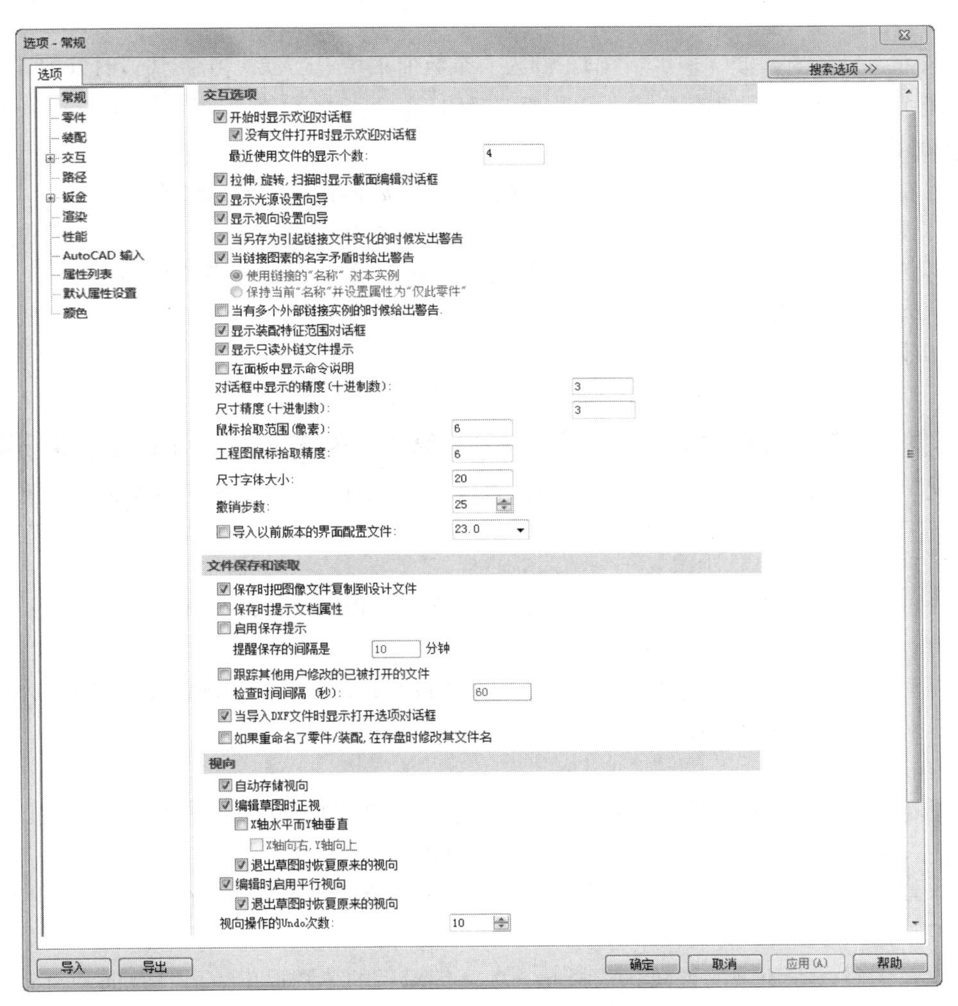

图9-21　“常规”选项对话框

◆“交互选项”选项组

➢ 开始时显示欢迎对话框：选择本选项可使系统在启动CAXA 3D实体设计2021时显示一个欢迎使用的对话框。

➢ 拉伸、旋转、扫描时显示“截面编辑”对话框：创建拉伸、旋转或扫描造型的任何时候都可以选择此选项来显示“编辑截面”对话框。如果不选择本选项，利用轮廓弹出菜单也同样可以使用该功能。

➢ 显示光源设置向导：在“生成”菜单中选择“光源”时，选择此选项即可在屏幕上显示出“光源向导”。

➢ 显示视向设置向导：在“生成”菜单中选择“视向”时，选择此选项即可在屏幕上显示出“视向向导”。

➢ 显示“装配特征范围”对话框：选择此选项后，单击鼠标右键拖出库中图素到零件/装配体表面，在弹出的菜单中选择“作为装配特征”，将出现应用装配特征的对话框，可选择装配特征影响的范围。

➢ 显示只读外链文件提示：选择此选项后，若试图编辑一个只读的链接文件，系统就会显示严格警告信息对话框。

➢ 对话框中显示的精度（十进制数）：键入一个数值来指定CAXA 3D实体设计2021对话框数值字段中的数值显示的小数位数。此选项仅适用于已显示的数值。在计算时，CAXA 3D实体设计2021将继续使用全精确度的数值。

➢ 尺寸精度（十进制数）：输入一个数值来指定屏幕数据测量值显示时的小数位数。CAXA 3D实体设计2021利用该数值来确定“三维球”和“智能尺寸”上显示的数据的小数位数。

➢ 鼠标拾取范围（像素）：输入一个数值来指定鼠标选择区域像素范围内的宽度值。在此范围内，光标可快速定位到高点、中点等。

➢ 撤销步数：利用方向键可输入一个数值，以指定保存在CAXA 3D实体设计2021中并可随后通过“撤销键入”或“恢复键入”命令调用的操作次数。

注意

指定“撤销键入”步骤越多，CAXA 3D 实体设计 2021 所需占用的内存空间就越大。

◆“文件保存和读取”选项组

➢ 保存时把图像文件复制到设计文件：选择此选项可指定是否把纹理映射表同设计环境一起保存。

➢ 保存时提示文档属性：每次保存CAXA 3D实体设计2021文件时，选择此选项可显示“文件属性”对话框，以保存一般的或自定义的文件信息。

◆“视向”选项组

➢ 自动存储视向：选择此选项将使CAXA 3D实体设计2021自动保存当前的视向设置。在设计过程中，如果忘记保存事项可通过单击按钮来恢复原来视向。

➢ 编辑草图时正视：选择此选项可将不正视于屏幕的草图平面自动正视于屏幕，不用再去调整草图平面，可提高设计的效率。

➢ 退出草图时恢复原来的视向：选择此选项，编辑后的草图退出后可将视向恢复到原来的视向，方便于用户设计。

◆“高级”选项组

➢ 启动智能装配：选择此选项可实现智能装配的设置。可利用设置好的附着点并命名实现拖放式智能装配。

（2）“零件”选项卡：单击左侧“零件”，弹出图9-22所示的对话框。

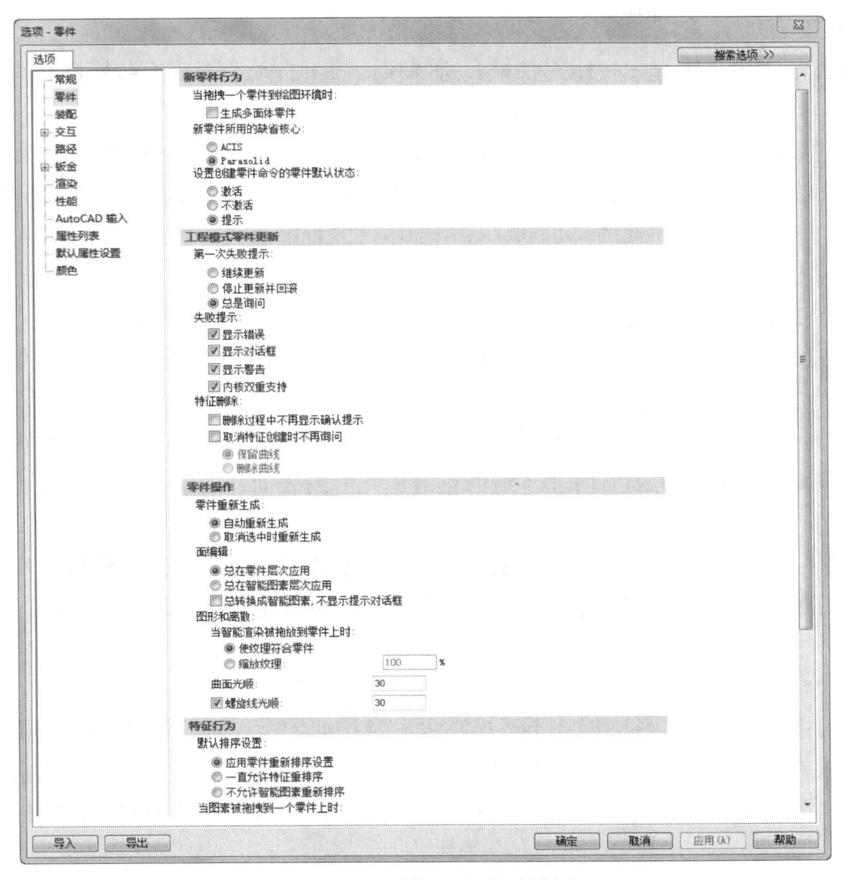

图9-22　“零件”选项对话框

◆“新零件行为”选项组

➢ 生成多面体零件：选择此选项可指定置于设计环境中的零件以多面体零件进行显示。

◆“工程模式零件更新”选项组

➢ 第一次失败提示：此选项用于当工程模式零件创建或更新发生错误时，选择提示的种类。

➢ 失败提示：此选项用于当工程模式零件创建或更新发生错误时，选择提示的内容。

◆“零件操作”选项组

➢ 零件重新生成时：此选项是对零件进行编辑后，重新生成的状态的选项。

自动重新生成：每次更改零件后都可选择此选项来重新生成该零件。单击设计环境背景可重新生成零件。例如，当该选项处于激活状态时，CAXA 3D实体设计2021可在用户拖拉它的某个尺寸修改手柄时立即重新生成该零件。

取消选中时重新生成：当零件的操作完成时，若选择了此选项就会重新生成该零件。单击设计环境背景可重新生成该零件。本选项可用于对零件进行一系列的修改，此后若需要重新生成该零件就无须花费时间了。

➢ 面编辑：用于选择用于面编辑的编辑状态。

总在零件层次应用：选择此选项来规定总是在零件编辑层采用表面编辑操作（移动、拔模斜度、匹配等）。

总在智能图素层次应用：选择此选项来规定总是在“智能图素”编辑层次采用表面编辑操作

（移动、拔模斜度、匹配等）。

总转换成智能图素，不显示提示对话框：选择该选项可自动组合表面编辑操作所修改的“智能图素”，而不显示“表面编辑提示”对话框。

➢ 当智能渲染被拖放到零件上时：使用这些选项，可以为设计环境中零件上施加的表面纹理的尺寸定义设置默认操作特征。默认状态下，零件上所采用的纹理将满尺寸显示。

使纹理符合零件：选择此选项可自动将拖拉到零件的智能渲染（纹理、凸痕和贴图）的尺寸缩放到与零件尺寸相同。

缩放纹理：选择此选项可指明始终按照智能渲染（纹理、凸痕和贴图）在CAXA 3D实体设计2021目录中的原始尺寸的固定比例进行缩放。应在提供的字段中输入用户所希望的比例并按Enter键确认。

➢ 曲面光顺：在此字段中输入一个数值来规定经常从目录拖放到设计环境中的图素的表面光滑度。若在默认值30的基础上增加，则可获得更光滑的表面；若降低该值，将得到光滑度差一些的表面。

螺旋线光顺：在此字段中输入一个数值来规定经常从设计元素库拖放到设计环境中的图素的表面光滑度。若在默认值10的基础上增加，则可获得更光滑的表面；若降低该值，将得到光滑度差一些的表面。

◆“特征行为”选项组

➢ 当图素被拖拽到一个零件上时：下述选项可确定添加到零件时新的“智能图素”的应用。

特征附着在零件上：选择此选项可确定从设计元素库拖放到零件上的“智能图素”仍然附加在基件的表面上。选定此选项后，如果基件被移动，所添加的图素将仍然附着在该零件上并随该零件一起移动。

◆“保存和显示”选项组

➢ 当保存零件时，也保存：此选项可确定零件保存时被保存信息的类型。如果其中的任何一个选项都未被选择，那么CAXA 3D实体设计2021将只保存重新生成零件所必需的信息。尽管最终得到的文件很小，生成该零件的过程所占用的时间却比选择下述两个选项任何一个都长。

拟合表面表示（多面体）：选择此选项可保存零件的简化形式。单一多面体零件的显示比完全的“智能图素”版本要快。若要在零件内协同使用单独的“智能图素”，就必须首先选择其中的图素来重新生成该零件。

精确表面表示：选择此选项可保存全部“智能图素”形式的零件。显示该零件需要更长的时间，但无须利用单个“智能图素”重新生成该零件。

注意

所生成并添加到目录中并拖放到设计环境中的零件将会保留它们生成过程中所采用的内核类型，且与所选定的当前采用的内核类型无关。

（3）“交互”选项卡：在本对话框中使用这些选项可定义CAXA 3D实体设计2021中图素的手柄操作特征和手柄显示，如图9-23所示。

◆“手柄行为”选项组

➢ 捕捉作为操作柄的缺省操作（无Shift键）：选择此选项可激活“智能捕捉”操作柄行为，而无须首先按下Shift键。仍须用鼠标右键单击所需操作柄并从弹出的快捷菜单中选择“使用智能捕捉”。利用设置为默认手柄操作特征的“捕捉”，按下Shift键就可禁止“智能捕捉”手柄操作特征。

➢ 拖拽草图曲线时保持相邻曲线的几何形状：选择此选项可规定轮廓操作柄的拖放操作不影响相邻连接曲线的几何形状。

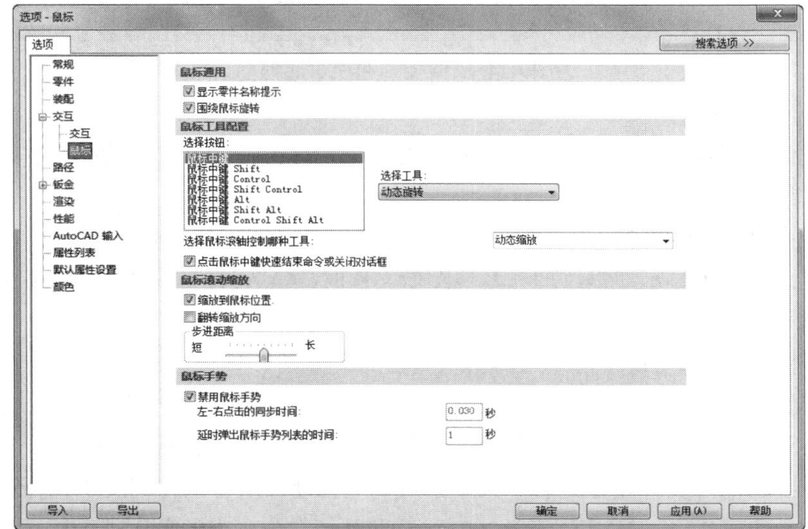

图9-23　“交互”选项对话框

➢ 在选择图标上显示编辑操作柄图标：选择此选项可显示操作柄的图标，以使每次在“智能图素”编辑层选定零件/图素时都能够在操作柄类型之间进行切换。

◆“草图关联特征的行为”选项组

该选项是利用2D草图轮廓生成实体特征（智能图素）后，对2D草图轮廓的三种处理的方式。当选定某种处理方法后，利用草图生成实体特征（智能图素）时，2D草图轮廓将采用选定的方式进行处理。在这里有拷贝、移动、关联3个选项可以进行选择。在默认状态下，系统处于移动选项状态。

（4）“路径”选项卡：在“路径”选项对话框中，可以对文件工作路径、模板路径等进行自定义，如图9-24所示。

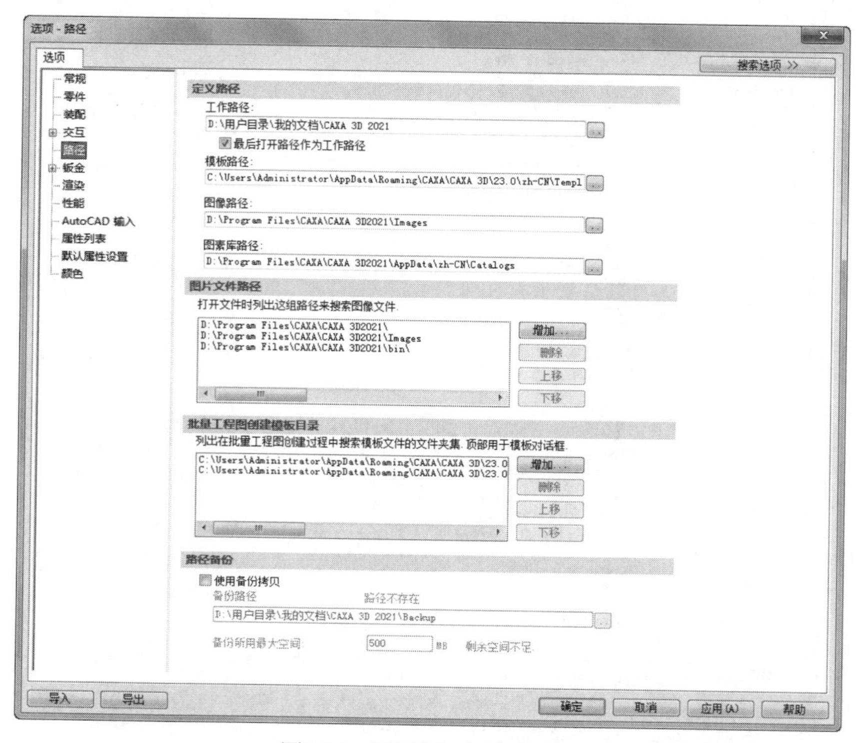

图9-24 “路径”选项对话框

◆“定义路径”选项组

➢ 工作路径：若要将某个特定路径指定为CAXA 3D实体设计2021文件的默认存放位置，请在此字段输入该路径并按Enter键。

➢ 模板路径：显示CAXA 3D实体设计所采用的模板文件的路径。

➢ 图像路径：本列表显示搜索纹理和其他图像文件时CAXA 3D实体设计2021所采用的路径。

➢ 图素库路径：显示CAXA 3D实体设计图素库所在的路径。

◆“图片文件路径”选项组

➢ 增加：选择此选项可显示“增加目录”对话框并将一个条目添加到图片文件目录的列表中。

➢ 删除：若要从图片文件路径列表中删除一个条目，请在列表中选定该条目并选择此选项。

➢ 上移：若要将图片文件路径列表中某个条目向上移动一层，请在列表中选择该路径，然后选择此选项。由于CAXA 3D实体设计2021是按照路径在列表中的顺序进行搜索的，所以此选项将改变搜索顺序。

➢ 下移：若要将图片文件路径列表中某个条目向下移动一层，请在列表中选择该条目，然后选择此选项。同“上移”选项一样，此选项也将改变搜索顺序。

（5）“钣金”选项卡：在“钣金”选项对话框中使用这些选项可为新的钣金零件的弯曲展开和弯曲半径定义参数，如图9-25所示。

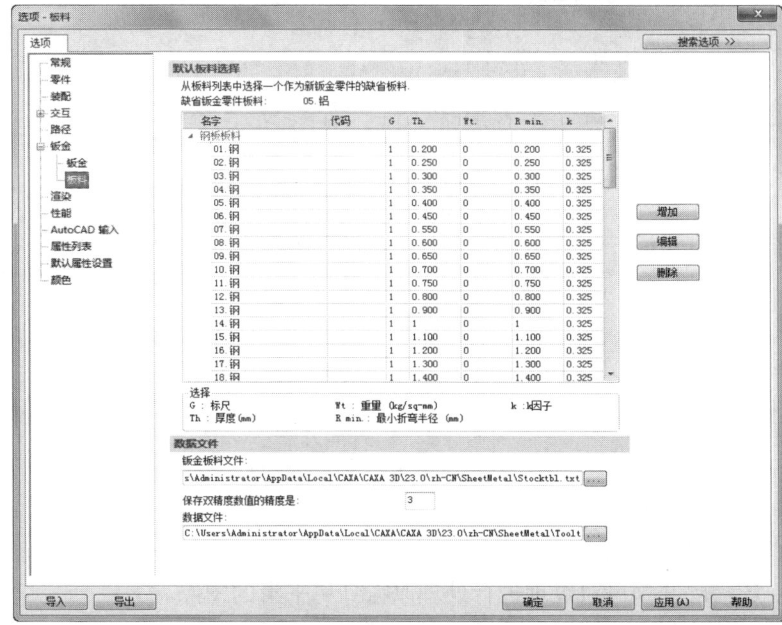

图9-25　“钣金”选项对话框

◆“折弯行为”选项组

➢ 选择参数：在这里可以选择“矩形”或“圆形”切口类型，即根据展开类型进行选择，同时在“宽度”和“深度”文本框中输入合适的数值。

➢ 折弯半径：通过下述选项可规定新钣金件弯曲需采用的内径。

➢ 使用零件最小折弯半径：此选项可选用零件的额定最小折弯半径。

➢ 使用自定义值：此选项可规定新金属片弯曲需要使用的自定义折弯半径。

➢ 内半径：填入一个数值作为新钣金弯曲的弯曲半径。

◆“钣金约束”选项组

➢ 生成冲孔并且形成约束：此选项可根据创建情况自动将约束条件添加到冲孔及成形特征。

➢ 当拖动冲孔后显示约束对话框：此选项可在将压筋/成形图素释放到设计环境中后显示出“数值编辑”对话框，以精确定义/锁定这些图素类型的正交尺寸值。

➢ 自动约束折弯：此选项可以将“自动约束条件”应用到板上折弯、折弯的板和弯曲上折弯钣金件图素。

➢ 高级选项：选择此选项可进入高级钣金选项设置。

（6）“渲染”选项卡：在“渲染”选项对话框中，可以对渲染方式、渲染质量进行设置，如图9-26所示。

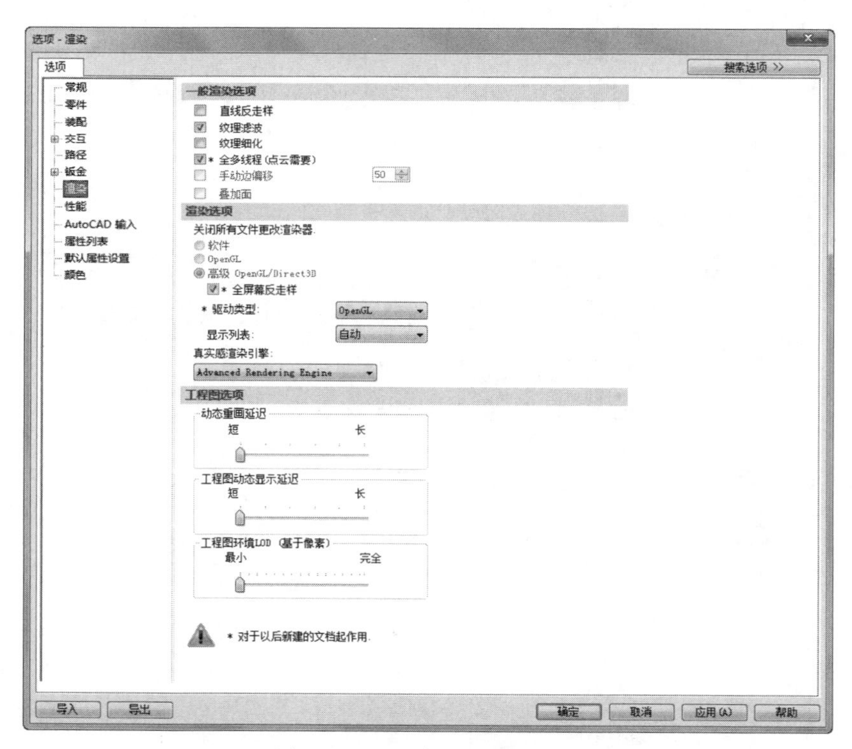

图9-26 “渲染”选项对话框

◆“一般渲染选项”选项组

➢ 直线反走样：许多显卡都支持此选项。选择此选项可防止全部直线和相交元素走样。

➢ 纹理滤波：选择此选项可对纹理进行处理以得到更平滑的图像。

➢ 手动边偏移：棱边偏移是指已显示棱边偏移零件实际棱边的距离。默认情况下，该选项处于未激活状态，激活时用于指定相关字段中显示的预设棱边偏移值。选择此选项可通过编辑相关字段中数值来指定一个可选择的偏移量。

◆“渲染选项”选项组

➢ 软件：如果没有检查到任何OpenGL硬件，CAXA 3D实体设计2021就会自动选择此选项。此时，CAXA 3D实体设计2021的内部渲染软件将作用于当前设计环境。

➢ OpenGL：如果检测到一个OpenGL加速器和硬件但未检测到叠加平面支持，CAXA 3D实体设计2021就会自动选择此选项。OpenGL将仅在同视向工具的动态旋转期间得到支持。CAXA 3D实体设计2021的内部软件渲染器应可用于零件设计。

➢ 高级OpenGL：如果检测到一个OpenGL加速器、硬件和叠加平面支持，CAXA 3D实体设计2021就会自动选择此选项。OpenGL仅在动态旋转和零件设计的当前设计环境中有效。然而，如果用户的显卡不支持叠加平面，此模式下的零件设计速度将比“软件”或“OpenGL”模式下的速度慢。专门的OpenGL并不支持反射映射或云雾背景。

（7）“AutoCAD输入”选项卡，如图9-27所示。

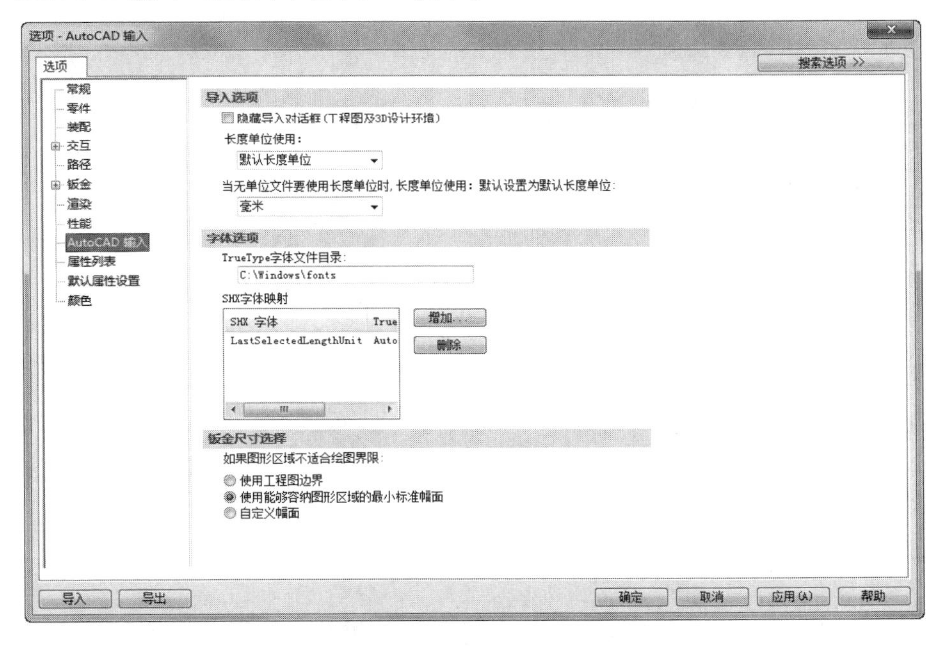

图9-27　“AutoCAD输入”选项对话框

◆“导入选项”选项组

➢ 当无单位文件要使用长度单位时，长度单位使用：CAXA 3D实体设计2021必须知道输入数据的单位类型，以便确保正确的转换。从本字段的下拉列表中，选择无单位文件所采用的长度单位。

◆“字体选项”选项组

➢ TrueType字体文件目录：在此字段中，输入CAXA 3D实体设计2021在转换过程中搜索TrueType字体文件时的搜索目录。默认值为Windows的字体目录。

➢ SHX字体映射：本列表显示当前的SHX字体映射。

➢ 增加：选择此选项可打开“添加SHX字体映射条目”对话框并为新的SHX字体指定SHX和

TrueType字体名称。

删除：若要从SHX字体映射中删除某个条目，在列表中选定该条目，然后选择此选项即可。

◆“钣金尺寸选择”选项组

➢ 使用工程图边界：选择此选项可在绘图限值的基础上规定图样的尺寸。如果选择了此选项，图形就有可能全部或部分超过图样边界。

➢ 使用能够容纳图形区域的最小标准幅面：选择此选项可引导CAXA 3D实体设计2021生成完全包围图形的最小标准图样。用作比较的标准尺寸可根据输入的AutoCAD文件的单位选择。如果找到了标准尺寸。图形就会被置于图样的中央，并且会将方向（风景画或肖像画）确定在最适合该图的选项。如果未找到标准尺寸，就会生成能够容纳该图形的自定义尺寸的图样。

➢ 自定义幅面：选择此选项可引导CAXA 3D实体设计2021生成尺寸自定义且包容该图形的图样。

（8）“属性列表”选项卡：在“属性”选项对话框中可以编辑对话框右侧显示的缺省自定义属性列表，如图9-28所示。零件、装配和其他设计环境对象的“自定义属性”页上的下拉编辑框中都显示有该列表。

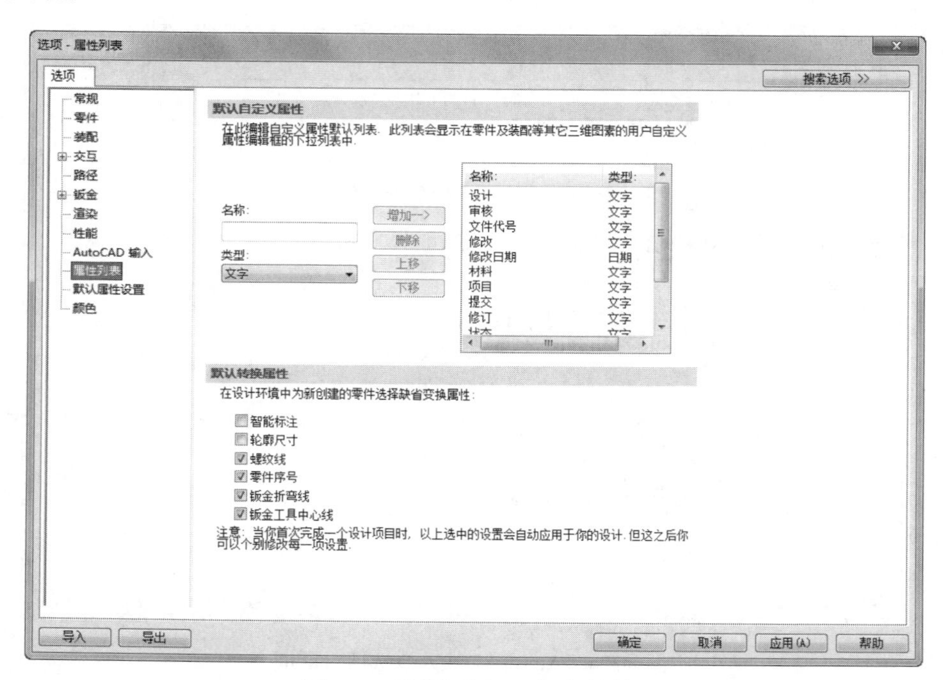

图9-28 “属性列表”选项对话框

◆“默认自定义属性”选项组

➢ 名称：在与此选项相关联的字段中，输入将添加到缺省值列表的新属性的名称，然后激活“增加”选项。

➢ 类型：从类型的下拉列表中可以选择添加属性的所需类型。选项有“文字”“数字”“日期”“是或否”。

➢ 增加：选择此选项可将指定的新属性添加到缺省值列表中。

➢ 删除：若要从缺省自定义属性列表中删除某个条目，在该列表中选定该条目，然后选择本选项即可。

➢ 上移：若要将缺省自定义属性列表中的某个条目向上移动一层，请在列表中选定该条目，然后选择此选项。

➢ 下移：若要将缺省自定义属性列表中的某个条目向下移动一层，请在列表中选定该条目，然后选择此选项。

（9）“颜色”选项卡：如图9-29所示，在“颜色”选项对话框中使用可为零件棱边、智能图素/零件关键部位和三维球定义在CAXA 3D实体设计2021显示区采用的颜色。

➢ 设置颜色为：浏览本列表，可定位/选择将赋予颜色值的期望元素。

➢ 颜色：从调色板中选择选定元素所需赋予的颜色。当前选择的颜色显示在调色板左侧的大框中。也可以单击“更多的颜色”按钮，从弹出的“颜色”对话框中选择更多的颜色或自定义颜色，如图9-30所示。

图9-29　“颜色”选项对话框

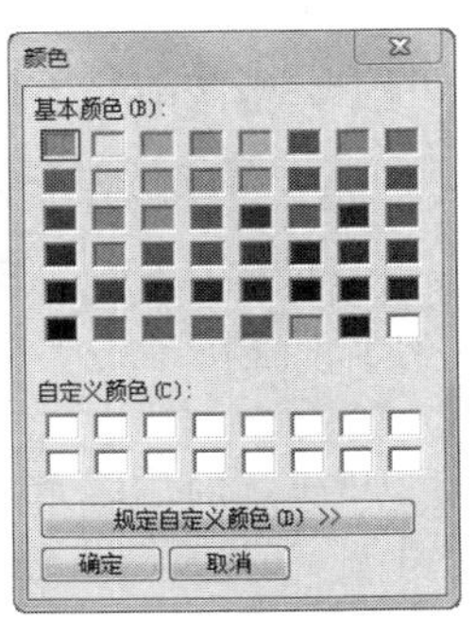

图9-30　“颜色”对话框

9.2.4　设计环境工具条

CAXA 3D实体设计2021工具条为零件设计和图样绘制中最常用的功能选项提供了快捷方式。由于工具条种类繁多，这里仅介绍设计环境默认的工具条。CAXA 3D实体设计2021中的工具条全部可以由设计人员自定义。

1."标准"工具条

"标准"工具的功能是进行文件管理，同时也包括了比较常用的CAXA 3D实体设计2021功能，如图9-31所示。

图9-31 "标准"工具

标准工具条中各项工具的功能介绍如下所示。

（1）缺省模板设计环境：单击可以打开系统提供的默认设计环境。

（2）新的图纸环境：单击可以打开系统提供的默认绘图环境。

（3）打开：打开已有的设计环境或图形文件。

（4）保存：将当前设计环境中的内容保存到文件中。

（5）取消操作：取消上一次操作。

（6）重复操作：恢复所取消的操作。

（7）三维球：定位装配，零件或智能图素。

（8）显示设计数：单击可以将当前设计环境的所有组件以设计树方式显示。

（9）帮助：根据当前操作状况访问特定CAXA 3D实体设计2021的相关帮助信息。选择本工具，然后选择相应的帮助主题，可显示该主题的简要说明。

注意

标准工具条上的选项还可以通过"文件""编辑""显示""工具""帮助"等菜单进行选用。

2."视向"工具条

"视向"工具可用来移动CAXA 3D实体设计2021显示，以调整在三维设计环境中的观察角度，如图9-32所示。

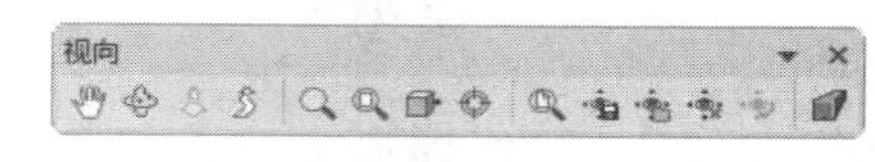

图9-32 "视向"工具

视向工具条中各项工具的功能介绍如下所示。

（1）显示平移：在零件模型前的二维平面上左右上下移动显示。还可以按下F2键来激活此项工具。

（2）动态旋转：利用此工具，可以从任意角度观察三维设计环境。也可以按下F3键或单击鼠标的中键来激活此工具。

注意

默认状态下，三键鼠标的中键可以控制某些显示操作。若要查看当前设置，请从"工具"菜单中选择"选项"，然后选择"鼠标"属性页，观看当前的设置。

（3）前后缩放：利用此工具可以使显示向前或向后移动。也可以通过按下F4键来启动此工具。

（4）任意视向：可模拟视向进入设计环境。也可以按下Ctrl + F2组合键来激活此工具。

（5）动态缩放：向零件模型移近或移开。按下F5键同样可以激活此工具。

（6）局部放大：将设计环境中的特定区域放大。按下Ctrl + F5组合键同样可以激活此工具。

（7）指定面：快速将用户的观察角度改变为直接面向零件模型的特定表面。按下F7键也可以激活此工具。

（8）指定视向点：重新定位显示在零件上的基准点，以对正设计环境中相对该点的观察点。利用Ctrl + F7组合键也可以激活本工具。

（9）显示全部：将用户的观察点与设计环境中的零件模型中心对齐。按下F8键也可以激活此工具。

（10）保存视向：将当前的视向位置保存起来，供以后使用。

（11）恢复视向：恢复以前保存的视向位置。

（12）取消视操作：取消最后的视向操作。

（13）恢复视向操作：恢复最后所取消的视向操作。

（14）透视：此选项为默认选项。取消对此工具的选定，可利用正交投影将对象显示在设计环境中，同时以对象的比例尺寸（但不做距离调整）显示对象。按下F9键也可以激活此工具。

3. “智能标注”工具条

可用来测量、定位或约束零件和造型相互间的关系，如图9-33所示。

图9-33　“智能标注”工具

三维尺寸工具包括以下几个。

（1）线性标注：测量线性距离并定位造型。

（2）视向水平标注：在视向方向插入智能标注测量水平距离并且定位图素。

（3）视向垂直标注：在视向方向插入智能标注测量垂直距离并且定位图素。

（4）角度标注：测量设计环境的角度并定位图素。

（5）半径标注：测量圆形表面的半径。

（6）直径标注：测量圆形表面的直径。

（7）增加文字注释：添加文字注释。

9.3　设计元素

9.3.1　设计元素库

CAXA 3D实体设计2021引入了设计元素的概念。设计元素是系统为设计人员进行设计所提供的各种元素的总称。设计元素库位于设计环境的右侧，设计人员可以使用拖放式操作将设计元素拖入设计环境中，使用设计元素设计所需要的设计产品。系统所提供的设计元素库中的设计元素包括图素、高级图素、钣金图素、工具图素、动画图素、表面光泽图素、纹理图素和颜色图素，如图9-34所示。设计人员还可以根据实际需要生成自定义的设计元素。

9.3.2　设计元素的操作方法

设计人员可以采用拖放式操作方法，实现对设计元素的灵活操作，其操作步骤如下所示。

（1）使用鼠标选择所需的设计元素的种类，确定所需的设计元素。

（2）在该设计元素上按住左键，将其拖动到设计环境的设计区域中后，松开左键。

这样，设计人员可以依次将所需要的设计元素拖入设计环境中，采用这种“搭积木”式的方法，可以将设计元素组合成一个复杂的产品。当然，设计人员也可以对设计元素进行编辑修改。

9.3.3　附加设计元素

CAXA 3D实体设计2021的设计元素库包括标准设计元素库和附加设计元素库两部分。

标准设计元素库在设计环境默认设置时为打开状态，其包括图9-35所示的各类图素。

附加设计元素库包括抽象图案、背景、织物、颜色、石头、管道、金属、电子和阀体等种类的设计元素。在设计环境为默认设置时其处于未打开状态。设计人员可以自由选择附加设计元素，调入设计环境中。调入附加设计图素的方法如下所示。

在主菜单中执行“设计元素”｜“打开”命令，在安装目录下找到“\CAXA\CAXA 3D\2021\AppData\zh-cn\Catalogs\Scene”子目录，目录里会显示出没有打开的设计元素，如图9-35所示。用鼠标左键单击选择需要添加的设计元素，并单击“打开”按钮，此时选定的设计元素将显示于设计环境的右侧。

图9-34　设计元素库

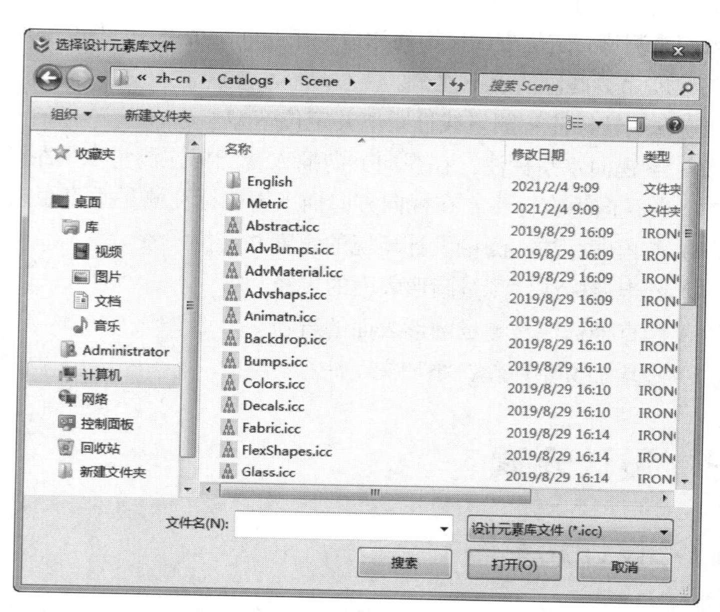

图9-35　附加设计元素

注意

在 CAXA 3D 实体设计 2021 系统的“典型”安装方式中，附加设计元素都被安装到设计人员的硬盘上。如果设计人员采用“最小”安装方式，附加设计元素就不会安装到计算机的硬盘上。需要使用附加设计元素时，要从光盘上调入。

9.4　标准智能图素

所谓标准智能图素就是指能生成三维造型形态的标准设计图素，包括图素、高级图素、工具图素和钣金图素等。标准智能图素是设计零件和构造产品的基础。

标准智能图素（如图素、高级图素、文字和工具）可从设计图素目录中直接拖入设计环境。标准智能图素是CAXA 3D实体设计2021中最常用、最基本的图素，经常用来构建基本的形体和机构。标准智能图素又分为“图素”和“高级图素”两种，“图素”多属规则和简单立体，而“高级图素”常用于型材和复杂立体机构。这两种图素均由除料和增料图素组成。下面将重点介绍标准智能图素的使用与操作方法。

9.4.1　标准智能图素的定位

设计人员使用标准智能图素将其拖入设计环境时，首先要解决智能图素的定位问题。智能图素的定位方法比较灵活，在这里简单介绍系统提供的智能捕捉定位操作方法，其他的定位方法将在以后的章节中陆续向读者介绍。

智能捕捉是一种智能化的定位方法，能实现精确定位。一般情况下，图素之间的定位有两种不同的要求：其一是将某个图素定位于另一个图素的指定点的位置上；其二是保证图素之间边、面的对齐。采用智能捕捉定位方法可以满足这两种要求。

智能捕捉操作方法如下：移动光标选择需要拖入的智能图素，按下鼠标左键，将智能图素拖入设计环境中（在拖入的过程中同时按下Shift键），这时系统进入智能捕捉状态，当光标拖动图素到已有图素时，系统会自动捕捉已有图素的边、面、定点、圆心或面的中心点等几何要素，捕捉到的几何要素将呈现绿色的高亮显示，设计人员可以根据高亮显示选择需要的定位点或需要对齐的边、面等，释放鼠标左键，新图素将被定位于已有图素的位置上。

9.4.2　智能图素的属性

1. 智能图素的选定

在移动某一图素、改变图素尺寸或对其进行其他操作以前，都需要先选定它。选定一个图素就是将其激活，之后才可以对其进行操作。例如，要放大一个块图素的尺寸或改变其颜色，必须先选定它。当某一图素或零件模型被放入设计环境时，CAXA 3D实体设计2021在合适的编辑状态上自动选定它。单击该块一次，它变为深蓝色加亮显示，表示被选定在零件编辑状态。如果取消对块的选定，单击设计环境背景的任意空白处，块上加亮显示的轮廓消失，表示不再是被选定状态。要重新选定块，就再次单击它，块又被加亮显示。根据CAXA 3D实体设计2021当前的选定过滤设置，此时加亮显示的轮廓可能不同于先前显示的颜色。

在CAXA 3D实体设计2021中，加亮显示的颜色是一种非常重要的可见信号，它可以显示当前图素或零件的编辑层。

2. 零件、图素和表面的选定切换

在设计过程中，经常需要对零件设计的整体或对其中的某些图素或表面进行编辑。下面介绍使用“拾取过滤器”对零件、图素表面的选定切换。若要作为一个整体选择或编辑某个零件设计，就要确定“拾取过滤器”下拉列表中的默认设置为“任意”。要编辑某个零件的几个智能图素，首先要从“拾取过滤器”下拉列表中选择“智能图素”选项，激活后就可以只在智能图素编辑状态选择或编辑图素了。

如果只需编辑一个表面或边，则应从“拾取过滤器”下拉列表中选择“面”或“边”选项，激活后就可以在设计环境中对图素或零件的某一个面或边单独进行编辑。也可以把“拾取过滤器”设定为“任意”来实现不同编辑状态的快速转换，通过鼠标左键单击零件而进入所需要的编辑状态。当需要不断地在不同的编辑状态间进行转换时，这一方法十分有用。只要相继两次至三次单击零件上的同一位置，就可以进入所需的编辑状态。

下面介绍如何使用单击选择法选定编辑状态。以长方体块为例，首先要确保把“拾取过滤器”设置为“任意”。

第一次单击零件，进入零件编辑状态，整个零件会显示深蓝色加亮显示的轮廓。在这个编辑状态上进行的任何操作都将作用于整个零件，如图9-36所示。

图9-36　零件编辑状态图

第二次单击零件，进入智能图素编辑状态，会显示黄颜色的智能图素包围盒和手柄，如图9-37所示。在智能图素编辑状态下，所进行的操作仅作用于所选定的图素。要在同一编辑状态下选定另一个图素，只要单击它即可。

第三次单击零件，进入表面编辑状态，光标在哪一个面或边上，该面或边就呈绿色加亮显示，如图9-38所示。如果光标位于面的顶点或中心上，就会出现一个箭头。要在表面编辑状态选定另一个面、边或顶点，单击该面、边或顶点即可。

第四次单击零件，又回到零件编辑状态，重新开始单击选择法序列，如图9-39所示。

单击设计环境然后选定零件，即可随时返回零件编辑状态，如图9-39所示。也可以随时利用“拾取过滤器”下拉列表中的选项来切换编辑状态。

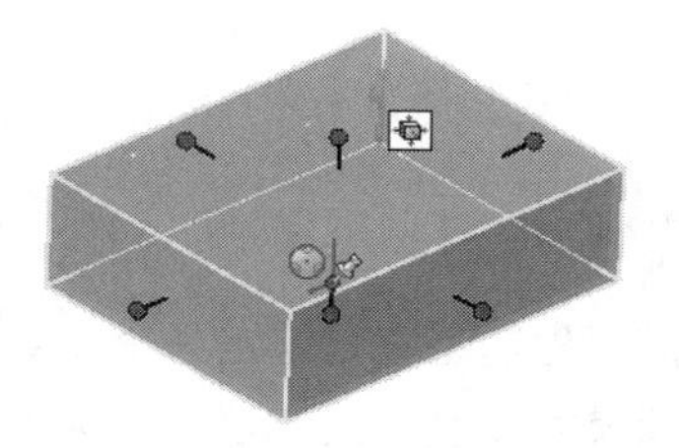

图9-37　智能图素编辑状态

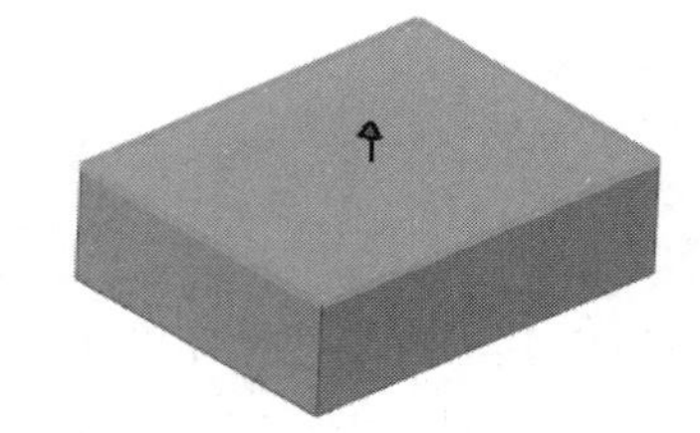

图9-38　面、边或点编辑状态

图9-39　返回零件编辑状态

注意

单击两次不同于双击。要选定智能图素编辑状态，单击一次进入零件编辑状态，稍微停顿，然后再单击第二次。

3．包围盒、操作手柄与定位锚

将新图素拖入到设计环境中时，该图素呈蓝色显示。若单击该图素，则该图素进入智能图素编辑状态。如果对已有图素单击，待该图素呈蓝色显示后再单击，也可以使该图素进入智能图素编辑状态。进入编辑状态的图素，会在图素上显示出黄色的矩形包围盒、红色的操作手柄和绿色的定位锚，如图9-40所示。

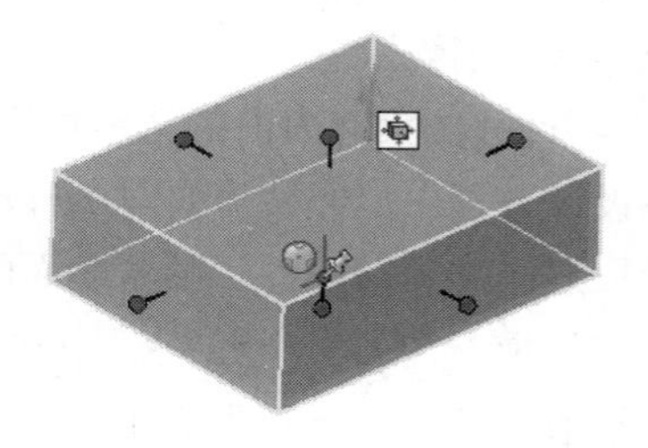

图9-40　长方体上的包围盒、操作手柄和定位锚

（1）包围盒：是一个能包容某个智能图素的最小六面体，它定义了智能图素的尺寸大小。通过改变包围盒的尺寸可以改变图素的尺寸大小。

（2）操作手柄：包围盒六面体的6个表面上分别有与之垂直的6个红色操作手柄，这些操作手柄也称为包围盒操作手柄，利用包围盒操作手柄可以编辑图素的尺寸。包围盒操作手柄是在智能图素编辑状态下选定某一图素或零件时显示的默认手柄。

在图素编辑状态下，图素包围盒四周都显示这些红色的圆形手柄。包围盒上还有一个“切换”图标或。通过单击这两个图标可以在包围盒操作手柄和造型操作手柄之间进行切换。其中，图标表示为包围盒操作手柄编辑状态，图标表示为造型操作手柄编辑状态，如图9-41所示。通过鼠标拖动操作手柄即可改变图素的尺寸。

（3）定位锚：CAXA 3D实体设计2021中的每一个图素或零件都有一个定位锚，它由一个绿点和两条绿色线段组成。当一个图素被放进设计环境中而成为一个独立的零件时，定位锚位置就会显示一个图钉形标志，如图9-42所示。定位锚表示一个图素或零件与另一个图素或零件相连接的位置。例如，当把一个图素拖放到另一个图素上时，第二个图素的定位锚就落在了第一个图素的表面上。

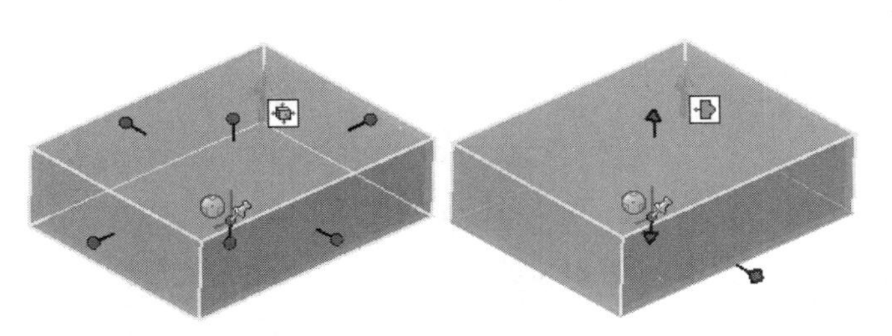

图9-41　包围盒操作手柄与造型操作手柄

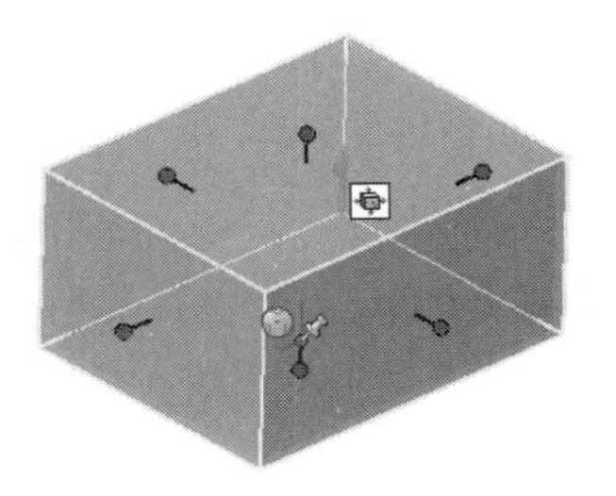

图9-42　定位锚

4. 编辑图素的尺寸

图素的尺寸大小可以通过操作手柄拖放式可视化操作和精确输入两种方法进行编辑修改。

（1）利用包围盒操作手柄可视化编辑图素的尺寸，其操作步骤如下所示。

1）在智能图素编辑状态下单击图素，直到显示包围盒及其操作手柄。

2）将光标移动到包围盒手柄上，直到光标变成一个带双向箭头的小手形状。

3）按住鼠标左键并拖动包围盒手柄，图素的尺寸就随之变化，如图9-43所示。

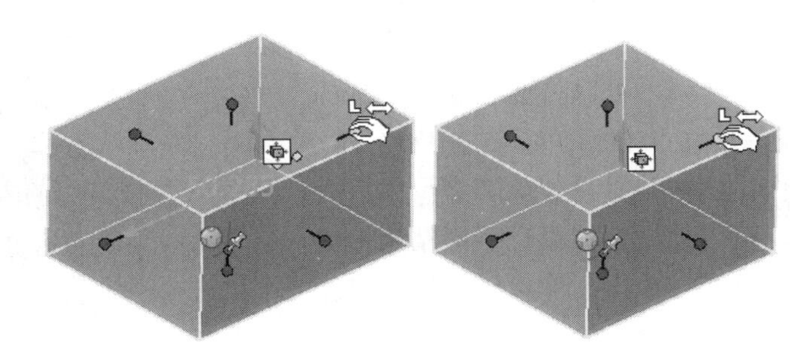

图9-43　可视化编辑图素尺寸

（2）利用造型操作手柄可视化编辑图素的尺寸，其操作步骤如下所示。

1）在智能图素编辑状态下选定图素，单击“切换”图标以切换到造型操作手柄状态，显示造型操作手柄。

2）把光标移动到其中一个造型操作手柄上，直到光标变成带双向箭头的小手形状。

3）按住鼠标左键并拖动造型操作手柄，即可改变图素的尺寸。

（3）利用包围盒操作手柄精确重设智能图素尺寸。在实际设计过程中，常常需要利用包围盒操作手柄精确编辑图素的尺寸，其操作步骤如下所示。

1）右击包围盒操作手柄，从弹出的图9-44所示菜单中选择“编辑包围盒”选项，将弹出图9-45所示的对话框，其中显示当前包围盒的尺寸数值与选定包围盒操作手柄的数值处于加亮显示状态。

2）编辑尺寸值后单击“确定”按钮。然后用鼠标右键再次单击，依次改变图素的尺寸进而熟悉各种动作的操作结果。

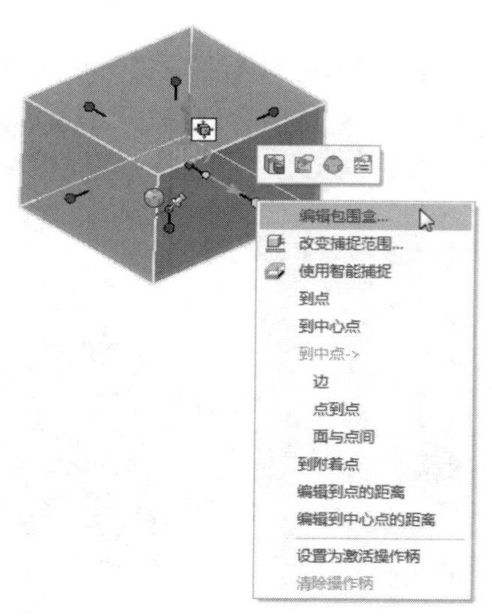

图9-44　包围盒操作手柄弹出菜单

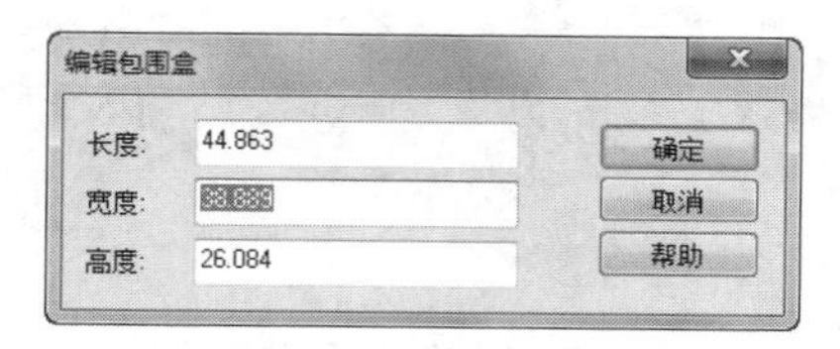

图9-45　“编辑包围盒”对话框

◆改变捕捉范围：选择此选项，可以改变线性捕捉增量。如果采用默认捕捉方式，按住Ctrl键可以自由拖动。

◆使用智能捕捉：选择此选项，可以显示相对于选定操作手柄与另一零件的点、边和面之间的“智能捕捉”反馈信息。选定“使用智能捕捉”选项后，包围盒操作手柄的颜色加亮。“智能捕捉”功能在选定操作手柄上一直处于激活状态，直到从弹出菜单中取消该选项为止。

◆到点：选择此选项，可以将选定操作手柄的关联面相对于设计环境中另一对象上的某一点对齐。

◆到中心点：选择此选项，可以将选定操作手柄的关联面相对于设计环境中的某一对象的中心对齐。

（4）利用造型操作手柄精确重设智能图素尺寸。在造型操作手柄状态下，可以使用拉伸设计手柄精确地编辑拉伸设计的尺寸，鼠标右键单击拉伸设计起始或终止截面的拉伸手柄，弹出图9-46所示的菜单，选定“编辑距离”选项，弹出相应对话框，输入所需数值，然后单击“确定”按钮。

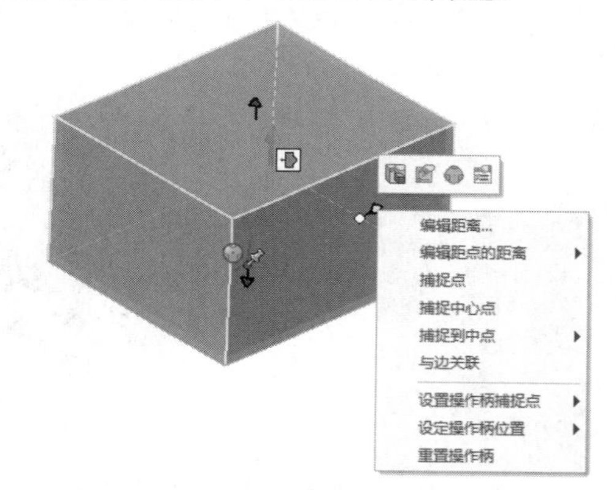

图9-46　造型操作手柄弹出菜单

除“编辑距离”选项外，用于精确重新设置智能图素尺寸的还有其他的造型操作手柄选项，可以帮助完成对图素尺寸的编辑。

◆编辑距点的距离：可使用以下选项确定一个基准点，作为选定手柄移动距离测量的起点。在基准点默认时，距离的测量起点就从选定轮廓图素手柄关联面的当前位置开始。

➢捕点：选择此选项，然后在选定对象或其他对象上选定一个基准点，作为选定图素手柄移动的距离测量起点，弹出“编辑距离”对话框，如图9-47所示。如果需要改变距离，就输入精确的距离值。

图9-47　“编辑距离”对话框

- ➢ 中心：选择此选项，然后选择一个圆柱体，把它的轴线作为选定手柄移动距离的测量起点，弹出“编辑距离”对话框，如果需要改变距离，就可以输入精确的距离数值。
- ◆ 捕捉点：选择此选项，然后在选定对象或其他对象上选定一个基准点，以迅速使选定手柄的关联面与基准点对齐。
- ◆ 捕捉中心点：选择此选项，然后在圆柱体轴线上选定一个基准点，以迅速使选定手柄的关联面与圆柱体的轴线对齐。
- ◆ 与边关联：选择此选项，然后在一个其他对象上选定一个基准边，以迅速使选定手柄的关联面与基准边对齐。
- ◆ 设置操作柄捕捉点：使用这些选项，为选定手柄确定一个对齐点。
- ➢ 到点：选择此选项，然后在其他对象上选定一个点作为选定手柄的对齐基准点。当拖动手柄时，手柄相对于这一基准点的距离数值将显示出来。
- ➢ 到圆心点：选择此选项，然后在圆柱体轴线上选定一点，以其为选定手柄的对齐基准点。当拖动手柄时，手柄相对于这一基准点的距离数值将显示出来。
- ◆ 设定操作柄的位置：使用这些选项来改变轮廓图素手柄的方向。
- ➢ 到点：可使选定手柄与手柄基点和其他对象上选定基准点之间的虚线平行对齐。
- ➢ 到圆心点：可使选定手柄与从圆柱体中心点引出的虚线平行对齐。
- ➢ 点到点：可使选定手柄与其他对象上两选定基准点间的虚线平行对齐。
- ➢ 与边平行：可使选定手柄与其他对象上的选定边平行对齐。
- ➢ 与面垂直：可使选定手柄与其他对象上的选定面垂直对齐。
- ➢ 与轴平行：可使选定手柄平行于圆柱体的轴线。
- ◆ 重置操作柄：选择此选项，可使选定手柄恢复到其默认位置和方向。

（5）利用包围盒属性重设智能图素尺寸。在智能图素编辑状态下，鼠标右键单击图素，在弹出的菜单中单击“智能图素属性”选项，弹出“拉伸特征”对话框，如图9-48所示。在此对话框中单击“包围盒”选项，则显示有“尺寸”“显示”“调整尺寸方式”“形状锁定”及“手柄自动切换顺序”5个属性表，如图9-49所示。

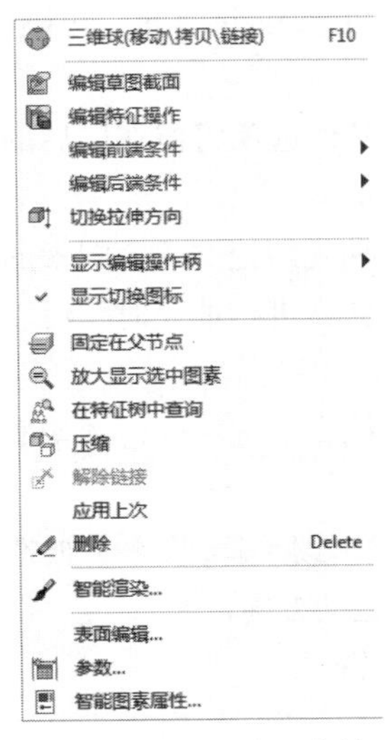

图9-48　右键弹出菜单

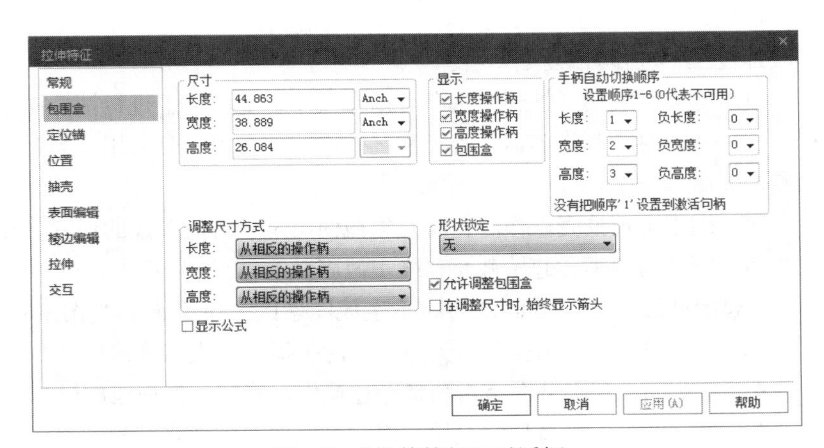

图9-49　“拉伸特征”对话框

◆尺寸：控制包围盒的大小。编辑这些选项和拖动包围盒的手柄都可以改变包围盒的尺寸属性。当需要精确地改变尺寸时，就可使用这些选项。例如，如果需要某一块的长度正好是60mm，则应在“长度”文本框中输入这一数值；如果需要增加或减少一定数值的尺寸，则可以在当前值上加上或减去这一尺寸数值。

◆调整尺寸方式：决定包围盒的尺寸手柄被拖动时包围盒的状态。包围盒的尺寸手柄相对于长、宽、高3个坐标轴显示。

➢关于包围盒中心：选择此选项，可以以包围盒中心点为准，对称地重新设定对象的尺寸。

➢关于定位锚：选择此选项，可以以定位锚点为准，对称地重新设定对象的尺寸。

➢从相反的操作柄：选择此选项，以对立表面上的手柄为准，将一个面拖近或拖离其对立面。

◆显示：决定选定智能图素时包围盒的哪一部分被显示。

◆形状锁定：能够在重置包围盒尺寸时保持各尺寸的比例关系。设计人员可以锁定两个或更多的尺寸，以保持它们的比例关系。例如，如果锁定了图素的长度和宽度，只要拖动这两个尺寸中的任何一个尺寸手柄，就可以在这两个尺寸上改变图素的尺寸，而且重新设定尺寸的图素仍保持了原来的长度和宽度的比例关系。

“形状锁定”选项中提供了多种形状锁定模式。

无：未锁定任何尺寸比例，在拖动任何一个尺寸手柄以改变其尺寸时，而图素的其他尺寸均保持不变。

长和宽：可以保持选定图素的长度和宽度的比例关系。

长和高：可以保持选定图素的长度和高度的比例关系。

宽和高：可以保持选定图素的宽度和高度的比例关系。

所有：可以保持所有尺寸的比例关系，当改变一个尺寸的数值时，所有尺寸都按原来的比例改变。

5. 智能图素的其他属性

所有智能图素都有属性表，表中列有很多选项。这些选项可定义许多元素，如包围盒、交互信息、表面编辑、定位锚等。在智能图素编辑状态下右击智能图素，在弹出菜单中选择“智能图素属性”选项，可显示图素的属性表（即出现一个对话框）。该对话框中除了上文中介绍的“包围盒”选项，还有其他多个选项，对应于各类属性。

这里只对“抽壳”“表面编辑”与“棱边编辑”选项进行补充讲解，其他选项将留在以后的零件设计过程中进行讲解。

（1）抽壳：利用“抽壳”选项可以在一个智能图素上进行抽壳操作。抽壳即挖空一个图素的过程。这一功能对于制作容器、管道和其他内空的对象十分有用。当对一个图素进行抽壳时，可以规定剩余壳壁的厚度。

在对图素进行抽壳操作时，其二维截面决定着智能图素的形状。在“抽壳”选项中，图素的二维截面被划分为两类：起始截面和终止截面。

◆起始截面：这类截面是指用于生成图素的二维截面。当图素在智能图素编辑状态下被选定时，这类截面就用蓝色箭头标识，箭头指向生成三维造型时的操作运动方向。

◆终止截面：这类截面是指图素经过拉伸、旋转、扫描或放样结束时的截面。

◆要确定一个三维造型的起始截面，可以在智能图素编辑状态下选定该图素，然后寻找上述蓝色箭头或者定位锚的位置（仅限于未对定位锚重新定位的图素），两者都能指示图素的起始截面。对于对称的抽壳操作，起始截面和终止截面要么都是开放的，要么都是闭合的，没有必要区分起始截面和终止截面。在需要一端开口而另一端封闭的情况下，可以任意选择一端。但是，如果需要特定一端开口或封闭，就需要区分起始截面和终止截面了。例如，要制作一个纸板箱时，应该让带有定位锚的截面作为封底。

◆对该图素进行抽壳：若要挖空一个图素就选择这一选项。

◆壁厚：在这一文本框中，输入一个大于0的数值，作为图素被挖空后余下壳壁的厚度。

◆结束条件：此选项规定了抽壳完毕后哪一个截面开口（如果需要开口）。

➢打开终止截面：此选项表示抽壳操作一直进行到挖穿终止截面，使其开口。

➢打开起始截面：此选项表示抽壳操作一直进行到挖穿起始截面，使其开口。

◆通过侧面抽壳：此选项表示抽壳操作一直进行到挖穿侧壁，使其开口。

◆显示公式：通过这一选项可以查看生成本属性表上的数值的计算公式。

◆在高级选项中具有以下几个选项。

◆在图素表面停止抽壳：此选项可以决定CAXA 3D实体设计2021抽壳的深度。例如，可以抽壳至一个图素与另一个图素相连接的地方。

➢起始截面：使用此选项可使壳的起始截面与另一对象的表面相一致。当被抽壳对象伸入另一对象中时，这一选项十分有用，可以控制抽壳操作沿着曲面进行。

➢终止截面：使用此选项可使壳的终止截面与另一对象的表面相一致。

◆多图素抽壳：若抽壳操作一直挖穿了图素的起始截面和终止截面的常规界限，则选用这一选项。这一技术对于将两个图素组合成一个单独的中空零件十分有用。

➢起始偏移：在文本框中输入要挖穿起始截面以外增加的深度。

➢终止偏移：在文本框中输入要挖穿终止截面以外增加的深度。

➢侧偏移量：在文本框中输入要挖穿选定侧壁以外增加的深度。

（2）表面编辑：定义图素的另一种方法是重构图素表面。CAXA 3D实体设计2021提供了3种类型的表面重整方法：起始截面、终止截面和侧面，如图9-50所示。

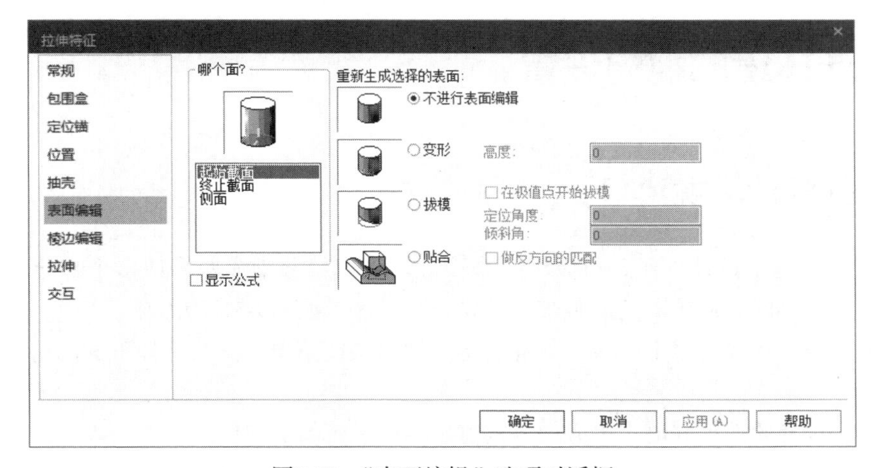

图9-50　“表面编辑”选项对话框

◆“哪个面？”：从以下选项中选择需要进行重构的面。

➢起始截面：此选项表示对图素的起始截面进行拔模或加盖。

➢终止截面：此选项表示对图素的终止截面进行拔模或加盖。

➢ 侧面：此选项表示对图素的侧面进行拔模或加盖。

◆ 拔模：表示对一个表面进行拔模。拔模效果根据参考面而定。当对侧面拔模时，“倾斜角”决定侧面沿着图素扫描轴线从起始截面到终止截面收敛或发散的速度。负值锥角对应于收敛方式，正值锥角对应于发散方式。起始截面保持不变，但终止截面要按比例变化以形成锥形。当对起始截面或终止截面进行拔模时，“倾斜角”和“定位角度”决定倾斜的方向和坡度。拔模使终止截面成一个凿子的形状。拔模方向由“定位角度”决定。

➢ 定位角度：在此文本框中输入一个角度数值，这一数值决定着拔模方向的起始点。

➢ 倾斜角：在此文本框中输入一个角度数值，终止截面倾斜成这一角度，形成一个凿子的形状。侧面向终止截面也倾斜成这一角度。

◆ 变形：在图素上增加材料，形成一个光滑的拱顶式的“盖”。

➢ 高度：在此文本框中输入“盖”所需要的高度。

◆ 贴合：规定一个图素的起始截面或终止截面与放置于其上的另一个图案的表面相贴合。例如，如果将一个长方体放置于一个圆柱体上，使用此选项可使长方体的相交面沿着圆柱面弯曲。

➢ 做反方向的匹配：选择此选项，使图案的起始截面和终止截面相贴合。使用这一选项，选择“贴合”选项只能用于起始截面或终止截面，但不能同时用于两者。

（3）棱边编辑：倾斜一个图素，可以将图素的边削掉而变得圆滑。CAXA 3D实体设计2021提供了两种基于图素的倾斜类型：圆角过渡和倒角。

◆ 圆角过渡：CAXA 3D实体设计2021削掉图素的边而变成平滑的曲面。

◆ 倒角：CAXA 3D实体设计2021切去一个对角截面，形成一个角边。

➢ 在右边插入：输入一个从原来的棱沿着右侧表面到倒角对角线的距离数值。

➢ 在左边插入：输入一个从原来的棱沿着左侧表面到倒角对角线的距离数值。

◆ 哪条边？：选项中选择“起始边”“终止边”“侧面边”“所有相交边”，分别对图素的起始截面边、终止截面边、侧壁截面边、所有相交的边进行倾斜操作。

9.5 设计环境的视向设置

9.5.1 分割设计环境窗口

在设计过程中为了设计方便，可以将一个设计环境窗口分割成两个或多个部分来增加观察选项，以利用视向工具同时从不同角度观察设计模型和零件，如图9-51所示。

光标放置在设计环境背景上，单击鼠标右键，弹出快捷菜单，然后选择下面的选项对窗口进行分割。

水平分割：选择此选项，沿水平方向分割窗口生成一个新的窗口。

垂直分割：选择此选项，沿垂直方向分割窗口生成一个新的窗口。

删除视图：选择此选项，删除激活的窗口。

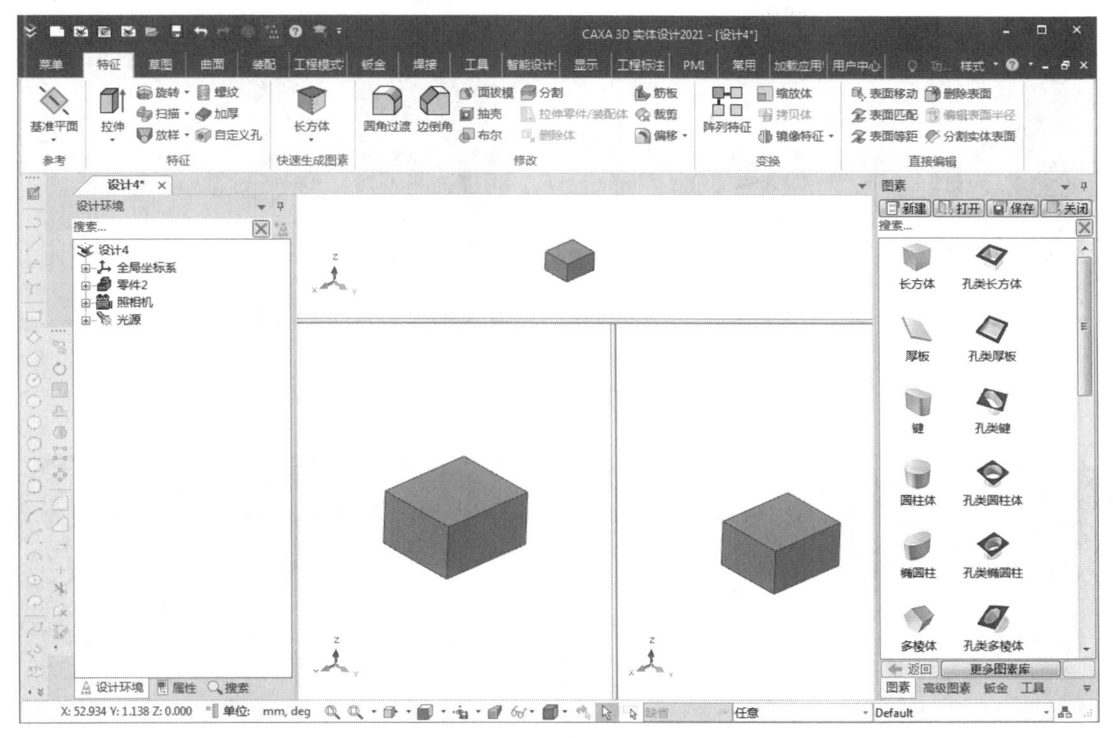

图9-51　分割设计环境窗口

9.5.2　生成新视向

所有CAXA 3D实体设计2021的设计环境都至少包含一个虚拟的视向，但是设计人员无法看到它，因为设计人员始终在使用它来进行观察。若要添加新视向，操作步骤如下所示。

（1）执行“生成”|“视向设置向导”菜单命令，将光标移动到一个窗口中，光标边出现照相机作为视向标识。

（2）光标到达长方体时，单击鼠标，以定位视向的目标点，弹出“视向向导”第1页对话框，如图9-52（a）所示，将“视向方向”设置为“保留方向”，“视点距离”设置为50；在如图9-52（b）所示“视向向导”对话框的第2页中均选“否”，单击“完成”按钮。设计环境的各个部分将出现一条黄线，它从长方体表面上的一个红色手柄延伸出来，指向一个照相机图标，如图9-53所示。

（3）打开设计树开关，展开设计树中的“照相机”选项，找到新的视向并右击，在弹出的快捷菜单中选择“视向”命令，对左边部分的设计环境的观察就是通过新视向的“眼睛”看到的。在右边视窗中，长方体的表面将出现一个红色的点，而从表面到新视向位置的方向上则会发射出一条黄色射线指向照相机，如图9-54所示。

注意

所有原有的和新建的视向均可在“设计树”中看到。附加的弹出选项使用户可以剪切、复制、粘贴或删除一个视向，也可以访问视向向导和视向属性。

（a）

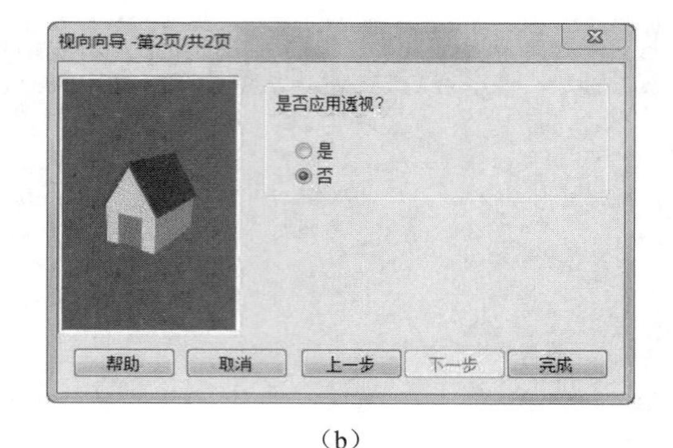

（b）

图9-52 “视向向导”对话框

图9-53 新视向标志

图9-54 建立新视向

9.5.3 移动和旋转视向

在9.5.2小节中，如果选择设计环境左侧视窗，当红色的手柄移动或旋转时，可以把右视窗当作新视向的“取景器”来查看移动视向的结果，也可以使用“视向”中的工具进行视向调整。

9.6 设计树、基准面和坐标系

9.6.1 设计树

设计树又称为设计环境状态树，它以树状图表的形式显示当前设计环境中的所有设计内容，从设计环境本身到其中的各个零件，组成零件的智能图素、群组、约束条件、相机和光源等。设计人员可以利用“设计树”快速查看零件中的图素数量和设计环境中的光源数，并可以编辑设计环境对象的属性。还可以利用“设计树”改变零件或装配体的生成顺序和历史记录。

执行“显示”|“设计树”菜单命令或单击“设计树”按钮，可以打开设计树。设计树显示于设计环境窗口的左侧。因为“设计树”按照从上到下的排列顺序表示产品的生成过程，所以在了解零件或装配体的生成顺序时，它是一种非常实用的工具。设计环境中的各个对象可以通过不同的图标形式加以区别。在本书后面的设计过程中，将会涉及设计树的使用。

9.6.2　基准面

CAXA 3D实体设计2021的基准面是一个包含零件设计主要参考系和坐标系的平面。它始终存在于设计环境中，可以选择是否显示它。

1．显示基准面

执行“显示”｜“基准面”菜单命令，在设计环境中将显示3个坐标平面，即基准面，如图9-55所示。基准面由3个半透明的平面（*X-Y*平面、*X-Z*平面和*Y-Z*平面）组成。显示基准面时，它以十字交叉影线网的形式出现。无论能否使图素和零件透过栅格或定位到栅格之后，都应将基准面考虑成设计环境的“底板”。

2．显示基准面栅格

（1）显示基准面栅格。基准面栅格始终存在于设计环境中，可以选择是否显示它。在设计环境中，单击某个基准面，基准面4个角将显示4个红色小方块，在设计树中单击选择某个基准面后右击，将弹出基准面编辑菜单，在菜单中选择“显示栅格”选项，在相应基准面上显示出栅格，如图9-56所示。

（2）编辑基准面栅格大小。如果基准面或者栅格大小不合适，可以调整基准面或栅格的尺寸大小。方法是从“设置”主菜单中单击“坐标系”，弹出图9-57所示的“局部坐标系统”对话框，在此对话框中分别输入合适的基准面与栅格尺寸数值。

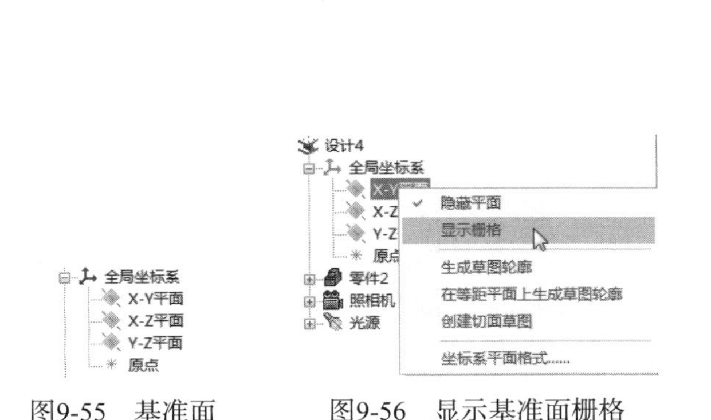

图9-55　基准面　　图9-56　显示基准面栅格

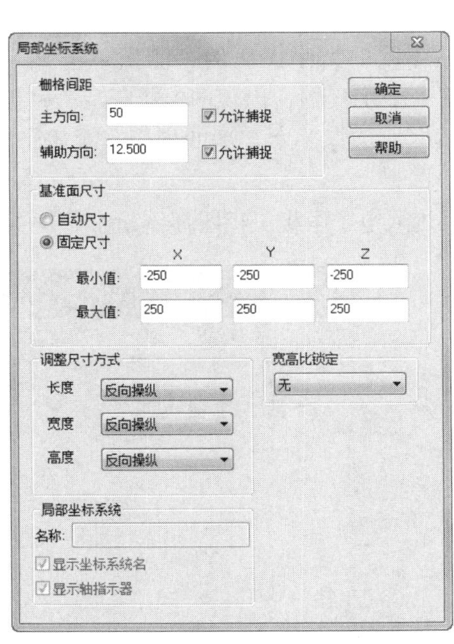

图9-57　“局部坐标系统”对话框

在图9-56所示的基准面编辑菜单中，选择“坐标系平面格式”选项，也可以弹出“局部坐标系统”对话框，用于基准面与栅格尺寸的编辑。

9.6.3　坐标系

在设计环境窗口的左下角有一个三维坐标系，分别用红、绿和蓝3色表示*X*、*Y*和*Z*轴。这个坐标系只是一个名义上的坐标系，它对于设计工作中的尺寸度量没有任何作用，该坐标系的功能只是配合视向的变化，提醒和帮助设计者了解当前视向在三维坐标系和图素或零件上的具体反映，也就是说，它实际上只是一个了解视向显示的辅助工具。

设计零件或产品所使用的坐标是基准面上的坐标，基准面坐标系的坐标原点在3个基准面的交点上。坐标系的尺寸单位可以根据需要设置。

9.7 工程图的绘制

9.7.1 电子工程图环境

电子图板可以读入实体设计“*.ics”文件生成标准工程图，可调整主视图角度，可以自动生成中心线、中心标志、螺纹简化画法、尺寸标注、明细表、自动序号等。

1．工程图模板

在开始生成工程图的时候，可以按照期望的设计结果进行一些选择。选择的主要内容包括图纸的大小、比例、测量单位等。选择新建一个工程图，出现图9-58所示的模板选择对话框，选择一个合适的模板，单击“确定”按钮。

图9-58 “新建”对话框

进入电子图板工程图环境，如图9-59所示。

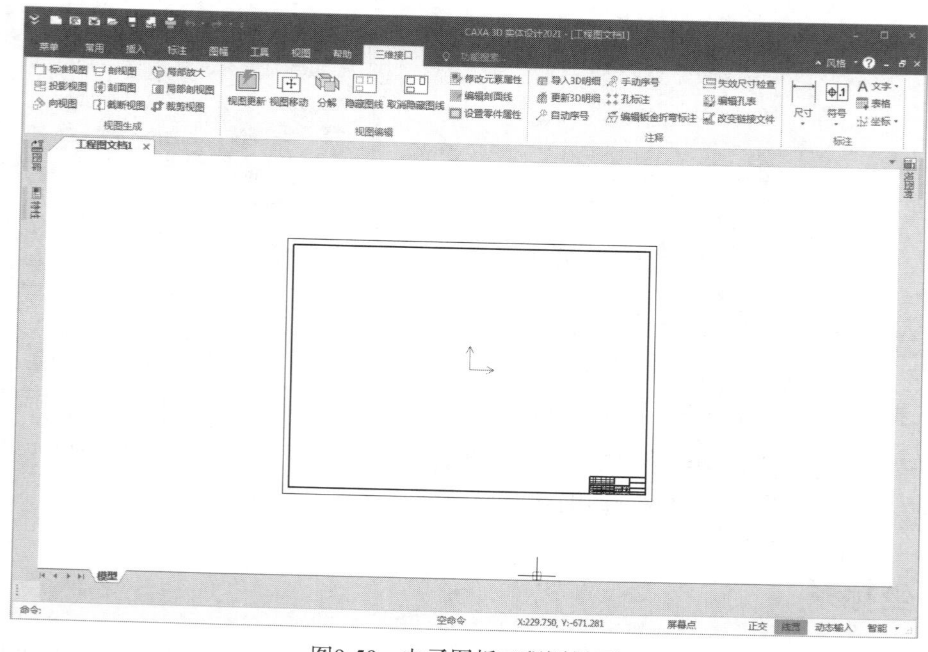

图9-59 电子图板工程图界面

2．工程图菜单

图9-60所示为电子图板工程图的主菜单。电子图板的所有功能，可以通过它的主菜单进行访问。点击左上角的大按钮，可以显示菜单。

菜单包括文件、编辑、视图、格式、幅面、绘图、标注、修改、工具、窗口、帮助等主菜单。

图9-60　电子图板工程图的主菜单

3．工程图功能区

图9-61所示为工程图的功能区，包括常用、插入、标注、图幅、工具、视图、帮助、三维接口。

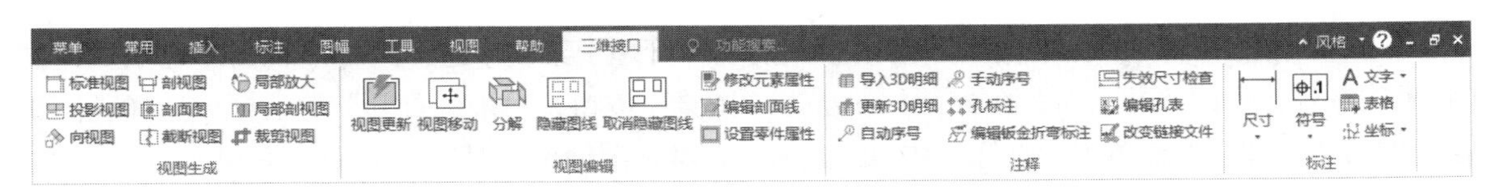

图9-61　电子图板工程图的功能区

9.7.2　工程视图的绘制

在实体设计中单击菜单“文件”→“新文件”，或单击快速启动栏上的“新建”按钮，进入“新建”对话框，如图9-62所示。选择“图纸”，然后单击“确定”按钮。在“新建”对话框中选择所需的模板，然后单击“确定”按钮。进入CAXA CAD电子图板界面。

图9-62　“新建”对话框

也可以单击快速启动栏上的“新的图纸环境”按钮，直接进入默认的图纸环境。

启动工程图后选项卡默认切换到“三维接口”功能面板，使用者可以更快捷地创建工程图。在“工具”菜单下，将光标移动到“视图管理”选项上，出现“视图管理”子菜单，如图9-63所示。

或打开“视图管理”工具条，出现在软件界面的右侧，如图9-64所示。

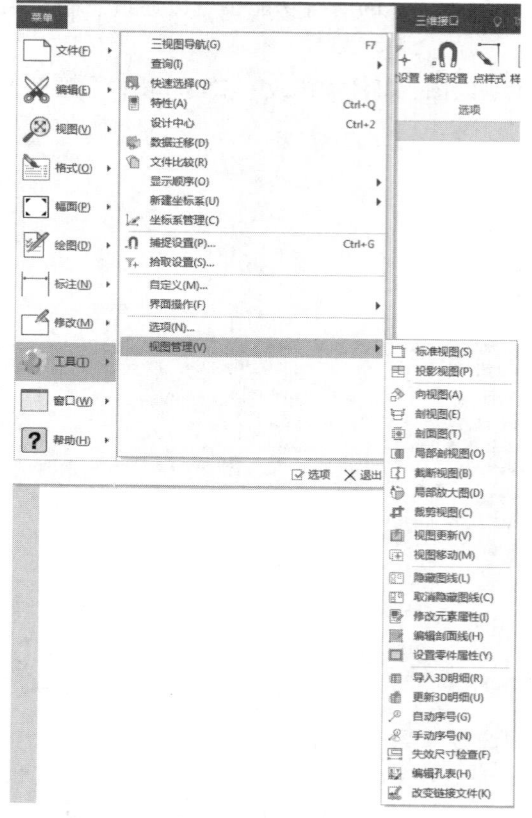

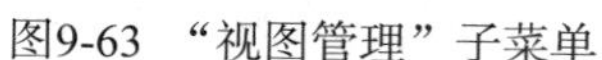
图9-63 “视图管理”子菜单

图9-64 “视图管理”工具条

1．标准视图

在功能面板中单击“标准视图”按钮，或视图管理子菜单中选择“标准视图”选项，弹出“标准视图输出”对话框，如图9-65所示。单击“浏览”按钮，出现“打开”对话框，选择我们要投影的实体文件，然后单击“打开”按钮，进入“标准视图输出”对话框。

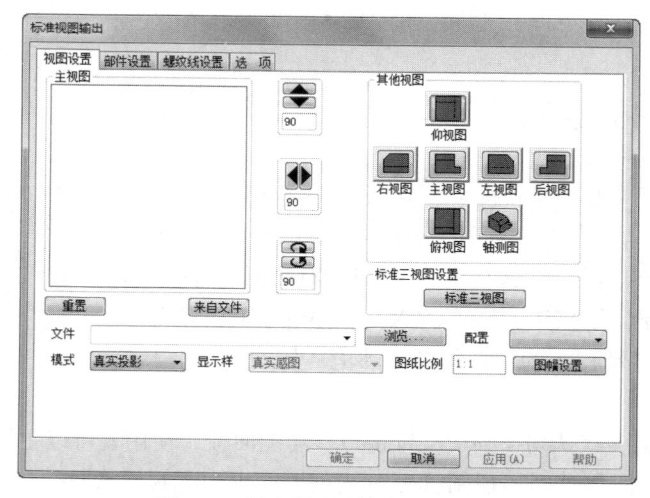

图9-65 “标准视图输出”对话框

“标准视图输出”对话框包含四个选项卡。第一个是“视图设置”选项卡，如图9-66所示。

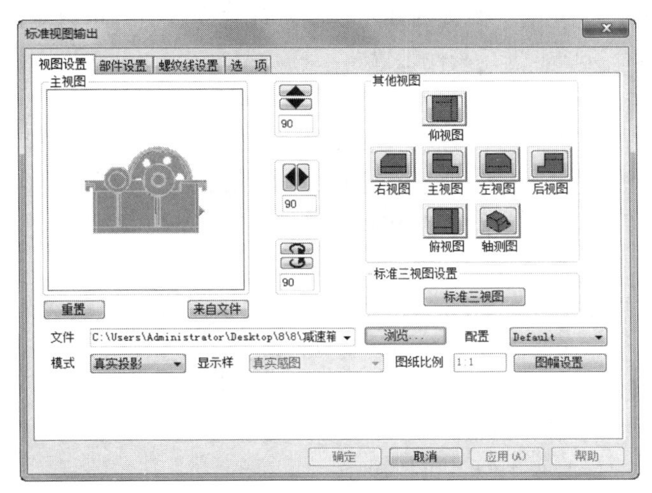

图9-66 “视图设置”选项卡

在此对话框中，预显的三维零件为主视图的角度。如果不满意这个角度，可以通过右侧的箭头按钮调节。单击“重置”按钮，恢复默认角度，单击“来自文件”按钮，则选择此时三维设计环境中的视角作为主视图方向。

配置：在三维设计环境中，可以添加不同的配置，其中零件的位置可以不同。此时单击下拉箭头，选择其中一个配置，就会投影这个配置的视图。

模式：可以选择“真实投影”和“快速投影”。真实投影就是精确投影。选择“快速投影”后，“显示样式”可以选择“线框”“真实感图”和“隐藏边界的真实感图”三种样式。这三种样式分别对应三维中该样式的渲染效果。

图纸比例：单击右边的“图幅设置”按钮，然后在“图幅设置”对话框中进行设置，如图9-67所示。

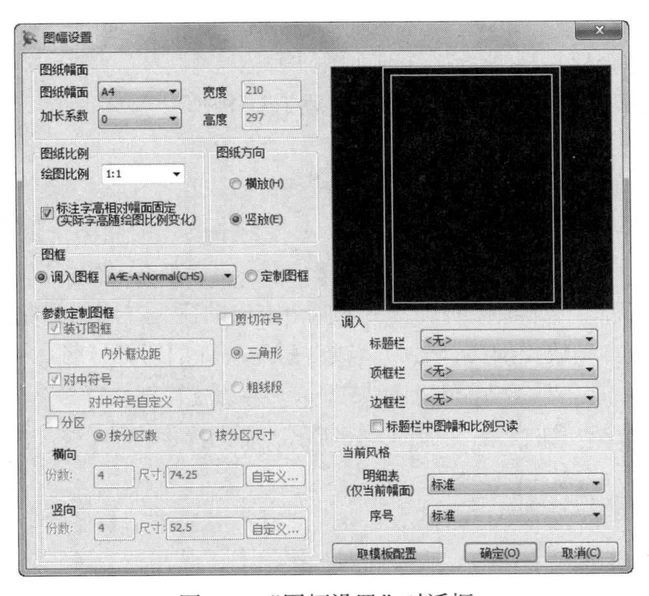

图9-67 “图幅设置”对话框

在“其他视图”中，可以选择需要投影生成的标准视图。下方的“标准三视图设置”中，单击“标准三视图”，则选择了主视图、俯视图和左视图。设置完成后，可以单击“确定”按钮生成视图，也可以选择后面三个选项卡进行其他设置。

2．投影视图

投影视图是基于某一个存在视图生成的左视图、右视图、仰视图、俯视图、轴测图等。

在“三维接口”功能面板中单击“投影视图”按钮，或在“工具”菜单下的“视图管理”子菜单中选择“投影视图”选项，或单击“视图管理”工具条中的“投影视图”按钮，此时状态栏提示“请选择一个视图作为俯视图”，单击选择一个视图，稍作等待，即跟随光标出现一个投影视图，并且状态栏提示“请单击或输入视图的基点”。决定生成某个投影视图后，单击鼠标左键即可生成，如图9-68所示。此时可以生成多个投影视图，当不需要再生成投影视图时，可以单击鼠标右键或按Esc键退出命令。

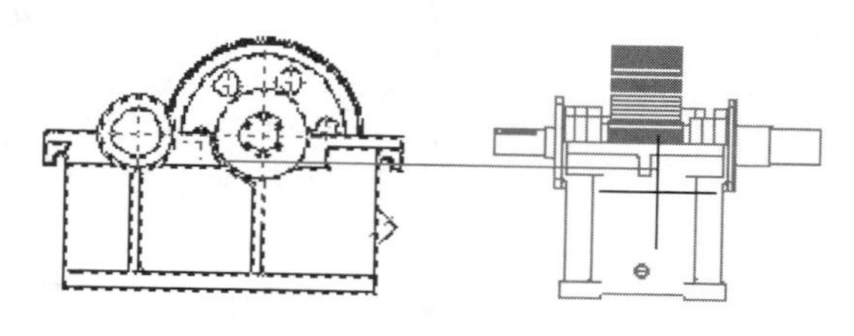

图9-68　生成投影视图

3．向视图

向视图是基于某一个存在视图的给定视向的视图。

在“三维接口”功能面板中单击“向视图”按钮，或在“工具”菜单下的“视图管理”子菜单中选择“向视图”选项，或单击“视图管理”工具条中的“向视图”按钮，此时状态栏提示“请选择一个视图作为父视图”，点击选择一个视图，然后提示“请选择向视图的方向”，此时选择一条线作为投影方向，这条线可以是视图上的线或单独绘制的一条线。选择视图的投影方向后，此时状态栏提示“请单击或输入视图的基点”，单击鼠标左键生成向视图，如图9-69所示。

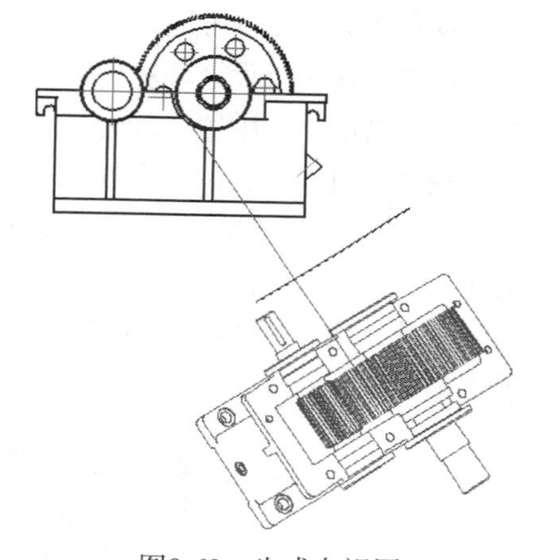

图9-69　生成向视图

4．剖面图

剖面图是基于某一个存在视图绘制其剖面图以表达这个面上的结构。生成剖面图的过程和剖视图的过程有些相似之处。

在“三维接口”功能面板中单击“剖面图”按钮，或在“工具”菜单下的“视图管理”子菜单中选择“剖面图”选项，或单击“视图管理”工具条中的“剖面图”按钮，此时状态栏提示“画剖切轨迹（画线）”，可以选择“垂直导航”或“不垂直导航”，然后用光标在视图上画线。

剖切线绘制完成以后，单击鼠标右键，出现两个方向的箭头，用鼠标左键选择一个方向。此时可以在立即菜单选择“自动放置剖切符号名”或“手动放置剖切符号名”。如果选择“自动放置剖切符号名”，单击鼠标右键，生成剖面图。如果选择“手动放置剖切符号名”，用鼠标左键选择标注点，然后单击鼠标右键，生成剖面图，如图9-70所示，中间为剖视图，右边为剖面图。

5．截断视图

截断视图是将某一个存在视图打断显示。

在“三维接口”功能面板中单击“截断视图”按钮，或在“工具”菜单下的“视图管理”子菜单中选择“截断视图”选项，或单击“视图管理”工具条中的“截断视图”按钮，此时出现立即菜单，可以设置截断间距数值。状态栏提示“请拾取一个视图，视图不能是局部放大图或裁剪视图！”这时单击一个视图，出现立即菜单，第1项设置截断线的形状，有直线、曲线和锯齿线三种，第2项设置是水平放置还是竖直放置。

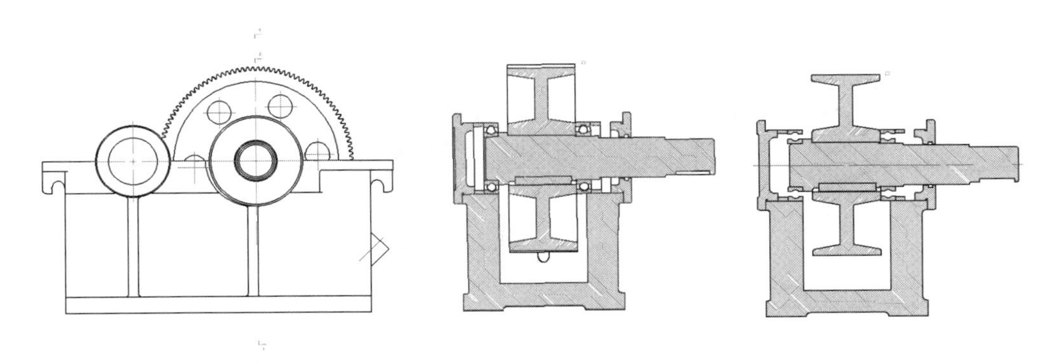

图9-70　剖视图和剖面图

状态栏接着提示“请选择第1条截断线位置”，单击视图上一点，然后根据状态栏的提示选择第二点，如图9-71所示。单击鼠标左键即可生成图9-71所示的截断视图，然后单击鼠标右键结束命令。

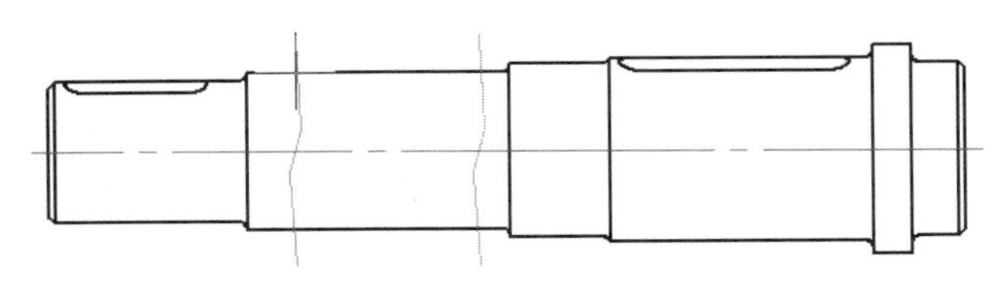

图9-71　选择“截断视图操作”

6．局部放大视图

局部放大视图是基于某一个存在视图的局部将其放大的视图。

在“三维接口”功能面板中单击“局部放大”按钮，或在“工具”菜单下的“视图管理”子菜单中选择“局部放大图”选项，或单击“视图管理”工具条中的“局部放大”按钮，此时出现立即菜单，如图9-72所示。第1项可以设置局部放大视图的边界形状：圆形或者矩形。选择圆形边界，第2项可以选择是否加引线，第3项可以设置放大倍数，第4项可以输入标注的符号。如果第1项选择矩形边界，则快捷菜单如图9-73所示，第2项可选择边框是否可见。

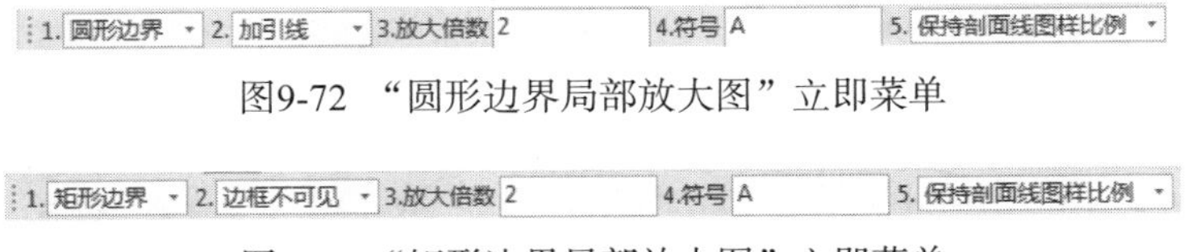

图9-72　“圆形边界局部放大图”立即菜单

图9-73　“矩形边界局部放大图”立即菜单

在出现的立即菜单中选择“圆形边界”，放大倍数设置为“4”。此时状态栏提示“中心点”，即选择局部放大部分的中心点，数值输入或用鼠标左键单击确定一点。然后状态栏提示“输入半径或圆上一点”，单击鼠标左键确定该圆的半径，如图9-74所示。

圆形边界确定之后，状态栏提示“符号插入点”，根据带引导线的符号的预显，单击鼠标左键确定合适的位置。此时会出现一个局部放大视图跟随光标移动，状态栏提示“实体插入点”，单击一点，状态栏提示“输入角度或由屏幕上确定”，可以输入局部放大视图的旋转角度，或在屏幕上合适的位置单击鼠标左键，本实例中输入“0”，再单击一次确定标注的位置，得到图9-75所示的局部放大视图。

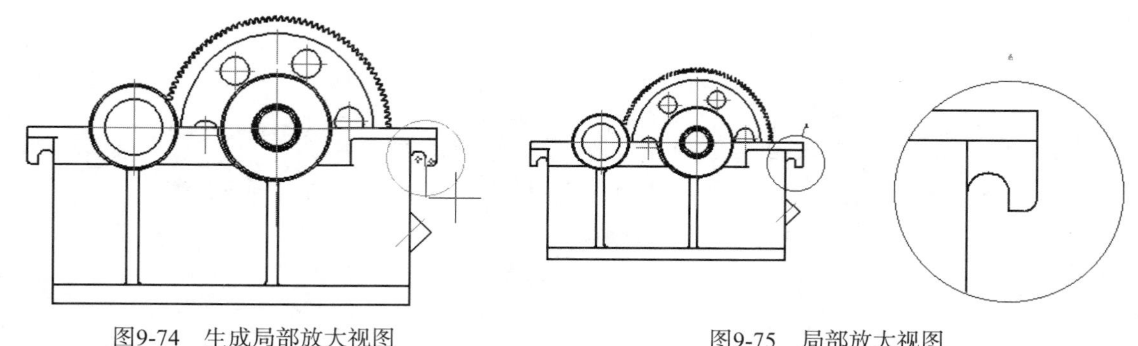

图9-74　生成局部放大视图　　　　图9-75　局部放大视图

7．局部剖视图

局部剖视图是基于在某一个存在的视图上，给定封闭区域以及深度的剖切视图。局部剖视也可以是半剖。

在“三维接口”功能面板中单击“局部剖视图”按钮，或在“工具”菜单下的“视图管理”子菜单中选择“局部剖视图”选项，或单击“视图管理”工具条中的“局部剖视图”按钮，出现立即菜单，可以选择“普通局部剖”或“半剖”。

选择“普通局部剖”，此时状态栏提示“请依次拾取首尾相接的剖切轮廓线”。在生成局部剖视之前，先使用绘图工具在需要局部剖视的部位绘制一个封闭曲线，拾取完毕后，单击鼠标右键，出现立即菜单，如图9-76所示。

图9-76　“剖视图”立即菜单

第2项可以选择“直接输入深度”或“动态拖放模式”。选择“直接输入深度”，可在第4项输入深度值，剖切位置在视图上有预显；选择“动态拖放模式”，则可以在其他相关视图上选择剖切深度。

其他选项可以设置是否预显剖切深度，是否保留剖切轮廓线。图9-77所示为一个普通局部剖的剖视结果。

局部剖视图也可以进行二次编辑，在“视图树”中选择“局部剖视图”，单击右键选择“编辑局部剖视图”，如图9-78所示，就可以在视图上进行修改，重新确定剖切深度。

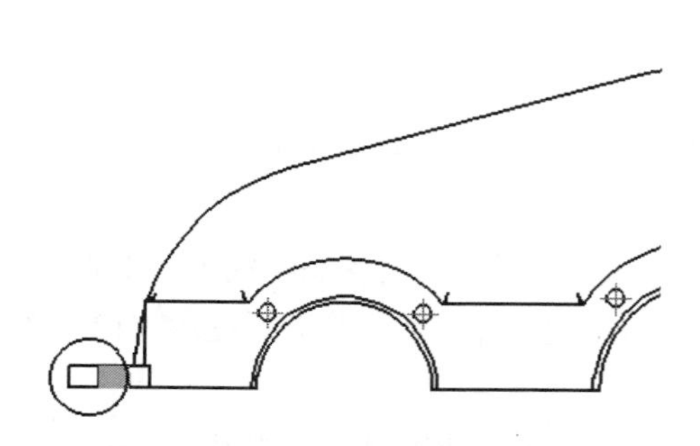

图9-77　普通局部剖的剖视结果

图9-78　视图树上编辑局部剖视图

选择“半剖”，此时状态栏提示“请拾取半剖视图中心线”。在生成半剖视图之前，先使用绘图工具在中心位置绘制一条直线。选择这条直线，出现两个方向的箭头，用鼠标左键选择一个方向，出现图9-79所示的立即菜单。

1. 半剖　2. 直接输入深度　3. 预显　4.深度: 50　5. 不保留剖切轮廓线

图9-79　“半剖”立即菜单

其他选项和普通局部剖的含义类似，图9-80所示为一个半剖的剖视结果。

8．裁剪视图

裁剪视图是基于在某一个存在的视图上，给定封闭区域的裁剪视图。

在“三维接口”功能面板中单击“裁剪视图”按钮，或在“工具”菜单下的“视图管理”子菜单中选择“裁剪视图”选项，或单击“视图管理”工具条中的“裁剪视图”按钮，此时状态栏提示“请拾取裁剪线”。在生成裁剪视图之前，先使用绘图工具在需要裁剪的部位绘制一个封闭曲线，拾取完毕后，单击鼠标左键，即可生成裁剪视图，如图9-81所示。

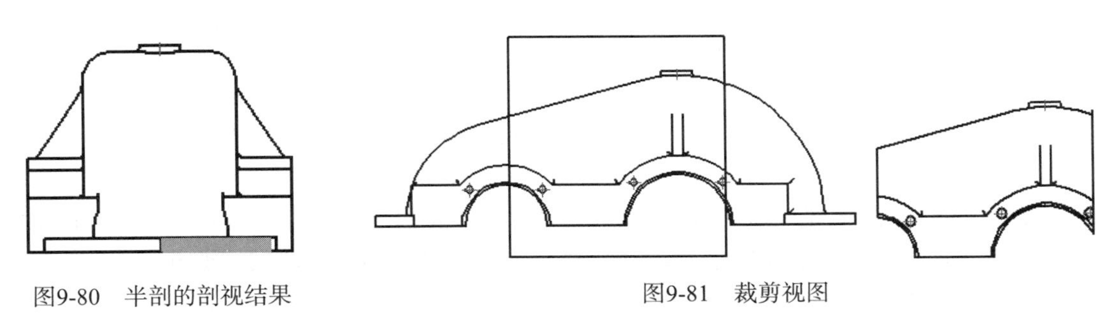

图9-80　半剖的剖视结果

图9-81　裁剪视图

9.7.3　编辑工程视图

1．视图移动

单击“视图编辑”功能面板中的“视图移动”按钮，或单击“工具”菜单下的“视图管理”子菜单中的“视图移动”，或单击“视图管理”工具条中的“视图移动”按钮，然后拾取需要移动的视图，然后单击鼠标右键结束选择，此时会有一个视图的预显跟随光标移动，如图9-82所示，在合适位置单击鼠标左键，即可将视图移动到适当的位置。视图移动操作还可以移动多个视图。

视图之间存在父子关系时，如果移动的是父视图，那么它的子视图也会跟随移动。比如移动主视图，会带动其他视图的移动，这是由视图的父子关系决定的。图9-83所示为主视图移动过程中的预显。

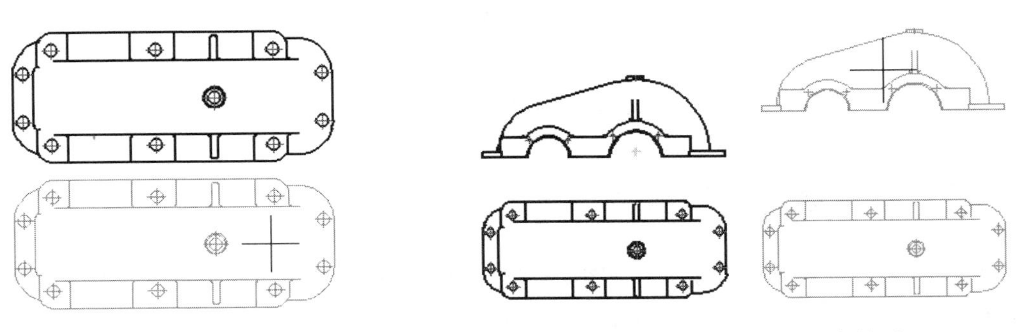

图9-82　视图移动

图9-83　主视图移动过程中的预显

2．复制粘贴

复制粘贴功能是配对使用的。选择要复制的视图，然后单击鼠标右键选择“复制”。选择此选项后再次单击鼠标右键，从菜单中选择“粘贴”，此时出现立即菜单和要复制粘贴的图形，立即菜单如图9-84所示。单击鼠标左键可以确定此次操作，也可以单击鼠标右键取消这次操作。

1. 定点 2. 保持原态 3.比例 1

图9-84　立即菜单

3．隐藏图线

单击“工具”菜单下的“视图管理”子菜单中的“隐藏图线”，或单击“三维接口”功能面板中的“隐藏图线”按钮，或单击“视图管理”工具条中的“隐藏图线”按钮，状态栏提示“请拾取视图中的图线”，此时用鼠标左键单击或框选选择图线，选择完毕后单击鼠标右键，即可隐藏这些图线，如图9-85所示。

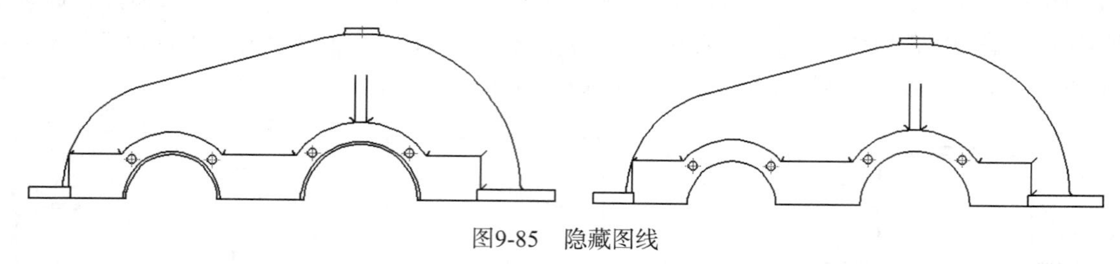

图9-85　隐藏图线

4．视图打散

在视图上单击鼠标右键，从右键快捷菜单中选择“视图打散”，如图9-86所示。则该视图被打散成若干二维曲线。此时再单击选择视图中的曲线，则只能拾取单个曲线。也可以通过“三维接口”功能面板上的“分解”按钮进入该命令。

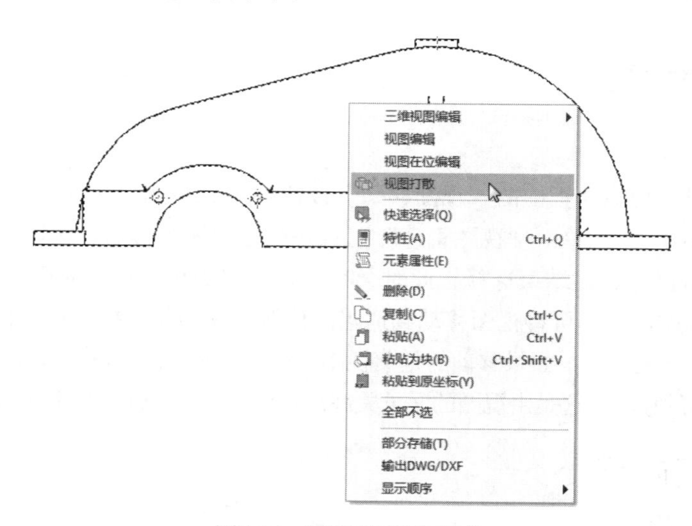

图9-86　“视图打散”菜单

9.7.4　尺寸的自动生成与标注

3D转2D中，可以在一个视图或多个视图中，将3D文件中的3D尺寸、特征尺寸、草图尺寸自动生成，也可以在投影生成后，使用“尺寸标注”工具进行标注。

1. 投影尺寸

生成投影时，在“标准视图输出”对话框的“选项”中，首先在视图尺寸类型中选择“真实尺寸”，然后就可以通过“投影对象”下的选项控制是否自动生成3D尺寸、特征尺寸、草图尺寸，如图9-87所示。

3D尺寸：在三维设计环境中使用智能标注功能（如、等）标注的尺寸，并且在该尺寸上单击鼠标右键从右键快捷菜单中选择将该尺寸“转换到工程图”。如图9-88所示。此后该尺寸后面出现一个小箭头，表示该尺寸会输出到图纸。

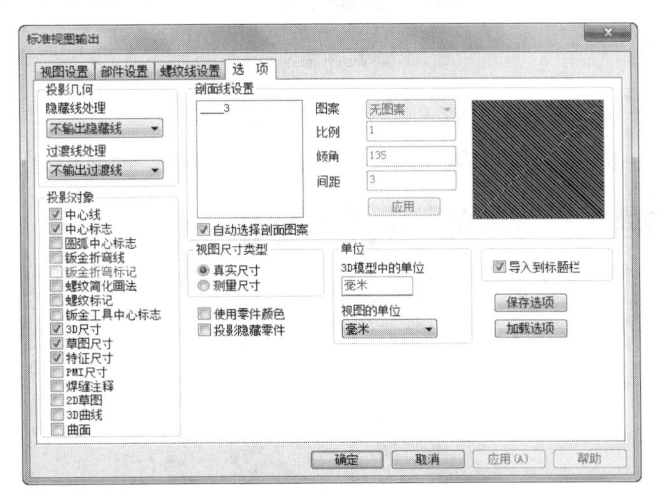

图9-87 “标准视图输出”对话框的“选项”选项卡

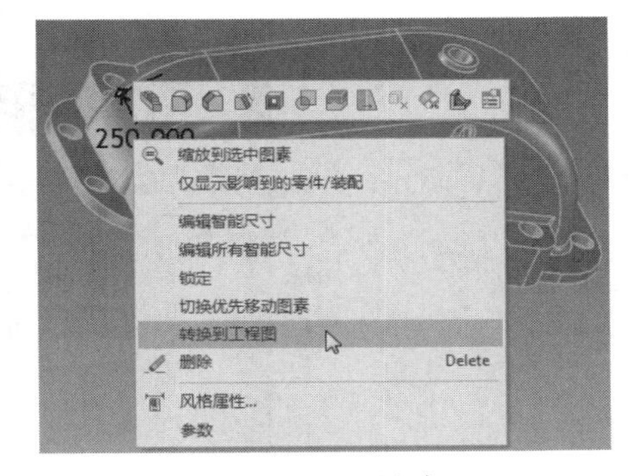

图9-88　3D尺寸

草图尺寸：在草图编辑状态，单击“智能标注”按钮，标注草图上的尺寸，在二维投影图上，此尺寸即可自动生成。

特征尺寸：特征尺寸是生成特征时操作的尺寸，如拉伸的高度、旋转体的角度、抽壳的厚度、圆角过渡的半径、拔模角度等。

2. 标注尺寸

除了通过投影自动生成的尺寸，还可以标注尺寸。可以利用电子图板的“尺寸标注”工具标注需要的尺寸。

9.7.5　综合实例——输出传动轴工程图

本实例是将图9-89所示的传动轴零件输出工程图。

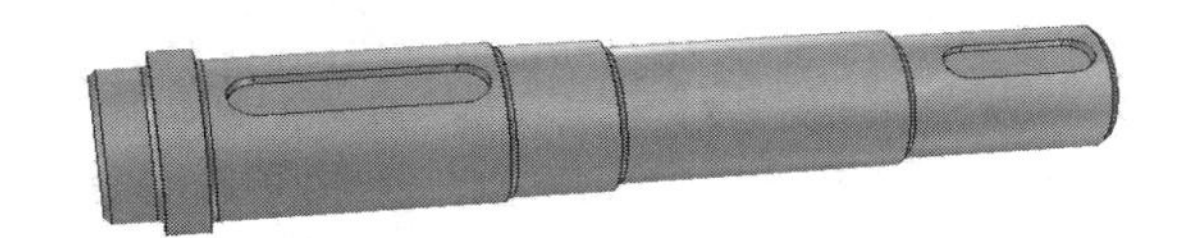

图9-89　传动轴零件

【操作步骤】

（1）执行“文件”｜“新文件”命令，在弹出的“新建”对话框中选择“GB-A3”图纸，单击“确定”按钮，如图9-90所示，出现二维工程图的设计环境，如图9-91所示。

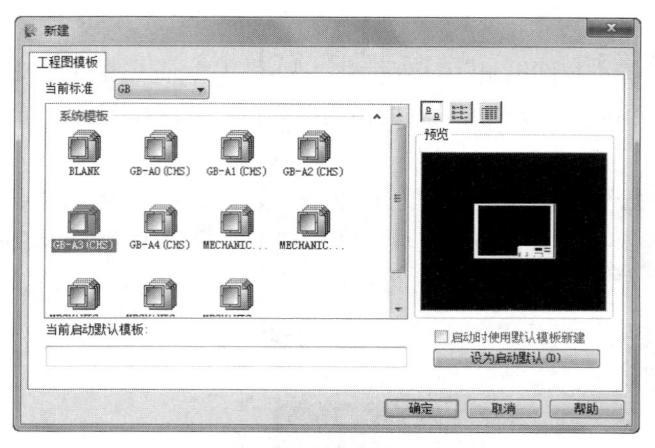

图9-90 “新建”对话框

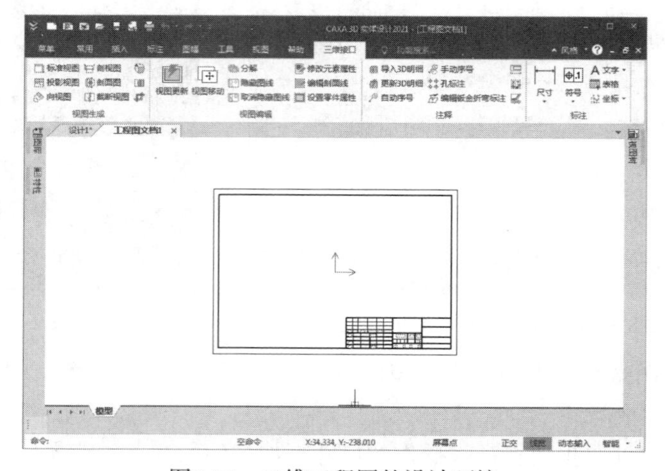

图9-91 二维工程图的设计环境

（2）执行菜单“工具” | “视图管理” | “标准视图”命令，弹出“标准视图输出”对话框，如图9-92所示。用窗口下方的箭头定位按钮，对零件进行重新定位而获得需要的当前主视图方向。也可以单击“从设计环境”按钮，根据零件在三维设计环境中的方位来确定主视图方向。

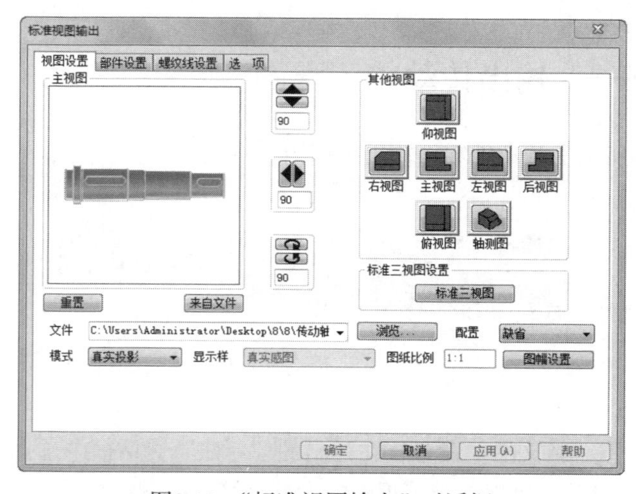

图9-92 “标准视图输出”对话框

（3）在“其他视图”选择框中选择“主视图”，并调整视图方向，即可在工程图设计环境中获得指定方向投影生成的视图，如图9-93所示。

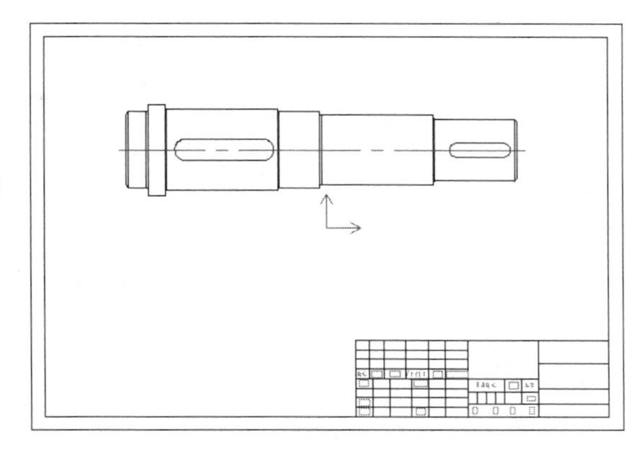

图9-93　生成主视图

（4）单击主视图，再单击“三维接口”选项卡“视图编辑”面板中的“视图移动”按钮，拖动鼠标，将主视图向左边移动，以便于剖视图的绘制。

（5）单击“三维接口”选项卡“视图生成”面板中的“剖面图”按钮，按照系统提示在设计环境的主视图区域中绘制剖切轨迹，选择剖切方向，并指定剖面名称标注点，拖动鼠标将剖视图定位于合适的位置。

（6）重复上述步骤，绘制小键槽的剖视图，如图9-94所示。

（7）单击“尺寸标注”按钮，再单击拾取传动轴的两端线，如图9-95所示，标注总长度尺寸。

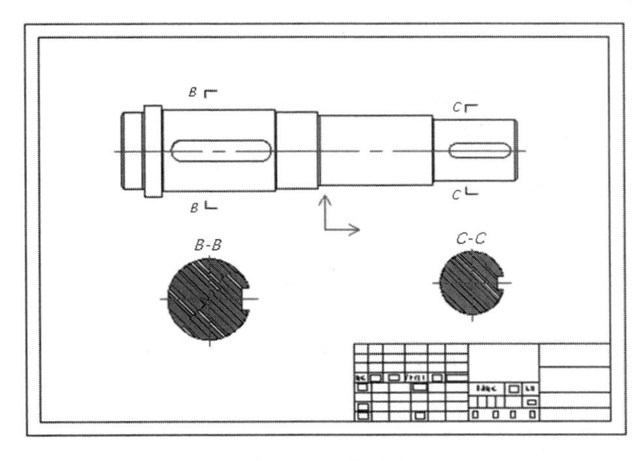

图9-94　剖视图

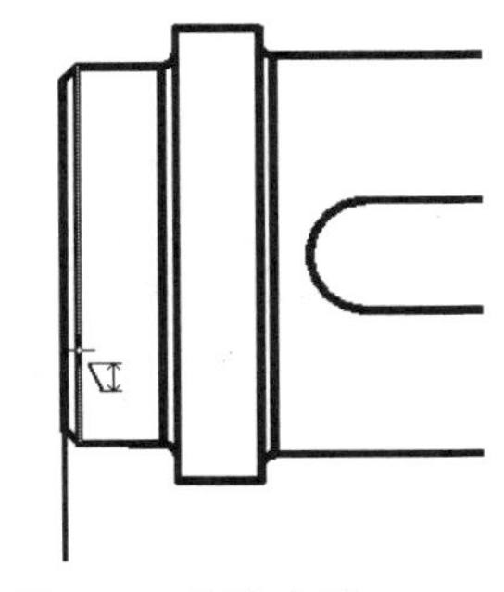

图9-95　拾取直线

（8）标注轴端的直径，移动光标，确定尺寸线位置后单击鼠标右键，即弹出图9-96所示的“尺寸标注属性设置”对话框。在此对话框中可以对标注的尺寸进行编辑。在“输出形式”中选择“偏差”选项，输入直径偏差数值：上偏差+0.021、下偏差+0.002，单击“确定”按钮，结果如图9-97所示。

（9）重复尺寸标注的操作，对其余尺寸进行标注，结果如图9-98所示。

（10）单击“文字”按钮，在适当位置拾取两点，在标题栏中标注文字。

（11）检查工程图样，确认没有错误，将其保存。至此，完成传动轴零件从实体造型到输出二维工程图样的操作。

图9-96 “尺寸标注属性设置”对话框

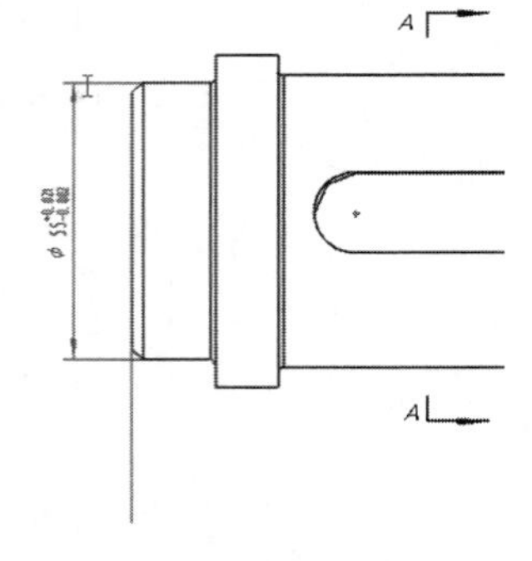

图9-97 标注公差

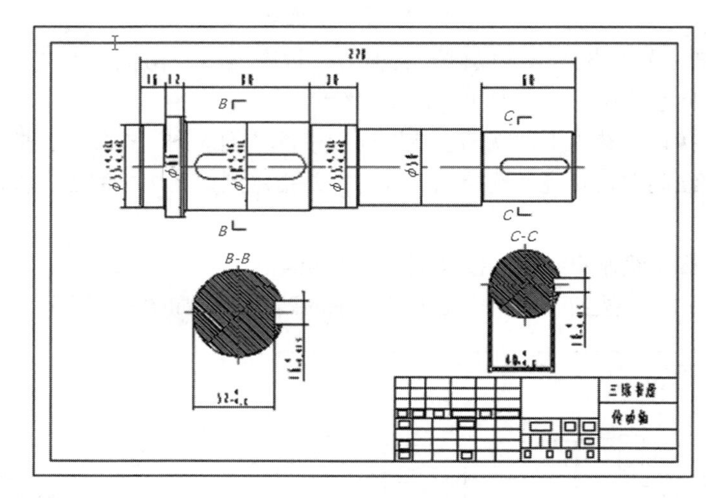

图9-98 传动轴工程图样

9.8 上机操作

利用设计元素库绘制一个长度200、宽度100、高度50的长方体。

操作提示

（1）使用鼠标左键选择所需“图素”种类，确定所需的设计元素。

（2）在“长方体”元素上按住鼠标左键，将其拖动到设计环境的设计区域中后，松开鼠标左键。

（3）利用包围盒操作手柄可视化编辑图素的尺寸。

9.9 思考与练习

1．请简述智能图素尺寸的编辑方法。

2．如何生成多个视向工程图？

第10章　二维截面的生成

CAXA 3D实体设计中所包含的图素不能满足设计者的设计需要时，设计者可以采用智能图素生成工具生成自定义图素。第一步是用二维轮廓工具绘制一个二维截面，然后通过拉伸、旋转、扫描或放样等方式，把截面轮廓转换成三维实体。所以在使用自定义智能图素工具的过程中通常要与二维截面生成工具结合起来使用，即首先生成二维截面，然后将二维截面展开到三维。本章将介绍如何生成和编辑二维几何图形。

10.1　二维截面设计环境设置

在CAXA 3D实体设计中，利用二维轮廓生成工具并结合使用“智能图素生成”工具，设计者可以生成二维轮廓，然后将其延展成三维图素，所以二维截面图形是生成自定义智能图素的基础。而二维截面必须在三维设计环境中绘制，所以设计者应当了解二维截面设计环境，并且能够对设计环境进行合理地设置。

1．新建二维截面设计环境

在创建了一个新的三维设计环境的基础上，可以创建一个二维截面设计环境，操作步骤如下所示。

执行“生成”｜“二维草图”命令，设计环境窗口中显示一个被放大的“*X-Y*”面的栅格坐标面，如图10-1所示。

注意

在栅格坐标面上，X、Y以L、W代替，L代表长度，W代表宽度。

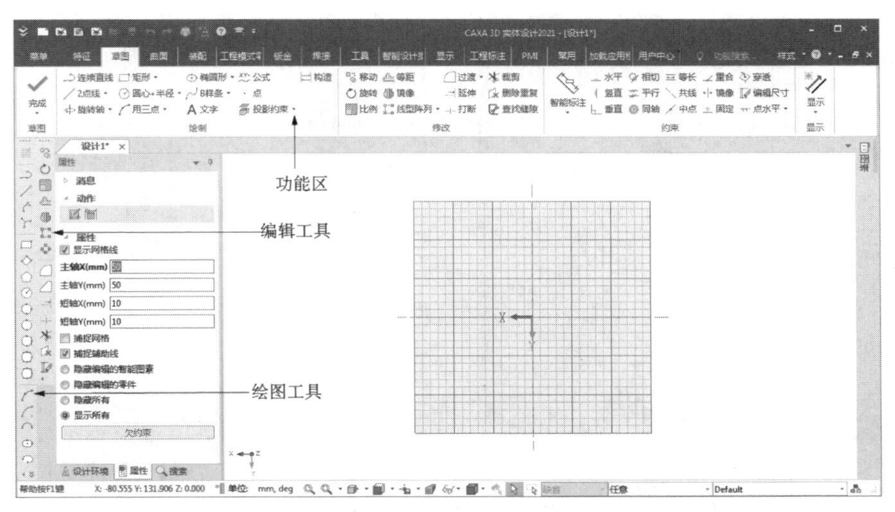

图10-1　二维截面设计环境

2．为二维截面指定测量单位

二维截面设计环境的默认测量单位可能不能满足设计的需要，这时设计人员可以根据设计的实际需求设置不同的度量单位。设置方法如下所示。

执行“设置”|“单位”命令，在弹出的图10-2所示的“单位”对话框中，从“长度”下拉列表中选择符合要求的度量单位，通常采用毫米为单位。质量单位设置为“克”，“角度”保留默认设置。单击“确定”按钮。

3．二维绘图选择选项

在二维截面设计环境中，单击鼠标右键弹出二维截面选项快捷菜单，如图10-3所示。通过该菜单中的选项，设计人员可以设定栅格、捕捉、显示和约束选项。

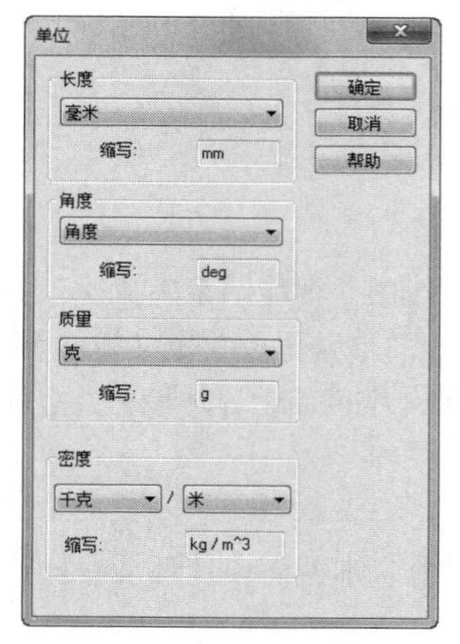

图10-2 “单位”对话框

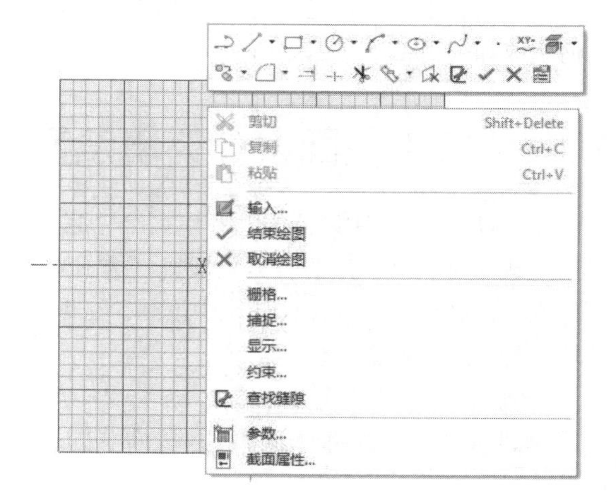

图10-3 二维截面选项快捷菜单

（1）栅格：选择此选项卡可显示绘图表面和二维绘图栅格，设置水平和垂直栅格线间距，并指定是否将定义的设置值设定为默认值，如图10-4所示。

（2）捕捉：选择此选项卡可以定义光标相对于栅格和栅格中的绘图单元的捕捉行为，如图10-5所示。

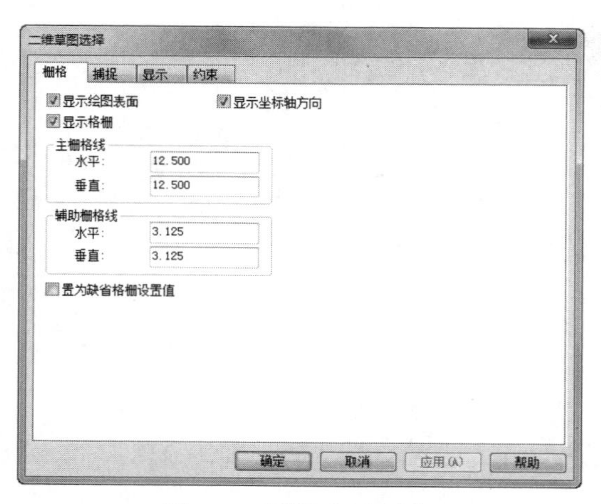

图10-4 “栅格”选项卡

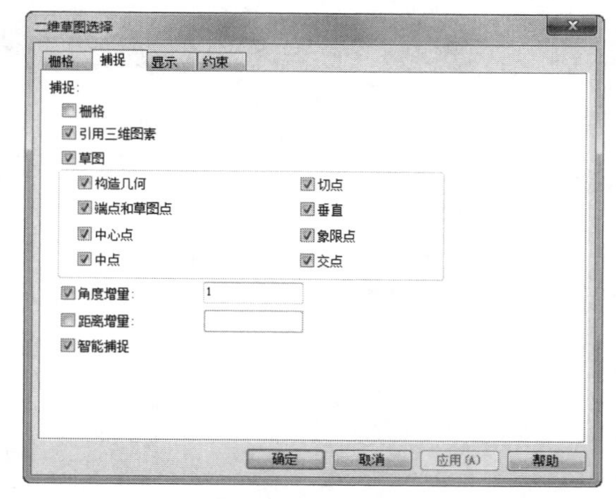

图10-5 “捕捉”选项卡

1）栅格：复选此项可使光标捕捉栅格中的交线。

2）构造几何：复选此项可使光标捕捉二维图形中的所有直线、圆弧、终点和其他特征。本选项提供必要的返回信息来为闭合几何图形提供保证。

3）角度增量：复选此项可使角度-距离拖放模式下的角度定义更加容易。在“角度增量”字段中输入用户需要的增量值并按Enter键。这样，当拖拉角度线时，它就会按照用户在“角度增量”字段中输入的增量值跳移一个角度。

4）距离增量：复选此项可使光标捕捉到直线上的等距离增量。应在“距离增量”字段输入用户需要的增量值并按Enter键。

5）智能捕捉：复选此选项后，就可以使光标捕捉现有几何图形和栅格上直线和点的共享平面上的位置。

（3）显示：利用此选项卡可设置是否显示曲线尺寸、是否显示终点位置、是否显示轮廓条件指示器，如图10-6所示。

（4）约束：利用此选项卡，可以对以下属性进行设置，如图10-7所示。

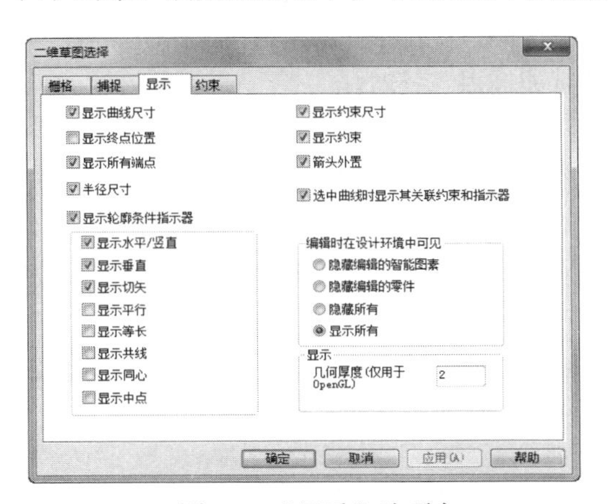

图10-6　“显示”选项卡

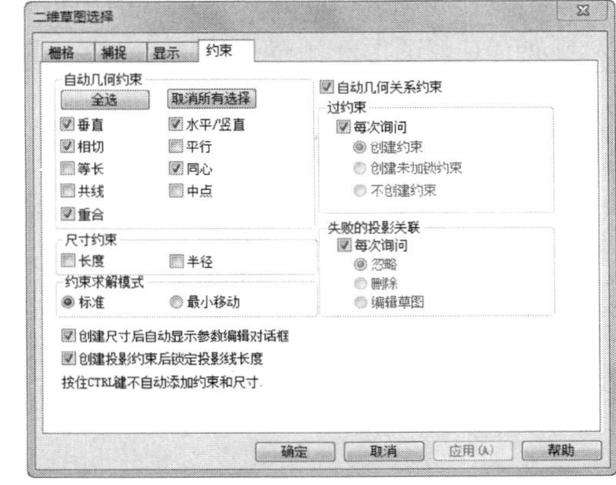

图10-7　“约束”选项卡

1）自动几何约束：利用此选项可以对“垂直”“平行”“相切”“同心”及“水平/竖直”的相对位置关系进行约束。

2）尺寸约束：利用此选项可以对“长度”和“半径”尺寸进行约束。

4．二维绘图栅格的反馈

为了帮助设计者准确、快捷地生成二维截面，CAXA 3D实体设计为设计者在二维栅格上进行的绘图操作提供了详细的反馈提示。设计者在二维栅格上绘图时，应该随时注意系统提供的反馈信息。CAXA 3D实体设计可以向设计者提供的反馈信息如下所示。

（1）光标显示形态变为带深绿色小点的十字准线。

（2）当光标定位到已有曲线终点时，光标变成一个较大的绿色“智能捕捉”点。该点可以帮助设计者生成相连曲线的连续二维截面。开始绘制新曲线时，可单击前一曲线的终点。如果不利用这个绿色的点，所生成的曲线就无法相连，而CAXA 3D实体设计也就不能将设计者所绘制的截面拓展成三维图形。

（3）当光标定位到某条曲线的终点或两条曲线的交点时，变成一个较大的绿色“智能捕捉”点。

（4）当光标移动到曲线上的任意点时，变成一个较小的深绿色“智能捕捉”点。该点比终点、中点或交点的光标点更小，颜色更深。

（5）光标如果定位在现有几何图形或栅格上线、点共享面上，将变成绿色的“智能捕捉”虚线。

（6）如果正在处理的曲线与已有曲线齐平、垂直、正交或相切，屏幕上将会显示出深蓝色剖面条件指示符。

（7）如果“显示曲线尺寸”选项被激活，则CAXA 3D实体设计会在设计者绘制二维几何图形时显示直线和曲线的精确测量尺寸。

默认状态下，CAXA 3D实体设计会对将与现有几何图形相切的曲线应用锁定的约束条件，并在该曲线绘制完成后用红色的约束符号指明它们的锁定状态。

5．智能光标

与二维截面制作中的“智能捕捉”反馈结合使用的CAXA 3D实体设计功能智能光标，可为几何图形快捷而准确的可视化定位提供重要支持。在初次生成几何图形和重定位现有几何图形时，可使用智能光标。在生成或重定位截面几何图形时，智能光标会沿着与光标的共享面激活智能光标当前位置与现有几何图形和栅格上相关点/边之间的“智能捕捉”反馈。

10.2 二维绘图工具

本工具条用于生成直线、圆、切线、矩形和其他几何图形。该工具条位于二维截面设计环境窗口的下方，如图10-8所示。

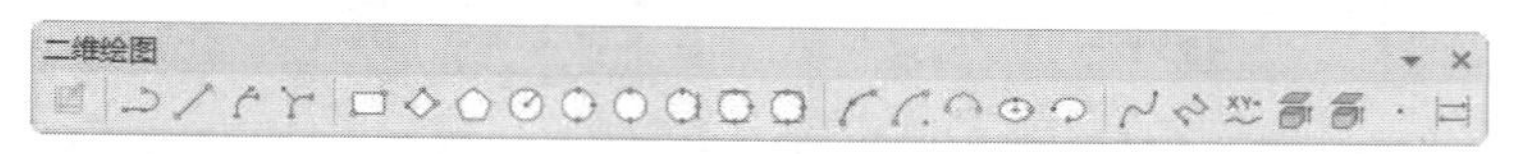

图10-8 “二维绘图”工具条

10.2.1 “两点线”工具

使用“两点线”工具可以在任意方向上画一条直线或一系列相交的直线，以生成一个二维截面，操作方法如下所示。

（1）单击“二维绘图”工具条上的“两点线”按钮。

（2）单击即可生成直线的第一个端点，将光标移动到合适的另一个直线端点位置。

可以通过单击并释放的方式来生成直线的下一个端点和结束直线绘制，或在单击鼠标右键弹出的对话框中指定一个精确的长度值，如图10-9所示，并单击“确定”按钮来确定第二个端点的位置。也可以通过从开始位置到结束位置单击并拖放鼠标左键的方式来绘制直线，但是这种情况下不能使用单击鼠标右键的方式设置精确尺寸。

图10-9 “直线长度/斜度编辑”对话框

曲线端点处的红点表示截面是敞开的。

10.2.2 “切线”工具

本工具可用来绘制与圆、圆弧和圆角等曲线上的一个点相切的直线，操作方法如下所示。

（1）单击“二维绘图”工具条上的“切线”按钮。用鼠标左键单击圆周上的任意点，以指定直线与圆的切点。

（2）将光标从圆上移开，并停留在栅格上的任意点位置。此时设计环境中会出现一条切线。当将光标移动到圆外的各个点位置时，直线和圆的切点就沿着该圆的圆周移动，此时会看到相切符号也随之移动。

（3）在合适的位置单击鼠标左键以设置切线的第二个端点，如图10-10所示。

如果要让切线具有用户所需要的长度并固定切点，则使用“鼠标右键绘制”法绘制切线，在确定第二个端点的位置时单击鼠标右键，并在随之出现的对话框中指定一个精确的长度值和斜度，然后单击“确定”按钮，如图10-11所示。

此外，还可以用鼠标右键单击切线，在弹出的快捷菜单中选择“曲线属性”，在弹出的“直线”对话框中通过修改参数得到所需要的切线，如图10-12所示。

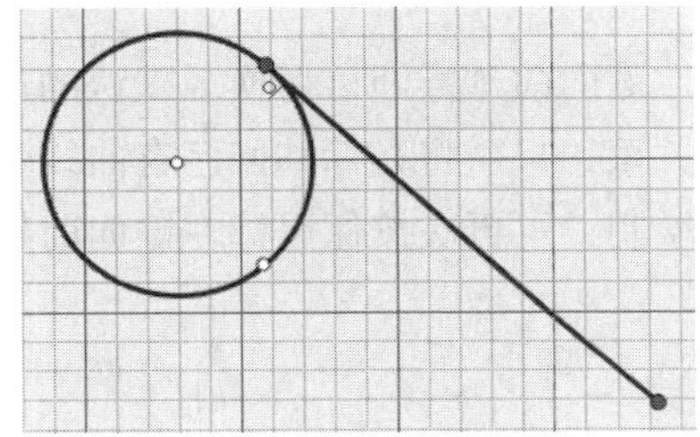

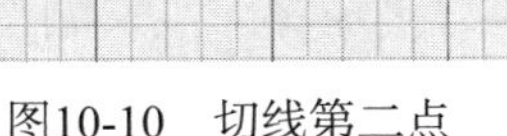

图10-10　切线第二点

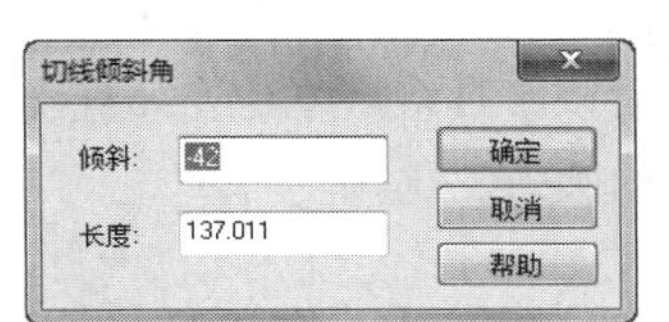

图10-11　“切线倾斜角”对话框

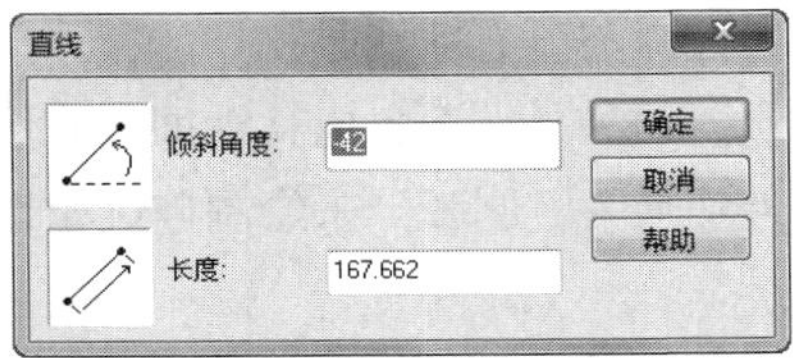

图10-12　“直线”对话框

10.2.3　“法线”工具

用“法线”工具可以绘制与其他直线或曲线垂直（正交）的直线，操作方法如下所示。

（1）单击“二维绘图”工具条上的“法线”按钮，先在圆周的任意位置单击鼠标左键，指定圆的法线位置。此时，草图平面中会出现一条法线。将光标移动到圆外的各个点位置时，直线和圆的垂足点就沿着圆的圆周移动，此时会看到垂直符号也随之移动。

（2）然后移动光标到草图的其他位置，当选定了法线的第二点后，单击鼠标右键确定以设置法线的第二个端点。

（3）法线绘制完毕时，再次选择“法线”工具结束操作。如图10-13所示。

如果要让法线具有用户所需要的长度并固定垂足，可以在确定第二点时单击鼠标右键，在弹出的图10-14所示的对话框中输入法线的精确长度和斜度，也可以鼠标右键单击法线，在弹出的快捷菜单中选择“曲线属性”，如图10-15所示，通过修改参数得到所需要的法线。

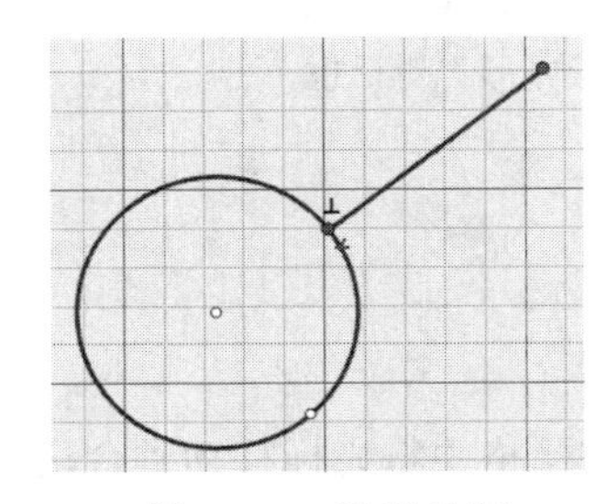

图10-13　法线绘制

图10-14　“垂线倾斜角”对话框

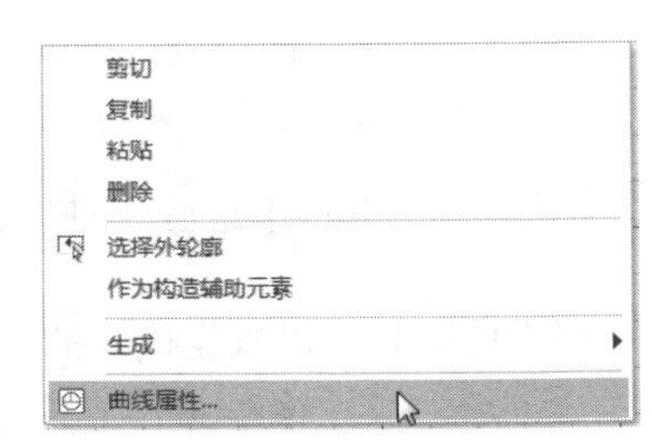

图10-15　快捷菜单

10.2.4 “连续直线”工具

用“连续直线”工具可以在二维绘图栅格上绘制多条首尾相连的直线，操作方法如下所示。

（1）单击“二维绘图”工具条上的“连续直线”按钮，在连续直线起点处的草图平面上单击鼠标左键确定起点。

（2）将光标移动到第一条直线段的端点位置，单击鼠标左键来选择并设置第一条直线段的第二个端点。

（3）将光标移动到第二条直线段合适的端点位置，单击鼠标左键即可定义该直线段的第二个端点和下一条直线段的第一个端点。继续绘制直线，生成所需的轮廓。单击“连续直线”图标，结束绘制。

绘制过程中可以单击鼠标右键从弹出的对话框中指定线段的长度和斜度数值，并单击“确定”按钮。

当需要将“连续直线”切换为“圆弧”时，只需要按住鼠标左键向前延伸即可切换。默认的连续圆弧与已有曲线是相切的。如果想切换圆弧与已有曲线的位置关系，只需将光标移回已有曲线端点，向另外一个方向移动即可。然后该工具将恢复为连续直线的绘制，可再次按住鼠标左键向前延伸切换为“圆弧”来绘制连续相切的圆弧。

10.2.5 “矩形”工具

利用“矩形”工具可以快速地生成矩形，操作方法如下所示。

（1）单击“二维绘图”工具条上的“矩形”按钮，在栅格中移动光标，选定需要的矩形起始直角的位置。单击并释放鼠标左键，确定矩形的开始点。

（2）将光标移动到该角对角线方向另一端直角的顶点位置，然后再次单击鼠标左键完成矩形的绘制，如图10-16所示。

（3）选择“矩形”按钮，结束绘制。

在绘制另一角点时也可以单击鼠标右键，在随之弹出的图10-17所示的对话框中输入指定的长度和宽度，并单击“确定”按钮，绘制矩形，分别有长方形、三点矩形、多边形3种方式。

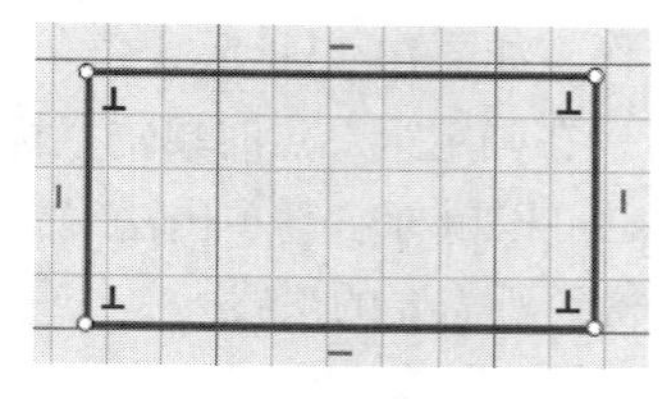

图10-16　矩形绘制

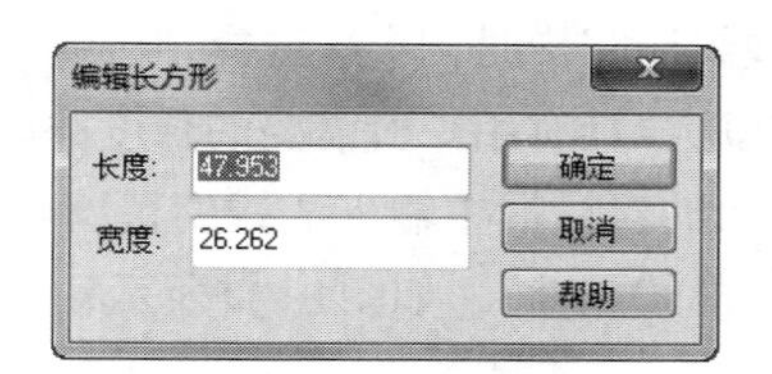

图10-17　“编辑长方形”对话框

10.2.6 “圆：圆心+半径”工具

利用此工具可以根据确定的圆心和半径画圆，操作方法如下所示。

（1）单击“二维绘图”工具条上的“圆：圆心+半径”按钮，在栅格中将光标移动到合适的位置并单击鼠标左键，以确定圆的圆心。

（2）接着将光标移动到合适的位置，单击鼠标左键确定圆的半径，完成圆的绘制，如图10-18所示。或单击鼠标右键，在弹出的图10-19所示对话框中输入精确的半径值，单击“确定”按钮完成绘制。

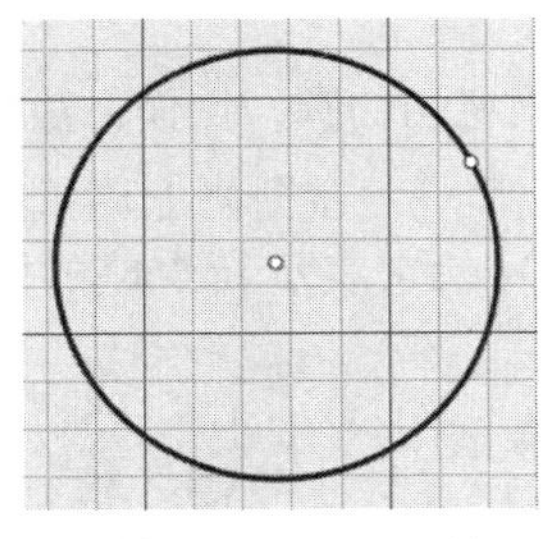

图10-18　圆的绘制

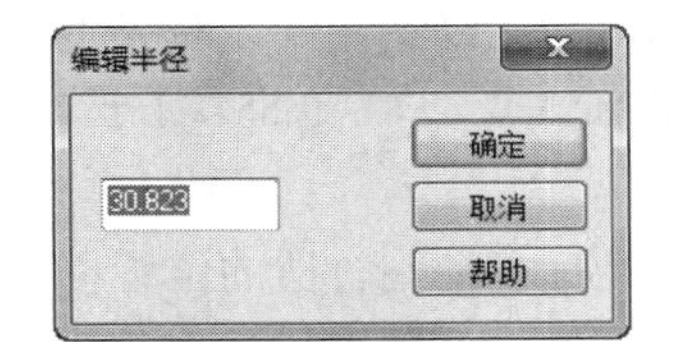

图10-19　“编辑半径”对话框1

10.2.7　“圆：2点”工具

利用此工具可通过指定圆周上的两点并以这两点间的线段长度为直径绘制一个圆，操作方法如下所示。

（1）单击“二维绘图”工具条上的“圆：2点”按钮，在栅格上单击一点或在“属性”列表中输入点的坐标值，作为圆周上的一点。

（2）接着移动光标在栅格上单击鼠标左键作为圆周上的另一点，完成圆的绘制，如图10-20所示。

或单击鼠标右键在弹出的图10-21所示对话框中输入精确的半径和角度值，再单击“确定”按钮。

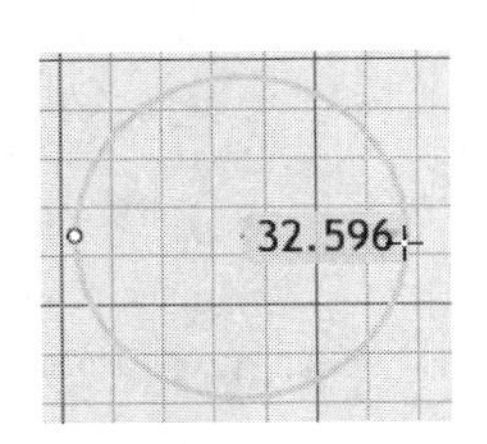

图10-20　两点圆的绘制

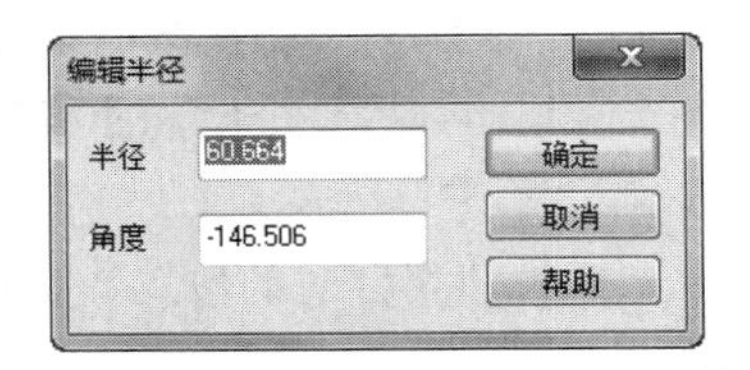

图10-21　“编辑半径”对话框2

10.2.8　“圆：3点”工具

利用本工具可以指定圆周上的3点来画圆。操作方法如下所示。

（1）单击“二维绘图”工具条上的“圆：3点”按钮，在栅格上用鼠标左键单击一点作为圆的第一点，或输入第一点的坐标值。

（2）在草图上合适的位置单击鼠标左键确定第二点，或输入第二点的坐标值。

（3）在草图上移动光标确定第三点，移动光标时，CAXA 3D实体设计系统将拉出一个圆周包含前两个点和光标当前位置所在的点的圆，再次单击鼠标左键，第三点即被确定，如图10-22所示。

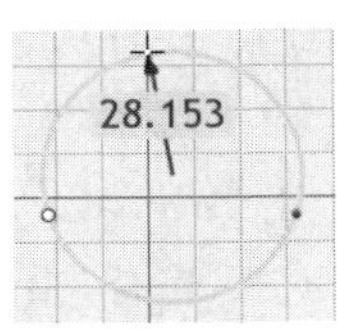

图10-22　三点圆的绘制

（4）单击“圆：3点”按钮，结束绘制。

10.2.9 “圆：1切线和2点”工具

利用此工具可生成一个与圆、圆弧、圆角及直线等几何元素相切的圆，操作方法如下所示。

（1）单击“二维绘图”工具条上的“圆：1切线和2点”按钮，在栅格上用鼠标左键单击已知曲线上的任一点，已知曲线上选定点处将出现一个相切符号，它表示新生成的圆将与该曲线相切。

（2）将光标移动到合适的位置单击鼠标左键确定第二点。新圆将在已知圆上选定点和光标的当前位置所在的点之间拉伸。这种情形看起来好像是在为新圆定义直径，但实际上是在定义一个圆弧。

（3）将光标移动到新圆圆周将包含的第三个点处，单击鼠标左键即可完成圆的绘制，如图10-23所示。

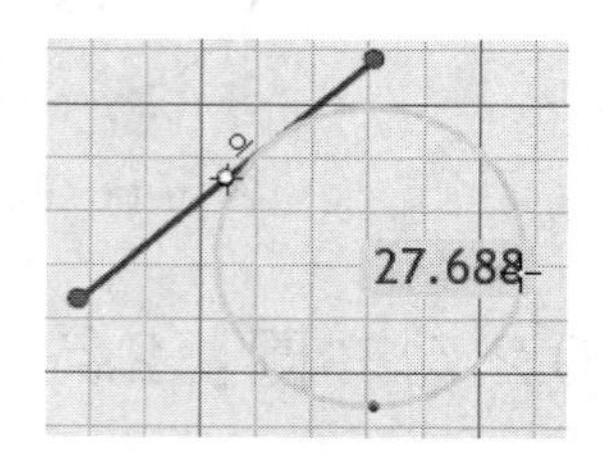

图10-23 “1切线和2点”绘制圆

还可以在确定第三个点时，单击鼠标右键，在弹出的对话框中输入特定的半径值并单击“确定”按钮即可。

10.2.10 “圆：2切点和1点”工具

利用此工具可以生成一个与两个已知圆、圆弧、圆角或直线等几何元素相切的圆，操作方法如下所示。

（1）单击“二维绘图”工具条上的“圆：2切点和1点”按钮，在其中一个已知曲线上用鼠标左键单击一点，该曲线上将出现一个相切标记，表示新圆将在该点与已知曲线相切。

（2）将光标移动到另一个已知曲线的某个点上，然后单击鼠标左键将其选定。

（3）将光标移动到合适的位置，单击鼠标左键完成圆的绘制，如图10-24所示。

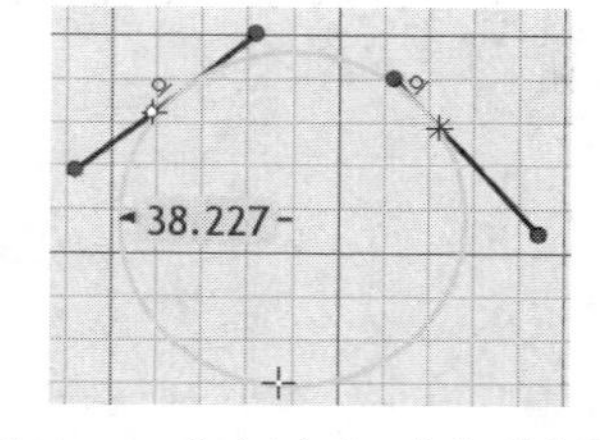

图10-24 “2切点和1点”绘制圆

也可以在将光标移动到第三个点处时，单击鼠标右键，在弹出的对话框中输入指定的半径值，并单击“确定”按钮即可。

10.2.11 “圆：3切点”工具

利用此工具画圆，使之与3个已知圆、圆弧、圆角或直线等几何元素相切，操作方法如下所示。

（1）单击“二维绘图”工具条上的“圆：3切点”按钮，鼠标左键单击第一个已知曲线上的一点。

（2）鼠标左键单击第二个已知曲线上的一点。

（3）将光标移动到第三个已知曲线上合适的位置时，单击鼠标左键即可得到一个新圆，如图10-25所示。

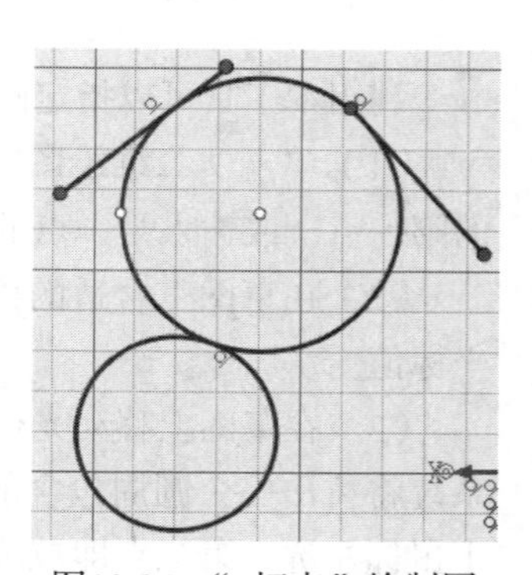

图10-25 “3切点”绘制圆

10.2.12 “圆弧：3点”工具

此工具可利用指定的三点生成圆弧，操作方法如下所示。

（1）单击“二维绘图”工具条上的“圆弧：3点”按钮，在适当的位置单击鼠标左键确定圆弧的起始点。

（2）将光标移动到第二个点，单击鼠标左键以确定圆弧的终点位置。

（3）将光标移动到第三个点，单击鼠标左键以确定圆弧的半径，如图10-26所示。

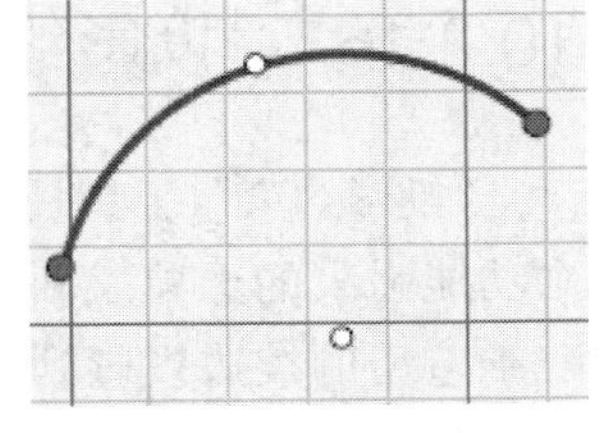

图10-26 “3点”绘制圆弧

也可以在将光标移动到第三个点处时，单击鼠标右键，在弹出的对话框中输入指定的半径值，并单击“确定”按钮即可。

10.2.13 “圆弧：圆心+端点”工具

利用此工具可以生成非半圆弧的圆弧，操作方法如下所示。

（1）单击“二维绘图”工具条上的“圆弧：圆心+端点”按钮，将光标移动到合适的位置，单击鼠标左键确定圆弧的圆心。

（2）将光标拖离圆心，单击鼠标左键确定圆的半径。随着鼠标的拖动时，CAXA 3D实体设计将拉出定义新圆弧的圆。

（3）定义好符合要求的半径后，将光标从第一个端点移开，并指向圆弧的第二个端点，单击鼠标左键即可完成绘制，如图10-27所示。

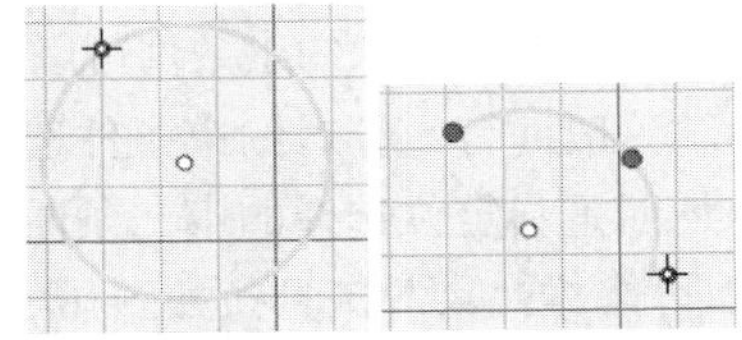

图10-27 “圆心+端点”绘制圆弧

10.2.14 “圆弧：2端点”工具

此工具是绘制圆弧的主要工具之一，利用此工具生成的几何图形都是半圆，操作方法如下所示。

（1）单击“二维绘图”工具条上的“圆弧：2端点”按钮，在草图平面中将光标移动到圆弧起点位置，单击鼠标左键确定圆弧的第一端点。

（2）将光标移动到圆弧终点位置，然后再次单击鼠标左键完成绘制，如图10-28所示。

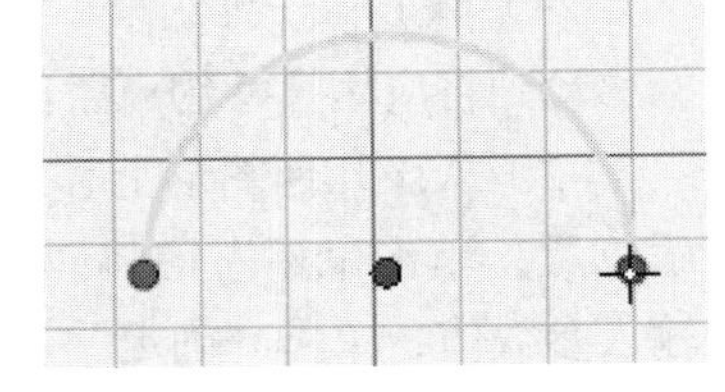

图10-28 “2端点”绘制圆弧

10.2.15 “B样条”工具

利用此工具可以生成连续的B样条曲线，操作方法如下所示。

（1）单击“二维绘图”工具条上的“B样条”按钮，在草图平面中将光标移动到B样条曲线的起点位置，单击鼠标左键确定B样条曲线的第一个端点。

（2）将光标移动到B样条曲线的第二个端点，然后再次单击鼠标左键设定该点为第二个端点。

（3）继续拾取其他的点，生成一条连续的B样条曲线，单击鼠标右键结束绘制。也可以通过在样条曲线上单击鼠标右键添加所需的插值点，如图10-29所示。

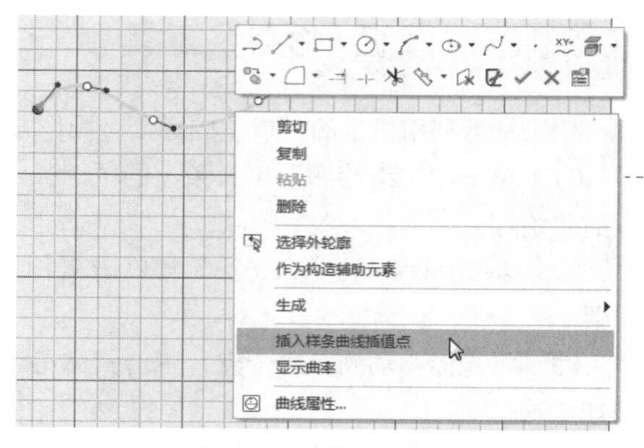

图10-29 “B样条”绘制

10.2.16 “投影约束”工具

“投影约束”工具是CAXA 3D实体设计中一个功能强大的选项。利用本工具，可以将实体三维造型的棱边投影到二维绘图栅格上，还可以方便地生成新的几何截面。

10.3 “二维约束”工具条

“二维约束”工具用于对已具备期望关系（如相切、共线、同轴等）的几何图形设定约束条件。在这种情况下，绘图栅格上几何图形的位置会在应用约束条件时保持不变。约束条件也可以应用于并不存在期望关系的几何图形，若将某个约束条件应用于此种情况，几何图形就会自动重定位，以满足该约束条件。约束条件可以编辑、删除或恢复关系状态。

一般而言，针对约束条件选择的第一条曲线保持固定，而重新定位选择的第二条曲线应满足约束条件的要求。“二维约束”工具条如图10-30所示。

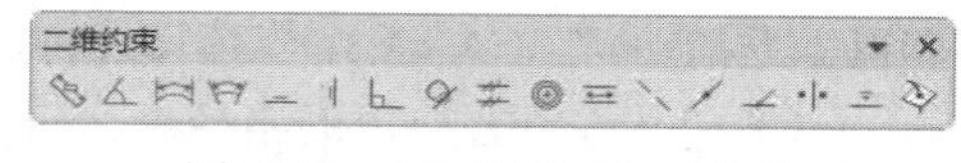

图10-30 “二维约束”工具条

10.3.1 “智能标注”工具

利用此工具可以在一条曲线上生成一个尺寸约束条件，操作方法如下所示。

（1）单击“二维约束”工具条上的“智能标注”按钮，将光标移动到将应用尺寸约束条件的曲线上，然后单击鼠标左键。

（2）从该几何图形上移开光标，并将光标移动到合适的尺寸显示位置，单击鼠标左键将弹出图10-31所示的“参数编辑”对话框，输入参数值，单击“确定”按钮。

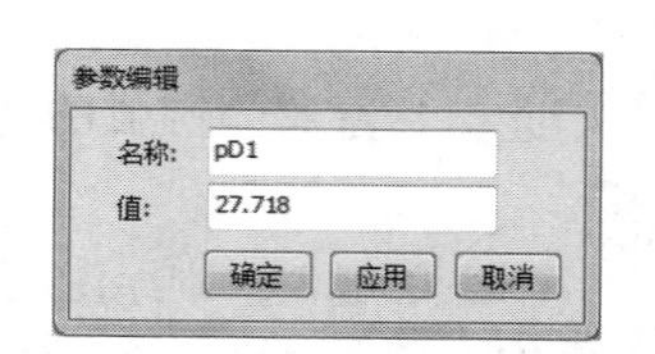

图10-31 “参数编辑”对话框

（3）单击“智能标注”按钮结束操作。此时，将显示出一个红色尺寸约束符号和尺寸值，如图10-32所示。

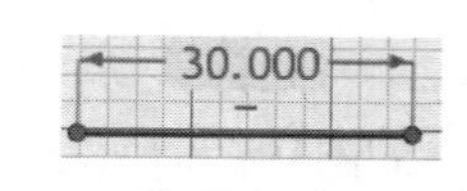

图10-32 “智能标注”约束尺寸

10.3.2 “角度约束”工具

利用此工具可以在两条已知曲线之间生成一种角度约束条件，操作方法如下所示。

（1）单击“二维约束”工具条上的“角度约束”按钮，依次选择两条相交的直线，单击鼠标左键弹出“参数编辑”对话框，输入参数值，单击“确定”按钮。

（2）单击“角度约束”按钮结束操作。此时，将显示出一个红色角度约束符号，如图10-33所示。

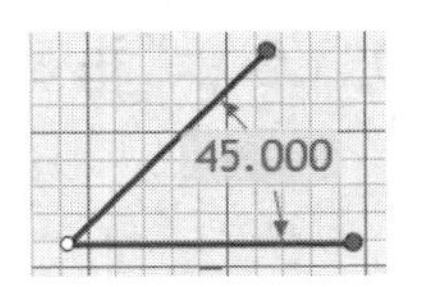

图10-33　角度约束尺寸

10.3.3 “水平约束”工具

利用此工具可以在一条直线上生成一个相对于栅格X轴的平行约束，操作方法如下所示。

（1）单击“二维约束”工具条上的“水平约束”按钮，在直线上单击鼠标左键，以应用该约束条件。

（2）选定的直线将立即重新定位成相对于栅格X轴水平，如图10-34所示。

（3）单击“水平约束”按钮结束操作。

如果需要清除该约束条件，在红色水平约束符号上移动光标，当光标变成小手形状时，单击鼠标右键弹出图10-35所示的菜单，然后选择“锁定”选项即可。约束恢复到关系状态，而红色约束符号则被深蓝色关系符号所代替。

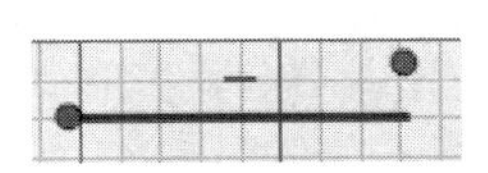
图10-34　水平约束

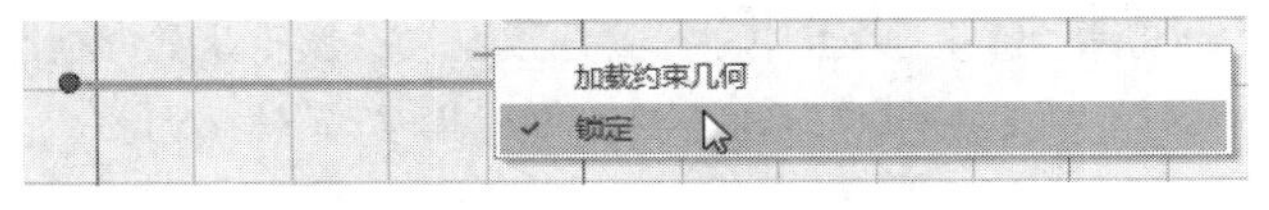

图10-35　取消水平约束条件

如果直线已经相对于栅格X轴水平，则只需将光标移动到其深蓝色关系符号上，并在光标变成小手形状时单击鼠标右键，从弹出的菜单中选择“锁定”选项即可。此时，蓝色关系符号就会变成红色约束条件符号。

10.3.4 “竖直约束”工具

利用此工具可以在一条直线上生成一个相对于水平栅格X轴的垂直约束，操作方法如下所示。

（1）单击“二维约束”工具条上的“竖直约束”按钮，在直线上单击鼠标左键，以应用该约束条件。

（2）选定的直线将立即重新定位成相对于栅格X轴垂直，如图10-36所示。

（3）单击“竖直约束”按钮结束操作。

如果需要清除该约束条件，在红色竖直约束符号上移动光标，当光标变成小手形状时，单击鼠标右键弹出图10-37所示的菜单，然后选择“锁定”选项即可。约束恢复到关系状态，而红色约束符号则被深蓝色关系符号所代替。

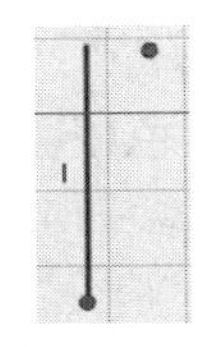
图10-36　竖直约束

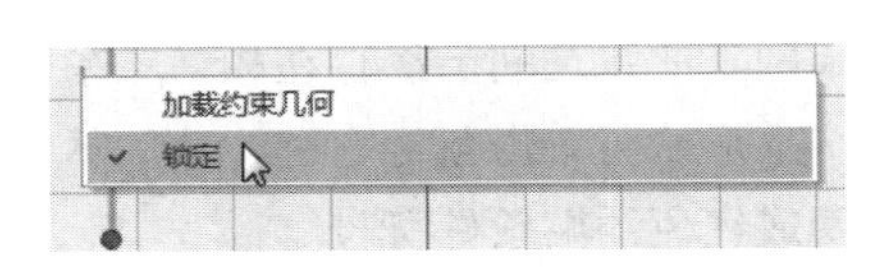

图10-37　取消竖直约束条件

如果直线已经相对于栅格X轴垂直，则只需将光标移动到其深蓝色垂直关系符号上，并在光标变成小手形状时单击鼠标右键，从弹出的菜单中选择“锁定”选项即可。此时，蓝色关系符号就会变成红色约束条件符号。

10.3.5 “垂直约束”工具

此工具用于在二维截面中的两条已知曲线之间生成垂直约束，操作方法如下所示。

（1）单击“二维约束”工具条上的“垂直约束”按钮，选择要应用垂直约束条件的第一条曲线，并单击鼠标左键确定。

（2）将光标移动到第二条曲线，然后单击鼠标左键将其选中。这两条曲线将立即重新定位成相互垂直，同时在它们的相交处出现一个红色的垂直约束符号，如图10-38所示。

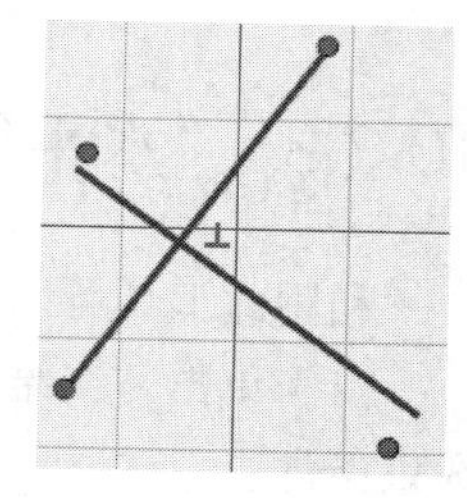

图10-38 垂直约束

（3）单击“垂直约束”按钮结束操作。

如果需要清除该约束条件，在红色垂直约束符号上移动光标，当光标变成小手形状时，单击鼠标右键弹出相应菜单，然后选择“锁定”选项即可。约束恢复到关系状态，而红色约束符号则被深蓝色关系符号所代替。

> **注意**
>
> 应用垂直约束条件时，并不一定要选择两条相邻曲线。

如果两条曲线之间已经存在垂直关系，则只需将光标移动到其深蓝色垂直关系符号上，当光标变成小手形状时单击鼠标右键，然后从弹出的菜单中选择“锁定”选项即可。此时，深蓝色垂直关系符号就会变成红色约束条件符号。

10.3.6 “相切约束”工具

此工具用于在二维截面中已有的两条曲线之间生成一个相切约束，操作方法如下所示。

（1）单击“二维约束”工具条上的“相切约束”按钮，选择要应用相切约束条件的第一条曲线单击鼠标左键确定。

（2）将光标移动到第二条曲线，然后单击鼠标左键将其选中。这两条曲线将立即重新定位相切于选定点，同时在切点位置将出现一个红色的相切约束符号，如图10-39所示。

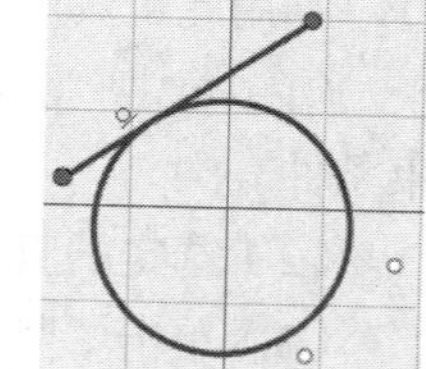

图10-39 相切约束

（3）单击“相切约束”按钮结束操作。

如果需要清除该约束条件，在红色相切约束符号上移动光标，当光标变成小手形状时，单击鼠标右键弹出相应菜单，然后选择“锁定”选项即可。约束恢复到关系状态，而红色约束符号则被深蓝色关系符号所代替。

如果两条曲线之间已经存在相切关系，则只需将光标移动到其深蓝色相切约束符号上，并在光标变成小手形状时单击鼠标右键，然后从弹出的菜单中选择“锁定”选项即可。此时，蓝色关系符号就会变成红色约束条件符号。

10.3.7 “平行约束”工具

此工具用于在已有的两条曲线之间生成一个平行约束条件，操作方法如下所示。

（1）单击“二维约束”工具条上的“平行约束”按钮，选择平行约束中的第一条曲线。

（2）将光标移动到第二条曲线，然后单击鼠标左键并选定该曲线。这两条曲线将立即重新定位成相互平行，此时每条曲线上都将出现一个红色的平行约束符号，如图10-40所示。

（3）单击“平行约束”按钮结束操作。

如果需要清除该约束条件，在红色平行约束符号上移动光标，当光标变成小手形状时，单击鼠标右键弹出相应菜单，然后选择“锁定”选项即可。约束恢复到关系状态，而红色约束符号则被深蓝色关系符号所代替。

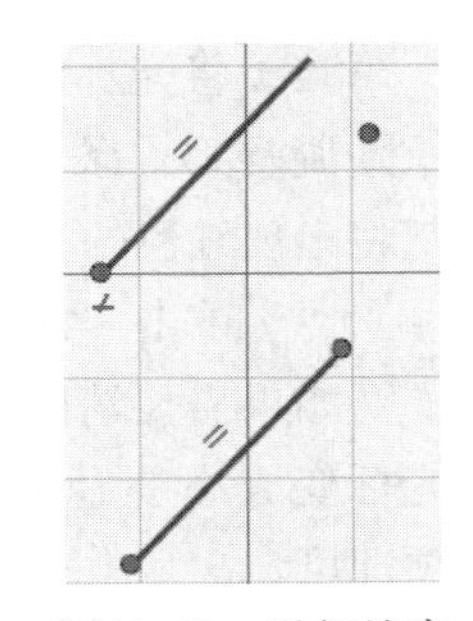

图10-40 平行约束

10.3.8 “同心约束”工具

此工具用于在二维截面上的两个已知圆上生成一个同心约束，操作方法如下所示。

（1）单击“二维约束”工具条上的“同心约束”按钮，在将应用同心约束的两个圆中选择一个圆单击鼠标左键确定。

（2）将光标移动到第二个圆，然后单击鼠标左键将其选中。系统将立即对这两个圆进行重新定位，以满足同心约束条件。此时，在两圆的圆周位置均会出现一个红色的同心约束符号，如图10-41所示。

（3）单击“同心约束”按钮结束操作。

如果需要清除该约束条件，在红色同心约束符号上移动光标，当光标变成小手形状时，单击鼠标右键弹出相应菜单，然后选择“锁定”选项即可。

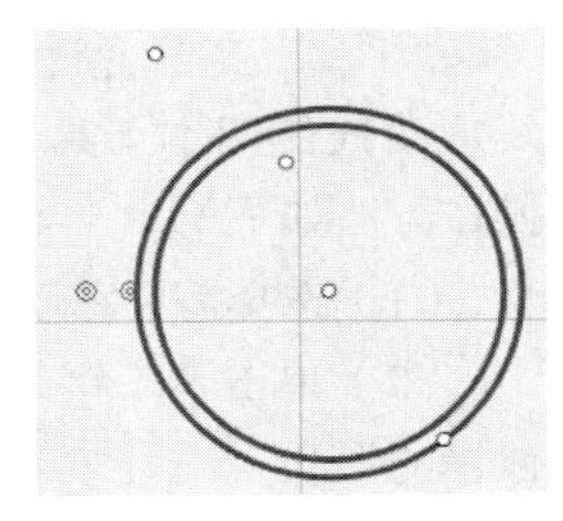

图10-41 同心约束

10.3.9 “等长约束”工具

利用此工具可在两条已知曲线上生成一个等长约束条件，操作方法如下所示。

（1）单击“二维约束”工具条上的“等长约束”按钮，选择第一条曲线单击鼠标左键确定。

（2）将光标移动到第二条曲线，然后单击鼠标左键将其选中。其中第一条被选定的曲线将被修改，以与另一条曲线的长度相匹配。此时，两条曲线上都将出现红色的等长约束符号，如图10-42所示。

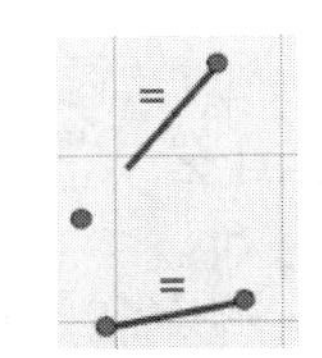

图10-42 等长约束

（3）单击“等长约束”按钮结束操作。

如果需要清除这个约束，将光标移动到红色等长约束符号上，当光标变成小手形状时，单击鼠标右键弹出相应菜单，然后选择“锁定”选项即可。

10.3.10 “共线约束”工具

利用此工具可以在两条现有曲线上生成一个共线约束条件，操作方法如下所示。

（1）单击“二维约束”工具条上的“共线约束”按钮，选择第一条直线单击鼠标左键确定。

（2）将光标移动到第二条直线，然后单击鼠标左键将其选中。系统将重新调整第二条直线的位置，使其与第一条直线共线。此时，两条直线上都将出现红色的共线约束符号，如图10-43所示。

（3）单击“共线约束”按钮结束操作。

如果需要清除这个约束，将光标移动到其中一个共线约束符号上，当光标变成小手形状时，单击鼠标右键弹出相应菜单，然后选择“锁定”选项即可。

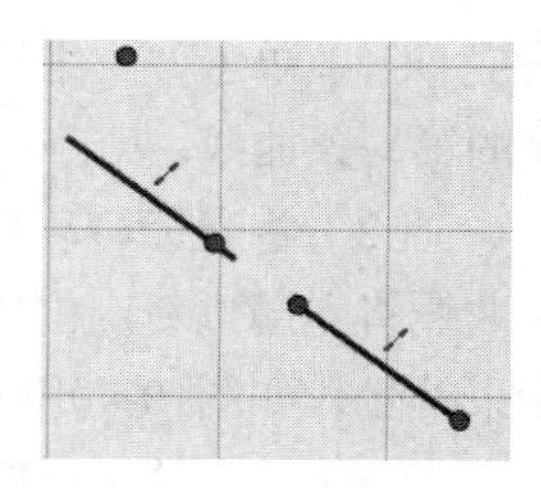

图10-43　共线约束

10.4 “二维编辑”工具条

CAXA 3D实体设计系统提供了对二维图形进行裁剪、延伸、平移和镜像等多种编辑和重定位工具，如图10-44所示。

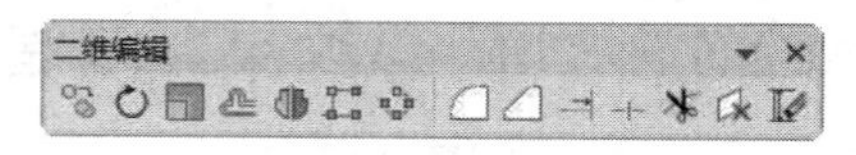

图10-44　“二维编辑”工具条

10.4.1 “平移”工具

“平移”工具允许单独移动二维几何图形。可以对单独的一条直线或曲线使用本工具，也可以同时对多条直线或曲线使用本工具，操作方法如下所示。

（1）选择需要移动的图形。

（2）单击“二维编辑”工具条上的“平移”按钮，光标变成鼠标的形状。

（3）单击图形并拖动它到新的位置。

（4）在“属性”管理器中输入（X，Y）的值，如图10-45所示。单击✓按钮，完成移动操作。

（5）若要复制，可在“属性”管理器中勾选“拷贝”复选框，在“拷贝数目”中输入复制的个数。

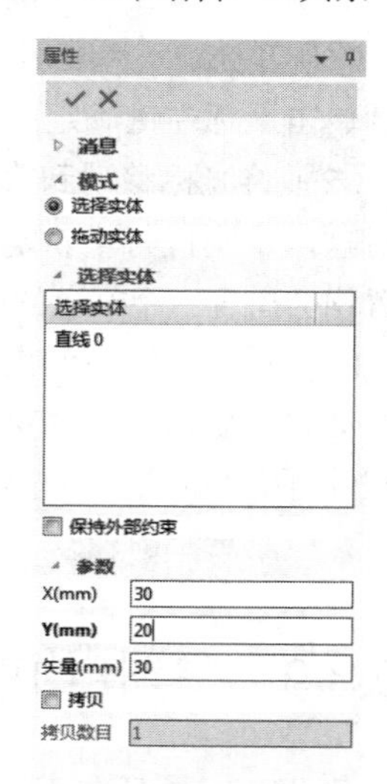

图10-45　平移“属性”管理器

10.4.2 “旋转”工具

“旋转”工具用于旋转几何图形。与前面介绍的两种工具一样，可对单条直线或曲线使用本工具，也可以对一组几何图形使用本工具，操作方法如下所示。

（1）选择需要旋转的图形。

（2）单击“二维编辑”工具条上的“旋转”按钮，在草图栅格的原点位置会出现一个尺寸较大的图钉，用这个图钉定义旋转中点。

（3）单击并拖动选定的几何图形，以确定旋转角度。也可以在“属性”管理器中输入旋转角度，如图10-46所示。单击✓按钮，完成旋转操作。

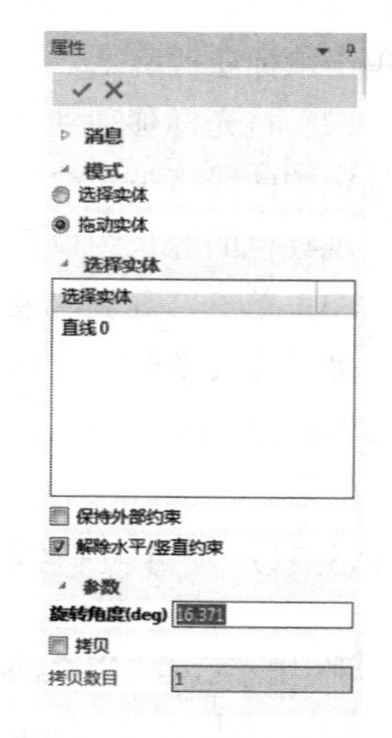

图10-46　旋转“属性”管理器

10.4.3 “缩放曲线”工具

利用“缩放”工具可以将几何图形按比例缩放。与“平移”工具一样，设计者可以对单独的一条直线或曲线使用本工具，也可以同时对多条直线或曲线使用本工具，操作方法如下所示。

（1）选择需要缩放的几何图形。

（2）单击“二维编辑”工具条上的“缩放”按钮，在草图栅格的原点处会出现一个尺寸较大的图钉，用这个图钉定义比例缩放中点。

（3）单击并拖动选定的几何图形，缩放到适当的比例后释放鼠标左键，单击按钮，完成缩放操作。

也可以在“属性”管理器中输入相应的缩放比例因数。若选择“拷贝”，则需要输入复制份数和相应的缩放比例因数。

10.4.4 “偏置曲线”工具

利用“偏置曲线”工具可以复制选定的几何图形，然后使它从原位置等距特定距离。对于直线和圆弧等非封闭图形而言，本工具与其他的复制功能并没有多大的区别。但是，对于包含不规则几何图形的封闭草图来说，本工具的真正功能则是非常明显的，操作方法如下所示。

（1）选择需要进行偏移的几何图形。

（2）单击“二维编辑”工具条上的“偏置曲线”按钮，在“属性”管理器中输入偏移距离，如图10-47所示。单击按钮，完成偏置曲线操作。

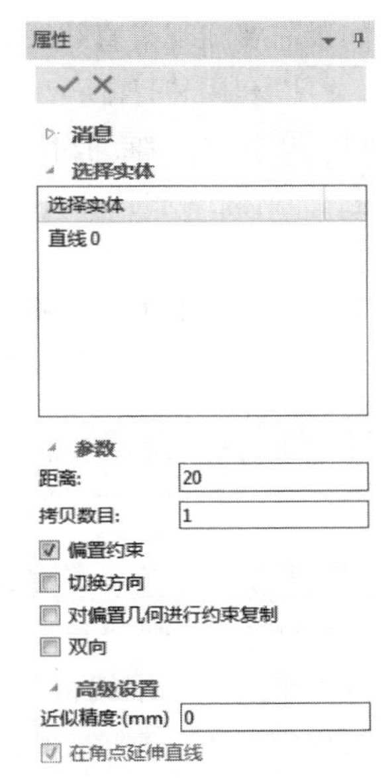

图10-47　偏置曲线“属性”管理器

10.4.5 “镜像曲线”工具

利用“镜像”工具可以生成原图形的对称图形，其操作方法如下所示。

（1）选择“两点线”工具，在需要镜像的图形一侧绘制一条对称轴。

（2）选择需要镜像的几何图形，如图10-48所示。

（3）单击“二维编辑”工具条上的“镜像曲线”按钮，再单击绘制好的对称轴生成镜像图形。

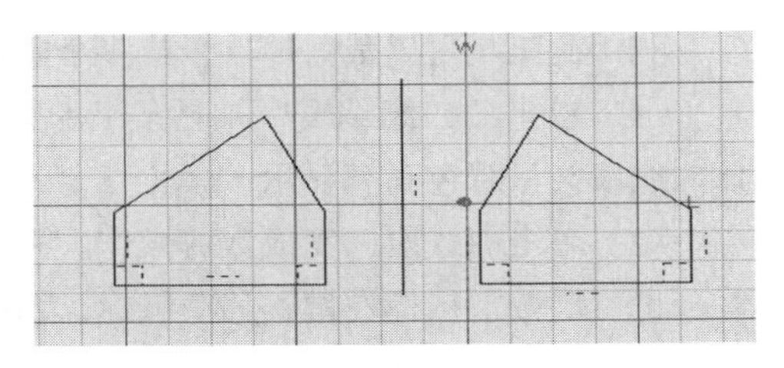

图10-48　镜像曲线

10.4.6 “圆角过渡”工具

利用此工具可以将相连曲线形成的尖角倒圆，其操作方法如下所示。

（1）单击“二维编辑”工具条上的“圆角过渡”按钮，将光标定位到多边形的角点处。

（2）单击该角并将其拖向多边形的中心。拖动的距离越远，倒角就越大。

（3）在合适的位置单击鼠标左键，完成圆角过渡操作。

还可以单击鼠标右键选择顶点后拖动，放开右键后，在弹出图10-49所示的对话框中指定精确的半径，并单击“确定”按钮，即可以精确地确定圆角的大小。

图10-49 “编辑半径”对话框

10.4.7 “打断”工具

如果需要在现有直线或曲线段中添加新的几何图形，或必须对某条现有直线或曲线段单独进行操作，可以利用“打断”工具将它们分割成单独的线段，其操作方法如下所示。

（1）单击“二维编辑”工具条上的“打断”按钮，并将光标移动到需要分割成段的直线或曲线上。光标一侧的线段将成绿色亮显示状态，而另一端则为蓝色，表明其将在光标位置生成两条独立线段。

（2）在曲线上单击分割点，以确定从该处将直线分割开。

（3）取消对“打断”工具的选定，结束操作。

10.4.8 “延长曲线到曲线”工具

利用此工具可将一条曲线拉伸到一系列与它存在交点的曲线上，该功能支持延伸到曲线的延长线上，其操作方法如下所示。

（1）单击“二维编辑”工具条上的“延长曲线到曲线”按钮，将光标移动到要延伸的曲线上，此时会出现一条绿线和箭头，用来指明曲线的拉伸方向和拉伸终点。

（2）通过Tab键可切换该曲线延伸到与它相交的一系列曲线上。

（3）单击鼠标左键，即可延伸选定的曲线。

10.4.9 “裁剪曲线”工具

利用此工具可以裁剪掉一个或多个曲线，其操作方法如下所示。

（1）单击“二维编辑”工具条上的“裁剪曲线”按钮，将光标移动到需要修剪的曲线段上，该曲线段会呈绿色高亮显示。

（2）单击曲线段，完成裁剪操作。

也可以按下鼠标左键，移动鼠标，划过的区域将被裁剪掉。

10.5 “二维辅助线”工具条

“二维辅助线”工具条上的工具是CAXA 3D实体设计系统为用于三维造型的二维截面生成的最后一套工具。在制作一个复杂的二维截面时，有必要利用这些工具来生成作为辅助参考图的几何图形。

利用此工具条上的功能，设计者将可以生成无数个直线和曲线的辅助图形。正如工具名称含义暗示的那样，辅助几何图形在构建二维截面时才发挥作用。“二维辅助线”工具条如图10-50所示。

“二维辅助线”工具条中包括“角构造线”工具、“垂直构造线”工具、“水平构造线”工具、“切线”工具、“垂线”工具与“角等分构造线”工具。每个工具的操作方法与“二维绘图”工具条中的工具的使用方法相似，这里不再详细讲解。

图10-50　“二维辅助线”工具条

10.6　二维图素生成二维截面

在使用CAXA 3D实体设计过程中，设计者可以利用“二维草图”工具条或“生成”主菜单下的“二维草图”命令将二维图素添加到三维设计环境中。这些图素的操作特性就像其他智能图素一样，只是它们是二维的而不是三维的。二维图素可作为三维零件造型的参考面或用于生成基于三维平面的独立图素。

10.6.1　向设计环境添加二维图素

单击“生成”｜“二维草图”菜单命令，屏幕上将显示出二维绘图栅格。设计者可以在二维截面栅格上绘图。通过“二维绘图”工具，在该栅格上绘制出所需要的二维图素，在左上角“草图”选项卡中的“草图”面板中单击“完成”即可。

鼠标右键单击这个二维图素，弹出快捷菜单，如图10-51所示。该菜单中显示出了特别针对二维绘图的选项，其中包括“内部填充”和“二维图素属性”等选项。选择“内部填充”选项后，二维图素被填充，如图10-52所示。

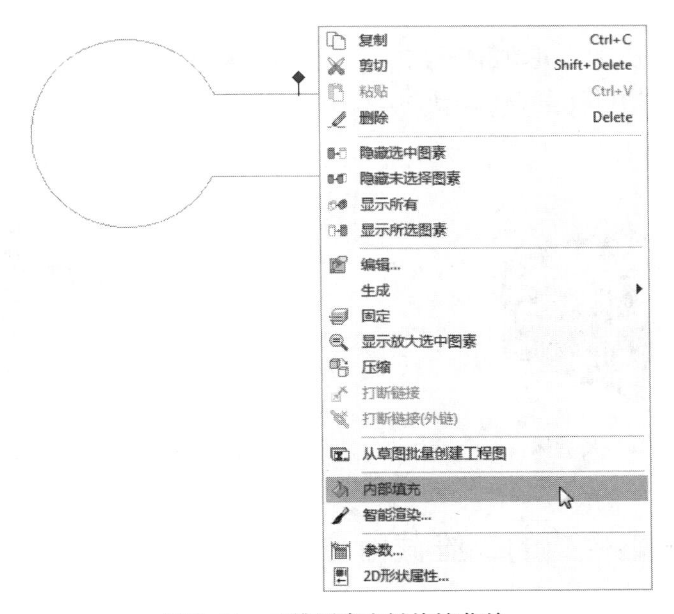

图10-51　二维图素右键快捷菜单

单击图10-52所示的二维图素，屏幕上将显示其锚状图标。单击鼠标右键，并在随之弹出的快捷菜单上选择“生成”|“拉伸”命令。也可以选择“旋转”或“扫描”功能选项。设计环境中将出现一个由二维图素的截面定义的三维拉伸造型，如图10-53所示。

图10-52　二维图素内部填充

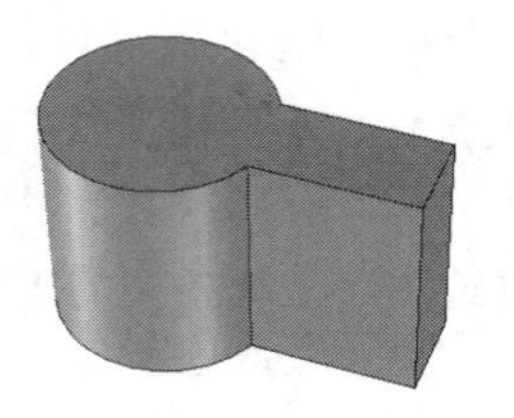

图10-53　拉伸造型

10.6.2　利用“投影”工具生成二维截面

“投影”工具在CAXA 3D实体设计中是一个功能强大的工具。利用这个工具，可以将实体造型的棱边投影到二维绘图环境的栅格上，也可以根据已有的实体造型生成新的二维截面。

根据设计要求，可以对棱边进行关联投影或非关联投影操作。分投影约束和投影两个功能，投影约束是投影到草图中的几何和原来的几何关联；投影则和原来的几何没有关联关系。另外要注意，“投影”工具不适用于球体。

下面以图10-54所示的长方体为例，介绍“投影”工具的操作步骤。

（1）单击“特征”选项卡“特征”面板中的“拉伸向导”按钮。

（2）单击长方体的一个面，然后在“拉伸特征向导”对话框中单击“完成”按钮。这时，在所选择的面上将出现二维绘图栅格。

（3）单击“二维绘图”工具条中的“投影”按钮，光标变成“投影”工具图标。

（4）单击长方体图素的表面或棱边，在绘图栅格上将出现黄色的投影轮廓线，表示该图素的二维截面。

（5）取消“投影”工具，并单击栅格空白区域，黄色轮廓线变成黑色，表明该轮廓线是用于生成新的二维截面的几何图形，如图10-55所示。

图10-54　长方体

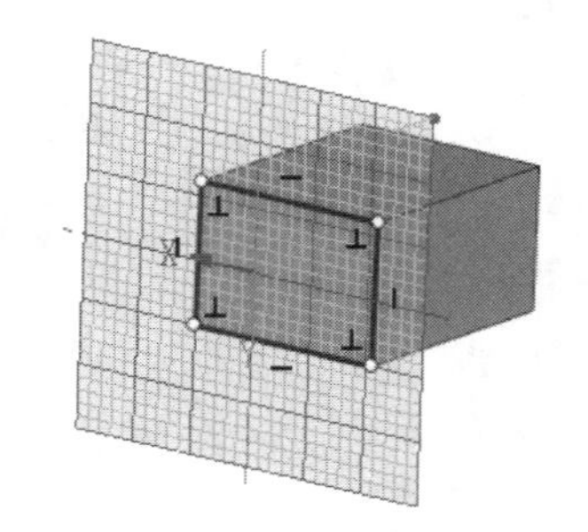

图10-55　生成新的二维截面的几何图形

10.6.3　编辑投影生成的二维截面

通过“投影”工具生成新的二维绘图截面后，设计者可以对生成的二维几何图形进行编辑，以满足设计的要求。

1．通过操作端点位置编辑几何图形

以图10-55所示的二维几何图形为例，可以采用下面的操作方法对其进行编辑。

（1）将光标移动到二维几何图形的端点处，这时智能捕捉将捕捉到端点，端点变为黄色，单击端点拖动到合适的位置。

（2）或者在端点位置单击鼠标右键，在弹出的快捷菜单中选择“编辑位置”选项，在弹出的对话框中输入需要编辑的端点位置数值，如图10-56所示。

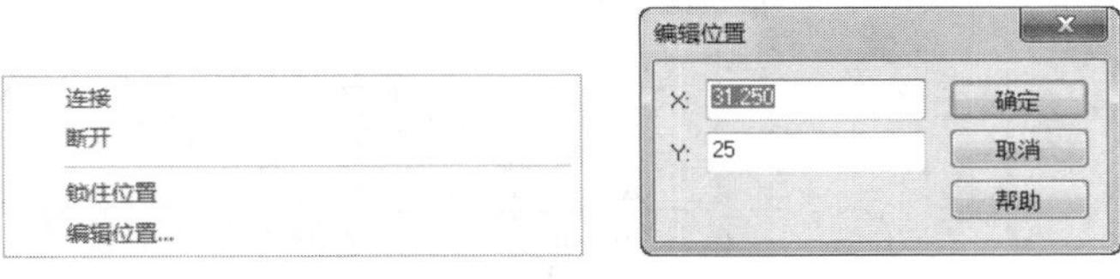

图10-56　“编辑位置”对话框

2．通过“轮廓”属性表修改二维截面

还可以采用“轮廓”属性表来对二维截面进行编辑修改，操作方法如下所示。

（1）在二维绘图栅格的空白处单击鼠标右键，在弹出的快捷菜单中选择“截面属性”选项。

（2）弹出“截面智能图素”对话框，单击“轮廓”选项，如图10-57所示。

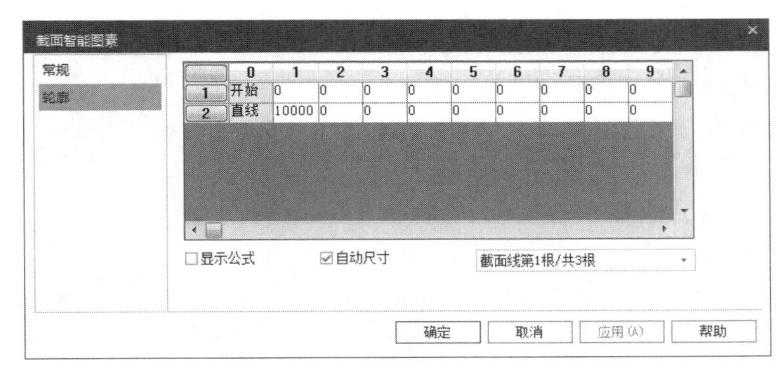

图10-57　“截面智能图素”对话框

“轮廓”属性表类似于一个电子数据表，以数字形式表示截面。当操作者利用“二维绘图”工具在截面上绘制直线或其他几何图形时，应单独定义一套坐标、角度和其他值。这些值均是用“轮廓”属性表上的数值表示的。

每个截面都包含一条或多条轮廓，即一系列直线、圆弧和其他几何图形，它们首尾相连构成敞开或封闭的造型。操作者可以利用一条以上的轮廓生成一个简单的截面或轨迹线。属性表一次只能显示一条轮廓线的数据，若要显示其他二维轮廓线的数据，应在电子数据表的下拉列表中选择“轮廓线”。

若要修改二维几何图形，可在“轮廓”属性表列表中编辑一个或多个数值。

10.7　上机操作

1．在基准面中绘制图10-58所示的草图轮廓。

操作提示

（1）单击“草图”选项卡“草图”面板中的“二维草图”，选择一个基准面。

（2）利用“二维绘图”工具栏中的功能绘制外形轮廓。

（3）利用“二维编辑”工具栏中的功能修剪多余线段。

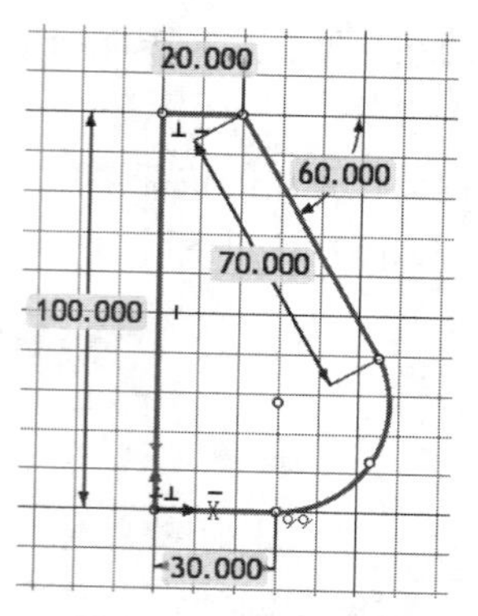

图10-58　草图轮廓

2．利用“二维约束”工具栏中的功能对上述草图轮廓进行约束固定。

10.8　思考与练习

1．请简述智能图素尺寸的编辑方法。

2．绘制连续直线时如何切换到“圆弧”模式？

第11章　实体特征的创建

快速生成图素是通过拾取零件上特征点快速创建几何，可以直接生成长方体、圆柱体、圆台、圆锥、球体和旋转体等几何体。自定义智能图素实际上是由“特征生成”工具生成的图素。在设计过程中，当所需的几何图素在设计元素库中找不到时，可以利用CAXA 3D实体设计系统提供的拉伸、旋转、扫描和放样4种“特征生成”工具的造型方法来生成自定义智能图素，并可扩充于设计元素序中。这4种“特征生成”工具的造型方法都是基于在二维截面或剖面上绘制封闭轮廓线来进行的，由二维截面生成三维特征时都有各自的向导菜单来引导用户操作。此外，还包括一些特殊特征，如螺纹特征和自定义孔特征的创建，本章将重点介绍这几种工具的使用方法。

11.1　基本特征的创建

11.1.1　长方体

（1）启动CAXA 3D实体设计系统，进入三维设计环境。

（2）单击“特征”选项卡“特征”面板中的“长方体”按钮，选择三点即可确定长方体的草图平面轮廓，弹出图11-1所示的“长方体”属性管理器。

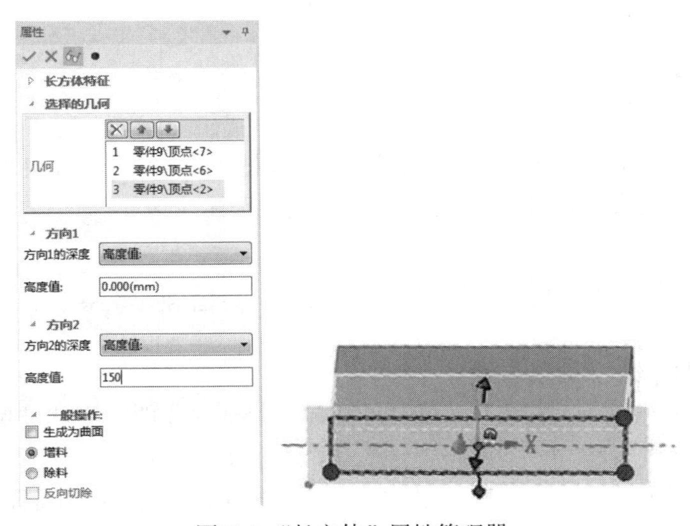

图11-1　“长方体”属性管理器

（3）再选择平面外一点作为拉伸高度即可快速生成一个长方体，也可以在“高度值”一栏中输入指定的高度。

（4）单击“确定”按钮，完成长方体特征的创建。

11.1.2　圆柱体

（1）启动CAXA 3D实体设计系统，进入三维设计环境。

（2）单击“特征”选项卡“特征”面板中的“圆柱体”按钮，选择三点即可确定圆柱体的草图平面轮廓，弹出图11-2所示的“圆柱体”属性管理器。

（3）再选择平面外一点作为拉伸高度即可快速生成一个圆柱体，也可以在“高度值”一栏中输入指定的高度。

（4）单击“确定”按钮，完成圆柱体特征的创建。

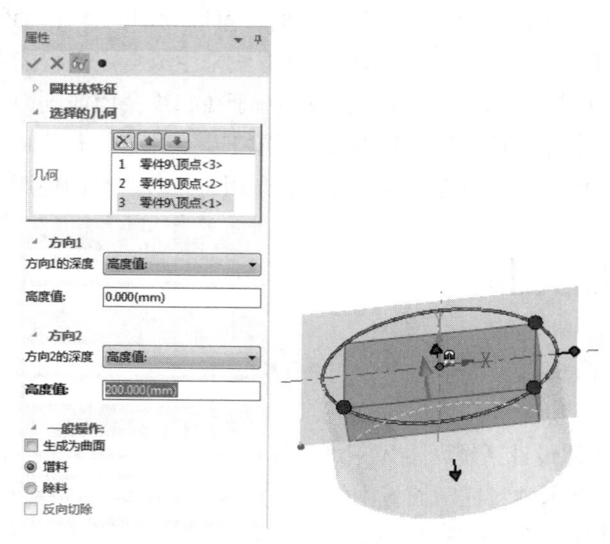

图11-2　圆柱体“属性”管理器

11.2　拉伸特征

CAXA 3D实体设计2021沿第三条坐标轴拉伸二维草图轮廓并添加一个高度，从而生成三维特征。用这种方法可以把正方形拉伸成长方体，或把圆变成圆柱。

11.2.1　使用“拉伸特征”工具生成自定义智能图素

（1）生成新的设计环境。

（2）单击“特征”选项卡“特征”面板中的“拉伸向导”按钮，弹出“拉伸特征向导”对话框第1页，如图11-3（a）所示。

（3）选择“独立实体”｜“实体”，单击“下一步”按钮，弹出“拉伸特征向导”对话框的第2页，如图11-3（b）所示。

（4）在第2页中，选择“在特征末端（向前拉伸）”｜“离开选择的表面”，单击“下一步”按钮，弹出“拉伸特征向导”对话框的第3页，如图11-3（c）所示。

（5）在第3页中，输入拉伸距离的数值为10，单击“下一步”按钮，弹出“拉伸特征向导”对话框的第4页，如图11-3（d）所示。

（6）在第4页中，可以设置栅格线间距，并且可以选择是否显示绘制栅格，如图11-4所示。单击“完成”按钮，关闭该向导，则进入“草图”选项卡界面，如图11-5所示。

（a）第1页

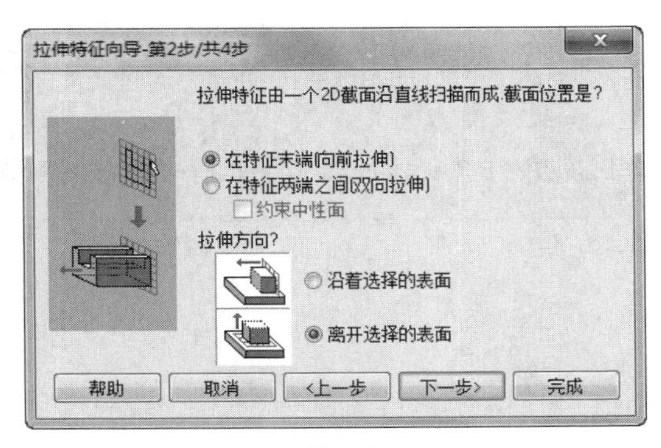

（b）第2页

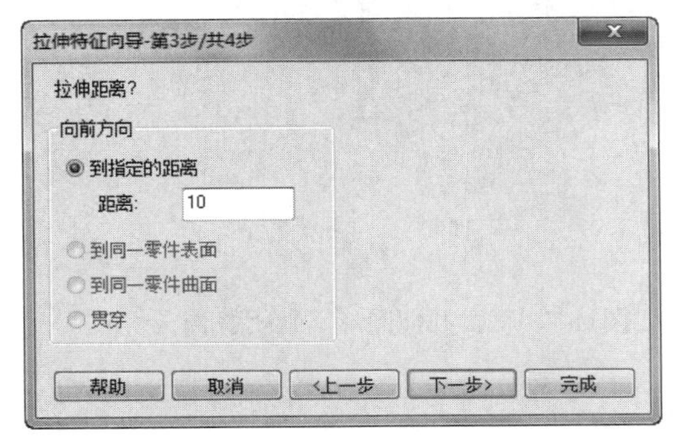

（c）第3页

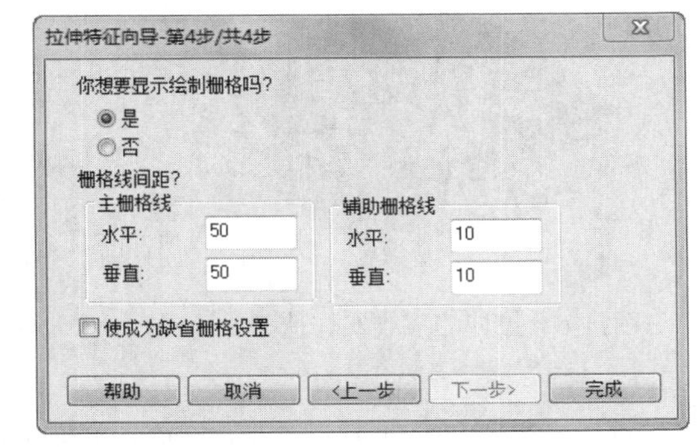

（d）第4页

图11-3　“拉伸特征向导”对话框

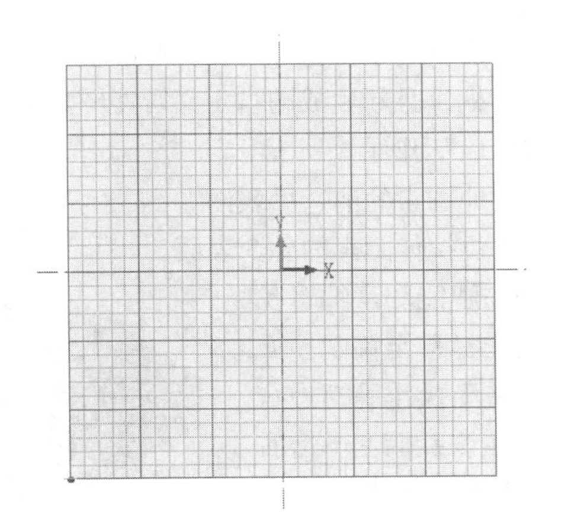

图11-4　绘制栅格

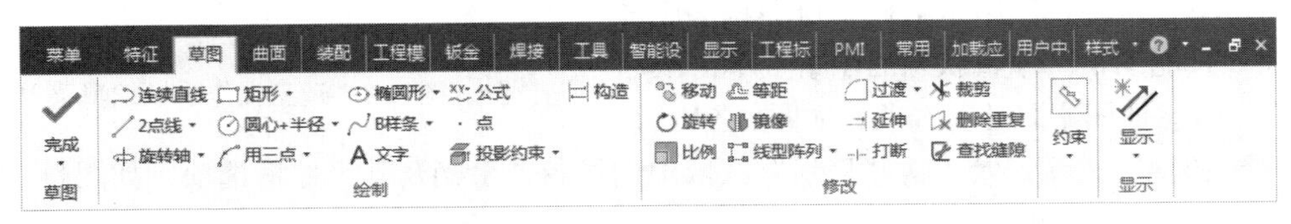

图11-5　“草图”选项卡

（7）在二维绘图截面栅格中进行绘制二维截面图形，并且单击“完成”按钮，由二维截面几何图形拉伸而成的三维实体造型显示于设计环境中，如图11-6所示。

注意

如果二维截面几何图形不是封闭的，那么在拉伸的过程中将不能产生三维造型实体，并且会出现图 11-7 所示的提示。此时可以重新对二维截面几何图形进行编辑后，再进行拉伸操作。

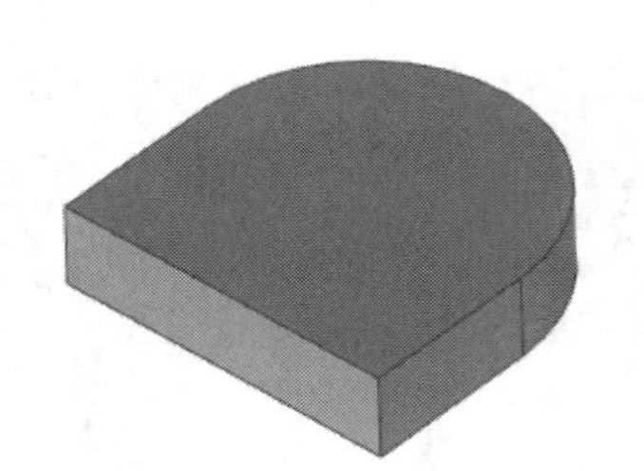

图11-6　拉伸的三维实体造型

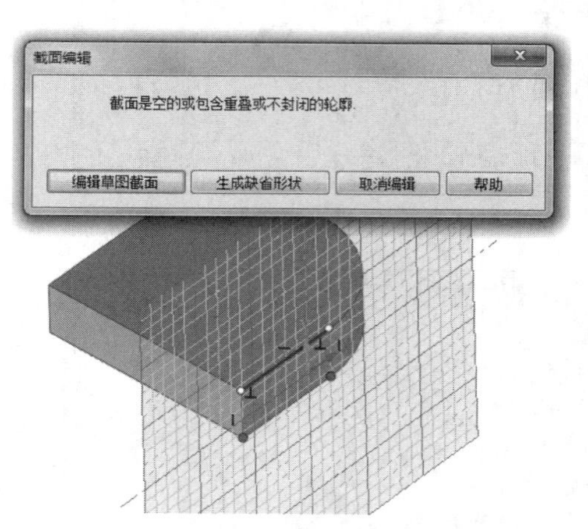

图11-7　截面几何图形不封闭警告

11.2.2　编辑拉伸生成的自定义智能图素

如果图素已经拓展成三维状态，而设计者对所生成的三维造型不满意，仍可以编辑它的截面或其他属性。在“智能图素”编辑状态下选中已拉伸图素。此时标准“智能图素”上默认显示的是造型操作手柄，而不是包围盒操作手柄，且新生成的自定义智能图素的造型操作手柄是唯一可用的手柄。拉伸设计的造型操作手柄包括以下几项。

三角形拉伸手柄：用于编辑拉伸图素的前、后表面。

四方形轮廓手柄：用于重新定位拉伸图素的各个表面。

拉伸图素的四方形轮廓手柄在智能图素编辑状态下并不总是可见的，但通过把光标移至关联平面的边缘可以使之显示出来。使用造型操作手柄进行编辑，可以通过拖动相关手柄或在该手柄上单击右键，在弹出的图11-8所示的造型操作手柄编辑菜单中编辑它的造型操作手柄选项。

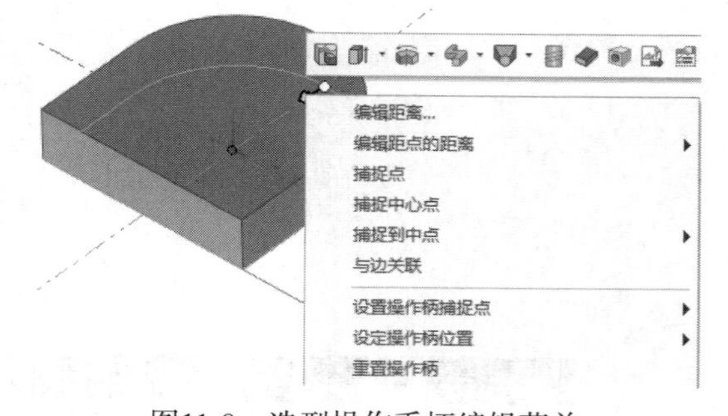

图11-8　造型操作手柄编辑菜单

欲在自定义拉伸智能图素上显示包围盒操作手柄，应在“智能图素”编辑状态的图素上单击鼠标右键，选中“智能图素属性”选项，如图11-9所示，再选择“包围盒”选项，然后从“显示”区域中选择各个手柄及其尺寸框选项，如图11-10所示，单击“确定”按钮，即可把新显示的手柄开关切换成尺寸框手柄。

在自定义智能图素右键弹出快捷菜单中还有下述选项可供选择。

（1）编辑草图截面：用于修改图素三维造型的二维截面。

（2）编辑前端条件：用于规定三维设计的前端面条件选项。

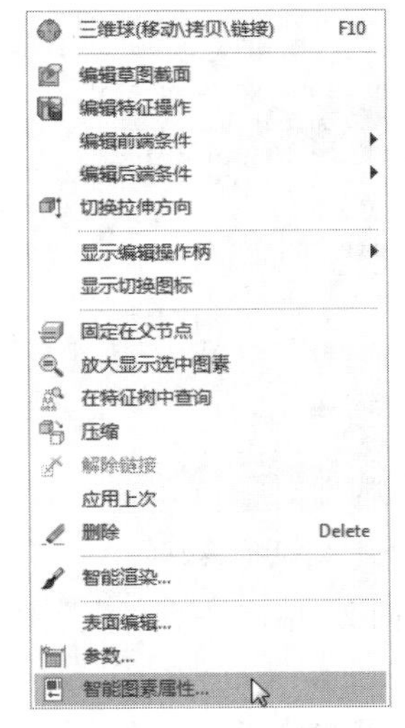

图11-9　拉伸编辑菜单

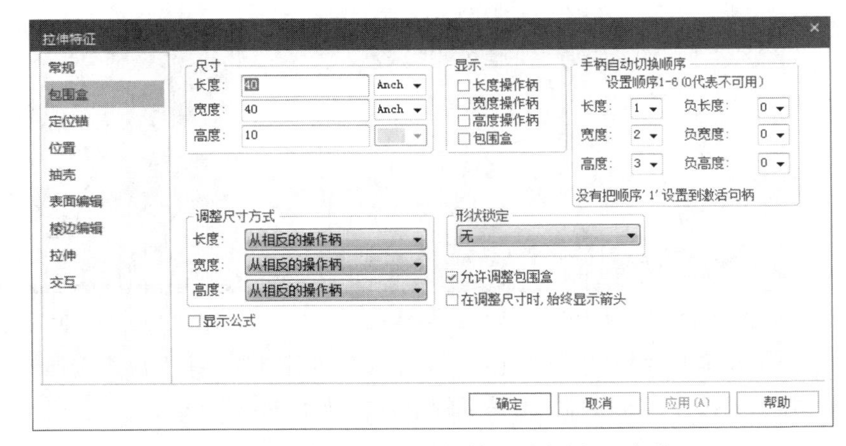

图11-10　“拉伸特征”对话框“包围盒”选项

1）拉伸距离：定义拉伸设计的向前拉伸的距离值。

2）拉伸到下一个：该选项仅当把拉伸图素添加于已存在图素/零件时有效。选择它，可指定完成之前拉伸图素的前端面共需与多少个平面相交。

3）拉伸到面：该选项仅当把拉伸图素添加于已存在图素/零件时有效。选中它，可引导拉伸图素的前端面与一特定平面匹配。

4）拉伸到曲面：该选项仅当把拉伸图素添加于已存在图素/零件时有效。选中它，可把图素的前端面拉伸至同一模型上的特定曲面。

5）拉伸贯穿零件：该选项仅适用于被添加到已有的除料图素/零件的拉伸设计。选中此选项后，可引导拉伸图素的前端面延伸并穿过整个模型。

（3）编辑后端条件：用于指定图素三维造型的后端面条件选项，用法与前面的“编辑前端条件”相同。

（4）切换拉伸方向：可用于通过在原二维剖面的平面上的镜像操作把三维造型的拉伸方向反向。

11.2.3　综合实例——传动轴

传动轴（见图11-11）是机械产品中最常见的零件之一。其主体结构为若干段相互连接的圆柱体，各圆柱体的直径、长度各不相同，可以利用“拉伸特征”工具生成一系列的圆柱体，将其组合成传动轴。

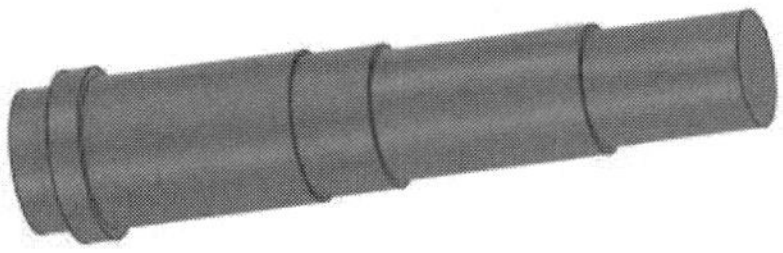

图11-11　传动轴

【操作步骤】

（1）启动CAXA 3D实体设计系统，进入三维设计环境。

（2）单击“特征”选项卡“特征”面板中的“拉伸向导”按钮，弹出“拉伸特征向导”对话框第1页，如图11-12所示。

（3）选择“独立实体”｜“实体”，单击“下一步”按钮，弹出“拉伸特征向导”对话框的第2

页，如图11-13所示。

图11-12 “拉伸特征向导”对话框第1页

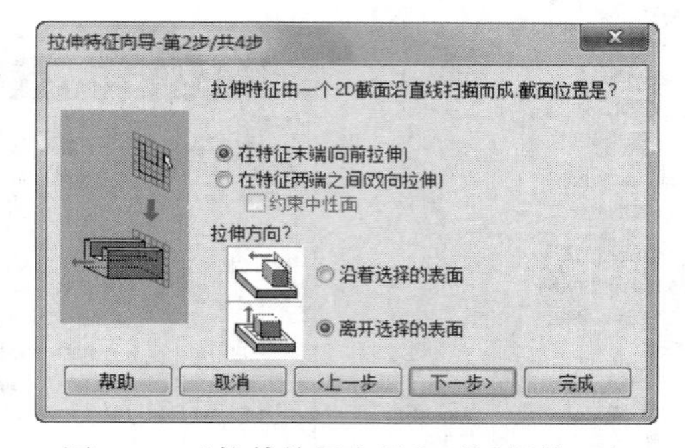

图11-13 “拉伸特征向导”对话框第2页

（4）在第2页中，选择“在特征末端（向前拉伸）”｜“离开选择的表面”，单击“下一步”按钮，弹出“拉伸特征向导”对话框的第3页，如图11-14所示。

（5）在第3页中，输入拉伸距离的数值为16，单击“下一步”按钮，弹出“拉伸特征向导”对话框的第4页，如图11-15所示。

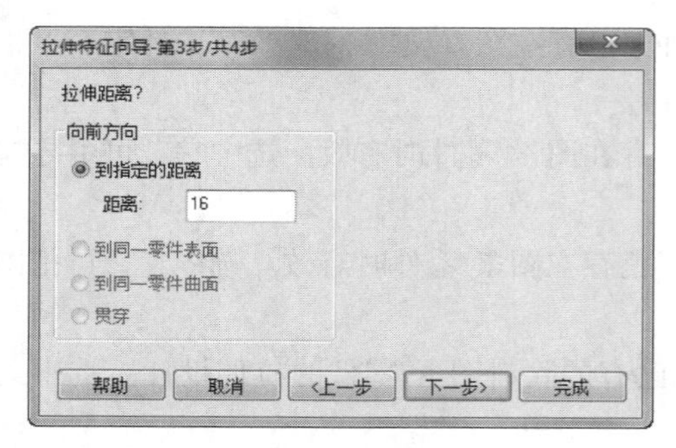

图11-14 “拉伸特征向导”对话框第3页

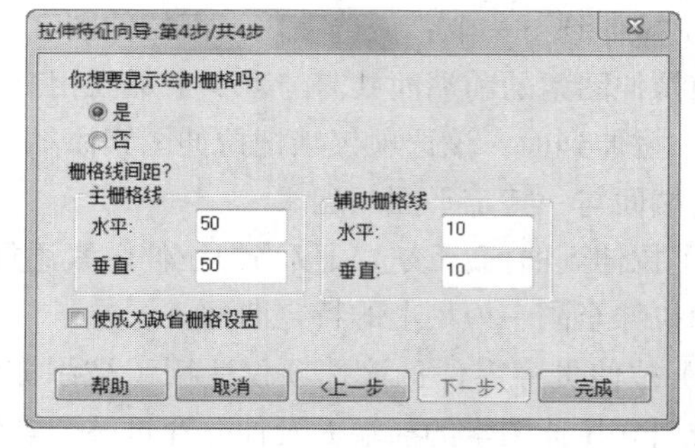

图11-15 “拉伸特征向导”对话框第4页

（6）在第4页中，可以设置栅格线间距，并且可以选择是否显示绘制栅格。单击“完成”按钮，关闭该向导，则进入“草图”选项卡界面，如图11-16所示。

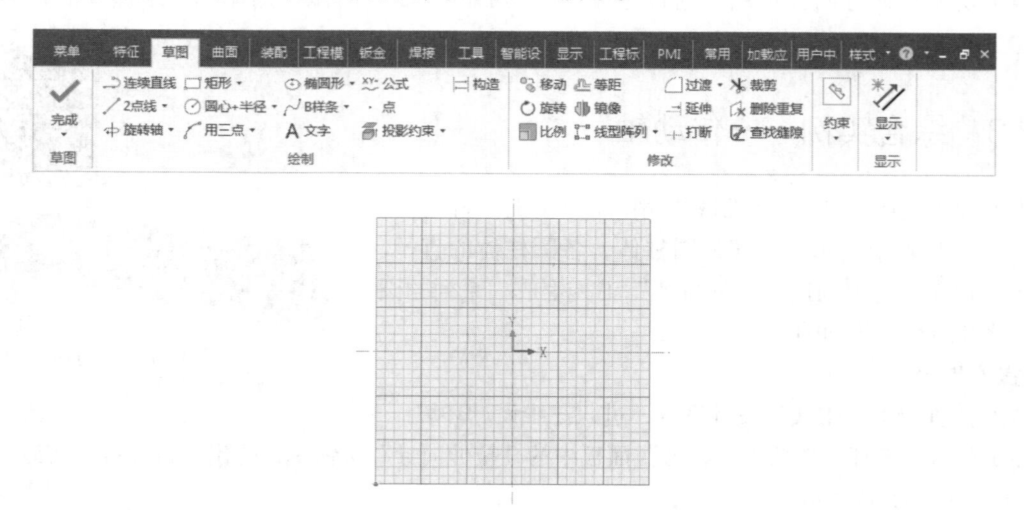

图11-16 “草图”选项卡及绘制栅格

（7）在二维绘图截面栅格中进行绘制直径为55的圆，并且单击“完成”按钮，由二维截面几何图形拉伸而成的三维实体造型显示于设计环境中，如图11-17所示。

（8）利用同样的方法由左向右绘制5个圆柱体，5个圆柱体图素的尺寸（mm）由左向右分别为：直径66、58、55、50、45，长度12、80、30、80、60，结果如图11-11所示。

图11-17　圆柱体

11.3　旋转特征

利用“旋转”工具可以把一个二维截面沿着它的竖直轴旋转，也可以生成三维实体造型。例如，CAXA 3D实体设计系统可以把生成的一个直角三角形（二维）旋转生成一个圆锥体（三维）。由于CAXA 3D实体设计系统使二维截面沿其竖直坐标轴圆周转动，因此产生的图素三维实体造型总是具有圆的性质。

11.3.1　使用“旋转特征”工具生成自定义智能图素

（1）生成新设计环境。

（2）单击“特征”选项卡“特征”面板中的“旋转向导”按钮，弹出“旋转特征向导”对话框第1页，如图11-18所示。

（3）选择“独立实体”｜“实体”，单击“下一步”按钮，弹出“旋转特征向导”对话框第2页，如图11-19所示。

图11-18　“旋转特征向导”对话框第1页

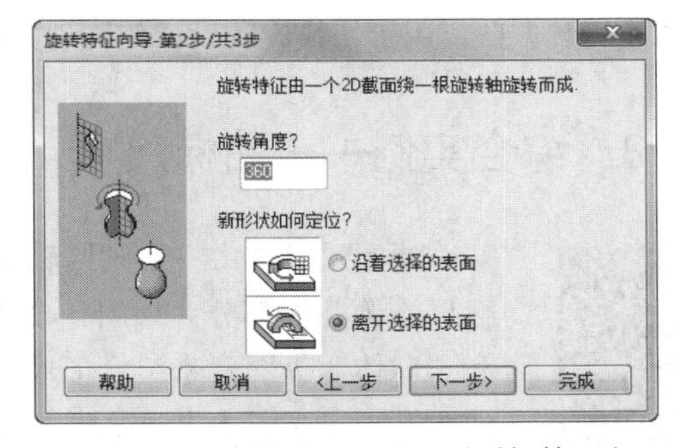

图11-19　“旋转特征向导”对话框第2页

（4）在第2页中，旋转角度数值输入“360”，选择“离开选择的表面”，单击“下一步”按钮，弹出“旋转特征向导”对话框第3页，如图11-20所示。

（5）在第3页中，可以设置栅格线间距，并且可以选择是否显示绘制栅格，单击“完成”按钮关闭该向导，则进入“草图”选项卡界面。

（6）在二维截面绘图栅格中绘制需要的二维几何图形（三角形），如图11-21所示。然后单击“完成”按钮，则一个经“旋转特征”工具生成的旋转体（圆锥体）即显示在绘图环境中，如图11-22所示。

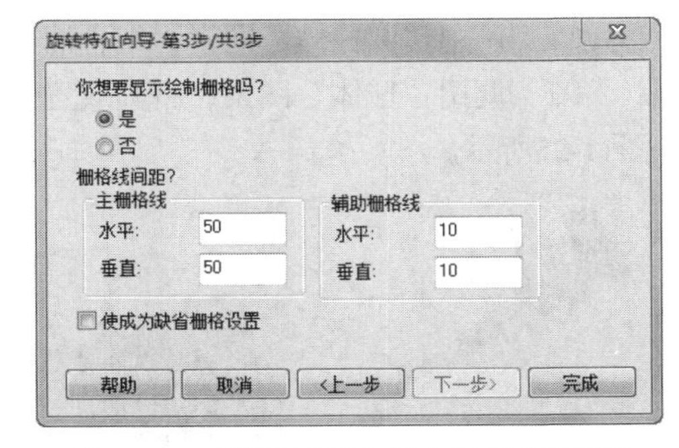

图11-20　“旋转特征向导”对话框第3页

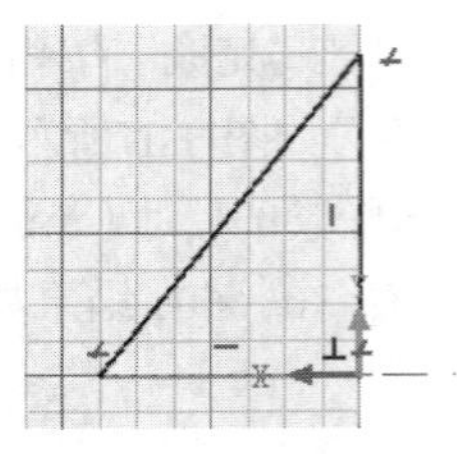

图11-21　三角形

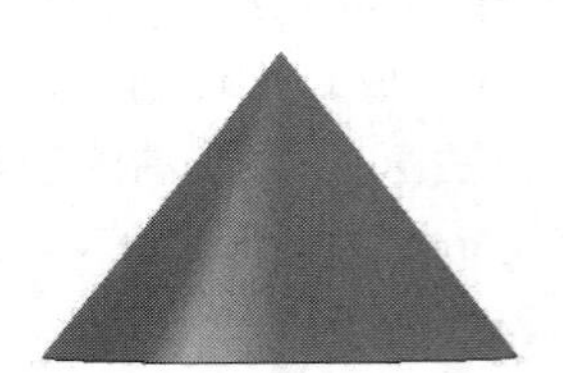

图11-22　圆锥体

11.3.2　使用旋转生成自定义智能图素

同拉伸生成的智能图素一样，在“智能图素”编辑状态下，也可以对已旋转的智能图素进行编辑修改。与拉伸设计一样，要注意标准自定义智能图素上默认显示的是造型操作手柄，而不是包围盒操作手柄。旋转特征的操作手柄包括如下几项。

四方形轮廓设计手柄：用于编辑旋转设计的旋转角度。

菱形旋转设计手柄：用于重新定位旋转设计的各个表面。

菱形旋转设计手柄并不总是出现在“智能图素”编辑状态下，但可以通过把光标移至关联平面的边缘使之显示。要用旋转操作手柄来进行编辑，可以通过拖动该手柄或在该手柄上单击鼠标右键，进入并编辑它的标准“智能图素”手柄选项。

也可以在“智能图素”编辑状态下右击旋转图素，在弹出的快捷菜单中编辑旋转设计选项。除了标准“智能图素”弹出菜单中的选项，还有下述“旋转智能图素”选项可供选择：

编辑草图截面：用于修改生成旋转造型的二维剖面。

切换旋转方向：用于切换旋转设计的转动方向。

11.3.3　综合实例——油标尺

油标尺零件由一系列同轴的圆柱体组成，从下到上分为标尺、连接螺纹和油标尺帽等几个部分，如图11-23所示。因此，绘制过程中可以分别调用“圆柱体”和“球体”等图素来组合形成油标尺轮廓实体，然后利用“旋转特征”命令细化油标尺，完成实体造型设计。

【操作步骤】

（1）调用“圆柱体”图素，组合油标尺的轮廓实体，其尺寸如图11-24所示。

（2）调用“球体”图素，将其放置于油标尺帽上，使其显示半球，修改其直径尺寸为“5”，如图11-25所示。

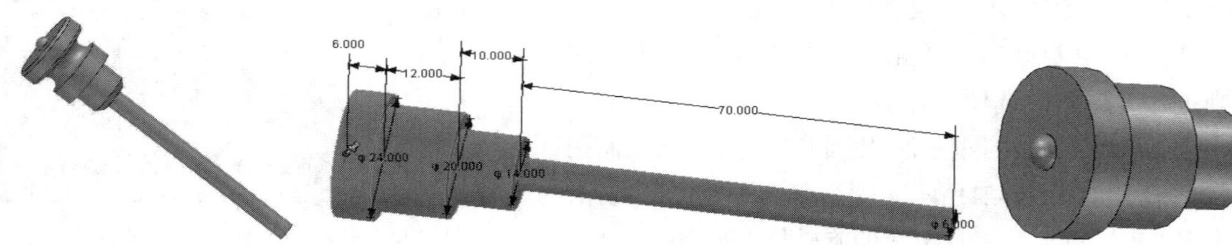

图11-23　油标尺　　图11-24　油标尺轮廓实体尺寸　　图11-25　调用球体图素

（3）单击“特征”选项卡“特征”面板中的“旋转向导”按钮。拾取球体中心，在弹出的对话框中选择“除料”|“沿着选择的表面”选项，单击“完成”按钮，出现二维绘图栅格。在二维栅格上绘制一个圆，设置其直径为“6”，编辑圆心位置，如图11-26所示。单击“完成”按钮，结果如图11-27所示。

（4）使用“圆角过渡”和“边倒角”命令（后面章节中讲到），对油标尺帽进行圆角过渡，设置圆角半径为“1”；对螺纹部分进行倒角，设置倒角尺寸为“C2”，结果如图11-28所示。

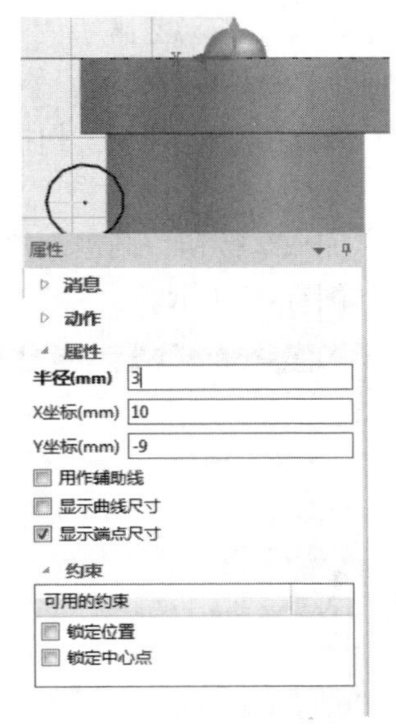

图11-26　绘制圆

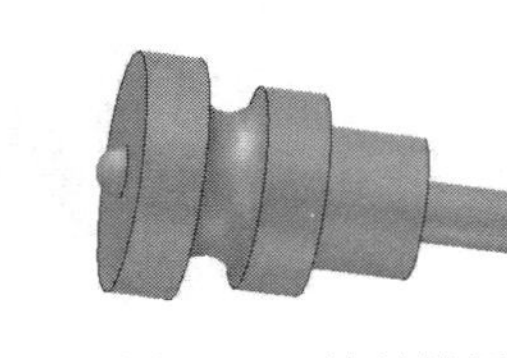

图11-27　旋转结果

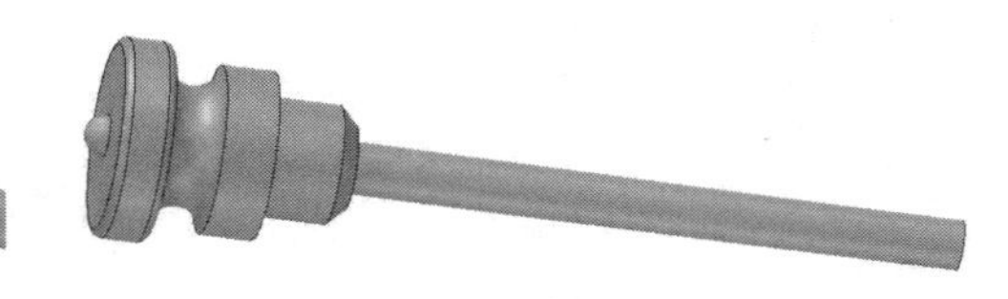

图11-28　油标尺

11.4　扫描特征

用户也可以用扫描的方式生成自定义智能图素。在拉伸设计和旋转设计中，CAXA 3D实体设计系统把自定义二维截面沿着预先设定的路径移动，从而生成三维实体造型。而用“扫描特征”工具，除了需生成截面几何图形外，还需指定一条导向曲线。导向曲线可以被定义为一条直线、一系列直线、一条B样条曲线或一条弧线。扫描特征生成的自定义智能图素的两个端面几何形状完全一样。

11.4.1　使用“扫描特征”工具生成自定义智能图素

（1）生成新设计环境。

（2）单击“特征”选项卡“特征”面板中的“扫描向导”按钮，弹出“扫描特征向导”对话框第1页，如图11-29所示。

（3）选择“独立实体”|“实体”，单击“下一步”按钮，弹出“扫描特征向导”对话框第2页，如图11-30所示。

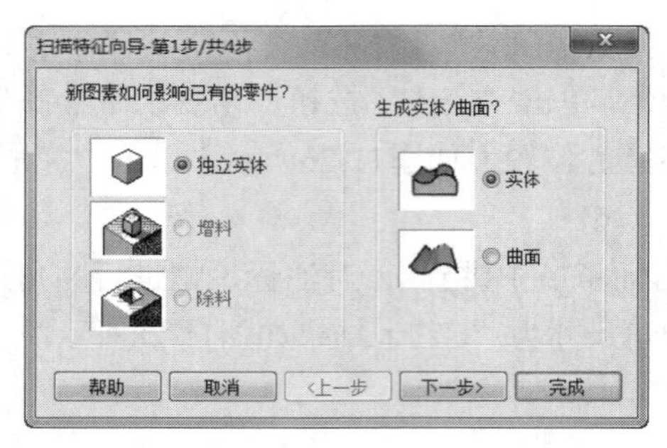

图11-29 “扫描特征向导”对话框第1页

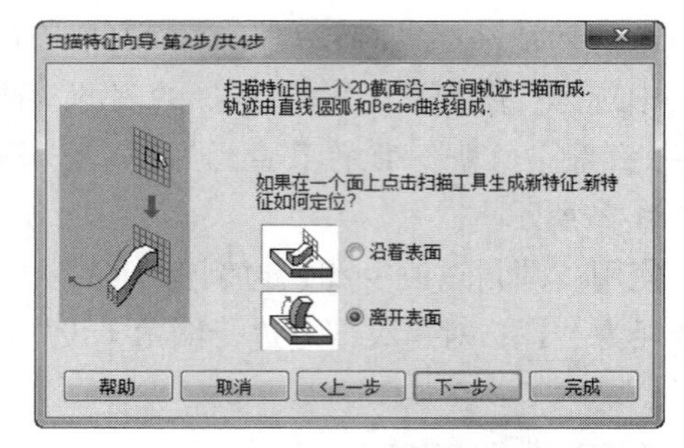

图11-30 “扫描特征向导”对话框第2页

（4）在第2页中，选择扫描方式。这里选择“离开表面”，单击“下一步”按钮，弹出“扫描特征向导”对话框第3页，如图11-31所示。

（5）在第3页中，选择扫描线类型，这里选择“Bezier曲线”，单击“完成”按钮，则进入“草图”选项卡界面，在二维绘图栅格中，可以编辑或重新绘制轨迹曲线，如图11-32所示。

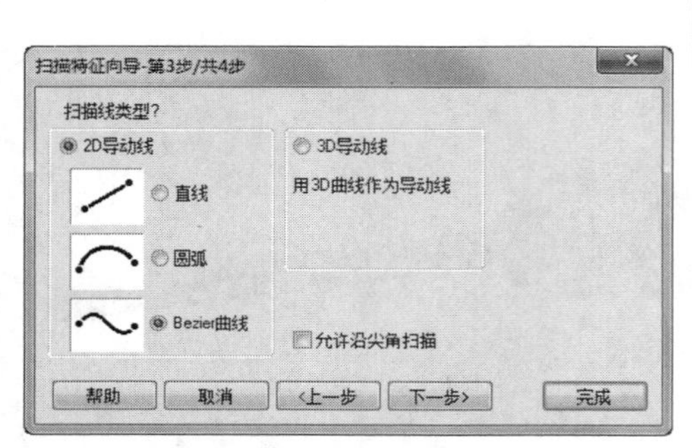

图11-31 “扫描特征向导”对话框第3页

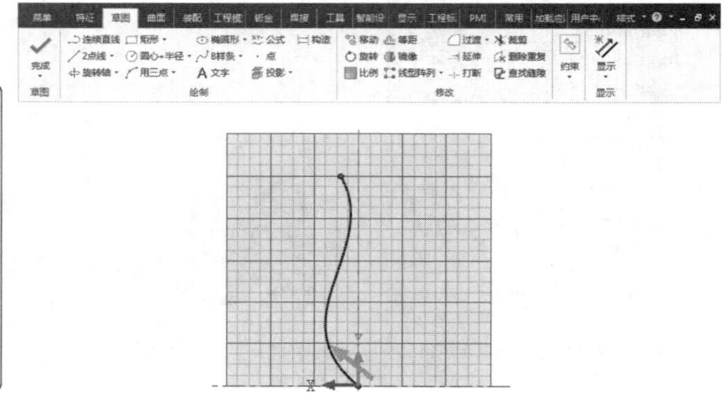

图11-32 绘图栅格

（6）在二维绘图栅格中进行绘制、编辑需要的几何图形，绘制一个矩形，如图11-33所示。

（7）在二维截面几何图形绘制完成后，单击“完成特征”，则生成一个由二维截面几何图形沿曲线扫描生成的三维实体造型，如图11-34所示。

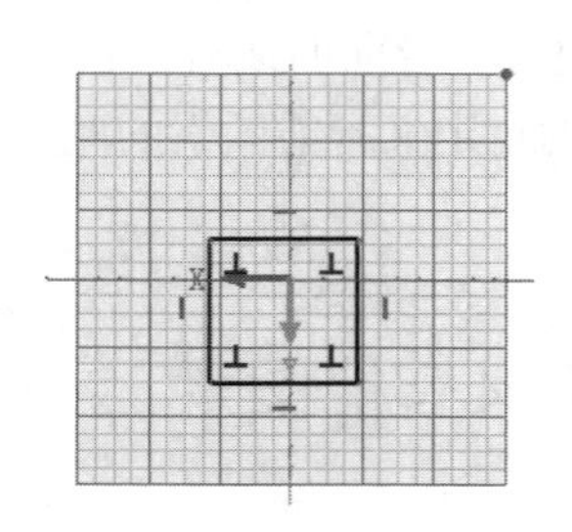

图11-33 绘制矩形

图11-34 扫描生成的三维实体造型

11.4.2 编辑扫描生成的自定义智能图素

如果对生成的三维实体造型感到不满意，可以通过编辑它的截面或其他属性进行修改。在“智能图素”编辑状态下选中已扫描的图素。自定义智能图素的造型操作手柄包括以下几项。

四方形轮廓手柄：用于加大/减小扫描设计的圆柱表面的半径，以此重新定位圆柱表面。要用扫描操作手柄来进行编辑，可以通过鼠标右键单击该手柄，进入并编辑它的标准“智能图素”手柄选项。

也可以在“智能图素”编辑状态下用鼠标右键单击扫描图素，在弹出的快捷菜单中编辑扫描设计选项。除了标准“智能图素”弹出菜单中的选项，还有下述“扫描智能图素”选项可供选择。

编辑草图截面：用于修改扫描设计的二维剖面。

编辑轨迹曲线：用于修改扫描设计的导向曲线。

切换扫描方向：用于切换生成扫描设计所用的扫描方向。

允许扫描尖角：选定/撤销选定这个选项，可以规定扫描图素的角是突兀的还是光滑过渡的。

11.4.3　综合实例——活动钳口

本例利用拉伸和扫描特征来制作活动钳口，如图11-35所示。先利用拉伸命令绘制钳口主体，接着绘制扫描实体。

【操作步骤】

（1）启动CAXA 3D实体设计系统，进入三维设计环境。

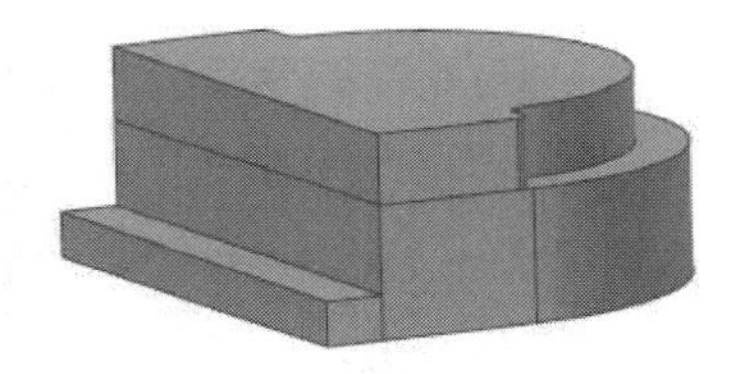

图11-35　活动钳口

（2）单击“特征”选项卡“特征”面板中的“拉伸向导”按钮，在“拉伸特征向导”中依次选择“独立实体”|“实体”，设置拉伸距离为“18”。单击“完成”按钮，进入二维截面绘制环境。

（3）单击“草图”选项卡“绘制”面板中的“圆心+半径”按钮，在绘图栅格中绘制一个圆，设置半径为37。

（4）单击“草图”选项卡“绘制”面板中的“2点线”按钮，在绘图栅格中绘制三条线段。

（5）单击“草图”选项卡“约束”面板中的“智能标注”按钮，对尺寸进行约束。

（6）单击“草图”选项卡“修改”面板中的“裁剪”按钮，修剪多余线段，最终结果如图11-36所示。

（7）单击“完成”按钮，退出草图绘制，创建第一个拉伸实体，如图11-37所示。

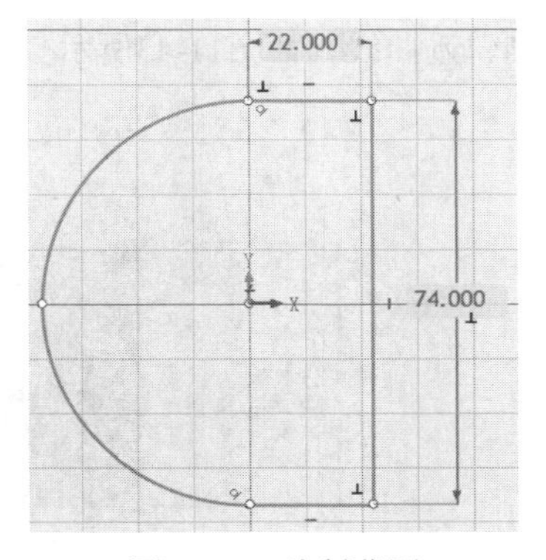

图11-36　绘制草图1

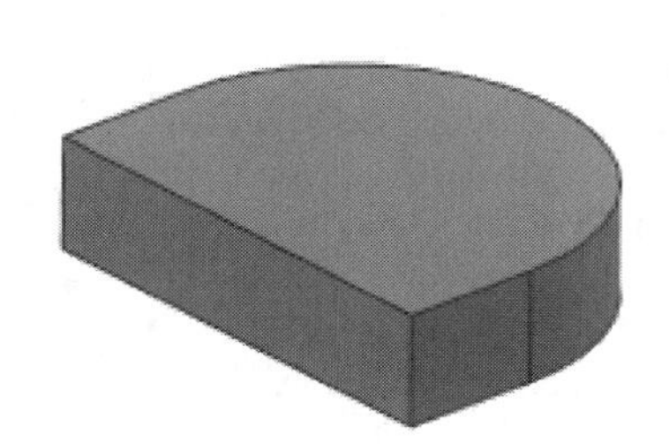

图11-37　拉伸实体1

（8）继续采用同样的方法在拉伸实体1的上表面继续创建拉伸实体2，在“拉伸特征向导”中依次选择“独立实体”|“实体”，拉伸距离为“10”，拉伸草图如图11-38所示，拉伸后的结果如图11-39所示。

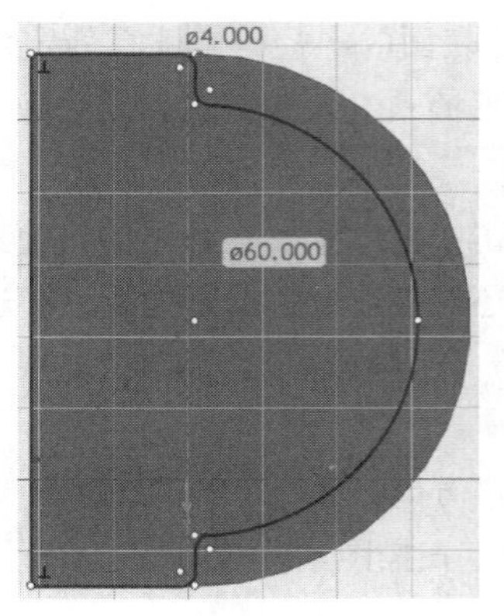

图11-38　绘制草图2

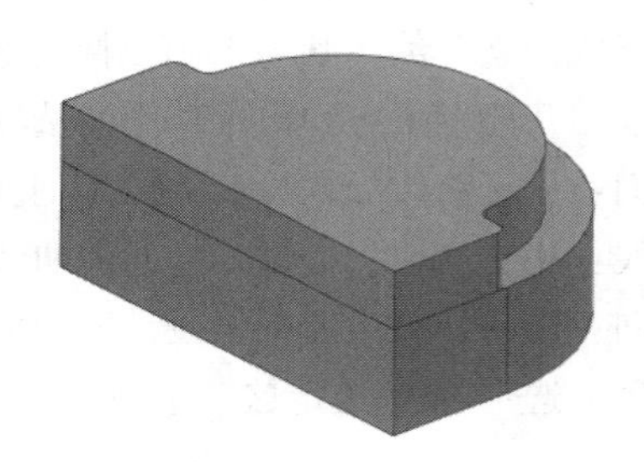

图11-39　拉伸实体2

（9）单击“特征”选项卡“特征”面板中的“扫描向导”按钮，选择拉伸体1的侧面为基准面，弹出“扫描特征向导”对话框第1页，如图11-40所示。

（10）选择“独立实体”｜“实体”，单击“下一步”按钮，弹出“扫描特征向导”对话框第2页，如图11-41所示。

图11-40　“扫描特征向导”对话框第1页

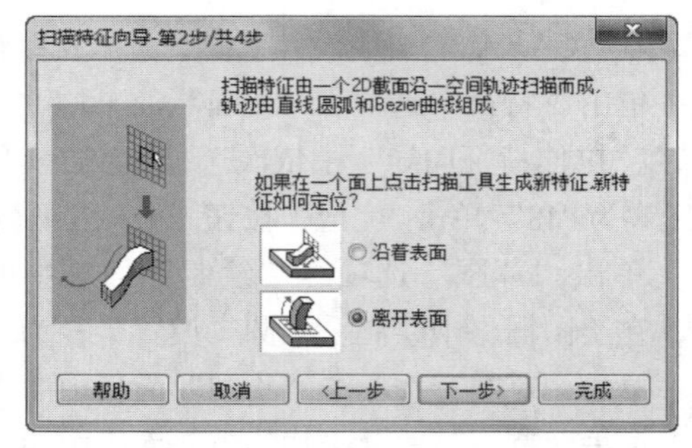

图11-41　“扫描特征向导”对话框第2页

（11）在第2页中，选择扫描方式。这里选择“离开表面”，单击“下一步”按钮，弹出“扫描特征向导”对话框第3页，如图11-42所示。

（12）在第3页中，选择扫描线类型，这里选择“直线”，单击“完成”按钮，则进入“草图”选项卡界面，在二维绘图栅格中，可以编辑或重新绘制轨迹曲线，如图11-43所示。

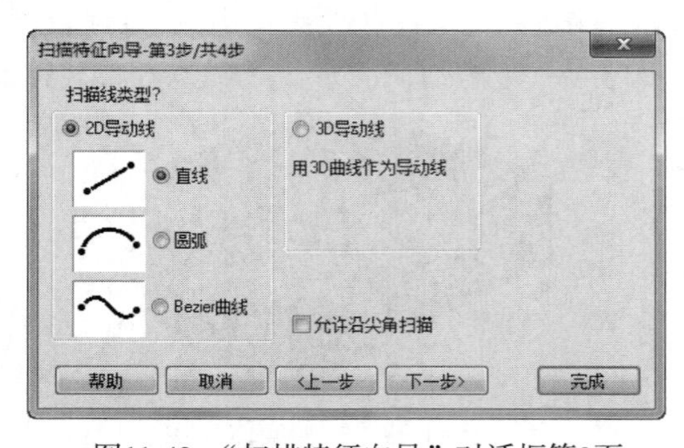

图11-42　“扫描特征向导”对话框第3页

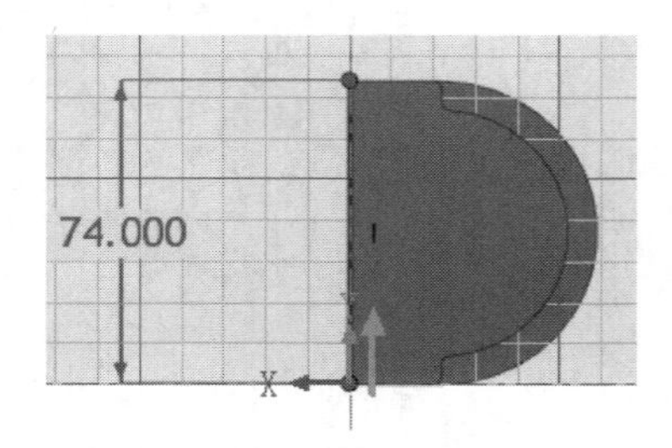

图11-43　绘图栅格

（13）在二维绘图栅格中绘制需要的几何图形，绘制一个矩形，如图11-44所示。

（14）在二维截面几何图形绘制完成后，单击“完成”按钮，则生成一个由二维截面几何图形沿曲线扫描生成的三维实体造型，如图11-45所示。

图11-44　绘制矩形

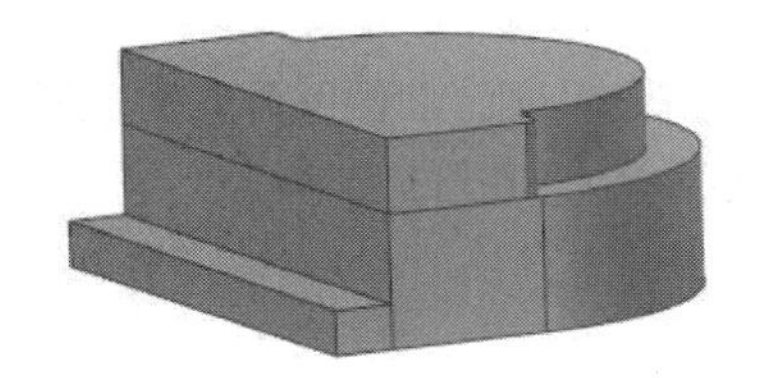

图11-45　创建扫描体

11.5　放样特征

在本章前面的介绍中，讲解了3种生成自定义智能图素的方法。每一种方法都是把一个二维截面几何图形拓展成三维实体造型。下面将要介绍的第4种方法——放样特征，是用多重几何截面，即使用不在同一个平面内的多个二维截面来生成智能图素。这些截面都需由用户编辑或重新设定尺寸。CAXA 3D实体设计系统把这些截面沿定义的轮廓定位曲线生成一个三维实体造型。

11.5.1　使用“放样特征”工具生成自定义智能图素

（1）生成新设计环境。

（2）单击“特征”选项卡“特征”面板中的“放样向导”按钮，弹出“放样造型向导”对话框第1页，如图11-46所示。

（3）选择“独立实体”｜“实体”，单击“下一步”按钮，弹出“放样造型向导”对话框的第2页，如图11-47所示。在第2页中，选择“指定数字”选项，输入截面数量“4”。单击“下一步”按钮，弹出“放样造型向导”对话框的第3页，如图11-48所示。

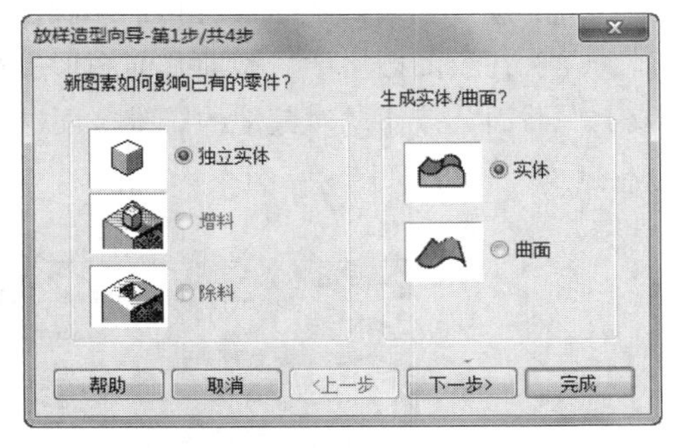

图11-46　“放样造型向导”对话框第1页

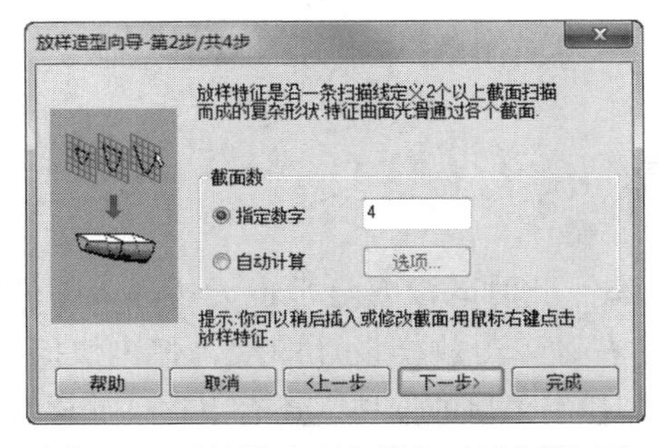

图11-47　“放样造型向导”对话框第2页

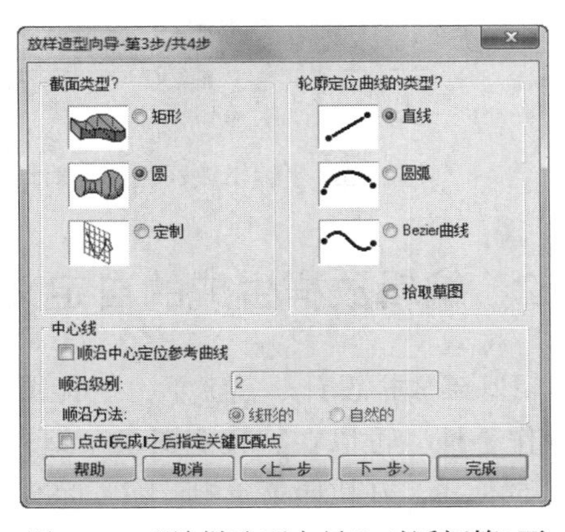

图11-48　“放样造型向导”对话框第3页

（4）在第3页中，选择放样截面类型“圆”和轮廓定位曲线类型“直线”，单击“完成”按钮，弹出绘图栅格及“编辑轮廓定位曲线”对话框，如图11-49所示。

（5）在二维绘图栅格中可以编辑轮廓定位曲线，然后单击“完成造型”按钮，一个默认的放样三维实体造型显示于设计环境中，并在放样三维实体上依次标记出各截面的序号，如图11-50所示。

（6）在设计过程中可以对放样特征的截面进行编辑。使用鼠标右键单击某截面的序号处，弹出快捷菜单，如图11-51所示。

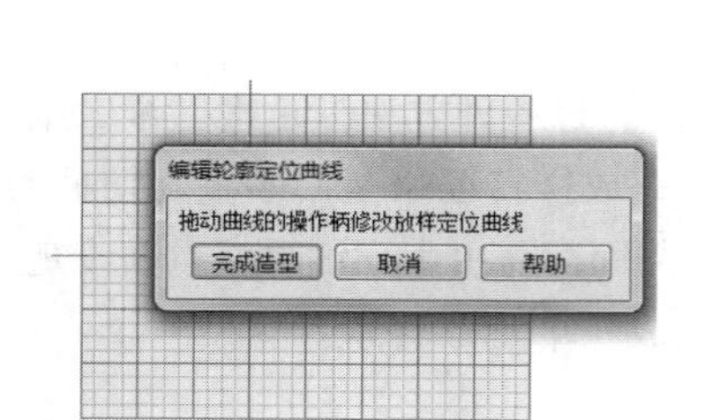

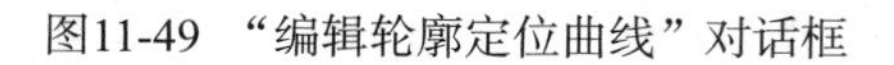

图11-49 “编辑轮廓定位曲线”对话框

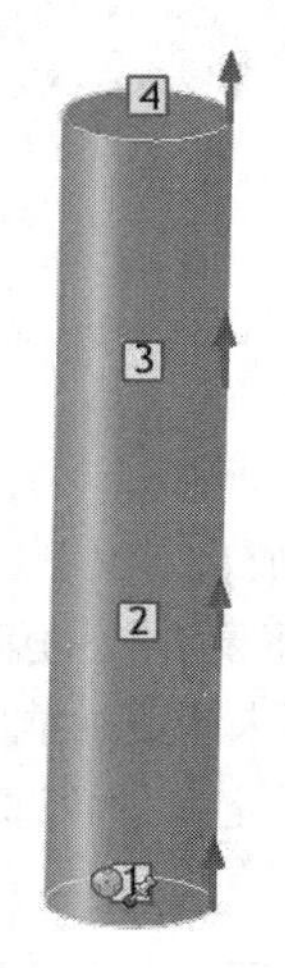

图11-50 放样特征

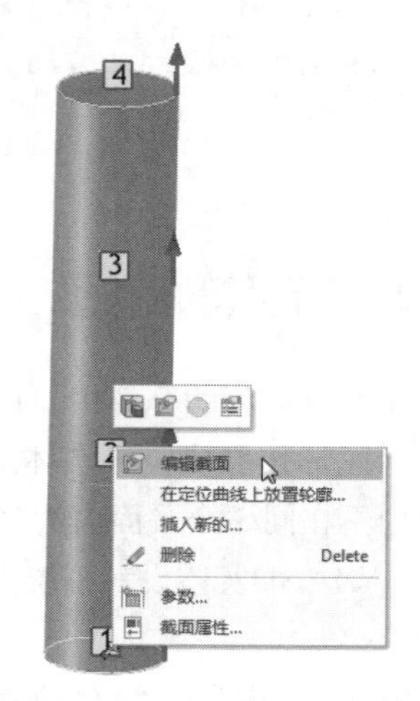

图11-51 放样特征快捷菜单

（7）选择“编辑截面”，弹出“编辑放样截面”对话框及绘图栅格，如图11-52所示。

（8）在绘图栅格中对截面几何图形进行编辑，然后单击“完成造型”按钮，或单击“下一截面或上一截面”按钮，对其他的二维截面进行编辑，结果如图11-53所示。

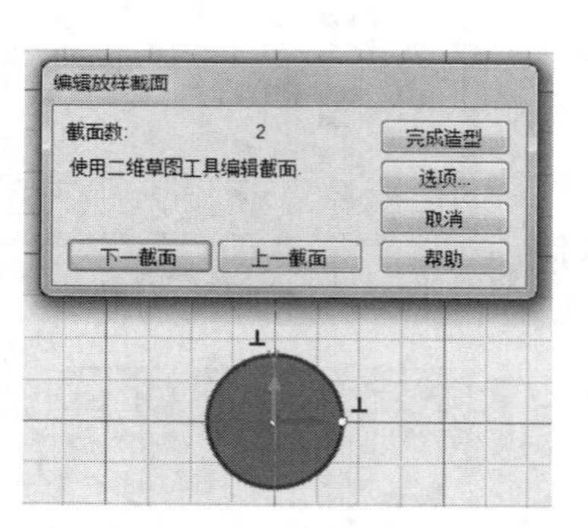

图11-52 “编辑放样截面”对话框

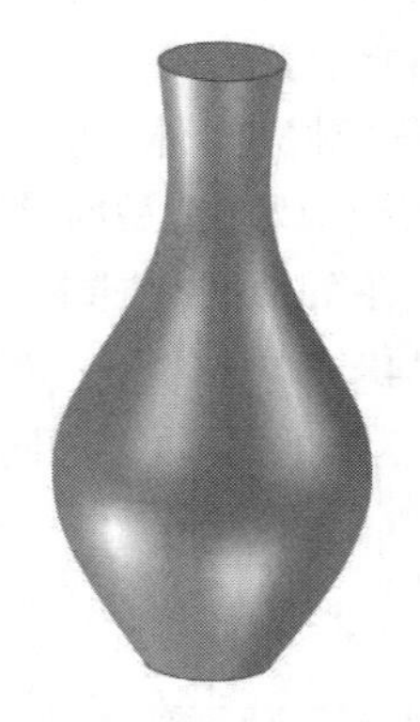

图11-53 生成的三维实体造型

11.5.2 编辑放样生成的自定义智能图素

编辑基础放样设计，需激活“智能图素”编辑状态。此时既没有显示也无法进入任何设计编辑操作手柄。可以在“智能图素”编辑状态下鼠标右键单击放样设计图素，弹出快捷菜单，如图11-54所示。在快捷菜单中，除了标准“智能图素”弹出菜单的选项，还有下述“放样智能图素”选项可供选择。

编辑中心线：选中该选项，可在二维绘图栅格上显示放样轨迹，即如何连接放样设计截面的轨迹。拖动轮廓定位曲线手柄可以修正曲线。

编辑匹配点：该选项用于编辑放样设计截面的连接点。这些匹配点显现在轮廓定位曲线和每个截面交点的最高点，颜色是红色。如果一个截面含有多重封闭轮廓，其匹配点也只有一个。编辑匹配点就是把它放于截面里的线段或曲线的端点上。本方法可以用来绘制扭曲的图形。

编辑相切操作柄：该选项用于在每个放样轮廓上编辑放样导向曲线的切线。每个导向曲线上都显示编号的按钮。单击导向曲线按钮，将在每个轮廓上显示切线操纵件，如图11-55所示。单击并推/拉这些操纵件，可手工编辑关联轮廓的切线。右键单击“导向曲线”按钮，弹出快捷菜单，如图11-56所示，出现下述选项。

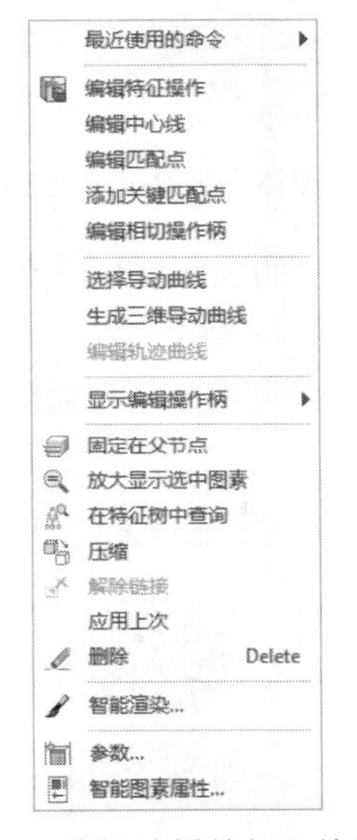

图11-54 “编辑放样特征”快捷菜单

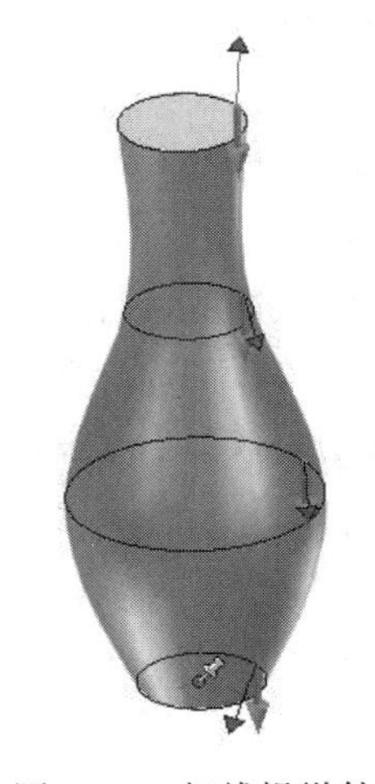

图11-55 切线操纵件

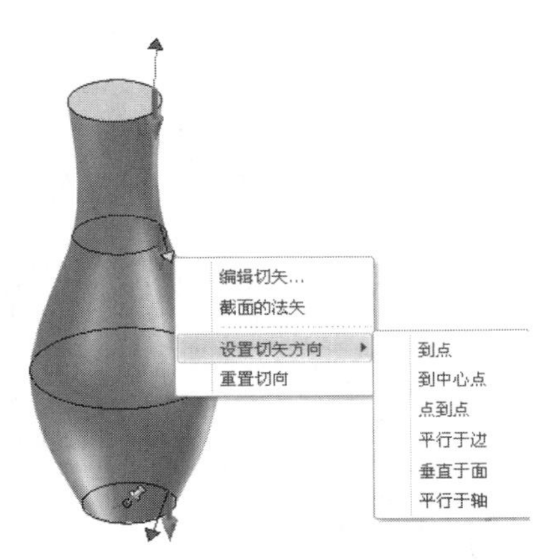

图11-56 右键快捷菜单

（1）编辑切矢：用于输入精确的参数，定义切线的位置和长度。

（2）截面的法矢：用于迅速重新定位关联截面的切线的法线。

（3）设置切矢方向：用于规定切线手柄的对齐方式为“到点”对齐、“到中心点”对齐、“点到点”对齐、“平行于边”对齐、“垂直于面”对齐或“平行于轴”对齐。

（4）重置切向：用于清除切线的某个被约束值。

11.5.3 编辑放样特征的截面

在前面的内容中涉及了对放样特征截面编辑的方法。如果想进一步编辑放样特征的截面，可以在“智能图素”编辑状态下选中想编辑的截面的相应序号手柄，把光标移至截面边缘，会出现熟悉的四方形轮廓截面操作手柄。对此手柄可以进行如下操作。

（1）拖动图素手柄，重新确定圆半径的大小，以此编辑二维截面。编辑完成后，图素立即更新，反映出编辑结果。

（2）在某个编号手柄上单击鼠标右键，弹出快捷菜单，可访问使用其余选项。

11.5.4　放样特征的截面和一面相关联

该功能适用于在同一模型上，把放样特征设计的起始截面和末尾截面与相邻平面相关联，并在现有图素或零件上对放样特征自定义图素进行编辑。用指定切线系数值的方法把截面与它所依附的平面相匹配（关联）。下面介绍此项功能的具体使用方法。

（1）从“图素”设计元素库中选择“长方体”，将其拖放入设计环境中。

（2）在“图素”设计元素库中选择“L3旋转体”，将其拖放到“长方体”的上表面上，如图11-57所示。

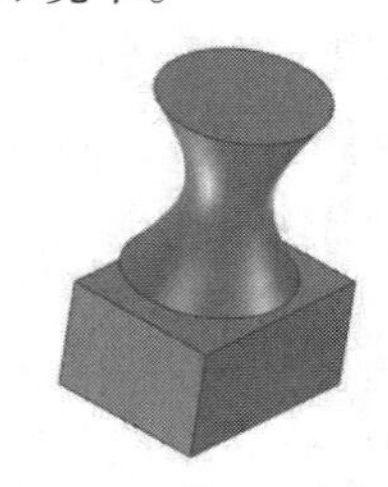

图11-57　将“L3旋转体”拖至“长方体”表面

（3）在“智能图素”编辑状态下单击“长方体”图素，通过包围盒操作手柄调整其表面，使上表面面积大于L3旋转体图素的下表面。然后通过关联操作将两个图素合并为一个图素。

（4）在“智能图素”编辑状态下鼠标右键单击L3旋转体图素上标记着1的截面手柄，在弹出的快捷菜单中选择“和一面相关联”，如图11-58所示。

（5）单击长方体图素的上表面，规定它为被关联平面，此时长方体的上表面显示为绿色，弹出“切矢因子”对话框，如图11-59所示。切矢因子决定切线矢量的长度。

（6）输入切线系数，如设定为“15”，单击“确定”按钮，产生一个新零件，如图11-60所示。

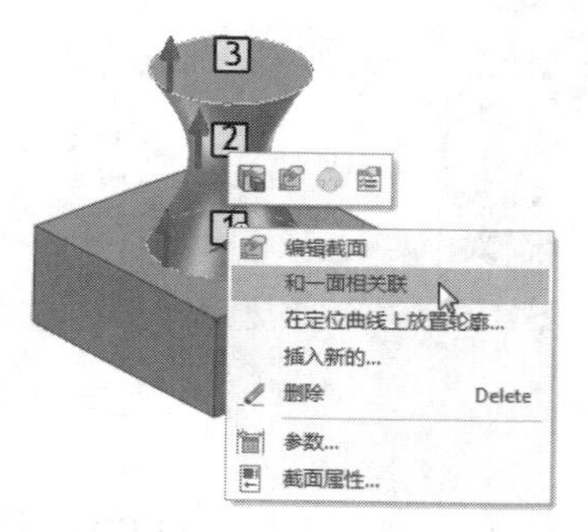

图11-58　编辑长方体尺寸

图11-59　“切矢因子”对话框

图11-60　关联结果

11.5.5　综合实例——显示器

本例利用放样特征来绘制图11-61所示的显示器，显示器从上到下依次为显示屏、支撑架和底座，首先利用拉伸特征命令绘制实体，然后拉伸切除实体，接着利用放样特征绘制显示屏的背部实体，再绘制显示器的支撑架，最后绘制显示器的底座。

【操作步骤】

（1）启动CAXA 3D实体设计系统，进入三维设计环境。

（2）从设计元素库中调用“长方体”图素，将其拖放到设计环境中。

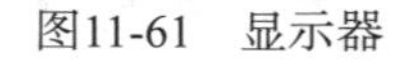

图11-61　显示器

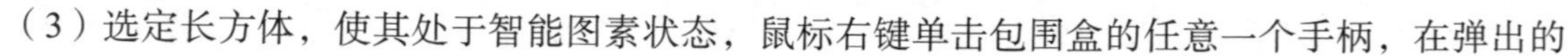

（3）选定长方体，使其处于智能图素状态，鼠标右键单击包围盒的任意一个手柄，在弹出的

快捷菜单中选择“编辑包围盒”选项，弹出“编辑包围盒”对话框，设置长度为“460”，宽度为“420”，高度为“20”，如图11-62所示。

（4）继续调用“孔类长方体”图素，捕捉长方体表面的中心，利用包围盒手柄修改尺寸，设置长度为“420”，宽度为“380”，高度为“5”，如图11-63所示。

图11-62　调用长方体

图11-63　调用孔类长方体

（5）单击“特征”选项卡“特征”面板中的“放样向导”按钮，选择显示器实体的背面中心点的位置，弹出“放样造型向导”对话框第1页，如图11-64所示。

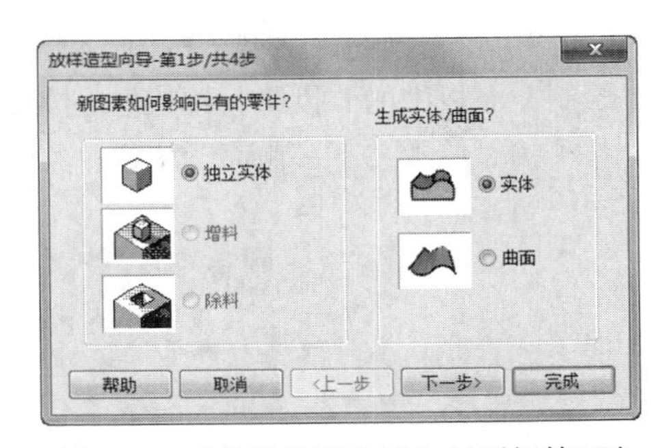

图11-64　“放样造型向导”对话框第1页

（6）选择“独立实体”|“实体”，单击“下一步”按钮，弹出“放样造型向导”对话框第2页，如图11-65所示。在第2页中，选择“指定数字”选项，输入截面数量“2”。单击“下一步”按钮，弹出“放样造型向导”对话框第3页，如图11-66所示。

（7）在第3页中，选择放样截面类型“定制”和轮廓定位曲线类型“直线”，单击“完成”按钮，弹出绘图栅格及“编辑轮廓定位曲线”对话框，如图11-67所示。

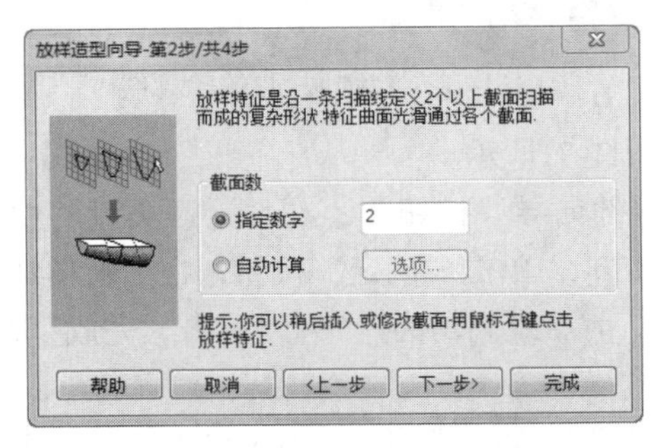

图11-65　“放样造型向导”对话框第2页

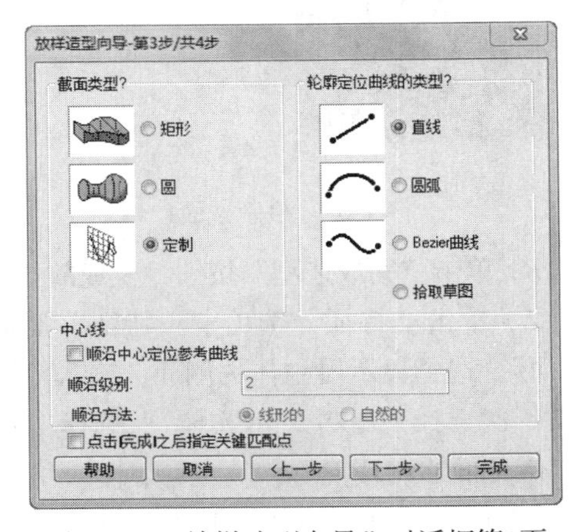

图11-66　“放样造型向导”对话框第3页

（8）在二维绘图栅格中可以编辑轮廓定位曲线，如图11-68所示。

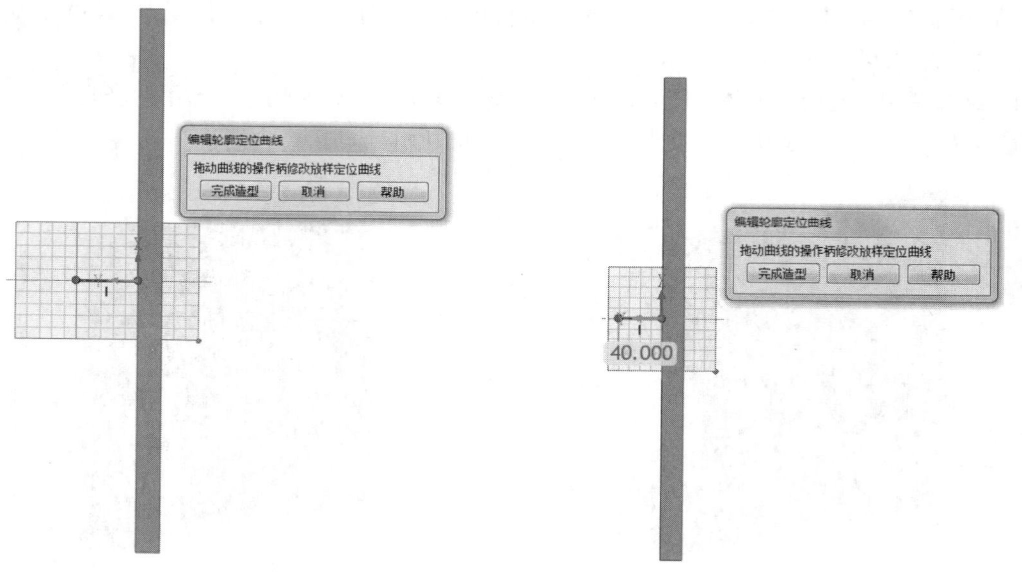

图11-67 “编辑轮廓定位曲线”对话框　　图11-68 编辑轮廓定位曲线

（9）单击“完成造型”按钮，弹出绘图栅格及“编辑放样截面”对话框，单击“草图”选项卡“绘制”面板中的“投影”按钮，投影实体的外轮廓线绘制截面1，如图11-69所示。

（10）单击“下一截面”按钮，绘制截面2的轮廓线，如图11-70所示。

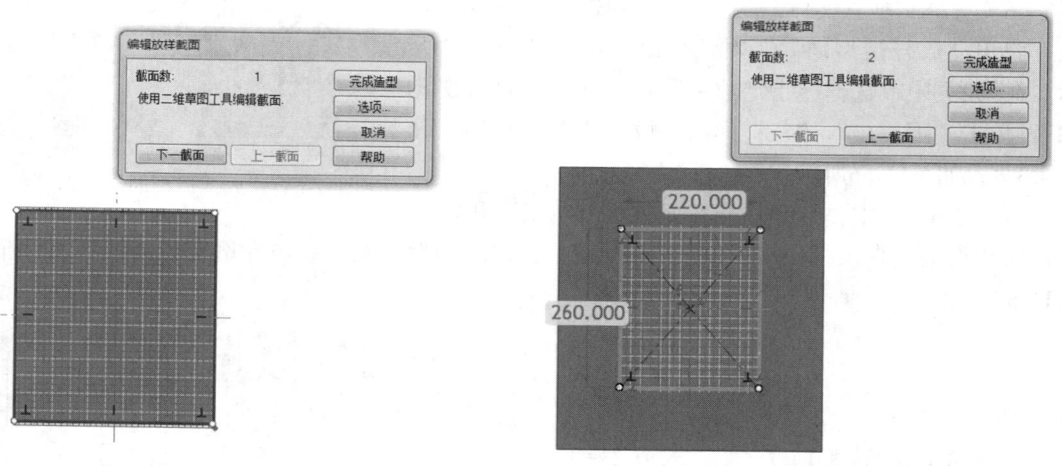

图11-69 绘制截面1　　图11-70 绘制截面2的轮廓线

（11）单击“完成造型”按钮，生成放样实体，如图11-71所示。

（12）单击“特征”选项卡“特征”面板中的“拉伸向导”按钮，在“平面类型”中选择“等矩面”，选择显示器主体的侧面，输入等距距离“-230”，单击“确定”按钮，在“拉伸特征向导”中依次选择“增料”|“实体”，选择“双向拉伸”，前后距离均为“75”，单击“完成”按钮，进入二维截面绘制环境。

（13）单击“草图”选项卡“绘制”面板中的“2点线”按钮，在绘图栅格中绘制一个三角形，如图11-72所示。

（14）单击“完成”按钮，退出草图绘制，创建拉伸实体，如图11-73所示。

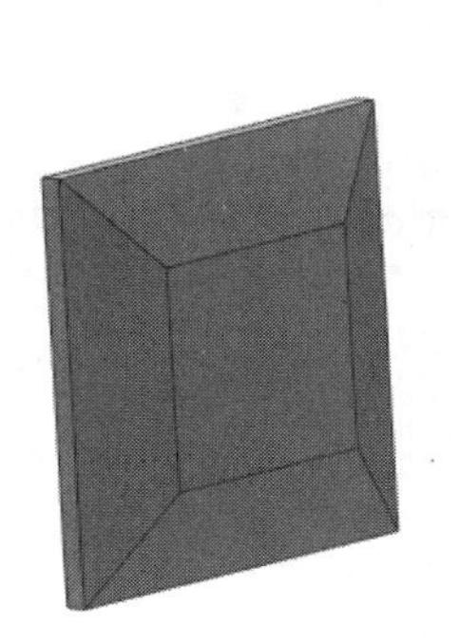

图11-71　放样实体

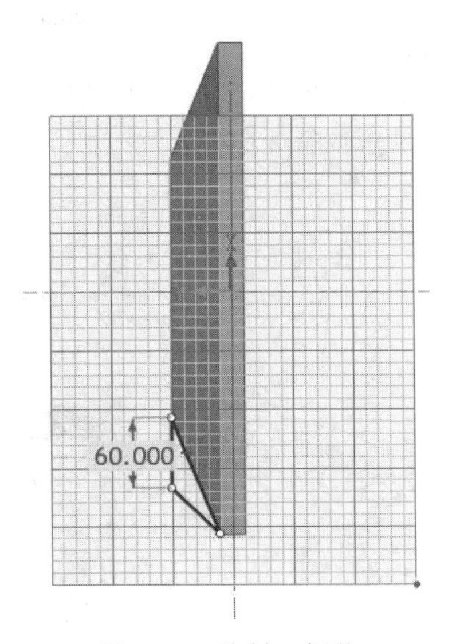

图11-72　绘制三角形

图11-73　拉伸后的实体1

（15）利用同样的方法继续绘制拉伸实体，选择“双向拉伸”，前后距离均为“40”，绘制二维截面，如图11-74所示。

（16）单击“完成”按钮✓，退出草图绘制，创建拉伸实体，最终结果如图11-75所示。

（17）以前面拉伸实体的底面为基准面，利用同样的方法继续绘制拉伸实体，拉伸距离为“20”，绘制二维截面，如图11-76所示，最终拉伸结果如图11-61所示。

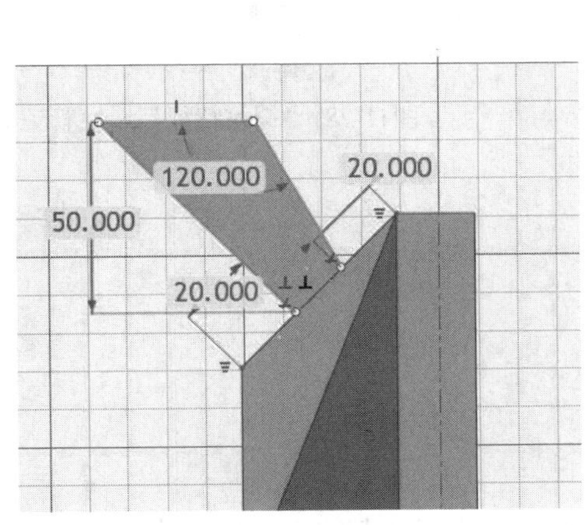

图11-74　绘制草图

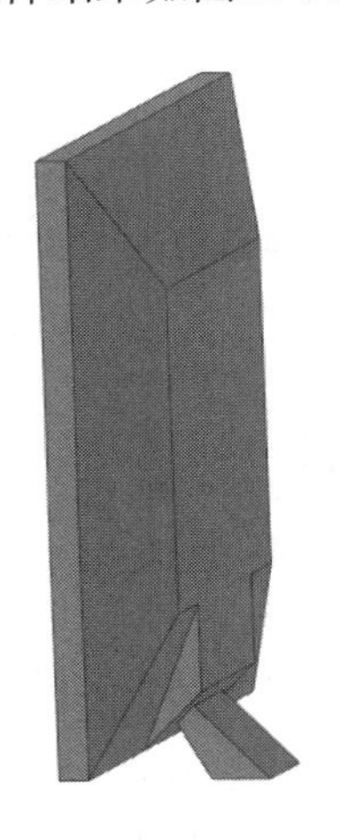

图11-75　拉伸后的实体2

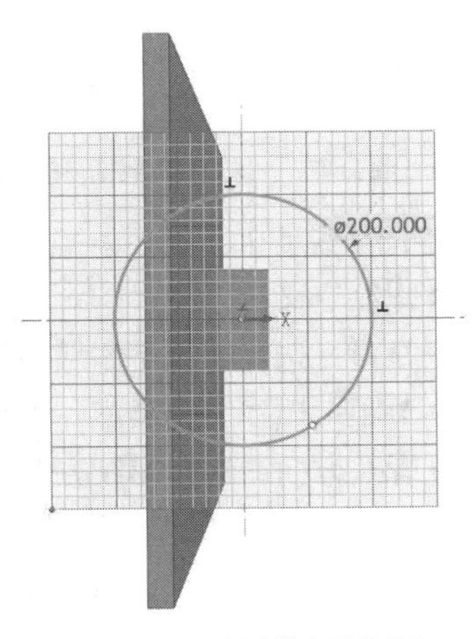

图11-76　绘制圆形草图

11.6　螺纹特征

11.6.1　生成螺纹特征

要生成螺纹特征，操作步骤如下所示。

（1）绘制螺纹的草图形状，准备需生成螺纹的圆柱或圆锥面。

（2）单击“特征”选项卡“特征”面板中的“螺纹”按钮，或从菜单“生成”中的“特征”

下拉菜单中选择“螺纹”选项，如图11-77所示。

（3）设计环境左侧出现“螺纹特征”属性管理器。如图11-78所示。

（4）单击“确定”按钮生成真实螺纹特征。

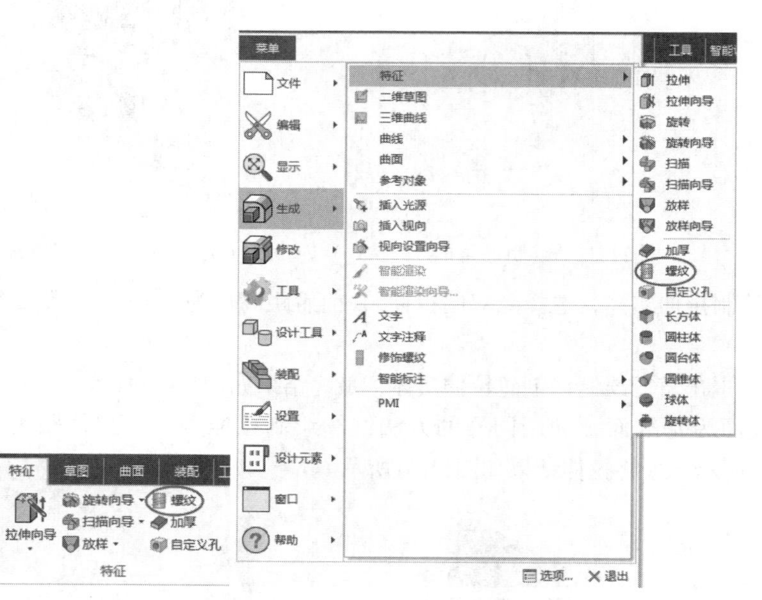

图11-77 “螺纹”按钮和“特征”菜单中的“螺纹”选项

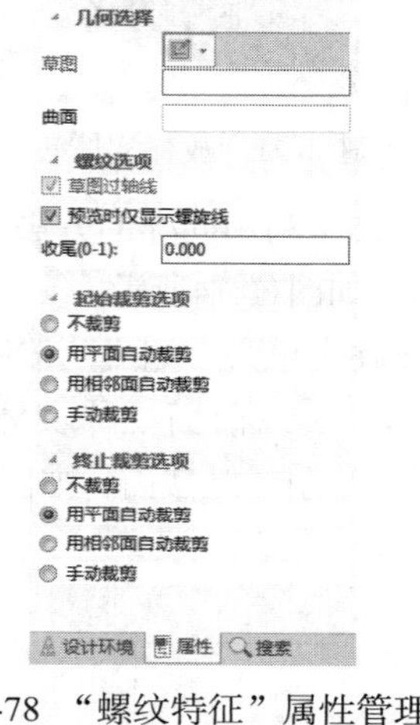

图11-78 “螺纹特征”属性管理器

各选项说明如下所示。

◆螺纹定义

➢材料：选择螺纹是添加还是删除。

➢节距：选择节距类型，等半径还是变半径。

➢螺纹方向：选择螺纹方向，左旋还是右旋。

➢起始螺距：开始时的螺距。

➢终止螺距：对于变螺距螺纹，输入终止时的螺距。

➢螺纹长度：螺纹特征的长度，值可比其附着的圆柱小，也可比其附着的圆柱大（即超出圆柱体）。

➢起始距离：螺纹特征开始的位置。正值则开始于圆柱体上一段距离，负值则超出圆柱体一段距离。

➢反转方向：使螺纹反向。

➢分段生成：使用此选项可生成自相交的螺纹特征，即螺距等于齿形高度的螺纹。

➢几何选择：选择螺纹面和螺纹截面草图。并设置草图平面是否经过回转体的轴线。

◆螺纹选项

➢草图过轴线：在扫描过程中保持草图平面过轴线。

- 预览时仅显示螺纹线：仅显示用于扫描的螺纹线。
- 收尾（0-1）：0没有收尾，1为一圈收尾。
- 起始裁剪选项/终止裁剪选项：此选项用于分段生成螺纹特征时选择，螺纹超出圆柱面高度时选择裁剪方式。
- 不裁剪：不裁剪多生成的螺纹特征。
- 用平面自动裁剪：用两端的圆柱体平面自动裁剪高于圆柱面的螺纹特征。
- 用相邻面自动裁剪：用相邻的面裁剪高于圆柱面的螺纹特征。
- 手动裁剪：自选平面/曲面裁剪螺纹特征。

11.6.2　螺纹截面

螺纹截面可以在设计环境的任何一个位置绘制。绘制螺纹截面时，螺纹图线关于X轴对称，X轴正向的草图曲线是发挥作用的曲线，即这部分是即将生成的真实螺纹的形状；Y轴与螺纹面重合。

图11-79所示为增料螺纹的螺纹截面与生成的增料螺纹的关系，图11-80所示为减料螺纹的螺纹截面与生成的减料螺纹的关系。但螺纹截面可以在设计环境的任何一个位置绘制。

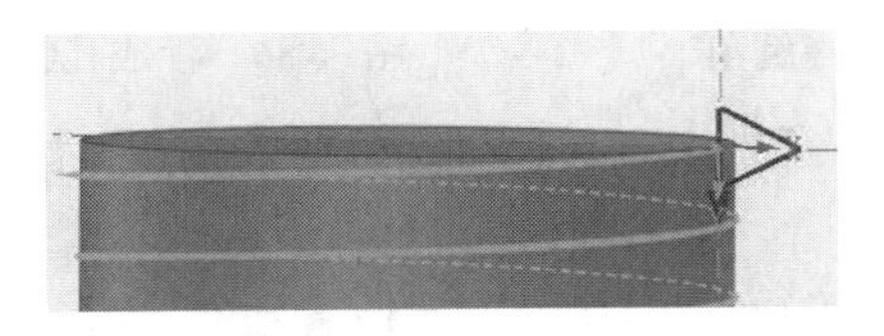

图11-79　螺纹截面与生成的增料螺纹的关系

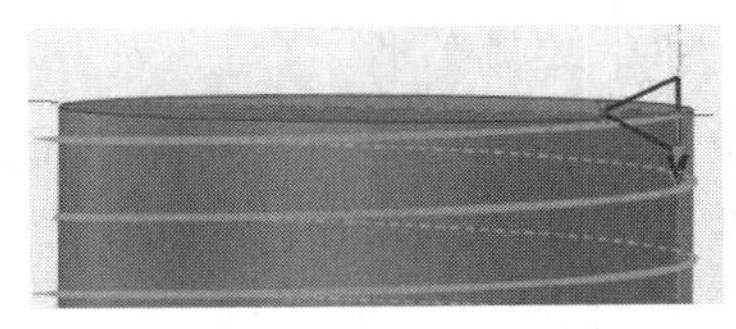

图11-80　螺纹截面与生成的减料螺纹的关系

11.6.3　编辑螺纹特征

在设计树或设计环境中选择螺纹特征，单击鼠标右键，出现“编辑螺纹特征”菜单，如图11-81所示。

编辑：进入“螺纹特征”属性管理器重新设置螺纹特征。

编辑草图：可以编辑生成螺纹特征的草图。

压缩：压缩螺纹特征。

删除：删除螺纹特征。

图11-81　“编辑螺纹特征”菜单

11.6.4　综合实例——螺母

本例利用拉伸、旋转和螺纹特征来绘制图11-82所示的螺母，首先利用拉伸绘制螺母的外形实体，接着利用旋转特征绘制倒角，最后绘制内侧的螺纹。

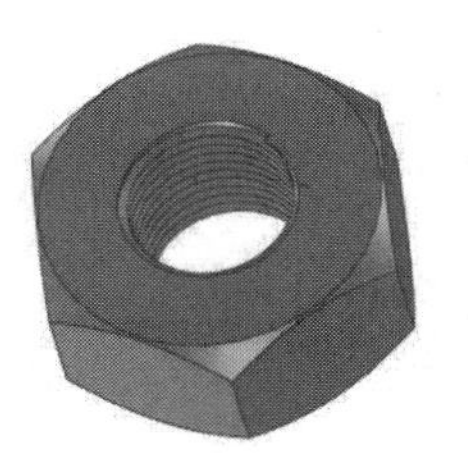

图11-82　螺母

【操作步骤】

（1）启动CAXA 3D实体设计系统，进入三维设计环境。

（2）从设计元素库中调用“多棱体”图素，将其拖放到设计环境中。

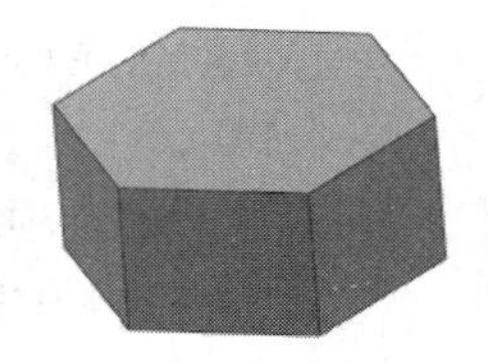
图11-83　调用多棱体

（3）选定多棱体，使其处于智能图素状态；鼠标右键单击包围盒的任意一个手柄，在弹出的快捷菜单中选择“编辑包围盒”选项，弹出“编辑包围盒”对话框，设置宽度为“60”，高度为“30”，如图11-83所示。

（4）单击“特征”选项卡“特征”面板中的“旋转向导”按钮，选择正六边形基准面，在弹出的对话框中选择“除料”｜“沿着选择的表面”选项，单击“完成”按钮，出现二维绘图栅格，绘制草图结果如图11-84所示。

（5）单击“完成”按钮，生成边缘倒角，如图11-85所示。

（6）调用“孔类圆柱体”图素，捕捉圆形截面的圆心，编辑孔的尺寸，设置长度和宽度为“32”，高度为“30”，如图11-86所示。

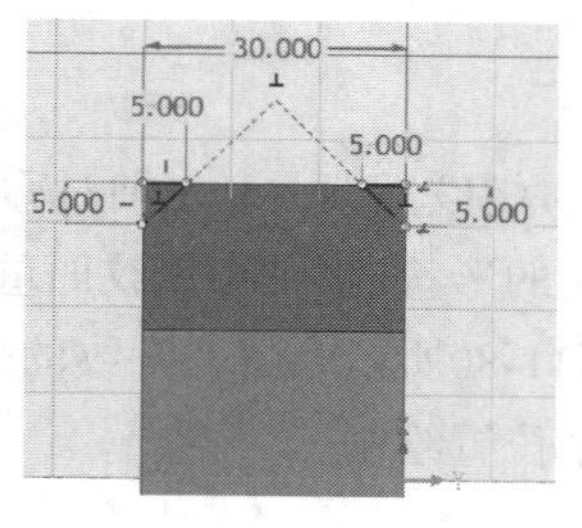

图11-84　绘制草图

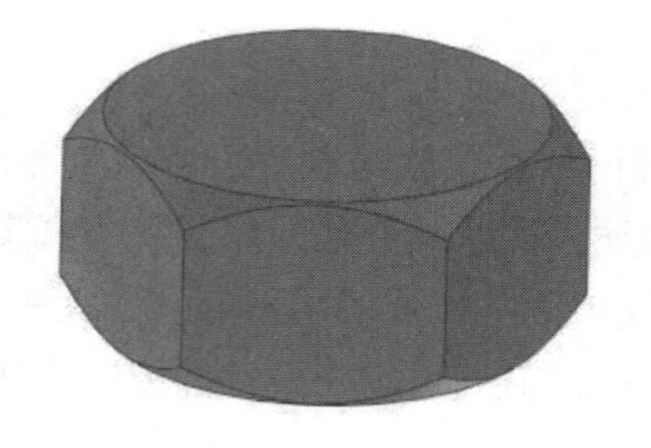
图11-85　生成边缘倒角

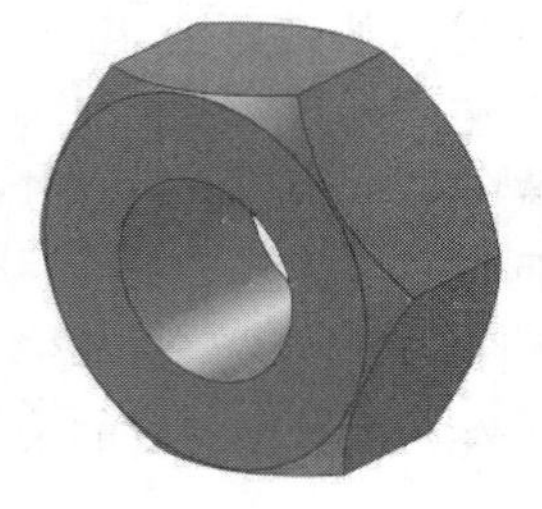
图11-86　生成孔特征

（7）单击“特征”选项卡“特征”面板中的“螺纹”按钮，选择螺母的内孔面，出现“螺纹特征”属性管理器，设置螺纹参数如图11-87所示。

（8）单击“草图”一栏中的“绘制草图”按钮，弹出“2D草图”属性管理器，选择草图放置类型为“与面垂直”，在“几何元素”一栏中拾取螺母的顶部圆形轮廓，如图11-88所示。

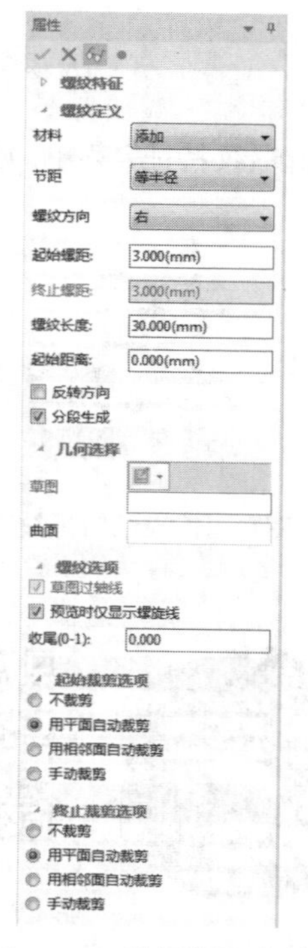

图11-87　设置螺纹参数

图11-88　设置2D草图

（9）单击“确定”按钮，进入二维草图绘制界面，绘制螺纹截面。

（10）单击“草图”选项卡“绘制”面板中的“多边形”按钮⬠，绘制一个等边三角形，如图11-89所示。

（11）单击“完成”按钮，回到“螺纹特征”属性管理器，在“曲面”一栏中选择内孔圆柱面，单击“确定”按钮✔，完成螺纹特征的创建，如图11-90所示。

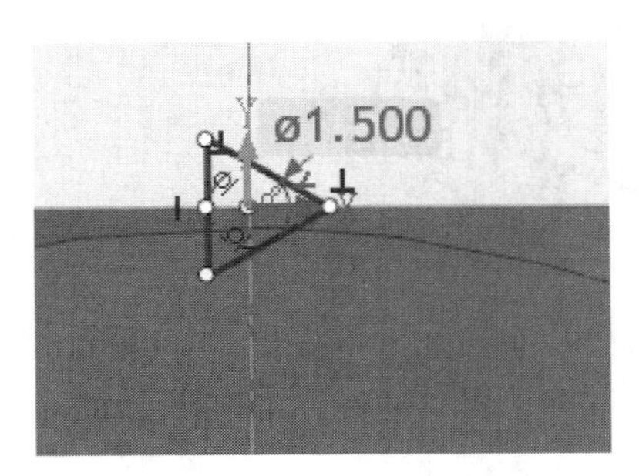

图11-89　绘制螺纹截面

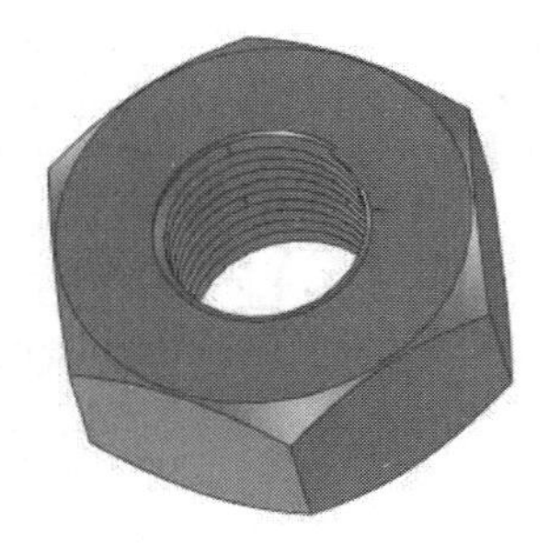

图11-90　创建螺纹特征

11.7　自定义孔

11.7.1　生成自定义孔特征

通过此命令可以利用草图绘制多个点，一次生成多个不同位置的自定义孔。

（1）首先使用草图和点绘制孔位置草图。

（2）然后单击“自定义孔”按钮，则出现图11-91所示的属性管理器。

（3）此时可以在设计环境中选择一个零件，在此零件上添加自定义孔的特征，出现图11-92所示的“自定义孔”属性管理器。

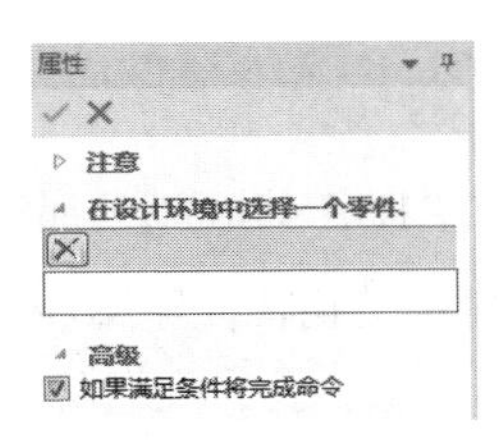

图11-91　属性管理器

图11-92　“自定义孔”属性管理器

（4）选择定位草图，在指定的面上选取，出现图11-93所示“2D草图”属性管理器。

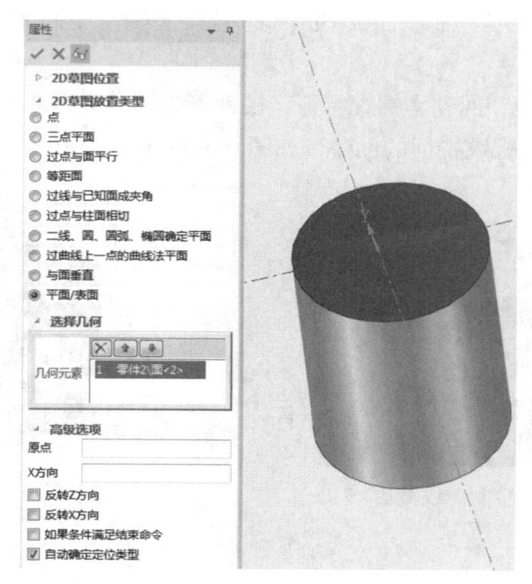

图11-93 “2D草图”属性管理器

（5）选择“确定”按钮，在所显示的草图平面上绘制一点作为自定义孔的位置，如图11-94所示。

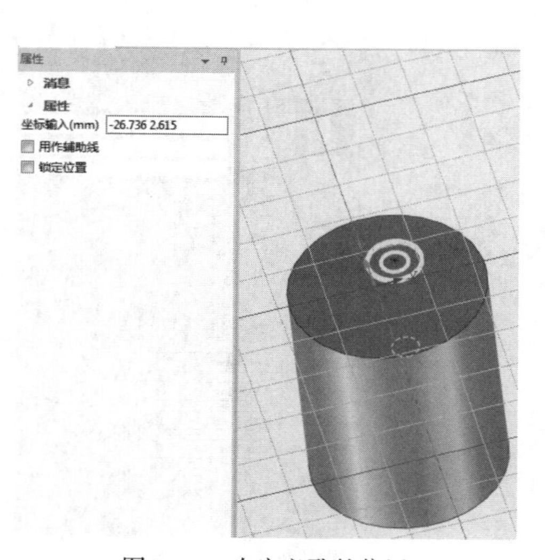

图11-94 自定义孔的位置

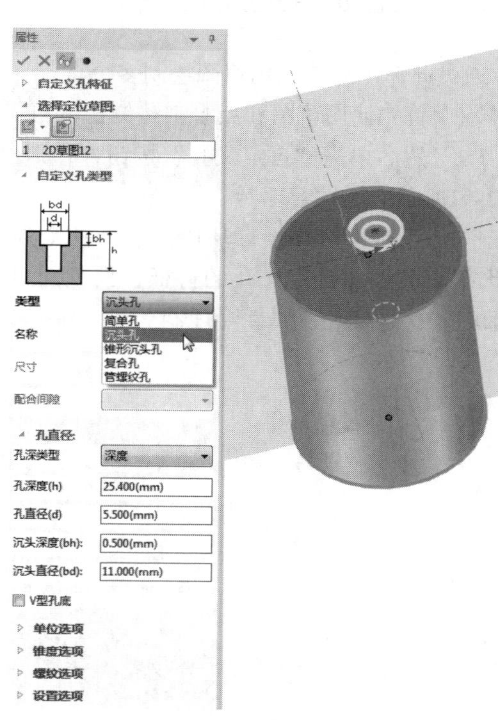

图11-95 “自定义孔特征”属性管理器

（6）绘制完成后单击“完成”按钮，弹出图11-95所示的“自定义孔特征”属性管理器。

在类型中可以选择简单孔、沉头孔、锥形沉头孔、复合孔、管螺纹孔，在名称栏中选取更多符合需求的螺栓类型，在孔深类型中选择“深度”或“贯穿”。

11.7.2　综合实例——锁紧件

本实例绘制图11-96所示的锁紧件，首先绘制锁紧件的主体轮廓草图并拉伸实体，然后绘制固定螺纹孔以及锁紧螺纹孔。

【操作步骤】

（1）启动CAXA 3D实体设计系统，进入三维设计环境。

（2）单击“特征”选项卡“特征”面板中的“拉伸向导”按钮，在“拉伸特征向导”中依次选择“独立实体”|“实体”，设置拉伸距离为“60”，单击“完成”按钮，进入二维截面绘制环境。

（3）绘制二维草图，如图11-97所示，单击“完成”按钮，退出草图绘制，创建第一个拉伸实体，如图11-98所示。

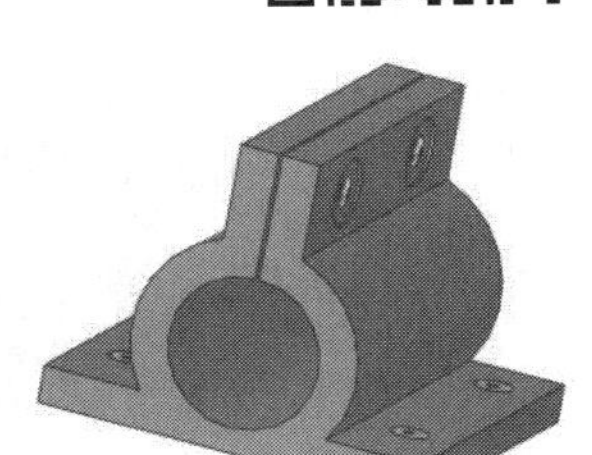

图11-96　锁紧件

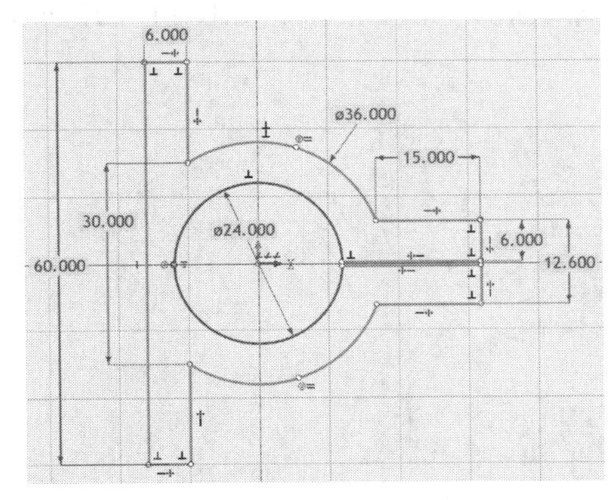

图11-97　绘制二维草图

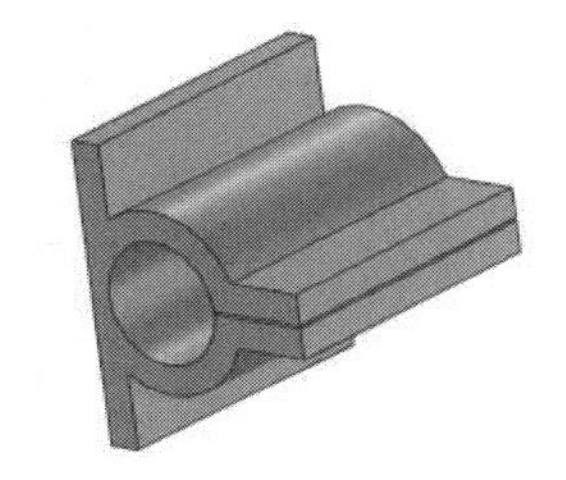

图11-98　创建拉伸特征

（4）单击“草图”选项卡“草图”面板中的“二维草图”按钮，选择基准面，绘制孔位置草图，如图11-99所示。

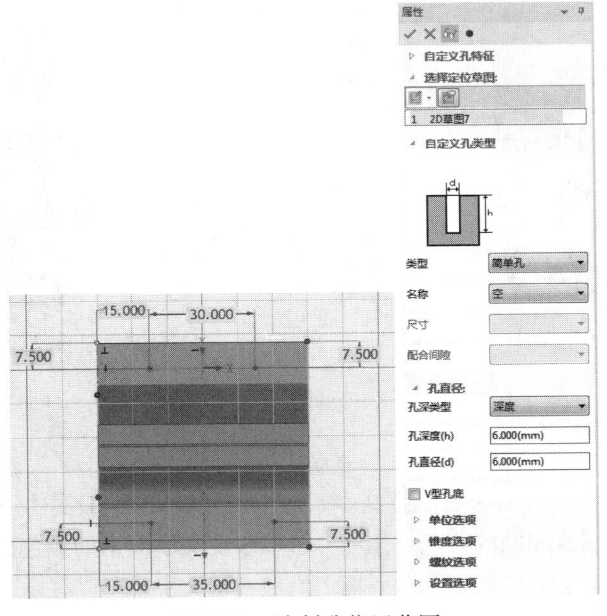

图11-99　绘制孔位置草图

（5）单击“特征”选项卡“特征”面板中的“自定义孔”按钮，选择拉伸实体，弹出“自定义孔特征”属性管理器，设置孔的参数，选择刚刚绘制的孔位置草图，如图11-100所示。

（6）单击“确定”按钮，完成孔的绘制，如图11-101所示。

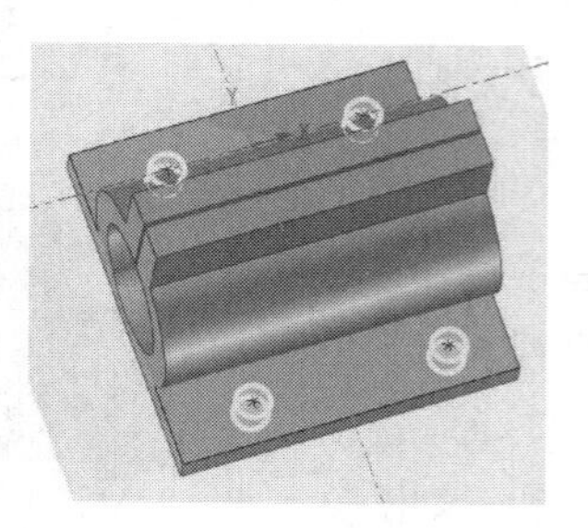

图11-100　设置孔参数

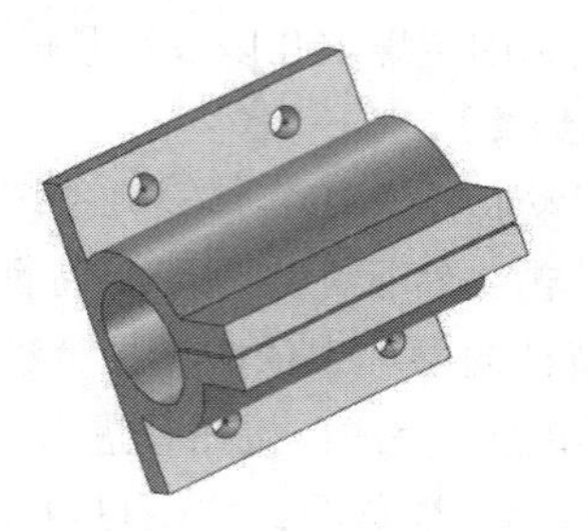

图11-101　生成孔特征

（7）接着利用同样的方法绘制另外两个螺纹孔，孔位置草图如图11-102所示，参数设置如图11-103所示，最终结果如图11-96所示。

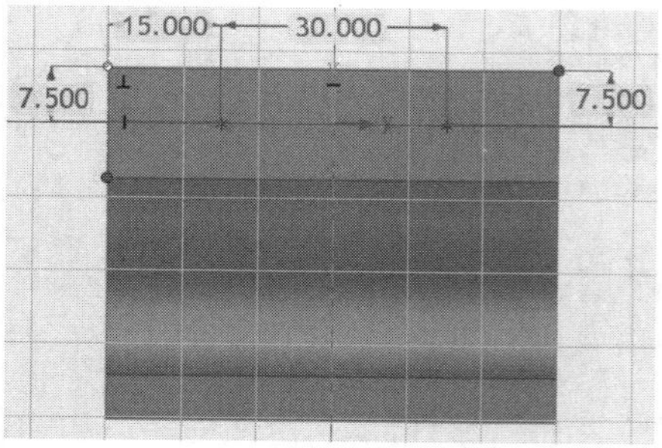

图11-102　绘制螺纹孔位置草图

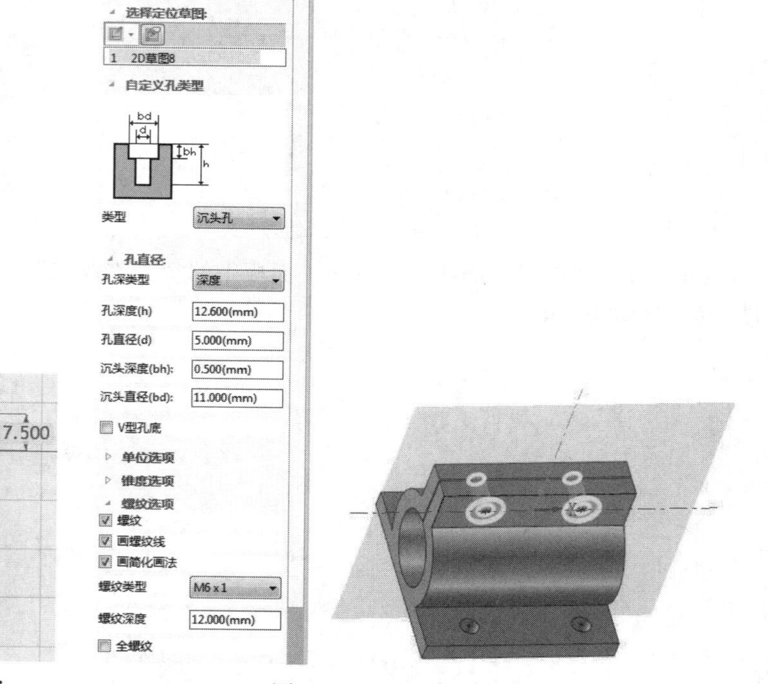

图11-103　设置螺纹孔参数

11.8　生成三维文字

如果图素或零件设计中需要包含三维文字，可以利用CAXA 3D实体设计的文字功能。三维文字图素具有许多与智能图素相同的特点。例如，可以改变文字图素的颜色，可以设计纹理，可以旋转，可以放置于其他图素上等。要在设计环境上添加三维文字，可以有以下两种操作方法。

（1）利用“文字向导”添加文字。

（2）从“文字”设计元素库中拖放预定义的文字图素到设计环境。

11.8.1　利用“文字向导”添加三维文字图素

使用文字最容易的方法就是使用“文字向导”工具，它能方便地生成需要的三维文字，同时熟悉三维文字的必要属性。利用“文字向导”添加文字到三维设计环境的操作步骤如下所示。

（1）生成新的设计环境。

（2）单击“工程标注”选项卡“文字”面板中的“文字”按钮*A*，然后单击设计环境中要添加文字的位置，弹出“文字向导”对话框第1页，如图11-104所示，也可以执行“生成”|“文字”命令，弹出“文字向导”对话框，然后单击设计环境。

（3）在“文字向导”对话框第1页中选择文字的高度和深度。

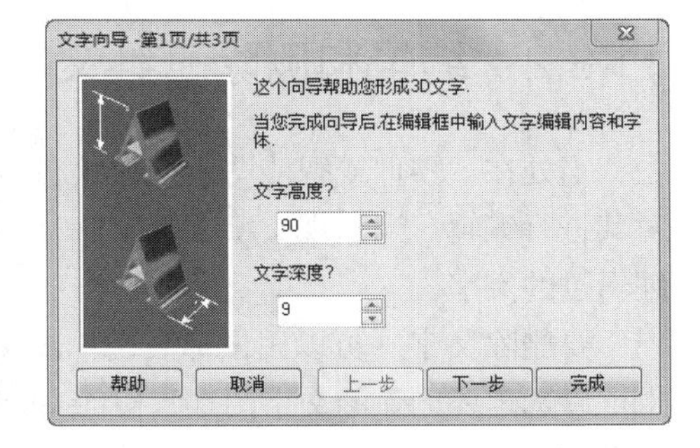

图11-104　“文字向导”对话框第1页

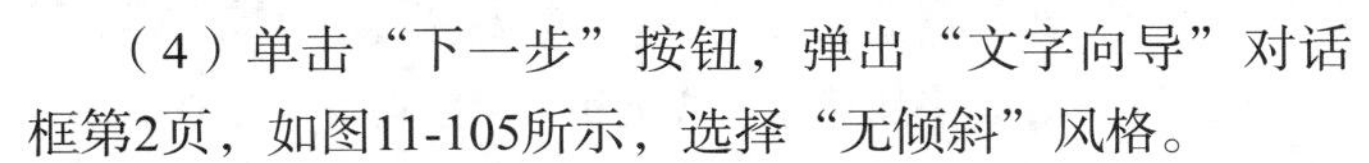

（4）单击“下一步”按钮，弹出“文字向导”对话框第2页，如图11-105所示，选择“无倾斜”风格。

（5）单击“下一步”按钮，弹出“文字向导”对话框第3页，如图11-106所示，确定三维文字定位锚的位置。单击“完成”按钮，关闭“文字向导”对话框。同时显示一个文字编辑窗口，如图11-107所示。可以看到光标位于默认文字的结尾处。

（6）在文字编辑窗口中编辑需要生成的三维文字，单击设计环境，关闭文字编辑窗口，显示新的文字，结果如图11-108所示。

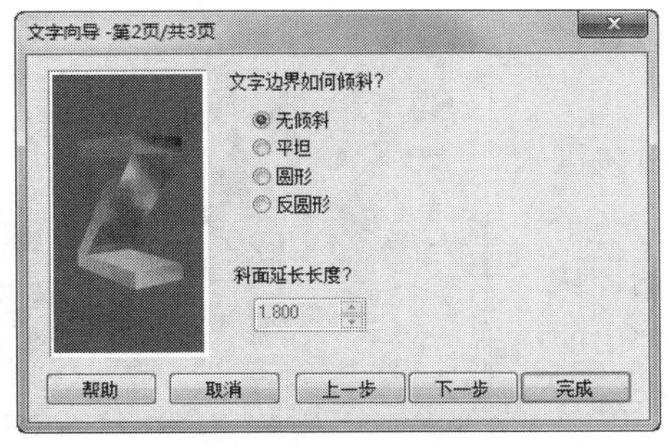

图11-105　“文字向导”对话框第2页

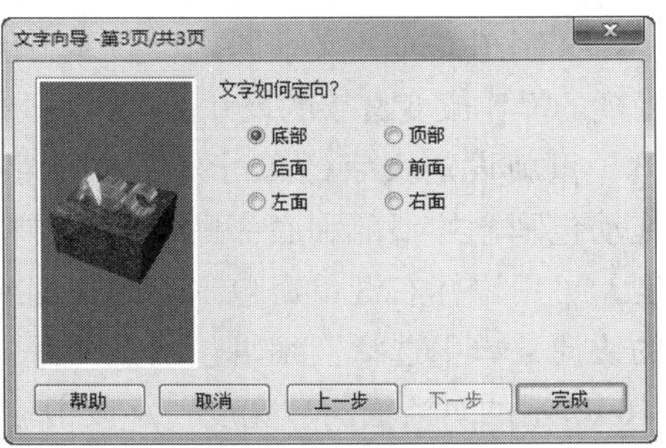

图11-106　“文字向导”对话框第3页

图11-107　文字编辑窗口

图11-108　三维文字

> **注意**
>
> 在默认状态下，用鼠标左键双击文字时即显示编辑窗口。如果想要在双击文字时不出现编辑窗口，可以改变其交互属性。用鼠标右键单击文字，从弹出的快捷菜单中选择“文字属性”命令，再选择“交互”标签，然后在属性表中选择其他的双击交互方式。

11.8.2 编辑和删除三维文字图素

当处在“零件或智能图素编辑状态”时，随时都可以通过鼠标左键双击一个文字图素的表面来对其进行编辑。当出现文字编辑窗口时，在窗口中编辑文字。编辑完毕后，单击设计环境，可显示编辑过的文字。

要删除文字，可以用鼠标右键单击文字图素的表面，从弹出的快捷菜单中选择“删除”选项。也可以选定要删除的文字图素，按Delete键，或从“编辑”菜单中选择“删除”命令。

> **注意**
>
> 对于从“文字”设计元素库中拖放到设计环境中的文字图素，可以使用“文字向导”修改，方法是在智能图素编辑状态中用鼠标右键单击文字，从弹出的快捷菜单中选择“文字向导”。如果使用这种方法进行编辑，将变更文字保存于设计元素库中的所有属性，因此应谨慎使用这一选项。

11.8.3 利用包围盒编辑文字尺寸

单击文字图素时，文字图素也会弹出包围盒，可以通过对包围盒的操作改变文字的尺寸。

（1）重新设定文字的尺寸。单击文字图素，弹出包围盒，拖动包围盒的顶部和底部操作柄。要精确设定某一文字的高度，可用鼠标右键单击包围盒的顶部或底部操作柄，从弹出的快捷菜单中选择“编辑包围盒”命令。然后在弹出的图11-109所示的对话框的“宽度”字段中输入所需要的数值，单击“确定”按钮。

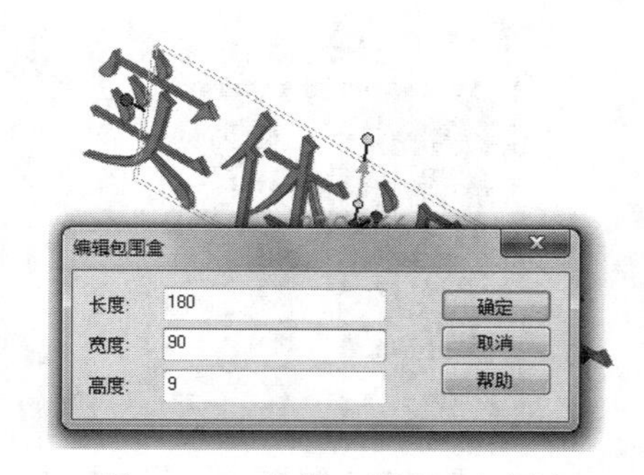

图11-109　编辑三维文字包围盒

（2）设定文字高度。拖动文字包围盒的前操作柄和后操作柄，可以改变文字的高度，从而改变其三维立体效果。要精确设定某一文字的高度，可用鼠标右键单击包围盒的前操作柄或后操作柄，从弹出的快捷菜单中选择“编辑包围盒”命令，然后在弹出的对话框的“高度”字段中输入所需要的数值，单击“确定”按钮。

11.8.4 三维文字编辑状态和文字图素属性

智能图素属性和位置的3个编辑状态中的两个可以应用于文字图素的编辑。

1．在智能图素编辑状态下编辑

在智能图素编辑状态下，文字图素是在默认状态下插入的。在这一编辑状态，可以使用“文字”面板，也可以拖动包围盒操作柄移动和定位文字图素。要定位文字图素，可以使用与智能图素相同的技术和属性。例如，可以拖动文字，可以使用“三维球”转动文字图素，也可以使用定位锚将文字图素附加到其他图素上。

在智能图素编辑状态下，用鼠标右键单击文字图素时，会显示一个菜单，如图11-110所示，可以用此菜单编辑文字并打开“文字向导”。

另外，在智能图素编辑状态下，右击文字图素，也可以使用两套属性表：“文字属性”和“智能渲染属性”。除了“文字属性”中的“文字”选项外，其余选项与智能图素属性及零件属性完全相同。

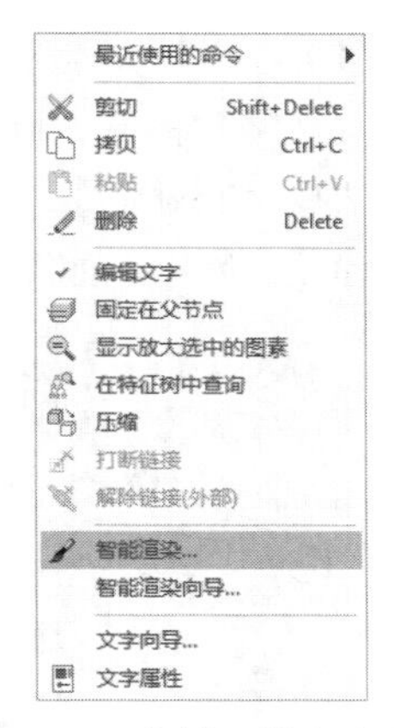

图11-110　右键三维文字菜单

2. 在表面编辑状态下编辑

在表面编辑状态下，文字图素表面是加亮显示的。在表面编辑状态下，每次操作仅仅影响选定文字的表面。智能渲染属性与智能图素编辑状态完全一样，但仅仅作用于文字。

11.8.5　文字格式工具条

“文字格式”工具条提供了另外一种编辑文字的方法。执行“显示”|“工具条”|“工具条”命令，弹出“自定义”对话框，在“工具栏”选项卡中选择“文字格式”选项，“文字格式”工具条将显示与设计环境中，如图11-111所示。

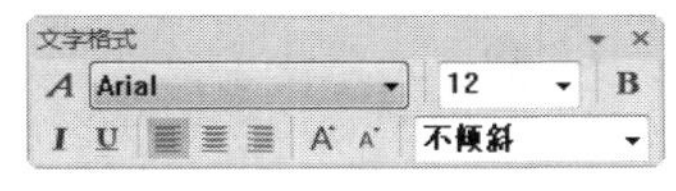

图11-111　“文字格式”工具条

> **注意**
>
> 只有在智能图素编辑状态下选定文字时，“文字格式”工具条才可以被激活。

像其他三维智能图素一样，可以倾斜文字图素的边，以形成更好的外观。其操作方法如下所示。

（1）在智能图素编辑状态下，右击文字选定它，从弹出的快捷菜单中选择“文字属性”命令。

（2）在显示的对话框中选择“文字”标签。

（3）在文字属性表中，从“倾斜类型”下拉菜单中选择一种倾斜类型，可供选择的类型包括以下几项。

◆无倾斜：表示文字图素的边是直角的。

◆圆形：表示文字图素的边是半圆形的。

◆平板：表示文字图素的边是倒角的或成凹型的。

◆逆向圆角：表示文字图素的边是内凹圆形的。

（4）单击“确定”按钮，文字图素则被倾斜。

11.8.6　从“文字”设计元素库中添加三维文字

要往设计环境中添加三维文字，也可以从文字图素设计元素库中选定通用文字图素，然后拖放到设计环境中。使用拖放方法向三维立体设计环境中添加文字的操作步骤如下所示。

（1）在设计元素库中选择“文字”标签，显示文字图素设计元素库的内容。如果设计元素库中没有“文字”标签，可以在“设计元素”菜单中选择“打开”命令，然后单击打开“Scene”文件夹，选择“Text.icc”，如图11-112所示。单击“打开”按钮，即将三维文字作为附加设计元素放入到设计元素库中，如图11-113所示。设计元素库显示每个文本图素的尺寸和方向。

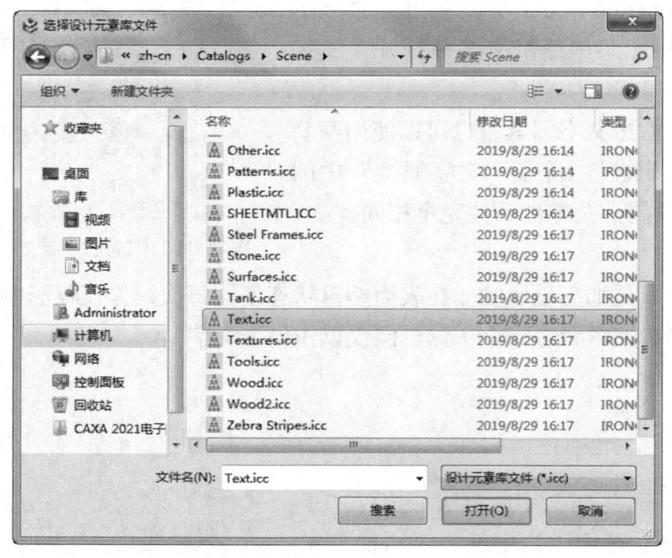

图11-112　打开图素对话框

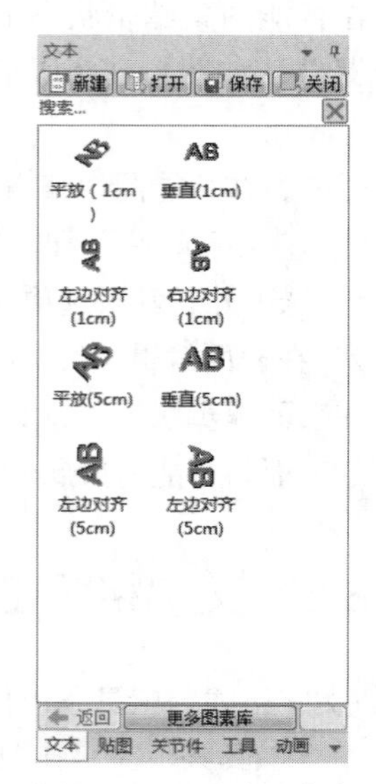

图11-113　设计元素库

（2）单击选定所需要的文字，并拖放到设计环境中，在所选定的三维文字旁就会显示一个文字编辑窗口。在文字编辑窗口中删除默认文字后，然后输入新的所需文字。

（3）单击设计环境关闭编辑窗口，在设计环境上即显示出一条新的文字。

11.9　上机操作

绘制图11-114所示的花键。

操作提示

（1）使用“旋转曲线”“镜像”等命令来绘制花键的齿。

（2）使用二维截面的“拉伸”命令对二维几何图形进行拉伸。

图11-114　花键

11.10　思考与练习

1. 列举几种常见的特征生成方法。
2. 如何向设计环境中添加文字？

第12章　实体特征的编辑

为了加强特征的细部外形设计，实体设计还提供了修改和编辑功能，对三维实体特征进行编辑与修改。可以对实体特征进行圆角过渡、倒角、面匹配、抽壳等操作。这些操作都在“特征”选项卡中的“修改”面板，或从菜单“修改”中选择对应的操作。

12.1　圆角过渡

利用“圆角过渡”命令，可对零件的棱边进行凸面过渡或凹面过渡。能够可见地检查当前设置值、实施需要的编辑操作或添加新的过渡。CAXA 3D实体设计提供了等半径过渡、两点过渡、变半径过渡、等半径面过渡、边线过渡和三面过渡6种过渡方式。

12.1.1　圆角过渡概述

CAXA 3D实体设计提供了以下几种激活圆角过渡命令的方式。

（1）单击“特征”选项卡“修改”面板中的“圆角过渡”按钮。

（2）单击菜单“修改”中的“圆角过渡”选项。

（3）单击“特征生成”工具条中的“圆角过渡”按钮。

（4）选定要过渡的边，然后单击鼠标右键，从弹出的快捷菜单中选择“圆角过渡”，如图12-1所示。

（5）在实体智能图素状态下，单击鼠标右键，选择“智能图素属性”，在“棱边编辑”标签里选择“圆角过渡”并设置过渡哪些边，如图12-2所示。

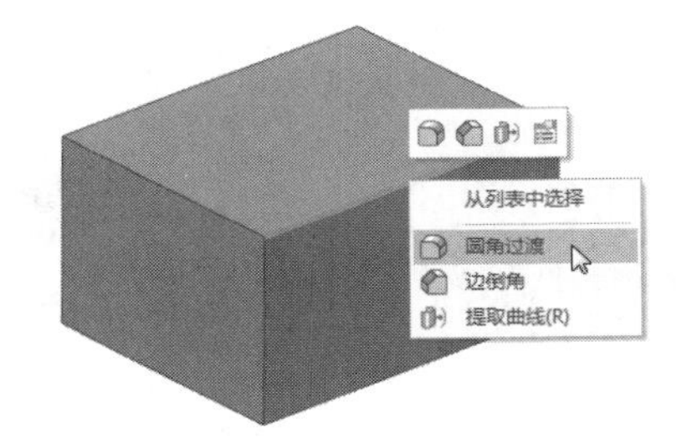

图12-1　快捷菜单

在进行圆角过渡时，可以选取单个边，也可以选择一个面。如果是在“过渡特征”属性管理器启动状态下进行选择，这些面、边的名称会显示在“几何”输入框中，如图12-3所示；如果是先选择面或边，可以按住Shift键进行多选，同时进行圆角过渡。

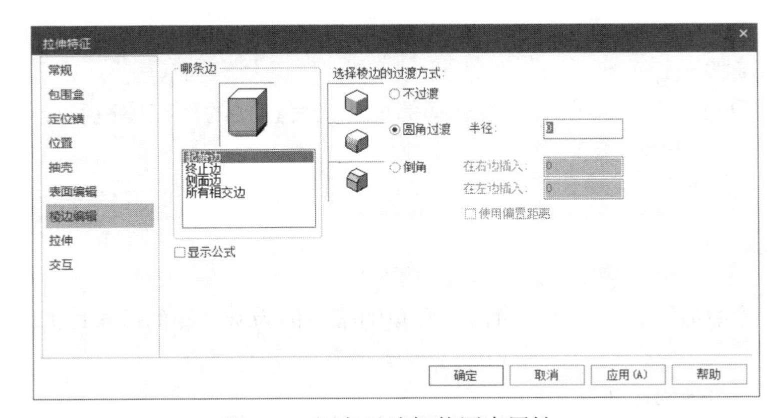

图12-2　圆角过渡智能图素属性

图12-3　“几何”输入框

选定的边呈亮绿色显示，每一条边上都显示缺省过渡类型和尺寸。若要改变当前加亮显示的边，则在“几何”输入框中选择某一个面或边的名称，然后单击鼠标右键，选择“删除”即可。

12.1.2 等半径过渡

等半径过渡可以实现在实体的边线进行圆角过渡，就是将尖锐的边线磨成平滑的圆角，步骤如下所示。

（1）在设计环境中绘制一个三维实体造型。

（2）单击“特征”选项卡“修改”面板中的“圆角过渡”按钮，弹出“过渡特征”属性管理器，如图12-4所示。

（3）在属性管理器中，选择“等半径”过渡类型，设定圆角半径尺寸，选择需要过渡的边。

（4）单击“确定”按钮，完成圆角特征的操作，如图12-5所示。

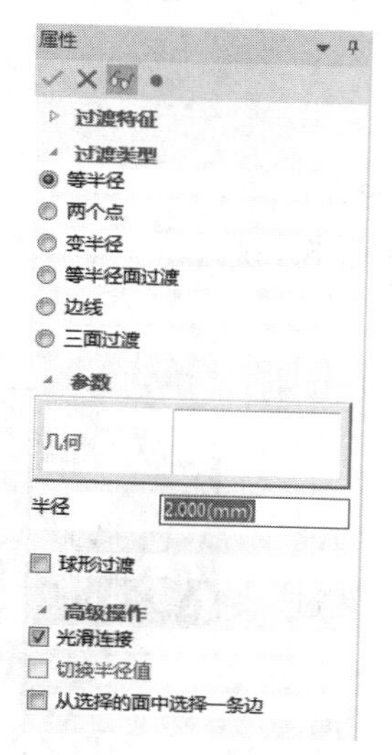

图12-4 “过渡特征”属性管理器

图12-5 等半径过渡

对话框中各选项的含义如下所示。

几何：选择要进行过渡的面或边。

半径：设置圆角过渡半径。

球形过渡：过渡的圆角为球形。

光滑连接：自动选择光滑连接的边，可以对与所选择的棱边光滑连接的所有棱边都进行圆角过渡。

12.1.3 两点圆角过渡

两点圆角过渡是变半径过渡中最简单的形式，过渡后圆角的半径值为所选择的过渡边的两个端点的半径值，其步骤如下所示。

（1）在设计环境中绘制一个三维实体造型。

（2）单击“特征”选项卡“修改”面板中的“圆角过渡”按钮，弹出“过渡特征”属性管理器。

（3）在属性管理器中，选择“两个点”过渡类型，设定过渡半径尺寸，选择需要过渡的边，如图12-6所示。

（4）单击“确定”按钮，完成圆角特征的操作。

12.1.4　变半径圆角过渡

变半径圆角过渡可以使一条棱边上的圆角有不同的半径变化，其步骤如下所示。

（1）在设计环境中绘制一个三维实体造型。

（2）单击“特征”选项卡“修改”面板中的“圆角过渡”按钮，弹出“过渡特征”属性管理器。

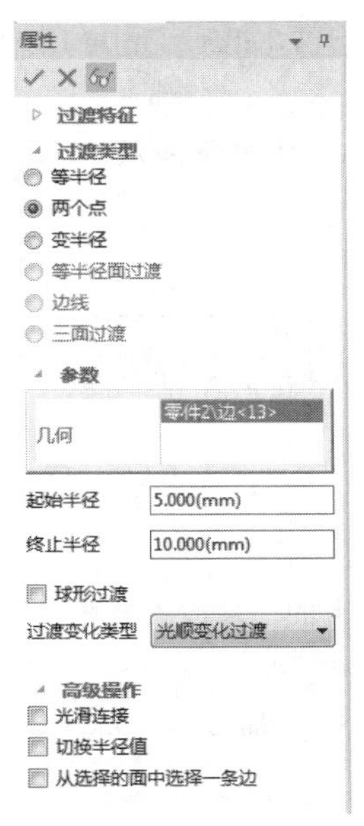

图12-6　两点圆角过渡

（3）选择“变半径”过渡方式，选择需要过渡的边，如果要增加圆角半径的变化数目，在想要增加变半径的边上单击一点，在“半径”中设定圆角半径值，如果要精确定位点所在的位置，可以在百分比一栏中输入变半径点和起始点的距离的比例，如图12-7所示。

（4）如果想要在等长的位置增加圆角半径的变化数目，在附加半径一栏中输入变化数目“5”，然后单击“设置点的数量”按钮，则在圆角过渡所在边上会增加5个点，此时单击任意一点（点变为黄色点），在对话框内输入半径值，如图12-8所示。

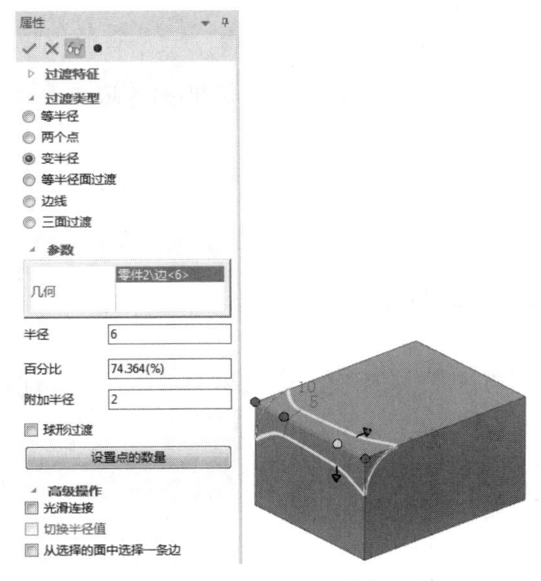

图12-7　变半径圆角过渡

图12-8　设置变半径点的半径

12.1.5　等半径面圆角过渡

等半径面圆角过渡的具体步骤如下所示。

（1）在设计环境中绘制一个三维实体造型。

（2）单击“特征”选项卡“修改”面板中的“圆角过渡”按钮，弹出“过渡特征”属性管理器，如图12-9所示。

（3）选择“等半径面”过渡方式，单击“第一组面（顶面）”，选择第一个面。

（4）单击“第二组面（底面）”或按Tab键，选择第二个面。

（5）输入圆角半径，进行其他设置，如图12-9所示。

（6）单击“确定”按钮，生成圆角过渡特征。

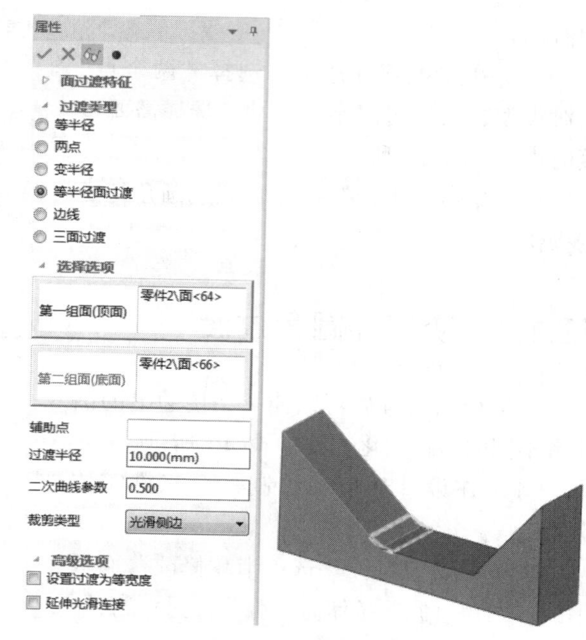

图12-9　等半径面圆角过渡

对话框中各选项的含义如下所示。

第一组面（顶面）：选择用来生成等半径面圆角过渡的第一个面。

第二组面（底面）：选择用来生成等半径面圆角过渡的第二个面。

辅助点：当两个面进行圆角过渡时，如果过渡位置比较模糊，可以使用定位辅助点来确定圆角过渡的条件，会在辅助点附近生成一个过渡面。

过渡半径：输入过渡圆角半径。

二次曲线参数：过渡圆角支持二次曲线，参数范围为0～1。

设置过渡为等宽度：可以在两个面之间生成等宽度的过渡。

延伸光滑连接：自动选择光滑连接的边，可以对与所选择的棱边光滑连接的所有棱边都进行圆角过渡。

12.1.6　指定边线圆角过渡

指定边线圆角过渡可以在边线内生成面过渡，其步骤如下所示。

（1）在设计环境中绘制一个三维实体造型。

（2）单击“特征”选项卡“修改”面板中的“圆角过渡”按钮，弹出“过渡特征”属性管理器。

（3）选择“边线”过渡方式，单击“第一组面（顶面）”，选择第一个面。

（4）单击“第二组面（底面）”，或按Tab键，选择第二个面。

（5）单击“边线”，或按Tab键，选择一条或两条边线。

（6）输入圆角半径（当选择两条边线时，不再需要输入半径值）。

（7）单击“确定”按钮，生成圆角过渡特征，如图12-10所示。

图12-10　指定边线圆角过渡

对话框中各选项的含义如下所示。

边线：选择过渡面的一条或两条边线。当选择两条边线后，不再需要输入圆角的半径值。

设置过渡为曲率连续：选定此选项后将在边线内生成连续曲率的过渡。

12.1.7　三面圆角过渡

三面圆角过渡功能将零件中某一个面，经由圆角过渡变成一个圆曲面，其步骤如下所示。

（1）在设计环境中绘制一个三维实体造型。

（2）单击“特征”选项卡“修改”面板中的“圆角过渡”按钮，弹出“过渡特征”属性管理器。

（3）选择“三面过渡”类型，依次选择三个面。

（4）单击“确定”按钮，生成圆角过渡特征，如图12-11所示。

对话框中各选项的含义如下所示。

选择中心面：选择过渡的两个面中间的那个面，这个面将变形为半圆面，不需要输入圆角的半径值。

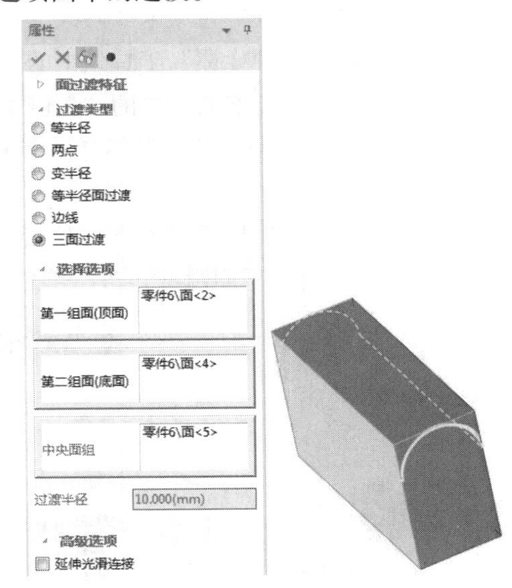

图12-11　三面圆角过渡

12.1.8　综合实例——创建传动轴圆角特征

对图12-12所示的传动轴进行圆角过渡操作。

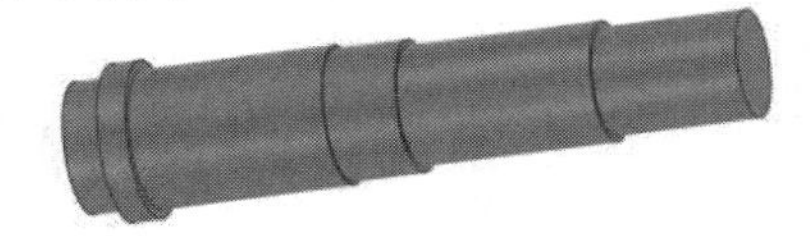

图12-12　传动轴

【操作步骤】

（1）打开前面绘制的传动轴实体。

（2）单击“特征”选项卡“修改”面板中的“圆角过渡”按钮，弹出“过渡特征”属性管理器。

（3）选择“等半径”过渡方式，依次拾取传动轴台阶的交线，系统默认圆角半径为2mm，如图12-13所示。将圆角半径修改为1mm，单击“确定”按钮，结果如图12-14所示。

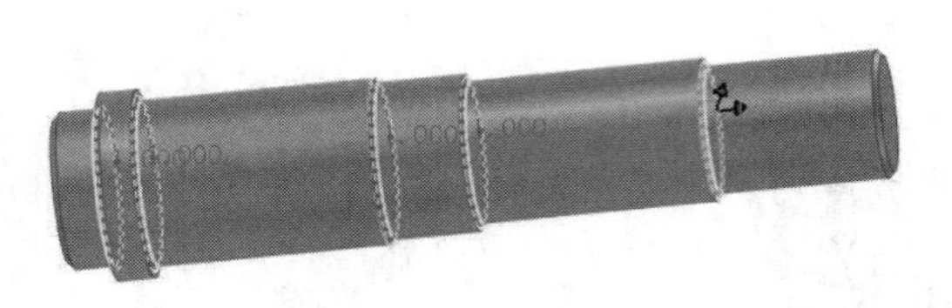

图12-13　默认圆角过渡半径

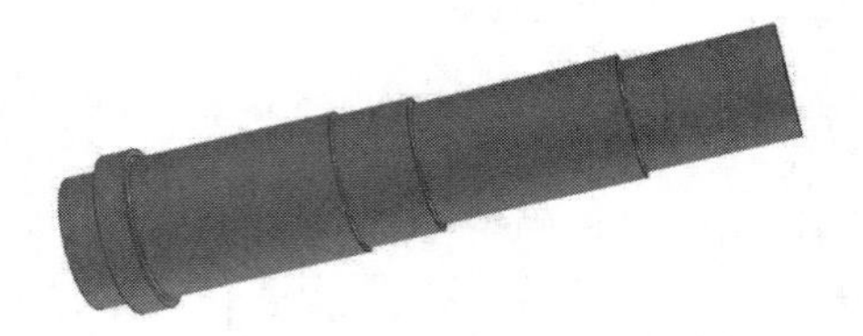

图12-14　圆角过渡

12.2　边倒角

倒角命令将尖锐的直角边线磨成平滑的斜角边线。CAXA 3D实体设计提供距离、两边距离、距离-角度、双距离等7种倒角方式。

12.2.1　边倒角概述

CAXA 3D实体设计提供以下几种激活圆角过渡命令的方式。

（1）单击“特征”选项卡“修改”面板中的选择“边倒角”按钮。

（2）单击“特征生成”工具条中的“边倒角”按钮。

（3）单击菜单“修改”中的“边倒角”选项。

（4）选定要倒角的边，然后单击鼠标右键，从弹出的快捷菜单中选择“边倒角”，如图12-15所示。

（5）在实体智能图素状态下，单击鼠标右键，选择“智能图素属性”，在“棱边编辑”标签里选择“倒角”，并设置对哪些边进行倒角，如图12-16所示。

图12-15　快捷菜单

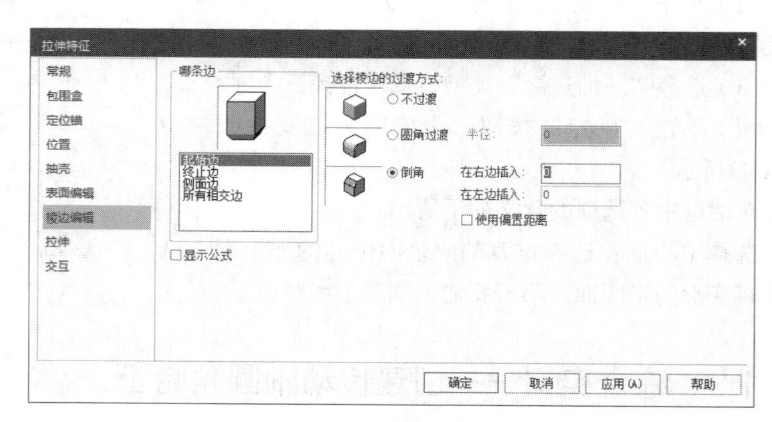

图12-16　边倒角智能图素属性

12.2.2　距离倒角

距离倒角的具体步骤如下所示。

（1）在设计环境中绘制一个三维实体造型。

（2）单击“特征”选项卡“修改”面板中的“边倒角”按钮，弹出“倒角特征”属性管理器。

（3）选择“距离”倒角方式，在“几何”一栏中选择要倒角的棱边，设置倒角距离。

（4）单击“确定”按钮，生成倒角特征，如图12-17所示。

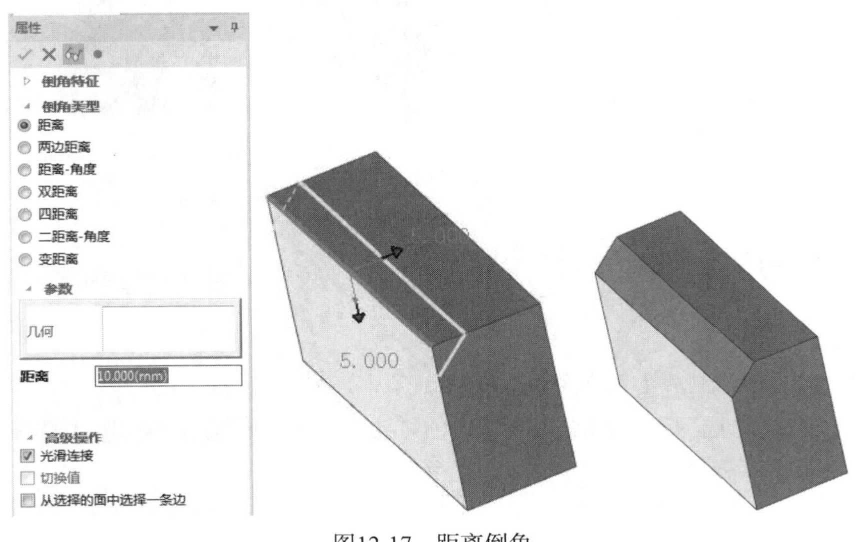

图12-17　距离倒角

12.2.3　两边距离倒角

两边距离倒角的具体步骤如下所示。

（1）在设计环境中绘制一个三维实体造型。

（2）单击“特征”选项卡“修改”面板中的“边倒角”按钮，弹出“倒角特征”属性管理器。

（3）选择“两边距离”倒角方式，在“几何”一栏中选择要倒角的棱边，设置两边的倒角距离。

（4）单击“确定”按钮，生成倒角特征，如图12-18所示。

对话框中各选项的含义如下所示。

几何：选择要进行倒角的面或边。

距离：设置边倒角的值。两个方向上倒角的值不同时，分别输入两个值。

光滑连接：自动选择光滑连接的边，可以对与所选择的棱边光滑连接的所有棱边都进行过渡。

切换值：利用此选项可交换倒角的两个值。

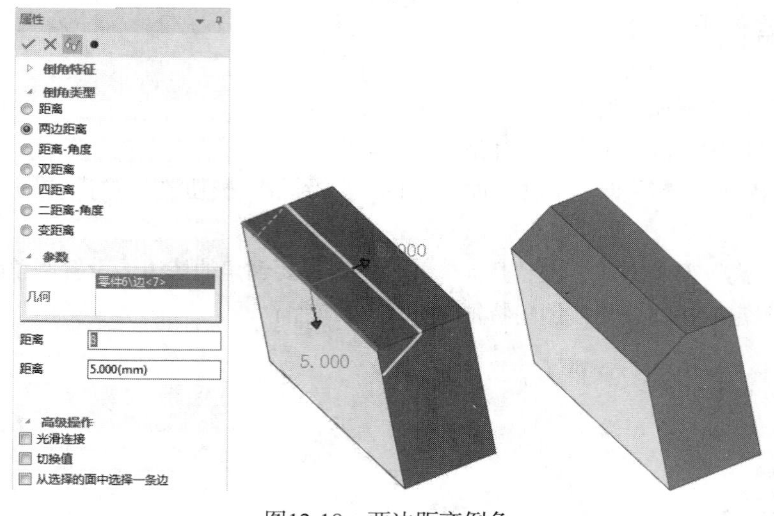

图12-18　两边距离倒角

12.2.4　距离-角度倒角

具体步骤如下所示。

（1）在设计环境中绘制一个三维实体造型。

（2）单击“特征”选项卡“修改”面板中的“边倒角”按钮，弹出“倒角特征”属性管理器。

（3）选择“距离-角度”倒角方式，在“几何”一栏中选择要倒角的棱边，设置倒角的距离和角度。

（4）单击“确定”按钮，生成倒角特征，如图12-19所示。

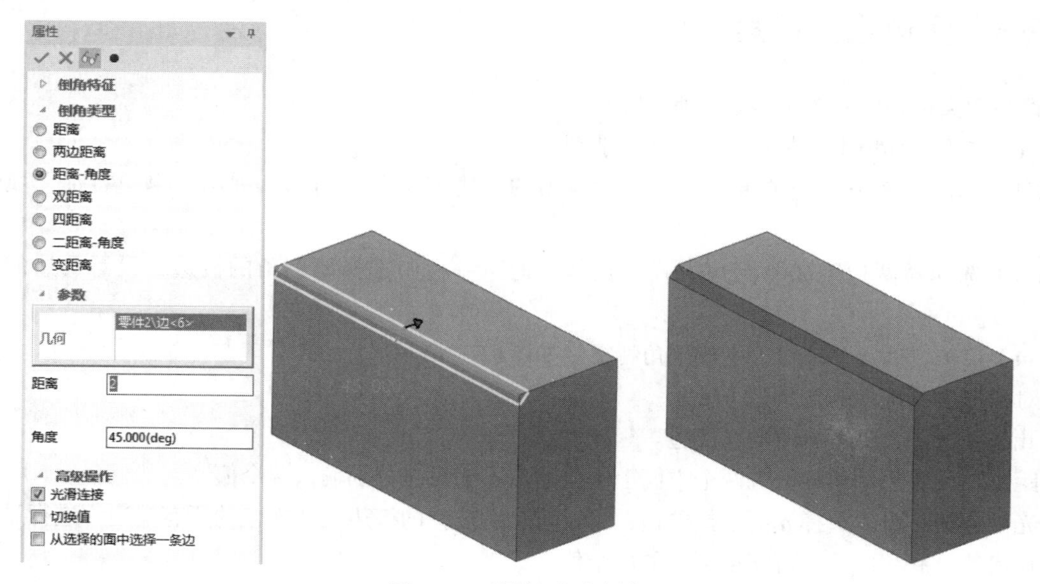

图12-19　距离-角度倒角

其余类型与圆角过渡的方法比较类似，在这里就不再详细介绍。

12.2.5　综合实例——创建传动轴倒角特征

对上节进行圆角过渡的传动轴继续创建倒角特征。

【操作步骤】

（1）打开前面进行圆角过渡的传动轴实体。

（2）单击“特征”选项卡“修改”面板中的“边倒角”按钮，弹出“过渡特征”属性管理器，选择“距离”倒角方式。

（3）然后单击拾取传动轴两端的边线，边线呈亮绿色，如图12-20所示。设置倒角距离为2mm，单击“确定”按钮，结果如图12-21所示。

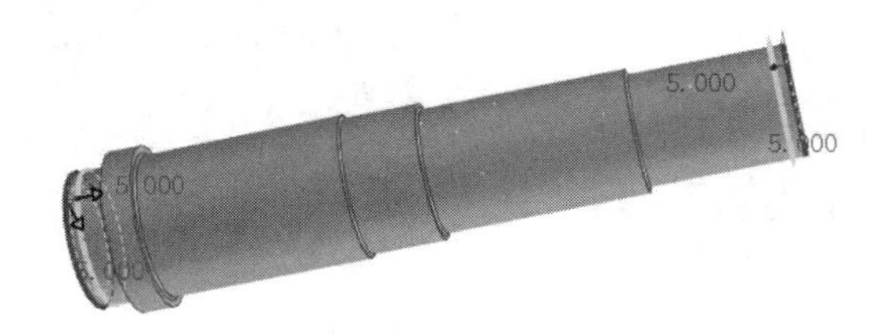

图12-20　选择边线

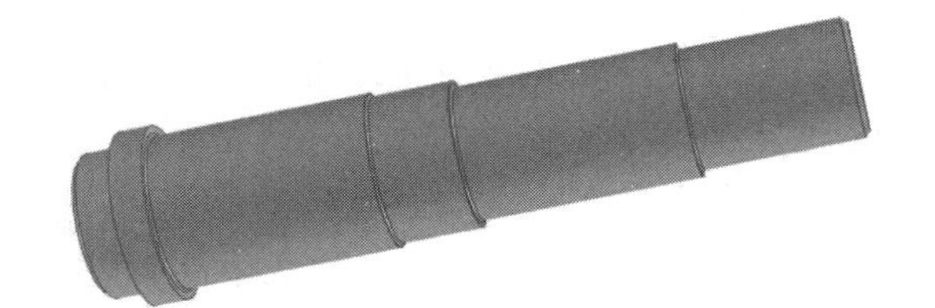

图12-21　边倒角

12.3　面拔模

面拔模可以在实体选定面上创建特定的拔模角度。实体设计提供了中性面、分模线和阶梯分模线3种面拔模形式。

12.3.1　面拔模概述

CAXA 3D实体设计提供了以下几种激活面拔模命令的方式。

（1）单击“特征”选项卡“修改”面板中的“面拔模”按钮。

（2）单击“特征生成”工具条中的“面拔模”按钮。

（3）单击菜单“修改”中的“面拔模”选项。

（4）在实体智能图素状态下，单击鼠标右键，选择“智能图素属性”，在“表面编辑”标签里选择“拔模”，并设置对哪些面进行拔模，如图12-22所示。

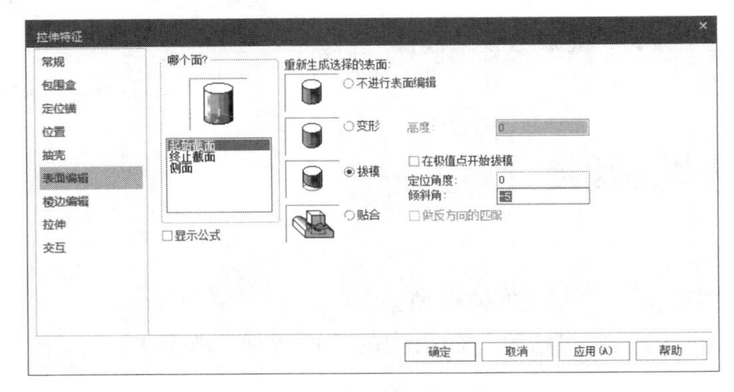

图12-22　面拔模智能图素属性

12.3.2　中性面拔模

具体步骤如下所示。

（1）在设计环境中绘制一个三维实体造型。

（2）单击“特征”选项卡“修改”面板中的“面拔模”按钮，弹出“拔模特征”属性管理器。

（3）在拔模类型中，选择“中性面”。

（4）选择中性面，在实体设计中以棕红色显示。

（5）选择需要拔模的面，在实体设计中以棕蓝色显示。

（6）在拔模角度文本框中输入角度值。

（7）单击“确定”按钮，完成中性面拔模操作，如图12-23所示。

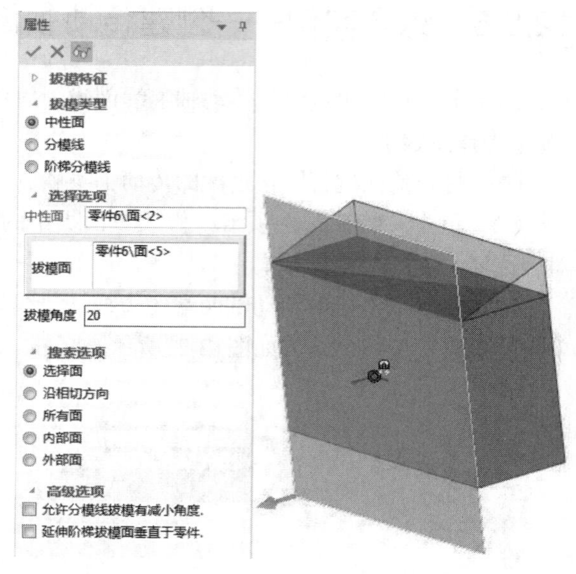

图12-23　中性面拔模

12.3.3　分模线拔模

具体步骤如下所示。

（1）在设计环境中绘制一个三维实体造型。

（2）单击“特征”选项卡“修改”面板中的“面拔模”按钮，弹出“拔模特征”属性管理器。

（3）在拔模类型中，选择“分模线”。

（4）选择要拔模的中性面，拔模方向在实体设计中以蓝色箭头显示。

（5）选择分模线，将出现一个黄色的箭头表示拔模的方向，移动光标到箭头上，当箭头变为粉色时，单击箭头，拔模方向即变为反向。

（6）在拔模角度文本框中输入角度值。

（7）单击“确定”按钮，完成分模线拔模操作，如图12-24所示。

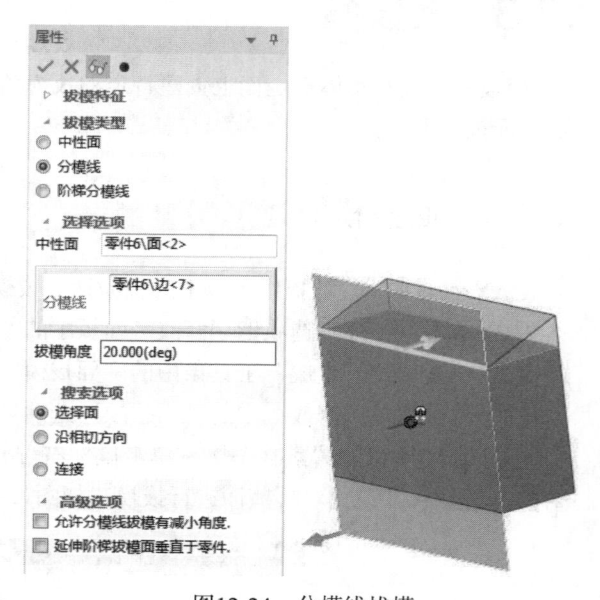

图12-24　分模线拔模

12.3.4　阶梯分模线拔模

具体步骤如下所示。

（1）在设计环境中绘制一个三维实体造型。

（2）单击“特征”选项卡“修改”面板中的“面拔模”按钮，弹出“拔模特征”属性管理器。

（3）在拔模类型中，选择“阶梯分模线”。

（4）选择要拔模的中性面，拔模方向在实体设计中以蓝色箭头显示。移动光标到箭头上，当箭头变为粉色时，单击箭头，拔模方向即变为反向。

（5）选择分模线，在角度文本框中输入拔模角度，如图12-25所示。

（6）单击“确定”按钮，完成拔模操作。

分模线拔模是在分模线处形成拔模面，将分模线当成给一个轴，然后将整个面绕着分模线旋转，阶梯分模线拔模是以中性面为轴，分模线与中性面形成的面去进行旋转。阶梯分模线拔模和分模线拔模的区别如图12-26所示。

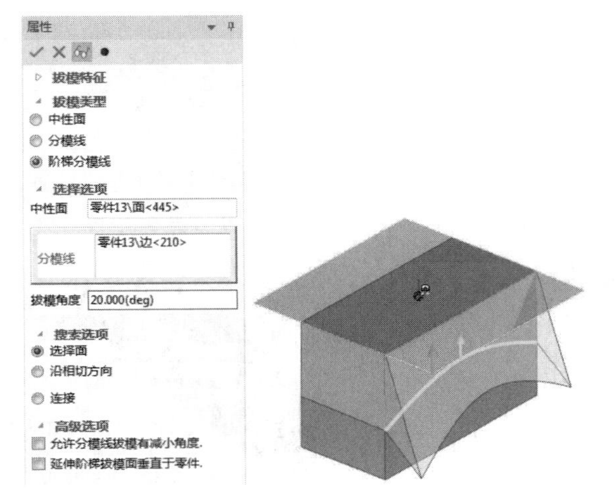

图12-25　阶梯分模线拔模

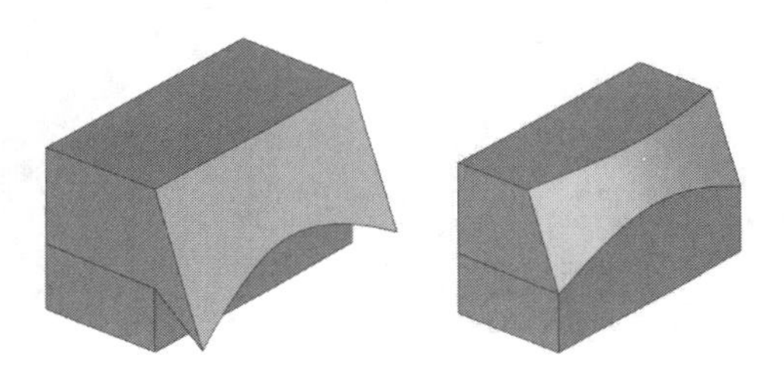

图12-26　阶梯分模线拔模和分模线拔模

12.3.5　综合实例——圆锥销

本实例中我们要利用拉伸、拔模和倒角特征命令绘制图12-27所示的圆锥销。首先利用拉伸特征绘制圆柱体，接着进行面拔模，最后进行倒角。

【操作步骤】

（1）启动CAXA 3D实体设计系统，进入三维设计环境。

（2）从设计元素库中调用“圆柱体”图素，将其拖放到设计环境中。

（3）选定圆柱体，使其处于智能图素状态；鼠标右键单击包围盒的任意一个手柄，在弹出的快捷菜单中选择“编辑包围盒”选项，弹出“编辑包围盒”对话框，设置长度和宽度为“6”，高度为“20”，如图12-28所示。

图12-27　圆锥销

图12-28　圆柱体

（4）单击“特征”选项卡“修改”面板中的“面拔模”按钮，弹出“拔模特征”属性管理器。

（5）在拔模类型中，选择“中性面”。

（6）选择中性面，用鼠标左键单击顶面，在实体设计中以棕红色显示。

（7）选择拔模面，用鼠标左键单击侧面，在实体设计中以棕蓝色显示。

（8）在角度文本框中，输入拔模角度“1”，如图12-29所示。

（9）单击“确定”按钮，完成拔模操作，如图12-30所示。

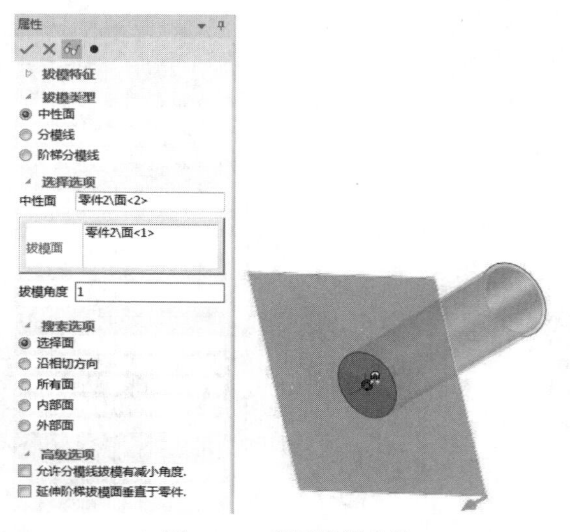

图12-29　设置拔模参数

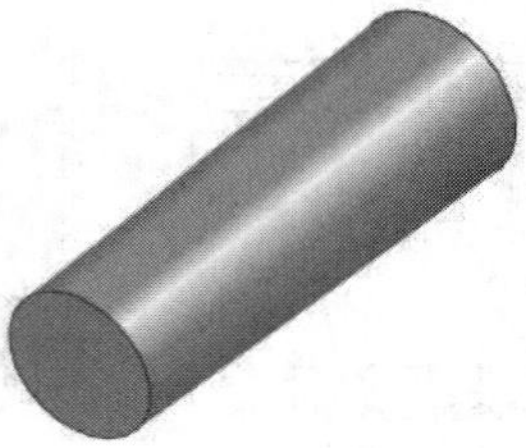

图12-30　创建拔模特征

（10）单击“特征”选项卡“修改”面板中的“边倒角”按钮，弹出“倒角特征”属性管理器。

（11）选择“距离-角度”倒角方式，在“几何”一栏中选择要倒角的棱边，设置倒角距离和角度，如图12-31所示。

（12）单击“确定”按钮，结果如图12-32所示。

图12-31　设置倒角参数

图12-32　创建倒角特征

12.4　抽壳

抽壳即挖空一个实体的过程。这一功能对于制作容器、管道和其他内空的对象十分有用。当对一个实体进行抽壳时，可以规定壳壁的厚度。CAXA 3D实体设计提供了内部、外部及两边三种方式。

12.4.1　抽壳概述

CAXA 3D实体设计提供了以下几种激活抽壳命令的方式。

（1）单击“特征”选项卡“修改”面板中的“抽壳”按钮。

（2）单击“特征生成”工具条中的“抽壳”按钮。

（3）单击菜单“修改”中的“零件抽壳”选项。

（4）在实体智能图素状态下，单击鼠标右键，选择“智能图素属性”，在“抽壳”标签里选择“对该图素进行抽壳”并进行设置，如图12-33所示。

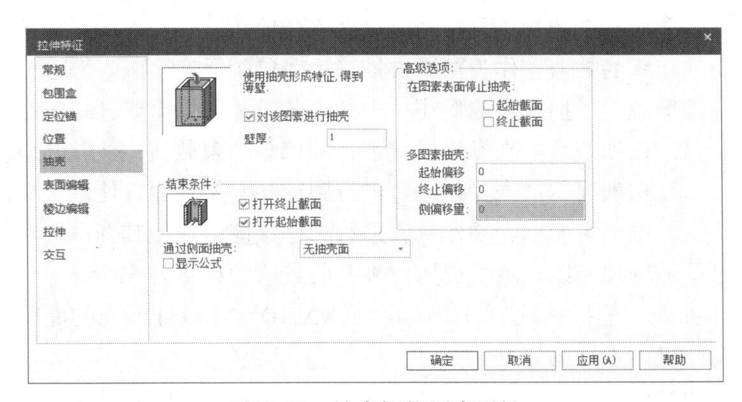

图12-33　抽壳智能图素属性

12.4.2　利用属性管理器进行抽壳

具体步骤如下所示。

（1）在设计环境中绘制一个三维实体造型。

（2）单击“特征”选项卡“修改”面板中的“抽壳”按钮，弹出“抽壳特征”属性管理器，如图12-34所示。

（3）选择抽壳类型，在“影响的实体”一栏中选择要进行抽壳的实体。

（4）选择要开放的表面，设置壁厚。

（5）单击“确定”按钮，完成抽壳操作。

对话框中各选项的含义如下所示。

◆“类型”选项组

➢ 内部：从表面到实体内部抽壳的厚度。

➢ 外部：从表面向外抽壳的厚度。

➢ 两边：以表面为中心分别向外抽壳的厚度。

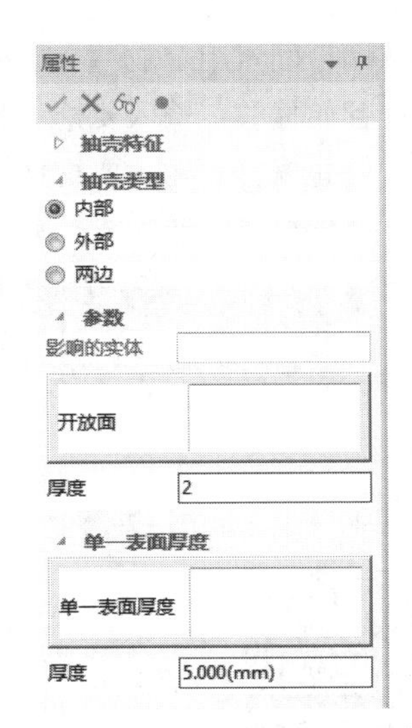

图12-34　“抽壳特征”属性管理器

◆“参数”选项组

➢ 开放面：选择抽壳实体上开口的表面。

➢ 厚度：指定壳体的厚度。

➢ 单一表面厚度：这里可以选择不同的表面，设置不同的抽壳厚度。

➢ 厚度：指定壳体某一处的壁厚，实现变壁厚抽壳。

12.4.3　利用智能图素属性进行抽壳

具体步骤如下所示。

（1）在实体智能图素状态下，单击右键，选择“智能图素属性”。

（2）在“抽壳”标签里选择“对该图素进行抽壳”。

（3）在“壁厚”一栏中输入壁厚尺寸，并进行其他设置，单击“确定”按钮完成抽壳。

对话框中各选项的含义如下所示。

对该图素抽壳：若要对一个图素进行抽壳就选择该选项。

壁厚：输入一个大于零的数值，作为图素被抽壳后壳壁的厚度。

结束条件：这一选项规定了抽壳完成后哪一个截面开口（如果需要开口）。

打开终止截面：这一选项表示抽壳操作一直进行到挖穿结束截面，使其开口。

打开起始截面：这一选项表示抽壳操作一直进行到挖穿起始截面，使其开口。

通过侧面抽壳：这一选项表示抽壳操作一直进行到挖穿侧壁，使其开口。

显示公式：通过这一选项可以查看生成属性表上的数值的计算公式。

在图素表面停止抽壳：选择该选项可以决定CAXA 3D实体设计抽壳的深度。例如，可以抽壳一个图素到与另一个图素相连接的地方。

起始截面：若要使壳的起始截面与另一对象的表面相一致，选择该选项。当被抽壳对象伸入另一对象中时，该选项十分有用，可以控制着抽壳操作沿着曲面进行。

终止截面：选择该选项，可以使壳的结束截面与另一对象的表面相一致。

多图素抽壳：选择该选项，抽壳操作一直挖穿图素的起始和结束截面的常规界限，这一技术对于将两个图素组合成一个单独的中空零件十分有用。

起始偏移：输入要挖穿起始截面以外增加的深度。

终止偏移：输入要挖穿结束截面以外增加的深度。

侧偏移量：输入要挖穿选定侧壁以外增加的深度。

智能图素抽壳只作用于特定的图素，而零件抽壳则作用于整个零件。

12.4.4　综合实例——移动轮支架

本实例我们来绘制图12-35所示的移动支架，首先利用拉伸特征命令创建实体轮廓，接着利用抽壳命令完成实体框架，然后进行拉伸切除，最后进行倒圆角操作。

【操作步骤】

（1）启动CAXA 3D实体设计系统，进入三维设计环境。

（2）单击“特征”选项卡“特征”面板中的“拉伸向导”按钮，在“拉伸特征向导”中依次选择“独立实体”|“实体”，设置拉伸距离为“65”，单击“完成”按钮，进入二维截面绘制环境，绘制图12-36所示的草图。

（3）单击“完成”按钮，由二维截面几何图形拉伸而成的三维实体造型显示于设计环境中，如图12-37所示。

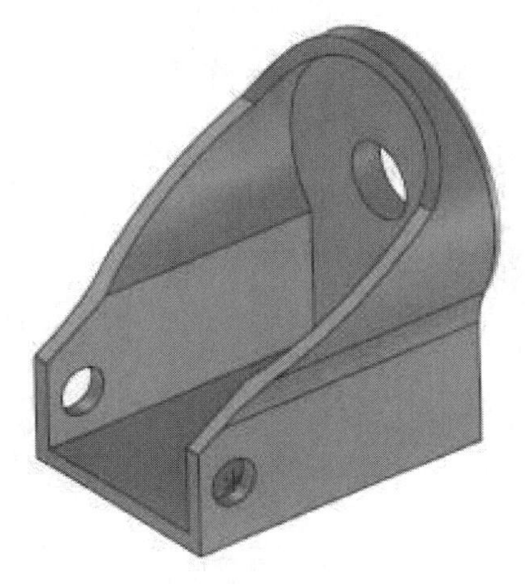

图12-35　移动轮支架

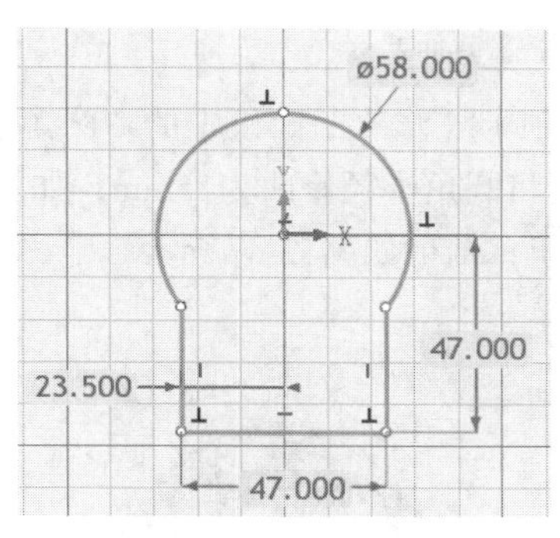

图12-36　绘制草图截面1

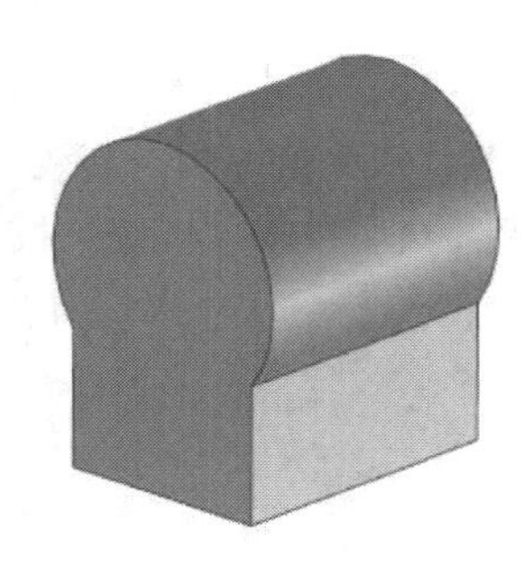

图12-37　创建拉伸实体

（4）单击“特征”选项卡“修改”面板中的“抽壳”按钮，弹出“抽壳特征”属性管理器，如图12-38所示。

（5）选择“内部”抽壳类型，在“影响的实体”一栏中选择要进行抽壳的实体。

（6）选择要开放的表面，设置壁厚，如图12-39所示。

（7）单击“确定”按钮，完成抽壳操作，结果如图12-40所示。

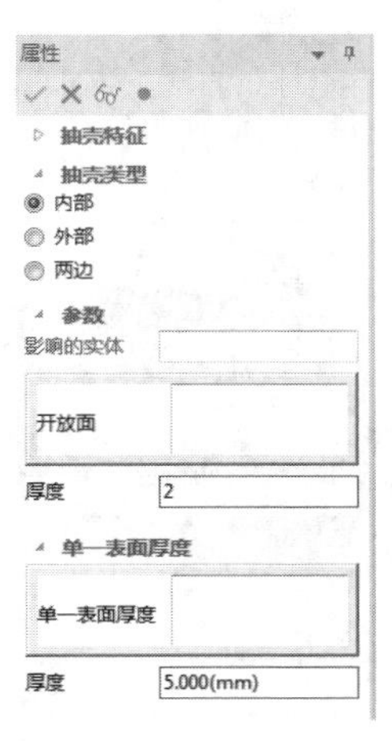

图12-38　“抽壳特征”属性管理器

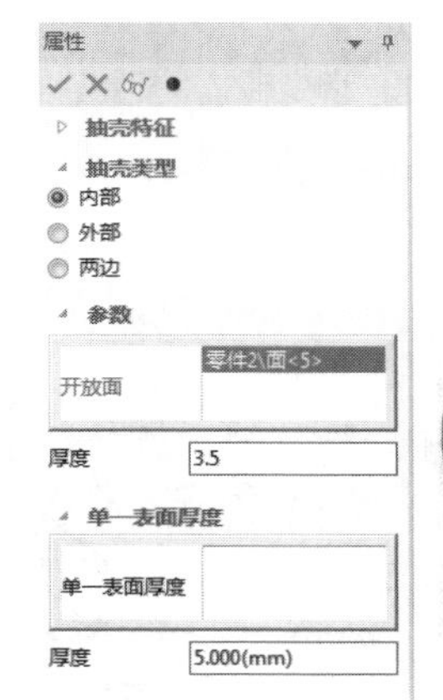

图12-39　设置抽壳参数

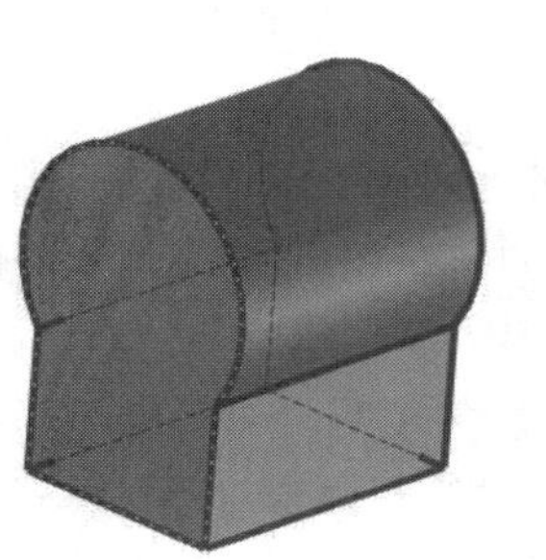

图12-40　生成抽壳实体

（8）单击“特征”选项卡“特征”面板中的“拉伸向导”按钮，选择侧面为基准面，在“拉伸特征向导”中依次选择“除料”|“实体”，选择“在特征两端之间（双向拉伸）”设置前后拉伸

距离为“100”。单击“完成”按钮，进入二维截面绘制环境，绘制图12-41所示的草图。

（9）单击“完成”按钮，创建拉伸切除特征，结果如图12-42所示。

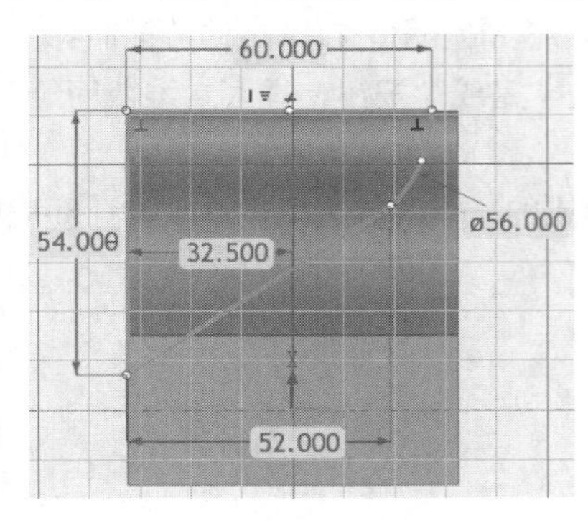

图12-41　绘制草图截面2

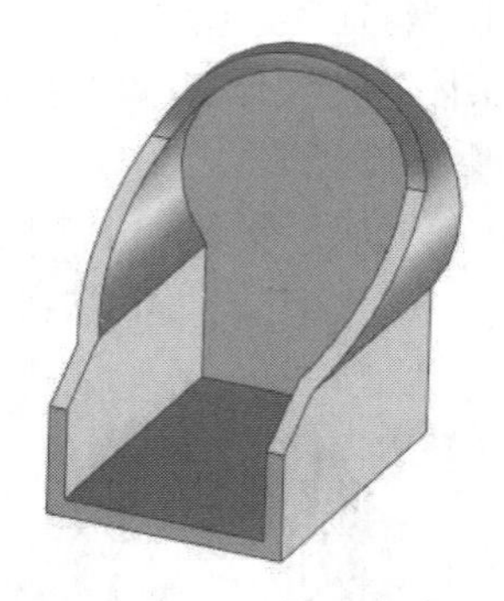

图12-42　创建拉伸切除特征

（10）单击“特征”选项卡“修改”面板中的“圆角过渡”按钮，弹出“过渡特征”属性管理器，依次拾取两条交线，将圆角半径修改为15mm，如图12-43所示。

（11）单击“确定”按钮，结果如图12-44所示。

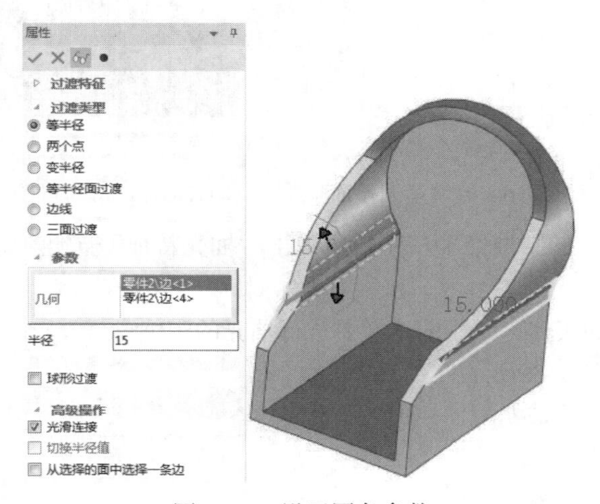

图12-43　设置圆角参数

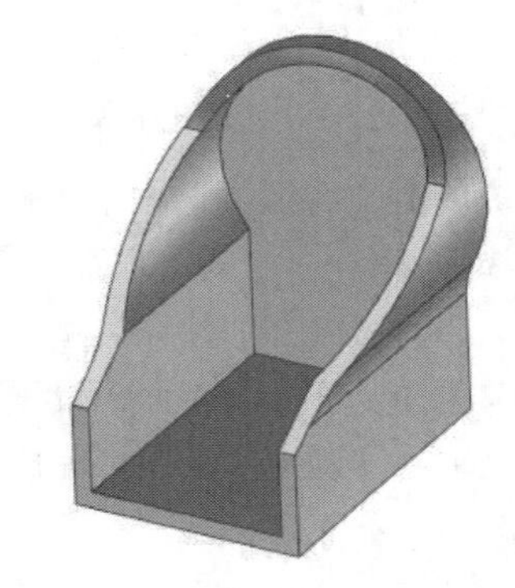

图12-44　生成圆角特征

（12）从设计元素库中调用“圆柱体”图素，将其拖放到后面圆形截面的位置，捕捉圆形截面的圆心，如图12-45所示。

（13）选定圆柱体，使其处于智能图素状态；右击包围盒的任意一个手柄，在弹出的快捷菜单中选择“编辑包围盒”选项，弹出“编辑包围盒”对话框，设置长度和宽度为“58”，高度为“3”，如图12-46所示。

（14）利用“圆角过渡”命令对圆柱体边线倒圆角，圆角半径为“3”，如图12-47所示。

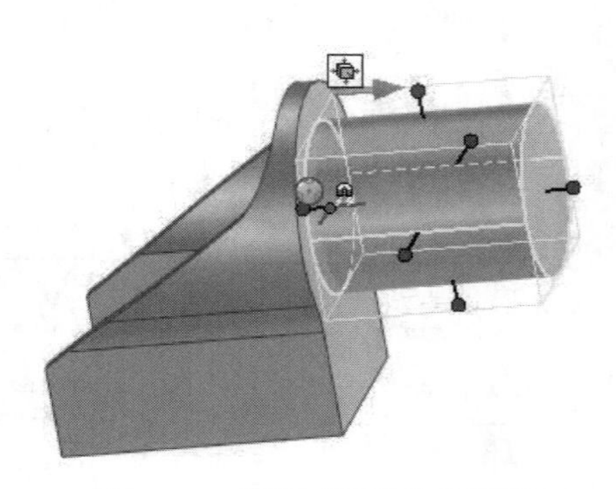

图12-45　调用“圆柱体”图素

（15）继续调用“孔类圆柱体”图素，将其拖放到后面圆形截面的位置，捕捉圆形截面的圆心，编辑孔的尺寸，设置长度和宽度为“16”，高度为“10”，如图12-48所示。

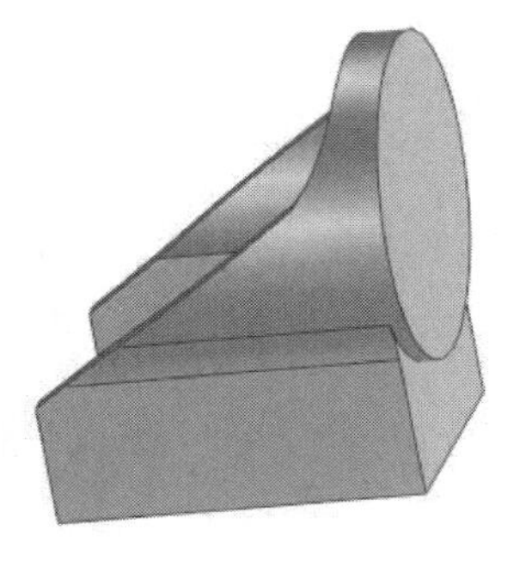

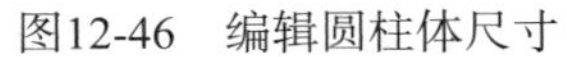

图12-46　编辑圆柱体尺寸

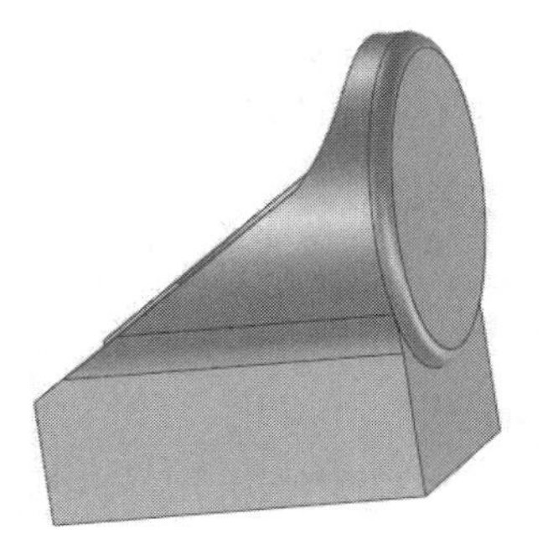

图12-47　倒圆角

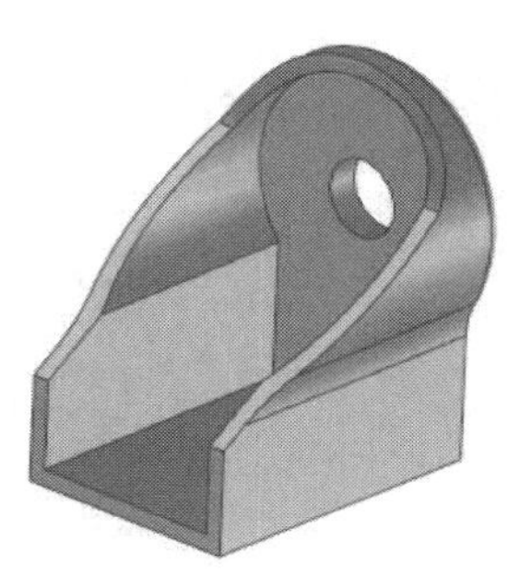

图12-48　生成孔特征

（16）利用“自定义孔”命令绘制另外两个孔，孔位置草图如图12-49所示，参数设置如图12-50所示，最终结果如图12-35所示。

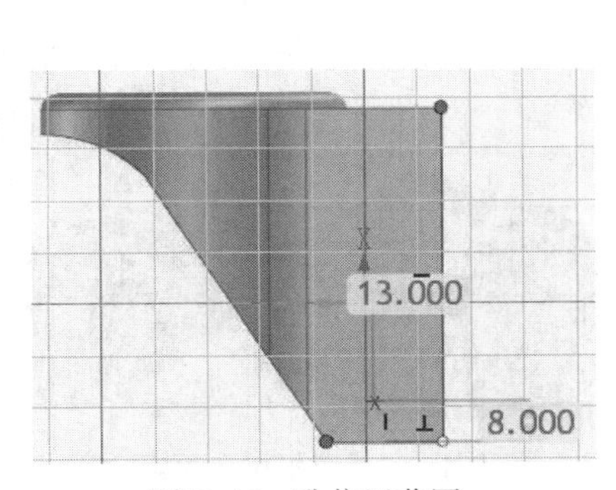

图12-49　孔位置草图

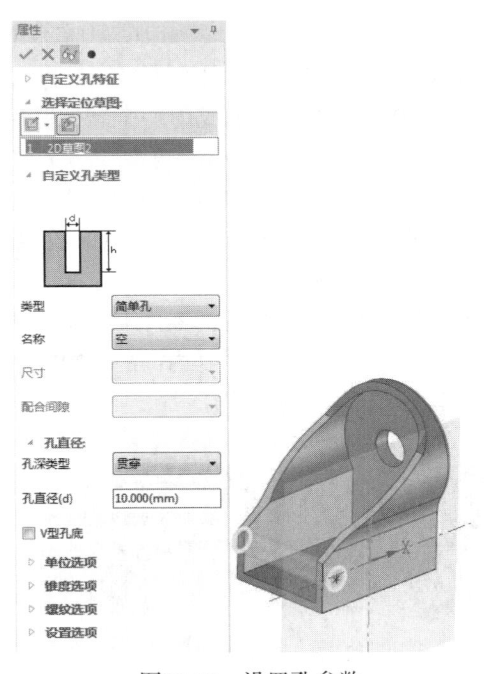

图12-50　设置孔参数

12.5　布尔

在创新设计中，在某些情况下，需要将独立的零件组合成一个零件或从其他零件中减掉一个零件。组合零件和从其他零件减掉一个零件的操作被称为“布尔运算”。

12.5.1　布尔运算

CAXA 3D实体设计提供了以下几种激活布尔命令的方式。

（1）单击“特征”选项卡“修改”面板中的“布尔”按钮。

（2）单击“特征生成”工具条中的“布尔特征”按钮。

（3）单击菜单“修改”中的“布尔”选项。

执行上述命令后，弹出图12-51所示的“布尔特征”属性管理器。

图12-51 “布尔特征”属性管理器

对话框中各选项的含义如下所示。

加：选中的零件/体相加成为一个新的零件，如图12-52所示。

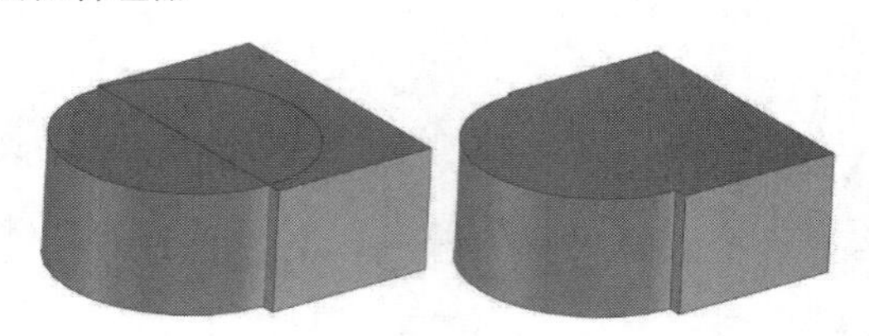

图12-52 布尔加运算

减：选择此选项后，被减的零件/体将减掉后一个选项框中的零件/体。操作后减法体如同在被减体上形成一个孔洞，如图12-53所示。

相交：选择此选项后选中的零件/体之间共有的部分将保留，如图12-54所示。

在工程模式下，将同一零件内部的不同的体组合成同一个体，也称为布尔运算。不同的工程模式零件不能进行布尔运算。

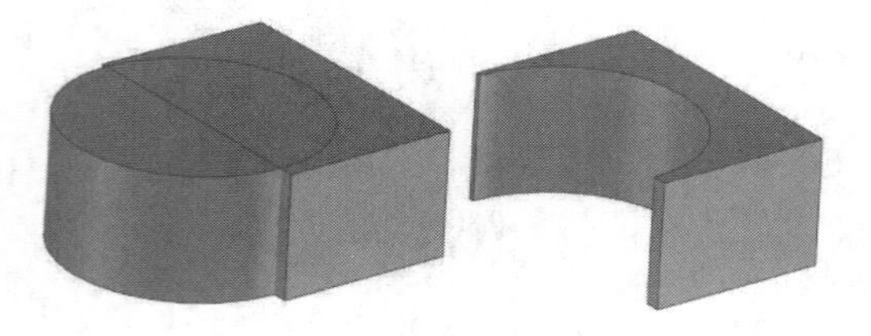

图12-53 布尔减运算

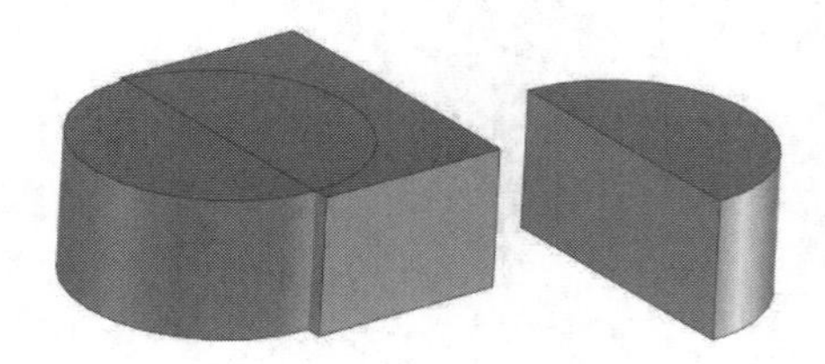

图12-54 布尔相交运算

12.5.2 综合实例——木门

绘制图12-55所示的木门，首先将“长方体”图素拖动到设计环境中，接着绘制拉伸实体，然后利用布尔命令进行减运算，最后拖入“键”和“球体”图素生成木门的把手，完成木门的绘制。

【操作步骤】

（1）启动CAXA 3D实体设计系统，进入三维设计环境。

（2）从设计元素库中调用“长方体”，将其拖放到设计环境中，选定长方体，使其处于智能图素状态；鼠标右键单击包围盒的任意一个手柄，在弹出的快捷菜单中选择“编辑包围盒”选项，弹出“编辑包围盒”对话框，设置长度为“2500”、宽度为“900”、高度为“50”。单击“确定”按钮，得到的长方体如图12-56所示。

（3）单击“特征”选项卡“特征”面板中的“拉伸向导”按钮，在“拉伸特征向导”中依次选择“独立实体”｜“实体”，设置拉伸距离为“30”。单击“完成”按钮，进入二维截面绘制环境绘制二维截面，如图12-57所示。

（4）单击“完成”按钮，退出草图绘制，创建拉伸实体，如图12-58所示。

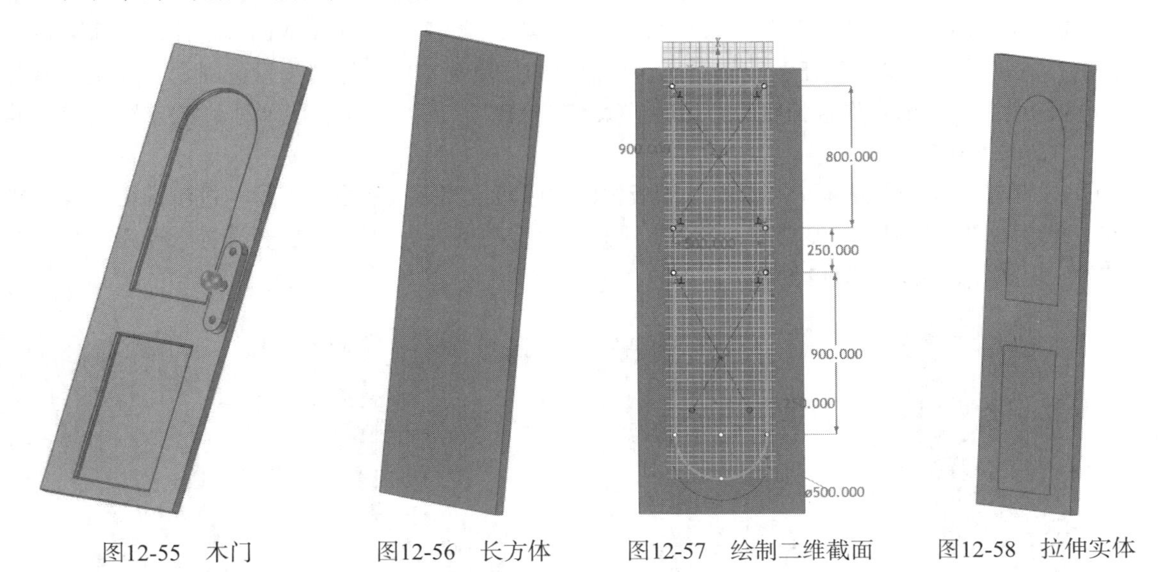

图12-55　木门　　图12-56　长方体　　图12-57　绘制二维截面　　图12-58　拉伸实体

（5）单击“特征”选项卡“修改”面板中的“布尔”按钮，弹出“布尔特征”属性管理器，选择“减”操作类型，选择“长方体”图素为主体零件，拉伸实体为要参与减操作的体，如图12-59所示。

（6）单击“确定”按钮，完成布尔减运算，结果如图12-60所示。

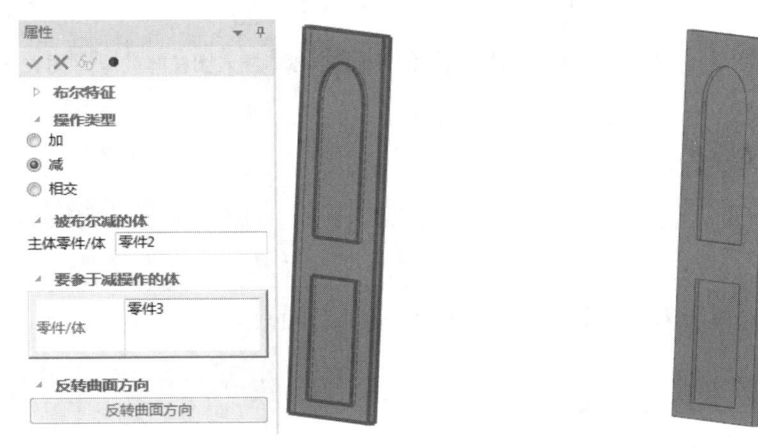

图12-59　设置布尔参数　　图12-60　布尔减运算

（7）从“图素”设计元素库中拖入“键”元素，放置于门板右边大概中点的位置；右击包围盒的任意一个手柄，在弹出的快捷菜单中选择“编辑包围盒”选项，弹出“编辑包围盒”对话框，设置长度为“500”、宽度为“120”、高度为“50”。单击“确定”按钮，得到的键如图12-61所示。

（8）从“图素”设计元素库中拖入两个“孔类圆柱体”元素，分别放置于键两端圆弧的圆心位置；右击包围盒的任意一个手柄，在弹出的快捷菜单中选择“编辑包围盒”选项，弹出“编辑包围盒”对话框，设置长度为“40”（宽度自动为“40”）、高度为“50”，单击“确定”按钮，结果如图12-62所示。

（9）从“图素”设计元素库中拖入“圆柱体”元素，放置于键的中心点；鼠标右键单击包围盒的任意一个手柄，在弹出的快捷菜单中选择“编辑包围盒”选项，弹出“编辑包围盒”对话框，设置长度为“60”（宽度自动为“60”）、高度为“100”。单击“确定”按钮，得到的圆柱如图12-63所示。

（10）从“图素”设计元素库中拖入“球体”元素，放置于上步生成的圆柱体的表面圆心位置；鼠标右键单击包围盒的任意一个手柄，在弹出的快捷菜单中选择“编辑包围盒”选项，弹出“编辑包围盒”对话框，设置长度为“120”（宽度和高度自动为“120”）。单击“确定”按钮，得到的球体如图12-64所示。

（11）单击“特征”选项卡“修改”面板中的“圆角过渡”按钮，弹出“过渡特征”属性管理器，拾取需要进行圆角过渡处理的各边，选择“过渡类型”为“等半径”，设置半径为“5”。单击“确定”按钮，结果如图12-55所示。

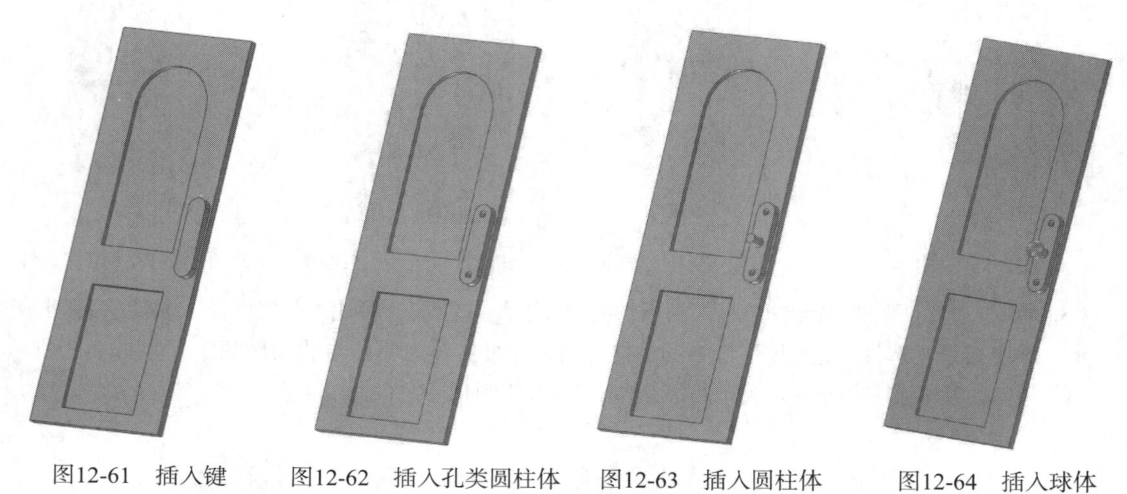

图12-61　插入键　　图12-62　插入孔类圆柱体　　图12-63　插入圆柱体　　图12-64　插入球体

12.6　上机操作

绘制图12-65所示的闪盘盖。

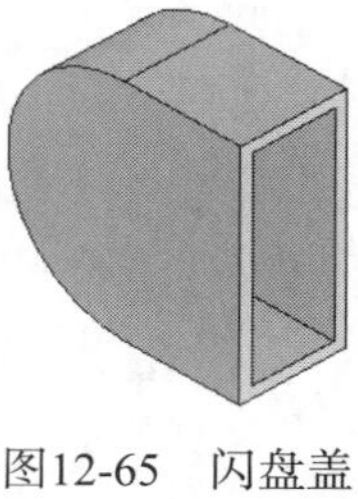

操作提示

（1）使用鼠标选择所需“图素”种类，将“长方体”和“圆柱体”元素拖动到设计环境的区域中。

（2）利用包围盒编辑图素的尺寸。

（3）利用三维球移动图素的位置。

（4）利用布尔命令进行加运算。

（5）利用抽壳命令进行抽壳。

图12-65　闪盘盖

12.7　思考与练习

1．列举几种常见的特征编辑方法。

2．列举圆角过渡的几种方式。

第13章　零件的定位及装配

在CAXA 3D实体设计将若干个图素组成一个完整的零件时，需要对图素进行定位。在设计装配体时，也需要对不同的零件定位，确定其相互的位置关系。所以，图素及零件的定位是设计工作的重要内容。本章将介绍CAXA 3D实体设计系统中用于图素及零件的定位、定向和测量的工具。对这些工具的熟练应用，将有助于设计符合高精确度要求的零件和装配体

13.1　智能捕捉与反馈

智能捕捉与反馈允许设计者相对于定位锚位置或指定面把新图素定位在现有图素上，并重定位和对齐相同零件的图素组件。智能捕捉与反馈具有强大的定位功能，使用智能捕捉与反馈可以使同一零件的图素组件沿边或角对齐，也可以把零件组件置于其他零件的中心位置。

使用智能捕捉与反馈的操作方法如下所示。

（1）如果要从设计元素库中拖出一个新的图素，并放置到已有图素的曲面上，应在拖动新图素时观察已有图素曲面的棱边上的绿色显示区。

（2）如果要从设计元素库中拖放一个新的图素到已有图素曲面的中心，应将该图素拖拉到曲面的中心直至出现一个深绿色圆心点，当该点变为一个更大更亮的绿点时，才可把新图素释放到该图素曲面的中心点。

（3）若要将同一零件的两个图素组件的侧面对齐，应把其中一个图素的侧面（在智能图素编辑层选择）朝着第二个图素的侧面拖动，直至出现与两侧面的相临边平行的绿色虚线。如果其中一个图素的一个角与另一个图素一角的顶端对齐，就会出现一组相交的绿线。

（4）当通过拖拉图素的定位锚的方式将某个图素重定位到某个图素/零件时，指示与固定图素一侧的对齐关系的是定位锚定位到相关边时该边上显示的一条绿色虚线。

（5）当通过拖拉其定位锚的方式将某个图素重定位到某个主控图素/零件时，指示其与固定图素一角的顶点的对齐关系的是将定位锚定位到该位置时出现的一个绿色点。

（6）当拖拉的图素的一侧与已有图素表面上的某条直线对齐时，将出现绿色的智能捕捉线和点。末端带点的绿线表示的是与被拖动图素选定侧面平行的固定图素的中心线。绿点出现在被拖动图素对应顶点上，同时从顶点沿其与固定图素中心线垂直的轴发射出绿色加亮区。

智能捕捉与反馈还可与其他定位工具结合使用，如三维球、智能标注、“无约束装配”工具及“约束装配”工具，从而确保图素、零件、附着点、定位点和其他元素的准确定位。

注意

在使用智能捕捉与反馈时，首先要激活智能捕捉与反馈功能。方法是：在拖动图素或零件的同时，按下 Shift 键，即可激活智能捕捉与反馈。

13.2　“无约束装配”工具的使用

使用“无约束装配”工具可参照源零件和目标零件快速重定位源零件。在指定源零件重定位

和/或重定向操作方面，CAXA 3D实体设计系统提供了极大的灵活性。无约束装配仅仅移动了零件之间的空间相对位置，没有添加固定的约束关系，即没有约束零件的空间自由度。

13.2.1 激活“无约束装配”工具

如图13-1所示，单击多棱体零件，使其处于“零件”编辑状态。这时，“装配”工具条中的“无约束装配”工具按钮被激活。单击此按钮，并在多棱体零件上移动光标，显示出黄色对齐符号，如图13-2所示。通过触发“空格”键可以改变黄色符号的形式，即出现3种定向符号。按下Tab键，可以改变箭头的方向，即改变定位方向。确定后在零件的曲面上单击鼠标左键，完成选择。

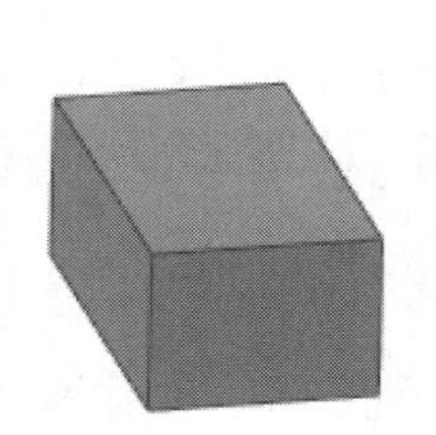
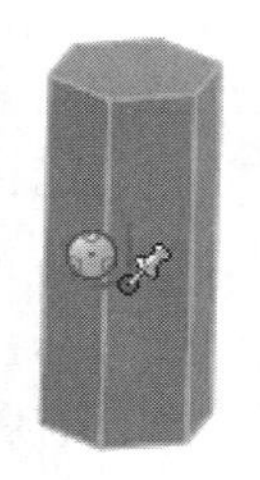

图13-1 使多棱体处于“零件”编辑状态

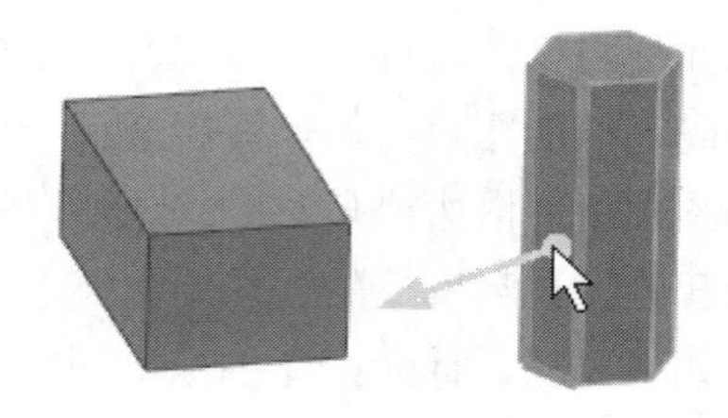

图13-2 显示黄色对齐符号

表13-1简单介绍了“无约束装配”工具定位符号含义及其操作结果。

表13-1 “无约束装配”工具定位符号表

选定源零件定向/移动选项	目标零件定向/移动选项	定位结果
•↗	•↗	相对于一个指定点和各零件的定位方向，将源零件重定位到目标零件上，获得与指定平面贴合装配结果
	0	相对于一个指定点及其定位方向，把源零件重定位到目标零件上，获得与指定平面对齐装配结果
	●	相对于源零件上的指定点及其定位方向以及目标零件的指定定位方向，重定位源零件
↗	↗	相对于源零件的定位方向和目标零件的定位方向，重定位源零件，获得与指定平面平行装配结果
	⤧	相对于源零件的定位方向和目标零件的定位方向，重定位源零件，获得与指定平面垂直装配结果
●	●	相对于目标零件但不考虑定位方向，把源零件重定位到目标零件上
	0	相对于源零件的指定点，把源零件重定位到目标零件的指定平面上
	↗	相对于源零件的指定点和目标零件的指定定位方向，重定位源零件

13.2.2 进行无约束装配

在进行无约束装配时，为了更好地理解其空间的相对位置关系，可以将图13-1中的多棱体的侧面重设置为不同的颜色。即单击选定面，使其处于“面/边”编辑状态，单击鼠标右键，在弹出的快捷菜单中选择“智能渲染”选项，将表面设置为不同的颜色。

1．选取源零件和目标零件装配操作

（1）在多棱体处于“零件”编辑状态下，单击“装配”工具条中的“无约束装配”工具按钮，将光标移动到多棱体表面上，出现黄色箭头符号，选定合适的箭头方向单击鼠标左键。

（2）将光标移动到目标零件——长方体的表面上，将看到黄色的定位/移动符号显示在长方体上。另外，源零件的轮廓线将出现并随光标移动。与源零件一样，可以按Tab键切换定位方向。在长方体表面上单击鼠标左键，即可以获得贴合装配结果，如图13-3所示。然后，取消无约束装配命令。

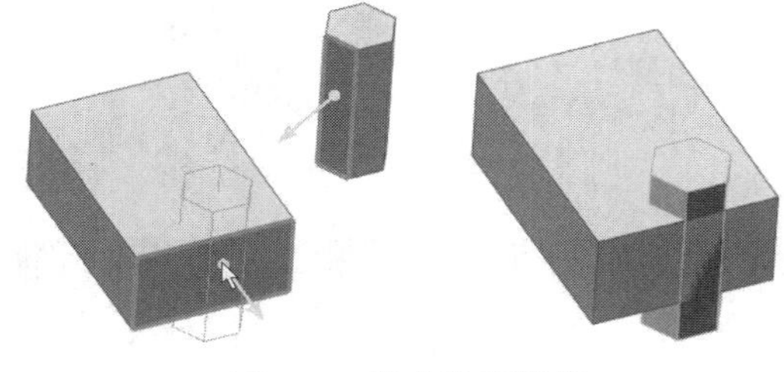

图13-3　贴合装配操作

2．源零件操作不变，改变目标零件操作

（1）重复上述在源零件上的操作，将光标移动到目标零件上，按空格键，可以切换目标零件的黄色定位符号。当定位符号为图13-4左图所示时，单击鼠标左键，可以使源零件的指定表面和目标零件的指定表面处于同一平面，即对齐。

（2）重复上述操作，按空格键，改变目标零件上的定位符号为图13-4右图所示时，单击鼠标左键，将使源零件指定表面与目标零件的指定表面处于同一面处，即平行。

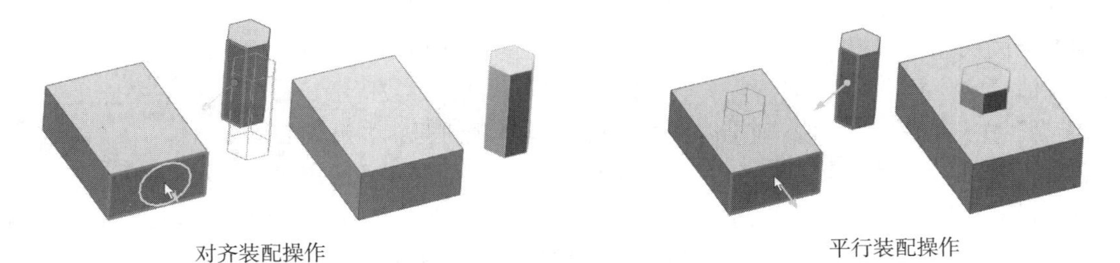

对齐装配操作　　平行装配操作

图13-4　装配操作

3．目标零件操作不变，改变源零件操作

（1）在进行源零件操作时，按空格键可以切换源零件上的定位符号形式，如图13-5所示，将定位符号切换为圆点，然后将光标移动到目标零件上，可以分别得到源零件上选定点与目标零件表面贴合、对齐、平行（面-点距离最近）的配合。

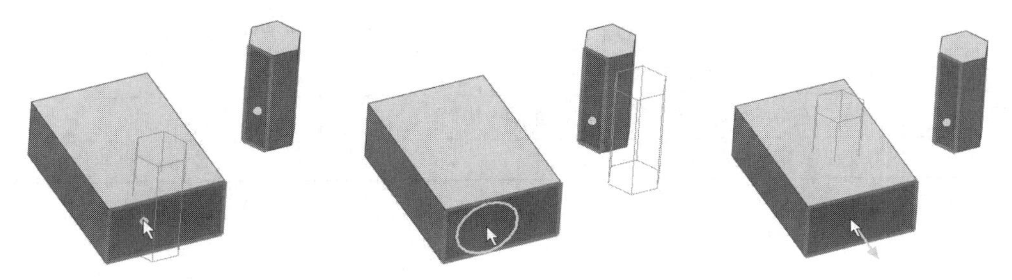

图13-5　源零件上选定点与目标零件表面贴合、对齐、平行配合

（2）如果将源零件的定位符号改变为不带圆点的箭头，可使源零件的指定面和目标零件指定表面垂直，如图13-6所示。

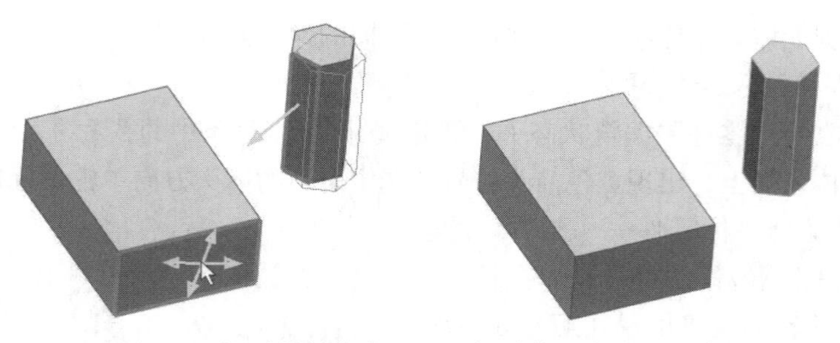

图13-6　源零件的指定面和目标零件指定表面垂直

> **注意**
>
> 在进行无约束装配操作时，如果拾取源零件和目标零件上的点或棱线，也可以得到源零件与目标零件之间基于点或棱线之间的定位关系。读者可以分别练习尝试。除了上述直接用鼠标拖放操作外，还可以通过单击鼠标右键，在弹出的快捷菜单中选择相应的配合命令。

13.3 “定位约束”工具的使用

“定位约束”工具在形式上类似于“无约束装配”工具，但是，其效果是形成一种“永恒的”约束。利用“定位约束”工具可保留零件或装配件之间的空间关系。其操作方法与“无约束装配”工具的操作方法类似。首先，激活“定位约束”工具，弹出“属性”管理器，如图13-7所示。在“约束类型”中选择约束条件。确定需要的移动/定向选项符号，并选定目标零件后，就可以应用约束装配条件了。“定位约束”工具有几种约束可供选用，其符号及应用表达意义见表13-2。

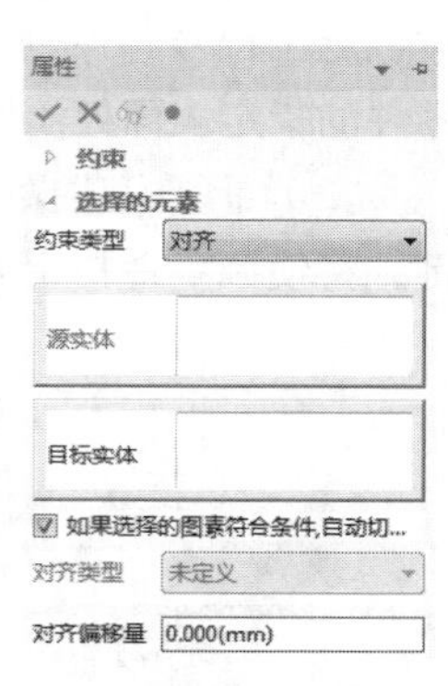

图13-7　“属性”管理器

表13-2　“定位约束”工具符号及应用表达意义

定位约束符号	应用表达意义
‖	平行：使其平直面或直线边与目标零件的平直面或直线边平行
⊥	垂直：使其平直面或直线边与目标零件的平直面（相对于其方向）或直线边垂直
	贴合：使其平直面既与目标零件的平直面贴合（采用相反方向）又与其共面
	对齐：使其平直面既与目标零件的平直面对齐（采用相同方向）又与其共面
	同轴：使其直线边或轴在其中一个零件有旋转轴时与目标零件的直线边或轴对齐
	重合：使其平直面既与目标零件的平直面重合（采用相同方向）又与其共面
	距离：使其与目标零件相距一定的距离
	角度：使其与目标零件成一定的角度

13.3.1　进行约束装配

约束装配是CAXA 3D实体设计一个非常重要的工具。下面还是以长方体和多棱体两个零件为例，通过对两个零件进行棱线平行约束来介绍约束装配的操作方法。

（1）在多棱体处于“零件”编辑状态下，单击“装配”选项卡“定位”面板中的“定位约束”

按钮。用鼠标左键拾取多棱体的一条棱线，在“属性”管理器“约束类型”下拉列表中选择“平行”约束，将光标移动到长方体一条棱线附近，棱线呈高亮显示。

（2）单击鼠标左键，即可实施平行约束装配操作，如图13-8所示，在长方体和多棱体的指定边之间施加了平行约束，在两条被约束棱线之间出现了两头都带箭头的直线，沿直线显示有一个平行符号和一个“//*”符号，表示存在一个锁定的平行约束。

（3）单击“显示设计树”按钮，打开左侧的设计树，可以看到在零件2（多棱体）下方有一个平行约束，其默认状态为锁定，以锁上的挂锁图标表示，如图13-9所示。

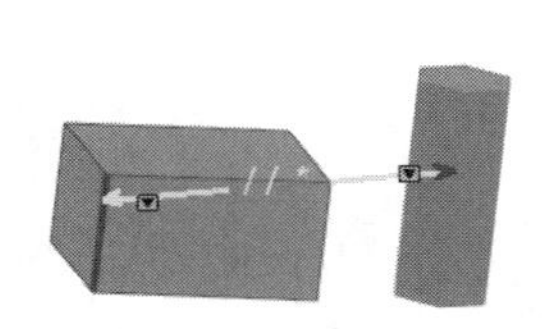

图13-8　平行约束

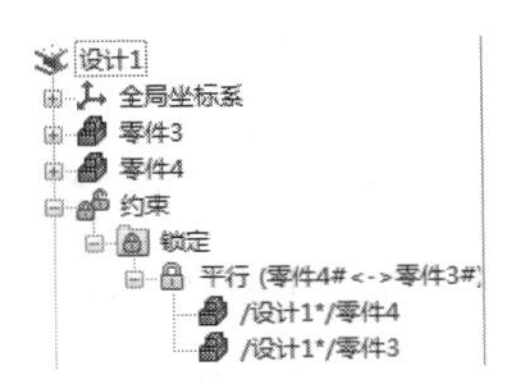

图13-9　设计树中平行约束

13.3.2　添加过约束和删除约束

在进行零件定位和装配的过程中经常出现过约束，这就需要区分过约束，然后将其删除，下面介绍添加过约束和删除过约束的操作方法。

（1）在“零件”编辑状态下选择多棱体，选择“定位约束”工具。移动光标到多棱体上表面的一条棱线，当其呈绿色高亮显示时，单击将此棱线指定为约束对象，如图13-10所示。

（2）选择平行约束，将光标移动到图13-11所示的长方体棱线附近，光标变成为无效平行约束符号。因为两个零件的棱线之间已经有一个平行约束，所以这个平行约束必然为过约束。如果单击鼠标左键添加此过约束，则在两条棱线之间会出现两头都带箭头的深红色直线，表示存在过约束。

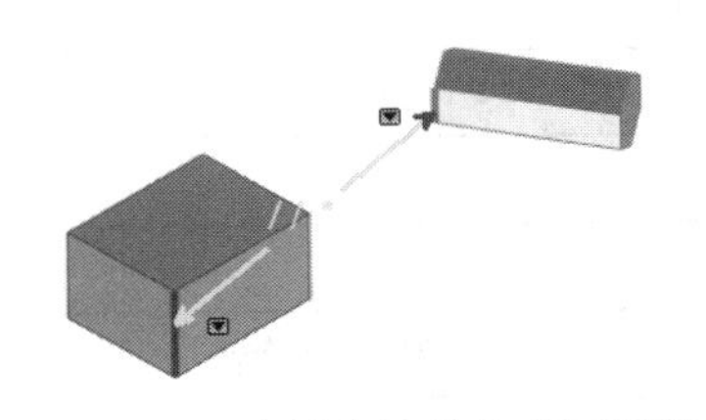

图13-10　选择多棱体上表面棱线

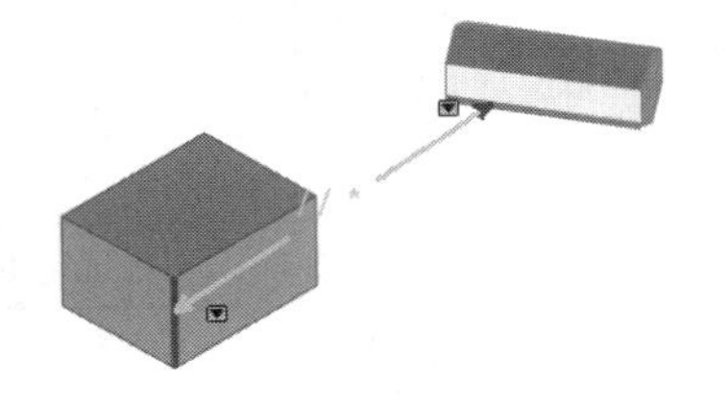

图13-11　选择长方体棱线

（3）打开设计树，在零件2（多棱体）下面出现第二个平行约束。由于此平行约束为过约束，所以其默认状态为开锁，约束图标为一个打开的锁。

（4）在设计树中用鼠标右键单击第二个平行约束（过约束），在弹出的快捷菜单中，如果选择“删除”命令，将可以删除此过约束。在设计环境中用鼠标右键单击约束符号，同样可以删除约束。

（5）在设计树中右击第一个平行约束，在弹出的快捷菜单中单击锁定，将此约束开锁，然后右击第二个平行约束，选择锁定，第二个平行约束将在设计环境中生效，多棱体将被相对于长方体重新定位，如图13-12所示。

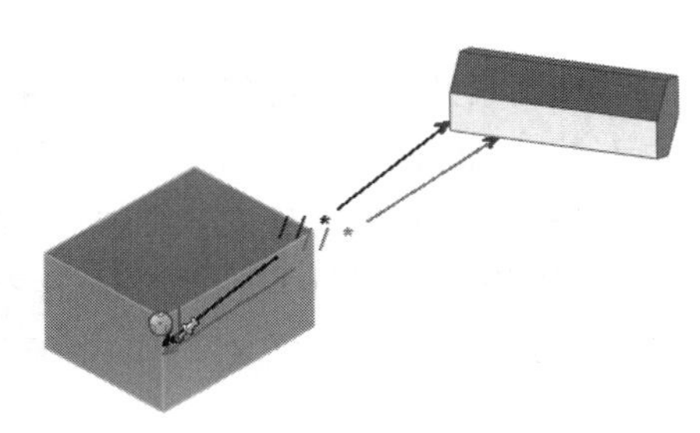

图13-12　调整约束锁定状态

（6）如果要编辑约束装配，可以在设计环境中用鼠标右键单击约束符号或用鼠标右键单击设计树中的约束图标，然后从弹出的快捷菜单中选择“编辑约束”命令，输入相应的偏移值，再单击“确定”按钮。

13.4 三维球

三维球是CAXA 3D实体设计系统中独特而灵活的空间定位工具，利用三维球工具既可以实现图素在零件中距离的定位，也可以实现图素的方向定位。

三维球在默认状态下，由3根定向轴（包括定向手柄）、3根定位轴（包括定位手柄）、二维平面和中心手柄组成，如图13-13所示。在默认状态下，CAXA 3D实体设计为这3个轴中每个轴各显示了一个红色的平移手柄。选定某个轴的某个手柄将自动在其相反端显示该手柄。若有必要，可以选择在任何时候都显示出所有的平移手柄和方位手柄。为此，只需在三维球的内侧单击鼠标右键，从弹出的快捷菜单中选择“显示所有手柄”即可。

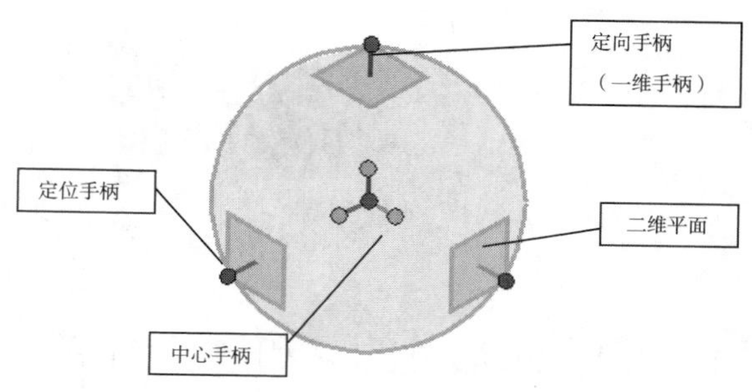

图13-13　三维球

当在三维球内及其手柄上移动光标时，将看到光标的图标会不断改变，指示不同的三维球动作。表13-3列举了在移动光标时产生的各种光标图标及操作含义。熟悉图标将对设计工作有很大帮助。

表13-3　三维球的各种光标图标及操作含义

图标	操作含义
	拖动光标，使操作对象绕选定轴旋转
	拖动光标，以利用选定的方位手柄重定位
	拖动光标，以利用中心手柄重定位
	拖动光标，以利用选定的一维手柄重定位
	拖动光标，以利用选定的二维平面重定位
	沿三维球的圆周拖动光标，以使操作对象沿着三维球的中心点旋转
	拖动光标，以沿任意方向自由旋转

13.4.1 激活三维球

在图素处于零件编辑或智能图素编辑状态下，单击“装配”选项卡“定位”面板中的“三维球”按钮，或执行“工具”｜“三维球”命令，将激活此图素对应的三维球，如图13-14所示。

三维球的中心出现在长方体图素的定位锚上，如图13-14所示。如果零件较大，则可能需要采用“视向”工具来缩小它的显示尺寸，以方便使用三维球功能。

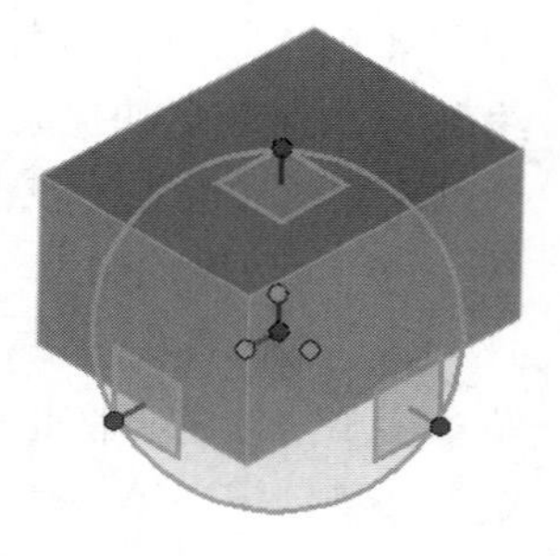

图13-14　激活三维球

> **注意**
>
> 功能键F10是激活或禁止图素上的三维球的快速切换开关。

13.4.2　三维球移动控制

在尝试重定位零件之前，需要先对三维球的平移操作进行必要的解释。三维球表面上有可用于沿着或绕着它的任何一个轴移动零件的3个手柄和3个平面。下面将解释如何在空间中移动操作对象。

（1）一维直线运动：拖动一个一维手柄，以沿着某个轴移动操作对象。拖动手柄时，手柄旁边会出现一个距离值，该值表示的是操作对象离开其原位置的距离。

若要指定运动距离，可在距离值上单击鼠标右键，从弹出的快捷菜单中选择“编辑值”选项，然后在对话框中输入相应的距离值。

（2）二维平面运动：如果将光标放置在某个平面内侧，则光标显示为✥，表示该图素可沿着该二维平面上、下、左、右拖动。

（3）三维旋转：单击某个一维手柄时，其旋转轴即被选中并呈加亮显示。如果要绕着选定的轴旋转一个操作对象，则应在三维球内移动光标。当光标变成形状时，单击并拖动鼠标即可使该操作对象绕该轴旋转。在拖动光标时，CAXA 3D实体设计会显示出当前旋转角度的度数。

如果要指定精确的旋转角度，将光标放置在角度值上单击鼠标右键，然后在弹出的快捷菜单中选择“编辑值”，并在弹出的对话框中输入相应的角度值。

（4）绕中心旋转：若要沿三维球的中心点旋转操作对象，则应先将光标移动到三维球的圆周上。当光标颜色变成黄色而形状变成一个圆形箭头时，用鼠标左键单击并拖动三维球的圆周即可。

（5）沿3个轴同时旋转：此选项在默认状态下为禁止状态。若要激活本选项，则将光标放置在三维球内部单击鼠标右键，然后在弹出的快捷菜单中选择“允许无约束旋转”。在三维球内侧移动光标，直至光标变成4个弯曲箭头，然后通过单击和拖拉鼠标就可以沿任意方向自由旋转操作对象。

若要选择其他手柄或轴，应首先在三维球外侧单击，以取消对当前手柄或轴的选定。

通过学习前面对三维球平移操纵件的介绍，用户就可以利用它们在设计环境中对图素或零件进行重新定位。

13.4.3　三维球定位控制

除外侧平移操纵件外，三维球工具还有一些位于其中心的定位操纵件。这些工具为操作对象提供了相对于其他操作对象上的选定面、边或点的快速定位功能；也提供了操作对象的反向或镜像功能。选定某个轴后，在该轴上单击鼠标右键，弹出快捷菜单，如图13-15所示。选择下述选项即可确定特定的定位操作特征。

编辑方向：选择此选项可为选定三维球手柄的方向设定相应的坐标。

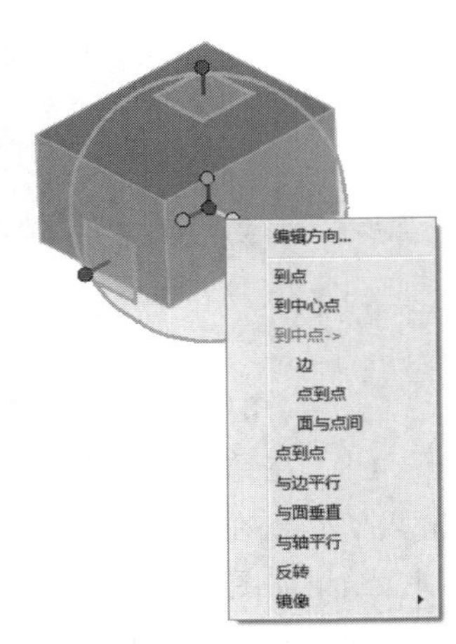

图13-15　三维球定位快捷菜单

到点：选择此选项可使三维球上选定轴与从三维球中心延伸到第二个操作对象上选定点的一条假想线平行对齐。

到中心点：选择此选项可使三维球上选定轴与从三维球中心延伸到圆柱操作对象一端或侧面中心位置的一条假想线平行对齐。

点到点：选择此选项可使三维球的选定轴与第二个操作对象上两个选定点之间的一条假想线平行对齐。

与边平行：选择此选项可使三维球的选定轴与第二个操作对象的选定边平行对齐。

与面垂直：选择此选项可使三维球的选定轴与第二个操作对象的选定面垂直对齐。

与轴平行：选择此选项可使三维球的选定轴与第二个圆柱形操作对象的轴平行对齐。

反转：选择此选项可使三维球的当前位置相对于指定轴反向。

镜像：选择下述选项可以进行“镜像”操作。

平移：选择此选项可使三维球的当前位置相对于指定轴镜像并移动操作对象。

拷贝：选择此选项可使三维球的当前位置相对于指定轴镜像并生成操作对象的备份。

链接：选择此选项可使三维球的当前位置相对于指定轴镜像并生成操作对象链接复制。

13.4.4 利用三维球复制图素和零件（阵列）

利用三维球可简化图素或零件的多备份生成、复制操作对象的均匀间距设置和复制操作对象的位置设定等过程。用户只需要几个简单的操作步骤即可完成整个过程，其操作步骤如下所示。

（1）新建一个设计环境，然后拖入一个多面体图素并释放到设计环境的左侧。选择三维球工具，如图13-16所示。

（2）在三维球右侧的水平一维手柄上单击，选定其轴。在一维手柄上单击鼠标右键，然后将多面体拖向右边。在拖动鼠标时，注意多面体的轮廓将随三维球一起移动。当轮廓消失而多面体移动到右边时，释放光标，如图13-17所示。

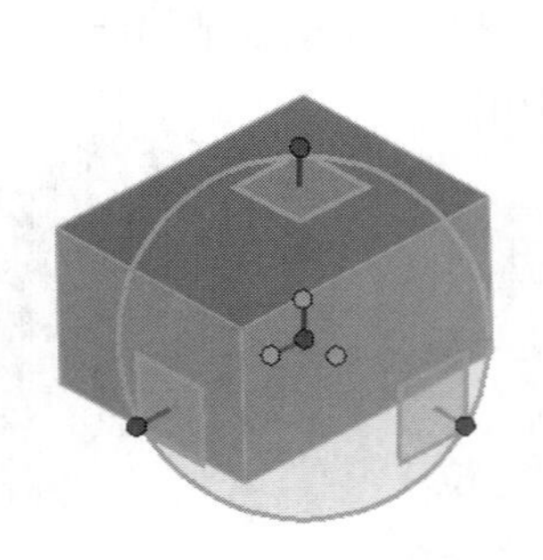

图13-16　选择三维球工具

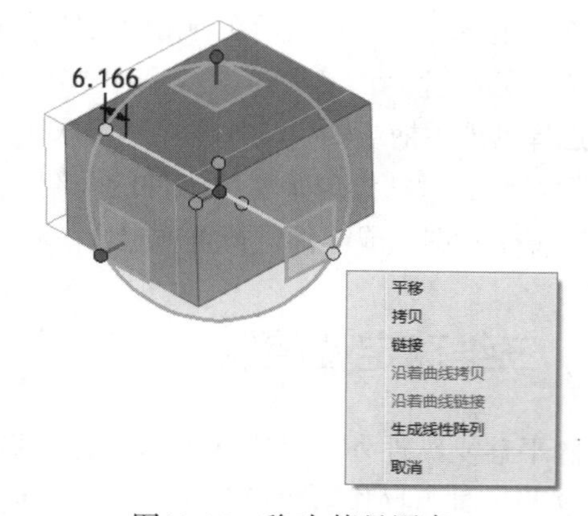

图13-17　移动/拷贝图素

（3）在弹出的快捷菜单中选择“拷贝”，在弹出的“重复拷贝/链接”对话框中的数量文本框中输入“4”，在距离文本框中输入“60”，如图13-18所示。单击“确定”按钮即可完成多面体的复制，结果如图13-19所示。

（4）取消对三维球工具的选择。

图13-18 “重复拷贝/链接”对话框

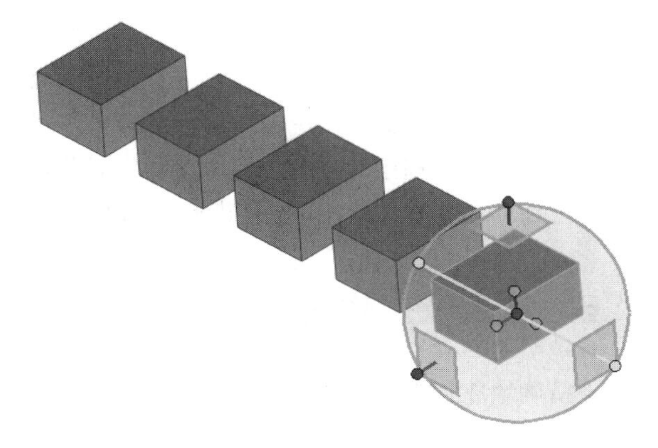

图13-19　阵列复制

13.4.5　修改三维球配置选项

由于三维球的功能繁多，它的全部选项和相关的反馈功能在同一时间是不可能都需要的，因而，CAXA 3D实体设计允许按需要禁止或激活某些选项。

如果要在三维球显示在某个操作对象上时修改三维球的配置选项，在设计环境中的任意位置单击鼠标右键即可。此时，将弹出图13-20所示的菜单，此菜单中有几个选项是默认的。

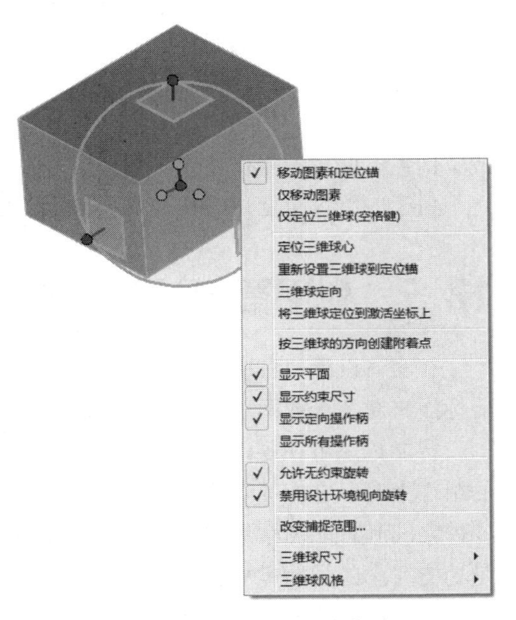

图13-20　配置三维球菜单

三维球上可用的配置选项如下所示。

移动图素和定位锚：如果选择了此选项，三维球的动作将会影响选定操作对象及其定位锚。此选项为默认选项。

仅移动图素：如果选择了此选项，三维球的动作将仅影响选定操作对象；而定位锚的位置不会受到影响。

注意

一旦在某个图素上激活了三维球，即可以利用空格键快速激活/禁止其“仅定位三维球”。

仅定位三维球（空格键）：选择此选项可使三维球本身重定位，而不移动操作对象。

定位三维球心：选择此选项可把三维球的中心重定位到操作对象上的指定点。

重新设置三维球到定位锚：选择此选项可使三维球恢复到默认位置，即操作对象的定位锚上。

三维球定向：选择此选项可使三维球的方向轴与整体坐标轴（L,W,H）对齐。

将三维球定位到激活坐标上：选择此选项可使三维球恢复到原来的状态。

显示平面：选择此选项可在三维球上显示二维平面。

显示约束尺寸：选定此选项时，CAXA 3D实体设计将报告图素或零件移动的角度和距离。

显示定向操作柄：选择此选项时，将显示附着在三维球中心点上的方位手柄。此选项为默认选项。

显示所有操作柄：选择此选项时，三维球轴的两端都将显示出方位手柄和平移手柄。

允许无约束旋转：欲利用三维球自由旋转操作对象，可选择此选项。

改变捕捉范围：利用此选项，可设置操作对象重定位操作中需要的距离和角度变化增量。增量设定后，可在移动三维球时按下Ctrl键激活此功能选项。

13.4.6 重定位操作对象上的三维球

为了精确地放置操作对象，可以仅对三维球进行重定位而无须移动操作对象。此选项在许多情况下都适用。

通过重定位三维球及其操纵件，可以重新调整默认情况下由操作对象定位锚确定的坐标系。用于图素重定位的所有三维球操纵件（包括平移和定向）均可用于对三维球本身进行重定位。

若要激活三维球的平移及定向操纵件来定位三维球本身，应在三维球内侧单击鼠标右键并从弹出的快捷菜单上选择“仅定位三维球”或按下空格键切换到此模式。再次按下空格键将禁止“仅定位三维球”选项。指示“仅定位三维球”选项处于激活状态的可见信号使三维球的轮廓从蓝绿色变成了白色。此后的操作将仅影响三维球本身，而不会影响操作对象。

由于三维球重定位操作非常类似于其他图素的重定位操作，所以在这里不再赘述。

13.5 利用智能标注定位

在实体设计过程中，智能标注不仅能检查实体零件的三维尺寸，而且在设计过程中可以通过智能标注来对两个或两个以上的零件进行空间定位。

智能标注可在零件或智能图素编辑状态下应用。当智能标注在零件编辑状态下应用于同一零件的组件上时，它们的功能就仅相当于标注尺寸，不能被编辑或锁定。用于零件编辑状态下两个单独零件之间和智能图素编辑状态相同零件的组件之间的智能标注（第一个选择的边上的尺寸除外）都是功能完全的智能尺寸，可按需要编辑或锁定。智能标注的显示可利用其“风格属性”自定义并进行重定位，以获取最佳效果。

智能标注可用于增料设计和除料设计上的点、边和面上。

13.5.1 采用智能尺寸定位实体造型

（1）新建一个设计环境，然后从“钣金”目录中拖出一个“板料”图素并释放到设计环境中。

（2）从“图素”目录中拖出一个“条状体”图素，并将其释放到板的上表面，如图13-21所示。

（3）在智能图素编辑层选择块，由于条状体拖放到了板上，所以两个图素都成了同一零件的组件。为了测量某个零件的图素组件的面、边或顶点之间的距离，用户必须在智能图素编辑状态下添加智能尺寸。如果在零件编辑状态下选择条状体图素，那么智能尺寸的功能就仅相当于一种标注。

（4）单击“工程标注”选项卡“尺寸”面板中的“智能标注”按钮。

（5）把光标移动到块侧面底边的中心位置，直至出现一个绿色智能捕捉中心点且该边呈绿色加亮显示。

（6）在线性智能尺寸的第一个点上单击鼠标左键并选定它。将光标拖动到板上与条状体选定面平行的边，直至其呈绿色加亮显示。

（7）在光标与绿色加亮显示的边上的点对齐时，单击鼠标左键以给智能尺寸设定第二个点，如图13-22所示。

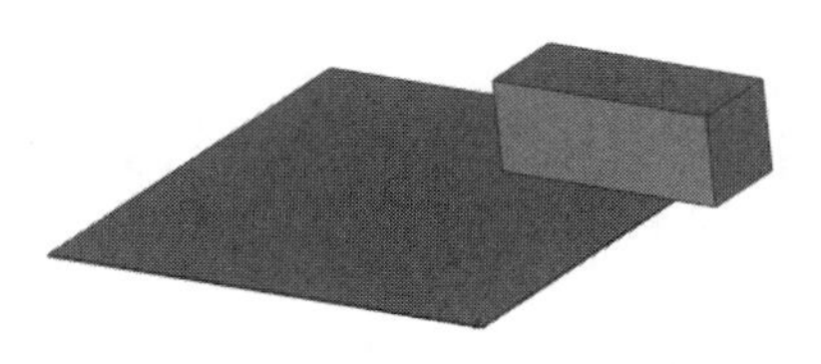

图13-21 拖放图素到设计环境中

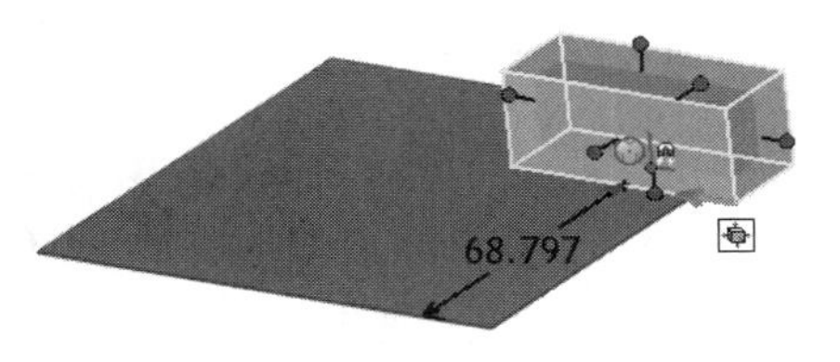

图13-22 线性智能尺寸的放置

（8）在智能尺寸值的显示位置单击鼠标右键，并从弹出的快捷菜单中选择“编辑智能尺寸”，如图13-23所示，弹出“编辑智能标注”对话框，如图13-24所示。改变其数值，单击“确定”按钮，条状体的位置将随之改变，如图13-25所示。

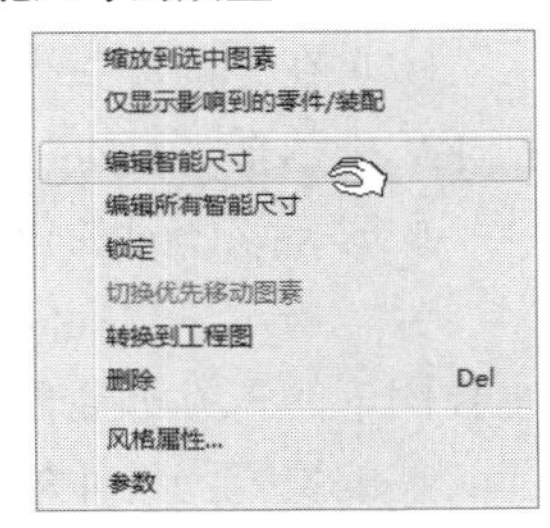

图13-23 右键快捷菜单

“水平标注”“垂直标注”和“角度标注”等类型的智能尺寸也可用于条状体图素，并可按照前一示例中的“线性标注”相同的方式编辑。“半径标注”和“直径标注”智能尺寸适用于圆柱形图素，其功用也类似于“线性标注”。

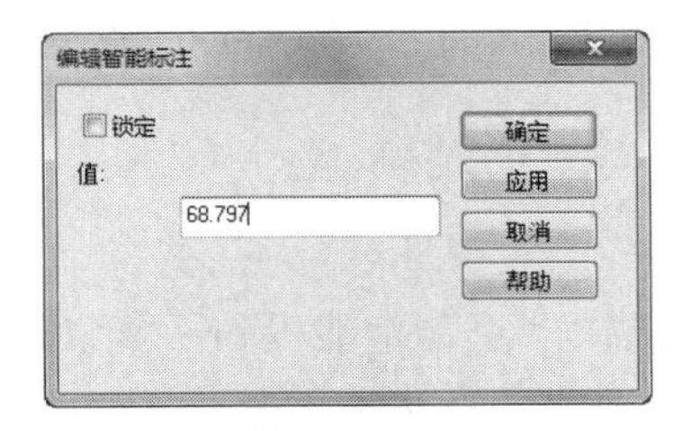

图13-24 “编辑智能标注”对话框

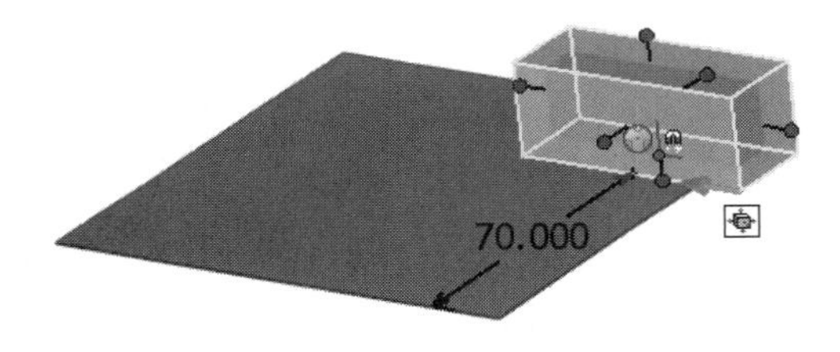

图13-25 编辑后的智能尺寸值及块的相应重定位

13.5.2 编辑智能尺寸的值

在生成智能尺寸时，选择的第一个图素即为该智能尺寸的主控图素。若要编辑某个智能尺寸的值，必须首先选中这个主控图素。一旦编辑了该智能尺寸的值，这个主控图素就可以相应地重新定位。

应用智能尺寸后重定位主控图素，系统提供了以下两种选择。

（1）如果要对主控图素实施可视化重定位，应在智能图素编辑层选择该主控图素（块），然后把它拖移到新位置。在把该图素拖离时，它离开原位置的当前距离值将不断改变。一旦显示出符合需要的值即可释放该图素。

（2）如果要对主控图素实施精确重定位，应在智能图素编辑层选定这个图素，在智能尺寸的距离值上单击鼠标右键，然后从弹出的快捷菜单中选择“编辑智能尺寸”，在弹出的对话框中输入对应的距离值并单击“确定”按钮，即可将该块相应地重新定位。

也可以在同一对话框中同一图素上进入和编辑全部智能尺寸值，方法是：在智能图素编辑状态下选择图素，在其中一个智能尺寸上单击鼠标右键，在弹出的快捷菜单中选择“编辑所有智能尺寸”，屏幕上将显示一个对话框，其中有一个包含该图素全部现有智能尺寸值的表。输入相应的值，然后单击“应用”按钮预览结果，或单击“确定”按钮结束编辑。

13.5.3 利用智能尺寸锁定图素的位置

可以利用智能尺寸把智能图素的位置锁定在其他图素上。若是在移动或重新设置某个图素的“父级”图素时不希望该图素移动，就可以使用这一选项。

利用智能尺寸锁定智能图素位置的操作步骤如下所示。

（1）在智能图素编辑状态下选择图素。

（2）在先前应用于图素的线性标注尺寸的各个值显示区中单击鼠标右键，然后从随之弹出的快捷菜单中选择“锁定”。

此时，该图素的位置就在指定智能尺寸值的基础上固定在块上了，各个值的旁边都将显示一个“*”号，表示该智能尺寸已被锁定。所有锁定的智能尺寸在“设计环境浏览器”中显示时，它们的主控图素的下方都会显示为锁上的挂锁，而未锁定的智能尺寸则显示为打开的挂锁。

在编辑智能尺寸的值时，通过在“编辑智能尺寸”对话框中选择“锁定”选项也可以锁定智能尺寸。

被约束的智能尺寸在“设计环境浏览器”中的“约束”目录下也以锁上的挂锁显示。在“浏览器”中的“约束”目录下选择一个图标也可以选定设计环境中的相关零件、装配件或图素。

13.6 重定位定位锚

如前所述，定位锚决定了图素的默认连接点和方向。定位锚以两条绿色线段和一个绿点表示。利用三维球工具，可以对定位锚进行重新定位，以指定其他的连接点和方向。

> **注意**
>
> 在图素或零件的定位锚上单击鼠标右键时，可以利用弹出的快捷菜单设定该图素或零件如何与设计环境中的其他操作对象交互作用。

13.6.1 利用三维球重定位零件的定位锚

（1）选定零件的定位锚。选择正确后，定位锚的颜色将变成黄色，定位锚的旁边则出现一个黄色的定位锚图标。

（2）激活三维球工具。

（3）按需要旋转或移动定位锚的位置。

13.6.2 利用“定位锚”属性表重定位图素的定位锚

（1）在零件编辑状态下右击图素，从弹出的快捷菜单中选择“零件属性”。

（2）选择“定位锚”标签，显示出定位锚属性选项。

（3）为定位锚指定一个新位置，方法是通过旋转或沿着一个二维平面移动定位锚。通过恰当的字段，为多达3个的运动方向输入相对于当前位置的距离值，或输入相对于当前位置的一个新的旋转角度。

若要设定某个旋转轴，应在对应的L、W或H方位字段中输入“1”，而在其他字段中输入“0”。然后，在“用这个角度”字段中输入相应的旋转角度值。

（4）得到满意的新位置后，单击“确定”按钮结束操作。同样的操作过程也适用于由多个智能图素生成的零件或由多个零件/图素生成的装配件的定位锚重定位。

13.6.3　利用“移动定位锚”功能选项重定位图素的定位锚

（1）从“设计工具”菜单中选择“移动锚点”。

（2）单击鼠标左键在该图素上为定位锚选定合适的新位置，定位锚将立即重定位。

依靠定位锚拖放定位操作特征，定位锚一旦被重定位，图素就会重新调整自己的位置，或者在图素下一次移动时调整。之所以进行这种调整，是因为定位锚的重定位动作改变了它“沿曲面表面拖动”的拖拉定位操作特征。如果定位锚在重定位之前就设置了“沿曲面表面拖动”，它就会保留这一设置；但是，如果对应的图素附着到第二个图素上，该图素就会滑动到它的定位锚上，以便它能够沿着第二个图素的表面滑动。

除三维球工具外，也可以利用“智能标注”和“智能捕捉”来给定位锚定位。

13.7　附着点

尽管在默认状态下，CAXA 3D实体设计是以对象的定位锚为对象之间的结合点，但是通过添加附着点，也可以使操作对象在其他位置结合。可以把附着点添加到图素或零件的任意位置，然后直接将其他图素贴附在该点。

13.7.1　利用附着点组合图素和零件

（1）生成新的设计环境，并且生成一个图素。

（2）从“设计工具”菜单中选择“附着点”命令。

（3）在零件编辑状态下选定零件，然后把光标移动到该图素，并为附着点选择相应的点。图素的表面将出现一个标记，该标记指明了附着点的位置。

（4）从设计元素库中拖出另一个图素并把它放置到附着点处，当附着点变绿时，释放新图素。之后，新图素的定位锚就会与第一个图素的附着点连接在一起。

（5）可以将附着点放置在两个零件上并用这些点将两个零件组合在一起。拖动其中一个零件的附着点，把它释放到另一个零件的附着点上。附着操作完成后，如果移动主控零件，附加零件也会随之移动；然而，如果移动附加零件，附加零件和主控零件之间的附着点约束将会失效。

13.7.2 附着点的重定位和复制

可以利用三维球工具重定位图素或零件附着点。

1. 利用三维球工具重定位附着点

在零件编辑状态下选择零件并选择附着点，显示出黄色提示区。单击“装配”选项卡“定位”面板中的“三维球”按钮，或按下功能键F10来激活三维球工具，然后利用本章前面描述的三维球操纵件可转动或移动附着点的位置。

2. 利用三维球复制附着点

如果把某个特殊方位设定到某个附着点并想复制它，可以利用三维球进行复制，附着点的相关操作过程与图素和零件的操作类似。

13.7.3 删除附着点

选定某个附着点、显示出其黄色提示区，然后按下Delete键，就可以删除不再需要的附着点。也可以在选定该附着点后，单击鼠标右键，然后从弹出的快捷菜单中选择“删除附着点”即可。

13.7.4 附着点属性

在图素或零件上添加附着点时，一个新的选项表就会添加到该图素或零件的标准属性表中。为了查看这些属性，可分别在智能图素或零件编辑状态下用鼠标右键单击图素或零件，从弹出的快捷菜单中选择对应的“零件属性”选项，然后选择“附着点”标签。

利用“附着点”选项，可为附着点指定新位置，方法是：使附着点沿着一个二维平面旋转或移动，为多达3个的运动方向输入相对于当前位置的距离值，或输入相对于当前位置的一个新的旋转角度。

若要设定某个旋转轴，应在对应的L、W或H方位字段中输入“1”，而在其他选项中输入“0”。然后，在“用这个角度”字段中输入相应的旋转角度值。

13.8 “位置”属性表

“位置”属性表中的选项为图素或零件提供了通过相对于背景栅格中心编辑其定位锚位置方式的另一种重定位方法。采用此方法时，图素或零件可根据编辑结果相应地重定位。

利用“位置”属性表重定位图素的操作步骤如下所示。

（1）若有必要，应显示出位置尺寸。在设计环境背景中单击右键，从弹出的快捷菜单中选择“显示”，选择“位置尺寸”，然后单击“确定”按钮。

（2）在零件编辑状态下针对零件单击鼠标右键，从弹出的快捷菜单中选择“零件属性”选项。

（3）选择“位置”标签。

（4）在“位置”属性表上为零件定位锚和包围盒角点之间的距离输入新值。

（5）必要时，可编辑方位属性使选定的图素旋转。若要指定一个旋转轴，则应在X、Y或Z字段中的某个适当字段内输入“1”，而在其他两个字段中则输入“0”。然后，在“用这个角度”字段输入旋转角度值。

（6）单击“确定”按钮，使图素重新定位。

13.9　上机操作

绘制一个直径50、高100的圆柱体，并在中心位置开一个边长为20的方形通孔。

操作提示

（1）使用鼠标左键选择所需“图素”种类，确定所需的设计元素。

（2）在“圆柱体”元素上按住鼠标左键，将其拖动到设计环境的设计区域中后，释放鼠标左键。

（3）用同样的方法将一个“孔类长方体”拖动到圆柱体表面。

（4）利用包围盒编辑图素的尺寸。

（5）利用三维球移动方孔的位置。

13.10　思考与练习

1. 图素及零件的定位方法有哪几种？
2. 如何利用三维球进行移动和定位？

第14章　减速器实体设计综合实例

本章主要介绍减速器中各个零件的实体设计，包括齿轮轴、圆柱齿轮、减速器箱体等。

在对减速器零件的设计过程中，将对CAXA 3D实体设计软件的图素功能进行系统性学习。设计过程中，如何高效、准确地绘制零部件并进行装配是本章的学习目的，也是本章的学习难点。

14.1　轴承端盖设计

14.1.1　设计思路

轴承端盖（见图14-1）为典型的盘套类零件，其结构简单，绘制过程中可以调用“圆柱体”和“孔类圆柱体”图素进行组合，然后再使用“边过渡”和“边倒角”命令对其结构进行细化。

图14-1　轴承端盖

14.1.2　设计步骤

（1）启动CAXA 3D实体设计系统，进入三维设计环境。

（2）调用设计元素库中的“圆柱体”图素，对其包围盒进行编辑，设置尺寸为长度92、宽度92、高度10，如图14-2所示。单击“确定”按钮，绘制轴承端盖帽。

（3）调用“圆柱体”图素，将其拖放在轴承端盖帽上，设置尺寸为长度68、宽度68、高度15，绘制轴承端盖实体轮廓，结果如图14-3所示。

（4）调用“孔类圆柱体”图素，将其拖放在轴承端盖实体轮廓上面，设置其尺寸为长度50、宽度50、高度10，结果如图14-4所示。

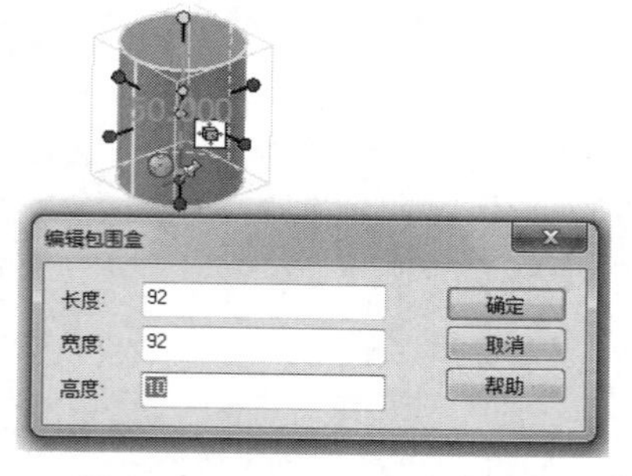

图14-2　调用“圆柱体”图素

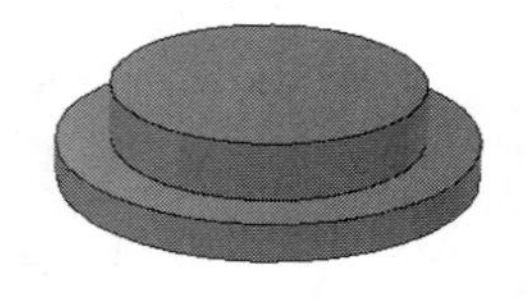

图14-3　轴承端盖实体轮廓

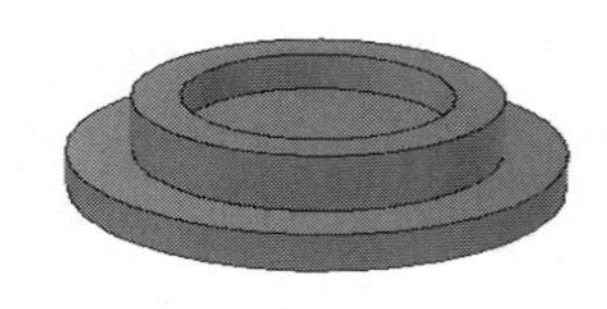

图14-4　调用“孔类圆柱体”图素

（5）调用“孔类圆柱体”图素，使其贯穿轴承端盖，设置其直径为38，绘制中间孔，如图14-5所示。

（6）单击“特征”选项卡“特征”面板中的“旋转向导”按钮，在系统提示下，在实体上任意拾取一点，弹出“旋转特征向导”对话框，如图14-6所示。在该对话框中依次选择“除料”|“实体”选项，单击“完成”按钮，结果如图14-7所示。

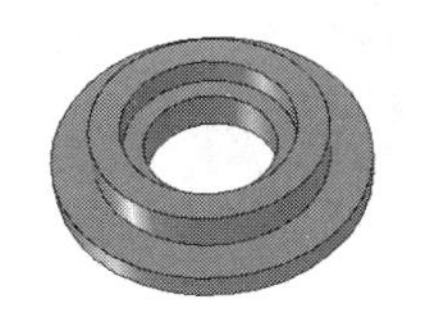

图14-5　绘制中间孔

图14-6 “旋转特征向导”对话框

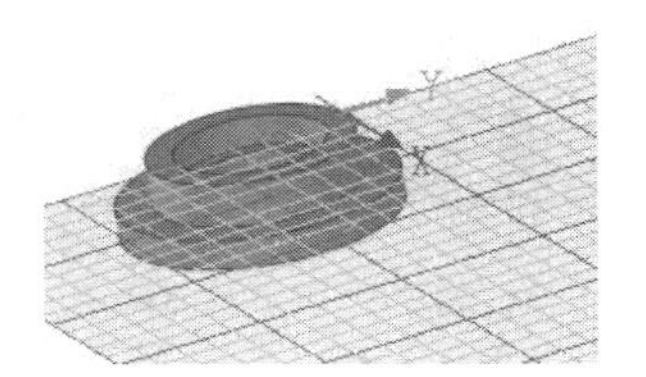

图14-7　二维绘图栅格

（7）由于绘图栅格的位置不适合用于旋转除料操作，需要将栅格位置进行调整。单击“装配”选项卡“定位”面板中的“三维球”按钮，激活绘图栅格的三维球，如图14-8所示，可以使用三维球工具来调整绘图栅格的位置。鼠标右键单击三维球的中心控制手柄，在弹出的快捷菜单中选择“到中心点”，如图14-9所示。拾取任意一个外圆，三维球将移动到轴承端盖中心位置，关闭三维球，结果如图14-10所示。

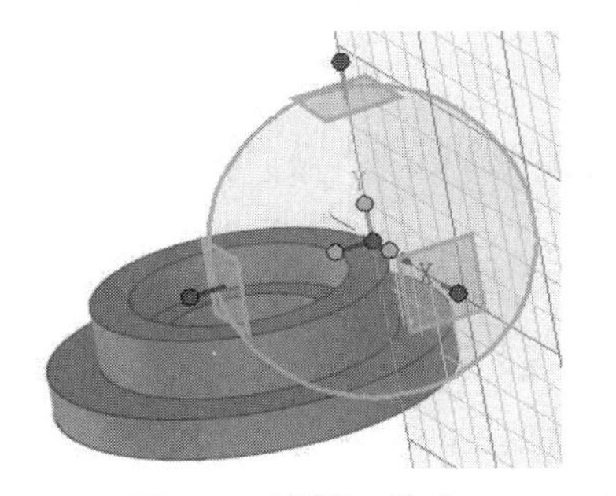

图14-8　激活三维球

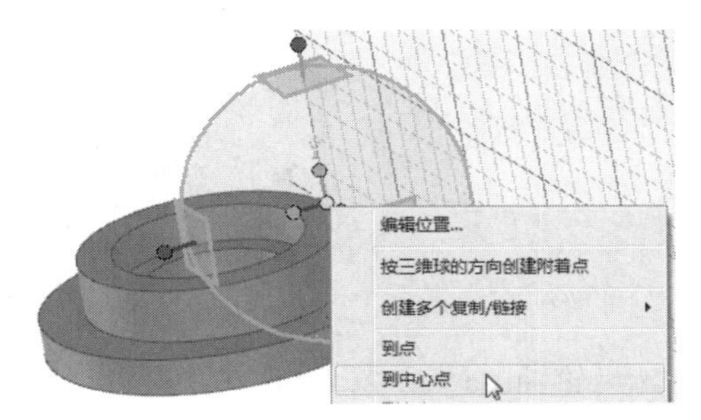

图14-9　右键快捷菜单

（8）单击“指定面”按钮，然后拾取绘图栅格平面，使栅格平面作为正视图，如图14-11所示。

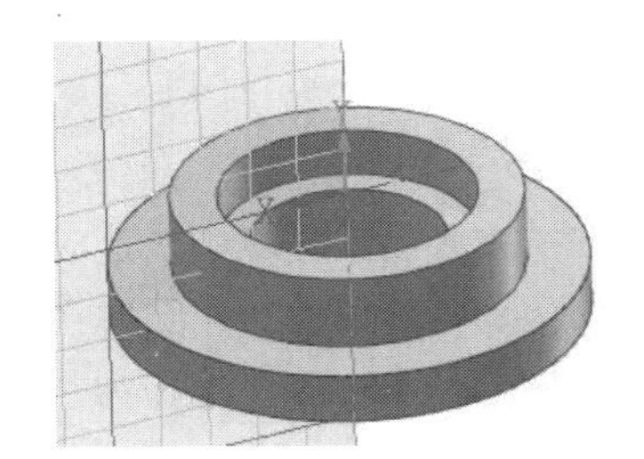

图14-10　调整栅格位置

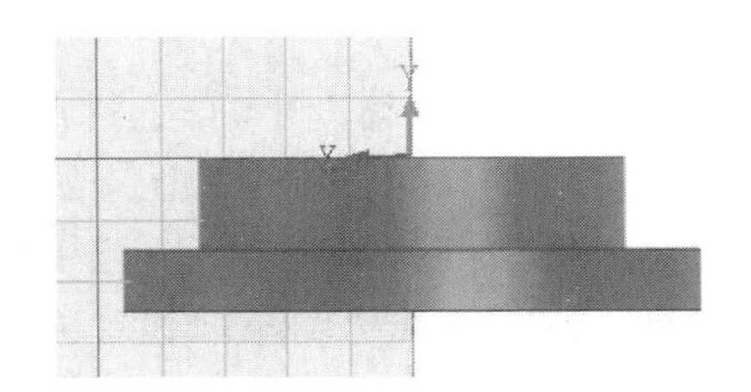

图14-11　使栅格平面作为正视图

（9）单击“草图”选项卡“绘制”面板中的“矩形”按钮，在二维栅格平面上绘制矩形，设置矩形尺寸与位置如图14-12所示，使4个端点坐标分别为（21，−16.5）、（10，−16.5）、（21，−21.5）、（10，−21.5），单击“完成”按钮，结果如图14-13所示。

（10）采用上述操作方法，绘制端盖的退刀槽，退刀槽尺寸为2mm × 2mm，结果如图14-14所示。

（11）单击“特征”选项卡“修改”面板中的“圆角过渡”按钮，对轴承端盖内部进行圆角过渡，设置圆角半径为5；单击“特征”选项卡“修改”面板中的“边倒角”按钮，对轴承端盖帽进行C2倒角，结果如图14-1所示。

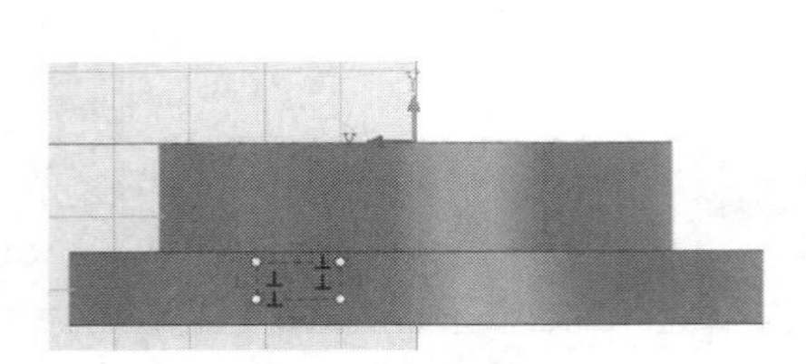

图14-12　绘制矩形

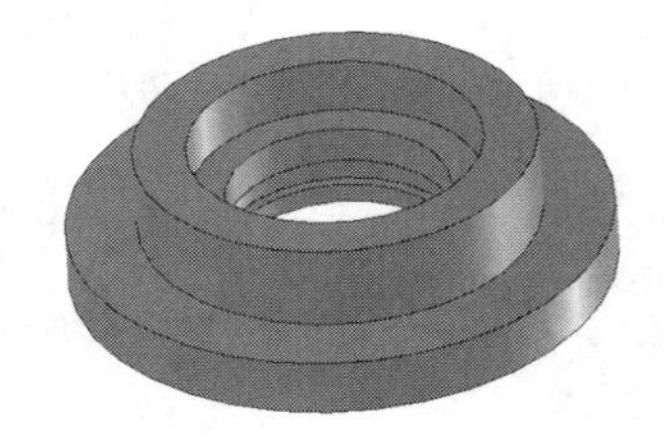

图14-13　旋转除料结果

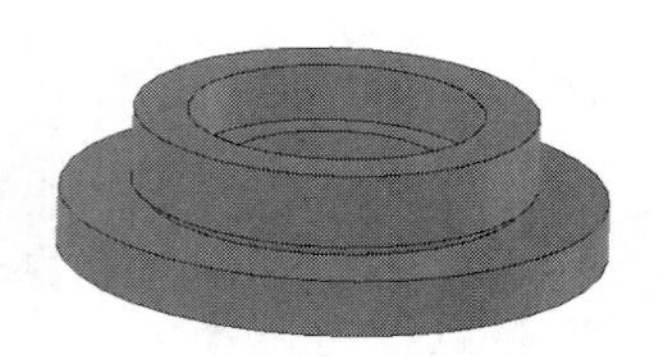

图14-14　绘制退刀槽

14.2　齿轮轴设计

14.2.1　设计思路

在这一节中，将以齿轮轴（见图14-15）为例继续练习轴类零件的设计。除了熟悉14.1节中介绍的轴类零件的设计方法，还将进一步练习调用设计元素库中的“工具”图素及对图素所加载属性进行编辑修改。

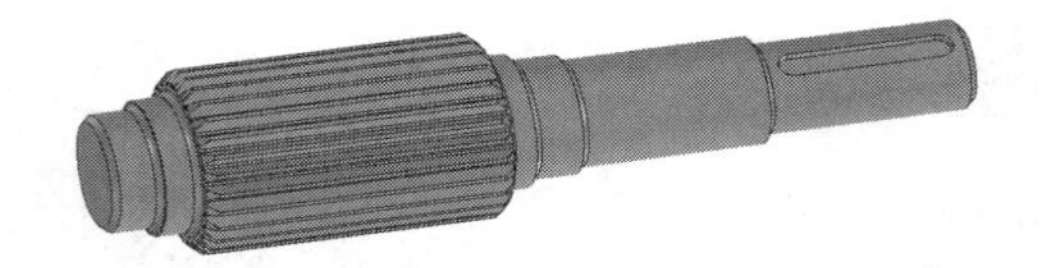

图14-15　齿轮轴

在设计齿轮轴的过程中，重点在于设计齿轮的结构。CAXA 3D实体设计系统设计元素库中的“工具”图素提供了齿轮的参数化设计。在设计过程中可以先利用“工具”图素中的“齿轮”图素进行齿轮设计，然后再采用前面章节介绍的方法设计齿轮轴的其他结构。

14.2.2　设计步骤

（1）启动CAXA 3D实体设计系统，进入三维设计环境。

（2）调用设计元素库中“工具”图素的“齿轮”图素，将其拖放入设计环境中，这时系统将弹出“齿轮”对话框，如图14-16所示。由于所需要设计的齿轮模数为2、齿数为29，因此在对话框中输入相应齿数“29”，选择“直齿”，设置压力角度数为“20”、厚度为“88”、孔半径为“0”、分度圆半径为“29”。单击“确定”按钮，直齿齿轮显示于设计环境中，如图14-17所示。

> **注意**
>
> 可以在图14-16所示的对话框中分别单击选择“斜齿轮”“圆锥齿轮”“蜗杆”“齿条”选项，熟悉这几种常见零件结构的设计方法。

（3）设计齿轮两端的3×45°倒角。单击“特征”选项卡“特征”面板中的“旋转向导”按钮，选择齿轮左端中心点为2D轮廓定位点，如图14-18所示。在弹出的“旋转特征向导”对话框中选择“除料”|“实体”，然后单击“下一步”按钮，选择“沿着选择的表面”，设置旋转角度为“360”，单击“完成”按钮，出现绘图栅格，如图14-19所示。

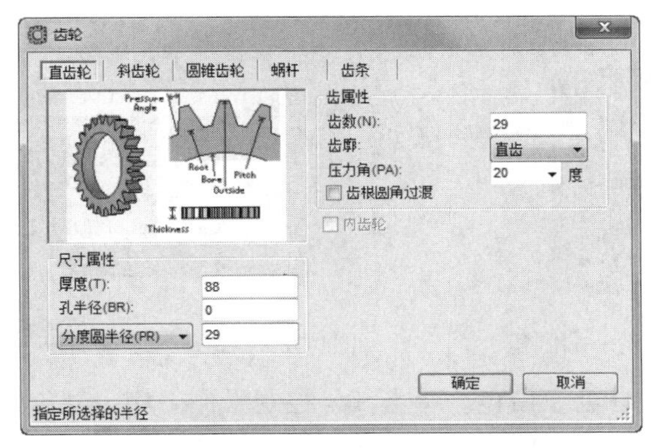

图14-16 “齿轮”参数化设计对话框

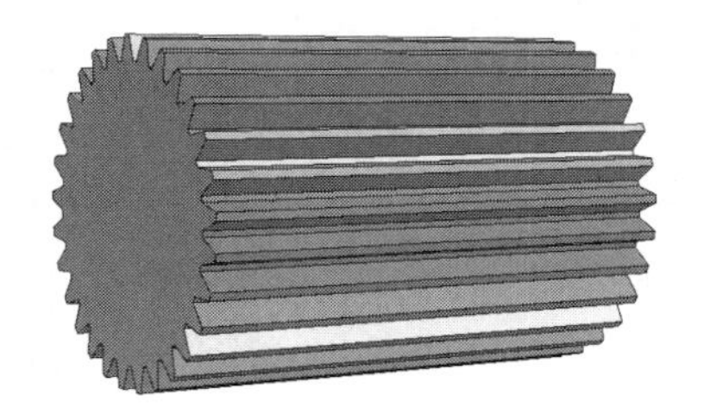

图14-17　直齿齿轮

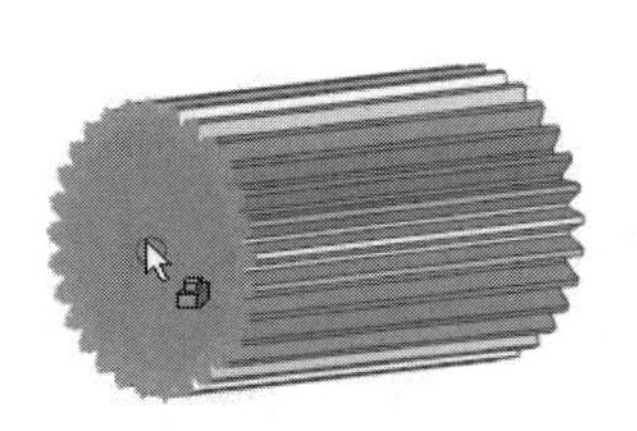

图14-18　选择2D轮廓定位点

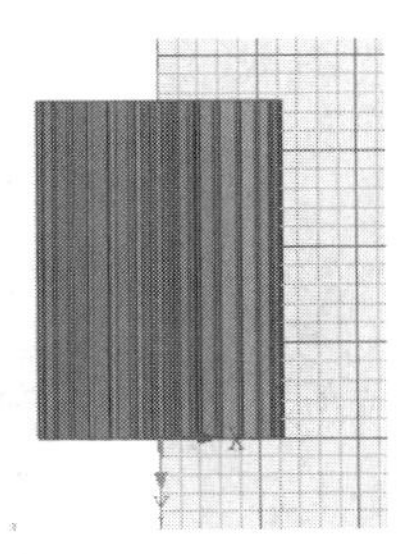

图14-19　绘图栅格

（4）经过计算可知，齿轮的齿顶圆半径为31。单击“二维辅助线”工具条中的“垂直构造直线”按钮，在绘图栅格中绘制一条垂直辅助线，如图14-20所示，用鼠标右键单击其定位点，在弹出的快捷菜单中选择“编辑位置”，在弹出的“编辑位置”对话框中输入X轴位置28，如图14-21所示，单击“确定”按钮。

（5）单击“两点线”按钮，拾取垂直辅助线与齿轮上端面投影的交点，绘制一条倾斜直线，单击鼠标右键，弹出“直线长度/斜度编辑”对话框，如图14-22所示。

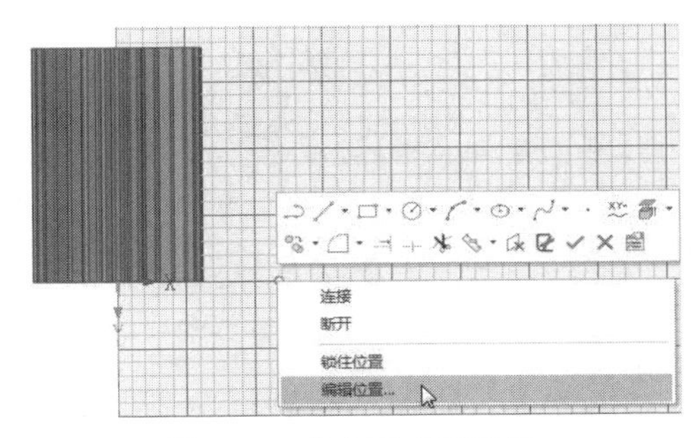

图14-20　绘制垂直辅助线

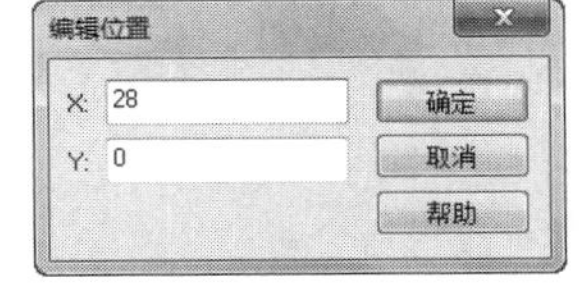

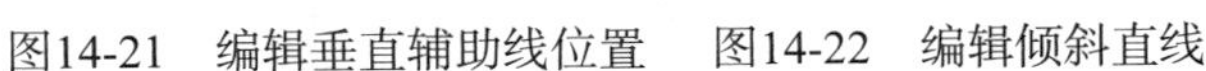

图14-21　编辑垂直辅助线位置　图14-22　编辑倾斜直线

（6）单击“两点线”按钮，绘制如图14-23所示的三角形，面积要大于齿轮边角的投影面积。至此，旋转特征2D轮廓绘制完毕。

（7）单击“完成”按钮，齿轮一端的倒角设计结束，结果如图14-24所示。

（8）单击“设计环境”按钮，展开设计环境左侧的设计树。单击“直齿轮”节点，展开其子目录，单击两次子目录“旋转1”名称，重命名为“倒角1”。单击其图标，使其处于智能图素编辑状态。单击“三维球”按钮，激活三维球，如图14-25所示。

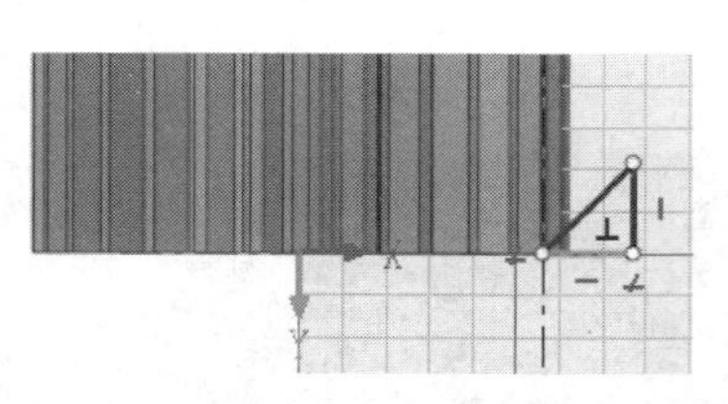
图14-23　绘制旋转特征2D三角形轮廓

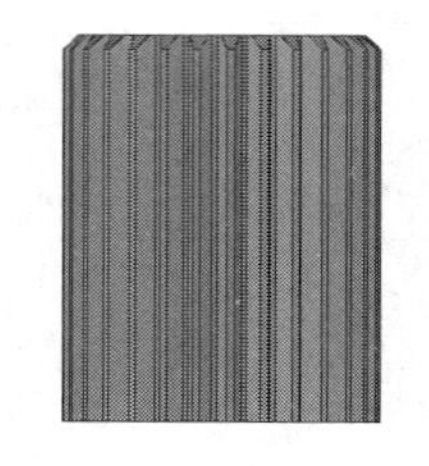
图14-24　齿轮一端倒角

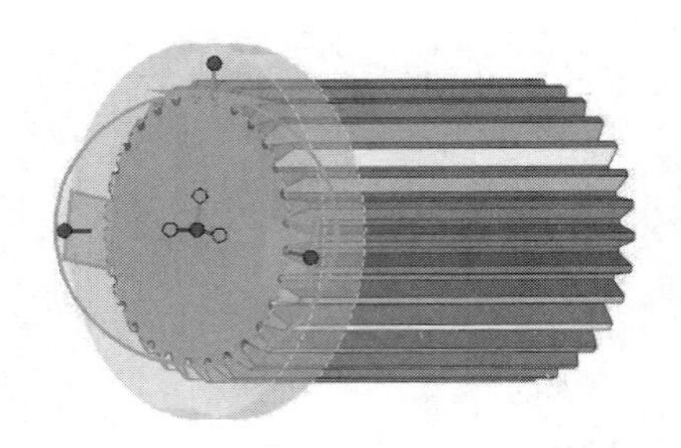
图14-25　激活三维球

（9）按下空格键，使三维球与图素脱离，三维球处于白色。单击其外控制操作手柄，颜色处于黄色，在外控制操作手柄的左侧手柄端点处右击，在弹出的快捷菜单中选择“编辑距离”，如图14-26所示。输入移动三维球的距离值为44，将三维球向右侧移动到直齿轮的中点处，按下空格键，恢复三维球与图素的锁定状态，如图14-27所示。

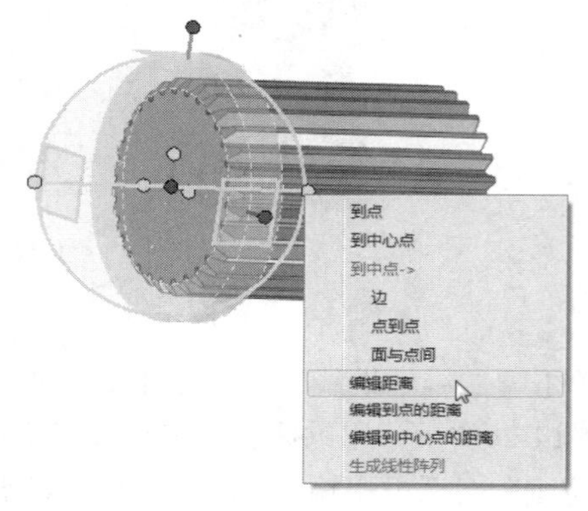

图14-26　使三维球脱离图素

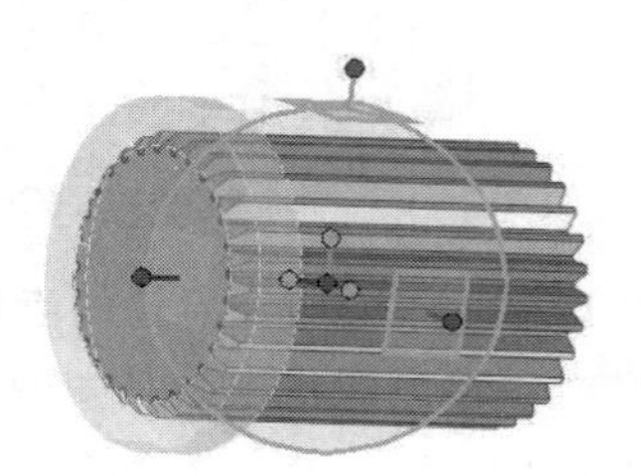
图14-27　移动三维球

（10）右击三维球的轴向定向操作手柄，弹出快捷菜单，如图14-28所示。选择“镜像”|“拷贝”，将“倒角1”图素进行镜像操作。单击“三维球”按钮，关闭图素的三维球，单击设计环境空白处，退出智能图素编辑状态，结果如图14-29所示。

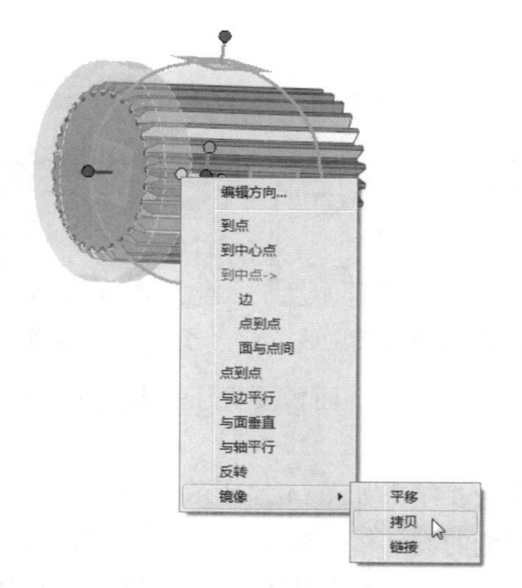

图14-28　进行三维球镜像

图14-29　镜像结果

（11）参考14.1节中传动轴的设计方法，根据图14-30所示的尺寸，设计齿轮轴的台阶轴部分结构。图14-29中未标注圆角的尺寸均为R2mm，结果如图14-31所示。

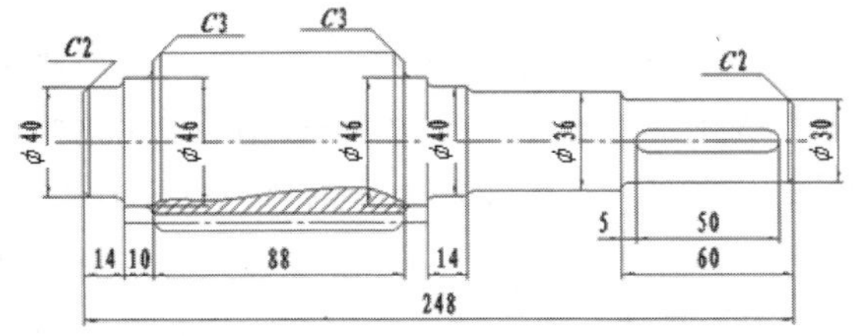

图14-30　齿轮轴工程图

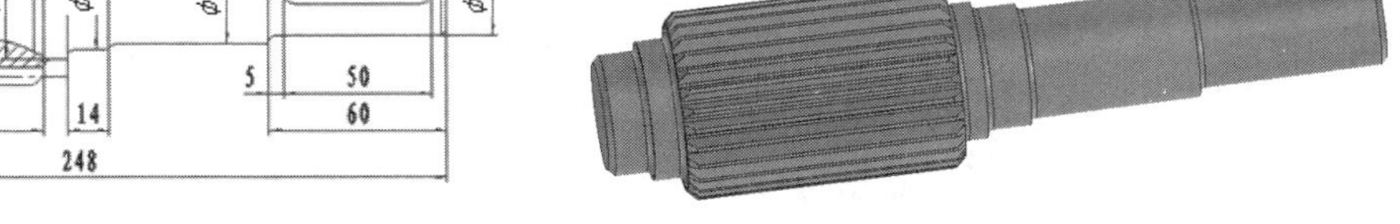

图14-31　齿轮轴轮廓

（12）调用元素设计库的“图素”选项中的“孔类键”图素，将其拖放入齿轮轴上，编辑“孔类键”图素的包围盒尺寸，使键槽长度为50mm，宽度为8mm，深度为4mm。使用“三维球”功能调节其在齿轮轴上的方位，使其与齿轮轴平行，如图14-32所示。

（13）单击“孔类键”图素两次，使其处于智能图素编辑状态。使用“视向”工具条中的工具放大视图区域。单击“工程标注”选项卡“尺寸”面板中的“智能标注”按钮，根据系统提示，按下Ctrl键，单击键槽中心。向左拖动鼠标，捕捉台阶面的边线，标注键槽与台阶面的距离，如图14-33所示。

（14）用鼠标右键单击标注的键槽位置尺寸，在弹出的快捷菜单中选择“编辑智能尺寸”，在弹出的对话框中输入数值“30”，如图14-34所示，单击“确定”按钮。

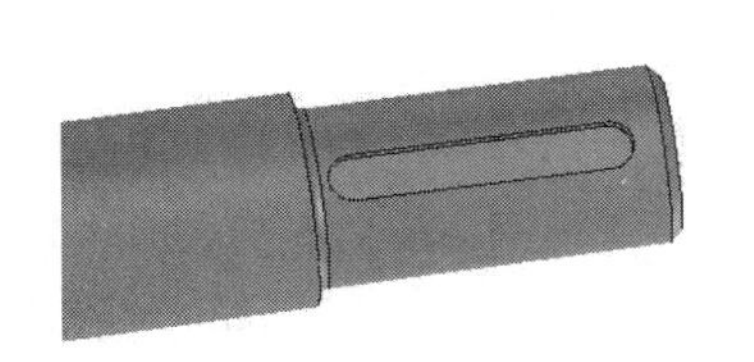

图14-32　调用“孔类键”图素

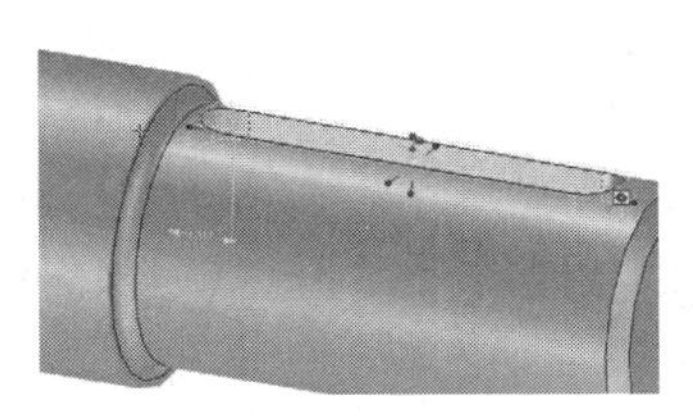

图14-33　标注键槽与台阶面的距离

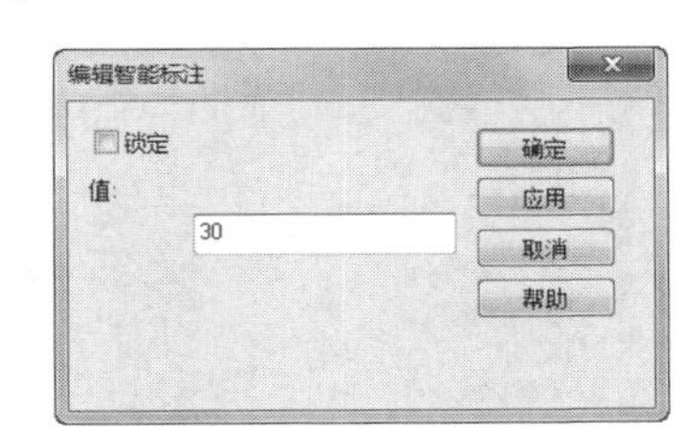

图14-34　“编辑智能标注”对话框

（15）单击“工程标注”选项卡“尺寸”面板中的“智能标注”按钮，再次单击设计环境空白区域，退出此命令。检查齿轮轴造型，若正确则进行保存，将文件命名为“齿轮轴”，设计结果如图14-15所示。

14.3　直齿圆柱大齿轮设计

14.3.1　设计思路

本节将要讲述直齿圆柱大齿轮的设计过程。拟采用在CAXA 3D电子图板中绘制齿轮二维轮廓图形，通过CAXA 3D实体设计系统的数据交换接口，输入二维轮廓，然后再进行拉伸。调用设计元素库中的“孔类圆柱体”和“孔类键”图素来绘制中心孔、减重孔和键槽。采用三维球进行圆形阵列的设计方法，在齿轮基体上阵列减重孔，如图14-35所示。

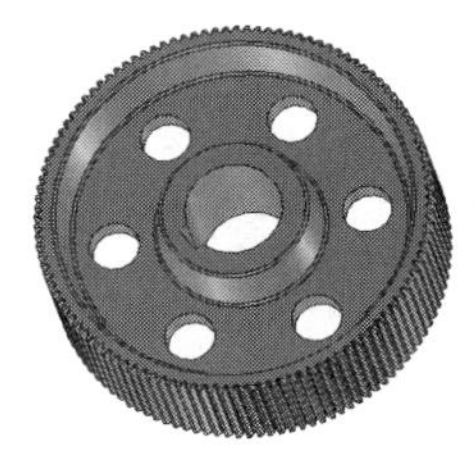

图14-35　直齿圆柱大齿轮

14.3.2 设计步骤

（1）启动CAXA 3D实体设计系统，进入三维设计环境。

（2）启动CAXA 3D电子图板系统，进入电子图板绘图环境。执行“绘图”|“齿形”命令或单击“绘图工具Ⅱ”工具条中的“齿形”按钮或单击“常用”选项卡“绘图”面板中的“齿形”按钮，弹出“渐开线齿轮齿形参数”对话框，如图14-36所示。设置齿数为“116”、模数为“2”、压力角为“20”、齿顶高系数选择“1”、齿顶隙系数选择“0.25”。单击“下一步”按钮，在对话框中输入有效齿数为“116”，如图14-37所示，单击“完成”按钮，单击鼠标将齿轮二维轮廓图定位到绘图环境中，如图14-38所示。

（3）单击“保存”按钮，在保存类型中选择“AutoCAD 2018 DXF（*.dxf）”，输入文件名称为“直齿圆柱大齿轮”，将其保存到一个文件夹中。

（4）切换到CAXA 3D实体设计系统的设计环境中，单击“特征”选项卡“特征”面板中的“拉伸向导”按钮，在“拉伸特征向导”中依次选择“独立实体”|“实体”，设置拉伸距离为“82”，单击“完成”按钮，进入二维截面绘制环境。

（5）执行“文件”|“输入”|“2D草图中输入”|“输入”命令，弹出“输入文件”对话框，如图14-39所示。在文件夹中选择齿轮截面图形文件，单击“打开”按钮，弹出“二维草图读入选项”对话框，单击“确定”按钮，输入齿轮截面图形数据。

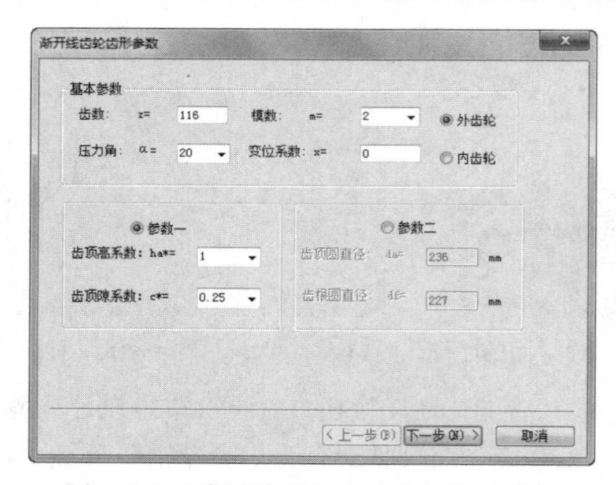

图14-36 “渐开线齿轮齿形参数”对话框

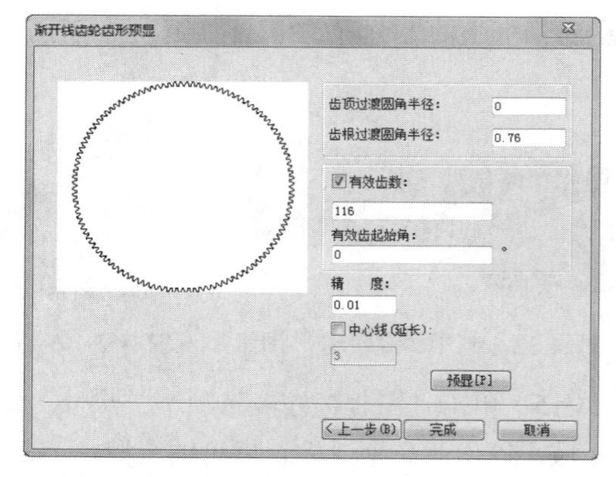

图14-37 “渐开线齿轮齿形预显”对话框

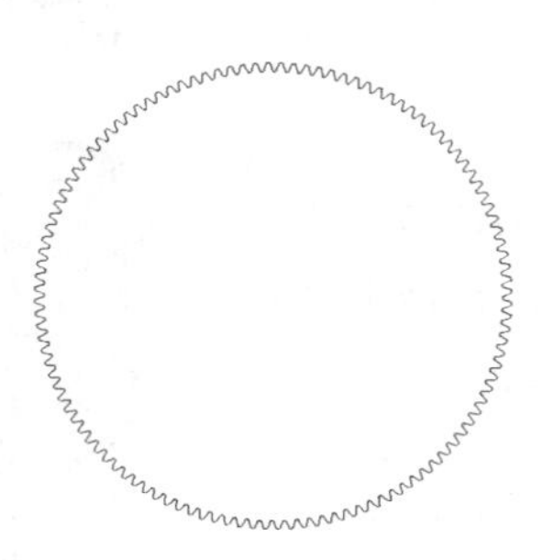

图14-38 齿轮二维轮廓图

图14-39 “输入文件”对话框

（6）单击“显示全部”按钮，改变视图区域大小，单击“完成”按钮，生成齿轮实体造型，如图14-40所示。

（7）从设计元素库的“图素”选项中调用“孔类圆柱体”图素，将其拖放到齿轮中心，编辑其包围盒尺寸，设置长度为“58”，宽度为“58”，高度为“82”，结果如图14-41所示。

（8）从设计元素库中调用“孔类长方体”图素，如图14-42所示，将其拖放到中心孔的边沿，利用三维球调整键槽在中心孔上的位置，使键槽与轴向平行。

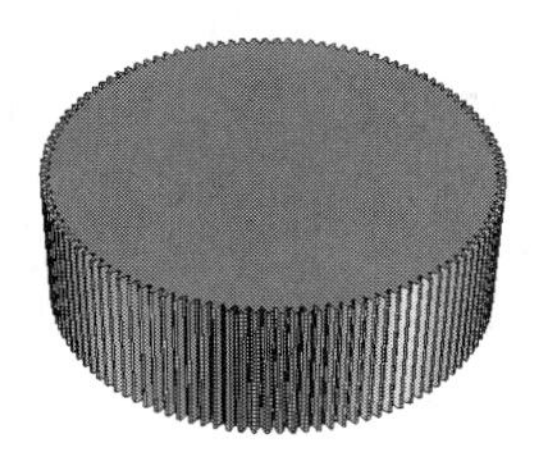

图14-40　生成齿轮实体造型

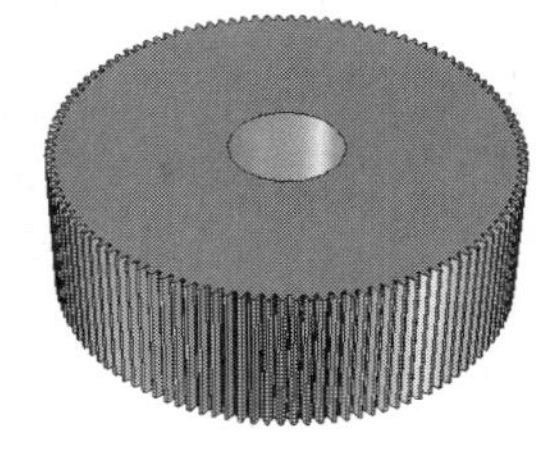

图14-41　编辑包围盒尺寸的结果

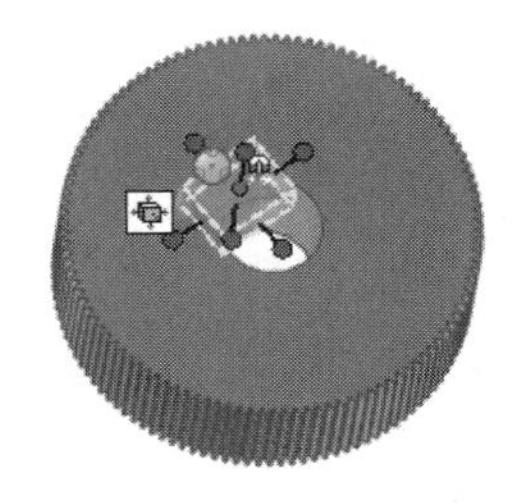

图14-42　调用“孔类键”图素

（9）单击“工程标注”选项卡“尺寸”面板中的“智能标注”按钮，标注键槽与中心孔之间的距离为“33.5”，如图14-43所示。

（10）拖动包围盒的操作手柄，使键槽贯穿齿轮的厚度。右击操作手柄，编辑包围盒的宽度为“16”，如图14-44所示。

（11）单击“特征”选项卡“特征”面板中的“拉伸向导”按钮，单击齿轮端面，确定2D轮廓定位点。在“拉伸特征向导”对话框中选择“除料”|“实体”，单击“完成”按钮，在设计环境中显示二维绘图栅格。单击“装配”选项卡“定位”面板中的“三维球”按钮，激活绘图栅格的三维球，鼠标右键单击三维球的中心手柄，从弹出的快捷菜单中选择“到中心点”，然后拾取中心孔边线，将绘图栅格中心与齿轮端面中心重合，如图14-45所示。单击“装配”选项卡“定位”面板中的“三维球”按钮，关闭三维球功能。

图14-43　标注键槽与中心孔之间的距离

图14-44　编辑键槽

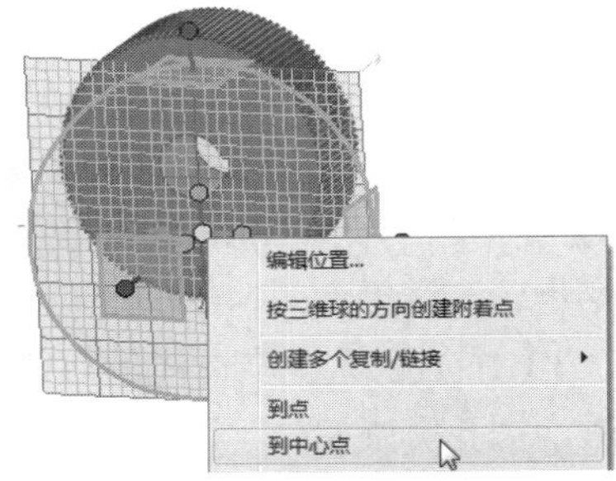

图14-45　调整绘图栅格位置

（12）单击“草图”选项卡“绘制”面板中的“圆心+半径”按钮，在绘图栅格中绘制两个同心圆，设置半径分别为50mm、100mm。单击“编辑草图截面”对话框中的“完成”按钮，生成环形槽拉伸-除料，如图14-46所示。因为拉伸距离没有进行人为设置，系统默认拉伸距离为“50”，所以，对拉伸特征需要进行编辑修改。鼠标右键单击拉伸生成的图素，在弹出的快捷菜单中选择“编辑前端条件”|“拉伸距离”，在弹出的图14-47所示的“编辑距离”对话框中输入拉伸距离值为“33”。单击“确定”按钮，生成齿轮端面，如图14-48所示。

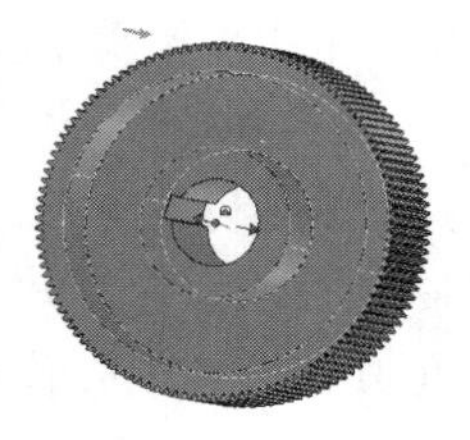

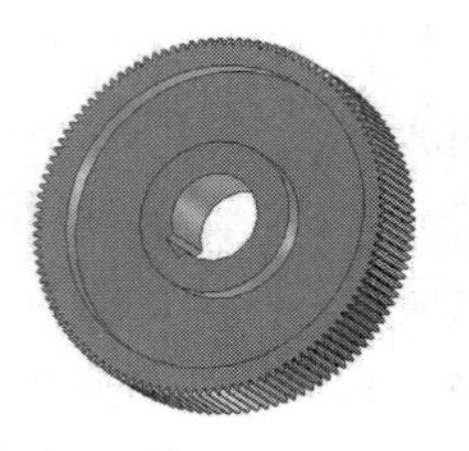

图14-46　拉伸-除料　　图14-47　“编辑距离”对话框　　图14-48　齿轮端面

（13）单击“特征”选项卡“修改”面板中的“面拔模”按钮，弹出“拔模特征”属性管理器，如图14-49所示，拾取环形槽的外表面为拔模面，再拾取环形槽的底面为中性面，如图14-50所示。输入拔模角度为“10”，单击按钮，生成拔模斜度，如图14-51所示。

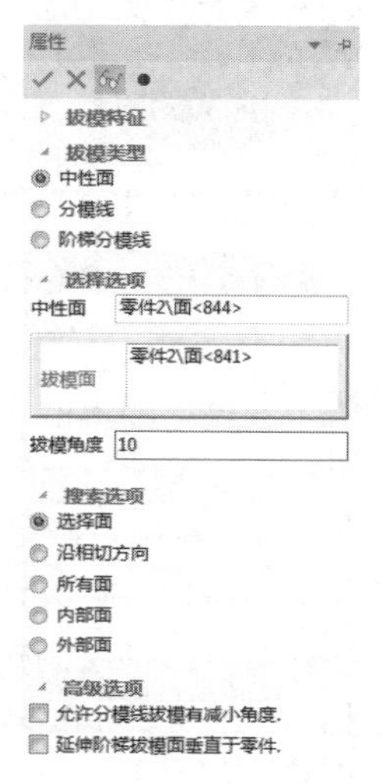

图14-49“拔模特征”属性管理器　　图14-50　拾取环形槽的外表面和底面　　图14-51　外表面生成拔模斜度

（14）重复上述的操作，对环形槽的内表面进行拔模斜度设计，输入拔模角度为“10”，结果如图14-52所示。

（15）调用设计元素库中的“孔类圆柱体”图素，将其拖放入环形槽内。单击“工程标注”选项卡“尺寸”面板中的“智能标注”按钮，标注“孔类圆柱体”到齿轮中心的距离，编辑距离值为“75”。调整“孔类圆柱体”图素包围盒尺寸为长度“30”、宽度“30”、高度“100”，使其贯穿齿轮，结果如图14-53所示。

（16）删除上步标注的智能尺寸。单击“装配”选项卡“定位”面板中的“三维球”按钮，激活“孔类圆柱体”图素的三维球功能。按下空格键，使三维球与图素暂时脱离，仅将三维球移动到齿轮中心位置，按下空格键，使三维球与图素锁定，如图14-54所示。

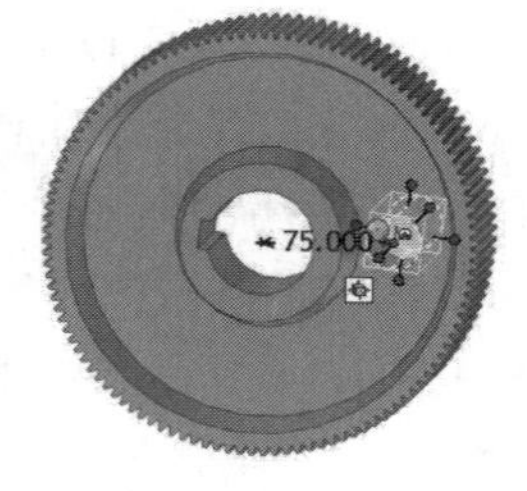

图14-52　内表面生成拔模斜度　　图14-53　调用“孔类圆柱体”图素　　图14-54　调整三维球位置

（17）单击三维球的“外控制操作手柄”，如图14-55所示。在三维球内按下鼠标右键并拖动，使图素旋转，如图14-56所示。释放鼠标右键，在快捷菜单中选择“生成圆形阵列”，在弹出的对话框中输入数量“6”、角度值“300”，单击“确定”按钮，生成减重孔，如图14-57所示。

图14-55　拾取外控制操作手柄

图14-56　旋转图素

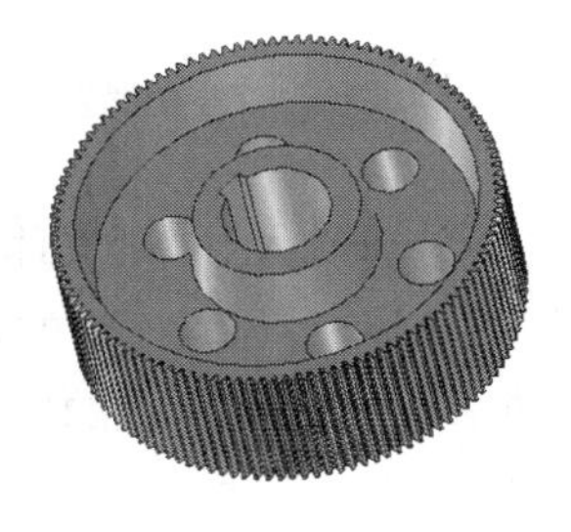

图14-57　减重孔

（18）拾取拉伸特征，单击“装配”选项卡“定位”面板中的“三维球”按钮，使其处于三维球编辑状态。按下空格键，使三维球与图素分离，将三维球沿齿轮轴线移动距离41，即将三维球移动到齿轮实体的中心位置，如图14-58所示。

（19）按下空格键，使三维球与图素锁定，然后使用三维球的镜像功能，将“拉伸”图素进行镜像操作。

（20）同步骤（13），对镜像后的环形槽进行拔模操作，结果如图14-59所示。

（21）单击“特征”选项卡“修改”面板中的“圆角过渡”按钮，对齿轮环形槽的边进行倒圆，设置圆角半径为2mm，如图14-60所示，最后结果如图14-35所示。保存文件，将文件命名为“直齿圆柱大齿轮”。

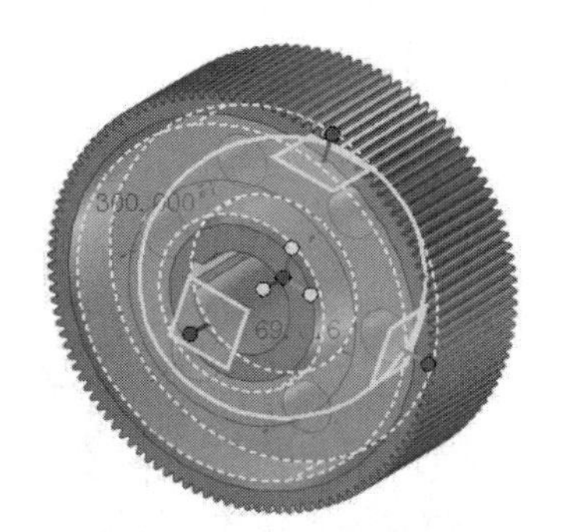

图14-58　移动三维球

图14-59　进行拔模操作

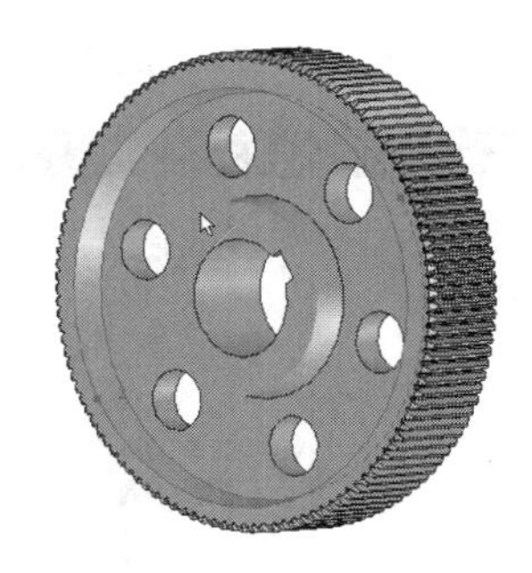

图14-60　绘制环形槽圆角

14.4　减速器箱体设计

14.4.1　设计思路

绘制减速器箱体（见图14-61）可以说是三维图形制作中比较经典的实例，也是使用CAXA 3D实体设计2021三维绘图功能的综合实例。

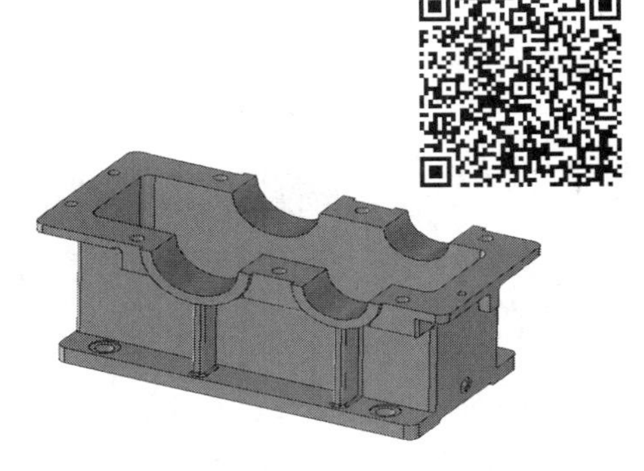

图14-61　减速器箱体

绘制减速器箱体的制作思路是：首先绘制减速

器箱体的主体部分，从底向上依次绘制减速器箱体底板、中间膛体和顶板，绘制箱体的轴承通孔、螺栓肋板和侧面肋板，接着绘制箱体底板和顶板上的螺纹和销等孔系，最后绘制箱体上的耳片实体和油标尺插孔实体。

14.4.2 设计步骤

（1）启动CAXA 3D实体设计系统，进入三维设计环境。

（2）从设计元素库中的“图素”中选择“厚板”图素，将其拖放入设计环境中。然后，通过编辑其包围盒，修改厚板的尺寸为长度“370”、宽度“196”、厚度“20”，将其作为减速器箱体的底板，如图14-62所示。

（3）调用“长方体”图素，将其放置于底板的上表面中心，如图14-63所示。

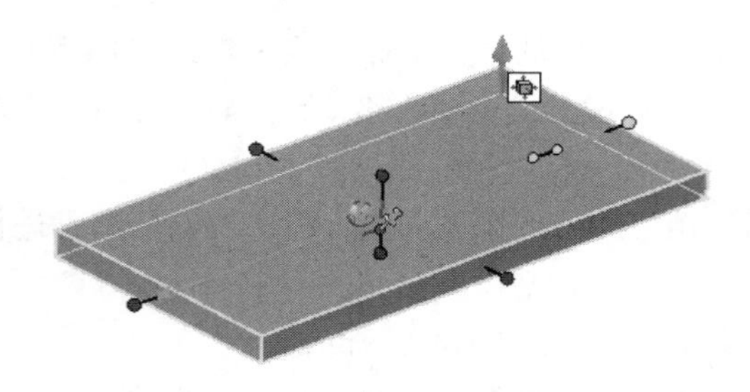

图14-62 调用“厚板”图素绘制箱体底板

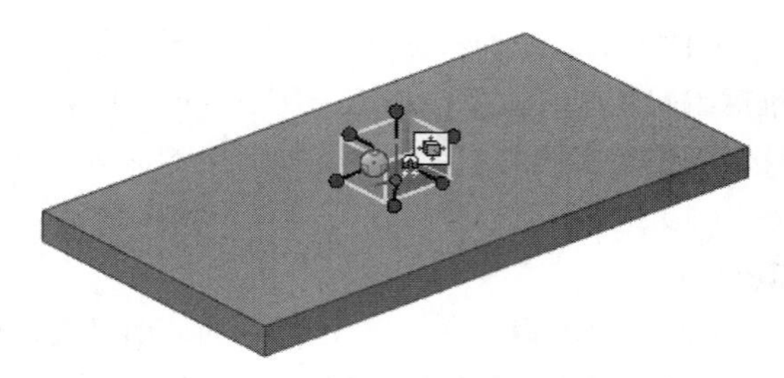

图14-63 调用“长方体”图素

（4）在长方体图素处于智能图素编辑状态下右击，在弹出的快捷菜单中选择“智能图素属性”选项，弹出“拉伸特征”对话框。在此对话框中选择“包围盒”选项，设置包围盒的尺寸为长度“370”、宽度“122”、高度“158”，如图14-64所示。修改尺寸后，结果如图14-65所示。

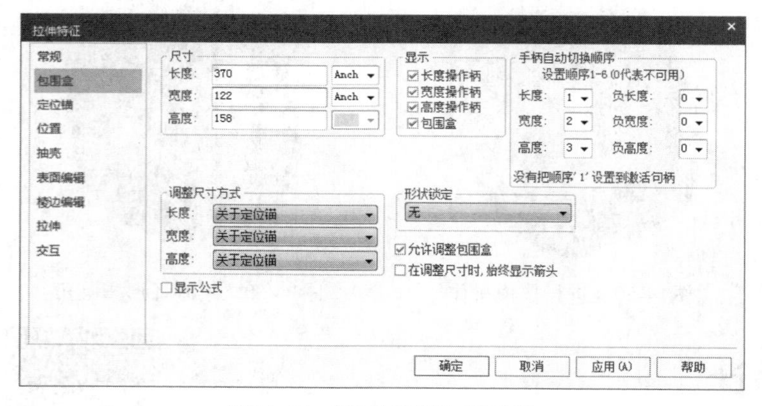

图14-64 “拉伸特征”对话框

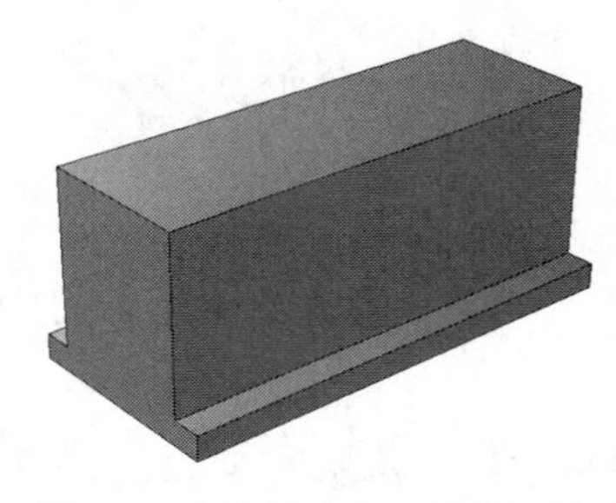

图14-65 绘制减速器箱体膛体

注意

此操作中，要在调整尺寸方式选项中均选择“关于定位锚”选项，否则，修改尺寸将向一边延伸。

（5）重复上述操作，再次调用“厚板”图素，将其放置于长方体上表面上，编辑其尺寸为长度“425”、宽度“186”、高度“12”，作为减速器箱体的顶板，结果如图14-66所示。

（6）调用“圆柱体”图素，将其放置在减速器箱体的上表面，通过编辑其包围盒，修改其直径尺寸为“92”，如图14-67所示。

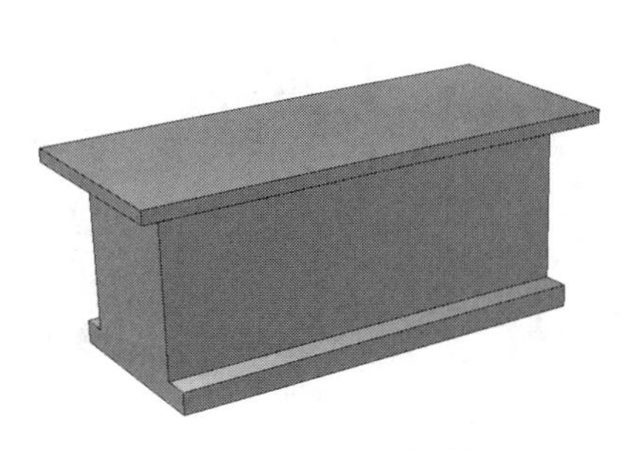

图14-66　绘制减速器箱体顶板

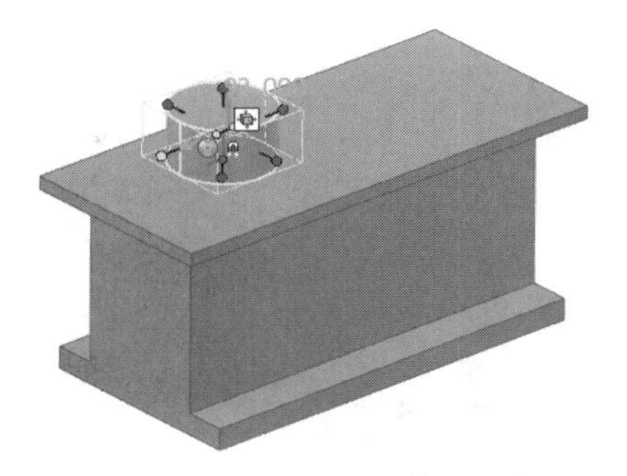

图14-67　调用“圆柱体”图素

（7）在圆柱体处于智能图素编辑状态下，单击“装配”选项卡“定位”面板中的“三维球”按钮，激活三维球，通过三维球操作，改变圆柱体的轴线方向，使其与减速器箱体的长度方向垂直，如图14-68所示，然后关闭三维球。

（8）单击“工程标注”选项卡“尺寸”面板中的“智能标注”按钮，标注圆柱体端面圆心到减速器顶板左侧的尺寸，如图14-69所示。鼠标右键单击标注的尺寸，在弹出的快捷菜单中选择“编辑智能尺寸”，对智能标注进行编辑，设置圆柱体距顶板左侧距离为“110”，如图14-70所示。

（9）重复上述操作，标注圆柱体端面与减速器箱体顶板侧面的距离，编辑其智能标注，修改值为“−5”，将圆柱体端面移动到图14-71所示的位置。

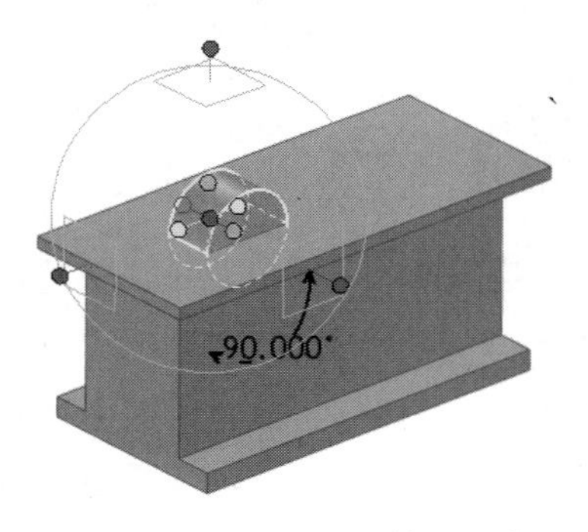

图14-68　旋转“圆柱体”图素

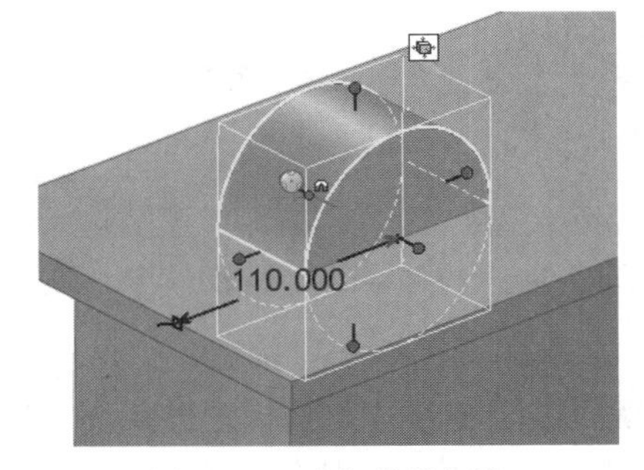

图14-69　进行线性标注

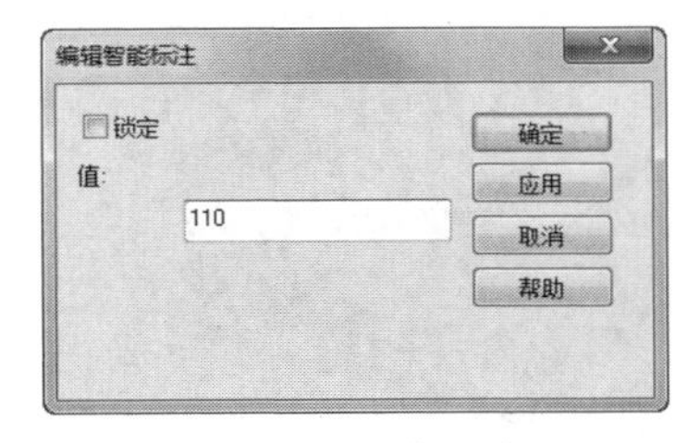

图14-70　编辑智能标注

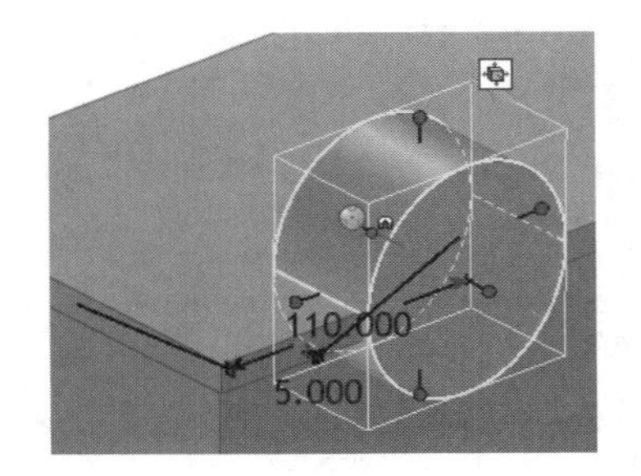

图14-71　通过智能标注定位圆柱体图素

（10）编辑圆柱体图素包围盒，修改其高度为196，绘制第一个轴的轴承支座实体，结果如图14-72所示。

（11）采用上述的操作方法，调用“圆柱体”图素，设计第二个轴承支座实体，设置其直径为“114”、高度为“196”、与第一个圆柱体距离为“145”，结果如图14-73所示。

图14-72　绘制第一个轴承支座实体

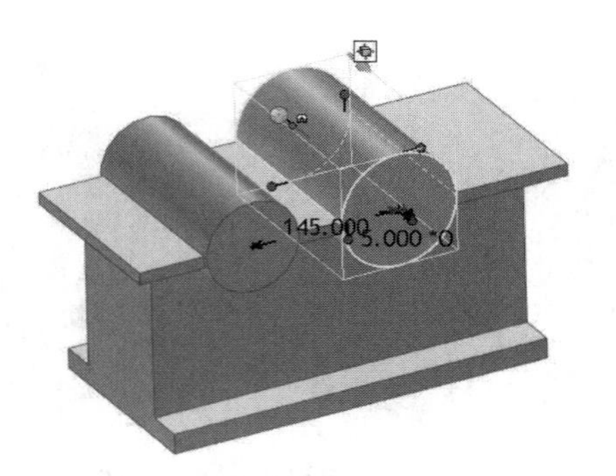

图14-73　绘制第二个轴承支座实体

（12）单击“特征”选项卡“特征”面板中的“拉伸向导”按钮，在系统提示下，拾取减速器箱体顶板上表面，弹出“拉伸特征向导-第1步”对话框，在该对话框中选择“除料”选项，如图14-74所示。

（13）单击“下一步”按钮，弹出“拉伸特征向导-第2步”对话框，选择“在特征两端之间（双向拉伸）”选项和“沿着选择的表面”选项，如图14-75所示。

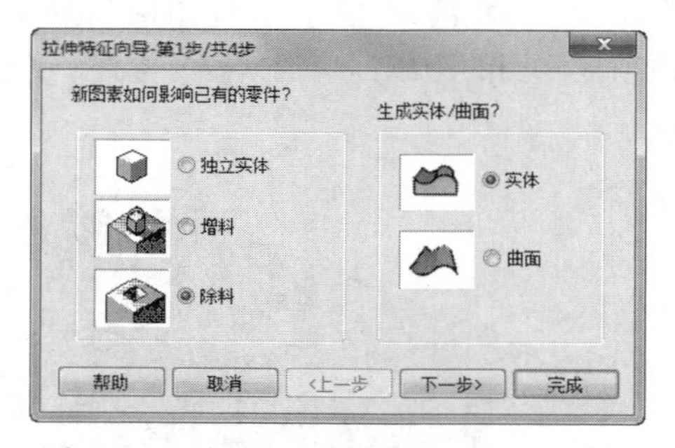

图14-74　“拉伸特征向导-第1步”对话框

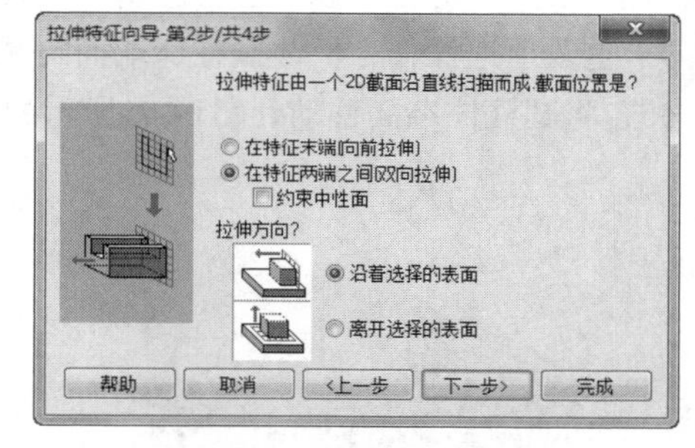

图14-75　“拉伸特征向导-第2步”对话框

（14）单击“下一步”按钮，弹出“拉伸特征向导-第3步”对话框，在对话框中“向前方向”和“向后方向”选项中均选择“贯穿”，如图14-76所示。然后，单击“下一步”|“完成”按钮，出现与减速器箱体顶板上表面垂直的栅格，如图14-77所示。

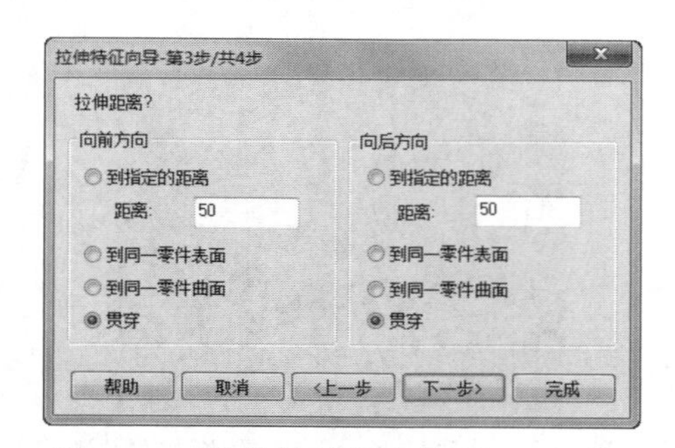

图14-76　“拉伸特征向导-第3步”对话框

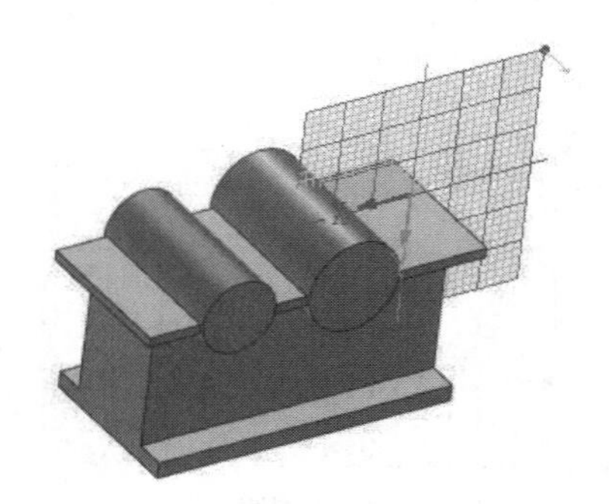
图14-77　拉伸特征绘图栅格

（15）在二维截面栅格上绘制一个与减速器箱体顶板上表面相齐的矩形，使矩形面积覆盖两个圆柱体的上半部，如图14-78所示。然后，单击“完成”按钮，减速器箱体顶板上表面以上部分实体被切除，结果如图14-79所示。

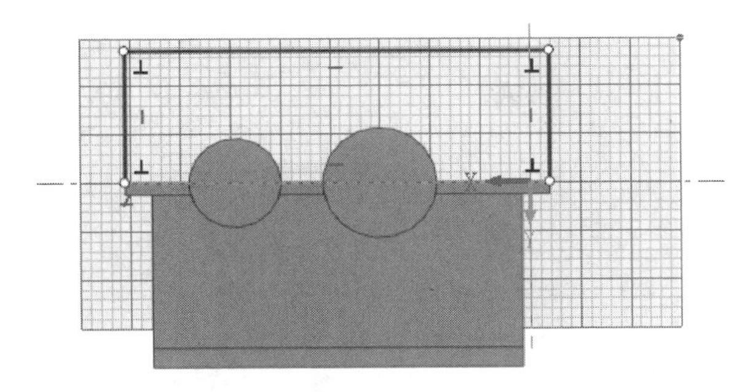

图14-78 绘制二维截面图形

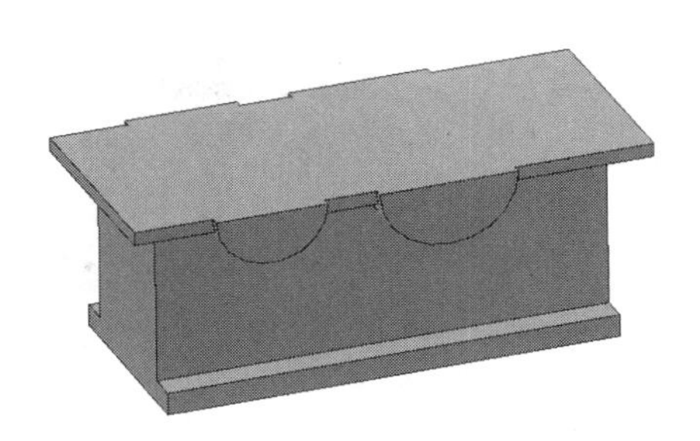

图14-79 切除多余部分实体

（16）调用“长方体”图素，将其放置在减速器箱体底板上表面上，单击“工程标注”选项卡“尺寸”面板中的“智能标注”按钮，拾取长方体长边中点，标注此中点与箱体左侧面距离为“82.5”，且使其“锁定”，完成肋板位置定位，如图14-80所示。

（17）编辑肋板长方体包围盒，使肋板长度为“12”、宽度为“32”，完成第一块肋板绘制，如图14-81所示。

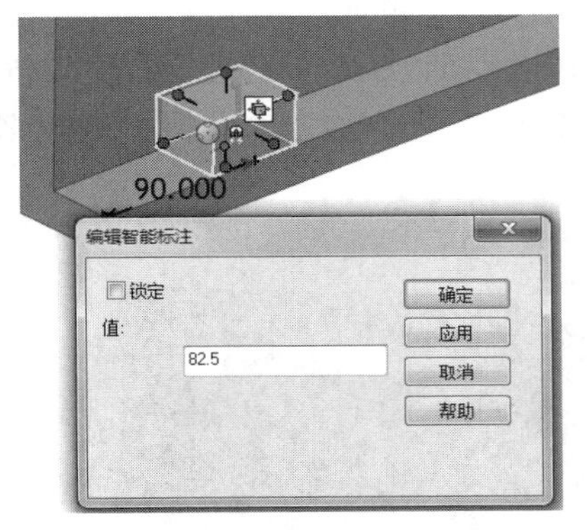

图14-80 定位肋板位置

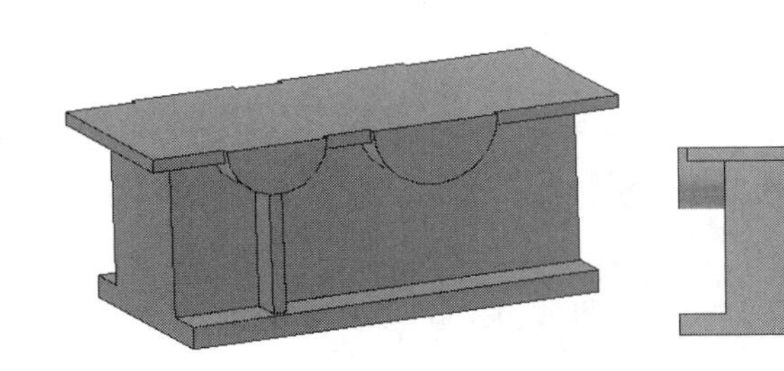
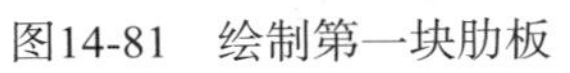

图14-81 绘制第一块肋板

（18）重复上述操作，绘制第二块肋板，设置肋板厚度为“12”、两块肋板间距离为“133”，结果如图14-82所示。

（19）激活第一块肋板的三维球，按下空格键，使三维球与图素脱离，编辑三维球位置，使其处于底面左侧边线的中点处，如图14-83所示。

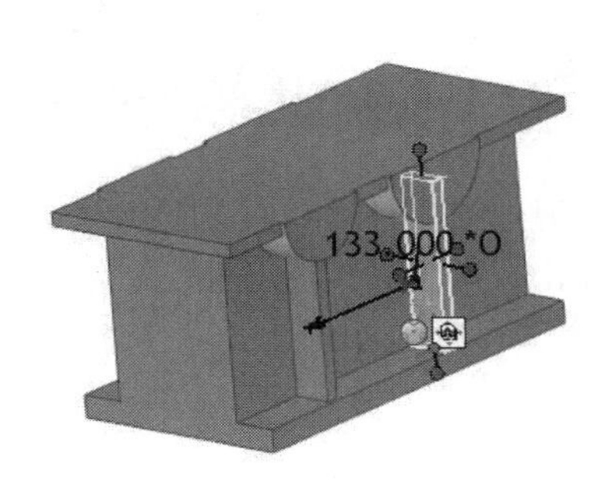

图14-82 绘制第二块肋板

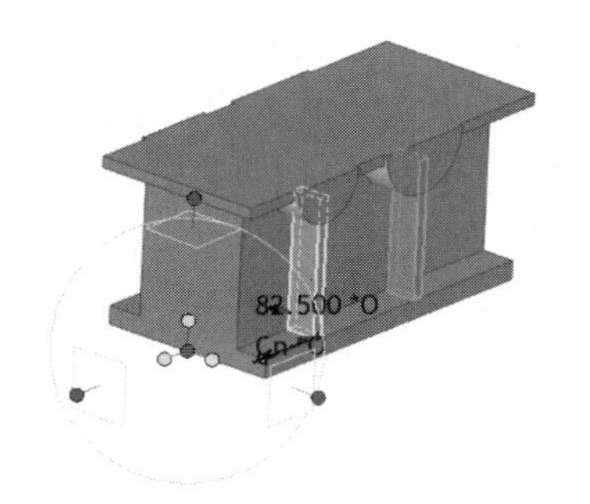

图14-83 编辑三维球位置

（20）拾取三维球定位手柄，如图14-84所示。单击鼠标右键，在弹出的快捷菜单中选择“镜像”选项中的“拷贝”，将肋板镜像复制到减速器箱体的另一侧，如图14-85所示。

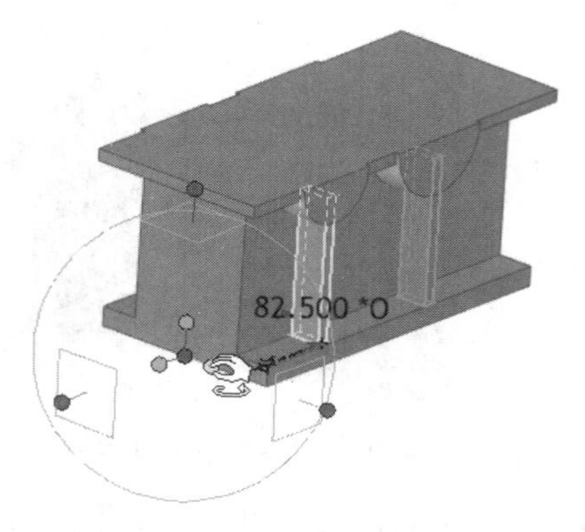

图14-84　拾取三维球定位手柄

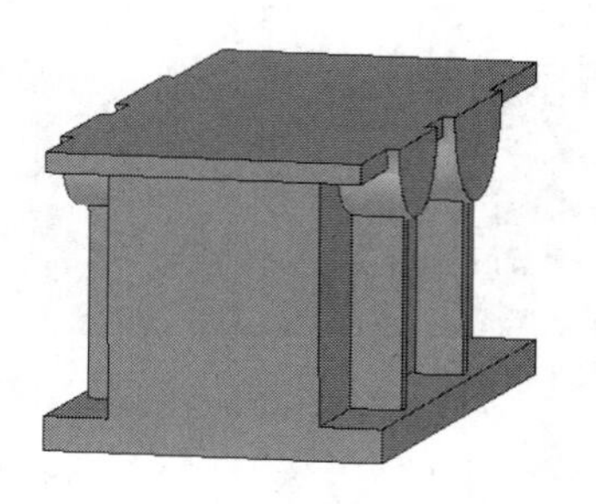

图14-85　镜像肋板

（21）重复上述操作，镜像另一块肋板到箱体另一侧。

（22）调用“长方体”图素，将其放置于减速器膛体侧面，然后编辑其尺寸为长度“314.5”、高度“32”、宽度“28”，绘制螺栓孔肋板，如图14-86所示。

（23）将肋板进行三维球镜像操作，将其镜像复制在箱体的另一个侧面。

（24）调用“孔类长方体”图素，将其放置于减速器箱体上表面，编辑其尺寸为长度“354”、宽度“106”、高度为“157”。进行线性标注，使其内侧与箱体外表面距离均为“8”，绘制减速器箱体内腔，结果如图14-87所示。

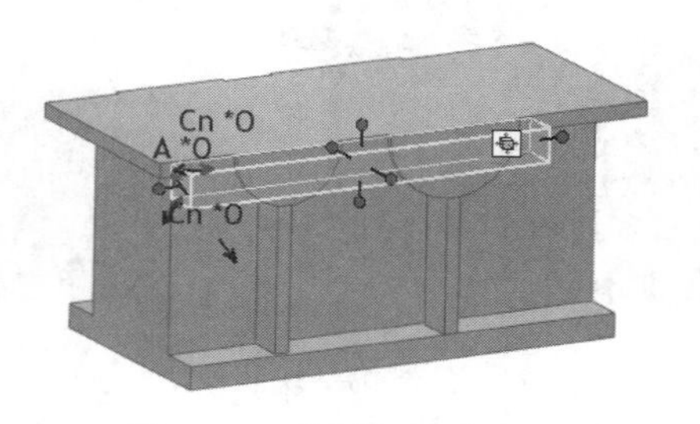

图14-86　绘制螺栓孔肋板

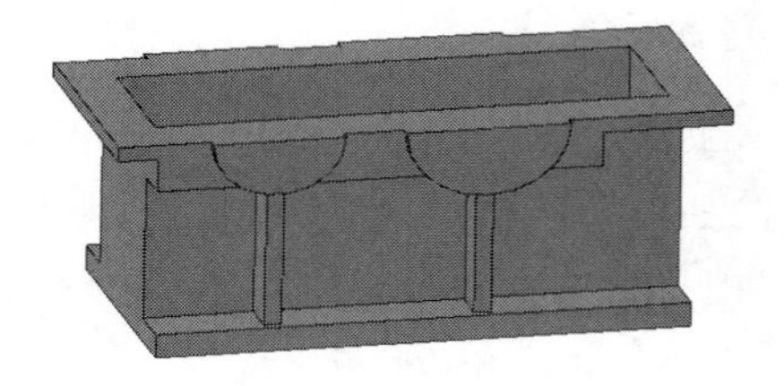

图14-87　绘制减速器箱体内腔

（25）调用孔类圆柱体，设计两个轴承孔，设置轴承孔直径分别为“68”和“90”，如图14-88所示。

图14-88　绘制减速器箱体轴承孔

（26）调用设计元素库“工具”选项中的“自定义孔”图素，将其拖放在减速器箱体底板上，弹出“定制孔”对话框，如图14-89所示。在该对话框中分别输入孔直径“18”、深度“30”、沉头深度“2”、沉头直径“29”。单击“确定”按钮，螺栓沉孔将出现在箱体底板上。通过线性标注的方法，将沉孔定位于底板上，设置孔中心到箱体左侧端面的距离为“40”、到箱体前端面的距离为“20”，结果如图14-90所示。

（27）激活沉孔的三维球，拾取一个方向的三维球手柄，右击拾取另一个方向的三维球手柄，弹出快捷菜单，如图14-91所示。选择“生成矩形阵列”选项，弹出“矩形阵列”对话框，在相应的位置输入相应的数值，如图14-92所示，对沉孔进行矩形阵列操作，结果如图14-93所示。

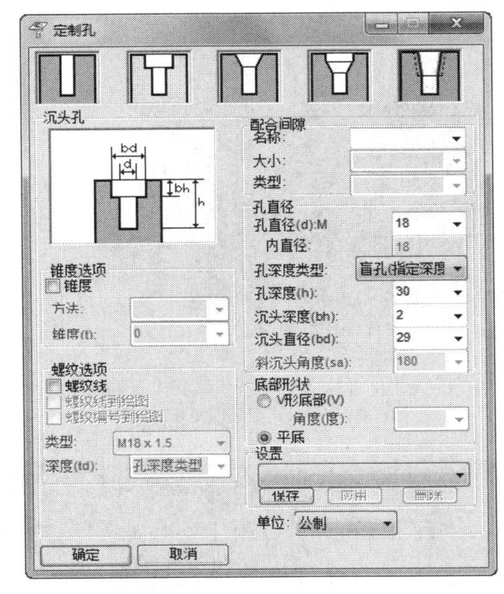

图14-89　“定制孔”对话框

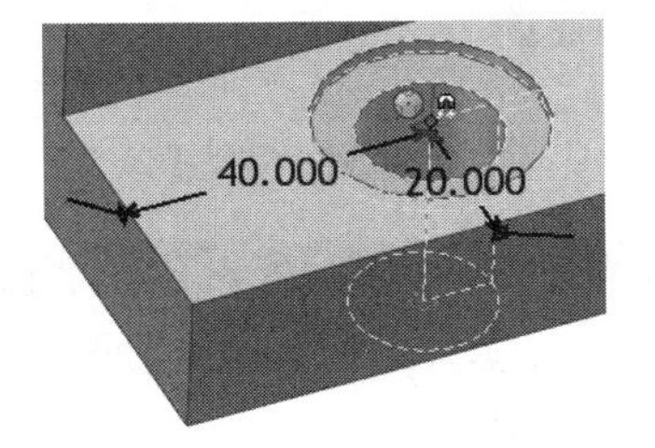

图14-90　定位沉孔

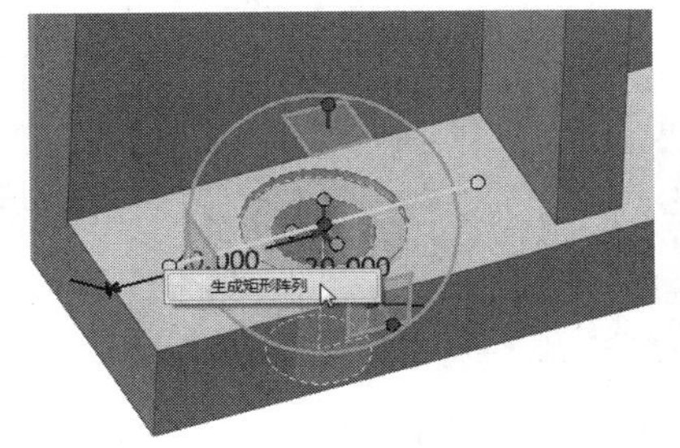

图14-91　快捷菜单

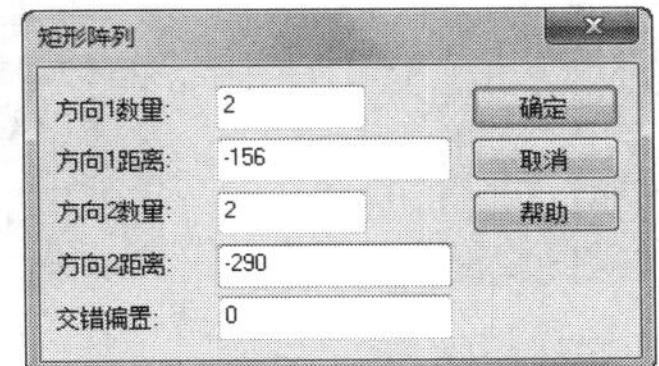

图14-92 “矩形阵列”对话框

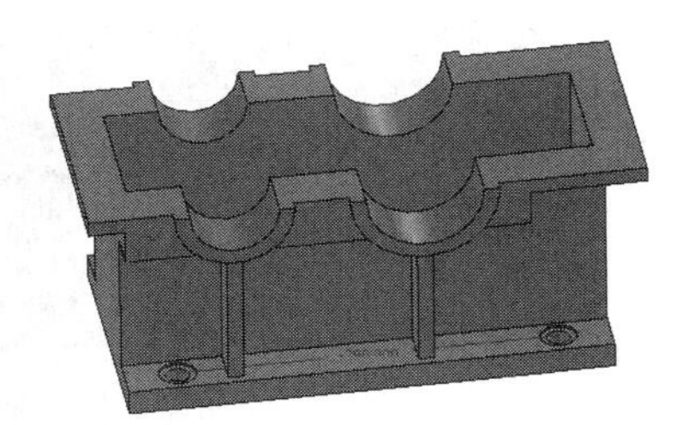

图14-93　矩形阵列沉孔

（28）调用“孔类圆柱体”图素，设计减速器箱体顶板上的螺栓通孔及圆柱销孔，孔直径尺寸及其位置尺寸如图14-94所示，设计结果如图14-95所示。

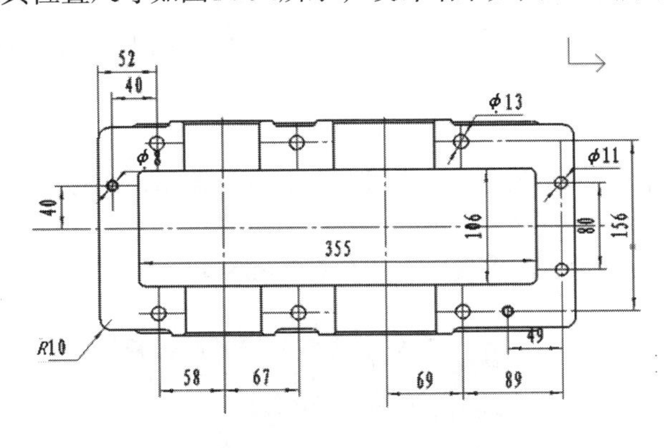

图14-94　顶板通孔尺寸

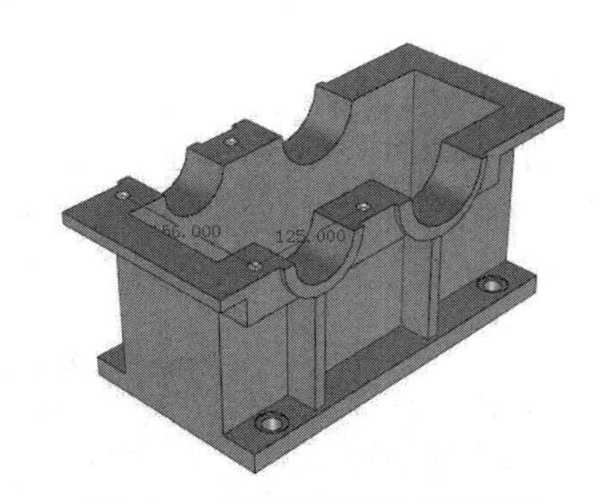

图14-95　设计螺栓通孔及销轴孔

（29）调用“圆柱体”图素，放置在减速器箱体侧面，设置圆柱体直径为“30”、圆柱体轴线与水平面成“45° ”、距底面距离为“89”，如图14-96所示。

（30）绘制油标尺插孔，设置孔直径为“14”、深度为“45”、沉孔深度为“2”、沉孔直径为“22”，如图14-97所示。

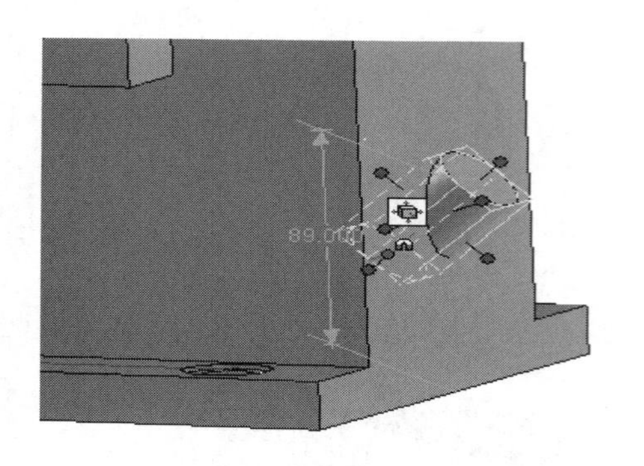

图14-96　绘制圆柱体

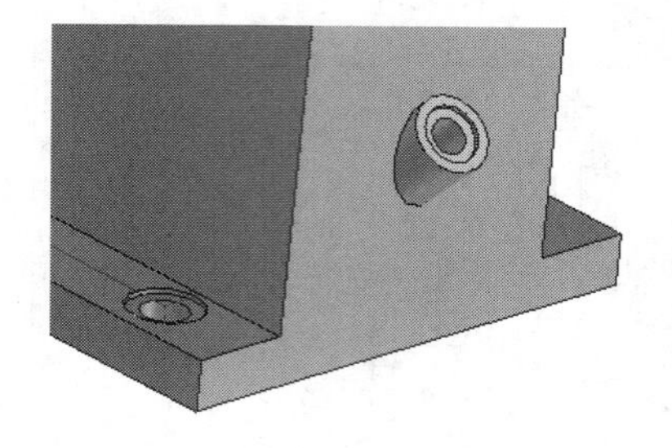

图14-97　绘制油标尺插孔

注意

这时，观察减速器箱体内腔，发现油标尺插孔体延伸到腔体内，如图 14-98 所示。应该将其多余部分切除。可以单击显示设计树按钮，将设计树中最后的圆柱体向设计树上平移，平移至第一个孔类长方体图素上方，这时可以发现减速器箱体内腔多余部分消失，如图 14-99 所示。

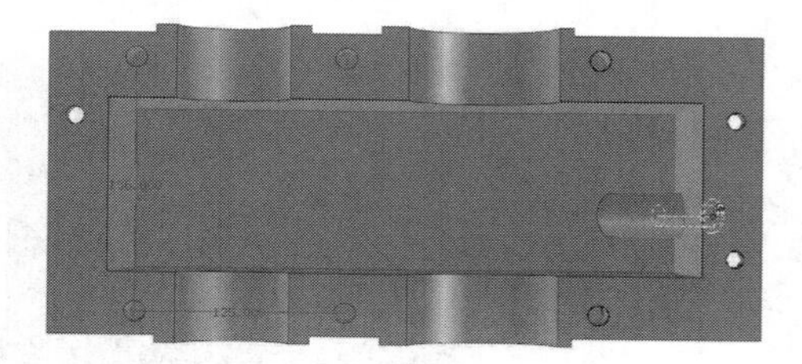

图14-98　油标尺插孔体延伸减速器箱体内腔

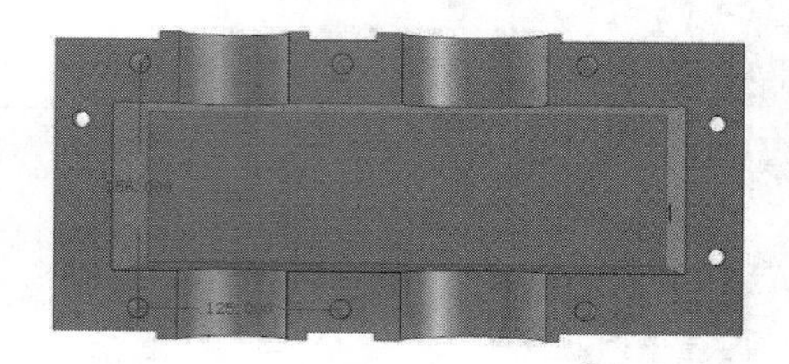

图14-99　内腔多余实体消失

（31）在减速器箱体左侧设计一个放油孔，设置放油孔直径为“12”、沉孔直径为“20”、沉孔深度为“2”、中心线高度为“35”，如图14-100所示。

（32）调用“长方体”图素，将其放置于减速器箱体顶板下面，并且使其居中作为耳片实体，其尺寸如图14-101所示。对耳片实体进行圆孔切除，如图14-102所示。最后进行长方体切除，如图14-103所示。

（33）在减速器箱体另一侧设计耳片。

（34）单击“特征”选项卡“修改”面板中的“圆角过渡”按钮，对减速器箱体底板、中间膛体和顶板的各自4个直角外沿倒圆，设置圆角半径为“10”。

（35）重复“圆角过渡”命令，对箱体膛体4个直角内沿倒圆角，设置圆角半径为“5”。

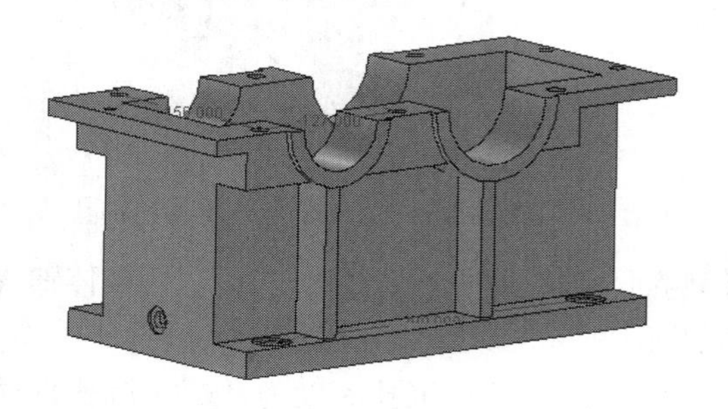

图14-100　设计放油孔

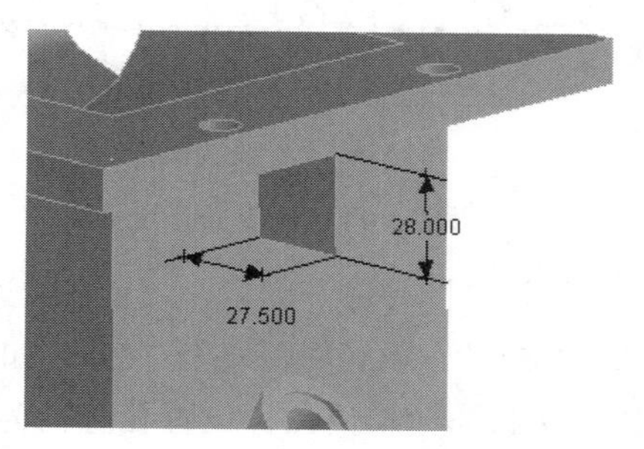

图14-101　绘制耳片长方体

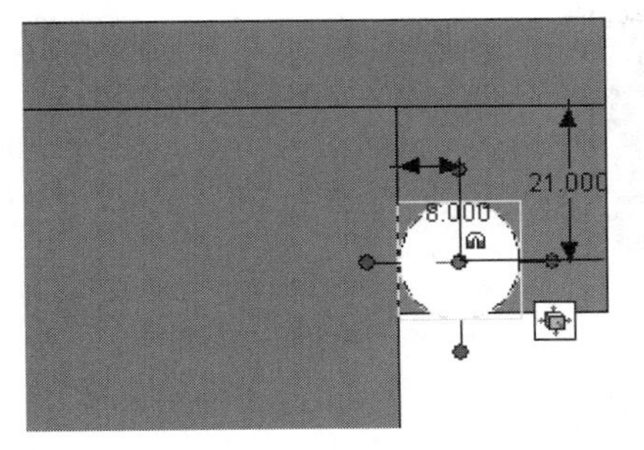

图14-102　对耳片实体进行圆孔切除

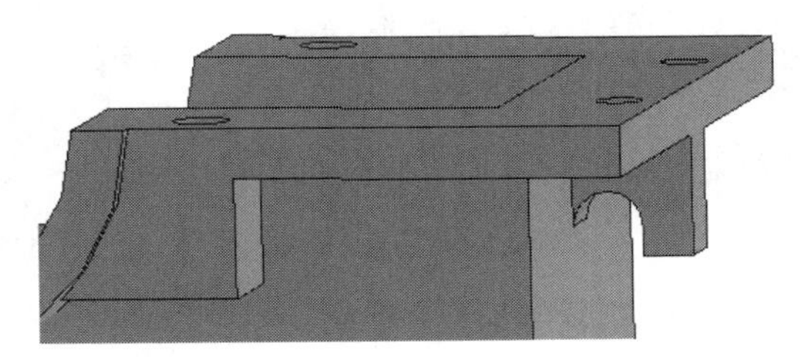
图14-103　长方体切除

（36）重复“圆角过渡”命令，对箱体前后肋板的各自直角边沿倒圆，设置圆角半径为“3”。

（37）重复“圆角过渡”命令，对箱体左右两个耳片直角边沿倒圆，设置圆角半径为“5”。

（38）重复“圆角过渡”命令，对箱体顶板下方的螺栓肋板的直角边沿倒圆，设置圆角半径为“3”，设计结果如图14-104所示。

（39）调用孔类厚板图素，绘制减速器箱体底板凹槽，设置凹槽深度为“5”、宽度为“100”，然后对凹槽进行倒角，设置倒角半径为“5”，结果如图14-105所示。

（40）减速器箱体实体造型设计完毕，将其保存，并将文件命名为“减速器”。

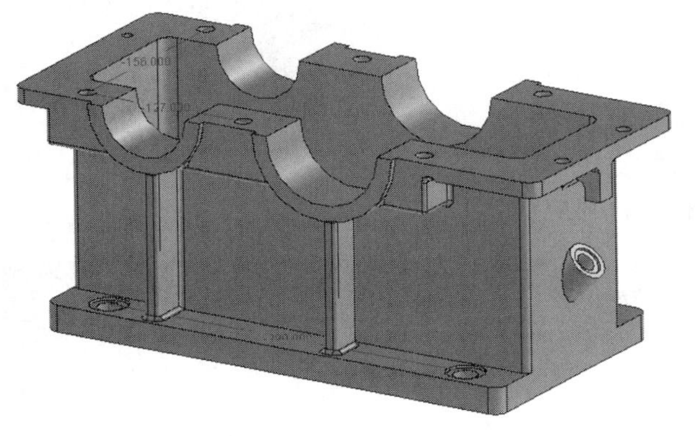
图14-104　箱体倒角

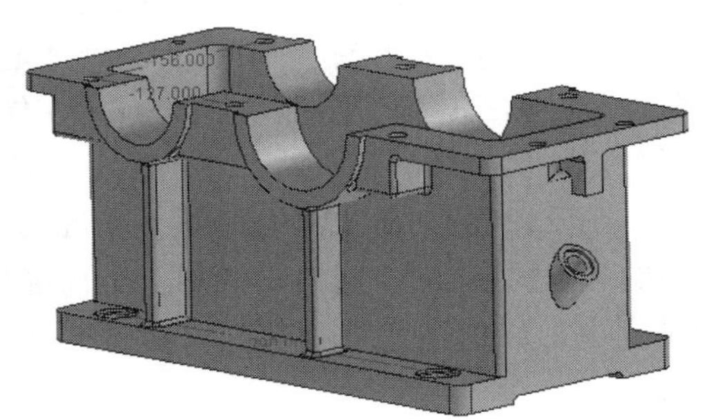
图14-105　绘制底板凹槽

14.4.3　剖视内部结构

类似于减速器箱体等较为复杂的零部件，在设计过程中经常需要将整个零件进行剖视，以便清楚地看到内部结构。在设计过程中，单击“特征”选项卡“修改”面板中的“分割”按钮，对零件进行剖视操作。其操作步骤如下所示。

（1）在减速器箱体处于零件编辑状态下，单击“特征”选项卡“修改”面板中的“分割”按钮，在减速器箱体上选择合适的点作为定位点，调整盒子的大小和位置，如图14-106所示。单击“确定”按钮，结果如图14-107所示。

（2）完成特征的绘制后，设计树中增加了相同“零件”选项，用鼠标右键单击将其压缩，可以使盒子隐藏，从而清楚地显示减速器箱体的内部结构，如图14-108所示。

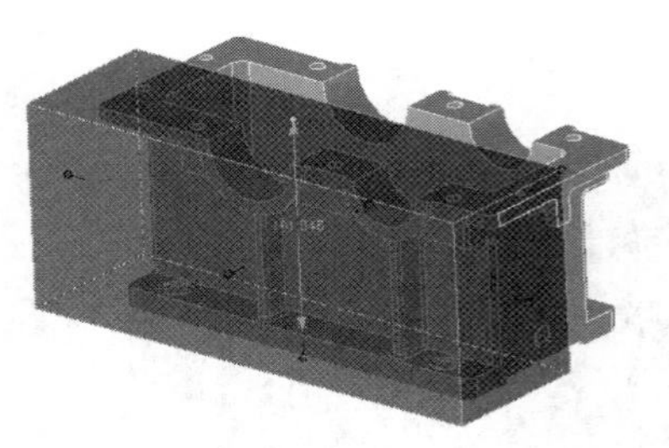

图14-106　调整盒子大小

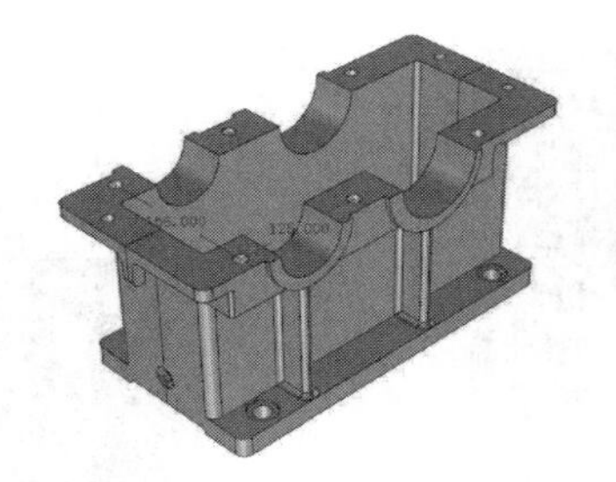

图14-107　减速器箱体剖视

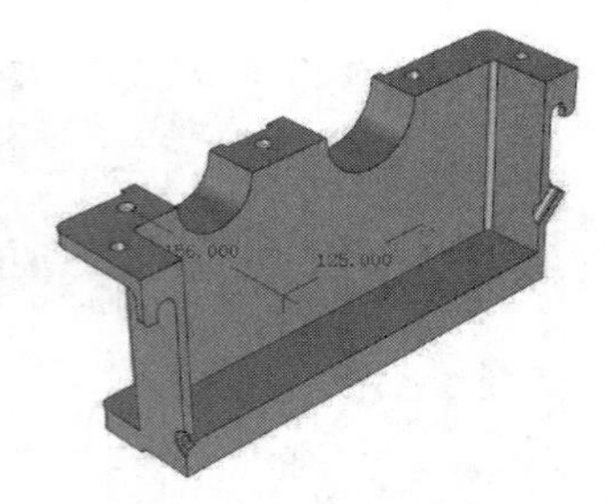

图14-108　剖视结果

14.5　减速器装配设计

14.5.1　设计思路

减速器包括若干个机械零件，如图14-109所示。在进行装配时，首先将各个零部件调入到设计环境中，然后利用CAXA 3D实体设计的装配工具和装配方法依次进行装配，将其组成一个完整的装配体。CAXA 3D实体设计具有强大的装配功能，可以快捷、迅速、精确地利用零件上的特征点、线和面进行装配定位。其中，三维球定位装配、无约束定位装配和约束定位装配是CAXA 3D实体设计提供的用于零件定位的有效装配方法。不同装配方法有各自的应用范围，在设计过程中可以根据不同的情况选定不同的装配约束方式。在本章的减速器装配设计过程中，将对上述三种装配方法进行详细介绍。

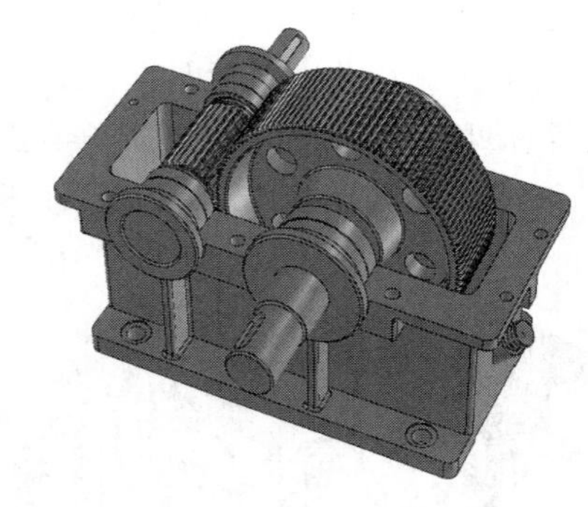

图14-109　减速器

14.5.2　设计步骤

（1）启动CAXA 3D实体设计系统，进入三维设计环境。

（2）单击“装配”选项卡“生成”面板中的“插入零件/装配”按钮，弹出“插入零件”对话框，如图14-110所示。

图14-110　“插入零件”对话框

> **注意**
>
> 在该对话框中选择随书电子资料包目录：\源文件\结果文件\8，依次选择此目录中的零部件，然后单击“打开”按钮，将所需零件插入到设计环境中，如图 14-111 所示，然后进行装配。

（3）单击“设计环境”按钮，打开设计树，在设计树中显示出所有零件，如图14-112所示。单击设计树中的“减速器”，然后单击“装配”选项卡“生成”面板中的“装配”按钮，设计树中出现一个“装配1”的装配件。鼠标左键双击更改此装配件的名称为“减速器装配”。在设计树中，单击其他零件将其拖入“减速器装配”件中，如图14-113所示。

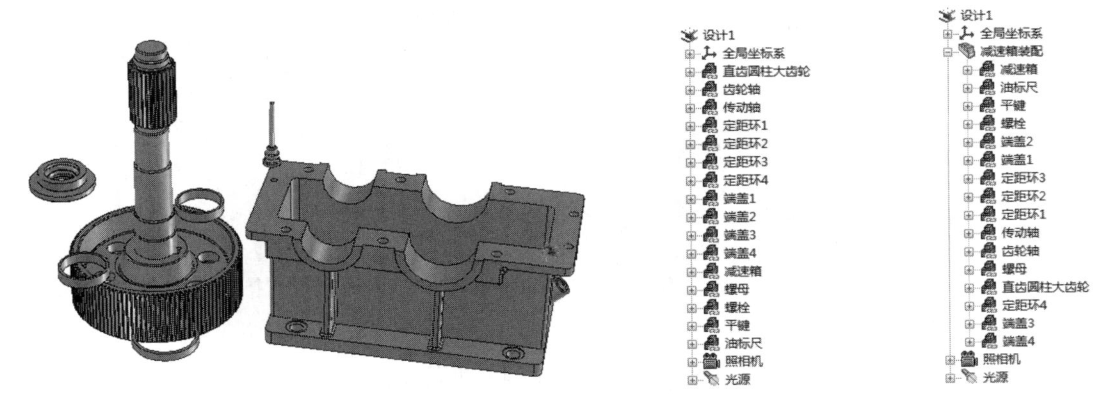

图14-111 组成减速器的零件　　图14-112 添加装配件　　图14-113 添加零件

（4）调用设计元素库中“工具”选项中的“轴承”图素，将其拖放入设计环境中，弹出“轴承”对话框，如图14-114所示。在该对话框中选择“球轴承”，键入轴径“40”、外径“68”、高度“15”，单击“确定”按钮，调入图14-115所示的轴承。重复上述操作，再调入一个相同的轴承，作为齿轮轴上的轴承使用。调入传动轴上的两个轴承，其轴径为“55”，外径为“90”，高度为“18”。在设计树中，将各个轴承拖入“减速器装配”中。

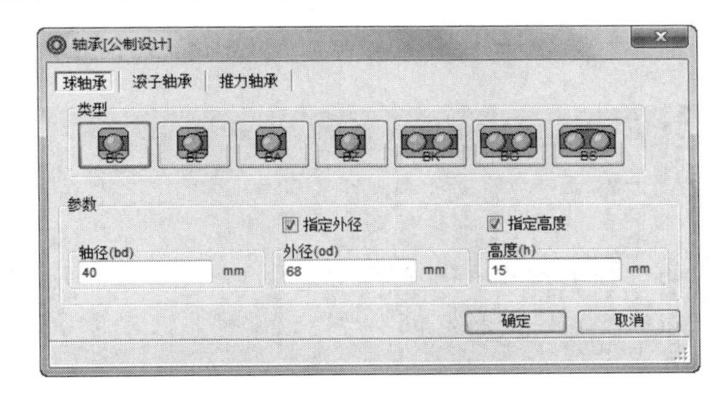

图14-114 “轴承”对话框

图14-115 调入轴承

（5）在这一操作步骤中，将利用三维球定向与定位功能来装配齿轮轴上的轴承和定距环。

1）在设计环境中，拾取齿轮轴上的轴承，然后激活其三维球。在三维球中，选择其中间的定位手柄，此时该控制手柄呈黄色高亮显示。单击鼠标右键，在弹出的快捷菜单中选择“与轴平行”，如图14-116所示。单击齿轮轴上的圆柱面，将使轴承与齿轮轴平行，如图14-117所示。

2）在轴承三维球被激活状态下，单击三维球中心点，然后单击鼠标右键，在弹出的快捷菜单中选择“到中心点”，如图14-118所示。然后单击齿轮轴的轴肩外圆处，轴承将被定位到齿轮轴上，如图14-119所示。

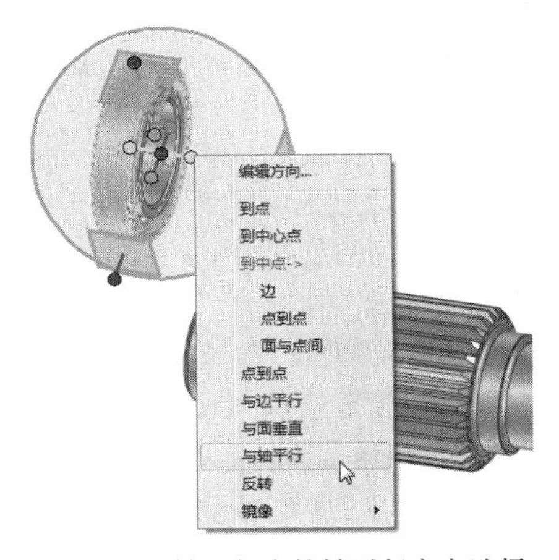

图14-116 轴承与齿轮轴平行定向选择

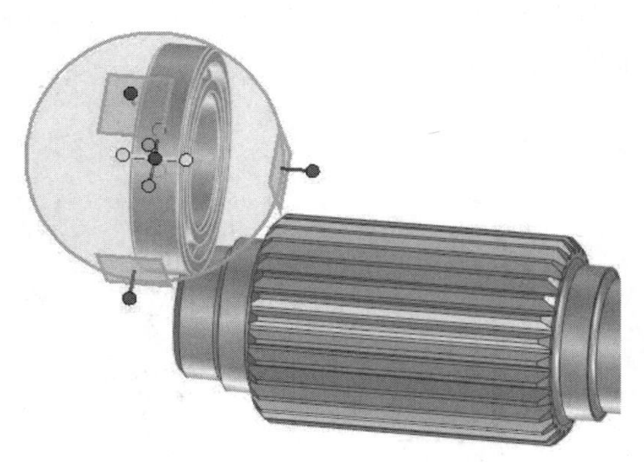

图14-117 轴承与齿轮轴平行

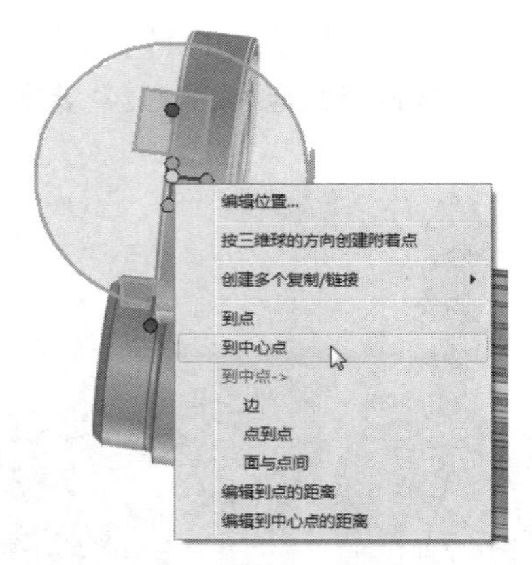

图14-118 选择“到中心点”

3）重复上述操作，将另一个轴承和定位环在齿轮轴上进行定位，结果如图14-120所示。

图14-119 轴承定位到齿轮轴上

图14-120 轴承和定位环定位到齿轮轴上

注意

在定向和定位过程中，如果三维球在零件上的位置不合适，可以使用三维球与零件的分离和移动功能来调整三维球在零件上的位置。

三维球的定向和定位功能仅仅是在装配的过程中精确地确定零件之间的相对位置，并没有在零件之间添加任何约束条件，所以仅用三维球操作定向和定位以后，该零件在装配体中还是可以移动或旋转的。

无约束装配和约束装配在零件的装配过程中也是非常重要的。约束装配可以添加固定的约束关系，添加后被约束的零件不能任意移动。无约束装配则和三维球装配一样，仅仅是移动了零件之间的空间相对位置，没有添加固定的约束关系。在后面的装配操作中，将重点介绍约束装配操作方法。

（6）通过拖动各个零件的三维球，将各个零件拖动到合适的位置，以便于下面的装配操作。单击55BC-轴承，使其处于零件/装配编辑状态，单击“装配”选项卡“定位”面板中的“定位约束”按钮，弹出“约束”属性管理器，选择“同轴”约束类型，如图14-121所示。

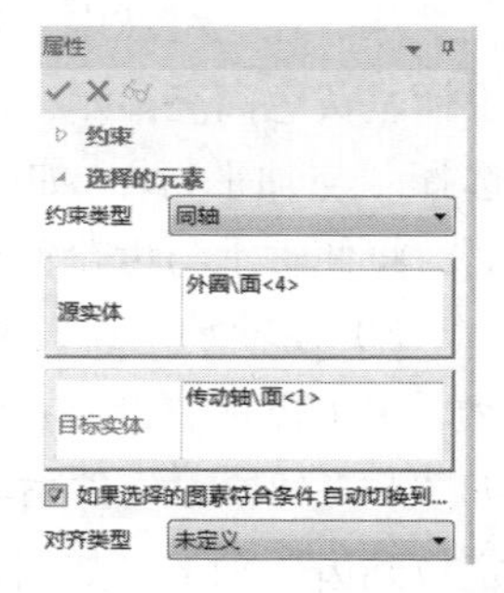

图14-121 “约束”管理器

（7）拾取轴承，如图14-122所示。拾取轴，如图14-123所示。单击“确定”按钮，轴承将与传动轴同轴，如图14-124所示。

（8）在55BC-轴承处于零件/装配编辑状态下，单击“装配”选项卡“定位”面板中的“定位约束”按钮，弹出“约束”管理器，选择

“贴合”约束类型，单击轴承端面，然后旋转传动轴，拾取传动轴的轴肩端面，单击“确定”按钮，将轴承端面与轴肩端面贴合，如图14-125所示。

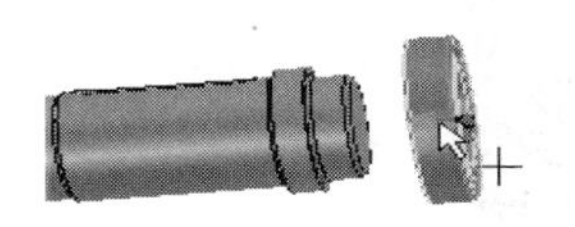

图14-122　拾取轴承

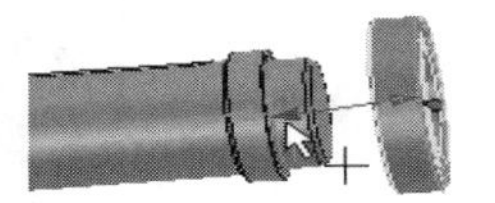

图14-123　拾取轴

图14-124　同心约束

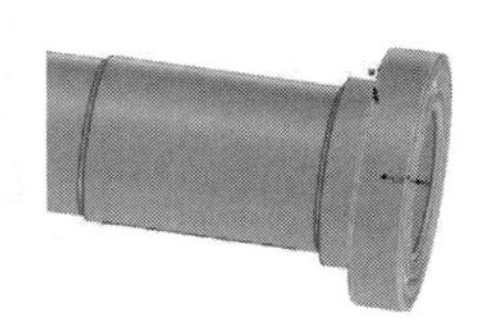

图14-125　添加贴合约束

（9）拾取平键零件，使其处于零件编辑状态。单击“装配”选项卡“定位”面板中的“无约束装配”按钮，拾取平键的一个平面，如图14-126所示。移动光标到传动轴键槽底面上，出现定位符号，按空格键或Tab键，可以切换不同的定位符号，选择图14-127所示的约束符号并单击，平键将与键槽贴合，如图14-128所示。

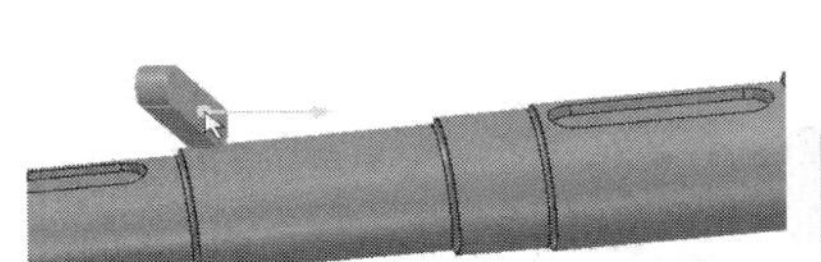

图14-126　拾取平键

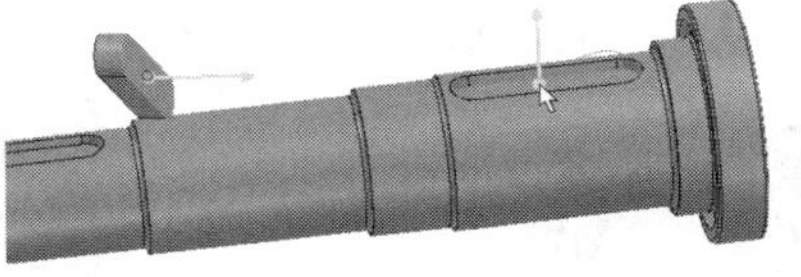

图14-127　选择贴合表面

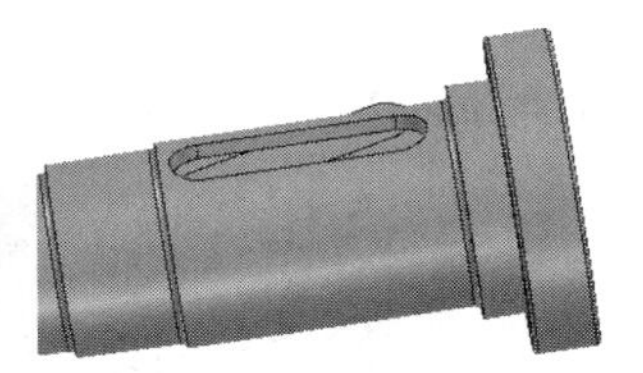

图14-128　无约束贴合装配

注意

这时，平键还是可以移动的，并没有被完全约束。关于无约束装配可以参考其他章节的讲解，这里不再赘述。

（10）使用约束装配方法，使平键端面与传动轴键槽底面贴合，如图14-129所示。继续进行约束装配，使平键侧面与传动轴键槽侧面贴合，如图14-130所示。然后，使平键圆弧与键槽圆弧同轴，完成平键与传动轴装配，结果如图14-131所示。

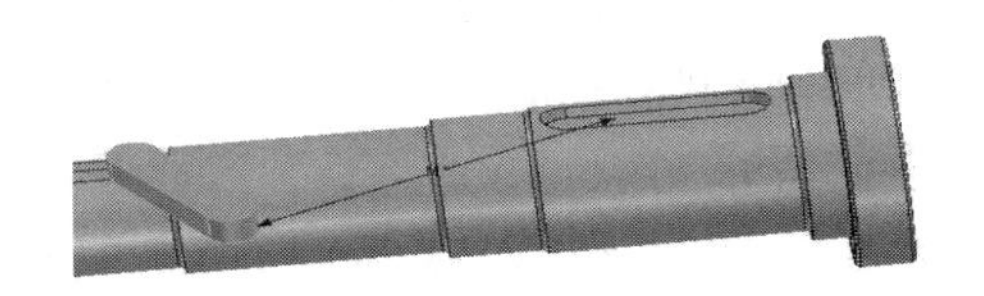

图14-129　平键端面与传动轴键槽底面贴合

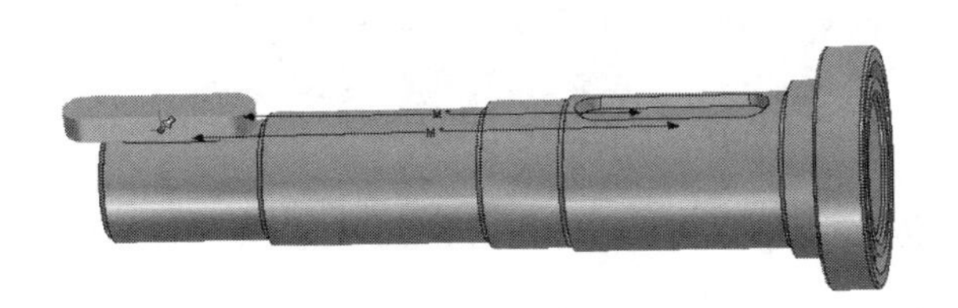

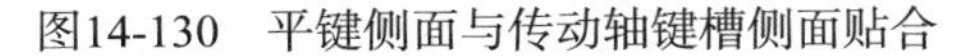

图14-130　平键侧面与传动轴键槽侧面贴合

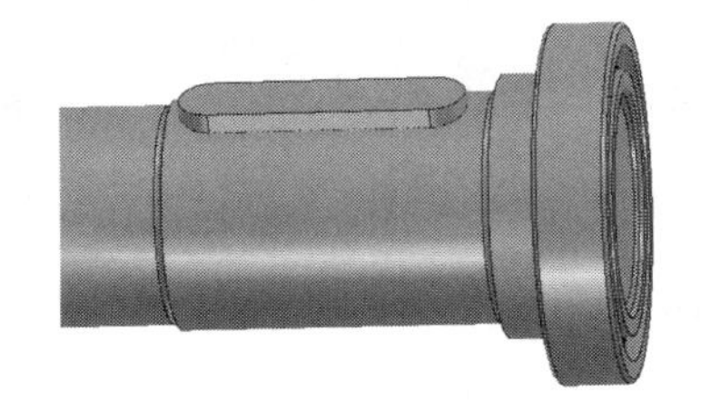

图14-131　平键与传动轴装配

（11）激活直齿圆柱大齿轮的三维球，通过三维球工具控制手柄操作，将直齿圆柱大齿轮移动到传动轴的左侧，从而便于下一步装配，如图14-132所示。

（12）使用定位约束工具装配，选择“同轴”类型，拾取直齿圆柱大齿轮的内孔面和传动轴的外环面，单击鼠标左键确定，使直齿圆柱大齿轮与传动轴同轴，如图14-133所示。

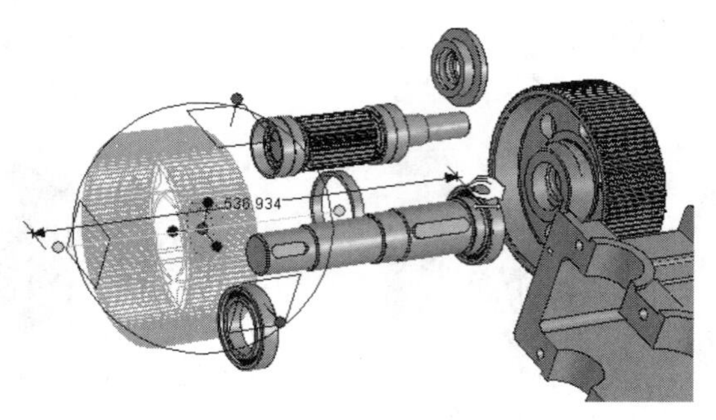

图14-132　移动直齿圆柱大齿轮

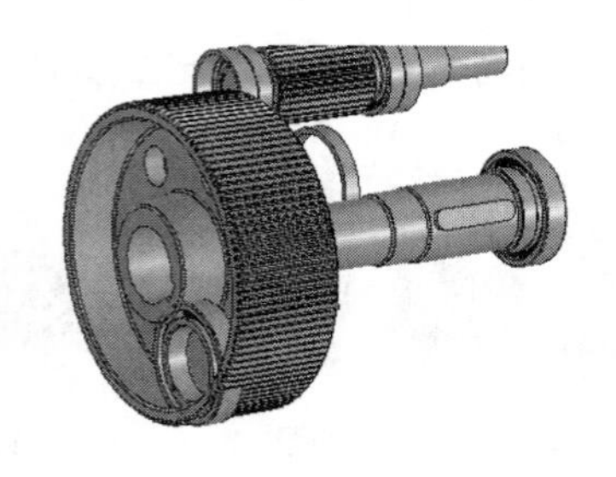

图14-133　直齿圆柱大齿轮与传动轴同轴

（13）使用定位约束工具装配命令，选择“贴合”类型，拾取直齿圆柱大齿轮键槽侧面，如图14-134所示。拾取传动轴上平键的侧面，使直齿圆柱大齿轮与传动轴通过平键定位，如图14-135所示。

（14）使用定位约束工具装配命令，选择“贴合”类型，拾取直齿圆柱大齿轮的端面和传动轴的轴肩端面并单击鼠标左键确定，将直齿圆柱大齿轮进行轴向定位，如图14-136所示。

图14-134　拾取直齿圆柱大齿轮键槽侧面

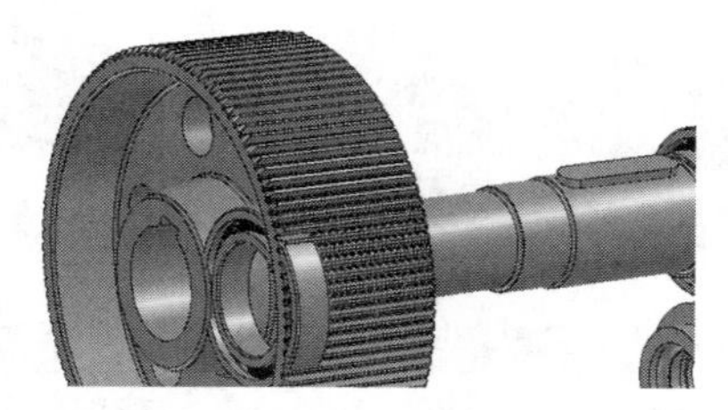

图14-135　直齿圆柱大齿轮与传动轴通过平键定位

（15）使用上述约束装配方法，将传动轴上的定距环和其他轴承进行装配，结果如图14-137所示。

（16）在前面的操作中，对于齿轮轴上的零件没有使用约束装配，在将齿轮轴向减速器中装配时，其他零件相对齿轮轴的位置将会发生变化。为了便于装配，这里将齿轮轴上的零件也进行约束装配，结果如图14-138所示。

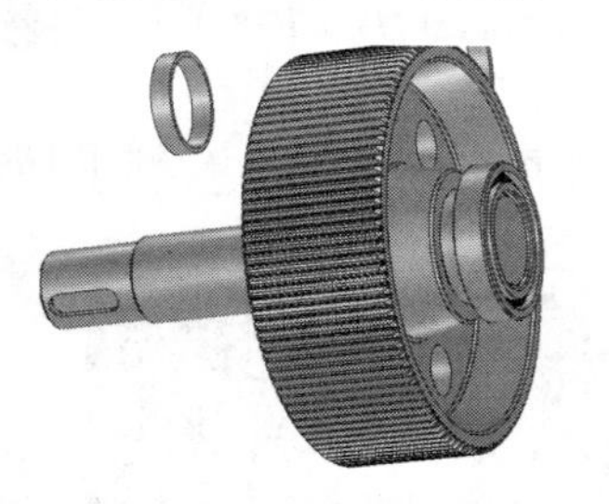

图14-136　直齿圆柱大齿轮轴向定位

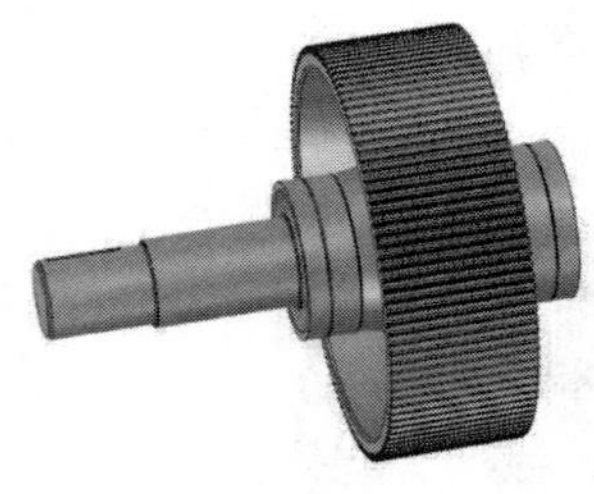

图14-137　传动轴零件装配

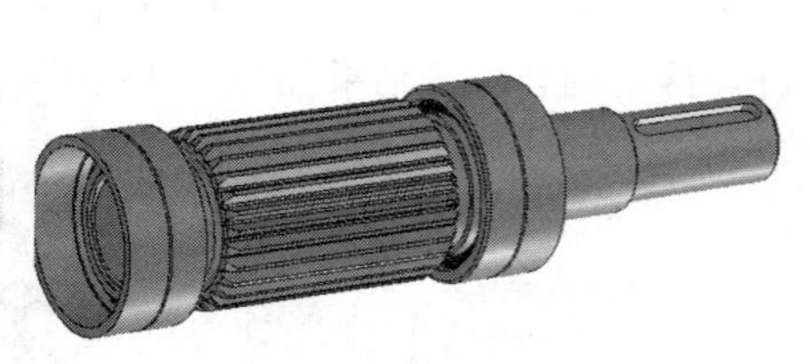

图14-138　齿轮轴零件装配

（17）利用齿轮轴圆柱面与减速器箱体轴承孔，使用约束装配“同轴”来约束齿轮轴在减速器中的径向位置。同理，定位传动轴在减速器箱体轴承孔中的径向位置，如图14-139所示。

（18）为了便于装配，在设计树中建立两个装配件，分别是传动轴装配体和齿轮轴装配体，并且包括其装配零件，如图14-140所示。使用约束装配中的“同轴”和“贴合”操作，将轴承端盖装配到减速器箱体上，通过轴承端盖将传动轴装配体和齿轮轴装配体进行轴向定位，如图14-141所示。

（19）装配油标尺，减速器装配设计完毕，结果如图14-109所示，将装配体文件保存为“减速器装配.ics”。

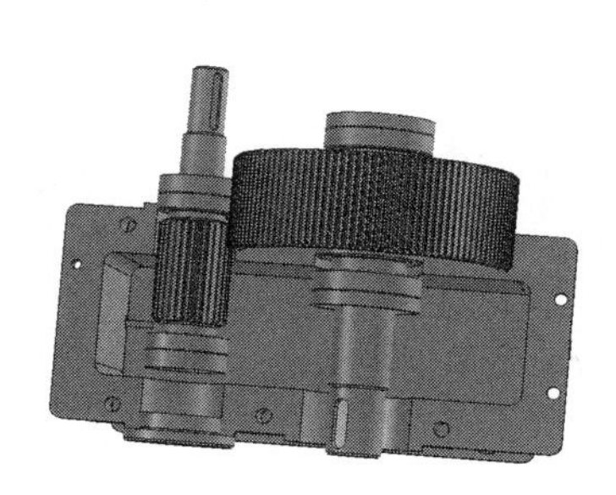

图14-139　传动轴与齿轮轴径向定位

全局坐标系
减速箱装配
减速箱
端盖2
端盖1
端盖3
端盖4
油标尺
齿轮轴装配
齿轮轴
定距环1
定距环2
40BC- Bearing
40BC- Bearing
传动轴装配
传动轴
直齿圆柱大齿轮
定距环3
定距环4
55BC- Bearing
55BC- Bearing
平键

图14-140　建立装配件

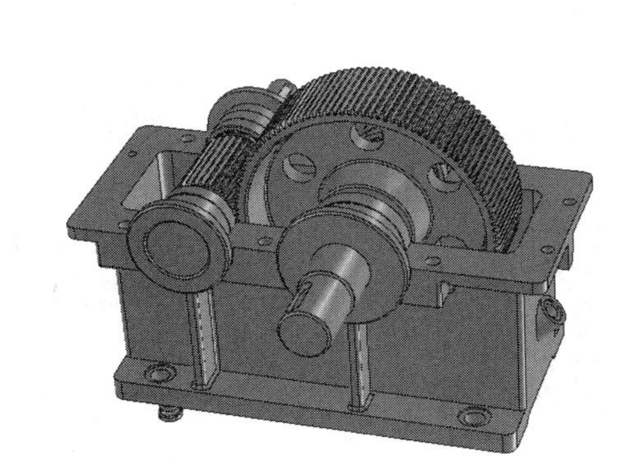

图14-141　装配轴承端盖

14.6　装配体干涉检查

单个零件设计是否正确必须经过干涉检查加以确认。干涉检查可以检查装配体、零件内部、多个装配体和零件之间的干涉现象。干涉检查时，只有处于“设计树”同一树结构状态的组件才可以进行比较。干涉检查既可以在设计环境中进行，也可以在“设计树”中通过选择组件进行。执行干涉检查的操作步骤如下所示。

（1）选择需要干涉检查的零部件。在设计环境中进行多项选择时，应按住Shift键，然后在“主零件”编辑状态下依次单击零件进行选择。若在“设计树”中选择零部件，应在单击左键时按住Shift或Ctrl键。若要选择全部设计环境中的组件，可从“编辑”菜单中单击“全选”或使用快捷键Ctrl+A。

（2）在设计树中，单击“减速器装配”，选取全部装配零部件，单击“工具”选项卡“检查”面板中的“干涉检查”按钮，系统将对装配体进行干涉检查。

（3）在干涉检查结束后，系统会弹出一个信息窗口，报告未检查到任何干涉。如果有干涉现象，则系统会弹出一个“干涉报告”对话框，显示存在的干涉，如图14-142所示。

在出现干涉时，在设计环境中被选定的零件会显示白色，如图14-143所示。在“干涉报告”对话框中还可以选择查看干涉情况。

在“干涉报告”对话框中如果选择“隐藏其他零件”选项，那么在选择某对干涉进行观察时，其他图素将被隐藏，如图14-144所示。

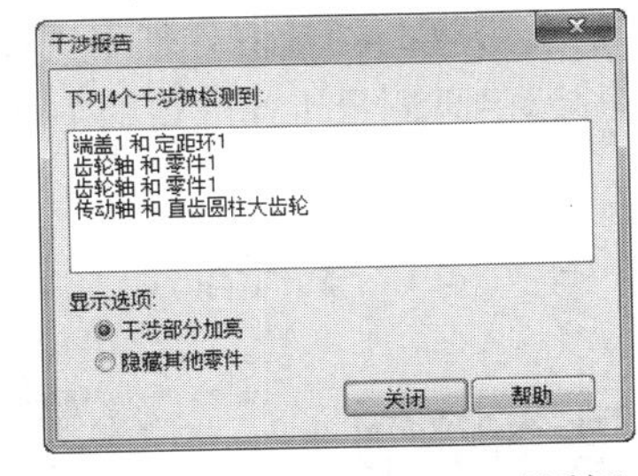

图14-142　“干涉报告”对话框

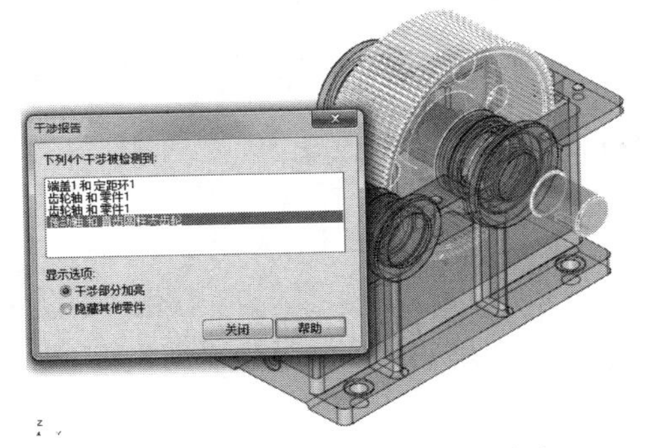

图14-143　干涉零件显示成白色

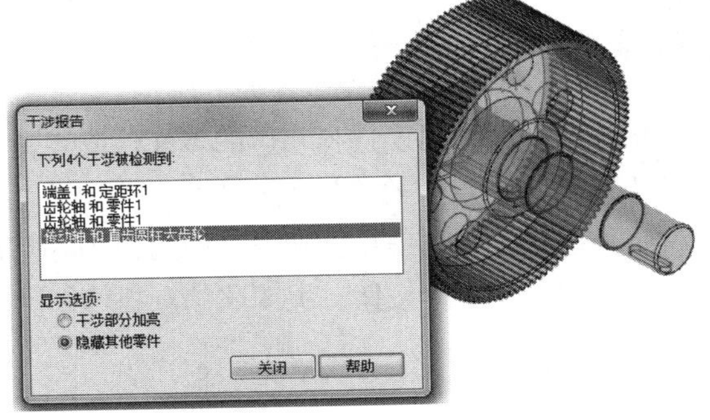

图14-144　隐藏其他图素

14.7 装配体物性计算及统计

14.7.1 物性计算

利用CAXA 3D实体设计的“物性计算”功能，可测量零件和装配件的物理特性，如测量零件或装配件的表面面积、体积、重心和转动惯量。其操作步骤如下所示。

（1）在适当的编辑层选择相应的装配件或零件，然后单击“工具”选项卡“检查”面板中的“物性计算”按钮，弹出“物性计算”对话框，如图14-145所示。

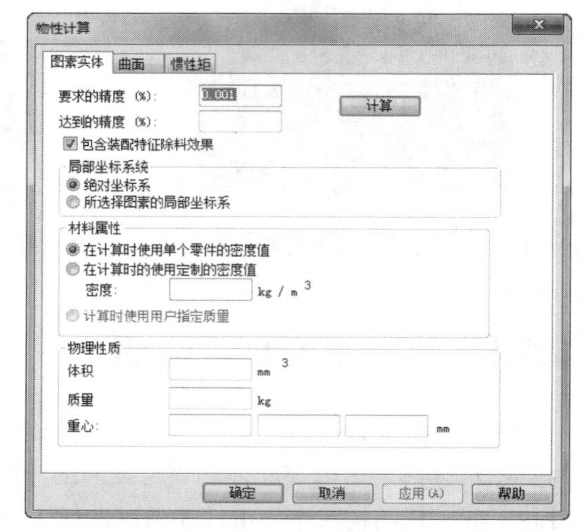

图14-145 “物性计算”对话框

（2）在“要求的精度”文本框中输入一个值，以指定需要的测量精确度。根据零件的复杂程度，在较高精确度下进行测量时，CAXA 3D实体设计系统可能需要花费较长的时间。如果可能，应尽量选择较低的精确度，以获得更快的计算。

（3）指明装配件的质量密度（当前单位下单位体积的质量），或指示CAXA 3D实体设计系统采用单个零件的密度。默认的装配件密度为1.0。如果不希望为整个装配件设定一个质量密度，可勾选上“在计算时使用单个零件的密度值”旁边的复选框。

（4）单击“计算”按钮，计算显示在属性表中的测量值，装配件或零件的体积、质量和沿各轴的重心等的测量值分别出现在各自的文本框中。CAXA 3D实体设计系统在“达到的精度”字段中显示的是测量工作取得的估计精确度。

14.7.2 零件统计

与“物性计算”中把装配件或零件当作存在于物理空间的实物进行处理的数据不同，零件的分析数据说明的是其作为一个虚拟对象的表现，如某些统计数据说明装配件或零件包含多少个面、环、边和顶点。这一命令还可以报告零件中可能存在的任何问题。

其操作步骤如下所示。

（1）在合适的编辑层选择相应的装配件或零件，然后单击“工具”选项卡“检查”面板中的“统计”按钮，弹出“零件统计报告”信息提示框，如图14-146所示。

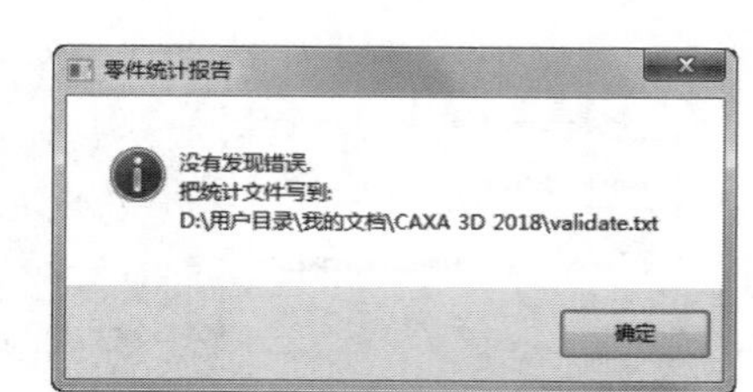

图14-146 “零件统计报告”信息提示框

（2）单击“确定”按钮，关闭该信息提示框。